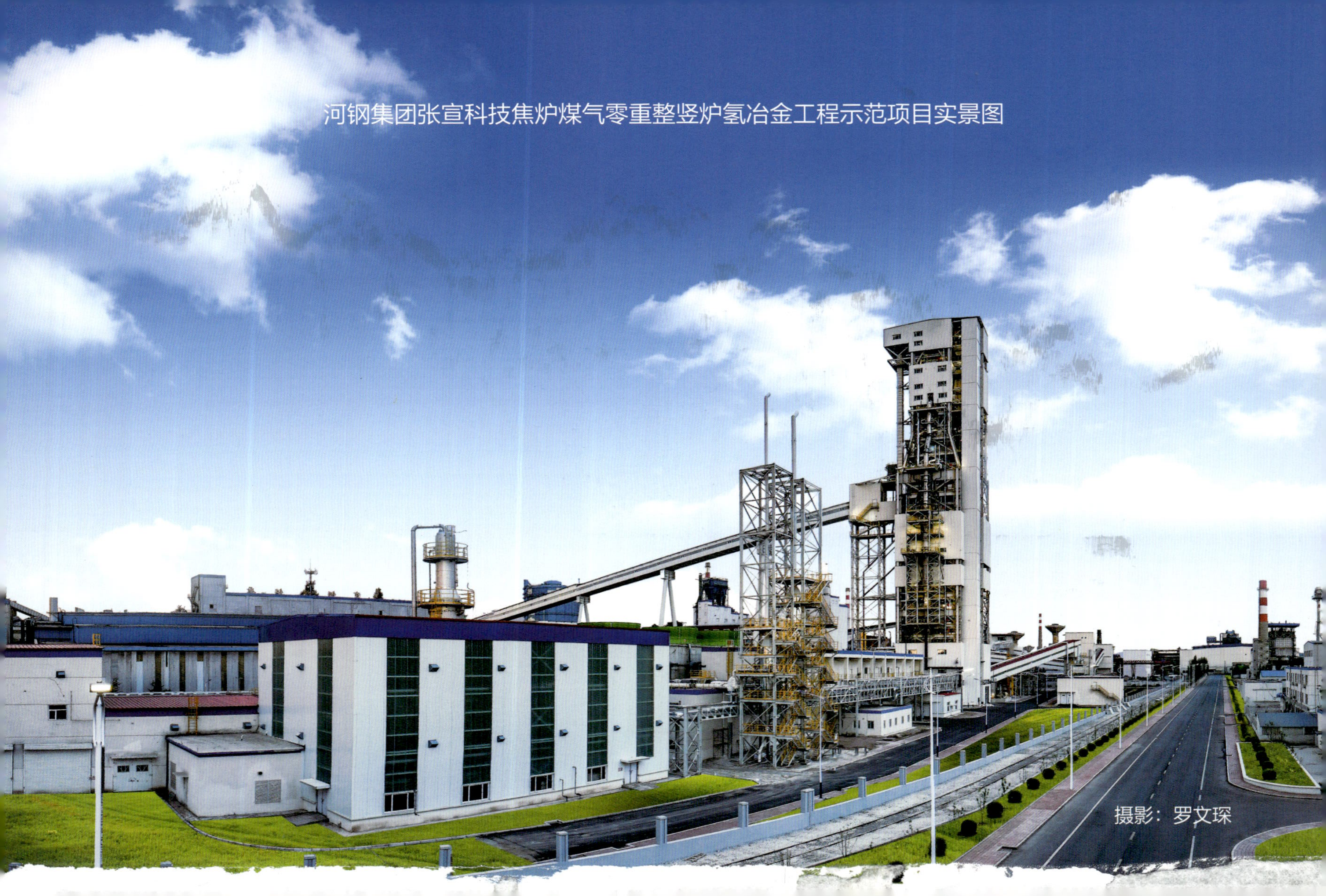

河钢集团张宣科技焦炉煤气零重整竖炉氢冶金工程示范项目实景图

摄影：罗文琛

国家科学技术学术著作出版基金资助出版

# 焦炉煤气零重整
# 竖炉氢冶金工艺技术与装备

Technology and Equipment of Shaft Furnace Hydrogen Metallurgy
Based on Zero Reforming of Coke Oven Gas

王新东　赵志龙　郄亚娜　著

北　京
冶 金 工 业 出 版 社
2025

## 内 容 提 要

本书是国内第一部系统介绍竖炉氢冶金技术和装备的专著，以河钢集团张宣科技 120 万吨焦炉煤气零重整竖炉氢冶金项目为基础，详细介绍了以富氢焦炉煤气为气源的零重整竖炉氢冶金工艺流程、基础理论、工艺控制及主要装备。书中还介绍了氢冶金的发展背景、竖炉氢冶金球团矿制备、公辅系统、DRI 质量及检化验、环保技术、能耗与碳排放情况、用氢安全、智能化控制技术、氢冶金未来发展展望等内容。

本书内容丰富，系统性和科学性强，既有基础理论研究和工艺设备介绍，又有生产操作和管理实践，可供钢铁企业、高等院校及设计院所等从事竖炉氢冶金相关工作的人员阅读和参考。

**图书在版编目（CIP）数据**

焦炉煤气零重整竖炉氢冶金工艺技术与装备 / 王新东，赵志龙，郄亚娜著. -- 北京 ：冶金工业出版社，2025. 10. -- ISBN 978-7-5240-0285-7

Ⅰ. TF111. 13

中国国家版本馆 CIP 数据核字第 2025YM8047 号

**焦炉煤气零重整竖炉氢冶金工艺技术与装备**

| | | | |
|---|---|---|---|
| **出版发行** | 冶金工业出版社 | **电　　话** | (010)64027926 |
| **地　　址** | 北京市东城区嵩祝院北巷 39 号 | **邮　　编** | 100009 |
| **网　　址** | www. mip1953. com | **电子信箱** | service@ mip1953. com |

策划编辑　杜婷婷　责任编辑　杜婷婷　美术编辑　彭子赫

版式设计　郑小利　责任校对　葛新霞　责任印制　范天娇

北京捷迅佳彩印刷有限公司印刷

2025 年 10 月第 1 版，2025 年 10 月第 1 次印刷

710mm×1000mm　1/16；31. 25 印张；609 千字；475 页

**定价 188. 00 元**

**投稿电话　(010)64027932　投稿信箱　tougao@cnmip. com. cn**

**营销中心电话　(010)64044283**

**冶金工业出版社天猫旗舰店　yjgycbs. tmall. com**

(本书如有印装质量问题，本社营销中心负责退换)

# 《焦炉煤气零重整竖炉氢冶金工艺技术与装备》

## 主要撰稿人员与审稿人员

**总 撰 稿 人：** 王新东

**责任撰稿人：** 赵志龙　郄亚娜

**顾　　　问：** 吕　庆

**主要撰稿人：**

| | | | |
|---|---|---|---|
| 王新东 | 赵志龙 | 郄亚娜 | 吕　庆 |
| 张淑会 | 覃开伟 | 张文强 | 徐　茂 |
| 李晓兵 | 李建鹏 | 武卫军 | 梁思懿 |
| 闫　军 | 张明刚 | 刘艳峰 | 王东伟 |
| 兰臣臣 | 赵恩泽 | 邢　琪 | 高佳颖 |

**主要审稿人：**

| | | | |
|---|---|---|---|
| 李毅仁 | 王宏斌 | 郑艾军 | 孙晓明 |
| 岳文彦 | 韩　冰 | 李　铁 | 杨永强 |
| 李传民 | 路　鹏 | 李　洋 | 董洪旺 |
| 武　晨 | 李全钢 | 王中华 | 褚润林 |
| 薛云鹏 | 冯永磊 | 高亚楠 | 刘　岩 |
| 魏晓光 | 任　乐 | 钟金红 | 张　倩 |
| 蔡　啸 | 王　佩 | 杨静波 | 刘存强 |

# 序　一

钢铁工业作为国民经济的重要基础产业，强有力地推动了中国工业化和现代化进程。中国钢产量自1996年突破1亿吨至今，已连续29年稳居全球钢铁生产和消费的第一位，中国钢铁工业用几十年的时间，走过了西方发达国家二三百年工业化发展的历程，建成了全球产业链最完备、规模最大的产业体系。

但是，传统钢铁工业仍然是一个典型的高能耗、高排放行业，生产流程以“高炉+转炉”长流程工艺为主，不仅消耗大量化石能源，还产生大量的温室气体和污染物。数据显示，钢铁行业的碳排放量占全球工业总排放量的7%~9%，在中国这一比例甚至达到15%。目前，我国以“高炉+转炉”长流程的钢铁生产技术已经达到非常成熟的水平，单纯通过工艺改进降碳已进入瓶颈期。

钢铁行业要实现突破性碳减排，必须要从能源这个源头入手。中国工程院早在十几年前就提出了氢能社会的概念，预言由化石燃料时代向绿色能源时代的转变是必然的，主要是两个转变：一个是化石能源消耗向绿色能源再生转变，另一个是从高碳燃料向低碳燃料转变，本质上是燃料的加氢减碳过程。氢能是人类未来最理想的清洁能源之一。世界主要发达国家都把氢能源的发展利用提高到国家能源安全的战略高度。氢能替代煤炭用于钢铁生产，既可以省去烧结、炼焦等重污染工序，其产品又能补充我国废钢资源不足，为生产高端优质钢和特种钢提供优质绿色原料，进而提高“绿钢”产品的国际竞争力。因此，重构钢铁生产用能体系，“氢冶金”替代“碳冶金”将是解决钢铁生产碳排量大和实现钢铁绿色低碳制造的重要路径。

河钢集团有限公司（简称河钢集团）率先建设全球首例120万吨焦炉煤气零重整竖炉氢冶金示范工程，一期工程于2022年12月16日建成投产，并连续稳定生产，DRI产品的金属化率保持在94%以上，各项指标不断刷新和创造着新的纪录，标志着焦炉煤气零重整竖炉氢冶金技术已得到成熟应用。2024年9月，项目成功实现了“绿氢”注入，不仅验证了“绿电-绿氢-绿钢”生产的技术可行性，而且为未来实现100%绿氢的氢冶金打下了坚实的基础。

河钢集团全球首例焦炉煤气零重整竖炉氢冶金工程的成功，为我国钢铁行业转变能源结构、实现工艺革命提供了全新路径，创造了全新场景，被誉为中国钢铁史乃至世界钢铁史上由传统“碳冶金”向新型“氢冶金”转变的一个重要的里程碑。走进河钢集团氢冶金工程，我们可以看到在其背后，是重构用能体系的突破桎梏，是勇闯创新无人区的责任担当，是智能化建设先行的集智聚力。

河钢集团原副总经理兼首席技术官王新东同志，在钢铁绿色低碳技术和工程管理领域已深耕40多年，他结合我国的氢能资源条件，在世界上首次提出了焦炉煤气零重整竖炉氢冶金工艺新路径，并推动河钢集团河北张宣高科科技有限公司（简称张宣科技）成功进行了示范应用。王新东率领团队撰写的《焦炉煤气零重整竖炉氢冶金工艺技术与装备》一书，全面介绍了河钢集团全球首例焦炉煤气零重整竖炉氢冶金项目的建设初衷和建设历程，首次完整诠释了焦炉煤气零重整的概念。该书涵盖氢冶金的基本理论、工艺流程、工程技术与装备等内容，从氢气供给、氢冶金球团生产，到氢基竖炉还原及气体处理与循环，再到氢冶金产品质量，详细解析了氢冶金工艺技术和装备的重点和难点。书中不仅全面分析了氢冶金全流程具有非常好的环保效果和极低的能耗与碳排放等特点，还展示了氢冶金在实际生产应用中的潜力和优势，验证了氢气还原工业化连续生产的可行性和高效性，为下一步纯氢冶金工程积累了重要数据。

作为我国第一部竖炉氢冶金技术和装备的专著，该书以其全面的内容、实用的技术路线和前沿的研究成果，为广大读者深入了解这一领域的前沿进展和未来发展方向提供了宝贵的参考资料，也让大家看到了氢冶金如何助力实现绿色制造和可持续发展的宏伟目标。无论是从事氢冶金工作的科研人员、高等院校师生、企业工程师还是管理者，这本书都能为你们在推动行业技术创新与工艺变革具体过程中提供借鉴和参考。因此，可以说，该书为推动我国氢冶金技术发展、实现钢铁行业的绿色转型提供了有力的技术支持。

中国工程院院士
中国金属学会名誉理事长

2024年12月12日

# 序　二

在人类文明的发展历程中，能源与材料始终是推动社会进步与经济发展的两大基石。随着全球环保意识的日益增强及对能源结构转型的迫切需求，高能耗、高排放的传统钢铁行业面临着前所未有的挑战。如何实现钢铁行业的绿色低碳转型，成为时代赋予我们的重大课题。氢能以其能量密度高、转化效率高、零碳无污染的特性，在能源转型和低碳化工业生产中展现出了巨大的应用潜力。将氢能引入钢铁生产，用氢冶金替代传统碳冶金，是钢铁行业实现碳减排的最有效路径之一。

河钢集团基于中国焦炉煤气充沛的资源禀赋，建设了全球首例120万吨焦炉煤气零重整竖炉氢冶金一期工程，于2022年12月16日正式投产并稳定运行至今。这是氢冶金核心关键技术创新的重大突破，是中国钢铁史乃至世界钢铁史上由传统碳冶金向新型氢冶金转变的重要里程碑。

本书基于河钢集团120万吨竖炉氢冶金（HyMEX）示范项目撰写而成，河钢集团首创的焦炉煤气零重整竖炉氢冶金工艺，是在无需专用重整设备的条件下，直接利用焦炉煤气中的氢气参与竖炉内的还原过程。我国富产焦炉煤气，焦炉煤气含氢量高达60%左右，还含25%左右的甲烷可进一步分解转化为氢气，是非常好的氢能来源。焦炉煤气零重整竖炉氢冶金工艺是基于我国氢能资源条件提出的科学的、合理的竖炉氢冶金工艺技术路径，具有鲜明的中国特色，是竖炉氢冶金技术中国化进程中的一次革命性创新。

焦炉煤气零重整竖炉氢冶金技术的核心在于对竖炉内气–固相反应动力学的深刻理解与精确控制，通过对炉内还原气体组分、温度场、气流分布等复杂条件的优化调控，实现球团矿的高效还原。该书深入剖析了焦炉煤气零重整竖炉氢冶金工艺的基本原理与反应机制，详细介绍了焦炉煤气零重整竖炉氢冶金技术的工艺设计、设备选型、操作控制等关键环节的技术思路，为实际工程应用提供了借鉴。这种理论与实践深度融合的研究方法，不仅提升了研究的科学性和实用性，也为后续的技术推广与产业化应用奠定了坚实基础。除了介绍关键核心工艺外，书中还对竖炉氢冶金系统配套装备及公辅系统进行了全面介绍，包括氢冶金球团制备系统、二氧化碳脱除装备、用氢安全设施、动力设施、环保设施、智能控制系统等。书中对竖炉氢冶金所生产的DRI产品等级、质量与检测、储存运输等内容也进行了介绍，并通过与传统高炉炼铁产品的对比分析，展示了氢冶金产品在低碳环保等方面的显著优势。河钢集团“竖炉氢冶金+电炉”的短流程钢铁生产与同等规模的“高炉+转炉”传统长流程钢铁生产相比，吨钢可减排二氧化碳约70%，这对钢铁行业实现“双碳”目标具有极其重要的意义。

本书的成功出版得力于有一个专业技术素质过硬的创作团队。作者王新东曾任河钢集团副总经理兼首席技术官，现任河钢集团专家、河北省金属学会理事长。他长期致力于钢铁绿色低碳技术研究、工程管理工作，曾多次主导河钢集团在高端化、智能化、绿色化方面进行创新实践，尤其是在绿色低碳冶金方面做出了重要贡献。他基于我国氢能资源现状，创新性地提出了焦炉煤气零重整的竖炉氢冶金技术路径，全程主持了河钢集团120万吨焦炉煤气零重整竖炉氢冶金示范工程建设，从规划立项、技术谈判到项目设计、工程施工、项目投运都倾注了大量心血。为了系统地总结和推广河钢集团焦炉煤气零重整竖炉氢冶金技术的成功经验，他发起并组织策划了本书的创作工作。作者赵志龙来自中冶京诚工程技术有限公司（简称中冶京诚），他作为该项目的总设计师，负责项目的设计工作，对项目工艺技术及装备具有全面了解和深入研究。作者郄亚娜博士来自华北理工大学，长期从事氢冶金理论研究，为本书提供了大量理论素材和实验数据。本书创作团队的其他人员也都是来自氢冶金生产、设计、大学等单位的骨干，对氢冶金相关技术都有比较深入的研究和实践，为本书的创作做出了重要贡献。

《焦炉煤气零重整竖炉氢冶金工艺技术与装备》一书是我国第一部全面系统介绍竖炉氢冶金工艺技术与装备的专著，它以独特的视角、深入的分析、丰富的内容和前瞻的视野，为广大读者展示了焦炉煤气零重整竖炉氢冶金工艺技术的创新成果，为竖炉氢冶金技术的推广应用提供了有益借鉴。我相信，该书的出版发行对推动我国钢铁工业的转型升级和低碳绿色发展必将产生深远影响。在此，祝贺以王新东为首的创作团队取得这一重要成果，并期待他们在未来探索绿色全氢冶金的道路上继续探索、勇于创新，为钢铁工业的绿色高质量发展贡献更多智慧与力量！

中国工程院院士　毛新平

2024 年 12 月 12 日

# 前　言

随着全球工业化进程的加速，人类活动产生的温室气体排放量持续增加，导致全球气候变暖，并产生了冰川加速融化、海平面上升、极端天气频发等一系列生态环境问题。为此，我国提出了力争2030年前实现碳达峰、2060年前实现碳中和的“双碳”目标。这一目标是以习近平同志为核心的党中央经过深思熟虑做出的重大战略决策，既体现了中国积极参与全球气候治理、共同应对气候危机的大国担当，也是改善我国生态环境现状，推动生态文明进程，建设美丽中国的切实需要。

中国钢铁工业的碳排放量占全球钢铁碳排放总量的60%以上，占我国制造业碳排放总量的15%左右，仅次于电力行业，钢铁行业是我国降碳攻坚的主要战场之一。在“双碳”目标背景下，逐步摆脱对化石能源的依赖将是未来钢铁行业核心竞争力的重要体现。传统“高炉+转炉”长流程钢铁冶炼工艺降碳空间已然有限，要实现大规模降碳，必须大胆创新，寻找新路径。氢能是21世纪最清洁的低碳能源之一，具有来源广泛、能量密度高、零碳无污染等优点，钢铁行业通过“以氢代碳”能够从源头上摆脱对化石能源的绝对依赖，特别是以氢基竖炉直接还原铁为代表的氢冶金技术，是实现深度降碳的重要途径。我国每年焦炭产量在4.9亿吨左右，同时副产焦炉煤气2000亿立方米以上，这些焦炉煤气除去焦化厂、钢铁厂消耗外，仍富余1000亿立方米左右。焦炉煤气中氢含量高达60%，净化后可以作为氢基直接还原铁工艺的氢源。在我国天然气严重短缺、短期内钢铁生产仍以长流程工艺为主的情况下，利用焦化行业的副产焦炉煤气来生产直接还原铁，是我国目前发展氢冶金最现实、最合理的选择。

河钢集团深入贯彻习近平总书记“坚决去、主动调、加快转”的重要指示精神，全面落实河北省委、省政府关于钢铁工业高质量发展的决策部署，紧紧抓住企业转型升级的战略机遇，在河钢集团张宣科技公司建成投产了全球首例120万吨焦炉煤气零重整竖炉氢冶金示范工程（HyMEX）一期项目。该项目采用“氢基竖炉+近零碳排电弧炉”的短流程钢铁生产工艺，投产后运行稳定。与同等规模的“高炉+转炉”的长流程钢铁生产工艺相比，$CO_2$ 减排比例高达 70%，年可减排 $CO_2$ 约 80 万吨，$SO_2$、$NO_x$、粉尘排放也分别减少 30%、70%和 80%以上。其 DRI 产品金属化率稳定达到 94%以上，各项指标均达到世界领先水平。该项目在全球首次实施了焦炉煤气零重整竖炉氢冶金直接还原工艺，是竖炉氢冶金技术中国本土化的第一次大胆创新和实践。项目的建成投产“是氢冶金核心关键技术创新的重大突破”。

本书以河钢集团全球首例焦炉煤气零重整竖炉氢冶金工程项目为基础，对焦炉煤气零重整竖炉氢冶金工艺技术及装备进行了全面介绍。全书共 13 章，第 1 章介绍了氢冶金发展背景、氢冶金及制氢产业发展现状、绿钢的发展趋势等；第 2 章介绍了河钢集团张宣科技公司竖炉氢冶金项目的建设背景、建设内容，重点介绍了焦炉煤气零重整竖炉氢冶金的工艺流程与工艺布置；第 3 章介绍了焦炉煤气零重整竖炉氢冶金的基础理论，对焦炉煤气零重整工艺进行了定义，对工艺气转化机理、竖炉内的碳氢还原机理、DRI 渗碳机理等进行了详细阐述；第 4 章介绍了氢基竖炉本体系统，对竖炉的工艺组成、装备及工艺控制等进行了详细描述；第 5 章介绍了焦炉煤气零重整循环气体处理技术与装备，对焦炉煤气的预处理、工艺气回路循环系统等进行了全面介绍；第 6 章介绍了氢冶金球团矿生产工艺与装备，给出了氢冶金球团矿的质量要求及性能检测方法；第 7 章介绍了竖炉氢冶金公辅系统，涉及水处理、供配电及电气设施、燃气、热力等内容；第 8 章介绍了 DRI 产品质量检化验，给出了 DRI 产品质量要求及质量检测方法；第 9 章介绍了竖炉氢冶金环保技术，对污染物的产生、控制及治理技术进行了阐述；第 10 章介绍了竖炉氢冶金能耗与碳排放情况，并与“高炉+转炉”长流程钢铁生产工艺的碳排放进行了对比；第 11 章介绍了竖炉氢冶金用氢安全问题，提出了用氢安全要求，对用氢危险因素进行了分析，给出了用氢安全管控措施；第 12 章从自动化、数字化、智能化三个方面介绍了竖炉氢冶金的智能控制技术；第 13 章对竖炉氢冶金的未来发展进行了展望，明确了氢冶金的发展潜力和发展方向。本书既有竖炉氢冶金工艺技术与装备介绍，又有基础理论研究，还有工程设计知识，涵盖了竖炉氢冶金的各个方面，是一部全面系统介绍焦炉煤气零重整竖炉氢冶金技术的专著。

河钢集团120万吨焦炉煤气零重整竖炉氢冶金示范工程一期项目至今已稳定运行了两年时间，为本书提供了丰富的实践素材。河钢集团、中冶京诚、张宣科技、华北理工大学联合开展了一系列的竖炉氢冶金实验研究，对竖炉氢冶金基础理论尤其是焦炉煤气零重整工艺技术进行了深入探索，现已形成比较系统的焦炉煤气零重整竖炉氢冶金理论体系，为竖炉氢冶金生产提供了有力理论支撑。本书作为国内第一部全面系统介绍竖炉氢冶金工艺技术与装备的专著，它的出版发行恰逢其时，对氢冶金技术在国内的推广应用必将起到极大的推动作用。本书可作为政府部门、钢铁企业、设计院所及高等院校的参考用书，对氢冶金项目决策、工程设计、工程建设、生产运营及维护、教学等均能提供有益的帮助。

本书作者王新东长期致力于钢铁低碳绿色技术研究，凭借对我国氢能资源现状的深入了解及广泛的国内外技术调研，并通过大量理论计算和实验室实验，结合工程化论证，全面验证了焦炉煤气零重整竖炉氢冶金新工艺从理论到实践的可行性，并在河钢集团张宣科技成功实施了工业化应用。为了总结固化张宣科技氢冶金已有技术和实施经验、促进绿色低碳的竖炉氢冶金技术的推广应用，他提议并组织成立了本书作者团队，在他的统筹安排、指导和主持下，经多次会稿讨论，几易其稿，本书得以成功面市。作者赵志龙博士作为河钢集团张宣科技竖炉氢冶金项目的总设计师，主持了项目的设计工作，并为项目建设及投产提供了全过程的技术支持；作者郄亚娜博士为华北理工大学的副教授，长期致力于氢冶金理论研究，具有深厚的氢冶金理论功底。三位作者进行了全书的统稿、审核、修订等工作，并参与了书稿主要内容的撰写。华北理工大学的吕庆教授是我国著名的炼铁专家，他作为本书编委会的顾问，对各章节内容进行总体审核把关，以确保本书质量。此外，张淑会、覃开伟、张文强、徐茂、李晓兵、李建鹏、武卫军、梁思懿、闫军、张明刚、刘艳峰、王东伟、兰臣臣、赵恩泽、邢琪、高佳颖等根据自身专业特长负责或参与了本书部分章节的编写，为本书的出版做出了贡献。

在本书撰写、出版过程中，得到了中国工程院原副院长干勇院士和中国工程院毛新平院士的悉心指导，两位院士于百忙之中分别亲自为本书作序，提升了本书的学术价值和权威性。此外，河钢集团、中冶京诚、华北理工大学、张宣科技、唐钢国际工程技术有限公司（简称唐钢国际）等单位为本书的出版提供了全方位的支持与协助，在此一并表示衷心的感谢。

意大利特诺恩（Tenova）公司与本书作者团队进行了深入的交流与探讨，确认本书与Tenova公司不存在任何知识产权纠纷问题。同时，Tenova公司提出的一些宝贵意见，极大地提升了本书的专业水平和学术价值。我们期待与Tenova公司继续保持良好合作关系，共同推动钢铁行业绿色低碳技术的创新发展。

由于作者水平所限，书中不妥之处，敬请广大读者批评指正。

作　者

2024年12月16日于唐山

# 目　　录

# 1 绪　论

在全球气候显著变化的今天，控制碳排放已成为国际社会的广泛共识。作为碳排放的主要来源之一，钢铁行业正积极向低碳化、绿色化方向转型。其中，以氢代碳的氢冶金技术被视为推动钢铁工业实现绿色低碳发展和高质量发展的重要路径。

从钢铁行业发展趋势及能源结构的转型来看，采用以氢气或富氢气体为还原剂的氢基竖炉直接还原工艺，是实现钢铁行业迈向近零碳排放目标的关键技术路线。这一工艺不仅符合全球碳中和目标要求，还将为钢铁工业的可持续发展提供重要支撑，助力构建清洁、高效的新型能源与工业体系。

## 1.1 钢铁行业绿色低碳发展背景

### 1.1.1 碳排放及绿色低碳政策

碳排放是人类活动所产生 $CO_2$ 等温室气体排放的简称。19 世纪末，瑞典科学家阿伦尼乌斯（Ahrrenius）首次提出碳排放可能导致全球变暖；到 20 世纪后期，碳排放造成气候问题逐渐引起科学界、各国政府和公众的广泛关注。相关研究表明，随着工业化和城市化进程加快，人类使用煤炭、石油、天然气等化石燃料产生的温室气体增加，使地球原有热量平衡被打破，气候系统发生了前所未有的变化。根据世界气象组织 2023 年 12 月发布的数据（见图 1-1）显示，2015—2023 年是有记录以来最热的，其中 2023 年全球平均气温比 1850—1900 年的平均气温高出约 1.40 ℃，创历史新高[1]。近年来全球范围内的酷暑、飓风、洪水和旱涝等一系列极端天气和自然灾害表明，温室效应带来的气候变化正严重影响着人类生存安全和经济社会的可持续发展。可见，碳排放带来了严峻的环境和社会挑战，逐渐成为全球性问题。

温室气体中最主要的成分是 $CO_2$，因此 $CO_2$ 排放量被广泛用于量化碳排放情况。根据国际能源署（IEA）统计的 1990—2023 年全球能源相关碳排放数据（见图 1-2）显示[2]，自 21 世纪以来，全球 $CO_2$ 排放量增长迅速；2023 年 $CO_2$ 排放量达到 374 亿吨，较 2022 年增加了 4.1 亿吨，同比增长 1.1%。其中，与煤炭相关的 $CO_2$ 排放占全球增量的 65%以上。具体到各地区来看，亚太地区排放量占据主导地位，其次包括北美、欧洲等发达经济地区。2023 年，欧盟化石能源燃

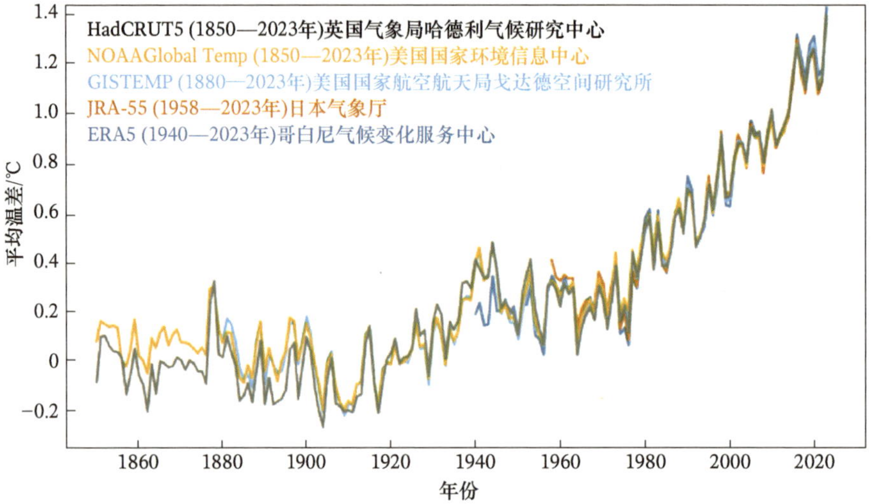


图 1-1　与 1850—1900 年平均气温相比的全球平均温差[1]

（数据来自英国、美国、日本和欧盟的合计 5 个数据集，2023 年气温的平均值截至 10 月）

烧产生 $CO_2$ 排放量下降 2.2 亿吨，美国相关的 $CO_2$ 排放总量下降 1.9 亿吨，减排量主要来自电力部分的可再生能源部署；而印度 $CO_2$ 排放量增加 1.9 亿吨，其超过欧盟成为全球第三大排放国。

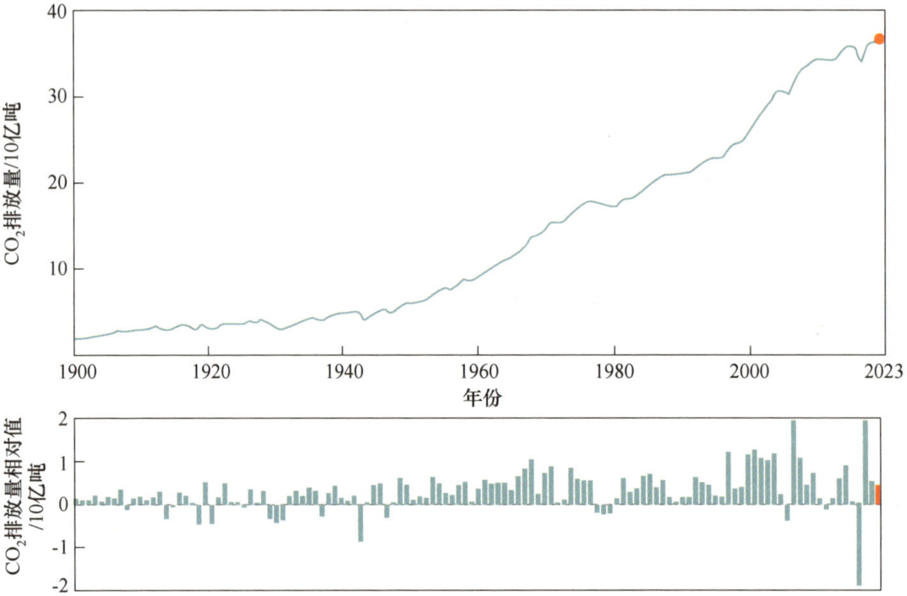


图 1-2　1990—2023 年碳排放年度变化[2]

在经历几十年工业化和城市化的快速进程后，以煤炭为主要能源结构的我国逐渐成为 $CO_2$ 排放大国。据统计，2023 年我国 $CO_2$ 排放量增加 5.65 亿吨，主要是疫情后排放密集型经济增长的缘故[2]。从碳排放源来看，我国碳排放主要集中在发电、钢铁、建材、有色、石化、化工、造纸、航空等重点行业，其 $CO_2$ 排放量占全国排放总量的75%左右[3]。从区域分布角度看，华东、华北碳排放量位于前列，主要是由于这两个区域是电力、冶金等高碳行业及煤炭生产与消费的重点区域。

以 $CO_2$ 为代表的碳排放给人类社会发展带来不小的负面影响，降低碳排放具有重要的战略意义，符合全球生态环保的共识。“低碳”一词逐渐被社会各界广泛引用。“低碳”既是发达国家经济转型的方向，也是发展中国家应当遵循的发展道路。过去几十年内，全球各国在控制碳排放量、应对气候变化方面积极开展合作交流，陆续签订了三份重要的国际协定，见表 1-1。《联合国气候变化框架公约》《京都协定书》和《巴黎协定》这三个具有法律约束力的国际法律文件确立了全球气候治理体系目标、原则和行动框架。其中，《巴黎协定》的正式生效标志着全球向绿色低碳转型、构建清洁能源体系已成为大势所趋[4]，现已有 194 个缔约国提交了应对气候变化国家自主贡献，覆盖98%的世界人口和95%的全球排放。另外，2023 年的联合国气候变化迪拜大会（COP28）就《巴黎协定》实施情况进行首次全球盘点并达成了阿联酋共识，进一步明确全球绿色低碳转型方向。

**表 1-1　碳减排重要国际协定**

| 年份 | 协议名称 | 重要内容/意义 |
|---|---|---|
| 1992 | 《联合国气候变化框架公约》 | 首个关于控制温室气体排放、稳定气候的国际协议 |
| 1997 | 《京都协定书》 | 设定了工业化国家在 2008—2012 年期间减少温室气体排放的目标 |
| 2015 | 《巴黎协定》 | 长期目标是将全球平均气温较前工业化时期上升幅度控制在 2 ℃以内 |

当前，世界各国纷纷结合自身国情，提出绿色低碳政策并制定路线图，推动经济社会全方位绿色低碳转型。英国于 2008 年颁布《气候变化法》，成为世界首个以法律形式明确中长期减排目标的国家，随后 2019 年对《气候变化法》修订后正式确立到2050 年实现碳中和目标[5]，并在 2020 年宣布“绿色工业革命”计划。欧盟先后发布《欧洲绿色协议》（简称“绿色新政”）（2019 年）、《欧洲气候法案》（2020 年）和《绿色协议产业计划》（2023 年）等文件[6-8]，阐明欧洲迈向气候中和循环经济体的行动路线和政策框架，拟动员上万亿欧元资金，推动工业、建筑、交通、能源、农业等领域的绿色重塑。美国于 2020 年提出《零碳排放行动计划》[9]，从推广零排放技术、建立弹性清洁能源经济等方面助力 2050 年实现碳中和目标；2022 年拜登政府通过《通胀削减法案》，推出总额高达 3690 亿美元政府补贴促进低碳能源技术与产业发展，覆盖低碳技术研发、产品生产和市场推广全链条。日本经济产业省 2020 年发布《绿色增长战略》[10]，对海上风

电、氢能等在内的 14 个产业提出了具体的目标和任务，并于 2021 年更新为《2050 碳中和绿色增长战略》，支撑碳中和目标的实现。

我国在 2020 年 9 月第七十五届联合国大会一般性辩论上正式提出，$CO_2$ 排放力争于 2030 年前达到峰值，努力争取 2060 年前实现碳中和[11]；2021 年 3 月的《2021 年政府工作报告》也意味着中国已正式将碳中和理念纳入顶层布局。2021 年格拉斯哥气候大会前夕，我国更新了国家自主贡献目标，并提交了《中国本世纪中叶长期温室气体低排放发展战略》。在“双碳”目标形势下，我国在不断以行动引领各国凝聚共识，积极主动应对气候变化的严峻挑战，助力全球绿色低碳发展。2021 年 10 月，《关于完整准确全面贯彻新发展理念做好碳达峰碳中和工作的意见》和《2030 年前碳达峰行动方案》相继发布后，各相关部门制定了分领域分行业实施方案和支撑保障方案，构建碳达峰碳中和“1+N”政策体系，并且在不断完善。据不完全统计，2022 年前 9 个月，我国国家层面出台“双碳”政策高达 120 项，主要集中在能源、电力等领域，尤其明确重点支持可再生能源的开发利用。当前，绿色低碳已然成为各行各业发展的新目标，绿色能源理念也逐渐渗透到社会运行的方方面面。

### 1.1.2 钢铁行业碳排放及碳减排

钢铁是典型的能源密集型行业，也是碳排放的主要来源之一，主要是因为采用冶金煤还原铁矿石，且生产设施所用电力来自燃煤发电。2000 年以来，全球钢铁行业碳排放翻了一番，是碳排放增速最快的行业。据统计，2022 年，全球粗钢产量是 18.85 亿吨，中国累计粗钢产量 10.18 亿吨，占全球的 54.0%，如图 1-3 所示[12]。相应地，2022 年，全球钢铁行业碳排放量为 28 亿吨，占全球能源

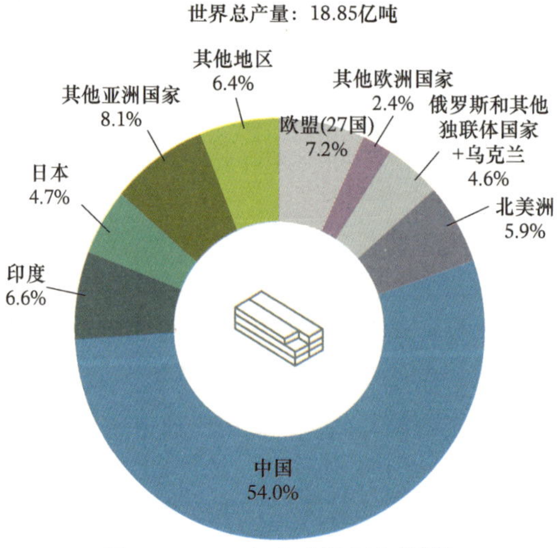


图 1-3　2022 年全球粗钢产量[12]

系统排放量的8%左右[13]；作为全球钢铁最大生产国，中国2022年的钢铁碳排放量约17.98亿吨（见图1-4），占全球钢铁碳排放总量的60%以上，占全国碳排放总量的16%左右，位居制造业31个门类首位。可见，钢铁行业是重点碳减排领域，钢铁行业绿色低碳发展更是我国实现“双碳”目标的重要环节。

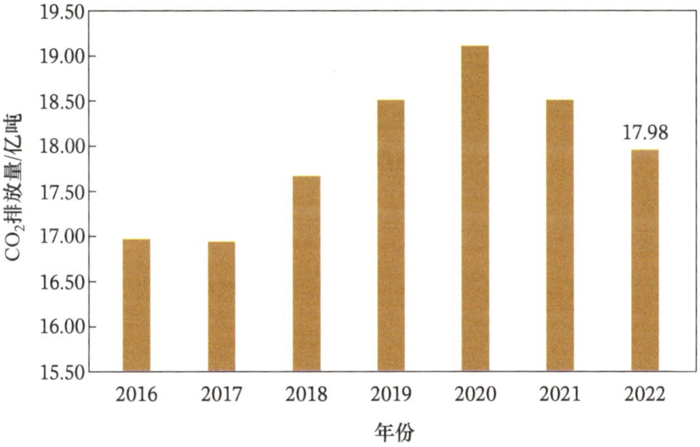


图1-4 中国钢铁行业碳排放量

目前，钢铁生产主流工艺分为高炉-转炉（BF-BOF）长流程、废钢-电弧炉短流程和直接还原铁（DRI)-电弧炉流程，主要包括炼铁、炼钢、轧钢等重点工序，如图1-5所示。其中，以碳冶金为基础的长流程是最常见的工艺，全球粗钢产量70%左右来自长流程工艺。世界范围内，日本、俄罗斯、韩国、十几个欧盟国家（德国、法国等）等均是以长流程生产为主；美国、土耳其等国则依托自身资源条件，形成以电炉短流程为主的工业结构，其中美国短流程工艺已占到总产量的69%以上；我国钢铁产业结构中，以高炉-转炉长流程为主，其产钢量占比在90%左右。世界钢铁协会数据显示[14]，高炉-转炉长流程相应的吨钢 $CO_2$ 排放量为2.3 t左右，其中高炉炼铁环节碳排放量最大；相比而言，产钢量占比小于10%的废钢-电弧炉和直接还原铁-电弧炉短流程碳排放量分别大约为0.67 t和1.65 t；由此可见，短流程在碳减排方面具有显著优势。因此，目前来看，高炉低碳冶炼是我国钢铁工业实现“双碳”目标的重点突破方向；从我国钢铁生产中长期发展来看，长流程逐步向短流程调整则是大幅度减排的必然选择。正如当前，欧盟钢铁企业在向DRI-电炉工艺短流程转型，从而取代现有的高炉-转炉长流程工艺；北美钢铁企业的投资计划也进一步提高DRI-电炉工艺短流程的比重。

世界钢铁协会总干事埃德温·巴松在全球低碳冶金创新论坛暨第八届宝钢学术年会致辞中指出，钢铁作为可循环利用的绿色材料支撑着现代世界的快速发

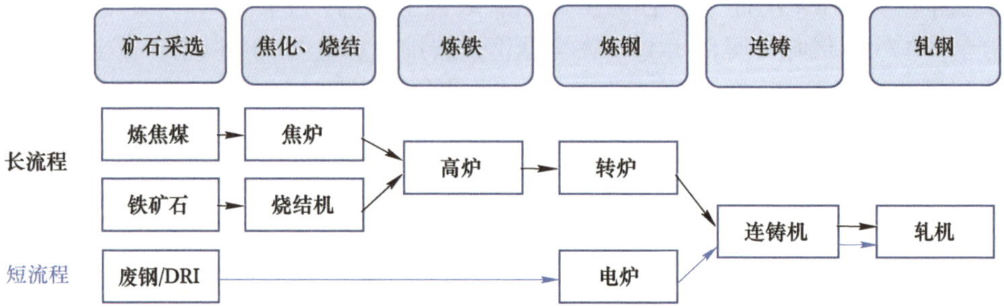


图 1-5 主要的钢铁生产工艺流程

展[15]。因此，绿色低碳是世界钢铁工业重要发展主题之一。当前，全球各国钢铁企业脱碳目标见表 1-2，大部分钢铁企业的目标是 2050 年实现碳中和，及在 2030 年左右大幅度减少 $CO_2$ 排放。

**表 1-2 全球钢铁企业的碳中和目标[16]**

| 地区/企业 | | 减 排 目 标 | 基准年 | 碳中和目标 |
|---|---|---|---|---|
| 欧洲 | 安赛乐米塔尔 | 2030 年欧洲减排 30%，全球减排 25%（范围 1+2） | 2018 | 2050 年碳中和 |
| | 蒂森克虏伯 | 2030 年欧洲减排 30%（范围 1+2），2030 年减排 16%（范围 1+2+3） | 2018 | 2045 年碳中和 |
| | 瑞典钢铁公司（SSAB） | — | — | 2030 年无碳 |
| | 塔塔钢铁欧洲公司 | 2030 年英国减排 30%，荷兰减排 40% | 2018 | 2050 年碳中和 |
| 美洲 | 纽柯 | 2030 年减排 35%（范围 1+2） | 2015 | 长期碳中和 |
| | 美国钢铁公司 | 2030 年欧洲减排 20% | 2018 | 2050 年碳中和 |
| | 克利夫兰·克利夫斯 | 2030 年减排 25%（范围 1+2） | 2017 | — |
| | 盖尔道 | 2031 年欧洲减排 11% | 2020 | 2050 年碳中和 |
| | 巴西国家黑色冶金公司 | 2030 年减排 10%，2035 年减排 20%（范围 1+2） | 2018 | 2044 年碳中和 |

续表 1-2

| 地区/企业 | | 减 排 目 标 | 基准年 | 碳中和目标 |
|---|---|---|---|---|
| 亚洲 | 宝武 | 2035 年减排 30% | 2020 | 2050 年碳中和 |
| | 河钢 | 2030 年减排 30% | 2020 | 2050 年碳中和 |
| | 塔塔钢铁 | 2030 年减排 20% | 2018 | 2050 年碳中和 |
| | 日本制钢所株式会社 | 2030 年减排 23% | 2020 | 2050 年碳中和 |
| | 浦项控股 | 2030 年欧洲减排 10%，2040 年减排 50%（范围 1+2+3） | 2017—2019 均值 | 2050 年碳中和 |

在根据自身实际制定的碳中和目标下，各国钢铁企业纷纷制定碳减排方案和路径，推动钢铁行业的绿色低碳发展[17]。自 1960 年以来，欧洲钢铁生产中 $CO_2$ 排放量和能源使用量已经减少了一半；为进一步达到减排目标，实现循环经济，欧盟钢铁的绿色低碳转型将通过智能碳利用技术（SCU）和碳直接避免技术（CDA）两种途径进行，如图 1-6 所示[18]。SCU 在工艺集成整合以减少用碳的情况下，还包括碳捕集与封存技术（CCS）和碳捕集与利用技术（CCU）等。CDA 这一类则主要涉及基于废钢和无 $CO_2$ 电力的电弧炉工艺路线和基于天然气、$H_2$ 无 $CO_2$ 电力的直接还原铁-电弧炉路线。其中，随着绿氢技术发展，直接还原铁-电弧炉路线的碳排放有望降到极低，甚至实现零碳排，从而赋予短流程炼钢极高的减排潜力。表 1-3 概括了欧盟当前正在实施的钢铁工业 $CO_2$ 减排项目[19]。为

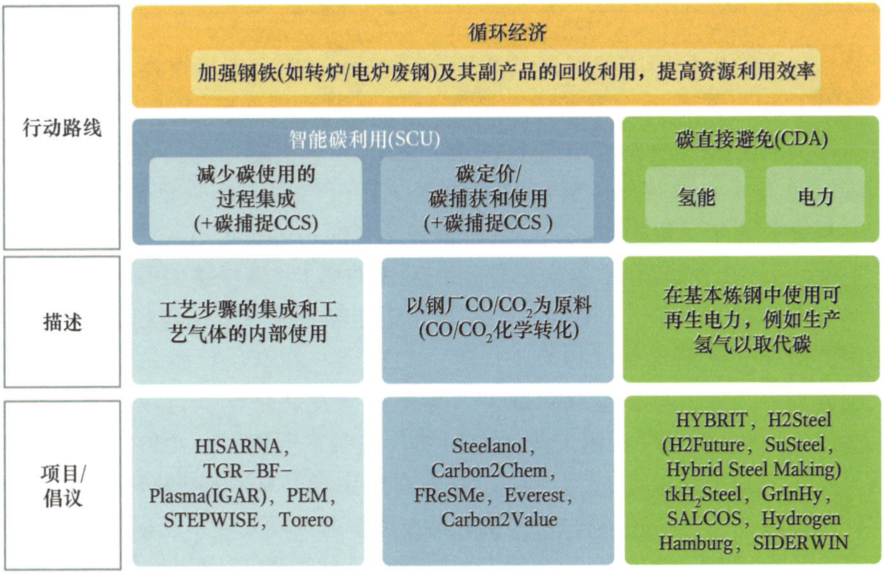


图 1-6　欧盟钢铁工业的减排技术[18]

推广减排技术，目前英国、德国、西班牙等多个欧洲国家也陆续宣布将投入大量资金支持本国钢铁企业走向绿色未来。以电炉生产钢铁为主的美国通过《通胀削减法案》激励钢铁行业低碳化发展，绿氢制钢、CCUS（碳捕集、利用及封存技术）均被推动。2023 年 3 月，美国政府再宣布，向美国工业示范计划拨款 63 亿美元，用于支持包括钢铁在内的重工业部门脱碳所需的转型技术开发。2023 年 2 月，韩国也发布向低碳生产转型的钢铁工业发展战略。

**表 1-3 欧盟钢铁行业 $CO_2$ 减排项目**[19]

| 类别 | 企业名称 | 项 目 | 还原剂 |
|---|---|---|---|
| SCU | 安赛乐米塔尔 | IGAR/Steelanol | $CO/H_2$(CCU) |
| | 塔塔钢铁欧洲公司 | HIsarna | CO(CCU) |
| | 蒂森克虏伯 | Carbon2Chem 电解水 | $CO/H_2$(CCU) |
| CDA | 迪林根 | COG to BF DR($H_2$)/EAF | $H_2$ |
| | 安赛乐米塔尔 | DR($H_2$)/EAF 电解水 | $H_2$ |
| | 萨尔茨吉特 | DR(NG,$H_2$)/BF/EAF 电解水 | $H_2$ |
| | 瑞典钢铁公司（SSAB)/瑞典矿业公司（LKAB)/大瀑布电力公司（Vattenfall) | DR($H_2$)/EAF 电解水 | $H_2$ |
| | 塔塔钢铁 | DR(NG,$H_2$)/EAF | $H_2$ |
| | 蒂森克虏伯欧洲 | $H_2$ to BF DR(NG,$H_2$)/BF/SAF 电解水 | $H_2$ |
| | 奥钢联 | DR(NG,$H_2$)/BF/EAF 等离子熔炼电解水 | $H_2$ |

钢铁工业作为我国国民经济的重要基础产业，政府高度重视钢铁行业“双碳”工作，相关部委也在不断完善政策以推进钢铁行业绿色低碳高质量发展。2021 年，中国钢铁工业协会（简称钢协）发布《落实减产量要求，推进钢铁行业低碳绿色发展》倡议书，提出“力争‘十四五’提前实现钢铁行业碳达峰”的行业目标；同年，生态环境部应对气候变化司向钢协发出《关于委托中国钢铁工业协会开展钢铁行业碳排放权交易相关工作的函》，委托钢协开展钢铁行业纳入全国碳市场相关工作，主要包括钢铁行业碳配额分配方案制定和更新、钢铁行业全国碳市场支撑系统测试相关工作等。2022 年，在《关于促进钢铁工业高质量发展的指导意见》中，重点明确了“绿色低碳发展是钢铁行业转型升级发展的重中之重”，并部署了钢铁工业“十四五”发展重点工作。2023 年，国务院发布的《空气质量持续改善行动计划》要求有序引导长流程炼钢转型为电炉短流程炼钢及实现钢铁行业超低排放。2024 年 6 月，国家发改委、工信部、生态环境部等部门联合发布《钢铁行业节能降碳专项行动计划》，明确钢铁行业节能降碳的主要目标、重点任务及保障措施。近年来，我国钢铁行业紧密围绕“双碳”

目标，并结合自身生产实际研究制定高效可行的碳减排路径[20,21]，扎实有序推进低碳转型。总体来说，国内钢铁企业在低碳冶金方面的探索主要在于加大力度管理碳循环体系，提高能源利用率，开发清洁能源和优化能源结构。在能源结构转变方面，以氢能的开发与利用作为重点，呈现出从焦炭到氢气的升级趋势，推动低碳冶金革命性工艺的研发和推广。

## 1.2 氢冶金发展历程

### 1.2.1 氢冶金概念的提出

在应对全球气候变化和能源转型的背景下，将氢用于钢铁生产的变革性技术——氢冶金，成为国内外研发和讨论的热点。1999 年第 125 次香山科学会议中，徐匡迪院士从 $CO_2$ 减排角度提出氢冶金[22]；随后，徐匡迪院士持续推动中国氢冶金、钢铁低碳的发展，多次在中国钢铁年会上强调研究开发氢冶金技术的重要性和规划[23-25]。2018 年，干勇院士也指出“21 世纪是氢时代”。

碳冶金是钢铁工业代表性的发展模式，氢冶金是基于碳冶金的概念提出的，即采用“氢”取代“碳”作为钢铁生产中铁矿石的还原剂和过程燃料，实现铁矿石脱氧过程的技术。碳还原和氢还原基础反应分别见式（1-1）和式（1-2）。

$$2Fe_2O_3+3C = 4Fe+3CO_2 \tag{1-1}$$

$$Fe_2O_3+3H_2 = 2Fe+3H_2O \tag{1-2}$$

当下，以碳冶金作为主流的技术路线，是钢铁行业碳排放量较大的主要原因。相比于传统炼铁碳冶金，氢气和铁矿石还原反应产物为金属铁和水。氢冶金可从源头实现“碳排放”被“水排放”替代，降低 $CO_2$ 排放量。用 $H_2$ 代替传统碳无疑是最佳的低碳冶金路线，而全氢冶炼理论上可实现零碳排放。另外，由于 $H_2$ 的黏度低、密度小、导热性好，可降低还原气体的密度和黏度，从而加速气体和固体间的热交换，提高铁矿石还原过程中的热能利用率；并且，$H_2$ 扩散速度为 CO 的 3.74 倍，因此，$H_2$ 能够更快地通过铁矿石细微的孔隙达到反应界面，还原后生成的 $H_2O$ 也比 $CO_2$ 扩散得更快[26]。可见，氢冶金不但减少碳排放，而且反应速度极快。整体来看，氢冶金是一种高效、环保、节能的冶金过程，是钢铁产业优化能源结构和工艺流程，实现绿色低碳可持续发展的有效途径之一[27]。

“以氢代碳”的氢冶金是在“以气（油）代焦”的技术基础上，通过不断提高还原气氛中 $H_2$ 比例，形成富氢还原逐步向全氢还原工艺发展，从而实现从传统碳冶金到全氢冶金的转变[28]。因此，推动氢冶金工艺与技术发展，研究炼铁工序碳素“零排放”的核心技术和设备，是新时代下钢铁工业实现“碳中和”目标和高质量发展的重要方向之一。

### 1.2.2 氢冶金发展现状

1.2.2.1 国内外氢冶金技术进展

A 国外氢冶金

“以氢代碳”的氢冶金工艺引起了世界钢铁行业的广泛关注，国外较早部署了具有发展前景的氢冶金低碳冶炼研究规划项目。在欧洲，2004 年由安赛乐米塔尔公司牵头 ULCOS（超低 $CO_2$ 炼钢）项目，目标是使吨钢 $CO_2$ 排放量降低至少 50%，包括富氧高炉喷氢及其他富氢冶炼工艺技术路线开发。2016 年，瑞典发起“Carbon-Dioxide-Free Steel Industry”计划，开始非化石能源钢铁 HYBRIT（又称“突破性氢能炼铁技术”）攻关项目，其基本思路是用 $H_2$ 替代高炉的煤粉和焦炭[29,30]；该项目于 2017 年底完成可行性研究工作，2018 年 6 月在 Lulea 建设中试厂，2020 年 8 月全球第一个无化石海绵铁中试线投入运行。作为目前欧盟国家重点打造的 Hy2Use IPCEI 综合项目之一，HYBRIT 项目于 2023 年 12 月获得瑞典能源署 31 亿克朗的资金支持，用于建设一座工业级别低碳排放钢示范工厂，设计产能为 130 万吨/年。HYBRIT 项目的开展是欧盟钢铁行业向实现无化石能源炼钢迈出的重要一步。由德国萨尔茨吉特（Salzgitter）公司和意大利特诺恩（Tenova）公司共同开发的 SALCOS 项目[31]（见图 1-7），旨在利用 $H_2$ 和天然气混合的气基直接还原-电弧炉工艺路线，逐步将 $CO_2$ 排放量降低。推动可再生能源和低碳钢铁生产的发展，2020 年以来，德国萨尔茨吉特实施了包括建设风力发电装置及世界首个兆瓦级蒸汽电解装置等多个创新项目，并从 2022 年开始建立具有灵活操作能力的直接还原示范工厂。德国蒂森克虏伯公司于 2019 年在 9 号高炉首次喷吹纯氢，更是正式宣布“以氢代煤”炼铁[32]。到 2022 年，厂内其他 3 座高炉计划逐渐应用该技术，最后可实现 $CO_2$ 排放减少 20%。2020 年，德国迪林根钢铁公司和萨尔钢铁公司投资 1400 万欧元研究高炉喷吹富氢焦炉煤气工艺技术。在高炉上设计并配备焦炉煤气喷吹系统，采用焦炉煤气作为还原剂替代部分煤粉和焦炭，降低高炉中的碳强度。另外，奥钢联于 2017 年 2 月启动了 $H_2$FUTURE 项目，旨在通过研发突破性的 $H_2$ 替代焦炭冶炼技术，最终实现在 2050 年 $CO_2$ 排放减少 80%的目标[33]。

在美国，克利夫兰·克利夫斯公司（Cleveland Cliffs）先是于 2023 年在康涅狄格州的米德尔敦厂的高炉成功完成 $H_2$ 喷吹试验，随后于 2024 年 1 月宣布在其印第安纳钢厂 7 号高炉（北美最大高炉）成功完成 $H_2$ 喷吹试验，标志着其在推动实现碳中和上迈出了重要一步。

此外，日本、韩国在氢冶金技术开发方面也走在世界前列。日本在 2008 年开始日本环境和谐型炼铁工艺技术开发项目（COURSE50），如图 1-8 所示[34]；氢还原炼铁法是该项目的关键核心技术，将部分煤粉和焦炭使用氢置换，并且结

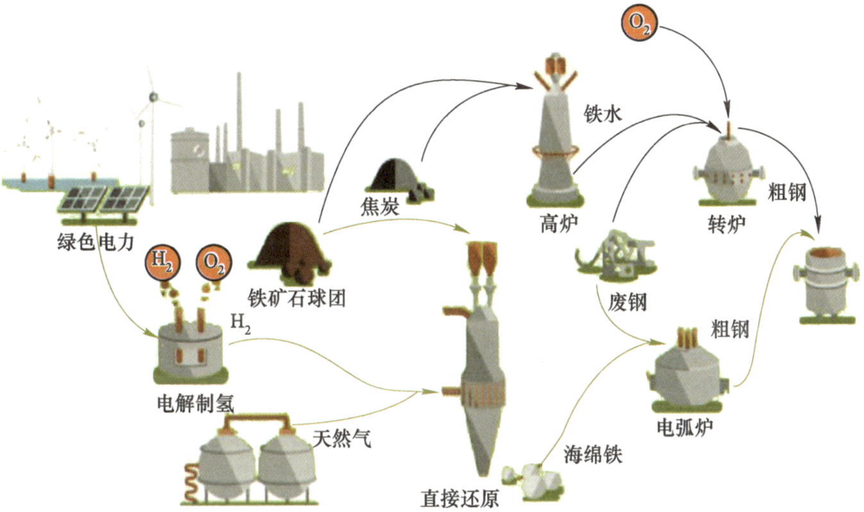


图 1-7 SALCOS 工艺路线图

合化学吸收法和物理吸附法的技术分离回收高炉煤气中 $CO_2$。2023 年 2 月，日本制铁决定启动高炉喷氢示范性试验，并计划 2026 年在君津厂 4500 $m^3$ 高炉进行试验。另外，日本也启动利用钢铁厂外 $H_2$ 的 Super-COURSE50 项目的开发，首先在试验高炉上进行试验，到 2050 年实现在实际高炉上运行，预计将减少 50% 的 $CO_2$ 排放。2017 年 12 月开始，韩国正式开始氢还原炼铁 COOLSTAR 项目，主要包括以高炉副生煤气制备 $H_2$ 实现碳减排技术[35]。

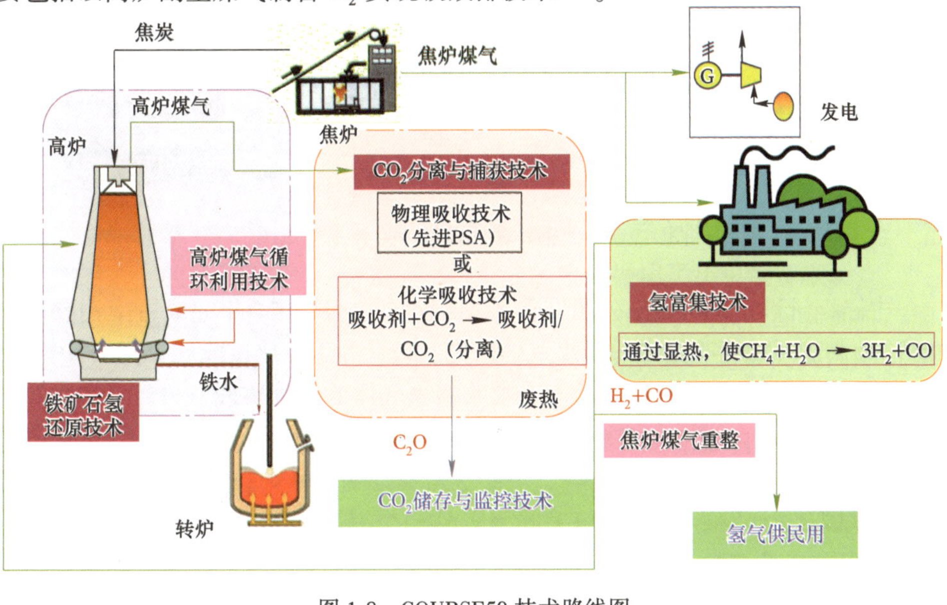


图 1-8 COURSE50 技术路线图

B 国内氢冶金

相比国外低碳、氢冶金方面的研究规划布局，我国氢冶金工艺积极布局且发展迅速。尤其是近几年，各大钢铁企业陆续开展了一系列极具竞争力的氢冶金技术项目以响应国家“双碳”战略部署。

宝武钢铁集团积极投入氢冶金实践，具体的技术路线如图 1-9 所示，主要按“富氢碳循环高炉工艺”和“氢基竖炉直接还原-电炉炼钢工艺”两条路线实施[36]。2020 年 7 月，八钢 400 $m^3$ 工业级别试验高炉正式点火投运，经过探索和实践，逐步完成从 35%富氧、50%超高富氧，再到 100%全氧冶炼工况条件下喷吹脱碳煤气和富氢冶炼的工业化试验，且开展了 1200 ℃高温煤气自循环喷吹和富氢冶炼的工业化试验，打通了富氢碳循环氧气高炉工艺全流程。2023 年 9 月，八钢的 2500 $m^3$ 富氢碳循环高炉商业示范项目投运，为全球高炉富氢低碳冶炼提供了借鉴。

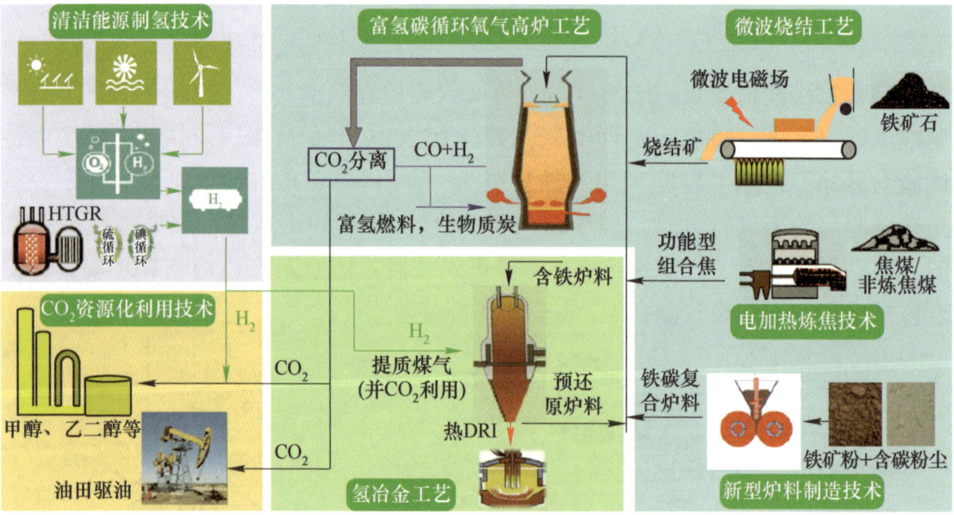


图 1-9 宝武钢铁集团低碳冶金技术路线图

中国钢研科技集团有限公司（简称中国钢研）于 2021 年完成晋南钢铁两座 1860 $m^3$ 高炉风口喷吹副产焦炉煤气的研究、设计和工业化试验（见图 1-10）[37]，本项目是首次实现大型高炉连续安全喷吹富氢气体的工程实践。另外，2024 年 1 月，中国钢研氢冶金中心自主开发设计和建设的全球首条纯氢多稳态竖炉示范工程在山东省临沂市临港区正式运行[38]。这是我国纯氢竖炉技术的首次工程示范，标志着我国自主研发的纯氢竖炉工程技术实现零的突破。目前，其产能为 5 万吨/年，100%采用国产设备，顺利运行 300 h，金属化率在 93%以上，各项指标达到稳态运行。

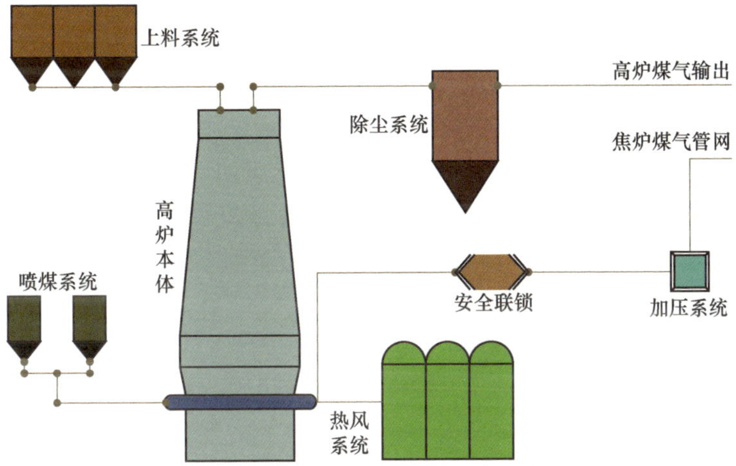


图 1-10　晋南钢铁设计建设的高炉富氢气体喷吹系统

上海大学-兴国铸业的 40 $m^3$ 半工业化试验高炉于 2021 年 12 月进行喷氢试验，是我国首次以纯氢为气源进行的高炉富氢技术开发[39]，系统考察了喷氢量的影响，掌握了富氢喷吹作用规律，获得了钢铁生产中大规模安全使用 $H_2$ 的经验，试验获得成功。在高炉富氢冶炼技术开发试验中，上海大学-兴国铸业还开展了国内外首例富氢高炉的试验解剖研究，采用打开高炉“黑箱”的研究新思路，掌握高炉用氢对冶炼过程的整体影响作用规律，构建起高炉富氢冶炼的完整技术工艺原型。

河钢集团河北张宣高科科技有限公司（简称张宣科技）焦炉煤气零重整-氢基竖炉直接还原工艺是全球首例 120 万吨氢冶金工程示范项目[40]。该项目从 2021 年 5 月开工建设，到 2022 年 12 月在河钢集团张宣科技全线建成投产，该工程在全球首次采用了以焦炉煤气为还原气体的高压竖炉零重整氢冶金技术，为世界氢能综合利用解锁了新的应用场景；比同等高炉长流程生产每年减少 $CO_2$ 排放达 80 万吨，减排比例达到 70%。该项目是氢冶金核心关键技术创新的重大突破，是中国钢铁史乃至世界钢铁史上由传统“碳冶金”向新型“氢冶金”转变的重要里程碑。

宝钢湛江钢铁百万吨级氢基竖炉工程是国内最大集成采用多气源并最终采用全氢进行工业化生产直接还原铁的生产线（见图 1-9），即还原气体采用 $H_2$、焦炉煤气和天然气组合的方式，还原气体中的 $H_2$ 含量较高，且有合成气的 $H_2/CO$ 体积比可调节的优势。该项目于 2022 年 2 月正式开工，2023 年 12 月点火试生产。与宝钢湛江钢铁现有高炉炼铁单工序产品 $CO_2$ 排放量相比，可降低 $CO_2$ 排放 58%~89%，每年可减少 50 万吨以上的 $CO_2$ 排放。

中晋太行利用焦化副产的优质资源——焦炉煤气（COG）完成我国首套以重

整焦炉煤气为气源的30万吨级富氢竖炉直接还原铁工业化试验。该项目于2017年全面建设，2020年12月进行试生产，生产期内各项指标均接近设计指标。经过设备维检和部分工艺调整阶段后，2021年12月全面投产；2022年11月经技术改造后，成功生产出指标合格的热压块铁（HBI）产品。

鞍钢集团联合国内研究团队开发万吨级流化床 $H_2$ 炼铁技术，作为全球首套绿氢零碳流化床高效炼铁新技术示范项目，已于2022年9月开工建设。该项目可实现低碳冶金新技术路线的突破，为世界氢冶金技术发展提供“中国方案”。

建龙集团30万吨富氢熔融还原高纯铸造生铁项目于2021年3月点火烘炉，4月正式点火投运进行试生产并成功出铁156 t。该项目的成功投产，对我国熔融还原冶炼技术的发展起到了一定的引领和示范作用，也是推动传统“碳冶金”向新型“氢冶金”转变的关键前沿技术。

总体来看，氢冶金目前是替代碳冶金最可行的途径，有利于钢铁企业完成绿色低碳转型升级。国内外众多钢铁企业纷纷研发了各自的氢冶金技术，并取得了成效。

1.2.2.2　氢冶金的分类

根据国内外研究及实践情况，目前氢冶金主流技术路径包括高炉富氢喷吹工艺、氢基熔融还原工艺，以及氢基直接还原工艺（竖炉、流化床）等，如图1-11所示。

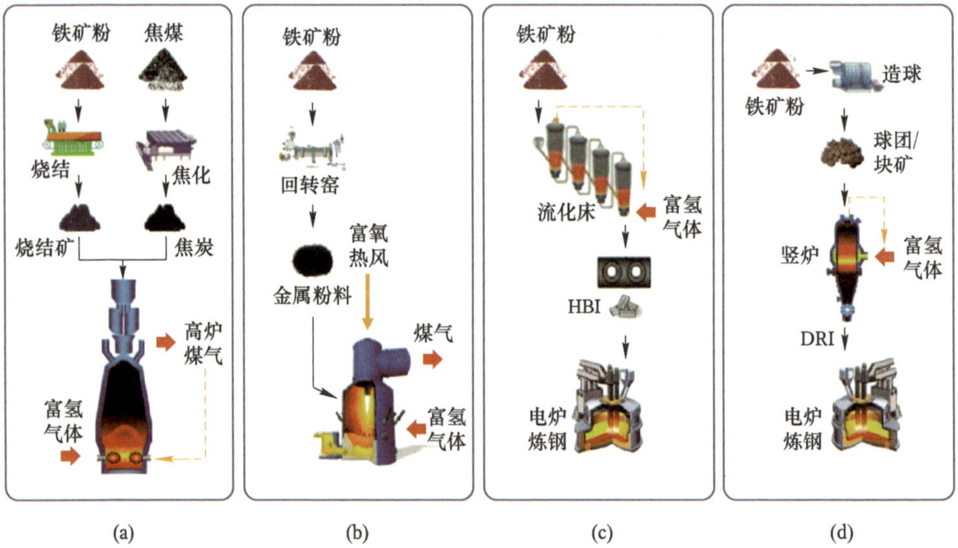


图1-11　氢冶金技术路径[26]

(a) 高炉富氢喷吹工艺；(b) 富氢熔融还原工艺；(c) 氢基流化床还原工艺；(d) 氢基竖炉还原工艺

高炉是钢铁企业降碳的重点环节，高炉富氢冶炼即通过喷吹天然气、焦炉煤气等富氢气体参与炼铁过程。由于改造成本较低、富氢气体易获取、可操作性强，因此高炉富氢喷吹工艺被认为是现阶段从“碳冶金”过渡到“氢冶金”的桥梁，是降低碳排放的重要突破口。但是，焦炭在高炉内的骨架作用无法被完全替代，富氢气体喷吹量存在极限值，在技术上难以实现“近零碳排放”。

氢基熔融还原工艺是将铁矿石的熔融还原与氢还原相结合，典型的是在借鉴墨龙 Hismelt 熔融还原工艺的基础上引入氢还原概念所开发的赛思普工艺（CISP）。整体来看，氢基熔融还原工艺简单、技术先进、能耗低、污染小、投资少、成本低、原料适应性强。因此，氢基熔融还原工艺是氢冶金未来重要发展方向之一。

氢基流化床直接还原工艺是在流化床内通入富氢还原气体，从而直接对粉铁矿进行还原，不经过造球工序，从源头和工序过程进一步减少了 $CO_2$ 的产生和排放，具有代表性的技术包括 Finmet 技术、Circored 技术等。目前来看，该工艺在世界上仍然没有规模化工业实践。

氢基竖炉直接还原工艺是采用高温的富氢气体在竖炉反应器中对铁矿石球团进行还原，不使用焦炭和煤，从源头上大幅度减少了 $CO_2$ 的产生和排放，尤其是纯氢竖炉炼铁碳减排能力可达到98%以上，碳减排潜力极大。总体来看，以氢基竖炉直接还原的氢冶金工艺是钢铁行业实现规模化、绿色低碳发展的主要方向，甚至可以实现“近零碳”冶金。

#### 1.2.2.3 氢冶金相关政策

我国对氢冶金给予高度重视，通过制定相关规划和政策以推动其发展，近几年我国印发的与氢冶金相关政策见表 1-4。可见，国家层面鼓励对氢冶金等前沿技术的探索，支持和推进产业化氢冶金示范工程的实施，强化了氢冶金的顶层设计。此外，河北、山东、江苏等地方政府也相继出台一系列政策，增加资金投入，以鼓励支持发展氢冶金。

**表 1-4 国家层面氢冶金相关政策及内容**

| 时间 | 政策文件 | 氢冶金内容 |
|---|---|---|
| 2021 年 11 月 | 《“十四五”全国清洁生产推行方案》 | 支持开展氢能冶金等领域清洁生产技术集成应用示范 |
| 2022 年 2 月 | 《关于促进钢铁工业高质量发展的指导意见》 | 制定氢冶金行动方案，加快推进低碳冶炼技术研发应用。到 2050 年，氢冶金等先进工艺技术取得突破进展 |
| 2022 年 2 月 | 《高耗能行业重点领域节能降碳改造升级实施指南》 | 重点围绕副产焦炉煤气或天然气直接还原炼铁、高炉大富氢或富氢冶炼、熔融还原、氢冶炼等低碳前沿技术，开展产业化试点示范 |

续表 1-4

| 时间 | 政策文件 | 氢冶金内容 |
|---|---|---|
| 2022 年 3 月 | 《氢能产业发展中长期规划（2021—2035 年）》 | 开展以氢作为还原剂的氢冶金技术研发应用，探索氢能冶金示范应用 |
| 2022 年 8 月 | 《工业领域碳达峰实施方案》 | 研究实施氢冶金行动计划，到 2030 年富氢碳循环高炉冶炼、氢基竖炉直接还原等技术取得突破应用 |
| 2023 年 8 月 | 《钢铁行业稳增长工作方案》 | 加大对氢冶金、低碳冶金等低碳共性技术中试验证、产业化攻关的支持力度，对符合条件的低碳前沿技术产业化示范项目研究给予产能置换政策支持 |
| 2024 年 2 月 | 《工业领域碳达峰碳中和标准体系建设指南》 | 在燃料替代方面，重点研究生物质燃料替代技术、氢冶金、炉窑氢燃烧替代等氢能替代 |

从我国相关行业及企业层面来看，2022 年 8 月，中国钢铁工业协会发布《钢铁行业碳中和愿景和低碳技术路线图》，提出的钢铁行业低碳共性技术清单涵盖了富氢或全氢的直接还原、富氢碳循环高炉和氢基熔融还原三个目前氢冶金技术涉及的领域。2023 年，自然资源保护协会（NRDC）发布了《面向碳中和的氢冶金发展战略研究》，在综合考虑钢产量变化趋势和钢铁行业“双碳”目标的基础上，提出从现阶段到 2026 年我国氢冶金发展四步走路线图，图 1-12 给出了氢冶金路线图及相关发展指标。另外，宝武、河钢、鞍钢、建龙等各大钢铁企业

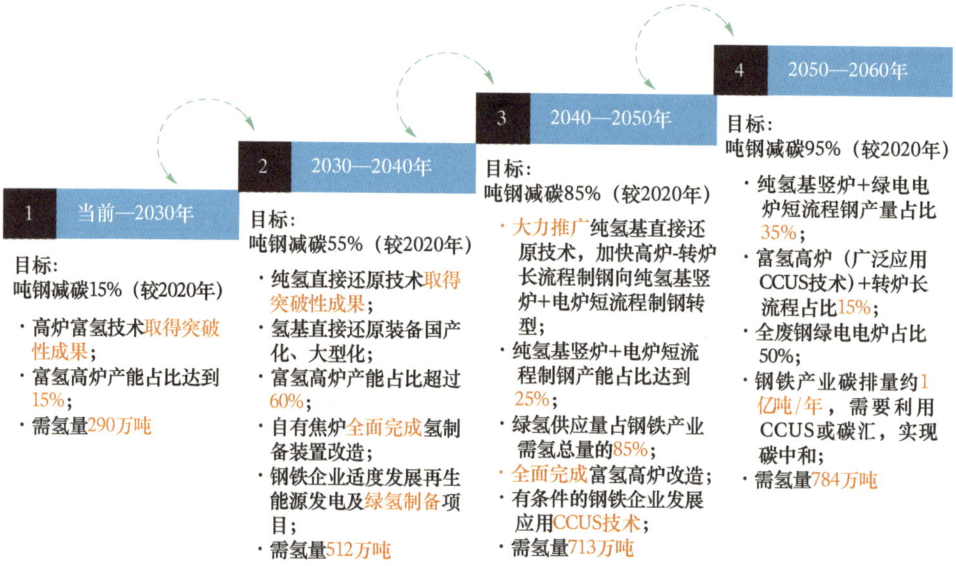


图 1-12　我国氢冶金发展路线图

结合自身实际，也陆续发布了各自的《碳达峰碳中和行动方案》《低碳冶金路线图》《低碳发展技术路线图》等“双碳”发展目标及低碳冶金路线图，均将氢冶金作为重要的降碳技术路径[41]。未来，随着对氢冶金的重视和投入，氢冶金技术将为钢铁行业转变能源结构、实现工业革命提供重要途径，并创造全新场景。

## 1.3 气基竖炉直接还原工艺发展

### 1.3.1 气基竖炉直接还原工艺发展现状

作为典型的非高炉炼铁工艺，直接还原技术是实现钢铁生产短流程，即直接还原铁（DRI）-电弧炉流程的重要环节[42]。随着全球节能环保意识的高度统一，不同地区和国家对直接还原铁的重视程度均日益提高。迄今为止，已经有数十种直接还原工艺实现了工业化生产。其中，以 CO 和 $H_2$ 为还原剂的气基竖炉直接还原工艺是国际主流的直接还原炼铁工艺，具有生产规模大、生产效率高、工艺能耗低、环境负荷小等优势，对发展短流程炼钢，生产优质钢意义重大[43]。传统的气基竖炉直接还原技术包括 MIDREX 工艺、HYL 工艺及基于 MIDREX 开发的 PERED 工艺[44]。其中，MIDREX 工艺和 HYL 工艺是目前世界上最成功、生产规模最大的气基竖炉直接还原工艺，根据 2020—2022 年世界直接还原铁产量中不同生产工艺占比（见表 1-5）可看出，MIDREX 工艺生产的直接还原铁占全球直接还原铁产量的比重约 60%，HYL 工艺超过 12%，气基竖炉直接还原工艺产量占总产量的比重超过 72%。

表 1-5 2020—2022 年不同工艺条件下直接还原铁产量比重[45]

| 时间 | 2020 年 | 2021 年 | 2022 年 |
|---|---|---|---|
| MIDREX 工艺/% | 60.2 | 59.5 | 57.8 |
| HYL/Energiron 工艺/% | 12.4 | 12.7 | 12.1 |
| PERED 工艺/% | 2.9 | 2.9 | 2.2 |
| 其他/% | 0.2 | 0.1 | 0.1 |
| 回转窑工艺/% | 24.3 | 25.4 | 27.9 |
| 总产量/万吨 | 10484 | 11916 | 12736 |

近年来，以纯氢或富氢气体为还原气体的氢基竖炉直接还原工艺备受瞩目。全球钢铁企业纷纷对氢基直接还原项目（H-DRI）进行了深度布局，加大了相关技术的研发和投资力度，特别是资源禀赋和能源结构上具有优势的国家。欧盟地区氢基竖炉直接还原铁项目统计见表 1-6[46]，由该表看出，其多个项目均使用天然气（NG）作为过渡还原气体，并在后期逐步增加 $H_2$ 用量。目前，这些项目处于不同的研发阶段。

表 1-6 欧盟地区氢基直接还原铁项目统计[46]

| 国家 | 公司 | 项目 | 地点 | 还原气体 | 技术路线 | 进度计划 |
|---|---|---|---|---|---|---|
| 奥地利 | 奥钢联 | HYFOR | 多纳维茨 | $H_2$ 电解 | H-DRI（采用矿粉） | 2021 年：建成中试工厂 |
| 比利时 | 安赛乐米塔尔 | — | 根特 | NG，后期 $H_2$ | H-DRI | 2030 年：建成年产 230 万吨 DRI 工厂 |
| 法国 | 安赛乐米塔尔 | — | 敦刻尔克 | NG，后期 $H_2$ | H-DRI（DRI 用于矿热炉） | 2021 年：与 Air Liquide 签订备忘录 |
| 法国 | 利百得钢铁 | — | 敦刻尔克 | NG，后期 $H_2$ | H-DRI | 2021 年：签订备忘录 |
| 德国 | 蒂森克虏伯 | $H_2$Steel | 杜伊斯堡 | $H_2$ 电解 | H-DRI（DRI 用于矿热炉+BOF） | 2024 年：实现规模化生产 DRI；2050 年：实现年产 40 万吨绿钢；2060 年：实现年产 250 万吨绿钢 |
| 德国 | 安赛乐米塔尔 | $H_2$Hamburg | 汉堡 | 灰氢，后期电解氢 | H-DRI | 2023 年：实现年产 10 万吨氢基 DRI |
| 德国 | 安赛乐米塔尔 | HyBit | 不来梅 | NG，后期电解氢 | 电解+H-DRI | 2026 年：商业化运行 DRI |
| 德国 | 安赛乐米塔尔 | — | 艾森许腾施塔特 | NG，后期热解制氢 | 热解制 $H_2$+H-DRI | 2026 年：创新型 DRI 试生产 |
| 德国 | 尤尼珀和萨尔茨吉特 | — | 威廉港 | $H_2$ 电解 | 电解+H-DRI | — |
| 德国 | 萨尔茨吉特 | SALCOS | 萨尔茨吉特 | NG，后期 $H_2$ | 风电+热解制氢+H-DRI | 2022 年：DRI 工厂动工 |
| 荷兰 | 塔塔钢铁 | $H_2$ermes | 艾默伊登 | NG，后期 $H_2$ | H-DRI | 2025 年：$H_2$ 装置投产 |
| 罗马尼亚 | 利百得钢铁 | — | 加拉茨 | NG，后期 $H_2$ | H-DRI | 2023—2025 年：年产 250 万吨 DRI 投产 |
| 西班牙 | 安赛乐米塔尔 | — | 希洪 | NG，后期 $H_2$ | H-DRI | 2025 年：年产 230 万吨 H-DRI 投产 |

续表 1-6

| 国家 | 公司 | 项目 | 地点 | 还原气体 | 技术路线 | 进度计划 |
|---|---|---|---|---|---|---|
| 瑞典 | 瑞典钢铁公司 | Hybrit | 吕勒奥 | $H_2$ 电解 | 电解+H-DRI | 2021 年：中试厂投产；2026 年：商业示范工厂 |
| | 瑞典矿业公司 | LKAB | 基律纳 | $H_2$ 电解 | 电解+H-DRI | 2029 年：DRI 工厂投产 |
| | 诺斯伏特公司 | $H_2$ Green Steel | 博登 | $H_2$ 电解 | 电解+H-DRI | 2030 年前达到 500 万吨/年产能 |

我国对直接还原技术的研究始于 20 世纪 50 年代，至 70 年代也开展了气基竖炉直接还原技术的开发和研究。但受到气源及高品位铁矿石等因素的制约，我国的气基直接还原技术发展较为缓慢。当前，随着气基直接还原铁技术的不断革新和优化使得还原气体可选范围不断扩大，发展利用焦炉煤气、化工副氢产品等为气源的气基竖炉直接还原技术成为我国绝大多数冶金工作者的共识。近年来，在碳减排政策推动的影响下，国内钢铁企业已积极布局气基竖炉直接还原，特别是河钢集团、宝武集团及中晋太行等企业采用富氢焦炉煤气作为气源的氢基竖炉直接还原工艺示范工程建设工作均已建成投产。

### 1.3.2 典型的气基竖炉直接还原工艺

20 世纪 20 年代，英国建造了第一个直接还原铁工厂；20 世纪 30 年代，瑞士开发了世界上第一个依靠焦炭气化的气体作为还原气体的工业方法——WBI-ERG 法；到 20 世纪中叶，随着天然气的大量开采和利用，极大地推动了竖炉直接还原技术的发展，出现了 MIDREX、HYL 等以气基竖炉为还原反应器的直接还原工艺。

#### 1.3.2.1 MIDREX 工艺

从 20 世纪 60 年代 MIDREX 工艺问世至今，一直是当今世界最具代表性和主导性的气基竖炉直接还原工艺。MIDREX 工艺中主要包括竖炉、重整炉、换热器、冷却气洗涤塔和炉顶洗涤塔等设备[47]。该工艺通过简单高效的工艺、多年来技术革新与改善、设备操作技术的不断进步而逐步发展，目前已由标准的 MIDREX（MIDREX NG）工艺扩展到 MIDREX Flex 工艺和 MIDREX $H_2$ 工艺，完成了原料气由 100%天然气到 100%$H_2$ 的过渡。

A 标准的 MIDREX 工艺[48,49]

标准的 MIDREX 工艺是最常见的 MIDREX 工艺，该工艺以天然气作为原料气，原料气与除尘、加压后的炉顶气混合，经换热器预热后送入重整炉反应后获得还原气体（CO 约 36%，$H_2$ 约 55%），还原气体（通常为 850~950 ℃）从竖炉中部风口鼓入，与顶部入炉的铁矿石形成气固两相流，反应后经炉顶排出；反应生成的直接还原铁（DRI）经下锥段冷却后排出，送入电弧炉或直接热压块成型。该工艺流程如图 1-13 所示。

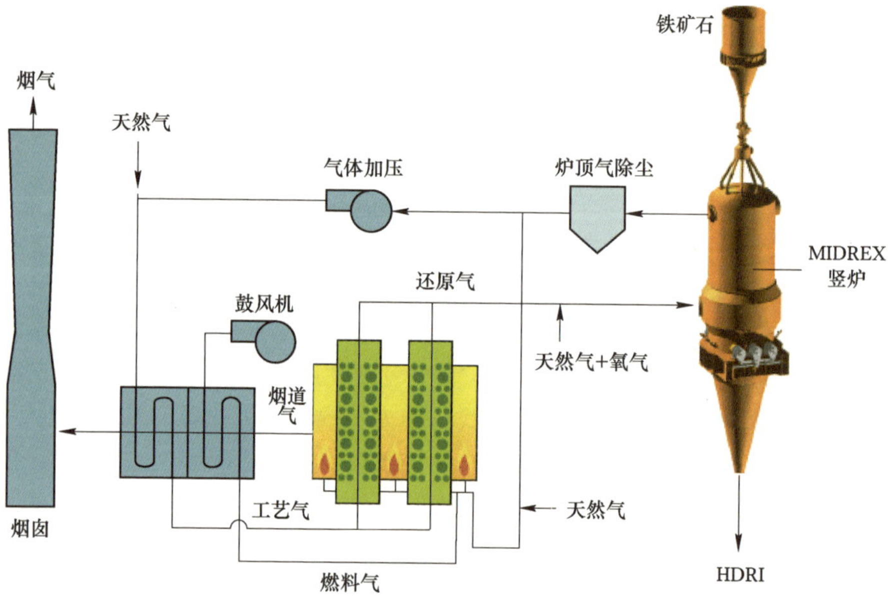


图 1-13 标准 MIDREX 工艺流程图[50]

整体来看，基于天然气的 MIDREX 工艺中主要包括三个主要阶段：还原、重整和热回收[51]。

（1）还原过程：由炉顶进入的铁矿石在还原气体的作用下被还原，逐渐从 $Fe_2O_3 \rightarrow Fe_3O_4 \rightarrow FeO \rightarrow Fe$，生成 $H_2O$ 和 $CO_2$。

（2）循环重整过程：以还原气体产物 $H_2O$ 和 $CO_2$，以及未反应的还原气体为组分的炉顶气经炉顶洗涤器净化、冷却后，由压缩机加压，天然气混合预热后送入重整炉进行重整，生成还原气体，而无需设置炉顶煤气脱碳工序，循环回收的炉顶气含量为 60%～70%。

（3）余热回收过程：炉顶气经净化后进入余热回收装置，从而通过换热器加热助燃空气和还原气体。

基于天然气的 MIDREX 工艺的基本特点有：（1）工艺成熟，生产规模大；（2）含 $CO_2$ 的炉顶煤气返回重整炉，煤气循环利用率高，$CO_2$ 排放低；（3）竖炉低压（0.1～0.2 MPa）运行，煤气加压电耗低；（4）设备紧凑、热能利用充分，生产效率高。目前，MIDREX 工艺在天然气资源比较丰富的伊朗、沙特阿拉伯等地区得到广泛应用。

B MIDREX Flex 工艺

由于脱碳是钢铁行业可持续发展的关键，提高 MIDREX 竖炉入炉还原剂中 $H_2$ 比例是行之有效的措施，故产生了 MIDREX Flex 工艺。该工艺可用 $H_2$ 代替任何比例的天然气原料，即该工艺提供了在任何天然气和 $H_2$ 混合物上运行的灵活性。因此，MIDREX Flex 工艺被视为标准 MIDREX 工艺的“进化创新”，其工艺流程如图 1-14 所示。

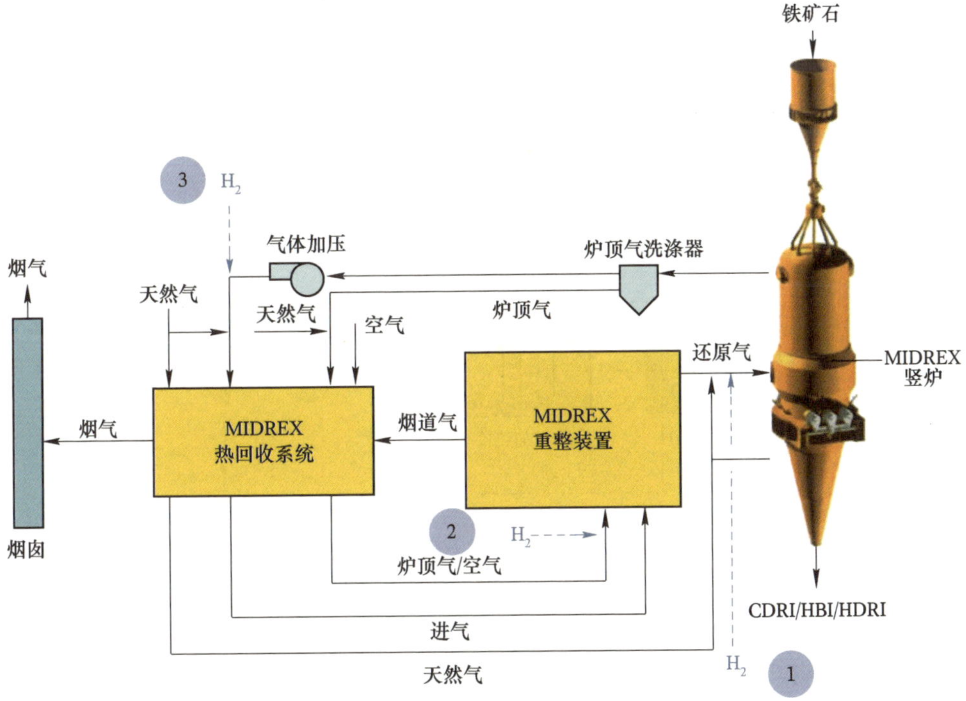


图 1-14 MIDREX Flex 工艺流程图[50]

一般来说，在重整炉下游注入不预热的 $H_2$ 可提高进入竖炉的还原气体质量，但其注入量需要考虑保持适当的还原气体温度。在最大限度增加重整炉下游注入 $H_2$ 量后，可将 $H_2$ 添加到重整炉燃烧器中，减少燃烧加热过程中的 $CO_2$ 排放。另外，也可在重整炉上游引入 $H_2$ 以提高原料气质量。

C MIDREX $H_2$ 工艺

MIDREX 竖炉采用高达 100% $H_2$ 作为直接还原铁生产原料气被称为 MIDREX $H_2$ 技术。MIDREX $H_2$ 具体的工艺流程如图 1-15 所示，可以看出，由于没有吸热的天然气重整反应，其工艺流程中不需要重整炉，而切换为将 $H_2$ 升温到所需温度的气体加热器；由于加热器燃料来自废热、电力、天然气或氢气等环保热源，因此进入竖炉的还原气体中除 $H_2$ 外，还包括少量的 CO、$CO_2$、$H_2O$ 和 $CH_4$。经过工艺模型计算和实验室实验验证，标准的 MIDREX 工艺竖炉仍适用于 100% $H_2$ 喷入。由于氢气在竖炉中转化为水，随后在顶部气体洗涤塔中冷凝，因此也无需 $CO_2$ 去除设备。由于使用 $H_2$ 作为还原气体或燃料，从而获得了更大的碳减排空间。一般来说，与 BF/BOF 长流程相比，MIDREX $H_2$ 直接还原工艺与电弧炉相结合的短流程 $CO_2$ 排放量可减少高达 80%。

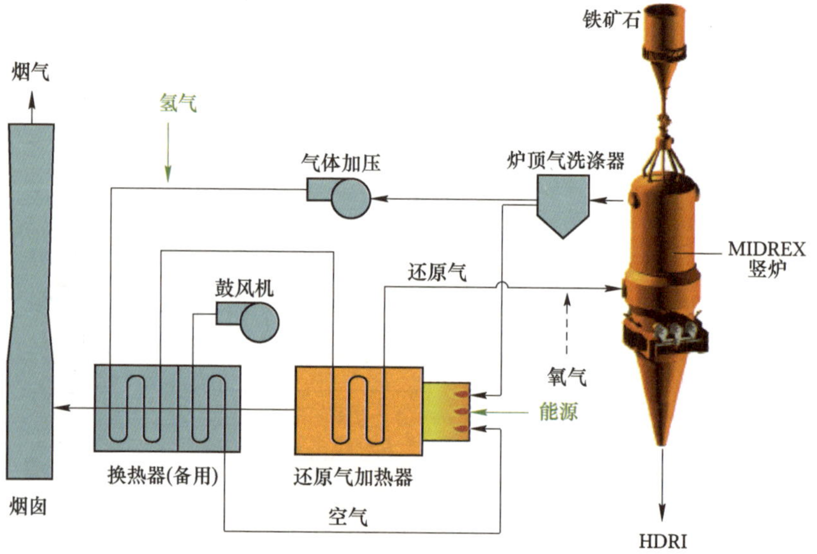


图 1-15 MIDREX $H_2$ 工艺流程图[52]

当前，全球范围内的钢铁企业通过采用纯氢作为能源或铁矿石还原剂以期实现显著降低碳排放的目标，因此，MIDREX $H_2$ 工艺具有非常大的应用潜力。但是，其最大的挑战是在不产生大量 $CO_2$ 的情况下生产大量的纯氢气。随着“氢经济”理念的发展，各国政府和钢铁企业都在努力寻求尽快获得绿氢的方法，从而在将来有充足绿氢可以利用的阶段实现钢铁工业的清洁生产。

表 1-7 给出了三种典型的 MIDREX 工艺中原料气消耗量及 $CO_2$ 排放量对比情况，由此可以看出，随着 $H_2$ 占比的增加，$CO_2$ 排放量逐渐减少；对于 MIDREX $H_2$ 工艺来说，如果加热器燃料采用 $H_2$，那么 $CO_2$ 排放量为零。

**表 1-7 欧盟地区氢基直接还原铁项目统计[52]**

| 工艺 | 标准 MIDREX | MIDREX Flex | | | MIDREX $H_2$ |
|---|---|---|---|---|---|
| $H_2$ 代替 NG 比例/% | 0 | 30 | 50 | 80 | 100 |
| 天然气消耗量/$m^3 \cdot t^{-1}$ | 275~300 | 190~215 | 140~165 | 50~80 | 0 |
| $H_2$ 消耗量/$m^3 \cdot t^{-1}$ | 0 | 250~300 | 450~500 | 700~750 | 850~900 |

续表 1-7

| | | | | | |
|---|---|---|---|---|---|
| $H_2/CO$ | 1.6 | 2.8 | 4.5 | 10.5 | — |
| $CO_2$ 排放量/$kg \cdot t_{DRI}^{-1}$ | 500 | 350 | 250 | 100 | 若燃料为 100%$H_2$，排放量为 0 |

#### 1.3.2.2 HYL/Energiron 工艺

HYL 工艺是最著名的气基竖炉直接还原工艺。自 1957 年第一个 HYL 气基直接还原铁厂建成以来，HYL 直接还原技术先后经历了一系列的重要变革。最初的 HYL-Ⅰ工艺采用间歇式固定床灌注法[53]，而 HYL-Ⅱ工艺采用移动床反应器。因工艺效率低，目前，两种工艺几乎不再使用。在 HYL-Ⅰ和 HYL-Ⅱ工艺的基础上，Hylsa 公司开发了一种高压逆流式移动床竖炉法直接还原工艺，即 HYL-Ⅲ工艺，目前应用最为广泛。随后，在 HYL-Ⅲ工艺基础上继续进行技术重整，研发了 HYL-ZR（Energiron-ZR）工艺，当前其应用较 HYL-Ⅲ更为普遍。

A　HYL-Ⅲ工艺[54]

HYL-Ⅲ工艺流程如图 1-16 所示。与 MIDREX 工艺类似，其核心设备为 HYL 竖炉，此外还包括换热器、重整炉、加热炉和还原气体洗涤器等。在 HYL-Ⅲ工艺中，天然气作为原料气，水蒸气作为裂化剂，二者在烟道对流换热器中预热至 370 ℃左右后进入重整炉，在镍基催化剂作用下重整为还原气体，粗还原气体经净化、脱水后与洗涤、加压、脱碳后的炉顶气混合后送入加热炉被加热至 900~950 ℃，随后从竖炉中部鼓入完成对球团矿的预热及还原，产生的炉顶气经除尘、脱水后，一部分作为加热炉燃料，另一部分则继续被循环利用。

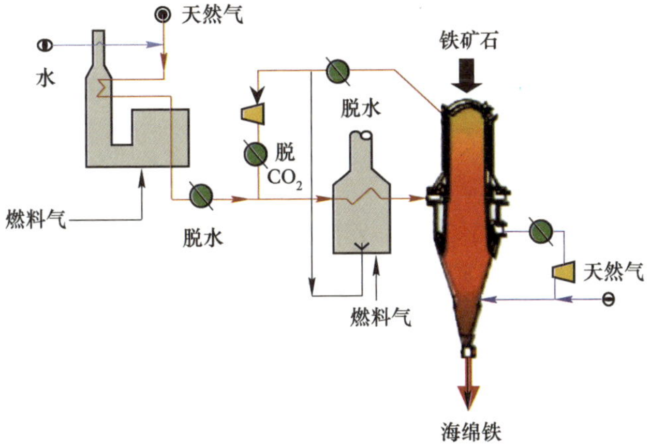


图 1-16　HYL-Ⅲ工艺流程[48]

相比于 MIDREX 工艺，HYL-Ⅲ工艺具有如下特点：（1）还原气体中 $H_2$ 含量高，$H_2/CO$ 比为 5~6，而标准 MIDREX 工艺 $H_2/CO$ 为 1.5 左右；（2）独立的原料气重整系统和炉顶气循环系统，重整炉及催化剂不受炉顶气中粉尘及硫的影响，进而对铁矿石硫含量无限制；（3）高压操作（0.5~0.6 MPa），可实现更好的过程控制，获得更高的生产效率。

B HYL-ZR（Energiron-ZR）工艺

HYL-ZR 工艺是意大利特诺恩（Tenova）和达涅利（Danieli）公司基于 HYL-Ⅲ工艺联合开发的一种新式工艺。其工艺流程如图 1-17 所示，不同于 HYL-Ⅲ工艺，HYL-ZR 工艺中的原料气竖炉外部催化重整系统被移除，原料气则是经加湿、预热至 900 ℃后直接通入竖炉内部，通过自热重整产生还原气体，即重整反应和还原反应均发生于竖炉内。由于竖炉内整体反应吸热量大，从而导致炉内温度下降，因而需在进入竖炉前补充氧气，通过部分燃烧将温度提升至 1050~1080 ℃。竖炉内产生的炉顶气经换热器余热回收后进行除尘、脱水，回收的水可供给工艺加湿器，净化的炉顶气则经过加压、脱碳后与原料气混合进行循环使用。

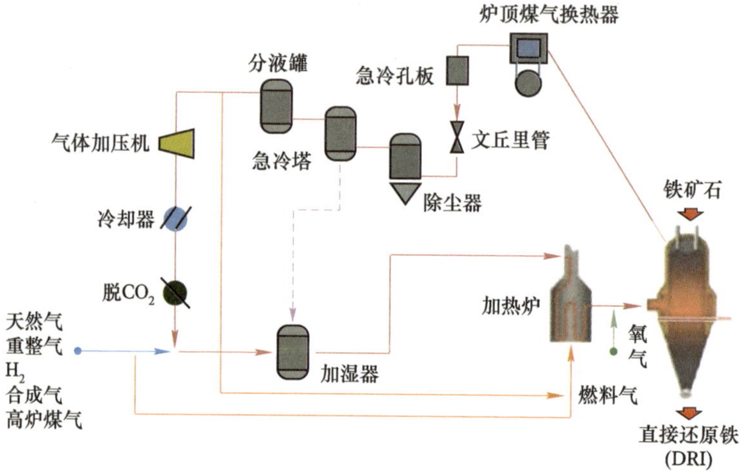


图 1-17 HYL-ZR（Energiron-ZR）工艺[48]

与 HYL-Ⅲ工艺相比，由于 HYL-ZR 工艺中移除了重整炉，故该工艺流程极大被简化；且对原料气和铁矿石中硫含量无特别要求，故可选择天然气、煤制气、焦炉煤气等气源作为原料气；产生的还原气体中 $H_2/CO$ 为 3~5；操作压力较 HYL-Ⅲ工艺更高，通常为 0.5~0.6 MPa。此外，通过调节 $CO_2$ 脱除量、加湿量和吹氧量，实现对 DRI 中碳含量的灵活调节，以满足电炉冶炼的工艺要求。

在竖炉容积相同的情况下，由于 HYL-ZR 工艺所采用的原料气适用范围广泛，且采用了先进重整技术制取还原气体，因此 HYL-ZR 工艺直接还原铁生产效率高于 MIDREX 工艺[55]。但是，MIDREX 工艺可将带有 $CO_2$ 的部分还原尾气经重整后再循环利用，而无需额外脱除 $CO_2$，这在一定程度上降低了碳排放。

# 1.4 氢气的制备及应用

氢能被视为21世纪具有发展潜力的清洁能源[56]，受到全球范围的高度重视。目前，氢能已被多个国家纳入国家能源战略部署。其中，美国、欧盟、日本等20多个国家或联盟已相继发布或制定氢能发展规划、路线图及相关扶持政策，不断加大相关投入，丰富氢能应用场景，持续推动氢能产业发展。截至2023年1月，全球共宣布1046个大型氢能项目，而作为全球氢能产业的领导者，欧洲地区总投资达到1170亿美元，占全球投资的35%左右[57]。氢能是我国实现“双碳”战略目标的重要抓手。我国在2020年将氢能纳入“十四五”规划及2035年远景目标；2022年的《氢能产业发展中长期规划（2021—2035年）》更是正式将氢能纳入我国能源战略体系，同时部署了推动氢能产业高质量发展重要举措及产业发展各阶段目标。2022年可以说是我国“氢能行业爆发元年”，此后，我国开始进入氢能产业加速发展阶段[58]，氢能产业链正在逐渐形成，“氢能中国”战略也在悄然浮现[59]。

随着氢能在全球碳达峰和碳减排战略布局中的重要地位日益凸显，氢能产业链相关技术也在不断取得突破。氢能产业链分为制氢、储氢、运氢、加氢、用氢等环节，其中，氢气的有效、廉价制取及高效应用是氢能规模化应用的技术关键。

## 1.4.1 制氢技术发展

### 1.4.1.1 氢源结构特点

近年来，随着全球对氢能的关注日益高涨，氢能产业强势增长，我国也紧随全球氢能产业发展前沿。图1-18为2022年全球氢能产量情况，可以看出全球产氢总量达到9500万吨/年；我国氢气产能约为4100万吨/年，产量为3781万吨/年，约占全球产氢总量的40%，是世界最大的产氢国。在2030年碳达峰愿景下，我国氢气的产量预期将超过5000万吨/年。

制氢技术是氢能产业发展的基础，经济化、大规模制氢更是氢能源实现规模应用的关键环节。目前，$H_2$制备路线众多（见图1-19），主要有三类较为成熟的工业制氢路线：一是以煤炭、天然气为代表的化石燃料制氢；二是以焦炉煤气、氯碱尾气为主的工业副产制氢；三是以碱性电解水、质子交换膜电解水为代表的电解水制氢。另外，其他制氢新技术包括太阳能光解水制氢、生物质制氢及核能制氢等也受到了广泛关注。结合图1-18可知，当前，全球已实现以天然气、烃醇类制氢为主的氢源结构，其中，天然气制氢占比为62%。与全球氢源结构相比，我国因“富煤、缺油、少气”的资源禀赋特征以煤制氢为主，占比达到62%，其他方式中天然气制氢占比19%，工业副产气制氢占比18%，电解水制氢

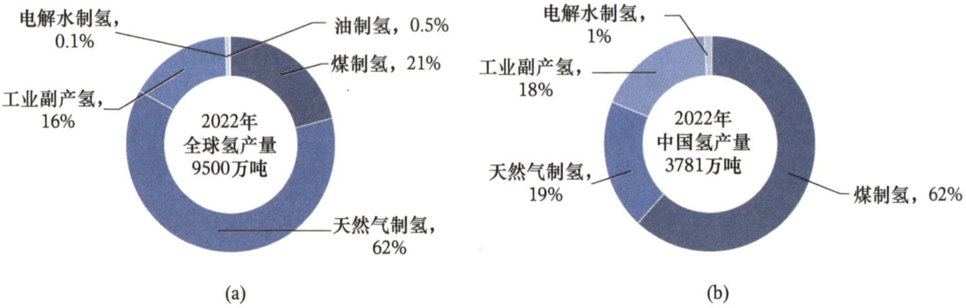


图 1-18 全球及中国氢产量及来源占比[60]

（a）全球氢产量；（b）中国氢产量

仅占 1%。随着我国风光发电成本的大幅度下降，可再生能源电解水制氢的综合成本也将下降，其占比有望持续提升。

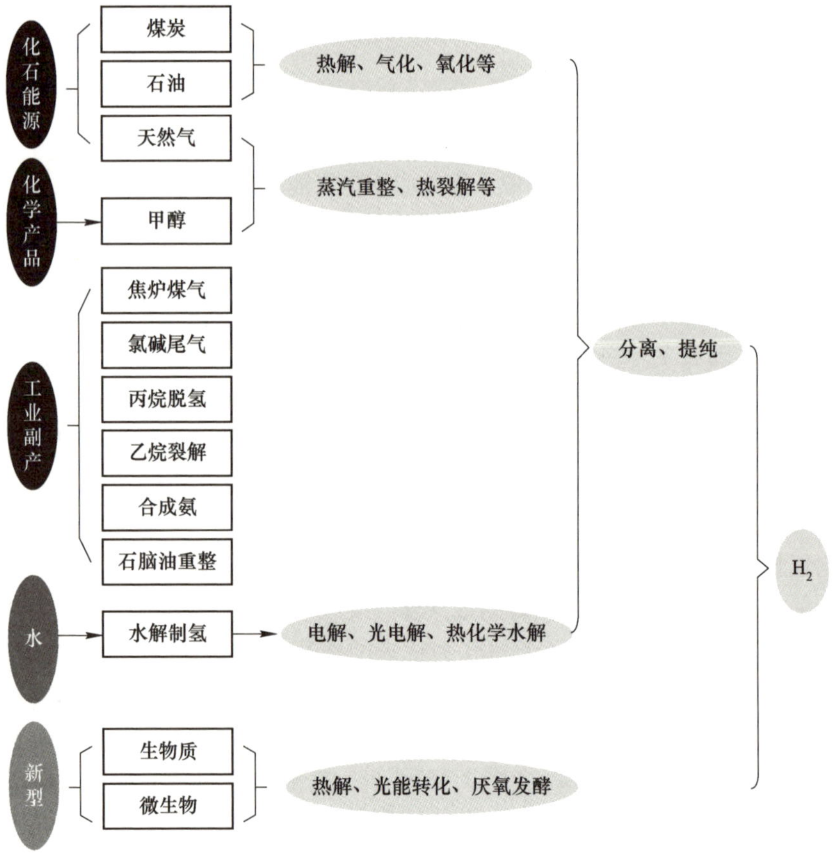


图 1-19 制氢技术路径分类[61]

### 1.4.1.2 主要制氢技术概况

A 煤制氢工艺

煤制氢技术是煤清洁利用的重要途径之一，主要包括煤气化制氢、煤的超临界水气化制氢等工艺。其中，以煤为原料的煤气化制氢技术是工业大规模制氢的首选方式，其工艺流程如图 1-20 所示，一般包括煤气化、煤气净化、CO 变换（WGS）及 $H_2$ 提纯四个生产环节，最终可制得高纯度的 $H_2$。

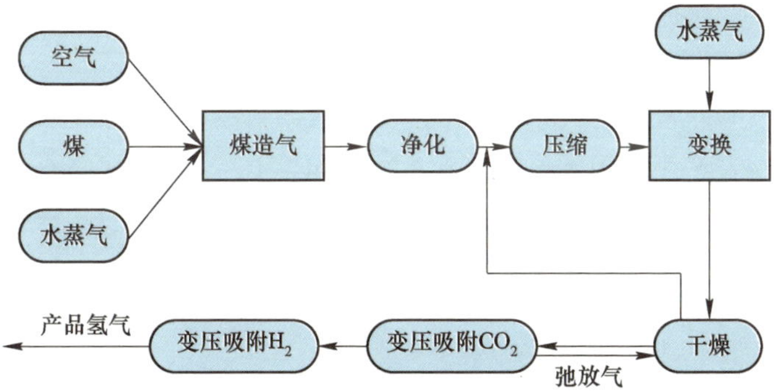


图 1-20 煤气化制氢工艺流程图[64]

煤气化制氢工艺历史悠久，技术成熟，成本最低，被广泛应用于煤化工、石化、钢铁等领域。我国作为煤炭大国，煤炭资源丰富，煤气化制氢工艺在我国氢气生产中占据主导地位，全球约有 130 座煤炭气化厂在运营，其中 80%以上在中国[62]。但是，煤气化制氢存在碳排放量高的环保问题，每生产 1 kg 氢气，会排放超过 20 kg 的 $CO_2$[63]。近年来，煤气化制氢在现有基础上全面提高技术水平的同时耦合碳捕集与封存技术，即采用“煤气化+二氧化碳封存（CCS）”技术收集并封存产生的 $CO_2$，碳排放强度降低，但制氢总体成本有所上涨。因此，未来煤气化制氢发展趋势应该是不断升级 $CO_2$ 捕集技术，顺应可持续发展战略需求的同时降低煤气化制氢成本。

煤的超临界水气化制氢指的是煤在超临界水环境下（温度大于 647K，压力大于 22 MPa）中气化反应产生 $H_2$ 的过程。该技术由麻省理工学院的迈克尔·莫德尔（Modell）在 1978 年首次提出，至 21 世纪初逐渐被认为是一种高效的煤制氢方法。整个工艺过程主要包括制气、水气变换和甲烷化三个关键生产环节。煤的超临界水气化制氢技术环保性好，成本与煤气化制氢基本一致。当前，该制氢技术在我国已进入试点阶段。西安交通大学郭烈锦等成功研发了“超临界水蒸煤技术”，并完成了煤处理量为 1 t/h 的中试项目[65]。随着技术的不断进步，超临界水煤气化制氢也将有望为我国提供成本较低、低碳环保的氢源。

B 天然气制氢工艺

天然气的主要成分是甲烷（$CH_4$），是一种优质的制氢原料。与煤制氢工艺相比，天然气制氢产量高、碳排放量强度低（生产 1 kg $H_2$，$CO_2$ 排放约 10 kg），是化石燃料制氢工艺中较为理想的方式。天然气制氢流程主要包括原料气预处理、甲烷转化、CO 变换（WGS）及氢气提纯。按照氧化剂性质的不同，天然气制氢技术分为甲烷蒸汽重整法（SRM）、甲烷部分氧化法（POM）、甲烷自热重整法（ATR）及甲烷催化裂解法（MCD）等，具体的工艺原理及优缺点对比见表 1-8。

**表 1-8　天然气制氢技术及其优缺点对比**[59]

| 方法 | 原理 | 主要化学反应方程式 | 优点 | 缺点 |
| --- | --- | --- | --- | --- |
| SRM | 甲烷和蒸汽反应得到氢气和碳氧化物 | 气体重整：$CH_4+H_2O=CO+3H_2$<br>WGS：$CO+H_2O=CO_2+H_2$ | 工艺成熟，装置运行可靠，经济性强，资源合理利用 | 设备投资大，催化剂易失活，$CO_2$ 排放量大 |
| POM | 甲烷和氧气反应得到氢气和碳氧化物 | 气体重整：$CH_4+O_2=CO+2H_2$<br>WGS：$CO+H_2O=CO_2+H_2$ | 反应速度快，选择性高，反应器体积小 | 技术成熟度不如 SRM，催化剂易失活，需要高纯氧，$CO_2$ 排放量大 |
| ATR | 结合 SRM 与 POM，实现体系自供热，提高氢气产量 | $CH_4+0.5H_2O+0.25O_2=CO+2.5H_2$ | 产氢能耗低，投资成本低 | 技术成熟度不足，催化剂易失活，$CO_2$ 排放量大 |
| MCD | 直接热裂解甲烷产氢 | $CH_4=C+2H_2$ | 反应过程简单，$CO_2$ 排放量为零 | 技术远未成熟，催化剂易失活 |

甲烷蒸汽重整法是工业化应用至今最成熟、应用最广的天然气制氢工艺，在全球范围内是大规模制氢的主导技术。世界上应用甲烷蒸汽重整法的主要有法国的 Technip、德国的 Linde 等公司；我国的甲烷蒸汽重整技术较为成熟，多家大中型企业都有相关设备运行。与蒸汽重整工艺相比，甲烷部分氧化反应速率更快、能耗低，但由于输入大量纯氧而需配备空分系统。目前，该技术还未实现规模工业化应用。甲烷自热重整工艺的优势在于不需要外部提供热源，且设备结构相对紧凑，因此，这种制氢方法具有较好的市场潜力。甲烷催化裂解工艺是近几年刚兴起的制氢技术，该工艺不仅不需要 CO 变换过程，同时还可副产获得高附加值的碳产品，与甲烷蒸汽重整工艺相比，该工艺生产的氢气纯度高、能耗低。该方法制氢具有广阔的市场前景，因此得到了业界的广泛重视，目前仍处于研究开发

阶段。

天然气制氢工艺早已实现了工业化，在欧美和中东等天然气资源丰富的地区被广泛使用，是全球 $H_2$ 来源的主力军。我国在 20 世纪 60 年代开发了烃类蒸汽转化技术，并在大庆炼油厂成功建设了第一套以天然气为原料的制氢装置[66]；目前，我国在天然气制氢装置的研发设计和施工建设方面已接近世界先进水平。2022 年 8 月，我国首套自主研发的橇装天然气制氢装置在佛山明城综合能源站正式投用[67]。该装置在满负荷条件下可用 4.8 $m^3$ 天然气制取约 11 $m^3$ $H_2$，氢气终端成本降低 20%~30%。2023 年 6 月，我国单系列最大规模 10 万立方米/h 天然气制氢装置在浙江投料开车[68]。可见，在国家大力发展清洁能源技术的今天，天然气制氢已然成为制氢的重要发展方向。由于我国“缺油少气”的资源禀赋条件，目前约 40%的天然气依赖于进口，因此，天然气制氢之路仍然需要契机。

C　工业副产气制氢工艺

工业副产气制氢指的是从富含氢气的工业副产物中回收提纯氢气的技术。当前，工业副产气来源于钢铁、化工等行业，主要包括焦炉煤气、氯碱尾气、轻烃裂解副产气等。与其他制氢方式相比，工业副产制氢最大优势在于几乎无需额外的资本投入和化石原料投入，且提纯利用其中的 $H_2$ 既能提高资源利用效率和经济效益，又能缓解污染、改善环境。

a　焦炉煤气制氢

焦炉煤气（COG）是炼焦工业中的副产品，其主要成分是 $H_2$、$CH_4$ 和少量 CO、$CO_2$ 等。除回炉助燃、发电和化工生产等以外，剩余的焦炉煤气主要通过采用变压吸附（PSA）提纯技术分离获取高纯度 $H_2$，具体的工艺流程如图 1-21 所示。提氢后的剩余物主要是 $CH_4$，一方面可用作制液化天然气或其他富甲烷气转化原料进一步利用；另一方面则可结合 SRM 技术进一步实现焦炉煤气 $H_2$ 的最大化提取。

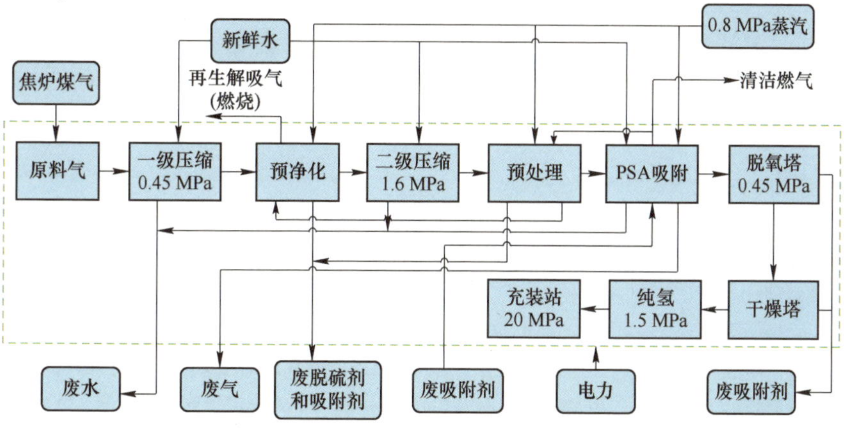


图 1-21　焦炉煤气直接制氢工艺流程[69]

我国焦炉煤气制氢技术最早始于1989年，至今已有相当的规模。作为全球最大的焦炭生产国，我国每年焦炉煤气副产氢量基本在700万吨以上，是工业副产氢的重要来源之一。目前，焦炉煤气制氢多应用于化工、冶金行业及燃料电池级氢气产业。

b 氯碱工业副产氢

在氯碱工业中，以饱和食盐水（NaCl）为原料，通过采用电解法制取烧碱（NaOH）和氯气（$Cl_2$）的同时可得到副产品 $H_2$，反应过程见式（1-3）。随后可通过PSA提氢装置纯化分离，去掉杂质（氯气、水蒸气、氯化氢等）后，可获得高纯度 $H_2$。

$$2NaCl+2H_2O \xlongequal{} 2NaOH+Cl_2+H_2 \tag{1-3}$$

一般来说，氯碱工业每生产1 t烧碱可副产0.025 t（280 $m^3$）$H_2$[70]。现阶段，氯碱副产氢成本基本控制在1.3~1.5元/$m^3$，这与煤炭、天然气等化石能源制氢成本相近。目前，较多的氯碱厂将回收的部分氢气用于双氧水、制药、燃料电池等工业中。

整体来看，由于流程简单、碳排放低（生产1 $m^3$ $H_2$，$CO_2$ 排放量为0.16~0.45 kg[71]），工业副产气制氢工艺具有较强的竞争力。特别是在碳达峰、碳中和大背景下，随着氢能的蓬勃发展，工业副产气制氢越来越受到重视。通过提升工业副产氢在化工、能源、冶金等领域的应用比例，不仅提升工业副产氢的经济价值，也降低了相关行业的 $CO_2$ 排放。但是，促进工业副产制氢工艺发展的关键仍然在于开发先进的氢气分离纯化技术。

D 电解水制氢工艺

电解水制氢技术是应用最早、最典型的绿色制氢技术之一，主要是通过电力促进电解槽中水分子在电极表面发生电化学反应分解产生 $H_2$ 和 $O_2$，除过程不排放任何含碳化合物、清洁高效以外，其使用的电能可由风电、光伏发电等可再生资源提供，真正意义上获得了"绿氢"。现阶段，根据电解质不同，电解水制氢技术主要包括碱性电解水制氢（AWE）、质子交换膜电解水制氢（PEM）和固体氧化物电解水制氢（SOEC）三大类，原理如图1-22所示，对应的参数及特点对比见表1-9。

**表1-9 三种电解水制氢技术的主要特点**

| 技术分类 | 隔膜材料 | 工作温度/℃ | 产氢率/% | 电流密度/A·$cm^{-2}$ | 技术特点 |
|---|---|---|---|---|---|
| AWE | 石棉、涤纶等多孔物质 | 70~90 | 70~80 | 0.2~0.5 | 电解槽中为30%（质量分数）KOH或NaOH溶液；工艺成熟、稳定性好、成本低；电流密度低、腐蚀性强，运维成本高 |

续表 1-9

| 技术分类 | 隔膜材料 | 工作温度/℃ | 产氢率/% | 电流密度/A·cm$^{-2}$ | 技术特点 |
|---|---|---|---|---|---|
| PEM | 全氟硫酸聚合物膜 | 65~85 | 80~90 | 1.5~2.5 | 电流密度高、产氢纯度高、无腐蚀性液体；电解槽使用寿命短、膜成本高 |
| SOEC | 固体氧化物 | 600~1000 | 90~100 | 1.0~10.0 | 制氢效率高且产量大；材料设计要求高、稳定性较低 |

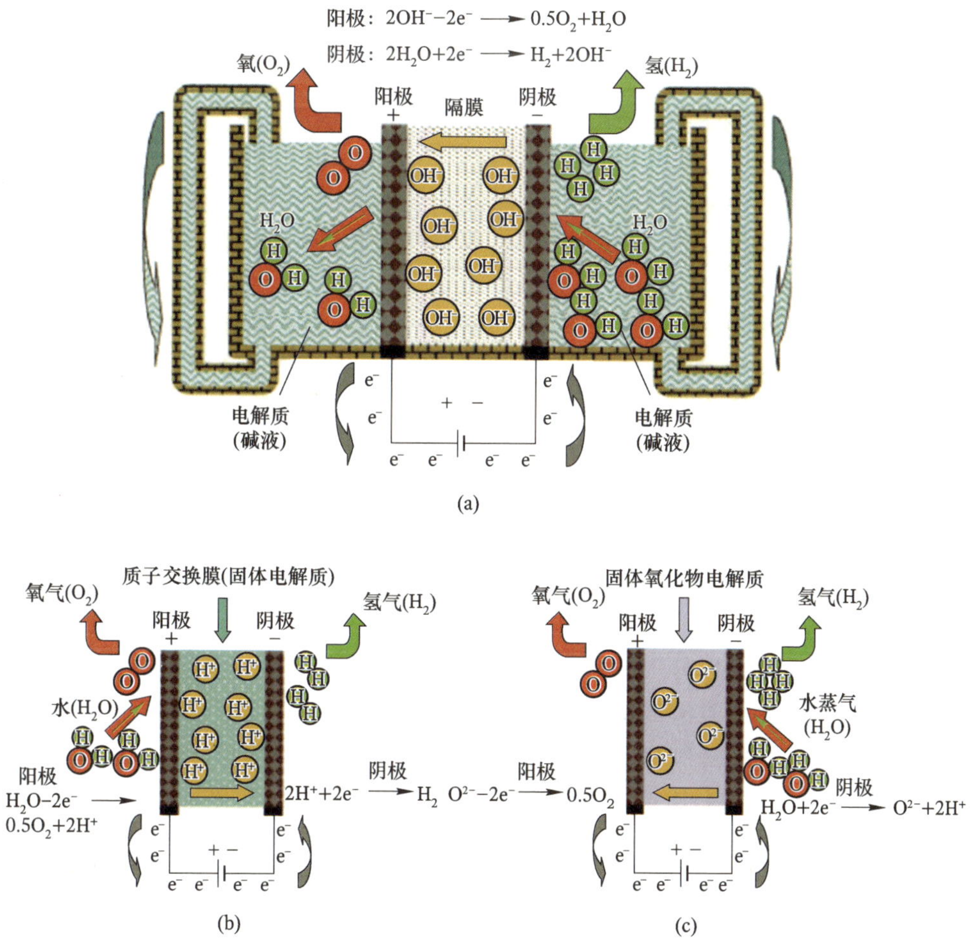


图 1-22 三种电解水制氢原理[72]

(a) 碱性电解水制氢；(b) 质子交换膜电解水制氢；(c) 固体氧化物电解水制氢

碱性电解水制氢是目前发展最成熟且被广泛使用的制氢技术之一，早在 20 世纪中期就已实现工业化，至今已有数十年的应用经验。由表 1-9 可知，碱性电解水制氢工艺优势在于技术成熟、耐用且成本低，故商业化程度高。挪威 Nel 公司研发的 A 系列模块化碱性电解水制氢机，产氢量覆盖 50~3880 $m^3/h$，最高日产氢量超过 8 t[59]。我国目前碱性电解水制氢装置安装量为 1500~2000 套，制氢总量约 $8\times10^4$ t/年，国内单台最大制氢能力达到 1000 $m^3/h$。但是，由于该制氢技术使用的电解质是强碱，具有腐蚀性，产品后续也需进行脱碱处理，因此存在环境污染及设备体积庞大等缺点。

质子交换膜电解水制氢技术始于 20 世纪 60 年代，近年来产业化发展迅速。与碱性电解水制氢技术相比，质子交换膜电解水制氢技术具有无污染、结构紧凑、产氢纯度高等优点。目前，国外质子交换膜电解制氢技术较为成熟，其中，美国 Proton Onsite 公司为全球 72 个国家提供 2000 多套质子交换膜电解制氢装置，拥有 70%的质子交换膜电解水制氢市场占有率。我国质子交换膜电解制氢技术发展相对滞后，但部分企业也已形成具有较高自主化程度的制氢样机[73]。尽管质子交换膜电解制氢技术正在快速发展，但其需使用高活性贵金属电催化剂和特殊膜材料，成本较高。因此，开发高活性、低成本的膜材料和电极材料是推动其扩大生产规模、降低成本的重要发展方向。

固体氧化物电解水制氢兴起于 20 世纪 70 年代，是一种高温电解水制氢技术。与其他两种电解水制氢技术相比，固体氧化物电解水制氢具有氢气转化率高、运行灵活等优点。美国 Idaho 实验室于 2012 年建成了 15 kW 高温电解制氢系统；我国清华大学将自主研发的固体氧化物电解池电堆在制氢系统上成功进行两次连续运行实验，制氢运行 100 h，产氢速率为 105 L/h[74]。由于固体氧化物电解水制氢主要用于特定高温场合，技术成熟度较低，成本上不占优势，因此目前还处于技术研究阶段，尚未实现商业化应用。

E　其他制氢新技术

当前，除电解水以外，太阳能光解制氢、生物质制氢及核能制氢等其他制氢新技术的发展也为提高清洁能源的利用提供了更多选择。目前，主流的太阳能分解水制氢涵盖光催化法制氢、光电化学法制氢及光热分解法制氢三大类，其各自产氢原理及特点见表 1-10[75]。2023 年 8 月，我国新疆库车绿氢示范项目全面建成投产，通过利用新疆地区丰富的太阳能资源发电直接制绿氢，制氢能力为 2 万吨/年。可见，太阳能制氢是绿氢制备领域重要的研究热点。

**表 1-10　三种太阳能分解制氢技术的主要特点**

| 技术分类 | 产氢原理 | 产氢效率/% | 优点 | 缺点 |
| --- | --- | --- | --- | --- |
| 光催化法 | 光照下，利用光催化材料催化分解水制氢 | 1.1 | 原材料来源广泛，制氢装置简单，成本低 | 电子-空穴对已复合，产氢效率低 |

续表 1-10

| 技术分类 | 产氢原理 | 产氢效率/% | 优点 | 缺点 |
|---|---|---|---|---|
| 光热分解法 | 利用太阳能聚光器使体系达到一定温度后直接分解水制氢 | 20 | 原理简单，技术成熟，产氢效率高 | 聚光器开发难度大，且材料长期稳定性差 |
| 光电化学法 | 利用化学电池电极材料在光照下产生电流分解水制氢 | 15 | 有利于电化学反应内部电荷的存储及溶液中光子的转移 | 操作繁杂，电极材料稳定性差 |

生物质制氢是指利用生物工程技术，通过微生物代谢产氢的过程。生物质制氢技术主要包括热化学转化法和微生物法两大类，见表 1-11。

**表 1-11 生物质制氢技术的分类及其特点**[76]

| 技术分类 | | 产氢原理 | 优点 | 缺点 |
|---|---|---|---|---|
| 热化学转化法制氢 | 热解重整法 | 热解产生三相中间产物后，分解水制氢 | 工艺简单、具有较高的氢气产量 | 催化剂表面易积碳而失活 |
| | 气化法 | 高温下直接气化为气态含氢产物 | 转化速率快，经济效益高 | 易产生焦油，气体分离较困难 |
| | 超临界水气化法 | 在超临界水中气化为富氢合成气 | 不产生煤焦油、焦炭等 | 设备要求高，费用昂贵 |
| 微生物法制氢 | 光发酵法 | 光合细菌光照，分解小分子生物制取氢气 | 可在较宽泛的光谱范围内制氢 | 底物范围较窄，氢气产率较低 |
| | 暗发酵法 | 暗发酵细菌利用氢化酶在厌氧条件下分解有机物制氢 | 产氢速率快，成本低 | 易产生有机酸副产物 |
| | 光暗耦合发酵法 | 综合光发酵法和暗发酵法 | 可最大化转化底物、产量高 | 不同细菌间存在相互抑制 |

生物质工艺流程简单、原料丰富，不仅是一种极具潜力的制氢技术，而且对于能源、环境保护及经济等领域的发展也具有重要意义。截至目前，全球多个国家进行了生物制氢方面的研究，其中生物质热化学转化制氢技术相对成熟，全世界已有多套商业化运作的生物质热解装置，我国和美国在微生物法制氢技术方面处于国际发展前列，但相关研究基本处于实验室阶段，尚未实现大规模商业化应用。

另外，核能是清洁的一次能源，利用核能制氢的途径有很多，如图 1-23 所示。利用核能发电进行电解水制氢，也可利用核反应堆产生的热作为能源，通过选择合适的制氢工艺实现。与传统制氢技术相比，核能制氢具有高效、清洁、大规模、经济等多方面的优点。

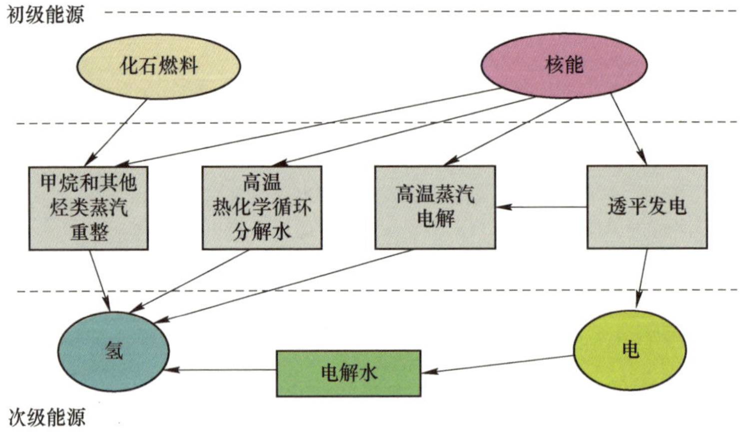


图 1-23　核能制氢途径[63]

### 1.4.2　氢能应用领域

作为一种全球范围内大力发展的来源丰富、绿色低碳的二次能源，氢能的应用逐渐呈现多元化拓展。首先，氢能主要被应用在传统石化、化工等领域。现阶段，氢气在炼油加氢、化工合成甲醇、合成氨等方面已经有了长期且大量的应用，技术路线成熟。目前，传统石化、化工的氢源主要依赖化石能源、工业副产物制氢，绿氢化工仍处于探索示范阶段。

作为重要的清洁能源，氢气具有绝对的能源应用优势。氢能的应用已渗透到传统能源的各个方面，尤其在交通、发电、钢铁冶金、建筑等领域有着良好的发展前景，为各行业脱碳提供了重要路径。

目前，氢能在交通领域的应用相对比较成熟且广泛，且以氢燃料电池汽车为主。氢燃料电池汽车主要通过利用电化学反应发电驱动电机，其中常用的质子交换膜燃料电池适用于车载发电系统和小型分布式电源系统。近年来，我国氢燃料电池汽车发展迅速，主要以氢燃料电池客车和重卡等商务用车为主，未来氢能还将成熟应用于火车、航空、民用无人机等领域；从电池装机来看，氢燃料电池装机规模屡创历史新高，2022 年累计装机量已经达到 506 MW。

作为氢能在钢铁冶金领域的重要应用场景，氢冶金通过用氢代碳实现从源头降碳，成为钢铁行业实现“双碳”目标的革命性技术，氢冶金技术已逐步被国内外钢铁企业所采纳。当前，全球每年有约 500 万吨的氢用于钢铁生产中的还原反应，随着氢冶金技术的不断进步及装置改造的推进，钢铁行业的氢需求量将会进一步提升。未来若绿氢制备成本降低，且工艺成熟，可实现纯氢炼钢，$H_2$ 将完全替代焦炭。可见，氢能与钢铁产业的合作是双赢的结果：氢冶金有利于钢铁企业节能减排，完成低碳转型；钢铁企业为氢能源提供了更多的落地应用，丰富氢能下游产业链。

在建筑领域，以天然气掺氢的方式利用 $H_2$ 燃烧供热，不仅可满足建筑领域供热需求，同时也能减少碳排放。$H_2$ 混合比例（体积分数最高为 10%~20%）相对较低时无需对基础设施及终端应用做较大改变，故投资成本较低。目前，欧洲多国已逐步启动掺氢项目。我国天然气掺氢尚处于研发试验阶段，主要由资金实力雄厚的国有企业开展实施。另外，也可通过氢燃料电池实现热电联供。

在发电领域，氢能发电目前在全球发电总量的份额不到 0.2%[77]。氢能发电以燃气轮机掺氢、燃料电池及煤电掺氨为主要方式。其中，燃料电池和燃气轮机可使用富氢气体或纯氢，且使用纯氢发电的技术已实现商业化；煤电厂掺氨混燃也已经取得试验成功。随着新建火电厂配备可掺氢/氨机组的比例提升，氢能在电力供应结构中的地位将进一步提高，同时也将拉动更大的氢气需求量。

## 1.5 绿钢的提出与发展

### 1.5.1 绿钢的提出与需求

当前，在碳中和发展背景下，钢铁下游用户开始重视钢铁生产过程的碳排放，因此，“绿色钢材”（简称绿钢）应运而生。绿钢是对环保钢材产品的一个宽泛称呼，其含义日益多样化。

虽然大部分钢材依旧通过以化石燃料为还原剂生产得到，但许多钢铁企业已经或正在开发能够显著降低碳排放的技术，其生产出来的低碳排放钢材系列，世界钢铁协会目前倾向于称之为“低碳钢”（low-carbon steel），该术语更加方便直观理解，并且含义清晰[78]。绿钢更深层次的意义则在于逐步实践零碳。

详细来说，绿钢具有以下四个特点。（1）低碳环保：生产过程中采用低碳技术，减少 $CO_2$ 排放，降低环境污染；（2）高效节能：生产过程中采用高效节能技术，降低能源消耗；（3）循环利用：生产过程中采用循环利用技术，提高资源利用率；（4）优质安全：产品具有优良的物理性能和化学稳定性，可满足不同领域的需求，同时保证安全可靠。当前，国际上对绿钢的评价方法大体可分为两类：一类是滑动比例法，重点考虑长、短流程的差异性，以及未来长期依赖长流程工艺的可能性；另一类是绝对值法，不区分流程和冶炼工艺。

绿钢的推广具有重要意义[79]。首先，钢铁行业碳减排已然成为全球应对气候变化的紧迫任务之一，绿钢的商业化和规模化生产将为钢铁行业实现碳减排目标提供重要支持。另外，绿钢的出现受到了欧盟等地区的积极推动，对绿钢的需求也与日俱增。由于生产和使用绿钢是汽车企业降低汽车全生命周期碳排放的有效手段，近年来，梅赛德斯-奔驰、宝马等汽车企业作为钢铁用户在绿色低碳钢采购领域积极布局[80]。在国外，宝马分别与瑞典 $H_2$ Green Steel 和萨尔茨吉特钢铁集团达成供应协议，为其欧洲工厂提供绿钢；梅赛德斯-奔驰与瑞典钢铁公司达成合作，计划向其采购绿钢；沃尔沃集团也与瑞典钢铁公司合作不断扩大绿钢的使用范围；舍弗勒计划自 2025 年起，每年采购 10 万吨近零排放的钢铁；福特汽车自 2022 年 5 月宣布加入“先行者联盟”后承诺到 2030 年，至少使用 10%接近零碳的钢材和铝材。在国内，宝马和河钢集团于 2022 年 8 月签署了《打造绿色低碳钢铁供应链合作备忘录》，协议从 2023 年中期开始，宝马沈阳生产基地量产车型将逐步使用河钢集团的低碳钢；自 2026 年起，宝马沈阳生产基地将开始在整车量产过程中使用河钢集团的绿钢。北京奔驰也与宝钢股份于 2022 年 11 月签署了《打造绿色钢铁供应链合作备忘录》，致力于在整车制造过程中使用更加绿色的原材料，共同打造绿色汽车钢铁供应链。除汽车企业外，船舶、家电、建材、国防和航空等领域企业也提出对绿色低碳钢材的需求。未来，随着全球碳中和进程不断加速，各行业对于绿钢的需求势必会不断攀升，绿钢将越来越具有竞争力。

### 1.5.2 绿钢的发展趋势

#### 1.5.2.1 绿钢的工艺流程

绿钢作为钢铁行业减排的创新解决方案，具有重要的意义和潜力。目前，氢冶金被视为生产绿钢的重要途径。正如 Primetals 公司给出的技术路线图（见图 1-24）显示[81]，氢基直接还原铁-电弧炉短流程是钢铁绿色低碳的可持续发展工艺路线，即钢材的制造逐渐由碳基的燃料和还原剂向氢基转变。其中，当天然气

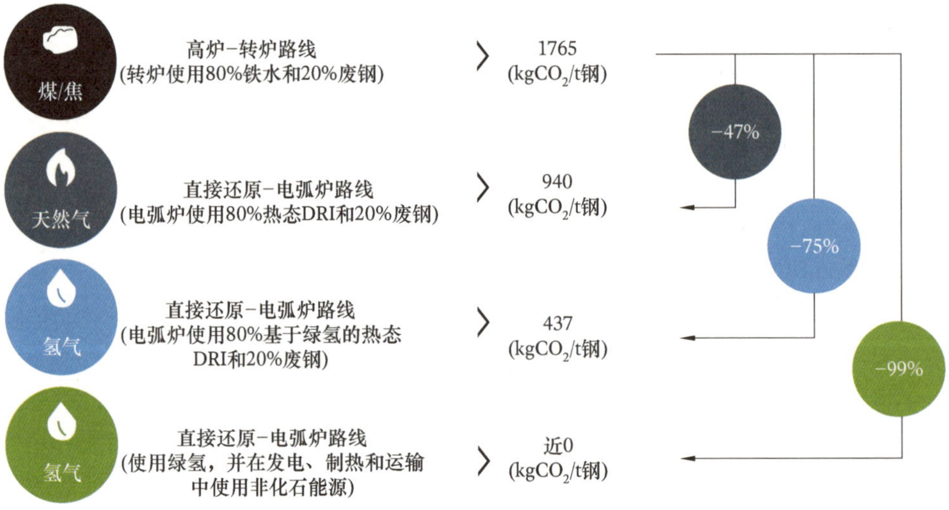


图 1-24 Primetals 公司给出的绿钢生产技术路线[81]

改为“绿氢”时，“直接还原铁-电弧炉”短流程与传统“高炉-转炉”长流程路线相比，将带来75%的$CO_2$减排量，剩余的排放实际上是来自直接还原和电弧炉路线炼钢所使用电力的间接排放，取决于电网的碳排放系数，而真正实现零碳钢则需要将电力、热力和运输过程都逐步实现无化石能源使用。

为制造绿钢以满足下游产业链日益增长的需求，我国也需依托氢基直接还原-电弧炉短流程工艺；加之我国废钢资源匮乏且来源不稳定，氢基直接还原-电弧炉短流程在我国的发展更具优势[82]。《工业领域碳达峰实施方案》中，关于钢铁行业碳达峰行动也提到鼓励适度稳步提高钢铁先进电炉短流程发展。目前阶段，廉价、丰富的富氢焦炉煤气作为氢源供给则更具发展前景。随着我国制氢技术的快速发展，大规模、廉价的绿氢资源也将很快实现稳定供给，进而推动钢铁行业向更低碳、更绿色方向发展。

1.5.2.2 绿钢的发展现状

在市场呼唤的背景下，钢铁企业纷纷开始研制绿色钢材。世界上首个无化石燃料生产的钢材于2021年8月底交付给瑞典沃尔沃集团，这款钢材由瑞典HYBRIT生产，被冠以“绿钢”名号。此次交付具有里程碑式意义，是目前为止最接近商业化的尝试[81]。HYBRIT绿钢生产现仍处于试验项目的阶段，预计2026年建成无化石燃料使用的商业示范钢厂，正式向市场供应。除HYBRIT以外，瑞典$H_2$ Green Steel（$H_2$ GS）公司不仅以氢代煤来冶炼钢铁，更用可再生能源发电产生氢能来供电给电炉炼钢。$H_2$ GS首席商务长布拉（Mark Bula）表示其目标是2030年能够年产500万吨绿色钢材，足以制造300万辆汽车。作为欧洲第一家获得南德认证检测公司绿色钢板认证的钢铁制造商，德国萨尔茨吉特公司于2021年宣布将为4家梅赛德斯工厂提供制造过程中产生更少$CO_2$的绿色钢板[83]。与传统钢板相比，绿色钢板的碳足迹降低了66%。意大利达涅利集团、莱奥纳多公司和萨伊博姆公司3家企业签署一项框架协议，共同参与钢铁行业能源密集型初级工厂的可持续改造项目。通过联合提供技术和服务，以减少钢铁生产过程中的$CO_2$排放，建立符合欧盟减排目标的可持续创新模式。

近年来，我国钢铁工业推广实施已具成效的节能减排技术，实现降碳减排；布局氢能产业链，发展氢冶金技术；整合上下游资源，联合上下游重点企业，形成“铁矿石—钢铁制造—低碳产品”的绿色供应产业链等。河钢集团与宝马、宝钢和奔驰联合打造绿色低碳汽车用钢供应链的尝试，就是我国钢铁供应链绿色化转型的缩影。未来，我国钢铁行业将继续深层次构建低碳节能绿色产品生产体系，推进绿钢的发展和应用。

绿钢的发展前景非常广阔，国内外均在积极布局绿钢项目。但是，绿钢的进展可能并不会非常快，主要是绿钢也面临着挑战，特别是成本问题。目前，绿钢生产成本比较高。瑞典钢铁公司SSAB方面表示，其无化石燃料钢铁的生产成本将比一般钢铁高 20%~30%；安赛乐米塔尔也表示，德国某钢铁工厂使用 $H_2$ 炼钢，成本提高了约 60%。但是，政府的政策支持和经济激励、钢铁企业和科研机构对技术研发力度的加大，都将为进一步推动绿色钢铁生产注入强大动能。未来，绿钢的商业化和规模化生产将有望实现，进而为可持续高质量发展打下坚实基础。

## 1.6 本章小结

为控制全球碳排放量，世界各国积极探索符合自身国情的绿色低碳发展道路，推动经济社会全方位绿色低碳转型。氢冶金是钢铁行业实现碳减排最重要的一种途径，氢气的制取技术不断取得突破，应用领域不断扩大。绿钢作为钢铁行业减排的创新解决方案，也将为应对全球气候变化做出贡献。

在全球绿色低碳转型背景下，钢铁行业作为碳排放大户理应率先做出行动。在根据自身实际制定的碳中和目标下，各国钢铁企业纷纷制定碳减排政策和方案，推动钢铁行业的绿色低碳发展。

氢冶金是利用 $H_2$ 作为还原剂实现高效、环保和节能的冶金技术，国内外钢铁企业都在致力于开展“以氢代碳”的氢冶金技术并取得了成效。以 $H_2$ 或富氢气体为还原气体的气基竖炉直接还原工艺尤为注目，其将是钢铁行业实现绿色低碳发展的主要方向。

综合比较主要的制氢工艺，化石能源制氢和工业副产氢技术成熟且经济，适合于工业化生产；其他制氢工艺技术是未来的重点开发领域。此外，氢能在石化、化工、交通、钢铁冶金等领域均有良好的应用前景。

绿钢的发展前景非常广阔，国内外钢铁企业与汽车企业联动积极布局绿钢项目，绿钢主要通过氢冶金生产直接还原铁和电炉炼钢的短流程工艺路线获得。

### 参 考 文 献

[1] 世界气象组织 . 2023 年全球气候状况报告 [DB]. 2023.
[2] IEA. Global energy related $CO_2$ emissions in 2023 [DB]. Paris：IEA，2024.
[3] 国务院政策例行吹风会 [DB /OL]. 2024-02-26.
[4] 梁本凡，李河新 . 向低碳转型：中国现代化发展的新主题 [C] //中国科学院规划战略局，中国科学院中国现代化研究中心（China Center for Modernization Research Chinese Academy of Sciences），北京大学世界现代化进程研究中心 . 现代化的机遇与挑战——第八期中国现代化研究论坛论文集 . 全球低碳城市联合研究中心，2010：12.
[5] The Parliament of United Kingdom. Climate change act 2008 [EB/OL]. 2019-06-27.
[6] Intergovernmental Panel on Climate Change. Global warming of 1.5 ℃ [R]. 2018.
[7] European Commission. European climate law [EB/OL]. 2020-03-04.

[8] European Commission. 2030 Climate target plan [EB/OL]. 2020-09-17.
[9] 美国零碳排放计划 [EB/OL]. 2020-12-09.
[10] MEIT. Green Growth Strategy through Achieving Carbon Neutrality in 2050 [EB/OL]. 2020-12-25.
[11] 习近平. 在第七十五届联合国大会一般性辩论上的讲话 [N]. 人民日报, 2020-09-23.
[12] Worldsteel. Total production of crude steel of world 2023 [DB]. 2023.
[13] 赵志龙, 杨永强, 王东, 等. 一场由"碳冶金"迈向"氢冶金"的颠覆性变革 [N]. 中国冶金报, 2023-07-04.
[14] 赵芸芬, 朱融. 钢铁脱碳途径的差异性（一）——认识钢铁行业的差异性 [N]. 世界金属导报, 2023-06-20.
[15] 全球首座400立方米工业级富氢碳循环氧气高炉成果发布 [N]. 中国冶金报, 2022-11-23, 172 (A01).
[16] 文德. 利益与风险并存全球炼钢工艺脱碳战略探讨 [N]. 世界金属导报, 2022-09-08.
[17] 李毅仁, 邢奕, 孙宇佳, 等. 钢铁工业低碳绿色发展路径与实践 [J]. 工程科学学报, 2023, 45 (9): 1583.
[18] 张紫琦, 顾阿伦. 2050年率先实现碳中和, 欧盟钢铁减排路线带来的启示 [N]. 科技导报, 2022-06-22.
[19] 路俊萍. 向气候中和生产迈进的欧洲钢铁工业 [N]. 世界金属导报, 2024-01-09.
[20] 王新东, 上官方钦, 邢奕, 等. "双碳"目标下钢铁企业低碳发展的技术路径 [J]. 工程科学学报, 2023, 45 (5): 853-862.
[21] 王新东. 王新东绿色制造与技术创新文集 [M]. 北京: 冶金工业出版社, 2024.
[22] 徐匡迪. 中国钢铁工业的任务、现状和发展 [J]. 自然杂志, 2000, 22 (4): 187-193.
[23] 徐匡迪. 中国国民经济的发展与钢铁工业 [C] //中国金属学会. 中国金属学会2003中国钢铁年会论文集 (1). 中国工程院, 2003: 11-19.
[24] 徐匡迪. 中国国民经济的发展与钢铁工业 [J]. 中国冶金, 2003, 13 (12): 8-14.
[25] 徐匡迪. 中国钢铁工业的发展和技术创新 [J]. 钢铁, 2008, 43 (2): 1-12.
[26] 赵志龙. 绿色低碳氢冶金技术进展及前景展望 [J]. 绿色矿冶, 2023, 39 (5): 1-8.
[27] 郄亚娜, 王新东, 李宇壮, 等. 冶炼钒钛矿高炉富氢非等温还原行为及合适富氢率的探讨 [J]. 钢铁, 2023, 58 (8): 61-68, 81.
[28] 佟帅, 艾立群, 洪陆阔, 等. 中国氢冶金的发展及关键技术研究进展 [J]. 钢铁研究学报, 2024, 36 (1): 1-12.
[29] Vogl V, Åhman M, Nilsson L J. Assessment of hydrogen direct reduction for fossil-free steelmaking [J]. Journal of Cleaner Production, 2018, 203: 736-745.
[30] Pei M, Petäjäniemi M, Regnell A, et al. Toward a fossil free future with HYBRIT: Development of iron and steelmaking technology in Sweden and Finland [J]. Metals, 2020, 10 (7): 972.
[31] 张福明, 程相锋, 银光宇, 等. 国内外低碳绿色炼铁技术的发展 [J]. 炼铁, 2021, 40 (5): 1-8.
[32] 王婷婷. 世界氢冶金技术发展现状分析 [J]. 中国钢铁业, 2021, 5: 46-49.

[33] Gasworld Magazine Group. World's largest electrolysis plant for green hydrogen [J]. Gasworld Magazine, 2017, 143: 22.

[34] Araki K. $CO_2$ ultimate reduction in steelmaking process (COURSE50 Project) [C] //2018 日本铁钢协会春季大会论文集. 日本: 日本铁钢协会, 2018.

[35] 杨天钧, 张建良, 刘征建, 等. 低碳炼铁, 势在必行 [J]. 炼铁, 2021, 40 (4): 1-11.

[36] 中国宝武钢铁集团有限公司. 一份镌刻在钢铁发展史册上的时代答卷——记中国宝武发布碳中和行动方案的"心路历程" [J]. 企业文明, 2022, 1: 20-22.

[37] 高建军, 朱利, 克俊超, 等. 晋南钢铁高炉喷吹富氢气体工业化实践 [J]. 钢铁, 2022, 57 (9): 42-48.

[38] 陈晓莉. 全球首条纯氢多稳态竖炉示范工程投运 [N]. 中国冶金版, 2024-01-26.

[39] 鲁雄刚, 张玉文, 祝凯, 等. 氢冶金的发展历程与关键问题 [J]. 自然杂志, 2022, 44 (4): 251-266.

[40] 王新东, 赵志龙, 李传民, 等. 基于富氢焦炉煤气零重整的氢冶金工程技术 [J]. 钢铁, 2023, 58 (5): 11-19.

[41] 邢奕, 崔永康, 田京雷, 等. 钢铁行业低碳技术应用现状与展望 [J]. 工程科学学报, 2022, 44 (4): 801.

[42] 陈凌, 张涛, 郭敏, 等. 气基竖炉——中国钢铁发展的新方向 [C] //中国金属学会. 2012 年全国炼铁生产技术会议暨炼铁学术年会文集 (下). 中冶赛迪冶炼装备系统集成工程技术研究中心有限公司炼铁研究室, 2012: 7.

[43] Li F, Chu M S, Tang J, et al. Swelling behavior of high-chromium, vanadium-bearing titanomagnetite pellets in $H_2$-CO-$CO_2$ gas mixtures [J]. JOM, 2017, 69 (10): 1751.

[44] 郭学益, 陈远林, 田庆华, 等. 氢冶金理论与方法研究进展 [J]. 中国有色金属学报, 2021, 31 (7): 1891-1906.

[45] MIDREX Technologies Inc. 2022 world direct reduction statistics [EB/OL]. 2023-09-12.

[46] 任江涛. 国外钢企直接还原铁项目及其技术路线分析 [N]. 世界金属导报, 2023-5-11.

[47] Sarkar S, Bhattacharya R, Roy GG, et al. Modeling MIDREX based process configurations for energy and emission analysis [J]. Steel Research International, 2018, 89 (2): 1-9.

[48] 蒋历俊, 张涛, 郑军, 等. 气基竖炉直接还原工艺发展现状及展望 [J]. 烧结球团, 2024, 49 (3): 18-24.

[49] Hamadeh H, Mirgaux O, Patisson F. Detailed modeling of the direct reduction of iron ore in a shaft furnace [J]. Materials, 2018, 11 (10): 1865.

[50] MIDREX Technologies Inc. MIDREX NG with $H_2$ addition: Moving from natural gas to hydrogen indecarbonizing ironmaking [EB/OL]. 2022-03-31.

[51] Jiang X, Wang L, Shen F M. Shaft furnace direct reduction technology-midrex and energiron [J]. Advanced Materials Research, 2013, 805-806: 654-659.

[52] MIDREX Technologies Inc. MIDREX $H_2$: Ultimate low $CO_2$ ironmaking and its place in the new hydrogen economy [EB/OL]. 2017-09-30.

[53] 张福明, 曹朝真, 徐辉. 气基竖炉直接还原技术的发展现状与展望 [J]. 钢铁, 2014,

49（3）：1-10.

［54］Sah Rameshwar，Dutta Sujaykumar. Direct reduced iron：Production［M］. New York：Taylor and Francis，2016：1082-1108.

［55］于樾，王锋，齐渊洪，等．氢基直接还原铁工艺技术及应用［J］．钢铁研究学报，2024，36（3）：283-298.

［56］王新东，郄亚娜，吕庆，等．高炉喷吹不同富氢介质节能减排潜能的分析与比较［J］．钢铁，2023，58（10）：34-41.

［57］万燕鸣，熊亚林，王雪颖．全球主要国家氢能发展战略分析［J］．储能科学与技术，2022，11（10）：3401-3410.

［58］张庆生，黄雪松．国内外氢能产业政策与技术经济性分析［J］．低碳化学与化工，2023，48（2）：133-139.

［59］邹才能，李建明，张茜，等．氢能工业现状、技术进展、挑战及前景［J］．天然气工业，2022，42（4）：1-20.

［60］IEA、中国氢能联盟．中国氢能产业发展蓝皮书［R］．2022-09-22.

［61］马杰，马云雷，闫俐辰，等．氢能及炼厂制氢技术低碳化转型发展［J］．现代化工，2023，43（6）：32-38.

［62］魏建设，周俊林，李玉宏，等．氢：绿色能源蓄势待发［J］．自然资源科普与文化，2023，4：14-19.

［63］钟鸣．中国绿色制氢关键技术发展现状及展望［J］．现代化工，2023，43（4）：13-17.

［64］黄格省，李锦山，魏寿祥，等．化石原料制氢技术发展现状与经济性分析［J］．化工进展，2019，38（12）：5217-5224.

［65］金辉，吕友军，赵亮，等．煤炭超临界水气化制氢发电多联产技术进展［J］．中国基础科学，2018，20（4）：4-9，16，2.

［66］赵宝超，常浩．天然气制氢工艺技术研究进展［J］．化工设计通信，2022，48（4）：96-98.

［67］中国首套自主研发的橇装天然气制氢装置投用［J］．大氮肥，2022，45（5）：304.

［68］李平，倪恒昌，马哲杰，等．一种含硫酸性天然气重整制氢催化剂及其制备方法［P］．上海：CN202311378400. 1，2024-01-12.

［69］朱郑婷．基于（火用）及技术经济分析的制氢工艺比较及优化设计［D］．广州：华南理工大学，2021.

［70］张定明．氢能离氯碱行业还有多远［J］．氯碱工业，2021，57（2）：1-6.

［71］陈健，姬存民，卜令兵．碳中和背景下工业副产气制氢技术研究与应用［J］．化工进展，2022，41（3）：1479-1486.

［72］Ursua A，Gandia L M，Sanchis P. Hydrogen production from water electrolysis：Current status and future trends［J］．Proceedings of the IEEE，2012，100（2）：410-426.

［73］叶青，宋洁，侯坤，等．质子交换膜电解制氢氢气渗透研究进展［J］．工程科学学报，2022，44（7）：1274-1281.

［74］曹军文，张文强，李一枫，等．中国制氢技术的发展现状［J］．化学进展，2021，33（12）：2215-2244.

[75] Ma Z W, Avenpo R T P, Saur G. System and technoeconomic analysis of solar thermochemical hydrogen production [J]. Renew able Energy, 2022, 190: 294-308.
[76] 李海鹏, 孙邦兴, 李嘉烨. "双碳" 目标下绿色制氢技术的进展 [J]. 电池, 2024, 54 (2): 271-275.
[77] IEA. Global Hydrogen Review 2023 [DB]. 2023.
[78] 世界钢铁协会. 我们谈论的术语 "低碳钢" 指的是什么 [EB/OL]. 2021-04-20.
[79] 碳资产能源管理. 绿钢——为钢铁行业的减排贡献创新解决方案 [EB/OL]. 2024-02-20.
[80] 张冬梅. 推进供应链减排, 车企热捧 "绿钢" [N]. 中国汽车报, 2022-12-14.
[81] 林家乔. "绿钢" 在北欧面世, 开启钢铁零碳化进程 [EB/OL]. 2021-09-22.
[82] 王新东, 郝良元. 现代炼铁工艺及低碳发展方向分析 [J]. 中国冶金, 2021, 31 (5): 1-5, 18.
[83] 朱晓航. 欧洲钢企展开 "绿色钢铁竞争" [J]. 福建质量技术监督, 2021, 10: 58.

# 2 HyMEX焦炉煤气零重整竖炉氢冶金项目简介

为助力实现碳达峰、碳中和目标，河钢集团张宣科技突破传统钢铁行业用能束缚，建设了焦炉煤气零重整竖炉氢冶金工程示范项目（英文简称为 HyMEX）。这一项目在全球首次实现使用氢能源替代碳能源进行钢铁规模化生产，对于钢铁行业实现碳达峰、碳中和具有重要意义。本章详细介绍了 HyMEX 项目的背景、建设历程和取得的初步成果，同时阐述了氢冶金工艺流程、工厂平面布置、物流及绿化设计等方面的内容，并对主要技术经济指标进行了分析。通过这些内容，全面展示了张宣科技全球首例焦炉煤气零重整竖炉氢冶金的特色，以及其在推进绿色低碳钢铁生产方面的重大创新与贡献。

## 2.1 项目概况

### 2.1.1 项目建设单位

2.1.1.1 张宣科技简介

河钢集团张宣科技焦炉煤气零重整竖炉氢冶金项目，其建设单位为张宣科技，张宣科技（原为“河钢集团宣钢公司”）是河钢集团骨干子公司，前身是创建于 1919 年的龙烟铁矿股份公司，2008 年 6 月加入河钢集团，是中国近代钢铁工业的主要发祥地[1]。

计划经济时期，张宣科技是华北地区最大的地下黑色冶金矿山和生铁基地，涌现出新中国第一代劳动模范马万水和英雄集体“马万水工程队”，被誉为“冶金工业战线上的一面红旗”，为我国钢铁工业的发展做出了历史性贡献。

到“十二五”末，张宣科技形成了铁、钢、材 800 万吨综合配套优质产能，产品广泛应用于“中国天眼”、乌东德水电站、雄安新区、北京大兴国际机场、粤港澳大湾区、冬奥会标志性场馆等百余项重点工程，企业先后荣获“全国五一劳动奖状”“全国钢铁工业先进集体”“河北省先进基层党组织”和“河北省政府质量奖”等荣誉称号。

“十三五”以来，张宣科技准确全面贯彻新发展理念，坚定执行河北省委、省政府贯彻落实习近平总书记“坚决去、主动调、加快转”重要指示精神作出的重大决策部署，彻底退出高炉、转炉传统冶炼装备，率先在行业内实施绿色低碳转型升级，克服前所未有的压力与挑战，以全球首例 120 万吨焦炉煤气零重整竖炉氢冶金示范工程等一批核心项目投产达效为标志，构建起氢冶金、高端材料、新能源、智能制造、工业服务、科技创新高质量发展新格局，形成一批新质生产力，实现了百年企业华丽蝶变[2]。

焦炉煤气零重整竖炉氢冶金工程示范项目是全球首次实现使用氢能源替代碳能源进行钢铁规模化生产，被中国钢铁工业协会誉为“中国钢铁史乃至世界钢铁史上由传统‘碳冶金’向新型‘氢冶金’转变的重要里程碑，引领钢铁行业迈入‘以氢代煤’冶炼‘绿钢’的新时代[3]。”

依托“氢基竖炉+近零碳排电炉”低碳绿色高端材料新型短流程工艺优势，张宣科技深度链接全球科技创新资源，攻克材料领域关键技术，在液氦温区低温钢、精密合金、高温合金、耐蚀合金、高强不锈钢、高端轴承钢等研发方面取得阶段性成果，形成年产 300 万吨高端、绿色低碳新材料的生产能力，成为华北地区首个具备全流程制备航天、航空级特种材料的特冶企业。

张宣科技抢抓京津冀协同发展等机遇，充分发挥区位、土地、人才、成熟工业场景等优势，与清华大学规划研究院合作，科学规划产城融合发展，建设五大产业园区，大力发展先进材料、新能源、新一代信息技术等产业，打造新增长极。

奋斗百年路，启航新征程。张宣科技紧紧抓住战略机遇，深入贯彻落实河钢集团实施张宣科技建设钢铁工业绿色转型示范区的重大战略决策，以“高端化、智能化、绿色化”为主线，重点打造“氢冶金、新能源、新材料、数字科技与智能制造、科技创新”五大产业园区和产城共融示范区，加速钢铁向材料、制造向服务转变，培育壮大新质生产力，开启了建设中国首个钢铁工业绿色转型示范区的新篇章[4]。

从中国近代钢铁工业的开拓者，到中国传统钢铁工业转型发展的先行者，再到中国钢铁行业绿色低碳转型发展的引领者，张宣科技在强国建设、民族复兴的伟大征程中，牢记初心使命，始终与国家战略同向同行，勇挑最重的担，敢打最硬的仗，源于钢铁更超越钢铁，将努力书写出更多新的历史，在奋进新征程中持续做出更大的贡献[5]。

2.1.1.2 HyMEX 工艺简介

HyMEX 工艺集成了来自意大利 Tenova HYL 公司和 Danieli 公司的 ENERGIRON 技术。

Tenova HYL（原 HYLSA）是气基直接还原铁（DRI）技术的先驱之一，自 20 世纪 50 年代起开始研发相关技术，其核心在于竖炉直接还原工艺的优化与创新。2006 年，Tenova HYL 公司与 Danieli 公司合作推出 ENERGIRON 商标，标志着双方技术整合的深化。ENERGIRON 技术结合了 Tenova HYL 公司的竖炉还原工艺与 Danieli 公司的工程能力，成为全球直接还原铁领域的标志性技术。

ENERGIRON 技术可适配不同还原气体（如天然气、焦炉煤气、页岩气等），采用模块化设计，可以根据需求灵活调整产能，从 25 万吨/年到 250 万吨/年的规模不等。

ENERGIRON 技术采用气-固移动床工艺，利用含有还原介质 CO 和 $H_2$ 的气体作为还原剂，将铁矿石球团或铁块在竖炉内还原为高金属化率的海绵铁。工艺上实现可变碳含量（1.5%~4%）-铁元素（金属化率：94%~96%）变化组合，以实现最优能源效率。

ENERGIRON 技术可生产不同碳含量的直接还原铁，提高 DRI 稳定性，并在电弧炉冶炼过程中提供额外的化学能。高碳 DRI 比普通的传统直接还原工艺所获得的低碳 DRI 具有更高的稳定性，能抑制金属铁与氧化成分接触后发生再氧化。

ENERGIRON 技术可以实现 DRI 热装，可大大降低电炉电能单耗约 120 kW·h/t，使电炉炼钢厂总的生产率提高 20%，并且由于粉料的减少，DRI 在电炉中的利用率提高了 3%。

ENERGIRON 技术配置 $CO_2$ 脱除装置，可以选择性地去除铁矿石还原产生的 $CO_2$（60%~70%）。其较高的操作压力（0.8~1 MPa）可以有效地捕集工艺气流中所含的 $CO_2$，而无需额外成本，也不必进行工艺气体压缩。

截至 2024 年，已在全球范围内供应了 40 多个基于天然气的直接还原模块，总产能达 1255 万吨。其中：2006 年，阿拉伯联合酋长国第一座年产 160 万吨的 ENERGIRON Ⅲ 工艺直接还原装置成功投产；2009 年，第一套新一代 ENERGIRON ZR 直接还原设备在埃及投产；2010 年，世界最大的美国纽柯年产 250 万吨直接还原装置由 ENERGIRON 供货；2023 年 5 月，世界第一座基于富氢焦炉煤气零重整的张宣科技氢冶金示范项目顺利投产；2024 年，在中国宝武湛江启动了第一套直接还原装置，采用基于天然气、焦炉煤气和氢气作为补充气的灵活操作方案，8 月连续满负荷运行 21 h，完成性能测试。

目前，ENERGIRON 技术以其历史积淀与技术革新为钢铁行业绿色低碳转型提供了关键解决方案，未来在氢能应用与可再生能源整合中将继续发挥核心作用。

#### 2.1.1.3 HyMEX 绿色品牌建设

为纪念河钢集团张宣科技全球首例 120 万吨焦炉煤气零重整竖炉氢冶金示范项目一期工程的安全、顺利、连续生产，张宣科技以“HyMEX”为商标，强力打造张宣科技“绿钢”品牌。HyMEX 全称为“Hydrogen Metallurgical of Xuansteel”，其中，标识中的“Hy”寓意为“氢”，取氢气的英文单词“Hydrogen”的前两个字母，“H”也指“河钢”；标识中的“ME”寓意为“冶金”，取冶金的英文单词“Metallurgical”的前两个字母；标识中的“X”意指

“张宣科技”，也有探索未来、集多项创新集成之意。

HyMEX 作为张宣科技的“绿钢”品牌，覆盖从氢冶金、近零碳排电炉到高效轧制的全工艺流程，产品包括绿色 DRI、绿色方坯和板坯、绿色棒线材等。HyMEX 作为中国钢铁的第一个绿色品牌，将形成高档汽车板、高档家电板等 6 类 30 余个典型牌号产品，按低碳排放钢、“绿钢”、近零碳排钢划分为 5 个产品等级，率先实现为中国和世界提供高品质“绿钢”产品[6]。

### 2.1.2 项目建设背景及意义

#### 2.1.2.1 建设背景

A 绿色低碳已成为钢铁工业发展的重要趋势

二氧化碳被广泛认为是产生温室效应并导致全球气候变暖的最主要气体，为保护地球环境，控制二氧化碳排放已在全球范围内达到普遍共识。逐步建立低碳发展模式，被提升到了关乎人类前途和命运的新高度。这将促使世界范围内经历一场深刻的经济和社会发展方式的变革，其核心是发展低碳技术体系、建立低碳经济发展模式和低碳社会消费模式，将其作为协调经济发展与应对气候变化之间关系的根本途径。因此，低碳技术体系的建立和发展将是未来决定一个国家及其产业国际竞争力的基础。

根据国际能源署的数据，钢铁生产每年产生约 26 亿吨二氧化碳，约占所有能源相关排放的 7%[7]。钢铁生产主要包括炼铁、炼钢、轧钢等重点工序。从钢铁生产各工序来看，目前行业先进指标显示，每生产 1 t 钢需要消耗约 546 kgce，碳排放为 1810 kg，而“球团+烧结+焦化+高炉”铁前系统的能耗和碳排放占总量的 85%左右。可见，高炉炼铁工艺是实现碳减排目标的重要突破口[8]。

随着全球全面进入“低碳经济”发展模式，为了大幅减少钢铁生产过程中 $CO_2$ 的整体排放量，世界各国都争先开展一些极具发展前景的绿色低碳冶金项目[9,10]。因此，钢铁行业向低碳模式转变是全球性的发展趋势，推进绿色低碳冶金工艺研究和新能源开发利用是我国钢铁行业生存发展和实现制造强国战略的必然要求。

B 促进钢铁行业转型升级，引领高质量发展

习近平总书记指出，去产能特别是去钢铁产能，是河北推进供给侧结构性改革的重头戏、硬骨头，也是河北调整优化产业结构、培育经济增长新动能的关键之策。河北要树立知难而上的必胜信念，坚决去、主动调、加快转。河北省委、省政府从战略和全局的高度出发，把去产能放在突出位置，不讲条件、不讲理由、不折不扣地贯彻执行党中央决策部署[11]。

2016 年 6 月 22 日，河北省委、河北省人民政府署名在人民日报发表文章《以勇于担当的精神打好去产能这场硬仗》，明确提出“发挥国有企业带头作用，

把全省唯一国有钢铁企业河钢集团作为重点，坚持能多压尽量多压，制定出台张宣科技整体退出方案”。河北省成立由省委常委、常务副省长任组长的河钢集团张宣科技转型升级工作领导小组，制定印发《关于钢铁行业化解过剩产能实现脱困发展的实施意见》《河北省钢铁行业去产能工作方案（2018—2020 年）》《河钢集团转型升级规划（2018—2025）》等重要政策文件，推动河钢集团张宣科技产能全部退出张家口地区从顶层设计走向落地实施。河钢集团党委将此作为大型国有企业必须肩负起的应有责任和担当，要求河钢集团张宣科技党委从讲政治的高度重视转型升级工作，坚定不移地按照河北省委、省政府要求进行落实。

河北省委、省政府高度重视河钢集团张宣科技的转型升级工作，主要领导多次召开专题会议研究转型升级方案，并进行现场调研强调："河钢集团和张宣科技要全面贯彻落实习近平总书记的重要指示精神和党中央关于转型升级的战略部署。省委省政府将全力支持，地方政府要大力支持企业融入城市规划发展建设，开展跨界转型，走出一条符合企业实际的改革创新、转型升级之路。"

张家口市委、市政府主要领导，以及河北省国资委、省发改委、省工信厅等省直部门领导深入张宣科技，悉心为企业把脉开方。省、市政府明确提供政策支持，通过企业原址土地变性来支持公司的转型。

河钢集团主要领导多次深入张宣科技调研并在多次集团重要会议上指导企业转型，强调"张宣科技是河钢集团大家庭的一员，转型升级的主体虽然是张宣科技，但是背后有河钢集团在支撑。""对于传统产业跟随者张宣科技而言，转型不是无奈求生存而是实现更好发展，早转型早主动。""要通过转型转出战略、转出高度、转出未来，打造出一个更具活力和竞争力的全新企业，成为钢铁行业转型升级排头兵，向省委省政府交上一份满意的答卷。"

使命是存在的价值和目的，竞争力是存在的理由和根本。作为新中国成立之初第一批恢复生产的国有大型企业，百年来，一代代张宣科技人迎难而上，奋发图强，实现钢铁报国的使命并持续提升产业竞争力。当前的张宣科技，既面临百年未有之严峻形势，也面临百年未有之重大历史机遇，推动转型升级可谓其时已至、其势已成。从发展环境角度讲，张宣科技地处京津冀城市圈特殊区域，面临京津冀协同发展，被赋予更多的使命担当，转型升级大势不可阻挡，没有余地可商，没有退路可言。实施转型升级，既为推动国家战略做出了张宣科技贡献，又争取到战略主动和各方支持，合力实现企业换道发展，路径更优，前景更宽。从竞争力提升角度讲，钢铁行业面临着结构性产能过剩局面，缺乏区位优势和产品优势的企业将难以生存，与此同时，资源瓶颈和环境压力越来越成为制约未来钢铁发展的"两大强约束"。实施转型升级，因势而谋、顺势而为，从谋划阶段就站上更高起点，既跨越资源和环境两大强约束，也从根本上再造企业筋骨，为传承百年企业夯实基础。早转早主动，早转早受益，将从根本上为张宣科技赢得更好的发展环境，彻底扭转企业面临的历史困难局面。

C 勇于“双碳”实践，担当中国钢铁绿色低碳发展的先行者

2020 年 9 月 22 日，中国政府宣布“力争 2030 年前实现碳达峰，2060 年前实现碳中和”[12]。这是党中央经过深思熟虑作出的重大战略决策，事关中华民族永续发展和构建人类命运共同体。实现碳达峰、碳中和目标，是我国向国际社会做出的庄严承诺，也是实现高质量发展、满足人民美好生活需要的重要途径。在实现碳达峰、碳中和目标过程中，钢铁行业扮演着重要角色。钢铁行业向低碳模式转变是全球性的发展趋势，推进低碳冶金工艺研究和新能源开发利用是我国钢铁行业生存发展和实现制造强国战略的必然要求。

2019 年 10 月 15 日，在墨西哥蒙特雷召开的 2019 年世界钢铁大会上，河钢集团董事长于勇正式就任世界钢铁协会第 41 任主席，这不仅标志着中国钢铁行业的国际影响力进一步提高，也意味着中国钢铁人将深度参与国际钢铁事务，为促进世界钢铁产业的健康发展做出更大的贡献。

为了响应国家战略部署，河钢集团作为中国钢铁的代表，积极探索世界低碳冶金前沿技术，在河北省张家口市张宣科技率先建设全球首例年产 120 万吨的焦炉煤气零重整竖炉氢冶金工程示范项目。该项目依靠自主创新、集成创新和开放创新，联合国内外行业头部企业，采用产学研用相结合的模式，在全球首次开发焦炉煤气零重整竖炉氢冶金直接还原制备绿色 DRI 技术，可完全替代传统高炉碳冶金工艺，实现 $CO_2$ 大幅度减排，各项指标达到国际领先水平，可以产生多项具有重大推广应用价值的原创性的新工艺技术和装备，并创造巨大的经济、社会和环境效益。

该项目的建设和成功，不仅为我国推进氢能源利用发展提供技术基础和完成首例工业示范，更有助于将张家口地区推向世界氢能源利用的技术研发和辐射中心，对全面提升我国钢铁业的世界领先地位和实现全球钢铁工业可持续发展的战略目标具有重要的现实意义。

2.1.2.2 建设意义

A 低碳冶金是我国钢铁行业可持续发展的必由之路

钢铁工业是我国实现新型工业化的重要支柱产业，在国民经济发展中占有重要的地位。传统钢铁生产的能量载体主要来源于碳元素，因此，钢铁工业气体排放物主要是碳氧化物。近年来，我国粗钢产量一直占全世界钢产量的 50%以上，90%左右的产量是由“高炉-转炉”生产流程生产的，这决定了我国钢铁工业 $CO_2$ 排放总量高居世界前列[13]。

按照目前我国实际情况，如果以钢铁工业 $CO_2$ 减排 25%的目标来计算，对全国工业 $CO_2$ 减排的贡献将达到 4%。可见，钢铁工业对于节能减排的责任重大。因此，在全世界面临节能减排的巨大压力下，发展绿色钢铁工业、减少污染物排

放是我国未来钢铁工业可持续发展的必由之路。我国钢铁工业也必须率先掌握低碳制造技术，才能在未来低碳经济格局中占据优势地位。

B 氢能利用是钢铁行业实现高质量发展的重要方向

$H_2$ 作为一种清洁、可持续、高效的能源载体正在吸引越来越多的关注。由于 $H_2$ 的黏度低、密度小，导热性好（导热能力比其他气体大 7~10 倍），因此会使还原气体密度和黏度都减小，能加速气体和固体间的热交换，有利于提高铁矿石还原过程中的热能利用率。更重要的是，因为 $H_2$ 是一种高效的还原剂，$H_2$ 的扩散速度为 CO 的 3.74 倍，其还原产物 $H_2O$ 的扩散速度为 $CO_2$ 的 1.56 倍，所以 $H_2$ 能够比 CO 更快地通过矿石细微的孔隙达到反应界面，还原后生成的 $H_2O$ 也比 $CO_2$ 扩散得快。$H_2$ 不但本身具有还原作用，而且对 CO 还原还具有催化作用。与传统焦炭炼铁相比，氢气炼铁显然可以大幅减少污染物排放，有利于钢铁企业的可持续发展。

众多研究表明，依靠传统高炉的技术进步已经很难大幅度减排，为此有必要开发新能源替代传统以碳为主要能源的先进工艺。由于 $H_2$ 和铁矿石反应生成水和金属铁，没有温室气体产生，所以用氢气替代传统碳无疑是最佳低碳冶金路线之一。因此，大力开展氢能冶金的工艺和工程技术研究，研究炼铁生产的碳素“零排放”的核心技术和关键技术，是我国冶金行业实现高质量发展的重要方向[8]。

C 焦炉煤气为氢冶金提供大规模、廉价的氢气需求

我国是世界钢铁生产大国，也是焦炭生产大国。虽然我国油、气燃料缺乏，但是大多数钢铁联合企业和独立焦化企业有大量含氢量很高（约 56%以上）的焦炉煤气（COG），每年可利用的焦炉煤气产量超过 1000 亿立方米[14]。目前，大部分焦炉煤气除了被用作燃料进行各种加热或燃烧产生蒸汽发电外，也有少量被简单地燃烧或放散。焦炉煤气中 55%~60%单质氢的发热值仅为 10.8 $MJ/m^3$，热值并不高，因此焦炉煤气作为燃料不尽合理，但作为还原剂代替碳还原铁矿石，对降低 $CO_2$ 排放具有重要意义。

因此，发展以焦炉煤气为主的氢还原工艺，会显著提高铁矿石还原的效率和产品质量，尤其是在目前尚无成熟、廉价的制氢工艺前提下，以焦炉煤气为还原剂的氢冶金是我国实现钢铁碳减排的最直接方法。

D 高品质直接还原铁可大幅提升钢铁产品质量

张宣科技高端装备核心零部件及关键材料制造项目使用一定比例的高品质直接还原铁与废钢搭配，不仅可增加高端装备核心零部件和关键材料的均匀性，还可以改善和提高钢的物理性质，从而达到生产优质材料的目的。废钢作为高端装备原料，由于其来源不同，化学成分波动很大，而且很难掌握、控制，这给熔融作业带来了极大的困难。因此，直接还原铁不仅是优质废钢的替代物，还是生产

优质材料必不可少的高级原料。

根据国外报道，高功率电炉冶炼时，炉料搭配 30%～50%高品质直接还原铁，生产率提高 10%～25%，作业率提高 25%～30%。1996 年，我国在鹿泉市轧钢厂 3 t 电炉上试验表明，在炉料中搭配 30%～50%高品质直接还原铁，每吨炉料平均节约电能 27%，节约炼钢时间 28%，耗氧量降低 22%，钢材物理性能明显提高[15]。因此，在电炉料中搭配一定量高品质直接还原铁不仅可以提高电炉的生产能力，而且还能降低电耗和生产成本。

在节能减排、资源循环利用的背景下，氢还原能直接利用粉矿造球，可以省去烧结、炼焦等重污染工序，其产品能补充我国废钢资源不足，为高质量材料提供高品质直接还原铁，直接生产高端装备核心零部件和关键材料，进而提高企业的国际竞争力。

E 新时代的中国钢铁将引领世界钢铁的绿色发展

经过改革开放 40 多年的飞速发展，我国的钢铁产业发展取得了令世界瞩目的进步，自 1996 年钢铁产量突破 1 亿吨后，我国的钢铁产量已连续 29 年稳居世界第一。伴随着我国经济发展态势良好，经济实力不断增强，工业化和城市化仍处在快速发展中，并且在今后一个较长的时期内还将持续这种快速增长。

综合来看，开发氢冶金新工艺，在降低工序能耗提高能源利用效率的同时，实现 $CO_2$ 大幅度减排，不仅可以解决目前 $CO_2$ 排放量过高的问题，而且可以产生多项具有重大推广应用价值的原创性的新工艺技术和装备，推动钢铁行业的技术进步并创造巨大的经济、社会和环境效益，为建设国际领先技术水平的钢铁企业提供技术支撑，对全面提升我国钢铁工业的整体水平和实现钢铁工业可持续发展的战略目标具有重要的现实意义。

70 多年的风雨兼程，70 多年的砥砺前行，新时代的中国已成为全球经济增长的动力源和稳定器，国际地位发生了翻天覆地的变化，各个领域都取得了快速发展。今日的中国钢铁工业已经走到了世界舞台的中央，正在引领世界钢铁工业的发展[16]。因此，我国必须大力研究和开发绿色低碳氢冶金相关基础研究、工艺技术及高端装备，继续引领世界低碳冶金新工艺和新技术的发展。这既是新时代的中国能够继续赢得进步、始终站在世界舞台中央的内在定力和动力，也是中国奉献给国际钢铁行业的中国智慧和中国方案。

### 2.1.3 项目建设的有利条件

#### 2.1.3.1 国家为氢能产业落实政策支持和提供产业扶持

近年来，我国对发展氢能产业高度重视，出台了一系列鼓励氢能发展的政策措施。《能源技术革命创新行动计划（2016—2030 年）》将“氢能与燃料电池技术创新”纳入国家能源战略。2019 年，政府工作报告提出“推动加氢等设施建设”，国家发展和改革委员会《产业结构调整目录（2019 年本，征求意见稿）》和《绿色产业指导目录（2019 年版）》也明确将氢能产业中部分内容列入国家鼓励发展方向，氢能和燃料电池领域的 5 项条款均属鼓励类，覆盖新能源、有色金属、汽车、船舶、轻工五大行业，内容包括氢燃料制取、储运，燃料电池关键零部件，燃料电池车核心部件等相关设备，氢能基础设施等全产业链类目。2019 年 1 月，国家发展和改革委员会《张家口市可再生能源示范区建设第八次协调推进工作会议纪要》中要求张家口市加快氢能产业发展，探索标准制定、示范应用等先行先试。

随着政策的不断完善和推动，我国氢能产业将迎来更加广阔的发展前景，为氢冶金发展落实重要政策支持和提供产业扶持。

2.1.3.2 京津冀绿色能源一体化提供发展空间

京津冀是我国最具发展活力的三大经济增长地之一，同时也是我国重要的能源消费重心之一。打造一体化的新型能源系统，加快构建绿色低碳、安全高效的现代能源体系，是推动京津冀协同发展的重要内容。我国首条跨省区、大规模、长距离的纯氢输送管道，其起点位于内蒙古自治区乌兰察布市，终点位于中国石油化工股份有限公司北京燕山分公司，管道全长 400 多千米。管道一期运力 10 万吨/年，预留 50 万吨/年的远期提升潜力[17]。同时，这条管道途经张家口市区并设置接口。因此，氢能将成为构建京津冀绿色能源一体化的重要支撑，京津冀能源协同发展也为张家口市氢能产业带来广阔发展空间。

2023 年 9 月 13 日，河钢集团与中国石油化工集团（简称中国石化）在北京签署共建绿色氢能产业链战略合作框架协议，双方将充分发挥各自在氢能源产业资源、应用场景、关键技术等方面优势，进一步优化能源结构，提升能源保障能力，加快氢能产业可持续发展[18]。这一项目将为张宣科技提供足量的绿色氢气需求。

2.1.3.3 区域间协同提供优势条件和巨大潜力

作为全国重要的可再生能源生产基地和电力输送通道节点，相邻的京津冀地区又是我国主要的电力负荷中心和蓝天保卫战的关键区域，张家口市具有承接北京环保、能源、交通等相关产业转移的优势条件。目前，北京一些大型企业已经开始在张家口市积极布局氢能产业。随着京张高铁的开通，北京企业入驻张家口市的积极性将会更加高涨，这不仅为氢能产业的技术落地和人才引进创造了一流的条件，还促进了两地科技资源与商业资源的深度融合。

因此，张宣科技凭借张家口地区丰富的光电、风电、绿氢资源和交通优势，结合北京的产业资源和丰富的人才资源，在全球首例氢冶金示范工程的建设和投运中具有显著的优势。独特的区位位置，具有区域间协同发展的巨大潜力，将为实现绿色能源转型和碳中和目标做出重要贡献。

2.1.3.4 低碳奥运品牌成为展示氢冶金发展成果的世界级窗口

张家口市作为2022年冬奥会的举办城市之一，为实现“低碳奥运”的理念和要求，在奥运场馆电力和热能供应方面，奥林匹克中心和其他赛场用电全部采用可再生能源。具有零污染的氢能燃料电池汽车为冬奥会提供“绿色能源”及“绿色交通”，从而实现奥运专区主要能源消费来自可再生能源绿色用能、低碳排放的要求。冬奥会作为张家口市向世界展示氢能产业发展的窗口，有利于吸引国内外氢能产业相关企业及资本的投入，树立氢能产业品牌，引导产业结构升级转型，带动经济实现高质量发展。

在冬奥会品牌的助力下，张宣科技致力于推动绿色能源转型的氢冶金品牌快速推向世界。2023年5月，来自冬奥城市的氢冶金项目实现了安全、顺利、连续生产的重大突破，这一好消息迅速得到了全球各大媒体的报道，并引起了广泛关注。来自韩国、墨西哥、英国、意大利、巴西等国家的企业代表纷纷慕名而来，前往张宣科技进行实地考察和交流合作[19]。这不仅展示了张宣科技在氢冶金领域的技术实力和创新能力，也彰显了其国际影响力的逐步提升。在全球碳中和绿色能源转型的大背景下，张宣科技凭借先进的氢冶金技术，为全球钢铁行业提供了一条可持续发展的新路径，赢得了国际市场的高度认可和信赖。

### 2.1.4 总体建设目标

利用张家口区域范围内丰富的氢能资源，在全球首次构建“以氢代碳”的钢铁生产用能新体系，建设全球领先的年产120万吨焦炉煤气零重整竖炉氢冶金绿色流程，打造成为集“绿色化、低碳化、智能化、品牌化”于一体的新型零碳氢冶金示范工厂。

项目总体建设目标为：

（1）集成世界最先进、最可靠、最智能、最环保、最具竞争力的技术与装备，建成全球首个焦炉煤气零重整竖炉氢冶金示范工厂，引领世界氢能源开发和利用工程发展，为国际钢铁行业贡献出中国智慧和中国方案；

（2）打造全球氢能源开发和利用工程技术研发中心，推进氢能源开发和利用的学科、技术、产业全面发展，形成“产、学、研、用”协同发展新局面，全面开启世界钢铁冶炼进入“氢时代”先河；

（3）以焦炉煤气零重整竖炉氢冶金为抓手，协同河北省氢能产业链集群化发展，逐步布局项目衍生产品和拓展氢产业链延伸，构建氢能源开发和利用的低碳、绿色生态圈，助力河北省成为中国和世界氢能源技术的辐射中心。

### 2.1.5 项目建设历程

河钢集团张宣科技全球首例120万吨焦炉煤气零重整竖炉氢冶金工程示范项

目自2019年初开始筹划，于2019年11月22日首次对外发布“河钢集团与意大利特诺恩集团（Tenova）签署谅解备忘录（MOU），商定双方在氢冶金技术方面开展深入合作，利用世界最先进的制氢和氢还原技术，并联手中冶京诚工程技术有限公司共同研发、建设全球首例120万吨规模的焦炉煤气零重整竖炉氢冶金示范工程”。2021年5月开始项目建设，2022年12月全线贯通，2023年5月实现安全、顺利、连续生产。

张宣科技HyMEX焦炉煤气零重整竖炉氢冶金工程示范项目的重要里程碑见表2-1所示。

**表2-1 全球首例焦炉煤气零重整竖炉氢冶金示范工程重要里程碑**

| 序号 | 时间 | 里程碑事件 |
| --- | --- | --- |
| 1 | 2019年10月15日 | 河钢集团于勇董事长担任世界钢铁协会主席，推进河钢集团绿色钢铁发展，筹划建设焦炉煤气零重整竖炉氢冶金项目[19] |
| 2 | 2019年11月22日 | 河钢集团与意大利特诺恩集团（Tenova）签署谅解备忘录（MOU），商定双方在氢冶金技术方面开展深入合作，利用世界最先进的制氢和氢还原技术，并联手中冶京诚工程技术有限公司共同研发、建设全球首例120万吨规模的焦炉煤气零重整竖炉氢冶金示范工程[20] |
| 3 | 2020年5月28日 | 《河钢张宣科技转型升级总体方案》通过河北省委、省政府审批，河钢张宣科技加速推进高端装备关键材料制造、战略性新兴产业、现代工业服务“三大基地”建设 |
| 4 | 2020年11月7日 | 第三届中国国际进口博览会上，于勇董事长代表河钢集团首次对外宣布，河钢集团将建设全球首例焦炉煤气零重整竖炉氢冶金示范工程[21] |
| 5 | 2021年1月7日 | 与中冶京诚工程技术有限公司和唐钢国际工程技术有限公司签订项目设计合同 |
| 6 | 2021年3月20日 | 与北京氢还原冶金技术有限公司签订项目“建设-移交”合同 |
| 7 | 2021年5月10日 | 项目举行开工仪式，一期工程开始建设[22] |
| 8 | 2022年12月16日 | 项目一期工程实现全线贯通，CCTV新闻频道等国内多家媒体进行广泛关注和报道[23] |
| 9 | 2023年5月15日 | 项目实现顺利、稳定、连续生产，产品DRI金属化率突破94%，各项指标达到国际先进水平[24] |
| 10 | 2023年5月31日 | 中国钢铁工业协会发贺信祝贺项目圆满成功，指出这是氢冶金核心关键技术创新的重大突破，是中国钢铁史乃至世界钢铁史上由传统“碳冶金”向新型“氢冶金”转变的重要里程碑，引领钢铁行业迈入“以氢代煤”冶炼“绿钢”的时代 |

续表 2-1

| 序号 | 时间 | 里程碑事件 |
|---|---|---|
| 11 | 2023 年 9 月 5 日 | 中国金属学会和河钢集团共同主办的“2023 年氢冶金国际研讨会”，河钢集团向世界展示全球首例焦炉煤气零重整竖炉氢冶金项目并分享成功经验[25] |
| 12 | 2023 年 10 月 16 日 | 世界钢铁协会第 14 届“Steelie 奖”在上海揭晓，河钢集团“首例基于焦炉煤气零重整工艺的直接还原铁-电弧炉流程”荣获全球钢铁行业低碳生产卓越成就奖，赢得了全球钢铁行业的高度认可[26] |
| 13 | 2024 年 3 月 29 日 | 启动实施全球首例氢基竖炉-近零碳排电弧炉新型短流程技术开发与应用项目[27] |
| 14 | 2024 年 9 月 9 日 | 成功应用绿氢作为还原气体实现稳定生产，产品合格率 100%，金属化率超 94%，验证了“绿电-绿氢-绿钢”生产的技术可行性[28] |
| 15 | 2024 年 12 月 16 日 | 全球首条氢冶金绿色汽车板连铸生产线投产，打通了氢冶金电炉生产汽车板的低碳技术路线[29] |

### 2.1.6 项目获得的初步成果

#### 2.1.6.1 “全球首例”顺利投产，成功解锁氢能应用新场景

张宣科技全球首例焦炉煤气零重整竖炉氢冶金工程示范项目一期工程从 2021 年 5 月开工建设，于 2022 年 12 月 16 日全线建成投产，2023 年 5 月实现安全、顺利、连续生产，其中工艺气体中氢碳比高达 8∶1 以上，是全世界 $H_2$ 比例最高的竖炉炼铁技术；项目产品——高品质绿色直接还原铁的金属化率已稳定在 94% 以上，达到国际一类标准[30]。与现有的“高炉-转炉”长流程相比，项目采用的“氢冶金-电炉”短流程工艺，不仅取消了焦化、烧结等这些高污染的工序，而且使用氢能源替代煤炭进行钢铁生产，从源头削减污染排放；项目工艺的烟气排放量是长流程的 1/3，主要污染物二氧化硫、氮氧化物、烟粉尘排放实现比长流程吨钢减少 30%、70%和 80%以上，且无脱硫脱硝工序，无废弃物排放；土地使用面积节约 1/2，能源消耗节约 1/2；项目实现每年减少二氧化碳排放达 80 万吨，碳排放减少 70%以上[31]。

项目已成为引领世界钢铁行业绿色低碳发展的标志性示范工程，并入选“2023 年世界钢铁工业十大技术要闻”，评委会指出：“河钢全球首例 120 万吨焦炉煤气零重整竖炉氢冶金示范工程打破常规手段，首创工艺技术，加强产业协同”[32]。

#### 2.1.6.2 坚持创新引领，促进氢冶金新质生产力发展

“河北省氢冶金低碳技术重点实验室项目”正式落户张宣科技，至 2024 年 6

月已基本建成。持续汇聚创新资源，第三届“高端特种材料研发中心”会议在张宣科技召开，国家最高科学技术奖获得者、中国科学院院士赵忠贤和院士李建刚等一众科学家共话高端材料研发创新，为推进高端特种材料规模化、产业化应用夯实基础。河钢集团张宣科技连续两年承办氢冶金国际研讨会，紧跟世界氢冶金技术的研究与发展，持续引领钢铁冶炼工艺的绿色、低碳变革；与北京科技大学、西安交通大学等高等院校、科研机构达成合作共识，在产业园区共建技术研发平台和中试基地，进一步赋能钢铁向材料、制造向服务转变[33]。

河钢集团张宣科技牵头实施的我国首个“氢基竖炉-近零碳排电炉新型短流程技术开发与应用项目”，被列为国家发展和改委员会核心技术攻关专项项目，并获国家奖补专项资金 9500 万元。

2022 年 9 月 2 日，由冶金工业信息标准研究院、世界钢铁发展研究院、中国标准化研究院资源环境研究分院主办，河钢集团张宣科技承办的首届世界氢冶金技术交流大会在张家口崇礼盛大召开。大会宣布成立氢冶金标准联合工作组，工作组组长由世界钢铁发展研究院院长、河钢集团董事长于勇担任。到目前为止，张宣科技已累计申请氢冶金相关专利 54 项，启动编制国家及行业标准 7 项，“基于氢冶金短流程的钒钛磁铁矿高效清洁利用技术”课题被纳入河北省自然科学基金重点项目，抢占科技制高点持续取得新突破。

#### 2.1.6.3 打造绿色转型“新地标”

2023 年 6 月 8 日，全国人大常委会副委员长张庆伟到张宣科技视察，对企业绿色低碳转型发展给予充分肯定和高度评价。2023 年 2 月 3 日和 1 月 19 日，河北省委书记倪岳峰、省长王正谱分别到项目现场调研指导工作，对张宣科技引领中国钢铁工业绿色低碳发展的示范作用给予高度评价。河北省委、省政府主管领导、工信部、河北省国资委、河北省工信厅领导先后到张宣科技现场调研。

工信部节能司在张宣科技召开氢能产业发展座谈会，希望发挥好张宣科技全球首例项目的示范引领作用，助力国家氢能产业绿色化、低碳化、规模化发展。河北省政府办公厅调研报告《张宣科技转型相关经验做法》获主管副省长重要批示，批转河北省发改委、河北省工信厅和张家口市研参，要求持续支持河钢集团。

河钢集团连续承办世界氢冶金技术交流大会。2023 年 9 月 5 日，由中国金属学会和河钢集团共同主办的“2023 年氢冶金国际研讨会”在冬奥之城崇礼召开，来自中国、澳大利亚、韩国、意大利等 12 个国家和地区的著名专家学者和科研人员汇聚一堂，加快推动氢冶金创新发展与应用推广，共同探讨世界钢铁工业绿色低碳发展的技术与路径，同时大会发布了由世界钢铁发展研究院、中国金属学会共同撰写的《氢冶金技术发展蓝皮书》。中国工程院院士干勇、毛新平、姜涛等出席会议，并亲临张宣科技氢冶金项目现场进行参观指导，为绿色氢冶金技术发展提供重要支持与指引。

张宣科技项目投产以来，韩国浦项钢铁公司、墨西哥特尔尼翁公司、英国自由钢铁公司、意大利特诺恩公司、宝马集团、奔驰公司、沃尔沃、北汽福田、中钢集团、中国科学院、中国金属学会、冶金工业规划研究院、北京科技大学、武汉科技大学、山东省工信厅等一大批行业翘楚、高校、科研院所、政府部门高密度到公司参观交流。人民日报、新华社、中央广播电视总台、经济日报、科技日报、中国冶金报、世界金属导报、学习强国、河北日报、河北广播电视台、长城新媒体等 20 多家国家、省级、行业主流媒体，在重点报道、重要栏目及条位中全媒体传播展示张宣科技绿色低碳转型成果，极大提升社会美誉度和影响力[34]。

2023 年，张宣科技氢冶金公司荣获河北省五一劳动奖状。2024 年 4 月 30 日，张宣科技氢冶金公司及个人荣获河北省五年表彰一次的劳动模范、先进工作者和先进集体等光荣称号，是河北省劳动工作者的最高荣誉。焦炉煤气零重整竖炉氢冶金示范工程作为河北省唯一一个在全国推广的典型案例，被中央主题教育办公室收录进《整改整治案例选编》。

2.1.6.4 加速低碳价值释放，提升高端特钢产品绿色竞争力

应用 DRI 产品生产的绿色高钼热锻模具钢打入上海市场，为某高端客户出口定制研发的 42CrMo 绿色圆钢成功下线，吨钢售价较 45 号圆钢高 850 元，绿色低碳角钢供货国家“宁电入湘”工程项目等，依托“氢基竖炉+高效电炉”新型绿色短流程工艺优势，张宣科技坚定实施特钢转型，加快释放绿色品牌价值[35]。

张宣科技开发生产 42CrMo、40Cr、20CrMnTiH、9SiCr 等 10 个绿色圆钢品种，Q420C、Q355C 等 8 个绿色角钢品种，31 个绿色镀锌丝，为绿色汽车、绿色建筑、绿色交通、绿色工业等提供了高质量的绿色基础材料。

目前，张宣科技已成功开发特材领域新型高强殷钢、哈氏合金、耐蚀合金、精密合金等 60 多种高端绿色新材料，广泛应用于航空航天、核电、军工等领域，稳定供应特斯拉、宝马、中国兵器集团、国家电网、中国石化等知名客户。

从张宣科技到河钢集团内部积极开展配加 DRI 生产实践，DRI 配加比例平均为 25%以上，最大加入量达 40%。在河钢集团发布的《低碳排放产品发展规划（2023—2026 年）》中，张宣科技氢冶金工艺（HyMEX）及正在建设开发中的氢冶金电炉生产汽车板组合工艺（HyMEX-T），被确定为重点推广工艺，支撑河钢集团持续引领钢铁行业绿色低碳发展[36]。

## 2.2 项目建设的外部条件

### 2.2.1 地理位置

河钢集团张宣科技全球首例焦炉煤气零重整氢冶金工程示范项目位于河北省

张家口市宣化区，地处河北省西北部，东南距首都北京约 150 km，西北距张家口市约 28 km，距大同市约 180 km；境内有京包、大秦、宣庞三条铁路干线，主要公路干线有 110、112 两条国道，以及宣大、京张高速公路；2019 年 12 月 30 日，京张高速铁路正式开通运营，全程用时 1 h 左右，宣化地区也融入“首都 1 h 交通圈”。

2015 年 7 月，国务院批复设立了张家口可再生能源示范区。张家口立足优势资源，扎实推进国家级可再生能源示范区建设，着力推动清洁能源开发、新型电力系统构建、储能多元打造，大力发展新能源产业。如今，张家口的新能源产业发展一路向前，领跑全国。目前，该市累计完成可再生能源装机规模 2830.2 万千瓦，稳居全国非水可再生能源第一大市。近年来，张家口围绕制氢、储氢、运氢、氢燃料电池研发生产、氢燃料电池车整车生产等加快氢能产业上下游全链条布局和发展。截至 2022 年底，全市累计引进涉氢项目 40 项，完成投资 38.4 亿元。

综上所述，本项目具有良好的区位优势和交通及能源便利条件。

### 2.2.2 地质条件

HyMEX 项目处于华北地块北缘，燕山沉陷带中的宣龙复向斜核部-下花园凹褶束。由中-新元古界和中-下侏罗纪统叠积而成。整体为一翼陡而底平的箱状向斜构造，西端翘起，向东倾没，地层倾角一般在 10°左右。全区构造复杂，断裂褶皱较为发育。南界边缘因受走向逆掩断层带的俯冲而呈花边状，局部发生翻卷。该地区是宣龙铁矿的主要产区，在中-新元古界海侵时期，处于边缘海湾环境，尤其是西部古斜坡地带，大部层位逐次尖灭。本区新构造的运动始于第三纪初期，至第四纪形成了东西方向的断块隆起和凹陷，历史上在怀安县发生过 6.25 级压性地震，近年来张北、阳原发生 5.6 级和 5.4 级压性地震，宣化处于断块内部次稳定区。根据调查，全新世以来，邻近场地的主要断裂无活动迹象，属非活动断裂地带。

项目场地地势较平坦，场地内无活动断裂、崩塌、滑坡、泥石流、岸边冲刷等不良地质现象，未发现地下采空区、地面沉降、地裂缝、化学污染、地下水水位上升等环境地质问题，未发现埋藏的河道、沟滨、孤石、防空洞等对工程不利的埋藏物。因此，项目场地无对工程建设的不良地质作用，无环境工程地质问题，场地与地基稳定性较好，较适宜本工程建设。

项目场地在勘探深度范围内，地基土由粉土、砂土、碎石土组成，各地层分布稳定且成层性较好。稳定地下水在地表下 2.5~11.6 m，相当于绝对标高为 604.09~607.53 m。抗浮水位按历史最高地下水位 608.0 m 考虑。地下水的类型为孔隙潜水。主要含水层为粉土层，年降雨量和年蒸发量对地下水影响较大，地下水的补给对地下水的水位影响很大，地下水的补给主要是大气降水，地下水的排泄主要是地下径流，径流方向为东北至西南，补给洋河。近 3~5 年地下水位变化趋于平缓，年地下水变化幅度在 1.0 m 左右。据邻近场地的水质分析资料，水对混凝土结构具微腐蚀性，对钢筋混凝土结构中钢筋在干湿交替下具微腐蚀性。土对钢结构具微腐蚀性。项目场地无盐渍土、周边无污染源，场地内土层对混凝土结构及钢筋混凝土结构中钢筋具微腐蚀性，根据《工业建筑防腐设计标准》（GB/T 50046—2018）采取防护措施即可[37]。

### 2.2.3 气象气候条件

（1）气象：本地区属温带大陆性季风气候。

（2）气温（干球）：

| | |
|---|---|
| 最高气温 | 39.1 ℃ |
| 最低气温 | 24.8 ℃ |
| 最热月平均气温 | 25.5 ℃ |
| 最冷月平均气温 | 12.5 ℃ |
| 年平均气温 | 7.6 ℃ |

（3）湿度：

| | |
|---|---|
| 最热月相对湿度 | 73% |
| 最冷月相对湿度 | 46% |
| 平均湿度 | 59.5% |

（4）降雨量：

| | |
|---|---|
| 年平均降雨量 | 370.0 mm |
| 年最大降雨量 | 533.7 mm |
| 年最小降雨量 | 286.2 mm |
| 日最大降雨量 | 266.2 mm |
| 小时最大降雨量 | 34.4 mm |

（5）风力：

| | |
|---|---|
| 年平均风速 | 3.7 m/s |
| 风荷载 | 0.45 $kN/m^2$ |
| 年主导风向 | 冬季西北，夏季东、东南 |

（6）当地大气压力：

| | |
|---|---|
| 冬季 | 93.96 kPa |
| 夏季 | 92.36 kPa |

（7）其他：

| | |
|---|---|
| 积雪深度 | 0.9 m |

| | |
|---|---|
| 雪荷载 | 0.30 kN/m$^2$ |
| 土壤标准冻土深度 | −1.5 m |
| 夏季室外通风计算温度 | 27 ℃ |
| 冬季室外采暖计算温度 | −16 ℃ |
| 地震设防裂度 | 7 度 |
| 加速度 | 0.15$g$ |

### 2.2.4 气源条件

项目一期工程使用厂区供应的富氢焦炉煤气作为主要原料气源，逐步增加绿氢掺入比例；二期工程直接采用全氢，最终实现项目全部使用氢气冶金。

富氢焦炉煤气的主要成分见表 2-2。

**表 2-2 富氢焦炉煤气成分**

| 序号 | 原料焦炉煤气 | | | 精制焦炉煤气 | |
|---|---|---|---|---|---|
| | 成分 | 单位 | 数值 | 单位 | 数值 |
| 1 | $H_2$ | %① | 58~63 | % | 60~65 |
| 2 | $O_2$ | % | 0.5~1 | % | 0.3~0.5 |
| 3 | $N_2$ | % | 5~10 | % | 5~10 |
| 4 | $CH_4$ | % | 14~17 | % | 14~17 |
| 5 | $CO_2$ | % | 1~3 | % | 0~1 |
| 6 | CO | % | 3~7 | % | 3~7 |
| 7 | 乙烷 | % | 0.3~0.6 | % | 0.3~0.6 |
| 8 | 乙烯 | % | 1~1.5 | % | 1~1.5 |
| 9 | 硫化氢 | mg/m$^3$ | 1000~2000 | mg/m$^3$ | 5 |
| 10 | 羰基硫 | mg/m$^3$ | 200~400 | mg/m$^3$ | 20 |
| 11 | 二硫化碳 | mg/m$^3$ | 20~30 | mg/m$^3$ | 5 |
| 12 | 总硫 | mg/m$^3$ | 1200~2500 | mg/m$^3$ | 30 |
| 13 | 焦油 | mg/m$^3$ | 15~25 | mg/m$^3$ | 5 |
| 14 | 萘 | g/m$^3$ | 2~4 | g/m$^3$ | 0.005 |
| 15 | 氨 | g/m$^3$ | 0.03~0.05 | g/m$^3$ | 0.005 |
| 16 | 苯 | g/m$^3$ | 2~2.5 | g/m$^3$ | 0.05 |
| 17 | 甲苯 | mg/m$^3$ | <500 | mg/m$^3$ | 5 |
| 18 | 乙苯 | mg/m$^3$ | <5 | mg/m$^3$ | 1 |
| 19 | 二甲苯 | mg/m$^3$ | <100 | mg/m$^3$ | 2 |
| 20 | 三甲苯 | mg/m$^3$ | <10 | mg/m$^3$ | 1 |
| 21 | 低位热值 | MJ/m$^3$ | 13~15 | MJ/m$^3$ | 13~15 |
| 22 | 高位热值 | MJ/m$^3$ | 15~17 | MJ/m$^3$ | 15~17 |

①序号 1~8 均为体积分数。

2023年4月10日，中国石化宣布，“西氢东送”输氢管道示范工程已被纳入《石油天然气“全国一张网”建设实施方案》，标志着我国氢气长距离输送管道进入新发展阶段。“西氢东送”起于内蒙古自治区乌兰察布市，终点位于北京市的燕山石化，管道全长400多千米，管道经过张家口市宣化区。该项目氢气管道一期运力10万吨/年，并预留50万吨/年的远期提升潜力。此外，作为2022年绿色冬奥会的主办城市之一，张家口市肩负着为冬奥会提供“绿色能源”和“绿色交通”的重要使命，充分利用区域内丰富的风能和光伏资源，构建规模化绿氢产业体系，为张宣科技氢冶金项目提供部分绿氢供应。得益于区域内充足的绿氢资源，张宣科技氢冶金项目具备了强大的气源保障。总体上，张宣科技一期、二期总计120万吨的氢冶金项目将实现以全绿氢生产“零碳排放”钢铁，开创真正意义上的近零碳“绿钢”时代。氢气成分见表2-3。

**表 2-3　氢气成分**

| 主要成分 | 数值（体积分数）/% |
|---|---|
| $H_2$ | ≥99.9 |
| $O_2$ | ≤0.01 |
| $N_2$ | ≤0.01 |

### 2.2.5　外部能源介质条件

项目坐落在河钢集团张宣科技东厂区内部，最大化利用了该公司的原有基础设施，大幅降低了总体工程投资，其中：

（1）项目用新水来自原厂区供给，排水利用原全厂区设施；

（2）项目用电来自原厂区变电设施供给；

（3）项目用氧、氮、氩、压缩空气、蒸汽等介质取自厂内现有氧气站、空压站和锅炉等。

## 2.3　项目建设规模及内容

### 2.3.1　生产规模

项目总体规模为年产120万吨高品质绿色直接还原铁，分两期执行。其中，一期工程通过研发焦炉煤气零重整创新工艺，建设60万吨规模以富氢60%的焦炉煤气作为还原剂的焦炉煤气零重整竖炉氢冶金示范工程，并逐步增加绿氢比例，最终实现全绿氢生产；二期工程将发挥区域内风光电的优势，使用全绿氢和绿电开发60万吨规模绿氢冶金项目，实现全流程、全过程的近零碳绿色制造。

### 2.3.2 建设内容

项目旨在从高品位球团制备、低成本制氢、$H_2$ 直接还原、气体净化、二氧化碳脱除和精制、水处理等全流程进行创新研发，通过改变能源消耗结构，使用富氢气体代替长流程依赖的焦炭和煤，从工艺源头削减排放；通过对副产物 $CO_2$ 进行捕集和精制，制成食品级 $CO_2$ 产品用于下游产业，完成末端治理。

项目示范工程利用原 100 万吨链箅机-回转窑球团设施及球团运输、制氧、气柜、总降变电站等全厂公辅系统。新建氢冶金工程主要建设内容如下。

（1）$H_2$ 竖炉设施：矿槽系统（利旧）及球团涂覆单元、氢气竖炉单元、成品冷却单元、卸料单元等；

（2）气体工艺设施：原料气精制单元、原料气储柜（改造）、气体加压单元、气体加热单元、气体净化单元、$CO_2$ 脱除单元、食品级 $CO_2$ 精制单元、燃气发生炉单元；

（3）公辅设施：储运、燃气、通风除尘、热力、水处理、供配电、自动化控制、液压与润滑、办公设施等。

### 2.3.3 产品方案

项目主要产品为高品质绿色 DRI，典型特征参数见表 2-4。

**表 2-4 产品的典型特征参数**

| 项目 | 单位 | 高品质绿色 DRI |
|---|---|---|
| 金属化率 | % | ≥94 |
| C | % | 约 2.5 |
| P | % | ≤0.06 |
| S | % | ≤0.004 |
| $SiO_2$ | % | ≤2.83 |
| $Al_2O_3$ | % | ≤2.69 |
| MgO | % | ≤0.38 |
| CaO | % | ≤1.07 |
| 体积密度 | $t/m^3$ | 1.6~1.9 |
| 表观密度 | $t/m^3$ | 3.4~3.6 |
| 产品温度 | ℃ | 常温 |
| 典型粒度 | mm | 4~20 |

项目副产品为食品级 $CO_2$，其主要参数见表 2-5。

**表 2-5　食品级 $CO_2$ 的主要参数**

| 项目 | 单位 | $CO_2$ 指标 |
|---|---|---|
| $CO_2$ 含量 | % | ≥99.999 |
| 水分 | μL/L | ≤20 |
| $O_2$ | μL/L | 30 |
| CO | μL/L | ≤10 |
| 油脂 | mg/kg | ≤5 |
| 残留物 | mg/kg | ≤10 |
| NO | μL/L | ≤2.5 |
| $NO_2$ | μL/L | ≤2.5 |
| $SO_2$ | μL/L | ≤1.0 |
| 总硫（不含 $SO_2$） | μL/L | ≤0.1 |
| 总挥发性烃（以 $CH_4$ 计） | μL/L | ≤50（非 $CH_4$ 类≤20） |
| $C_6H_6$ | μL/L | ≤0.02 |
| $CH_3OH$ | μL/L | ≤10 |
| $CH_3CHO$ | μL/L | ≤0.2 |
| $CH_2CH_2O$ | μL/L | ≤1.0 |
| $CH_2CHCl$ | μL/L | ≤0.3 |
| $NH_3$ | μL/L | ≤2.5 |
| HCN | μL/L | ≤0.5 |

## 2.4 焦炉煤气零重整竖炉氢冶金工艺流程

### 2.4.1 总体工艺流程及特点

HyMEX 焦炉煤气零重整竖炉氢冶金项目一期工程使用焦炉煤气作为还原气体，高品质球团矿为原料，采用零重整竖炉氢冶金工艺进行氢还原生产高品质绿色 DRI。其主要工艺流程分为 5 个部分，即高品位球团制备、焦炉煤气低成本协同处理、氢基竖炉直接还原、气体处理及循环、$CO_2$ 脱除和精制。

焦炉煤气零重整竖炉氢冶金工艺流程如图 2-1 所示。

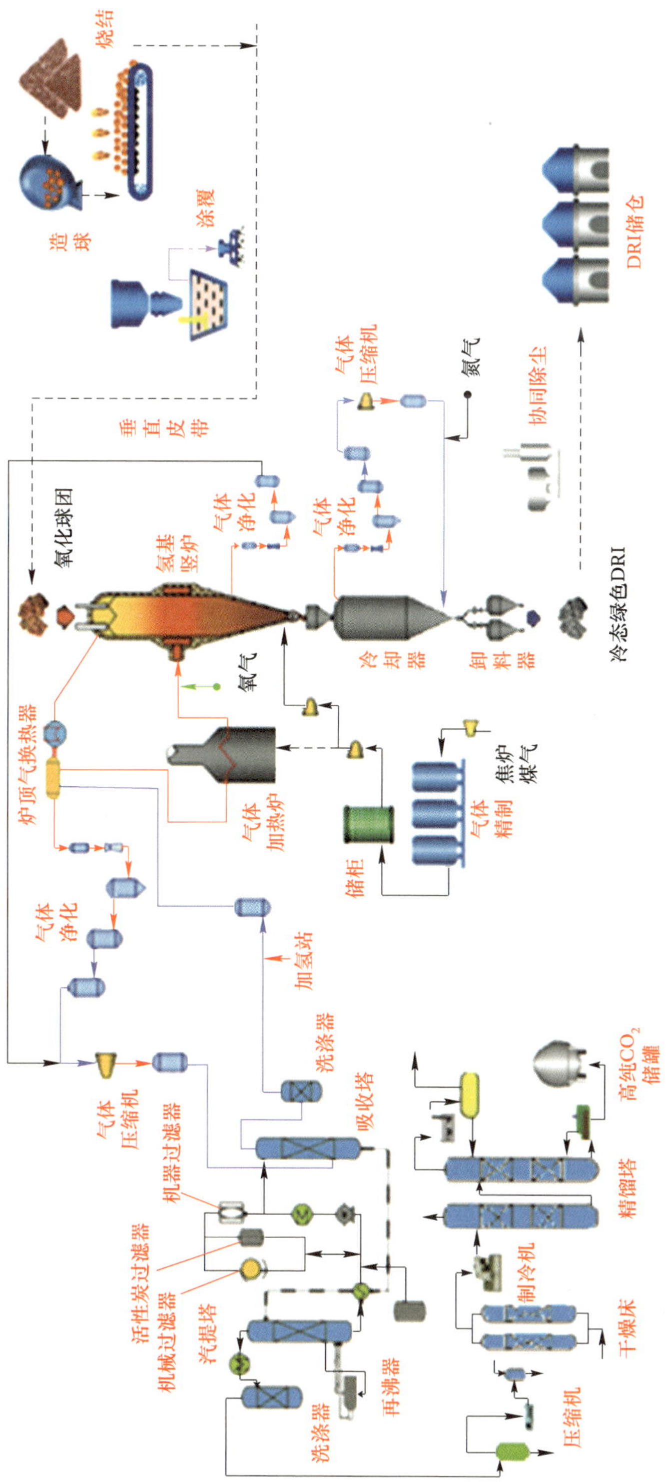


图2-1 HyMEX焦炉煤气零重整氢冶金工艺流程图

### 2.4.2 高品位球团矿低成本制备工艺及特点

HyMEX 工艺使用高品位球团矿为原料，采用链箅机-回转窑工艺生产。高品位铁精粉与膨润土按比例混合后经过烘干、润磨等工序，由圆盘造球、筛分得到 8~16 mm 的生球，然后经链箅机干燥、预热，进行球团的氧化、分解反应，完成部分固结硬化作用。再进入回转窑进一步氧化焙烧，在 1200~1300 ℃条件下完成球团矿的氧化固结，进一步提高球团矿的强度。被完全氧化的球团进入环式冷却机进行冷却，最终得到成品球团矿。在球团矿的生产过程中，通过调整配矿、造球、干燥、预热和焙烧等工艺参数优化球团矿的冶金性能，得到适合于氢基竖炉还原的高质量球团矿。

HyMEX 工艺突破传统高炉用球团矿制备工艺，摸索出高品位铁精粉低成本制备技术，具有很好的成球性、强度和抗粉化性能，很好地保证了氢基竖炉的顺行生产[38]。

### 2.4.3 焦炉煤气低成本协同处理工艺及特点

HyMEX 工艺使用焦炉煤气为原料气体。由于氢基竖炉工艺对气体洁净度有一定要求，因此首先要对焦炉煤气进行精制处理。项目创新应用了焦炉煤气低成本精制工艺，对焦炉煤气采用物理吸附方法，脱除苯、酚、萘、硫及焦油等有害杂质，实现了处理成本不超过 0.1 元/$m^3$，仅为其他工艺的 30%，在保证安全顺利生产时，大幅降低了生产成本。精制后的焦炉煤气经加压后输送至煤气柜，然后输送至氢基竖炉工艺。

HyMEX 工艺开发了多组分协同处理技术，实现对苯、焦油等物质进行高效回收；开发了安全热备技术，解决了工艺紧急停车时气体系统不停机的技术问题，为氢冶金安全生产提供重要保障[39]。

### 2.4.4 氢基竖炉直接还原工艺及特点

HyMEX 的氢基竖炉主要采用高品位球团矿为原料。合格的球团矿经过皮带运输至竖炉氢冶金工厂，经筛分、表面涂覆工序，由垂直皮带输送从顶部加入氢基竖炉，在竖炉中球团矿按逆向原理与高温富氢气体进行还原反应，还原后的热态 DRI 从竖炉排料口排出，经过冷却器冷却至常温，得到成品绿色 DRI。成品 DRI 经皮带运输至储仓进行储存，供应到电炉工序进行炼钢生产。

HyMEX 工艺采用高压、高氢碳比的氢基竖炉直接还原工艺，利用焦炉煤气 60%的氢作为还原剂，同时将焦炉煤气中的 $CH_4$ 裂解，进一步提升 $H_2$ 含量，实现还原气体中 $H_2$ : CO 体积比达到 8 : 1 以上，是目前世界上氢气比例最高的直接还原工厂[40]。

### 2.4.5 氢冶金气体处理与循环工艺及特点

HyMEX 工艺气体处理及循环工艺是焦炉煤气零重整竖炉氢冶金工艺中最复杂的系统，按照功能分为工艺气体处理及循环、原料气体补充及处理、冷却气体处理及循环等工艺[41]。

（1）工艺气体处理及循环。竖炉内还原后的炉顶气不断地循环使用，从竖炉顶部排出的炉顶气（约 450 ℃）进入气体换热器进行回收热量，再经过多级洗涤塔净化和冷却至常温，经过气体压缩机提升压力后进入 $CO_2$ 脱除系统，脱除 $CO_2$ 的工艺气体进入气体加热炉加热至 950 ℃，经喷氧提温后从氢基竖炉的中部鼓入，从竖炉顶部排出，完成还原气体回路循环。该工艺系统是氢冶金工艺中最复杂的系统，经过工艺气体处理及循环工艺，可以循环使用高比例氢气作为还原气体，提高氢气利用效率。

（2）原料气体补充及处理。精制后的焦炉煤气经压缩机加压后作为氢冶金工艺的补充气体，高压的精制焦炉煤气从竖炉锥部下端通入，利用竖炉内热态 DRI 的温度对焦炉煤气进一步热解，热解后的气体从竖炉锥部上端排出，经过洗涤塔的净化和冷却后作为补充气体进入到氢基竖炉还原的工艺气体循环回路。该系统是对精制后焦炉煤气进行热分解，同时完成 DRI 的渗碳和冷却功能。

（3）冷却气体处理及循环。氢基竖炉还原后的热态 DRI 需要进入冷却器中冷却，DRI 冷却采用氮气循环冷却。常温氮气从冷却器底部通入，与高温 DRI 进行换热后从冷却器顶部排出；换热后热的氮气经过多级洗涤塔净化和冷却至常温，经过气体压缩机提升压力后重新从冷却器底部通入完成循环。该系统是生产冷态 DRI 的工序之一，如果生产 HBI，则不需要此系统。

### 2.4.6 $CO_2$ 脱除和精制工艺及特点

炉顶气体经过净化、加压后成为工艺气体。由于焦炉煤气中含有 CO 和 $CH_4$ 等，导致竖炉还原后的炉顶气体中会有少量 $CO_2$。为了保证工艺气体好的还原性和提高还原效率，必须进行 $CO_2$ 脱除。因此，$CO_2$ 脱除是 HyMEX 工艺中的重要环节之一。脱除后的 $CO_2$ 将进行精制加工，最终产品为液态食品级 $CO_2$[42]。

（1）$CO_2$ 脱除工艺。HyMEX 工艺选择 MDEA 脱碳工艺，工艺气体进入 $CO_2$ 吸收塔，脱除后的工艺气体经过洗涤后进入工艺气体循环工艺；吸附 $CO_2$ 的饱和 MDEA 溶液经汽提塔后，释放出浓度非常高的 $CO_2$，经过洗涤、脱硫后输送至精制工序。

（2）$CO_2$ 精制工艺。经脱除工序后，$CO_2$ 浓度富集到 90%以上。这部分气体进入到 $CO_2$ 精制进行深加工，经过压缩、干燥、冷却、精馏等进一步提纯，制备出食品级 $CO_2$ 产品。成品液态食品级 $CO_2$ 通过离心泵输送至槽车中进行分销，经济效益显著。

## 2.5 竖炉氢冶金工艺布置

### 2.5.1 项目选址与总体布置

厂址选择包括建厂地区的选择和工厂场地位置的选择，是一项政策性、科学性很强，涉及面很广的综合性的技术经济工作。厂址选择不仅是工业布局、行业规划的具体体现，而且直接关系到工厂的未来发展。因此，必须从国民经济发展计划和国家（地区）整体效益的高度出发，结合工厂近期目标和长远利益综合分析、全面权衡[43]。

坐拥区域地利之便，张宣科技拥有区域良好的氢冶金实施条件，HyMEX 项目逐步构建以“风力和光伏的绿电+电解水制备的绿氢”为核心的清洁能源系统，从源头上直接减少碳排放问题，逐步实现钢铁生产的低碳，甚至零碳排放。

张宣科技氢冶金工程示范项目选址在河北省张家口市宣化区张宣科技东厂区原 4 号高炉系统位置，利用原球团系统、高炉系统、原料运输系统及配套的基础设施等，新建竖炉氢冶金工厂，主要产品为绿色高品质 DRI，通过汽车运输至电炉车间。项目不仅有长远的发展规划作为背景依托，还有现有设施为新生的技术及产业巩固基础，合理利用淘汰的 4 号高炉所在地块，产能置换减少对上下游生产的不利影响，同时充分发挥张宣科技现有的产业优势，保证氢冶金的原燃料供应及产品销售，水源、电源、外部运输与原厂协同发展，方便职工的工作和居住生活。

此外，本项目场地范围的地震设防裂度为 7 度。地区属温带大陆性季风气候，一年四季分明，昼夜温差大、光资源丰富，生长季节气候爽凉；高温高湿炎热天气少，雨热同季。无极端气温，湿度基本维持在人体适宜的空气湿度范围内，降雨量适中偏低，风资源储量较大，年主导风向冬季西北，夏季东、东南，大气压力正常，可以保证生产的正常运转。

综上所述，张宣科技建设 HyMEX 项目具有天时、地利、人和的优势，选址与张家口区域发展紧密相关，场地配套设施齐全，总体布置充分考虑利旧和新建相结合，大幅节约工程投资和建设工期。

### 2.5.2 工厂平面布置

在现代工业生产中，冶金工厂的总体设计需要综合考虑多种因素，包括原材料供应、能量利用、环境保护和经济效益等。总平面布置是总体设计的最重要环节，应在总体布置的基础上，符合有关规范、规定的要求，并根据工厂规模、生产工艺流程、物料流向、功能分区、厂内外运输、厂区地形地质、建筑朝向及预留发展等要求，全面且因地制宜地布置竖炉氢冶金工厂所有建（构）筑物、运输线路、管线等。

总图规划围绕“工艺合理、流程短捷、物流顺畅、能源高效”的原则系统打造节能高效的整体性能[44]。根据张宣科技对转型升级项目的总体规划，并考虑实际物流运输条件，HyMEX 项目选址在原 4 号高炉区域，焦炉煤气精制布置在焦化厂空地位置，将原 10 万立方米高炉煤气柜利旧改造为焦炉煤气柜。

氢冶金工厂设计以冶金流程工程学为指导思想，不断优化生产流程，提高资源利用效率，最大化利用原有设施，在节约占地与投资的同时有利于系统内部工艺的衔接[45,46]。

具体的优化设计方案：

(1) 项目对原高炉矿槽进行利旧改造，新建矿槽除尘器和液压站布置在矿槽两侧，便于管道连接和生产联系；

(2) 氢基竖炉布置在高炉本体区域，其中心与原 4 号高炉中心重合，利旧原高炉上料主皮带及传动设施；

(3) 以氢基竖炉塔架为核心，将氢冶金水处理系统、$CO_2$ 精制系统、焦炉煤气加压系统、气体净化和压缩系统等围绕竖炉塔架进行合理布置，使物流和管道连接保证顺畅，有效缩短管线距离；

(4) 产品 DRI 由皮带输送至储仓储存，储仓布置在原 4 号高炉东侧的水渣堆场位置，由汽车运送至下游工序或外销；

(5) 主控楼紧邻竖炉在北侧布置，与核心区主要系统相连接，便于管理的同时发挥集聚效益。

此外，各气体系统的综合压缩机室布置在竖炉东侧，尽量靠近核心竖炉，利于生产组织。工艺气体加热炉靠近炉顶东南侧布置，减少循环气管线占地；$CO_2$ 由工艺循环气体脱除产生，$CO_2$ 脱除装置布置在加热炉东侧，便于 $CO_2$ 管道的连接。新建的焦炉煤气精制系统及利旧焦炉煤气相关工艺设施分布在竖炉东北侧靠近焦炉的位置。$CO_2$ 精制车间及其储罐、配电室，充分利用 $CO_2$ 脱除的北侧地块。

#### 2.5.2.1 物料流向

项目总平面布置需要满足生产工艺流程和物料流向合理的要求，使物料流程顺畅、短捷、连续、贯通。

张宣科技焦炉煤气零重整竖炉氢冶金项目按照满足生产工艺流程和物料流向合理的前提要求，利旧原有球团厂和铁矿石输送设施，用皮带将氧化球团矿输送至氢冶金工厂；氢冶金产品高品质绿色 DRI 经汽车运输至下游炼钢工序或对外销售。

由于项目一期工程的场地限制，且需要对外分销，所以产品为冷态的绿色 DRI；二期项目将采用气力输送方式，实现热态 DRI 热送和热装入电炉。

2.5.2.2 生产功能分区

生产功能分区是指按照生产性质相同、功能相近、联系密切，对环境要求相似的主要生产设施与其配套的辅助生产设施、公用和生活设施在内的所有建（构）筑物布置在一个区域内。氢冶金工厂按生产功能进行分区布置，如图 2-2 所示。

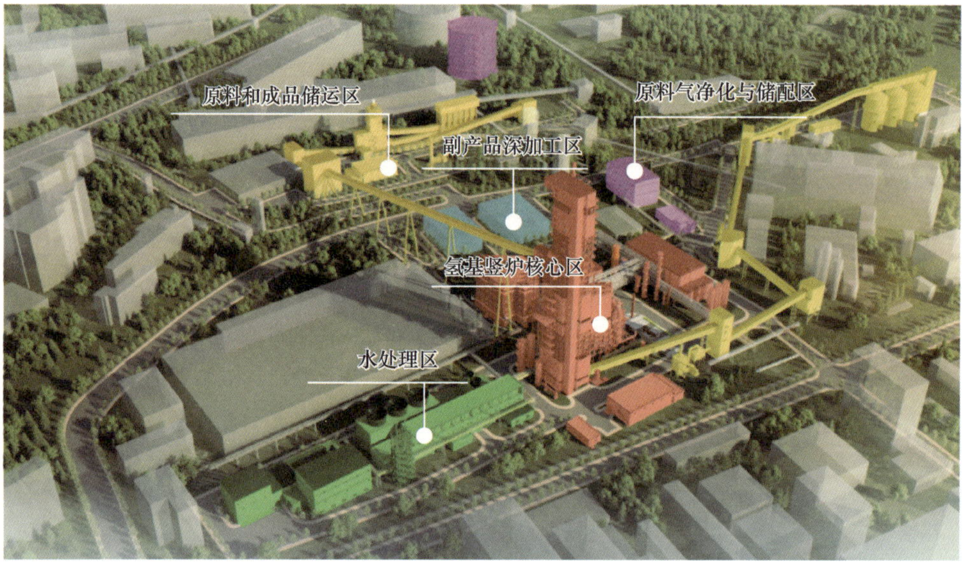


图 2-2　项目功能区域布置示意图

项目按照功能分为 5 个区域：

（1）原料气净化与储配区，包括焦炉煤气精制、加压、焦炉煤气柜及焦炉煤气管网输送系统等；

（2）原料和成品储运区，包括球团矿运输、矿槽、涂覆站、上料系统，DRI 输送和筛分、DRI 储仓等；

（3）氢基竖炉核心区，包括氢基竖炉、气体净化、气体压缩、气体脱碳、气体加热、气体预热及回收、电气室和控制室等；

（4）水处理区，包括净环水、浊环水、污泥沉淀池、氨氮处理、除盐水和纯水站、消防等；

（5）副产品深加工区，包括气体加压、食品级 $CO_2$ 精制及储罐系统。

主要车间及配套设施分别如下：

（1）竖炉设施，包括矿槽设施、上料主皮带及垂直皮带上料设施、氢基竖炉成套装置；

（2）气体设施，包括焦炉煤气精制、气体净化、气体压缩、气体加热、$CO_2$

脱除、食品级 $CO_2$ 精制等；

（3）储运设施，包括球团矿运输、储仓、筛分、涂覆等，成品 DRI 输送、储仓等；

（4）燃气设施，包括氮气储配设施、氧气站、氮气密封设施等；

（5）除尘设施，包括矿槽除尘、高压放散除尘、成品 DRI 运输除尘；

（6）热力设施，包括余热回收换热器、余热锅炉汽包、除氧给水泵房；

（7）给排水设施，包括脱氨水处理站、泥浆处理间、高效澄清器、综合循环水泵房、除盐水站；

（8）电力设施，包括主控楼、电气室和应急发电机；

（9）其他。

2.5.2.3 运输条件

（1）厂区铁路布置。在厂区铁路布置中，总平面布置应与厂外接轨站位置相适应，根据确定的接轨站位置进行设计。本项目考虑了铁路运输的可能，保留周边已有铁路线路，在原料输入及成品外运过程中，综合考虑全厂铁路运输能力，协调好“碳转氢”后物料流内容组成及比例变化对厂内铁路运输的影响，保证平稳过渡生产有序。

（2）厂区道路布置。道路布置应满足人流、货流和消防、安全的要求，做到人行便捷、货流顺畅、内外联系方便；应与厂外道路布置相协调，一般宜设两个或两个以上道路出入口；应与厂区主要建筑物轴线平行或垂直，用主干道把厂区划分为若干分区，形成规则、整齐的道路网；应与厂区竖向布置相协调，利于场地及道路雨水的排除。

考虑到建（构）筑物密集、对环境要求较高及行车的实际情况，采用城市型道路设路缘石并通过暗管排水，占地节约且人车分流安全性好，厂内更干净卫生。道路布置形式采用混合式，交通畅通，适应多变地形。厂内大门共 4 个，其中 1 号、2 号、4 号门为人流、物流、参观出入口，3 号门日常关闭。考虑运输和维护条件，项目中各处道路及管廊净空按 6 m 控制。

（3）其他各种运输设施的布置。布置运输设施时，必须使厂内外、车间内外、新旧车间之间的各种运输设施，能够紧密、妥善地联系起来，使各种运输方式组成一个有机的整体。皮带运输线路布置应尽量减少转角运输，其通廊可采用多层布置。

原球团矿上料皮带及矿槽靠近原 4 号高炉区域并有足够的距离用于物料提升，相应利旧的运输机及仓储设备与现氢基竖炉的相对位置关系有利于运输的衔接组织。综合考虑带式输送机的坡度限制及可用场地范围，将成品 DRI 筒仓布置在可用场地的最东侧，利用附近的狭长地带布置带式输送机，既满足了带式输送机的坡度要求，又可以充分利用场地。

2.5.2.4 地形条件及标高

在进行总平面布置时需注意充分利用场地自然地形，选择合理的总平面布置形式，为生产和运输创造有利条件。建（构）筑物的纵轴应顺地形等高线布置，在地形复杂地段，应结合地形特征，适当改变建（构）筑物的外形，或将建（构）筑物合并、分开，以减少土方工程量。当场地自然地形坡度较大时，应采用台阶式布置。物料运输联系紧密甚至采用联合布置的主要车间宜布置在同一台阶上，同时应布置在地势比较开阔、地形比较平坦地区。采用皮带输送机和汽车运输的生产车间及辅助生产设施可布置在地形坡度较大地区。

张家口市分为两种截然不同的地貌单元，本项目所在的坝上高原区，包括尚义县套里庄、张北县狼窝沟、赤城县独石口一线以北的沽源、康保、尚义和张北4县的广阔区域，属内蒙古高原的南缘，占张家口市总面积的1/3，海拔一般在1400 m左右，地势南高北低，比高小于50 m。冈梁、湖淖、滩地相间分布，呈现典型的波状高原景观。康保县城以北丘陵成带，是阴山山脉余支。高原南缘一带，有垅状山脉分布，地势略高，海拔在1500 m以上。

项目场地位于张宣科技原4号高炉区域，地面高程为608.29~610.61 m，最大高差2.32 m。煤气加压站区域地面高程为618.30~618.44 m，最大高差0.14 m。该场地在地貌上属山前冲洪积扇前缘地段。

考虑到实际的高差，本项目竖向布置形式采用台阶式布置，共分为5个区域，主要分区标高为：第1块区域为煤气加压站及焦炉煤气深度净化区域，室外标高为618.5 m，室内地坪标高为618.8 m；第2块区域为混合煤气柜区域，室外标高为621.2 m，室内地坪标高为621.5 m；第3块区域为焦炉煤气压缩机厂房区域，室外标高为610 m，室内地坪标高为610.3 m；第4块区域为氢基竖炉核心工艺区域，室外标高为609.2 m，室内地坪标高为609.5 m；第5块区域为DRI筒仓区域，室外标高为609.9 m，室内地坪标高为610.2 m，室内外高差均按0.3 m考虑。

2.5.2.5 预留发展用地

工厂发展用地总体规划中，需要妥善处理工厂建设与发展的关系，不应早占或多占用土地。分期建设的项目，更要妥善处理好远近期建设的关系，近期工程应集中布置，形成完整的生产系统；远期发展工程宜预留在厂区外面，自内向外，由近及远，以达到近期紧凑、远期合理的目的。

“节能、环保、绿色、低碳”是这个时代赋予钢铁行业新的使命，冶金行业的总图规划设计要以新发展理念为引领，做到革故鼎新、思维革新、技术革新、与时俱进，在每一个技术细节中坚持贯彻、落实和创新[47]。发展用地除应满足生产车间的需要外，还应考虑与其有关的辅助生产车间、仓库、堆场、公用设施、管线、运输线路等相应发展的要求，预留的面积应根据设计要求确定。发展用地的预留应为扩建工程创造良好的施工条件，尽量减少扩建工程施工时对生产的影响，并使扩建时尽量不拆迁已建的建（构）筑物、管线和运输线路。

项目二期将采用纯氢为气源，项目已经在规划中，暂定选址在一期焦炉煤气零重整竖炉氢冶金项目位置的东南侧。此处用地较为规整，可以更好地发挥氢冶金在平面布置上的集中优势；环状式道路更有利于明确功能分区以及组织人流车流，同时管线敷设顺畅，为远期规划发展奠定基础。

2.5.2.6 节约用地

为达到节约用地的目的，充分利用场地，合理确定各种间距；对各个生产区和建（构）筑物的布置，符合防火、卫生和安全间距的要求，并在满足管线、铁路、道路布置和建（构）筑物的发展条件下，力求紧凑，尽量减少建（构）筑物的间距和生产区之间的距离。建（构）筑物之间力求平行布置，以减少三角地带的面积。项目的三角地带得到充分利用，并建设 $CO_2$ 精制车间及其储罐、配电室。根据场地的形状和大小采用合理的建筑外形，以增加场地面积的利用率，将带式输送机及筒仓布置在用地边缘的狭长地带及尽端不易利用的场地处。

考虑联合集中布置及多层建筑形式，大宗原、燃料堆场，全厂性的仓库应集中布置，如三座筒仓采用集中布置。在工艺上有生产连续作业工序的各个车间，尽量采用厂房合并，使各车间的外部运输改为内部运输。各生产车间辅助设施的建（构）筑物，可适当合并或与生产车间联合布置，如污泥处理间、加药间与浊水水处理站合并，冷却塔与水池合并，发电机与脱氨水处理站合建，以减少建（构）筑物和通道数量。

2.5.2.7 通道宽度

在规划设计中考虑通道宽度有助于控制总平面布局更加科学合理，而通道易与道路概念混淆，其实通道比道路概念含义更广泛。除了最常见到的以道路为主体的通道以外，通道形式多样且可以根据实际情况自由组合，通道的形式可以大致分为以交通流线为主体（除了上述道路为主体，还有的以铁路为主体）、以介质路由为主体（如管线、管廊、排水沟、电缆沟等）、以竖向布置台阶分界为主体、以各类需求为主体等。

HyMEX 项目以竖炉西侧通道为例，竖炉西侧的水泵房与水池在初期布置时就需要考虑两者之间的道路宽度、各类埋地管线占地、综合管廊宽度、两者之间的安全间距，以及预留一定的宽度为后续的变更提高容错率。该区域内主要道路宽度设定为 7.0 m、9.0 m，次要道路宽度为 4.0 m，道路内边缘最小转弯半径不小于 9 m，道路最大坡度不大于 6%。

2.5.2.8 风向及建筑朝向

A 风向

总平面布置要根据建筑物的具体使用要求分别采用常年最小频率风向或盛行

风向，再按产生影响的主要季节，分别以全年、夏季、冬季不同时期的风向资料分析研究确定建筑物的布置。一般要求洁净的生产车间和辅助设施，宜布置在有散发污染源建（构）筑物的常年最小频率风向的下风侧。对生产有污染影响或容易产生爆炸危险的生产建筑，考虑到生产是不分季节常年进行的，以采用常年最小频率风向为宜。对人在生产、生活中产生影响的设施宜采用以夏季或冬季为主的风向。

焦炉煤气零重整竖炉氢冶金项目所处地块年主导风向冬季为西北，夏季为东、东南，考虑到风向对生产卫生的影响，将竖炉以外的设施沿东西方向布置在其两侧，尽可能减少竖炉对其他设施的影响。

B 建筑朝向

为获得良好的日照，我国温带和寒带地区的建筑多采取坐北朝南的布局，这是由于建筑各个朝向表面的太阳辐射强度受季节的变化规律影响，坐北朝南的建筑在炎热的夏季得热相对较少，室内温度不至于过高，而在寒冷的冬季则能够吸收大量的辐射热，保持相对温暖的室内温度。同时，要使建筑物有良好的自然通风，建筑朝向在炎热地区主要考虑日照的影响，在湿热地区主要考虑自然通风的条件[48]。

受用地范围限制，HyMEX项目大多数新增建（构）筑物朝向采用西南或东北朝向，建筑物全年均能得到日照，但西南向接受阳光较多；少数建（构）筑物（如主控楼、二氧化碳脱除装置、电气室、焦炉煤气压缩机厂房）采用东南或西北朝向，建筑物全年均能得到日照，但西北朝向的室内阳光较少，基本可以满足日常的使用需求。考虑到建筑物的自然通风条件，总平面布置时使建筑物的纵轴方向与夏季盛行风向垂直或不小于45°交角布置。

2.5.2.9 防火间距

总平面布置必须符合《建筑设计防火规范》等有关防火规范的规定[49]。

依据规范将建筑物的火灾危险等级和耐火等级进行划分，见表2-6。

**表2-6 建筑物一览表**

| 建筑物名称 | 长/m | 宽/m | 高/m | 层数 | 建筑面积/$m^2$ | 占地面积/$m^2$ | 火灾危险性 | 耐火等级 |
|---|---|---|---|---|---|---|---|---|
| 压缩机间 | 32.73 | 14.48 | 18.1 | 1 | 473.93 | 473.93 | 甲类 | 二级 |
| $CO_2$脱除厂房 | 55.08 | 20.98 | 17.8 | 1 | 1155.58 | 1155.58 | 戊类 | 二级 |
| 气体分析室 | 5.24 | 3.24 | 3.8 | 1 | 16.98 | 16.98 | 丁类 | 二级 |
| 筒仓电气室 | 25.95 | 7.45 | 5.4 | 1 | 193.33 | 193.33 | 丁类 | 二级 |
| 压缩机电气室/变压器室 | 27.1 | 13.5 | 8.9 | 1 | 365.85 | 365.85 | 丙类 | 二级/一级 |

续表 2-6

| 建筑物名称 | 长/m | 宽/m | 高/m | 层数 | 建筑面积/$m^2$ | 占地面积/$m^2$ | 火灾危险性 | 耐火等级 |
|---|---|---|---|---|---|---|---|---|
| 消防泵房及电气室 | 39 | 17.5 | 8.9 | 1 | 682.5 | 682.5 | 丁类 | 二级 |
| 加热炉外设备间 | 4 | 3.6 | 3.49 | 1 | 14.4 | 14.4 | 丁类 | 二级 |
| 压缩机车间外设备间 | 3.92 | 3.22 | 3.46 | 1 | 12.62 | 12.62 | 丁类 | 二级 |
| 主控楼 | 34 | 20.7 | 26.5 | 6 | 3580.15 | 646.8 | 丙类 | 二级 |
| 烟气排放连续监测系统设备间 | 3.24 | 3.24 | 3.3 | 1 | 10.5 | 10.5 | 丁类 | 二级 |

参考规范中厂房的防火间距，对厂房的总平面位置距离进行控制。若存在受条件限制达不到防火间距要求的建筑物，需按规范的规定采取措施。

以甲类的压缩机间为例，其与南侧的戊类二级 $CO_2$ 脱除厂房、北侧的丙类二级主控楼安全间距不应小于 12 m，考虑通道中的架空管廊、地下管线后宽度分别按 31.8 m、14.7 m 布置。其余建（构）筑物的防火间距均以此类推，在考虑通道布置宽度的前提下基本都有富余，但仍需逐一校核保证符合规范要求，为便捷运输、生产安全与规划审批提供保障。

本项目中火灾危险性大的建筑物，均避免在其周围布置明火或散发火花的建筑物，同时尽可能布置在用地的边缘。

### 2.5.3 管线综合布置

2.5.3.1 概述

管线综合布置，应根据管线性质、用途、敷设方式等技术条件，以及管线施工、安全生产和维护检修等要求，本着经济合理与节约用地的原则全面规划，合理确定管线位置，并尽量使管线集中布置和缩短其长度。

焦炉煤气零重整竖炉氢冶金工程属于改建工程，着重考虑了新建管线不影响原有管线的使用，并保证施工条件和交通运输的要求。各种管线在符合技术、安全的条件下，尽量共架、共杆、共沟（或同槽直埋）布置。同时管线走向尽量顺直，与所在通道内的道路、主要建筑物轴线及相邻管线平行，避免了斜穿场地。干管尽可能布置在靠近主要用户或支管较多的一侧。在各种管线发生矛盾需要进行处理时，不仅满足了生产及安全的要求，还尽可能地保证优先考虑较重要管线，调整相对次要管线。

2.5.3.2 地下管线布置

A 直埋管线布置要求

焦炉煤气零重整竖炉氢冶金工程埋地管线种类多且数量大，用户与供给点分布较为分散，因此路由错综复杂，考虑到介质特性、用地限制及当地气候土壤情况，大多数气体管道采用综合管廊的形式敷设，大多数水管道采用埋地的形式敷设，设计规划时，在满足上述原则的情况下因地制宜，尽可能地更好满足工艺与施工需要，主要有生产排水管、生活排水管、雨排水管、室外消防水管、生活给水管、生产及消防给水管、室内消防水管、滤液管道、除盐水管及照明电缆等。基本按照管线的埋设深度，自建筑物基础开始向外由浅至深排列各种管线，将埋设深度相同或相近、性质类似而又互相不影响的管线集中布置，同性质管线同标高平铺敷设。消防给水管均靠近道路布置，其消火栓及阀门井设置在便于应急使用的地点。

以水处理区域为例，生活排水管、滤液管道、生活给水管根据需要由建筑侧向道路侧按适宜的距离依次布置，室外消防水管布置在最靠近道路边缘的位置，便于消火栓的布置；雨排水管充分利用道路以下的空间，布置在靠近中心线的位置；发挥照明电缆的管径优势，沿环形道路外侧与用地边界的狭小地带布置照明电缆及电杆。

其余区域管线的布置均以此类推，组织好各种管线的路由，协调好管线之间、管线与其他设施之间的相互关系；在考虑管线布置要求的前提下根据管线的技术要求及场地条件，统一安排各管线的走向及空间位置，使管线布置既符合安全、防火、卫生的规定和满足施工、检修的要求，又力求管线顺直、短捷，投资最省，占地面积最小。

B 综合管沟布置要求

综合管沟应布置在地下管线较多、场地比较狭窄的地段。可通行的管沟，可布置在绿化地带下面，在困难条件下，也可布置在道路路面或人行道下面。管沟的附属构筑物（出入口、通风口等），应避开路面及道路转弯地点。

氢冶金工程西侧有一段原有电缆沟受影响需还建，在综合新增电缆重新考虑断面后，选择了更合适的路由绕行通过新规划的污泥处理间；同时，在竖炉通向主控楼的方向有一段埋地管沟。

2.5.3.3 地上管线布置

A 地上管线布置要求

同一通道内的地上管线，应尽量集中布置在同一管架内，不应影响交通运输、消防、检修和人行，并应注意对厂容的影响，不应影响建筑物的自然采光和通风。甲、乙、丙类液体管道及可燃气体管道，不应穿过与其无生产联系的建筑物，不应在存放易燃、易爆物品的堆场和仓库区内敷设。架空电力线路，严禁跨越爆炸危险场所，不应跨越屋顶为易燃材料的建筑物，并避免跨越其他建筑物，如需跨越时，应符合有关规定。

沿地面（如管枕、敞开的沟壑、低支架等）敷设的管线，应布置在不妨碍交通运输、人流较小、对管线无机械损伤的厂区边缘地段，并避免分隔厂区；应注意使管线与建（构）筑物及场地排水等相协调；沿山坡或高差较大的边敷设。

B 综合管架布置要求

焦炉煤气零重整竖炉氢冶金工程大多数地上管线均采用综合管廊的形式布置，且综合管架中气体介质管线占主体，有氧气管、氮气管、工业气体管、工业尾气管、焦炉煤气管、放散气体管等。综合各区域的实际情况对不同地块的综合管架布置进行调整，保证介质运输便捷、生产安全，考虑过路部分的净空、不同综合管廊空中交汇及地下基础部分交汇的要相互避让，同时保障地上空间与地下空间的合理用地。

### 2.5.4 运输与工序界面衔接

2.5.4.1 原料与竖炉氢冶金工厂的界面衔接

氢基竖炉的原料主要为氧化球团。从运输种类和原料性质等方面，都比传统高炉运输简单得多，因此用皮带运输是最好的运输方式。

项目的氧化球团由张宣科技厂区内球团厂生产，经皮带运输到氢冶金厂的球团矿槽，经筛分、涂覆后，由上料主皮带、垂直皮带运送到竖炉炉顶料仓。

2.5.4.2 氢冶金与下游工序的界面衔接

竖炉氢冶金的产品为高品质绿色直接还原铁（DRI），主要为下游炼钢工序提供优质的含铁原料。氢基竖炉与后续工序的界面衔接如图 2-3 所示。

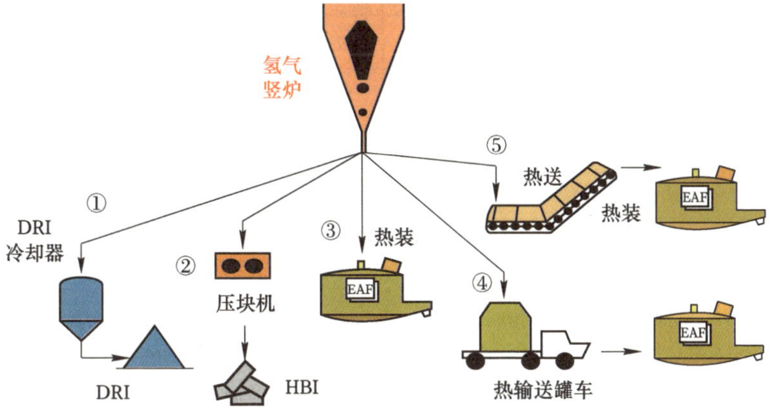


图 2-3 氢基竖炉与后续工序的界面衔接

由图 2-3 可知，根据工厂的运行情况，氢冶金产品一般分为冷态直接还原铁

（简称 CDRI）、热态直接还原铁（简称 HDRI）和热压铁块（简称 HBI）。

（1）CDRI：为了便于销售、储存和内陆运输，竖炉氢冶金可以生产 CDRI，如图 2-3 中的①所示。

（2）HDRI：若焦炉煤气零重整竖炉氢冶金与下游炼钢工序在同一工厂中，则优先考虑 HDRI 热送热装。资料显示，DRI 的热送温度每增加 100 ℃，则吨钢节省电能约 26 kW · h，电炉生产率提高 5%，如图 2-3 中的③、④、⑤所示。

（3）HBI：若产品需要通过海运对外销售时，由于 DRI 海运的安全问题，所以必须生产 HBI 产品，如图 2-3 中的②所示。

### 2.5.5 工厂绿化

#### 2.5.5.1 绿化布置的基本原则

绿化布置需根据工厂的绿化用地条件及工厂对绿化的功能要求进行，并应组成点、线、面相结合，单层、多层、垂直绿化相结合，功能明确，布置合理的绿化系统。要充分利用工厂中可绿化的边角地带、管线区的覆土层地带、管架及架空通廊下的地面、建（构）筑物墙面及场地护坡等地带进行绿化，以扩大绿化面积。充分利用绿化植物的覆盖性能，进行不露土绿化。为此，除选用适应性强的乔、灌木外，还应广植草皮及配置一定量的地被及攀缘植物。

在工厂绿化以保护和净化环境为目的的前提下，还需根据美学要求，在布置形式、空间组织、植物配置等方面进行一定的艺术处理。在工厂绿化以绿为主的同时，根据工厂条件，适当配置厂级花园、分类园（如梅园、橘园、桂花园等）及少量园林建筑小品，以便更好地美化环境。

为减少工厂烟尘对环境的污染，减少噪声的影响，美化厂容，改善厂区生产环境，在厂区道路沿线地带植树、在埋设管线的地面和零散地段种植草皮、花卉等，全厂绿化用地率达到 15%。

#### 2.5.5.2 不同功能分区的绿化布置

生产设施区、辅助生产设施、其他如工厂生产管理设施、中心试验室、电话站、消防站、生活服务设施区等都有不同的绿化布置需求。

氢冶金区域入口两侧绿地打造海棠花林，绿地内列植成片海棠，结合曲线绿篱色带突出优美的入口景观效果，也是张宣科技全厂的景观亮点之一。与海棠搭配的灌木为卫矛球、红叶李篱，下层则为冷季型草坪。

外部参观路线需结合全厂参观路线，沿氢冶金区域外围环路进行远距离参观。内部参观路线由 4 号门进入，参观竖炉区域至主控楼，最终由 1 号门出。

参观路线沿线绿地种植遵循通透、疏朗的配置原则，以开花小乔木海棠为骨干树种，点缀常绿植物白皮松和色叶开花小乔木红叶李，地被层以低维护的大片观赏花卉做基底，不遮挡视线。主要地被品种有金达莱、波斯菊、百日草、矮牵牛、火炬花、石竹、兰花鼠尾草、四季玫瑰等，本项目所选植物均为固碳量较高的植物品种，致力于将参观路线环路打造成一条色彩缤纷的低碳氢冶金之路。

在主控楼前绿地设置氢冶金文化对景景石，搭配精美花境，注入厂区文化性元素，为办公区域及参观路线沿线景观增色添彩。

景观海绵紧密结合全厂绿地设计对于本项目绿地条件尤为重要。氢冶金区域内的所有绿地略低于铺装面的设计，使雨水能够顺利回流至绿地内，发挥其渗、滤、蓄的作用。本工程结合先进的景观设计理念，同时进行高质量的落地施工，全流程助力张宣高科氢能源开发和利用工程示范项目成为具有国际先进水平的示范项目。

### 2.5.6 用地基本指标

根据实践经验，焦炉煤气零重整竖炉氢冶金用地将比高炉用地节约 50% 以上。总图主要技术经济指标见表 2-7。

**表 2-7 总图主要技术经济指标**

| 指标名称 | 数 量 |
|---|---|
| 用地面积/$m^2$ | 65000.00 |
| 新建道路面积/$m^2$ | 20187.67 |
| 硬化地坪面积/$m^2$ | 12750.83 |
| 建筑系数/% | 14.60 |
| 容积率/% | 19.12 |
| 绿化面积/$m^2$ | 9750.00 |
| 绿化用地率/% | 15.00 |

## 2.6 项目的主要技术经济指标

项目的主要技术经济指标见表 2-8。

**表 2-8 项目的主要技术经济指标**

| 参 数 | 数 值 |
|---|---|
| 竖炉数量/座 | 1 |
| 年运行净时间/$h \cdot a^{-1}$ | 8000 |
| 占地面积/$hm^2$ | 6.5 |
| 球团单耗/$t \cdot t_{DRI}^{-1}$ | 1.35 |

续表 2-8

| 参 数 | 数 值 |
|---|---|
| 焦炉煤气单耗/$m^3 \cdot t_{DRI}^{-1}$ | 550 |
| 单位电耗/$kW \cdot h \cdot t_{DRI}^{-1}$ | 220 |
| 氧气单耗/$m^3 \cdot t_{DRI}^{-1}$ | 24~35（纯度 99.4%） |
| 氮气单耗/$m^3 \cdot t_{DRI}^{-1}$ | 38 |
| 补给工业水/$m^3 \cdot t_{DRI}^{-1}$ | 1.4 |
| 压缩空气单耗/$m^3 \cdot t_{DRI}^{-1}$ | 21 |
| 蒸汽单耗/$t \cdot t_{DRI}^{-1}$ | 0.1 |
| 涂覆材料/$kg \cdot t_{Iron\ ore}^{-1}$ | 4~6 |

## 2.7 本章小结

张宣科技积极响应国家转型升级和践行“双碳”战略，率先建设的全球首例 120 万吨焦炉煤气零重整竖炉氢冶金项目（HyMEX）被视为钢铁行业实现绿色转型的重要实践。采用先进的氢基竖炉技术，利用氢气作为还原剂，将铁矿石高效转化为直接还原铁，彻底摆脱了传统工艺中对焦炭和煤的依赖，大幅减少了二氧化碳排放。这不仅有助于实现碳达峰和碳中和目标，还显著提升了生产效率和产品质量。同时，该项目在环保、节能方面表现优异，为全球钢铁行业绿色低碳发展树立了新标杆，展示了中国在绿色冶金技术领域的领先地位和创新能力。

（1）HyMEX 项目以“重构冶金用能体系”为突破点，率先实现“以氢能替代煤炭”进行钢铁生产，打破了人们以往对冶金行业高碳排放的认知。总体设计理念先进，项目集成了世界最先进、最可靠、最智能、最环保、最具竞争力的技术与装备，建成全球首套氢能源开发和利用工程示范工厂，引领世界氢能源开发和利用工程发展，为国际钢铁行业贡献中国智慧和展示中国方案。

（2）HyMEX 项目是全球首个使用新一代低碳氢冶金示范工程，凭借集成创新和自主创新，从低成本制氢、氢气直接还原、气体净化、二氧化碳脱除和深加工、水处理等全流程进行整体研发和创新设计。全球首次开发和实施“基于焦炉煤气零重整的氢基竖炉直接还原工艺生产绿色高纯直接还原铁”的技术路线，产生多项具有重大推广应用价值的原创性新工艺、新技术，不断推动中国钢铁工业由“传统碳冶金”真正向“新型氢冶金”转变。

（3）HyMEX 项目实施的“氢冶金+电炉流程”，各项指标达到国际先进水平，可实现吨钢能耗降低约 50%，实现吨钢 $SO_2$、$NO_x$、烟粉尘排放分别减少 30%、70%、80%以上，实现吨钢碳排放降低 70%以上。类比同等高炉长流程，

每年减少 $CO_2$ 排放达 80 万吨，相当于河北省塞罕坝林场一年的固碳量，具有突出的环境效益。

（4）HyMEX 项目总用地面积约为 6.5 万平方米，总图布置科学合理，充分优化了设施间的物流和生产流程；各功能区紧密衔接，提高了空间利用率和操作效率；简化了物料输送路径，大幅减少能耗和运行成本，整体设计体现了高效、安全、节能的特点。通过科学合理的工艺平面布置及物流运输、准确的标准转化、严格的设备选型和国产化替代、精益求精的工厂设计等，与同规模长流程工艺相比，实现项目用地节约50%，节水、节能超过50%，不仅节约投资，而且产生良好的经济效益。

## 参考文献

[1] 河北张宣高科科技有限公司. 河钢集团张宣科技公司简介［EB/OL］. 2024.

[2] 李巍. 盎然绿意"氢冶金"——张宣科技打造新质生产力新引擎侧记［N］. 中国冶金报，2024-04-02.

[3] 中国钢铁工业协会. 贺信［Z］. 北京：2023-05-31.

[4] 河北共产党员网. 以"先锋创绩"行动为载体，强化协同创新，加快新质生产力发展［EB/OL］. 2024-07-08.

[5] 魏清源，李巍. 从中国近代钢铁工业的开拓者，到中国传统钢铁工业转型发展的先行者［N］. 世界金属导报，2023-05-30.

[6] 魏清源，李巍. 领跑氢冶金新赛道［N］. 中国冶金报，2023-09-28.

[7] 国际能源署（IEA）. Global Energy Review：$CO_2$ Emissions in 2021［Z］. 2021.

[8] 赵志龙. 绿色低碳氢冶金技术进展及前景展望［J］. 绿色矿冶，2023，39（5）：1-8.

[9] 杨天钧，张建良，刘征建，等. 低碳炼铁，势在必行［J］. 炼铁，2021，40（4）：1-11.

[10] 张福明，程相锋，银光宇，等. 国内外低碳绿色炼铁技术的发展［J］. 炼铁，2021，40（5）：1-8.

[11] 河北新闻网. 辉煌五年，奋进河北；转型升级，步履铿锵［EB/OL］. 河北省工业和信息化厅，2021-11-26.

[12] 习近平. 在第七十五届联合国大会一般性辩论上发表重要讲话［R］. 新华社，2020-09-22.

[13] 王新东. 王新东绿色制造与技术创新文集［M］. 北京：冶金工业出版社，2024.

[14] 刘华锋. 焦炉煤气高效多联产利用技术研究［J］. 当代化工研究，2022，3：147-149.

[15] 张建国. 直接还原铁工艺技术的对比分析论述［J］. 资源再生，2018，2：57-61.

[16] 于勇，为世界钢铁工业发展烙下"中国印记"［J］. 中国钢铁业，2020（1）：7.

[17] 新华社. 我国首条"西氢东送"管道纳入国家规划［EB/OL］. 中华人民共和国中央人民政府网，2023-04-10.

[18] 余天门. 河钢集团与中国石油化工集团在京签约：将共建绿色氢能产业链［N］. 河北日报，2023-09-19.

[19] 郑仲. 于勇就任世界钢铁协会新一任主席［EB/OL］. 中国冶金报-中国钢铁新闻网，

2019-10-17.
[20] 河钢将建全球首例 120 万吨氢冶金示范工程［N］. 河北日报，2019-11-22.
[21] 河钢集团：全球共创中迈向高质量发展新高度［EB/OL］. 中国日报网，2020-11-05.
[22] 李巍，张丽 . 全球首例！河钢宣钢氢能源开发和利用工程示范项目启动建设［EB/OL］. 河北新闻网，2021-05-10.
[23] 中新社 . 全球首套 120 万吨氢冶金示范工程一期全线贯通［N］. 菲律宾联合日报，2022-12-16.
[24] 杨晓朴，闫宗春 . 全球首例 120 万吨氢冶金示范工程实现绿色 DRI 产品安全顺利连续生产［EB/OL］. 河北广播电视台冀时客户端，2023-06-06.
[25] 张余 . 2023 年氢冶金国际研讨会召开［EB/OL］. 中国日报网，2023-09-05.
[26] 河钢集团荣获世界钢铁协会低碳生产卓越成就奖［EB/OL］. 河北省人民政府国有资产监督管理委员会，2023-10-19.
[27] 全球首例“氢基竖炉——近零碳排电弧炉”项目启动［N］. 中国能源报，2024-04-15.
[28] 河钢集团张宣科技首次实现“绿氢”氢冶金［EB/OL］. 河北省人民政府，2024-10-04.
[29] 朱江，王世玉 . 全球首条氢冶金绿色汽车板连铸生产线今日投产［EB/OL］. 央视新闻客户端，2024-12-16.
[30] 赵志龙，杨永强，王东，等 . 一场由“碳冶金”迈向“氢冶金”的颠覆性变革——全球首例 120 万吨氢冶金工程示范项目炼成记［N］. 中国冶金报，2023-07-04.
[31] 魏雨，李巍 . “碳冶金”变“氢冶金”意味着什么［N］. 河北日报，2023-08-14.
[32] 2023 年世界钢铁工业十大技术要闻——钢铁行业迈入“以氢代煤”冶炼“绿钢”新时代［N］. 世界金属导报，2024-01-02.
[33] 李巍 . 张宣科技：只此“氢”绿，构筑技术新高地［N］. 中国冶金报，2023-06-06.
[34] 中国日报网 . 河钢集团张宣科技：技术领航“氢”启未来［EB/OL］. 2022-11-30.
[35] 李巍 . 河钢集团张宣科技：新质生产力点燃发展“氢”引擎［N］. 河北工人报，2024-03-12.
[36] 李巍 . 张宣科技：高端材料添绿生金——新质生产力点燃新引擎系列报道（二）［EB/OL］. 河北新闻网，2024-03-14.
[37] GB/T 50046—2018，工业建筑防腐设计标准［S］.
[38] 魏晓光 . 国内铁精矿粉制备气基竖炉专用高品位球团矿［J］. 河北冶金，2024，1：13-18.
[39] 钟继生 . 浅谈微晶吸附深度净化焦炉煤气工艺技术［J］. 燃料与化工，2024，3：43-45.
[40] 路鹏 . 氢基竖炉直接还原提产降耗生产实践［J］. 河北冶金，2024，6：47-51.
[41] 王新东，赵志龙，李传民，等 . 基于富氢焦炉煤气零重整的氢冶金工程技术［J］. 钢铁，2023，58（5）：11-19.
[42] 闫军 . 二氧化碳脱除在氢基竖炉中的应用［J］. 河南冶金，2023，5：32-35.
[43] 傅水新，彭学诗 . 钢铁厂总图运输设计手册［M］. 北京：冶金工业出版社，1996.
[44] 尚国普，向春涛，范明皓 . 首钢京唐钢铁厂总图运输系统的创新及应用［J］. 中国冶金，2012，22（8）：1-6.
[45] 王新东 . 基于冶金流程工程学的钢铁流程工程设计［J］. 钢铁，2023，11：10-18，60.

[46] 殷瑞钰. 冶金流程工程学 [M]. 北京：冶金工业出版社，2004.
[47] 尚国普，王金荣，张博涵，等. 新发展理念下冶金行业总图规划设计技术的更新 [J]. 山西冶金，2024，6：89-92.
[48] 杨柳. 建筑节能综合设计 [M]. 北京：中国建材工业出版社，2014.
[49] GB 50016—2014，建筑设计防火规范 [S].

# 3 焦炉煤气零重整竖炉氢冶金理论

焦炉煤气是目前中国发展氢冶金最实用的气源之一，张宣科技利用焦炉煤气中 $H_2$ 含量高、$CH_4$ 含量少的特点，工艺在未设置炉外煤气重整设备而满足竖炉还原要求，成功开创世界首例焦炉煤气零重整竖炉氢冶金技术。作为世界首例焦炉煤气零重整竖炉氢冶金技术，众多理论问题需要进一步探讨研究，本章介绍了焦炉煤气零重整的概念，通过对比国内外相关技术分析了焦炉煤气零重整技术的特点和优势，对焦炉煤气零重整竖炉氢冶金过程涉及工艺气体的转化过程、氢基竖炉内的还原理论、DRI 渗碳机理等理论进行分析研究，为我国发展以焦炉煤气为气源的竖炉氢冶金工艺提供理论依据。

## 3.1 焦炉煤气零重整的概念与特点

### 3.1.1 焦炉煤气零重整的概念

目前国际上气基直接还原工艺主要以天然气为气源[1,2]，天然气经催化重整得到以 $H_2$ 与 CO 为主的还原气体，再与铁矿石发生还原反应。天然气重整主要分为水蒸气重整法（湿重整）和二氧化碳重整法（干重整）[3,4]，根据是否设置单独的重整设备分为重整和零重整两种工艺[5,6]。其中，重整工艺一般是指在镍基、钴基等催化剂作用下，由独立的重整设备完成的还原气体预处理技术；零重整工艺则不需要额外添加催化剂和单独的重整设备，而是依靠竖炉内新生铁的催化完成自重整反应/原位重整反应（In-situ reforming reaction），生成的 $H_2$ 与 CO 在竖炉内完成还原反应。

焦炉煤气零重整是指以焦炉煤气为气源，在不设置单独重整设备的条件下，通过对还原气体循环系统调整与工序匹配，实现对还原气体的组成、温度、压力等动态调控，达到满足竖炉氢冶金还原要求的气体调控技术。焦炉煤气零重整竖炉氢冶金工艺是目前全球规模化工业生产中 $H_2$:CO 体积比最高的炼铁工艺，主要以焦炉煤气中 55%~60%的 $H_2$ 为还原剂，部分甲烷在竖炉内新生铁的催化作用，进一步转化为 $H_2$ 与 CO 共同参与还原反应。此外，随更多氢能源的加入，气基直接还原也逐渐转向以 $H_2$ 还原为主（入炉还原气体氢含量高于 55%）的氢基直接还原工艺。

### 3.1.2 焦炉煤气零重整的特点

我国“富煤贫油少气”，天然气开发程度低，但每年副产焦炉煤气超过2000亿立方米，是价廉质优的氢能源，也是目前中国发展氢冶金最实用的气源之一[5,7]。焦炉煤气与天然气成分对比见表3-1。由表3-1可知，相比于天然气，焦炉煤气具有$H_2$含量高、$H_2/CO$体积比大的特点。

**表3-1 焦炉煤气与天然气气体组成（体积分数）对比** （%）

| 名称 | $H_2$ | CO | $CH_4$ | $N_2$ | $CO_2$ | $C_2H_4$ | $C_2H_6$ | $O_2$ |
|---|---|---|---|---|---|---|---|---|
| 焦炉煤气 | 55~62 | 5~10 | 20~30 | 3~8 | 1.5~3 | 2~4 | 0~2 | 0.1~0.8 |
| 天然气 | 0~1 | — | ≥94 | 0~1 | 0~1 | 0~2 | 0~2 | 0~1 |

以天然气和焦炉煤气为气源，重整工艺和零重整工艺特点见表3-2。由表3-2可知，相比于重整工艺，零重整工艺未设置炉外煤气重整设备，具有基建投资低、设备占地面积小、炉内反应复杂等特点[6-9]。焦炉煤气零重整工艺无需甲烷重整制氢环节，直接利用了焦炉煤气$H_2$含量高的优势，具有开炉时间短、还原效率高等特点，可实现入炉氢碳比8:1以上，是目前全球规模化工业生产中氢碳比最高的炼铁工艺。

**表3-2 重整工艺与零重整工艺的比较**

| 项目 | 重整工艺 | | 零重整工艺 | |
|---|---|---|---|---|
| | Midrex | HYL-Ⅲ | HYL/Energiron ZR | 焦炉煤气零重整 |
| 气源 | 天然气 | 天然气 | 天然气 | 焦炉煤气 |
| 炉外重整重整剂 | $CO_2$ | $H_2O$ | — | — |
| 还原气体成分（体积分数）条件 | $H_2/CO \geq 1$，$CH_4$含量为4%~6% | $H_2/CO \geq 2.5$，$CH_4$含量为4%~6% | $H_2/CO \geq 3$，$CH_4 \geq 20\%$ | $H_2/CO \geq 8$，$CH_4$含量为10%左右 |
| 还原气体温度 | 800~900 ℃ | 900~950 ℃ | 1050~1100 ℃ | 1050~1100 ℃ |
| 还原气体操作压力 | 152 kPa | 405~608 kPa | 608~810 kPa | 810 kPa |
| 设备占地面积 | 大 | 大 | 小 | 小 |

续表 3-2

| 项目 | 重整工艺 | | 零重整工艺 | |
| --- | --- | --- | --- | --- |
| | Midrex | HYL-Ⅲ | HYL/Energiron ZR | 焦炉煤气零重整 |
| 特点 | （1）炉体、煤气管网压力低，安全系数高；<br>（2）上料系统的布料管更多，布料更均匀，上料系统设备投资少；<br>（3）炉顶压力低于高炉顶压，炉顶没有均压系统；<br>（4）反应竖炉炉外重整，炉内热量更充沛，有利于提高生产率；<br>（5）与 HYL 相比，炉内温度更高，炉料更易黏结，导致反应竖炉上部炉墙结厚 | （1）煤气重整与还原互为独立操作，重整炉不会因为还原部分压力、料流的突变或其他任何故障受到影响；<br>（2）采用高压操作，确保在某一给定体积流量情况下较大的物料量，从而获得较高的产率，同时降低竖炉截面的气流速度；<br>（3）高温富氢还原，增加还原气体中的氢含量，提高反应速度和生产效率；<br>（4）原料选择范围广，HYL-Ⅲ工艺可以使用氧化球团矿、块矿，对铁矿石的化学成分没有严格的限定，特别是由于该反应的还原气体单次利用，允许使用高硫矿；<br>（5）产品的金属化率和碳含量可单独控制，由于还原和冷却操作系统分别受到控制，能单独对产品的金属化率和碳含量进行调节，直接还原铁的金属化率能达到95%，碳含量可控制在 1.5%~3.0%范围内；<br>（6）脱除竖炉炉顶煤气中的 $H_2O$ 和 $CO_2$，减轻了转化中催化剂的负担，降低了还原气体的氧化度，提高了还原气体的循环利用率；<br>（7）能够利用天然气重整装置产生的高压蒸汽进行发电 | （1）竖炉内重整，节约气体重整系统投资；<br>（2）炉内重整消耗部分热量，炉内温度比 Midrex 低，炉料结块、黏结风险低；<br>（3）炉内重整主要以 $H_2O$ 为重整剂，炉内完成重整后的气体 $H_2$ 含量高（Midrex CO 含量更高），有利于避免炉内还原段的温度过高导致炉料黏结；<br>（4）整个工厂的水资源利用效率高，且部分水是来自铁氧化物还原产生的水，补给水需求量低；<br>（5）加热炉的还原气体出口温度高，加热炉内析碳问题有待解决，反应竖炉内温度低，影响生产效率 | 无需甲烷重整制氢环节，直接利用焦炉煤气中 $H_2$ 含量高的优势，除 HYL/Energiron ZR 工艺优势外，具有开炉时间短、还原效率高等特点 |

## 3.2 焦炉煤气零重整工艺入炉工艺气体转化机理

焦炉煤气零重整工艺中入炉工艺气体转化主要是指煤气中 $H_2$、CO、$H_2O$、$CO_2$、$CH_4$ 之间相互转化，并且 $CH_4$ 与氧化剂 $H_2O$、$CO_2$、$O_2$ 发生 C、H、O 原子的重新组合反应生成 $H_2$ 和 CO，重整产物 $H_2$/CO 比值影响还原气体气氛[10]。$CH_4$ 重整一般需要的条件包括温度、催化剂和氧化剂。根据氧化剂是否含水可分为干重整、湿重整，产物是否含固体碳分为氧化重整和裂解重整，并且在重整过程通常伴随着水煤气、气化等可逆反应[4,11-13]。

利用 Gibbs 自由能最小法，建立焦炉煤气零重整工艺中 C-H-O 体系气体转化理论热力学分析，以张宣科技氢冶金煤气条件进行分析，考虑零重整过程中发生的甲烷裂解、转化、水煤气、气体析碳等反应，见表 3-3。

**表 3-3 焦炉煤气零重整过程可能发生的反应**

| 反应化学式 | 编号 |
|---|---|
| $C_2H_4(g)+2H_2(g)\rightleftharpoons 2CH_4(g)$ | 式 (3-1) |
| $C_2H_6(g)+H_2(g)\rightleftharpoons 2CH_4(g)$ | 式 (3-2) |
| $C_nH_{(2n+2)}\rightleftharpoons nC+(n+1)H_2(g)$ | 式 (3-3) |
| $CH_4(g)+CO_2(g)\rightleftharpoons 2CO(g)+2H_2(g)$ | 式 (3-4) |
| $CH_4(g)+H_2O(g)\rightleftharpoons 3H_2(g)+CO(g)$ | 式 (3-5) |
| $CH_4(g)+2H_2O(g)\rightleftharpoons 4H_2(g)+CO_2(g)$ | 式 (3-6) |
| $CH_4(g)\rightleftharpoons C(s)+2H_2(g)$ | 式 (3-7) |
| $2CO(g)\rightleftharpoons C(s)+CO_2(g)$ | 式 (3-8) |
| $CO(g)+H_2(g)\rightleftharpoons C(s)+H_2O(g)$ | 式 (3-9) |
| $CO_2(g)+2H_2(g)\rightleftharpoons C(s)+2H_2O(g)$ | 式 (3-10) |
| $CO_2(g)+H_2(g)\rightleftharpoons CO(g)+H_2O(g)$ | 式 (3-11) |
| $CO(g)+\frac{1}{2}O_2(g)=CO_2(g)$ | 式 (3-12) |
| $H_2(g)+\frac{1}{2}O_2(g)=H_2O(g)$ | 式 (3-13) |
| $CH_4(g)+\frac{1}{2}O_2(g)=2H_2(g)+CO(g)$ | 式 (3-14) |
| $CH_4(g)+O_2(g)=2H_2(g)+CO_2(g)$ | 式 (3-15) |

### 3.2.1 温度对入炉工艺气体转化过程的影响

竖炉氢冶金入炉工艺中气体的还原性和析碳能力直接决定了竖炉内矿石的还

原过程与 DRI 渗碳量[14]，因此应着重分析入炉工艺气体转化过程和气相析碳情况。在 101 kPa 气压条件下，温度与平衡气体组成的对应关系如图 3-1 所示。

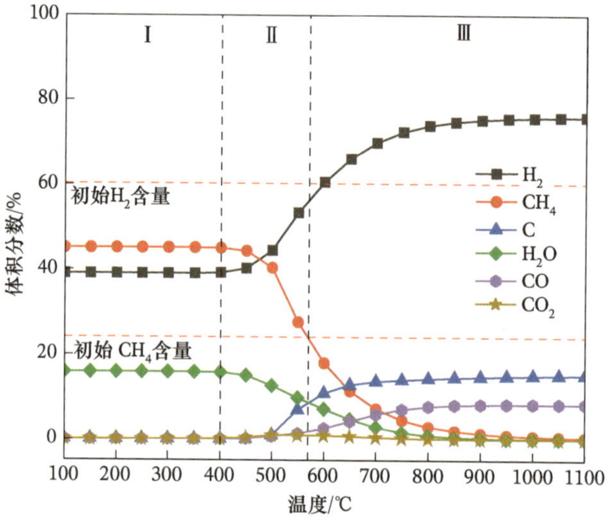


图 3-1　温度与反应过程各物质含量的关系

由图 3-1 可知，整个气体转化反应过程可以分成以下三个阶段。

第Ⅰ阶段：在温度低于 400 ℃时，CO 和 $CO_2$ 的含量几乎为 0，$H_2$ 含量低于初始值，$H_2O$ 含量增加，$CH_4$ 含量高于初始值，主要发生了 CO 和 $H_2$ 的甲烷化反应，此时气体体积约为原体积的 74%。气体体积收缩，在这个温度段发生了 CO、$CO_2$ 与 $H_2$ 的甲烷化反应，即表 3-3 中反应式（3-5）~式（3-6）的逆反应。

第Ⅱ阶段：在 400~570 ℃时，$CH_4$ 含量逐渐降低，但始终高于初始量，$CO_2$ 含量稍有增加，CO 含量逐渐增加，析出的固体碳逐渐增加，$H_2O$ 含量逐渐减少，产物 $H_2$ 含量逐渐增加，第Ⅰ阶段甲烷化产生的 $CH_4$ 进行了裂解转化。当温度在 550 ℃时，气体体积约为原体积的 92%，在此之前甲烷化使气体体积收缩，即生成的 $CH_4$ 发生了渗碳、裂解反应，见表 3-3 中的反应式（3-5）~式（3-7）。

第Ⅲ阶段：当温度超过 570 ℃时，$CH_4$ 和 $H_2O$ 的含量继续减少，并低于初始值，$H_2$ 大量产生并超过初始值，CO 和 C 的含量逐渐增加，$CO_2$ 含量逐渐减少，随着析碳量的增加，气体体积开始膨胀。在 800 ℃时，气体体积膨胀为原来的 1.34 倍，发生表 3-3 中反应式（3-5）~式（3-8）的逆反应。

还原气体组分 CO、$H_2$ 是入炉工艺气体转化中最受关注的成分，进一步分析反应温度对体系中 CO、$H_2$、CO+$H_2$ 含量变化、$CH_4$ 转化率及 $H_2$/CO 比的影响，如图 3-2 所示。

由图 3-2 可知，在 101 kPa 气压条件下煤气超过 550 ℃出现重整转化过程，

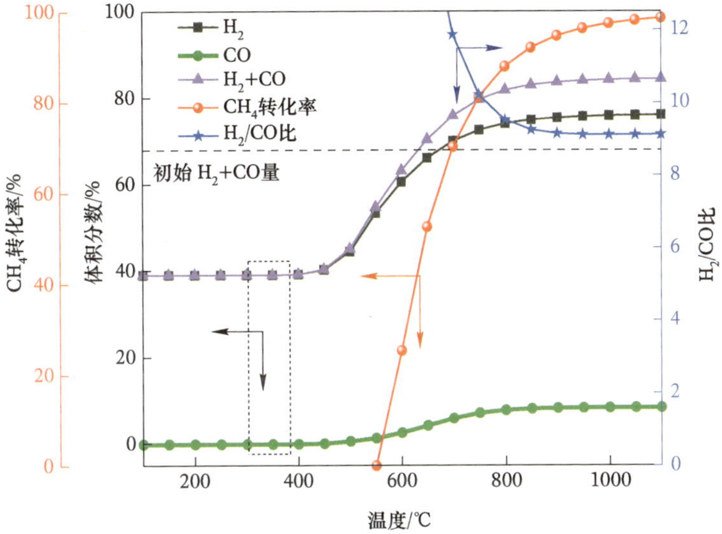


图 3-2 温度对还原气体成分及 $CH_4$ 转化率的影响

随温度的升高，$CH_4$ 重整转化加快，还原气体中 $H_2$+CO 的含量增加；当温度达到 1000 ℃时，$CH_4$ 转化率可达到 95%左右，还原气体中 $H_2$、CO 的含量变化趋于平稳。另外，还原气体中 $H_2$/CO 比随着温度升高而降低，在 800 ℃后稳定在 9 左右。

综上所述，在 101 kPa 气压条件下，提高反应温度有利于入炉工艺气体中 $CH_4$ 的重整转化反应，温度在 800 ℃以上还原气体中 $H_2$/CO 比相对较高，这表明升高温度是入炉工艺气体转化反应的关键。

### 3.2.2 压力对入炉工艺气体转化过程的影响

焦炉煤气零重整工艺氢基竖炉内压力在 810 kPa 左右，分别对 101 kPa、810 kPa 对不同温度下的气体转化过程各物质含量进行计算，结果如图 3-3 所示。由图 3-3 可知，当体系压力在 810 kPa 与 101 kPa 条件下，气体的变化趋势相同，但转化反应的第Ⅰ、Ⅱ阶段温度区间会增大，即高压使入炉工艺气体的甲烷化温度区间增大，$CH_4$ 裂解、析碳温度区间升高，这表明提高压力可以控制入炉工艺气体的析碳反应。

进一步分析系统压力对体系中 CO、$H_2$、CO+$H_2$ 含量变化、$CH_4$ 转化率及 $H_2$/CO 比的影响，结果如图 3-4 所示。由图 3-4 可知，压力使 $CH_4$ 重整开始温度升高，重整过程减慢。当系统压力由 101 kPa 增加至 810 kPa 时，1000 ℃条件下的 $CH_4$ 转化率下降。另外，对比 101 kPa 和 810 kPa 条件下 $H_2$/CO 比的关系，当压力增大时，还原气体中 $H_2$/CO 比会降低。

综上所述，低压有利于 $CH_4$ 重整转化。但是，从动力学的角度分析，增加体

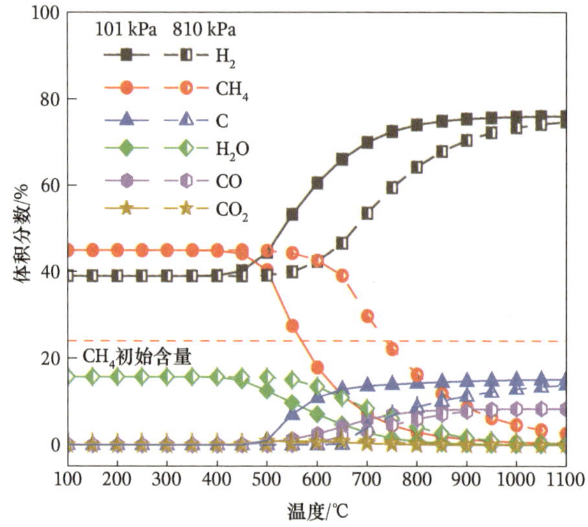


图 3-3 压力与焦炉煤气转化过程各物质含量的关系

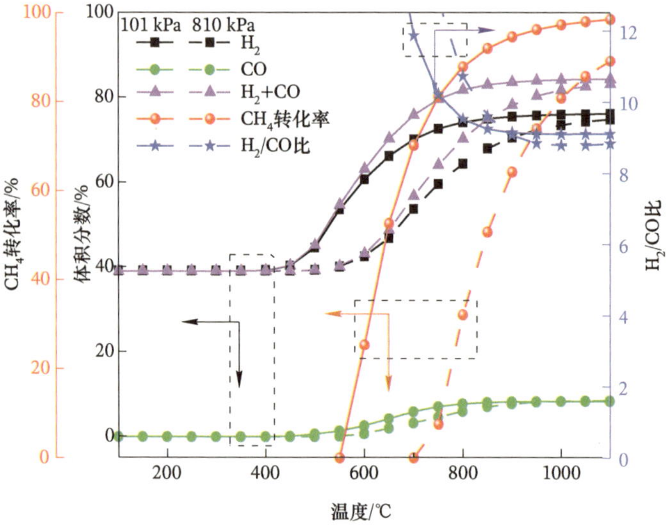


图 3-4 压力对还原气体成分及 $CH_4$ 转化率的影响

系压力，流体流速降低，可增加氢基竖炉内气固反应时间。因此，在实际生产中应结合实际情况选择最适宜的生产压力。

### 3.2.3 水蒸气对入炉工艺气体转化过程的影响

甲烷水蒸气重整反应是目前天然气与入炉焦炉煤气制氢的常用手段之一[15]，根据多物种共存反应的热力学平衡，在系统压力为 101 kPa 条件下，分析加入水蒸气对入炉工艺气体转化反应过程的影响，如图 3-5 所示。由图 3-5 可知，加入水蒸气会缓解入炉工艺气体在低温段（第Ⅰ阶段）的 $CH_4$ 转化程度。随温度升高，$H_2$、CO 含量升高，气体析出的固体碳量降低（入炉工艺气体转化的第Ⅱ、Ⅲ阶段），这表明在初始体系中加入水蒸气，会促进 $H_2$、CO 的生成，增加了还原气体中的有效成分，并减少了 $CH_4$ 裂解、析碳反应的发生。

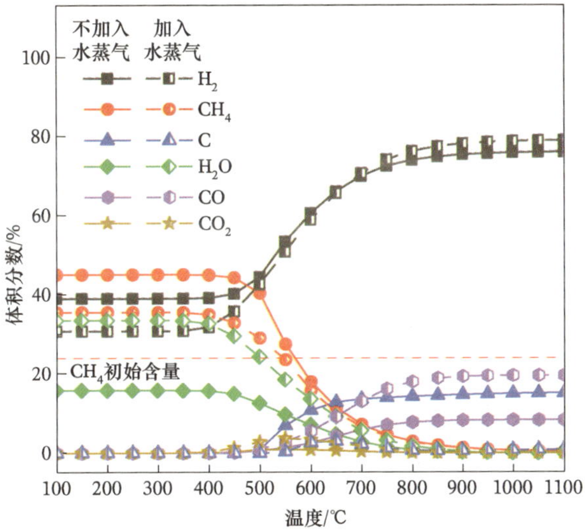


图 3-5　水蒸气对入炉工艺气体转化反应过程的影响

进一步分析水蒸气加入量对入炉工艺气体转化过程中 $H_2$+CO 含量、$H_2$/CO 比、$CH_4$ 转化率三个因素的变化，探讨不同水蒸气加入量对入炉工艺气体转化的影响，并给出合理的控制区。在压力 101 kPa、温度 100~1100 ℃条件下，水蒸气加入量对还原气体中 $H_2$+CO 含量、$CH_4$ 转化率、$H_2$/CO 比的影响，如图 3-6~图 3-8 所示。

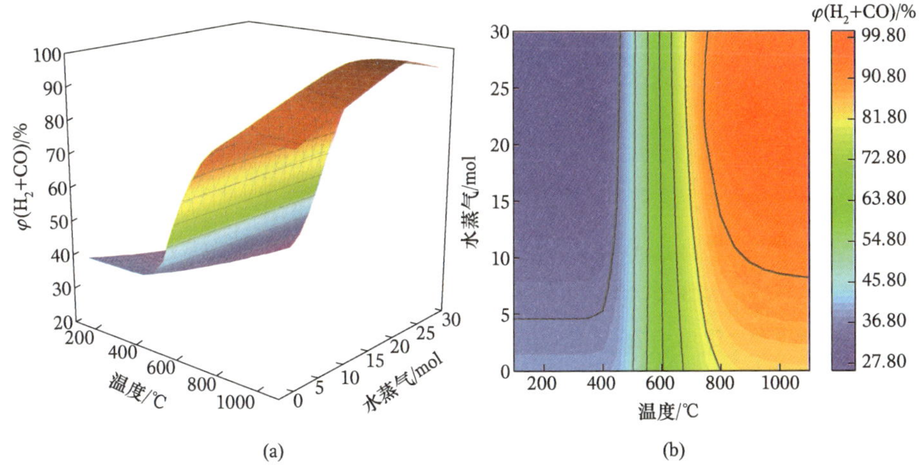


图 3-6　水蒸气加入量对 $H_2$+CO 含量的影响

（a）3D 映射曲面图；（b）等高线图

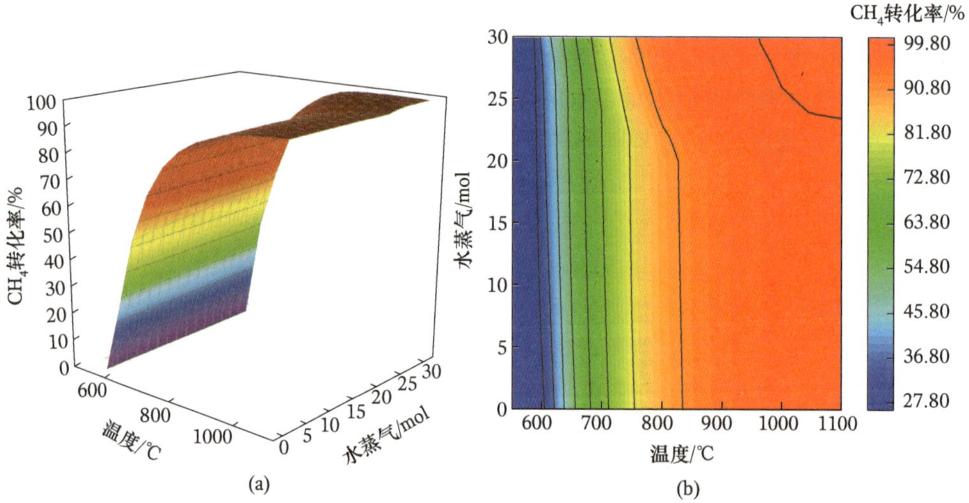


图 3-7 水蒸气加入量对 $CH_4$ 转化率的影响

（a）3D 映射曲面图；（b）等高线图

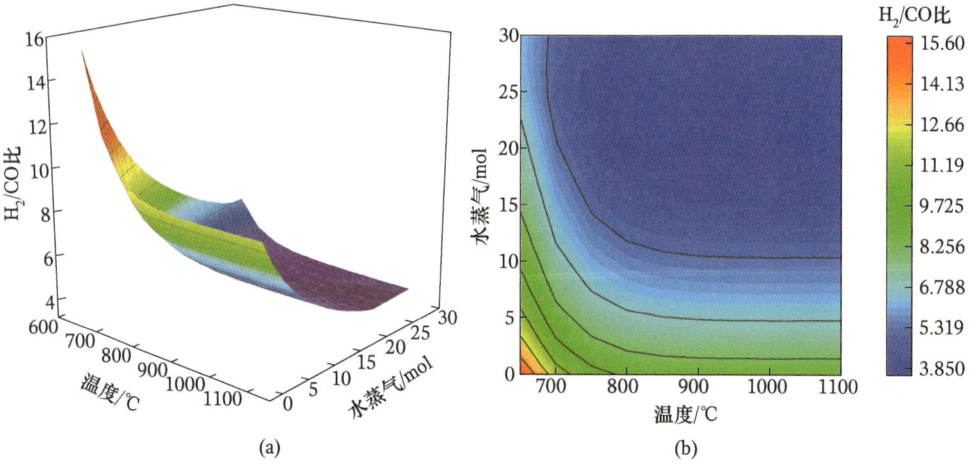


图 3-8 水蒸气加入量对 $H_2$/CO 比的影响

（a）3D 映射曲面图；（b）等高线图

结合图 3-6~图 3-8 可知，随温度和水蒸气加入量增加，还原气体中 $H_2$+CO 含量增加，$CH_4$ 转化率升高，但随着水蒸气加入量增加，$H_2$/CO 比减小。在还原气体中 $H_2$+CO 含量、$CH_4$ 转化率和 $H_2$/CO 比等高线图中各选择一条等高线进行线性拟合，得到水蒸气加入量的合理区间，如图 3-9 所示。由图 3-9 可知，温度区间在 650~860 ℃，水蒸气加入量在（0~22）mol/100 mol 焦炉煤气。

综上所述，在焦炉煤气重整转化过程中，水蒸气对 $CH_4$ 转化有促进作用，在

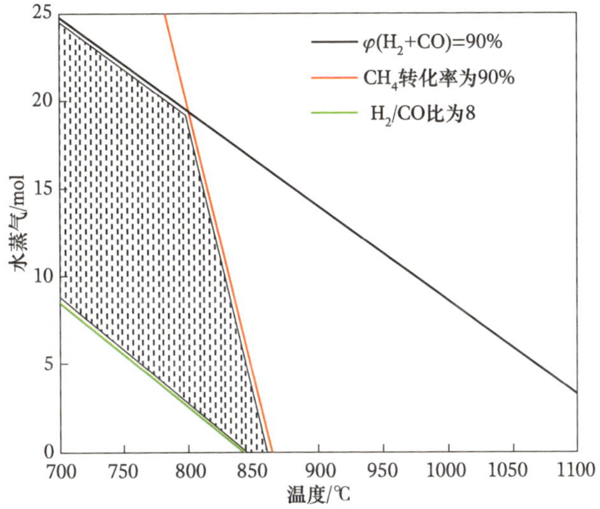


图 3-9 约束条件下水蒸气加入量的合理区间

还原气体中 $H_2$+CO 体积分数为 90%、$CH_4$ 转化率达到 90%、$H_2/CO$ 比为 8、析碳量为 3%约束条件下，水蒸气加入量为 0~18%，对重整转化促进作用明显。

### 3.2.4 $CO_2$ 对入炉工艺气体转化过程的影响

甲烷二氧化碳重整又称甲烷干重整[16]，也是目前常见的甲烷重整改质方法。分析 $CO_2$ 对入炉工艺气体转化过程的影响，如图 3-10 所示。由图 3-10 可知，$CO_2$ 对平衡组分的气体组成有着较大影响，在初始气体中加入 $CO_2$ 后，$H_2$ 含量

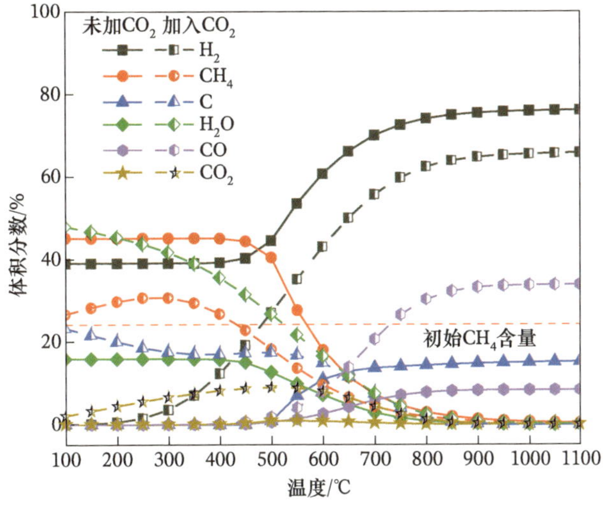


图 3-10 $CO_2$ 对入炉工艺气体转化过程的影响

显著降低，CO 含量大幅度增加，这是因为大量的 $CO_2$ 与 $H_2$ 发生水煤气反应生成大量的 CO 和 $H_2O$。对于低温段（第Ⅰ阶段）的 $CH_4$ 转化过程，加入 $CO_2$ 后，CO 在低温段发生析碳反应，气体的 $CH_4$ 转化程度较小，气相的析碳温度区间发生变化，由高温段转化到低温段，且 $CH_4$ 发生重整转化的开始温度降低。

进一步分析 $CO_2$ 加入量对入炉工艺气体转化过程中 $H_2$+CO 含量、$H_2$/CO 比、$CH_4$ 转化率三个因素的变化，探讨不同 $CO_2$ 加入量对入炉工艺气体转化的影响，并给出合理的控制区。在压力 101 kPa、温度 100~1100 ℃条件下，$CO_2$ 加入量对还原气体中 $H_2$+CO 含量、$CH_4$ 转化率、$H_2$/CO 比的影响如图 3-11~图 3-13 所示。

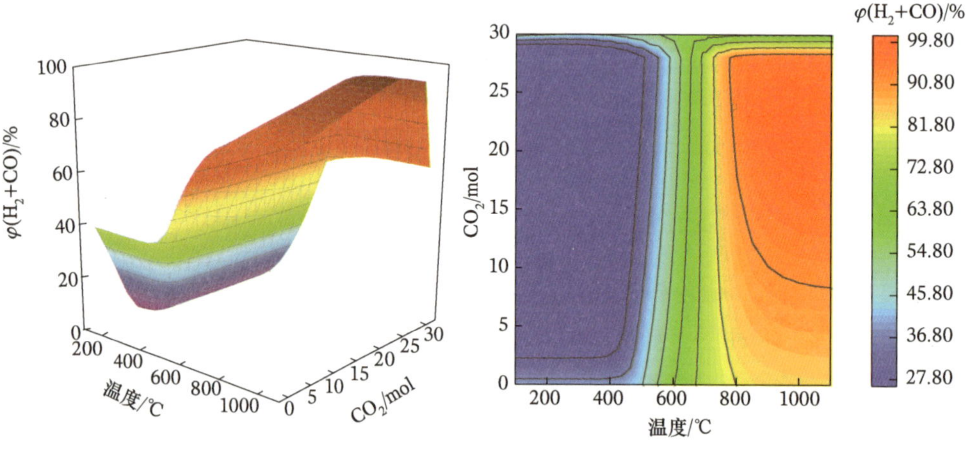


(a) (b)

图 3-11 $CO_2$ 加入量对 $H_2$+CO 含量的影响

（a）3D 映射曲面图；（b）等高线图

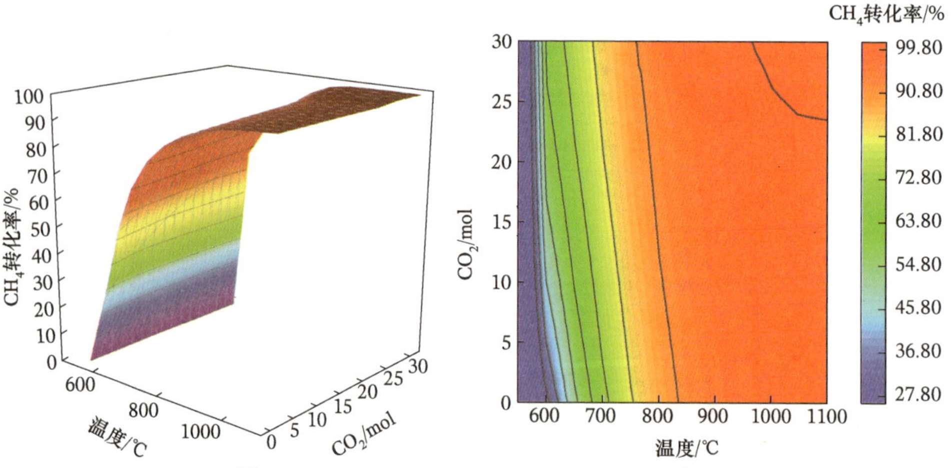


(a) (b)

图 3-12 $CO_2$ 加入量对 $CH_4$ 转化率的影响

（a）3D 映射曲面图；（b）等高线图

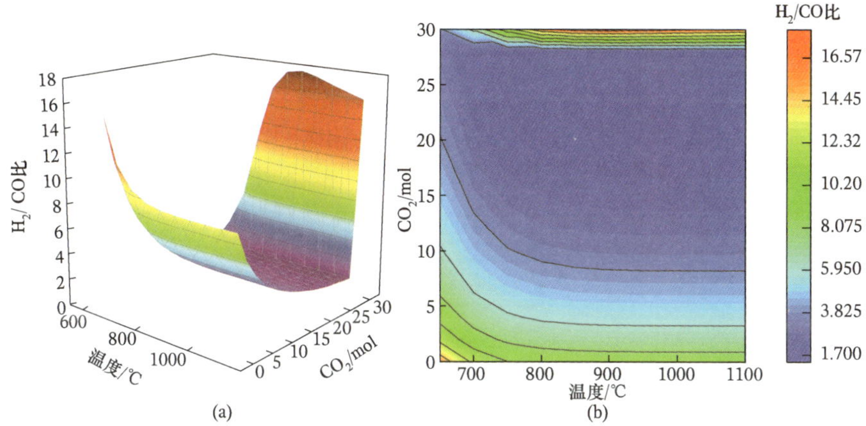


图 3-13　$CO_2$ 加入量对 $H_2/CO$ 比的影响

（a）3D 映射曲面图；（b）等高线图

结合图 3-11~图 3-13 可知，随 $CO_2$ 加入量和温度升高，还原气体中 $H_2+CO$ 含量增加，且随着 $CO_2$ 加入量增加，$H_2/CO$ 比呈现先减小后增大的变化趋势。在等高线图中选择等高线进行线性拟合，得到 $CO_2$ 加入量的合理区间，如图 3-14 所示。由图 3-14 可知，在还原气体中 $H_2+CO$ 体积分数为 90%、$CH_4$ 转化率达到 90%、$H_2/CO$ 比为 8 约束条件下，温度区间在 750~830 ℃，$CO_2$ 加入量在 3~22 mol 对入炉工艺气体转化有促进作用。但与水蒸气促进转化不同的是，加入 $CO_2$ 会促进 CO 含量增加，减小 $H_2/CO$ 比，在还原过程中降低了供热需求。

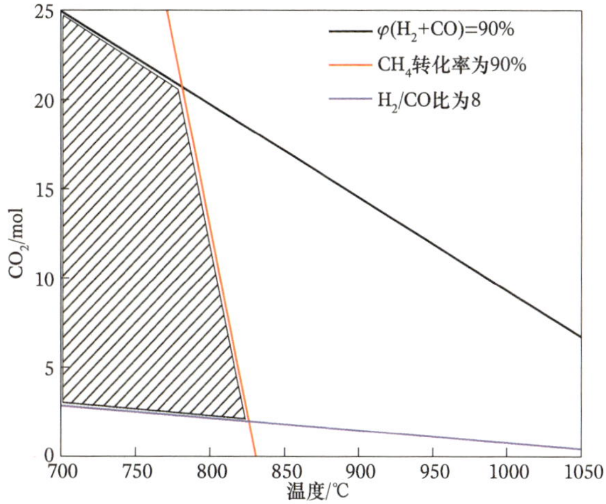


图 3-14　约束条件下 $CO_2$ 加入量的合理区间

### 3.2.5　$O_2$ 对入炉工艺气体转化过程的影响

甲烷的部分氧化是甲烷改质的一种常用方法，也是焦炉煤气零重整工艺中工艺气体进入竖炉前最后一次提温改质的手段[17]。在系统压力为 101 kPa 时，分析 $O_2$ 对入炉工艺气体转化过程的影响如图 3-15 所示。由图 3-15 可知，在入炉工艺气体转化过程中加入一定量的 $O_2$ 有利于焦炉煤气重整反应的充分进行，可增加还原气体中 CO 有效成分含量，减少高温段的气相析出碳量。对于低温段（第Ⅰ阶段）气体的甲烷化过程影响不大，主要是 $O_2$ 燃烧 $H_2$ 生成了 $H_2O$。对于 $CH_4$ 的转化过程，仅在 400~550 ℃有一定的促进作用。

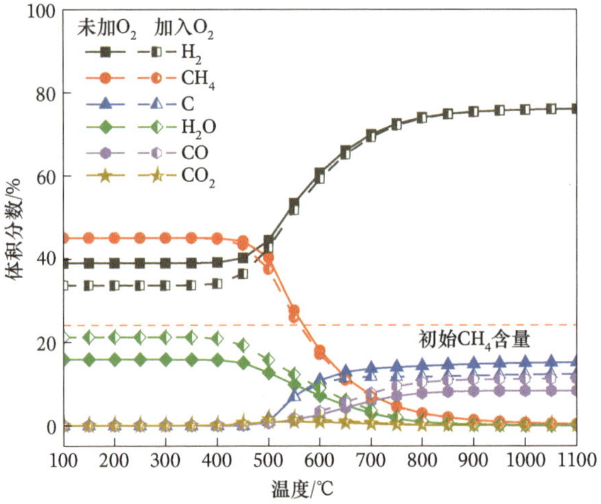


图 3-15 加入 $O_2$ 与反应过程各物质含量的关系

进一步分析 $O_2$ 加入量对入炉工艺气体转化过程中 $H_2$+CO 含量、$H_2$/CO 比、$CH_4$ 转化率的影响，探讨不同 $O_2$ 加入量对入炉工艺气体转化的影响，并给出合理的控制区。在压力 101 kPa、温度 100~1100 ℃条件下，$O_2$ 加入量对还原气体中 $H_2$+CO 含量、$CH_4$ 转化率、$H_2$/CO 比的影响如图 3-16~图 3-18 所示。

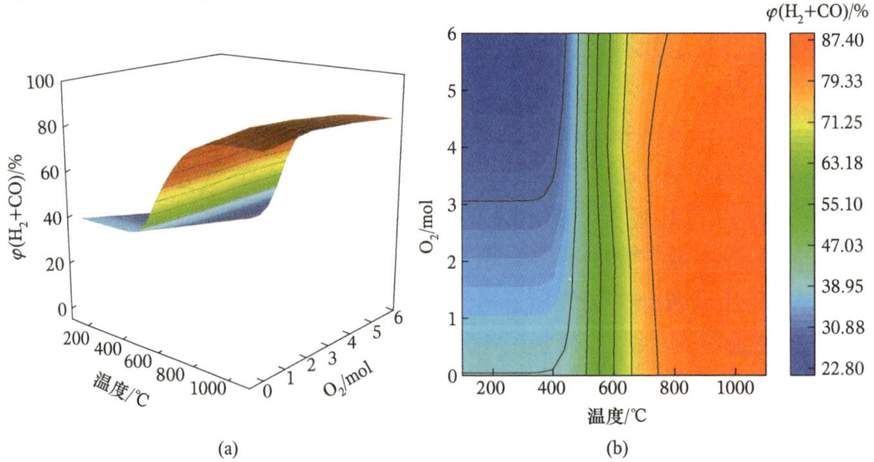


图 3-16 $O_2$ 加入量对 $H_2$+CO 含量的影响

（a）3D 映射曲面图；（b）等高线图

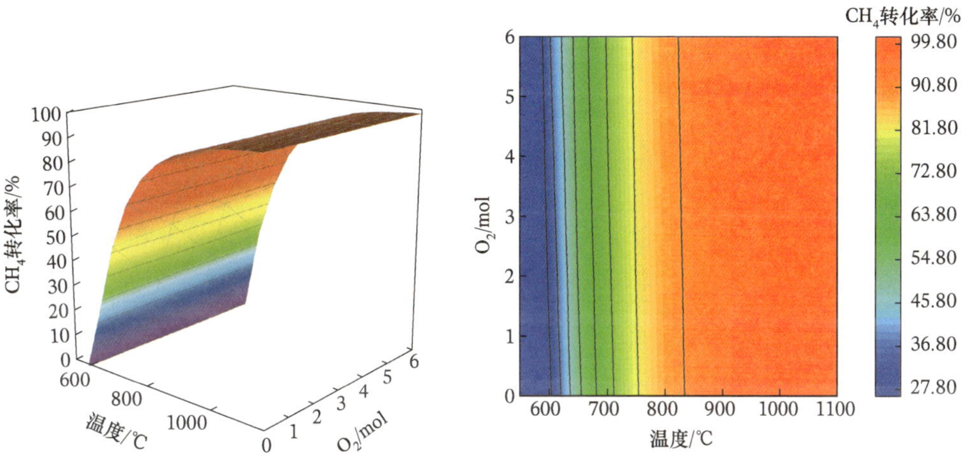


(a)　　　　(b)

图 3-17　$O_2$ 加入量对 $CH_4$ 转化率的影响

（a）3D 映射曲面图；（b）等高线图

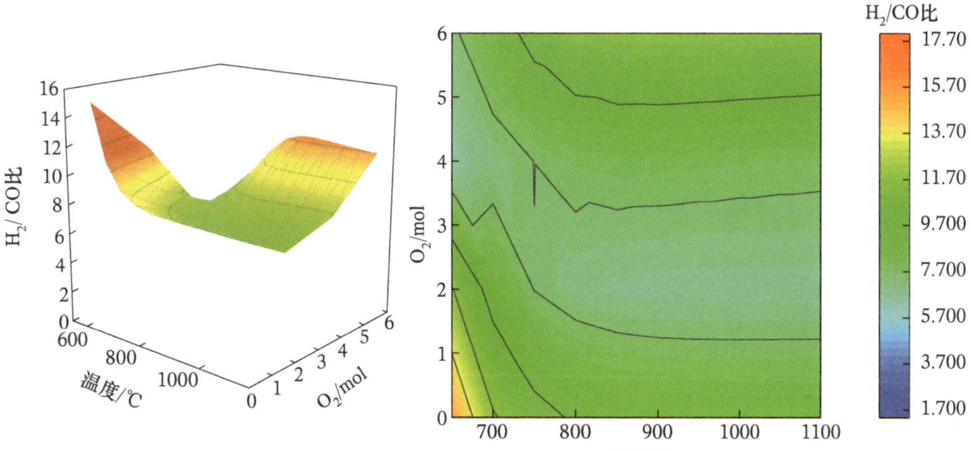


(a)　　　　(b)

图 3-18　$O_2$ 加入量对 $H_2$/CO 比的影响

（a）3D 映射曲面图；（b）等高线图

结合图 3-16～图 3-18 可知，当 $O_2$ 加入量在 2 mol 左右（体积分数 1.96%）时，还原气体中 $H_2$+CO 含量达到最大值、$CH_4$ 转化率在 90%，基本完全转化，且随着 $O_2$ 加入量增加，$H_2$/CO 比减小。在还原气体中 $H_2$+CO 体积分数为 80%、$CH_4$ 转化率达到 90%、$H_2$/CO 比为 8 约束条件下，$O_2$ 加入量的合理区间如图 3-19 所示。由图 3-19 可知，温度区间在 750～830 ℃，$O_2$ 加入量在（1.75～3.75）mol/100 mol 焦炉煤气。

综上所述，在焦炉煤气重整转化过程中，$O_2$ 对 $CH_4$ 转化促进作用相较于 $H_2O$ 和 $CO_2$ 相对较差，$O_2$ 加入 1.71%~3.61%，可使 $CH_4$ 重整转化更加充分。

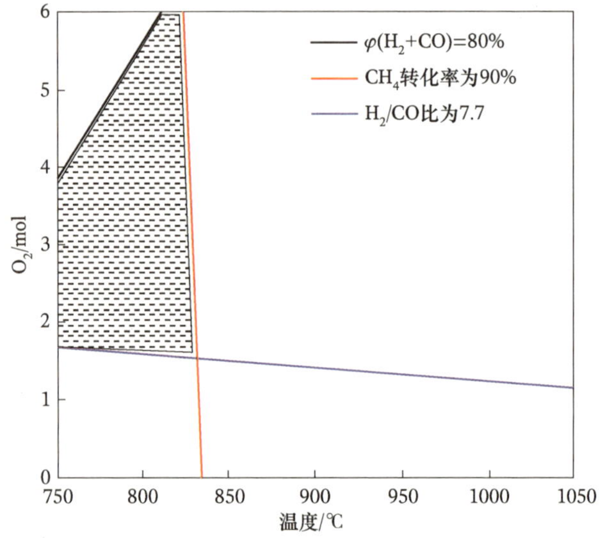


图 3-19 约束条件下 $O_2$ 加入量的合理区间

## 3.3 工艺气体的循环与转化

焦炉煤气零重整竖炉氢冶金工艺气的循环过程如图 3-20 所示，炉顶煤气在经过冷却、除尘净化后，与补充气混合后循环利用。具体工艺包括：$\frac{\text{精制焦炉煤气→竖炉锥部改质→补充气}}{\text{炉顶煤气冷却除尘净化}}$→混合后的工艺气脱水→加压→脱除 $CO_2$→加湿→加热炉加热→喷氧提温→进入竖炉。以下结合热力学计算及现场气体成分检测，对工艺气体循环过程主要工序气体转化进行分析。

### 3.3.1 竖炉锥部气体的转化

焦炉煤气零重整工艺中，精制焦炉煤气首先进入竖炉锥部进行进一步净化[5]，在竖炉锥部的冷却段的焦炉煤气中少量的焦油、有机烃类萘、苯等高分子碳氢化合物沉积吸附到热的 DRI 上并发生裂解，进一步对焦炉煤气的净化。除此之外，焦炉煤气在冷却段还可能发生表 3-3 中式（3-1）~式（3-8）、式（3-11）中的反应。

结合图 3-3 分析可知，$CH_4$ 在冷却段可能发生了两次转化反应，首先是高分子碳氢化合物裂解，其次可能发生气体甲烷化反应，造成底气出口的 $CH_4$ 含量增多、CO 降低现象，见表 3-4。另外，在竖炉锥部，气体中的 $CH_4$ 会与 DRI 中金属铁反应完成 DRI 渗碳，如图 3-21 所示。精制焦炉煤气经竖炉锥部进一步净化后由竖炉锥部底气出口排出，并经过冷却净化后成为工艺气的补充气。

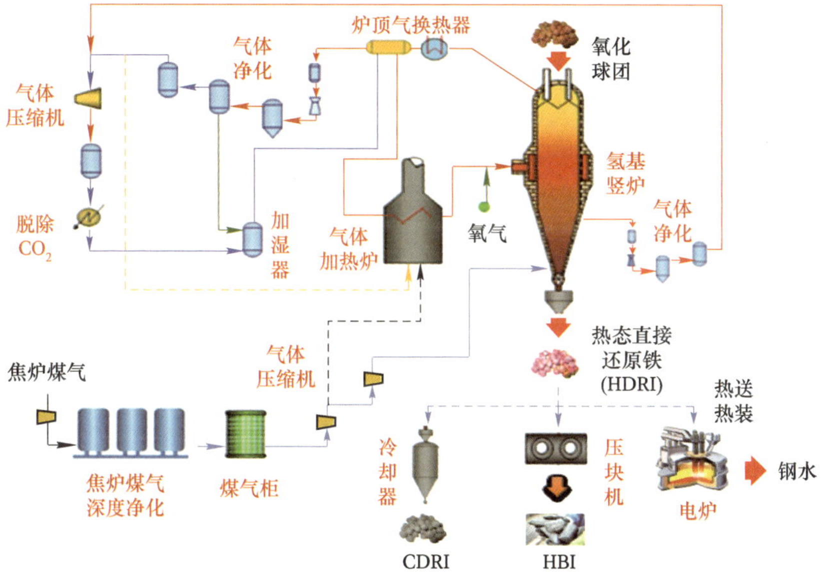


图 3-20　焦炉煤气零重整竖炉氢冶金工艺气体循环过程

**表 3-4　张宣科技氢冶金精制焦炉煤气及竖炉锥部底气出口气体成分（体积分数）**

（%）

| 成分 | $H_2$ | CO | $CH_4$ | $N_2$ | $CO_2$ | $C_2H_4$ | $C_2H_6$ | $O_2$ |
|---|---|---|---|---|---|---|---|---|
| 精制焦炉煤气 | 55~62 | 5~10 | 20~24 | 3~8 | 1.5~3 | 2~4 | 0~2 | 0.1~0.8 |
| 锥部底气出口气体 | 54~61 | 3~5 | 25~30 | 3~9 | 0~1.5 | 0~1 | 0~2 | — |

## 3.3.2　加热炉内工艺气体反应

补充气与冷却净化后的炉顶煤气共同进入脱水包，经脱水、加压、$CO_2$ 脱除后，工艺气在加湿器中进行加湿后进入加热炉[5]，进入加热炉的工艺气成分见表 3-5。工艺气在加热炉内被加热至设定的温度，一般为 950 ℃左右，压力一般为 730~841 kPa。

**表 3-5　加热炉入口工艺气的成分（体积分数）**　　（%）

| $H_2$ | CO | $CH_4$ | $N_2$ | $CO_2$ | $C_2H_4$ | $O_2$ | $H_2O$ |
|---|---|---|---|---|---|---|---|
| 56~63 | 5~8 | 15~22 | 10~15 | 0~1 | 0~0.5 | 0~0.1 | 3~8 |

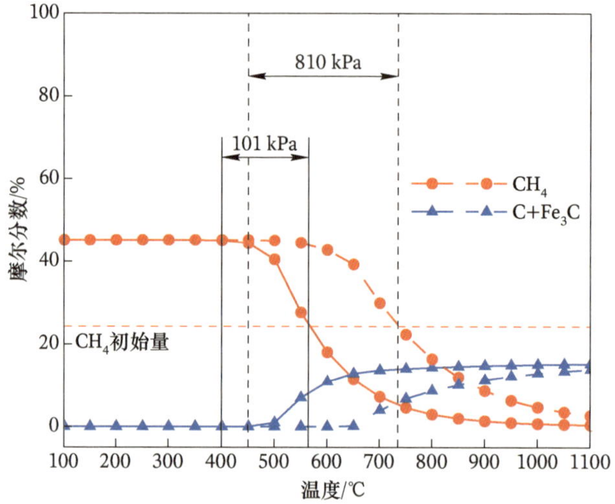


图 3-21　$CH_4$ 在冷却段的变化

根据工艺气成分和温度条件，加热炉内工艺气可能发生表 3-3 中的式（3-5）~式（3-7）的反应。

结合图 3-5 分析可知，入炉工艺气体在进入加热炉前加入的水蒸气可有效抑制工艺气加热过程固体碳的析出，增加工艺气中的 $H_2$ 含量。另外，工艺气在加热炉内发生的反应使体系中 CO、$H_2$、CO+$H_2$ 含量变化，以及对 $CH_4$ 转化率和 $H_2$/CO 比的影响如图 3-22 所示。

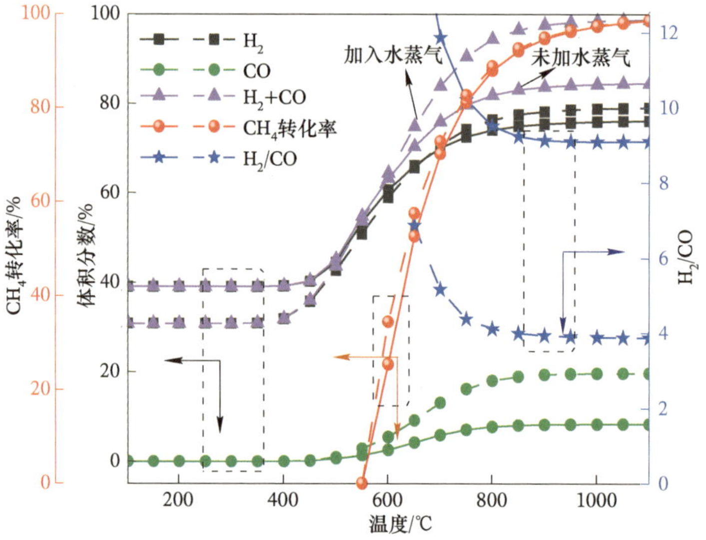


图 3-22　水蒸气对加热过程 $CH_4$ 转化率和 $H_2$/CO 比的影响

由图 3-22 可知，随着温度和加入水蒸气的增加，$CH_4$ 转化率逐渐增大，这表明加入水蒸气会促进 $CH_4$ 的重整转化，气相体系平衡组分中 $H_2$、CO 含量增加。

综上所述，水蒸气对入炉工艺气体转化影响较大，实际生产证明：焦炉煤气零重整竖炉氢冶金和 HYL 工艺都是主要通过控制水蒸气加入量达到控制碳和还原反应的目的。

### 3.3.3 喷氧段对入炉工艺气体的影响

为了提高氢基竖炉内温度，在工艺气体进入竖炉前通过喷氧燃烧提高气体温度，并发生气体部分氧化改质[5]。在此区域工艺气体中可燃气体会与 $O_2$ 发生燃烧反应，忽略少量大分子气体的燃烧，局部燃烧生成的水蒸气和 $CO_2$ 也会与 $CH_4$ 发生重整反应，喷氧提温段发生表 3-3 中式（3-12）~式（3-14）、式（3-4）~式（3-6）的反应。

喷氧对入炉工艺气体成分和 $CH_4$ 重整转化的影响如图 3-23 所示。由图 3-23 可知，喷氧后加速了 $CH_4$ 在 950~1050 ℃重整转化过程，使工艺气中 $H_2/CO$ 比提高，还原气体成分增加，$CH_4$ 含量降低。

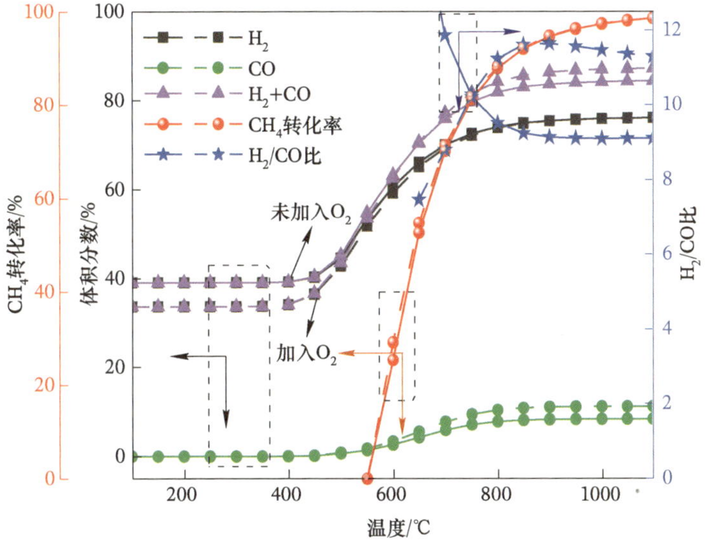


图 3-23 喷氧对入炉工艺气体成分和 $CH_4$ 重整转化的影响

结合张宣科技氢冶金气体的在线分析，经过喷氧提温后工艺气的温度为 1010~1050 ℃，氢基竖炉入口处工艺气的成分见表 3-6。

表 3-6 氢基竖炉入口处工艺气的成分（体积分数） (%)

| $H_2$ | CO | $CH_4$ | $N_2$ | $CO_2$ | $C_2H_4$ | $H_2O$ |
|---|---|---|---|---|---|---|
| 59~63 | 6~15 | 8-16 | 10~16 | 1~2 | 0~0.05 | 1~3 |

### 3.3.4 氢基竖炉还原段气体的变化

入炉工艺气体进入竖炉内参与铁氧化物的还原、$CH_4$ 裂解、转化、渗碳、析碳、水煤气、气化等反应，这些多元多相反应相互耦合，密不可分，直接决定了竖炉内铁矿石的还原热力学、动力学及 DRI 的性能变化，因此将竖炉还原段气体的变化过程与铁矿石的还原放到一起分析，具体见 3.4 节。

## 3.4 氢基竖炉内碳氢还原机理

### 3.4.1 碳氢还原反应热力学

氢基竖炉发生的铁氧化物还原、$CH_4$ 裂解、转化、渗碳、析碳、水煤气、气化等反应见表 3-7，工艺还原气体的成分见表 3-8。

表 3-7 氢基竖炉内可能发生的反应

| 反应类型 | 反应方程式 | 公式编号 |
|---|---|---|
| $CH_4$ 转化反应 | $CH_4(g)+H_2O(g)\rightleftharpoons CO(g)+3H_2(g)$ | 式 (3-16) |
| | $CH_4(g)+2H_2O(g)\rightleftharpoons CO_2(g)+4H_2(g)$ | 式 (3-17) |
| | $CH_4(g)+CO_2(g)\rightleftharpoons 2CO(g)+2H_2(g)$ | 式 (3-18) |
| $CH_4$ 裂解反应 | $CH_4(g)\rightleftharpoons C(s)+2H_2(g)$ | 式 (3-19) |
| 水煤气反应 | $CO(g)+H_2O(g)\rightleftharpoons CO_2(s)+H_2(g)$ | 式 (3-20) |
| | $CO_2(g)+2H_2(g)\rightleftharpoons C(s)+2H_2O(g)$ | 式 (3-21) |
| 析碳反应 | $2CO(g)\rightleftharpoons C(s)+CO_2(g)$ | 式 (3-22) |
| 氧化还原反应 | $CO_2(g)+H_2(g)\rightleftharpoons CO(g)+H_2O(g)$ | 式 (3-23) |
| 渗碳反应 | $3Fe(s)+C(s)\rightleftharpoons Fe_3C(s)$ | 式 (3-24) |
| $H_2$ 还原反应 | $Fe_2O_3(s)+3H_2(g)\rightleftharpoons 2Fe(s)+3H_2O(g)$ | 式 (3-25) |
| | $FeO(s)+H_2(g)\rightleftharpoons Fe(s)+H_2O(g)$ | 式 (3-26) |
| | $3Fe_2O_3(s)+H_2(g)\rightleftharpoons 2Fe_3O_4(s)+H_2O(g)$ | 式 (3-27) |
| | $Fe_3O_4(s)+H_2(g)\rightleftharpoons 3FeO(s)+H_2O(g)$ | 式 (3-28) |

续表 3-7

| 反应类型 | 反应方程式 | 公式编号 |
|---|---|---|
| CO 还原反应 | $Fe_3O_4(s)+4CO(g)\rightleftharpoons 3Fe(s)+4CO_2(g)$ | 式（3-29） |
| | $FeO(s)+CO(g)\rightleftharpoons Fe(s)+CO_2(g)$ | 式（3-30） |
| | $3Fe_2O_3(s)+CO(g)\rightleftharpoons 2Fe_3O_4(s)+CO_2(g)$ | 式（3-31） |
| | $Fe_3O_4(s)+CO(g)\rightleftharpoons 3FeO(s)+CO_2(g)$ | 式（3-32） |

**表 3-8　工艺还原气体的成分（体积分数）**　（%）

| 成分 | $H_2$ | CO | $CH_4$ | $N_2$ | $CO_2$ | $H_2O$ | $O_2$ |
|---|---|---|---|---|---|---|---|
| 入炉煤气 | 56~63 | 6~15 | 8~16 | 10~16 | 0~2 | 1~5 | 0 |

3.4.1.1　碳氢耦合还原球团矿的基本原理

在 CO 和 $H_2$ 混合气氛下，球团矿直接还原后的产物主要有 Fe、$CO_2$ 和 $H_2O$。在实际还原过程中，会受到反应体系压力、还原效率、还原气体利用率、$CO_2$/CO 比、$H_2O/H_2$ 比等因素的影响，因此在进行直接还原实验研究之前，应对其气体还原的热力学规律进行研究，确定合理的还原气体用量、还原气体中 $H_2$ 含量的极限值及冷却气体种类和用量，为后续实验提供理论支持。

根据 $H_2$ 和 CO 还原铁氧化物的反应式（3-25）~式（3-32）（见表 3-7），以及各反应的标准吉布斯自由能和温度的关系式，可以计算得出各反应达到平衡时气体成分[18]。以反应温度为横坐标，平衡时 CO、$H_2$ 摩尔分数为纵坐标作图，得到铁氧化物气固还原优势区域图，如图 3-24 所示。

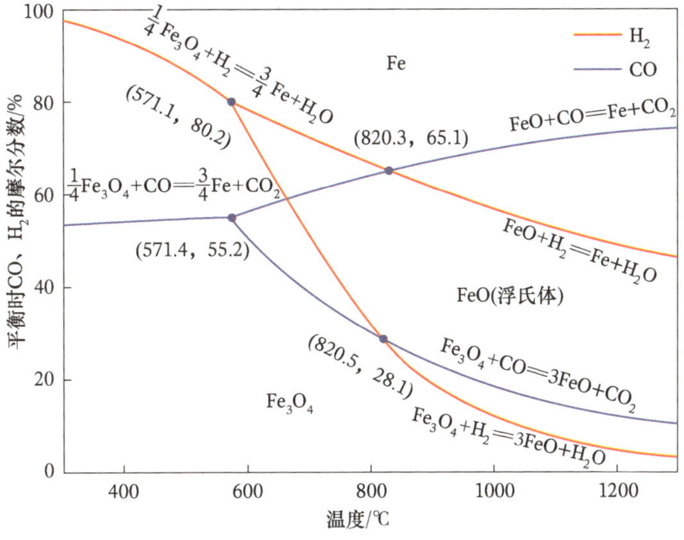


图 3-24　平衡时铁氧化物气固还原优势区域图

在还原过程中，反应式（3-25）与反应式（3-29）达到平衡时 CO 和 $H_2$ 浓度极低，$Fe_2O_3$ 还原只需要很少的还原气体，其反应过程几乎不可逆。图 3-24 中的平衡线将该图分为 $Fe_3O_4$、FeO 和 Fe 三个相的稳定存在区，当 $H_2$ 或 CO 的含量在一定温度下高于曲线上气体含量时，该反应将向正的方向进行。当温度低于 571 ℃时，在 $H_2$ 或 CO 还原条件下，$Fe_3O_4$ 直接还原得到 Fe；当温度高于 571 ℃时，$Fe_3O_4$ 先还原为 FeO，而后再由 FeO 还原为 Fe。由图 3-24 中 CO 还原铁氧化物的曲线可知，$Fe_3O_4$ 还原为 FeO 的反应为吸热反应，平衡曲线随着温度的升高而呈现降低的趋势，说明升高温度有利于该反应的进行；另外两个反应都是放热反应，则证明升高温度不利于该反应的进行。$H_2$ 在还原过程中的三个反应均是吸热反应，升高温度有利于还原反应的进行。

由图 3-24 还可知，温度在 820 ℃（有的参考资料中为 810 ℃，这是不同的参考资料选取的热力学数据有所不同）以下时，CO 的还原能力强于 $H_2$；820 ℃以上情况则恰恰相反，$H_2$ 的还原能力强于 CO。同时说明：在 820 ℃左右，CO 与 $H_2$ 的还原能力出现了转化，出现这种现象的原因是两者之间发生了水煤气置换反应。

3.4.1.2 还原煤气利用率的计算

由铁氧化物气固反应热力学计算可知，在温度高于 570 ℃、$H_2$ 和 CO 气氛下，铁氧化物还原的顺序为 $Fe_2O_3 \rightarrow Fe_3O_4 \rightarrow FeO \rightarrow Fe$。在第一阶段（$Fe_2O_3 \rightarrow Fe_3O_4$）对还原气氛的要求极低，可视为不可逆反应，故不需特殊考虑其对还原煤气利用率的影响。还原第二阶段（$Fe_3O_4 \rightarrow FeO$）和第三阶段（$FeO \rightarrow Fe$）为可逆反应，在反应过程中生成的 $H_2O$ 和 $CO_2$ 会再次将样品氧化为铁氧化物。为了防止金属铁被再氧化，还原气体中要有足够多的 $H_2$ 和 CO 来平衡 $H_2O$ 和 $CO_2$。式（3-33）和式（3-34）分别为还原第二阶段和第三阶段的反应式。

$$\frac{1}{3}Fe_3O_4+H_2O+(n-1)H_2O \longrightarrow 3FeO+\frac{4}{3}H_2O+\left(n-\frac{4}{3}\right)H_2 \tag{3-33a}$$

$$\frac{1}{3}Fe_3O_4+CO_2+(n-1)CO \longrightarrow 3FeO+\frac{4}{3}CO_2+\left(n-\frac{4}{3}\right)CO \tag{3-33b}$$

$$FeO+nH_2 \longrightarrow Fe+(n-1)H_2O \tag{3-34a}$$

$$FeO+nCO \longrightarrow Fe+(n-1)CO_2 \tag{3-34b}$$

式中 $n$——还原气体的过剩系数。

为了保证还原反应过程顺利进行，需要维持氢基竖炉内部保持还原性气氛。设定还原过程中得到 1 mol 的直接还原金属铁，得到反应第二、三阶段所需的还原气体量 $n_2$ 和 $n_3$ 如下：

$$n_2 = \frac{4}{3} \times \frac{K_2 + 1}{K_2} \tag{3-35}$$

$$n_3 = \frac{K_3 + 1}{K_3} \tag{3-36}$$

式中 $K_2$，$K_3$——反应平衡常数。

经过计算可以分别得到在 $H_2$ 和 CO 气氛下，还原第二、三阶段需气量与温度的关系，如图 3-25 所示。由图 3-25 可知，关键步骤转换温度 $T_0$ 为图中两线的交点温度，均处于 550~600 ℃。温度在 $T_0$ 右侧时 $n_3>n_2$，说明氢基竖炉煤气的需求量和热力学利用率主要由反应第三阶段决定，而第一、二还原阶段中还原气体是过剩的；当温度在 $T_0$ 左侧时 $n_3<n_2$，恰好与之相反。在实际的生产过程中，氢基竖炉内的还原温度都高于 $T_0$，因此，第三阶段的反应平衡是决定还原气体需求量及热力学利用率的关键。

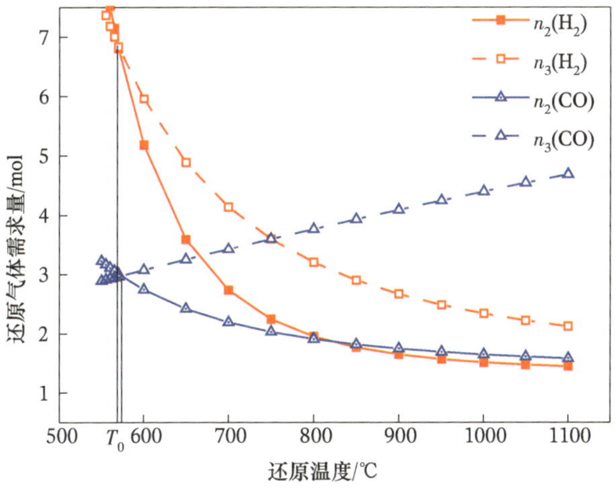


图 3-25 $H_2$ 和 CO 气氛下还原第二、三阶段需气量与温度的关系

直接还原铁中金属铁含量可设为 $w(Fe)_{DRI}$，当生产 1 t 直接还原铁时，还原第三阶段消耗的 $H_2$ 或 CO 量为：

$$V_{H_2/CO(FeO\text{-}Fe)} = \frac{1 \times 22.4w(Fe)_{DRI}}{56} \times 1000 = 400w(Fe)_{DRI} \tag{3-37}$$

在水煤气置换反应过程中，CO 的生成或消耗与 $H_2$ 的消耗或生成是相对应的。因此，当只讨论热力学计算问题时，水煤气置换反应并不会影响到混合还原煤气的综合利用率，只会影响 CO 和 $H_2$ 各自的利用率；当促进 CO 的利用率时，会降低 $H_2$ 的利用率，而促进 $H_2$ 的利用率时，相应的 CO 利用率也就会降低。

当还原气体中含有 CO 时，在与铁矿石接触还原的过程中，会伴随析碳和渗碳反应的发生，使得直接还原铁中产生碳素和多种碳化物（主要为 $Fe_3C$）。析碳反应是在金属铁的催化作用下，在 400~600 ℃温度范围体现得较为明显；但在氢基竖炉的实际生产过程中，炉料升温速度较快，在 400~600 ℃温度区间停留时间极短，而且在低温段几乎不会有还原生成的金属铁，因此析碳反应对竖炉内气氛影响很小，可以不考虑在内。

在计算直接还原铁的渗碳量 $C_{DRI}$ 时，若给定入炉煤气含碳成分中不含 $CH_4$ 而只有 CO，则每渗碳 1 mol 时会消耗 2 mol 的 CO，所以计算可得每吨直接还原铁渗碳所消耗 CO 量为：

$$V_{CO(渗碳)} = \frac{2 \times 22.4C_{DRI}}{12} \times 1000 = 3730C_{DRI} \tag{3-38}$$

在甲烷转化反应过程中，每转化 1 mol 的 $CH_4$ 相当于消耗了 4 mol 的 $H_2$+CO，则炉内甲烷转化所消耗的 $H_2$+CO 量为：

$$V_{H_2+CO(CH_4转换)} = 4V_{入炉}(x_{CH_4(炉顶)} - x_{CH_4(入炉)}) \tag{3-39}$$

式中 $V_{入炉}$——实际生产中每吨直接还原铁供给的煤气量，$m^3$；

$x_{CH_4(炉顶)}$——炉顶煤气中 $CH_4$ 的含量（摩尔分数），%；

$x_{CH_4(入炉)}$——入炉煤气中 $CH_4$ 的含量（摩尔分数），%。

计算煤气利用率 $\eta$ 时，因为煤气中一般同时存在 CO 和 $H_2$，所以需要综合考虑两种成分对其利用率的影响。煤气综合利用率 $\eta$ 计算式为：

$$\eta = \frac{x_{H_2(入炉)}}{x_{H_2(入炉)} + x_{CO(入炉)}}\eta_{H_2} + \frac{x_{CO(入炉)}}{x_{H_2(入炉)} + x_{CO(入炉)}}\eta_{CO} \tag{3-40}$$

式中 $\eta_{H_2}$——$H_2$ 的利用率，%；

$\eta_{CO}$——CO 的利用率，%；

$x_{CO(入炉)}$——入炉煤气中 CO 的含量（摩尔分数），%；

$x_{H_2(入炉)}$——入炉煤气中 $H_2$ 的含量（摩尔分数），%。

综上所述，为了保持氢基竖炉内所有反应平衡，且还原过程主要由还原第三阶段控制，可得煤气最低需求量 $V_{理论}$ 为：

$$\begin{aligned} V_{理论} &= \frac{V_{H_2/CO(FeO\text{-}Fe)} + V_{CO(渗碳)} + V_{H_2+CO(CH_4转换)}}{\eta_3} \cdot \frac{1}{x_{H_2(入炉)} + x_{CO(入炉)}} \\ &= \frac{400w(Fe)_{DRI} + 3730C_{DRI} + 4V_{入炉}(x_{CH_4(炉顶)} - x_{CH_4(入炉)})}{\dfrac{K_{H_2} \cdot x_{H_2(入炉)}}{1 + K_{H_2}} + \dfrac{K_{CO} \cdot x_{CO(入炉)}}{1 + K_{CO}} - \left(\dfrac{x_{H_2O(入炉)}}{1 + K_{H_2}} + \dfrac{x_{CO_2(入炉)}}{1 + K_{CO}}\right)} \cdot \frac{1}{x_{H_2(入炉)} + x_{CO(入炉)}} \end{aligned} \tag{3-41}$$

式中 $K_{H_2}$，$K_{CO}$——$H_2$ 和 CO 气氛下铁氧化物还原第三阶段的反应平衡常数；

$\eta_3$——还原第三阶段 CO 和 $H_2$ 混合煤气的综合利用率，%。

假设氢基竖炉所用球团矿的铁氧比为 $a$，生产 1 t 直接还原铁时渗碳量为 $C_{DRI}$，且生产出的直接还原铁为理想直接还原铁（金属化率 100%），全铁含量为

$TFe_{DRI}$，则计算还原反应过程和渗碳反应过程需要消耗的煤气量 $V_{理想}$ 为：

$$V_{理想} = \frac{V_{H_2/CO(还原)} + V_{CO(渗碳)}}{x_{H_2(入炉)} + x_{CO(入炉)}} = \frac{\dfrac{a \times 22.4TFe_{DRI}}{56} \times 1000 + 3730C_{DRI}}{x_{H_2(入炉)} + x_{CO(入炉)}} \tag{3-42}$$

根据式（3-41）和式（3-42），可以推导出氢基竖炉还原过程中煤气的热力学利用率，公式如下：

$$\eta_0 = \frac{V_{理想}}{V_{理论}} = \frac{\dfrac{400aTFe_{DRI} + 3730C_{DRI}}{400w(Fe)_{DRI} + 3730C_{DRI} + 4V_{入炉}(x_{CH_4(炉顶)} - x_{CH_4(入炉)})}}{\dfrac{K_{H_2}x_{H_2(入炉)}}{1 + K_{H_2}} + \dfrac{K_{CO}x_{CO(入炉)}}{1 + K_{CO}} - \left(\dfrac{x_{H_2O(入炉)}}{1 + K_{H_2}} + \dfrac{x_{CO_2(入炉)}}{1 + K_{CO}}\right)} \times 100\% \tag{3-43}$$

以上方法计算得出的煤气利用率是理论最高值，在实际过程中无法得到理想还原铁等结果，因此实际煤气利用率只会低于理论利用率，而不会超过它。如果入炉煤气成分和炉顶煤气成分中的 $CH_4$ 含量均较少且相差不大，则甲烷转化反应对煤气利用率的影响“$4V_{入炉}(x_{CH_4(炉顶)} - x_{CH_4(入炉)})$”也可省去。一般的直接还原铁中 FeO 含量小于 2%，铁氧比 $a \approx 3/2$。

3.4.1.3 还原过程物相组成的变化

根据化学反应吉布斯自由能最小原理，结合 MATLAB 软件设定初始反应体系各物质的量，构建吉布斯自由能最小化非线性方程组，在初始元素约束下构建氢基竖炉还原段多相多组分反应热力学平衡模型。以氢基竖炉入炉工艺还原气体成分（见表 3-8）为初始条件、以生成 1 mol Fe 为目标进行计算，在确定煤气需求量和气体利用率的基础上，从热力学角度研究还原过程中平衡物相组成的变化[19]。

以还原温度 850 ℃、炉内压力 810 kPa 含为例，还原段平衡状态下各物质含量与初始气量的关系如图 3-26 所示。由图 3-26 可知，随着初始气量的增加，平衡状态下各物质种类和含量均发生变化。根据含铁产物及其含量的变化情况，按照初始气体量划分，还原过程可以分为 5 个阶段。

第Ⅰ阶段，当还原气体含量小于 0.15 mol 时，含铁产物主要是 $Fe_3O_4$；随着初始还原气体量的增加，$Fe_3O_4$ 含量逐渐增加，在还原气体量增加到 0.15 mol 时，$Fe_3O_4$ 含量达到最大值 0.3333 mol；在此阶段，平衡组分中 $H_2O$ 含量高于 $CO_2$ 含量，这主要是由于还原气体中 $H_2$ 含量远高于 CO 含量，且温度高于 810 ℃，$H_2$ 还原能力高于 CO。

第Ⅱ阶段，当还原气体含量为 0.15~0.6 mol 时，含铁产物主要是 $Fe_3O_4$ 和 FeO；随着还原气体含量增加，$Fe_3O_4$ 含量逐渐减少至 0，FeO 含量逐渐增加至 1.056 mol，此时还原气体含量增加到 0.6 mol，平衡组分中 $H_2$、CO、$H_2O$、$CO_2$ 含量随着还原气体含量增加而增加。

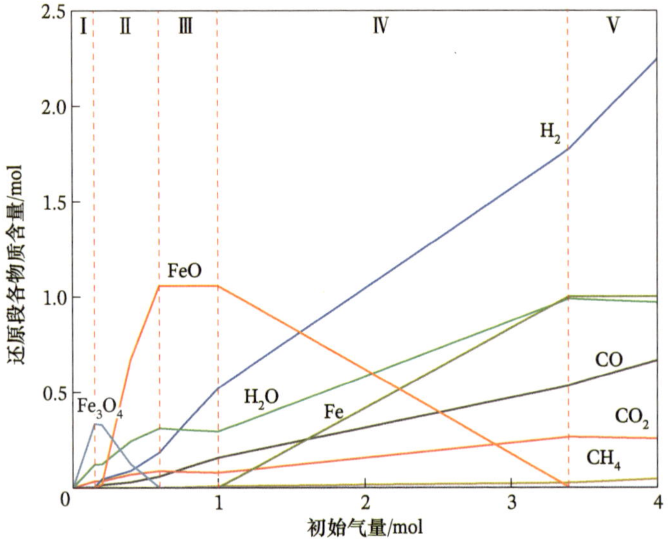


图 3-26 不同初始气量下平衡物相组成

第Ⅲ阶段，当还原气体含量为 0.6~1 mol 时，含铁产物只有 FeO；在此范围内，随着还原气体含量增加，FeO 含量保持不变，$H_2O$ 和 $CO_2$ 含量基本保持不变，CO 和 $H_2$ 含量增加。

第Ⅳ阶段，在还原气体含量由 1 mol 增加到 3.4 mol 的过程中，含铁产物主要是 FeO 和 Fe；且随着还原气体含量增加，FeO 含量逐渐减小到 0，Fe 含量逐渐由 0 增加至 1 mol；同时平衡组分中 $H_2$、CO、$H_2O$、$CO_2$ 含量随着还原气体含量增加而增加。

第Ⅴ阶段，当还原气体含量超过 3.4 mol 时，平衡组分中含铁产物只有 Fe，且 $H_2O$ 和 $CO_2$ 含量基本保持不变，CO 和 $H_2$ 含量增加，说明生成 1 mol Fe 需要的最低还原气体含量为 3.4 mol。为了保持还原充分进行，实际使用的还原气体含量应该略高于最低还原气体含量。

3.4.1.4 温度对还原过程的影响

在前面得到的还原气体最低需求量下，设定体系压力为 810 kPa，计算得到温度与还原过程平衡组分中各物质含量间的关系如图 3-27 所示。由图 3-27 可知，在计算条件下，温度在 625 ℃以下升高时，$Fe_2O_3$ 已经全部被还原成 $Fe_3O_4$；温度在 625~650 ℃内升高，$Fe_3O_4$ 逐渐被还原成 FeO；当温度到达 650 ℃时，体系中铁氧化物全部转变成 FeO；温度继续升高至 825 ℃过程中，FeO 含量逐渐减少；出现金属 Fe 的最低温度为 730 ℃，随后 FeO 含量显著降低、Fe 含量快速升高；当温度高于 850 ℃时，FeO 全部被还原为 Fe。

由图 3-27 还可知，当温度低于 732 ℃时，各温度下平衡组分中 $CH_4$ 含量均

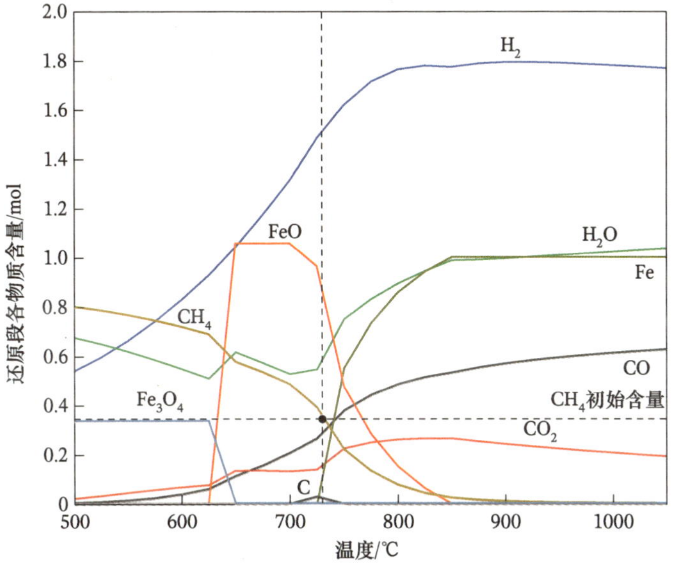


图 3-27 温度与还原过程平衡物相组成的关系

高于还原气体中的初始含量；当温度高于 732 ℃时，呈现相反的变化规律。这说明反应体系在不同温度范围 $CH_4$ 的转化规律不同，因此以初始 $CH_4$ 含量与 $CH_4$ 含量交点温度进行分段，将还原温度区间分为两个阶段以详细分析还原过程中气相组成的变化。温度与还原过程平衡气相组成的关系如图 3-28 所示。

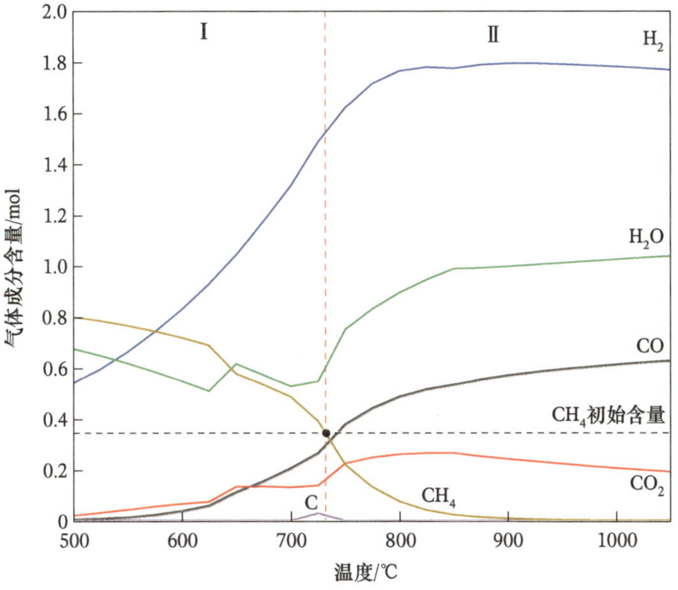


图 3-28 温度与还原过程中平衡气相组成的关系

由图 3-28 可知，对于阶段Ⅰ，在温度 500~732 ℃范围内，平衡组分中 $CH_4$ 含量随着温度升高逐渐降低，但始终高于 $CH_4$ 初始含量，而 $H_2$ 和 CO 含量远低于初始值，这说明 CO、$H_2$ 发生了甲烷转化反应；同时伴随着还原过程的进行，$CH_4$、$H_2O$ 的含量降低，发生 $CH_4$ 的裂解、转化反应。以 700 ℃为例，气体总体积约为原体积的 92%，气体体积收缩，这也说明了甲烷转化反应的进行。在阶段Ⅱ，温度 732 ℃之后，$CH_4$ 含量仍然随着温度升高逐渐降低，在 850 ℃以上 $CH_4$ 含量减少至 0.01 mol 以下，这说明还原气体中 $CH_4$ 全部转化为 $H_2$ 和 CO。以 800 ℃为例，气体总体积约为原体积的 1.16 倍，气体体积膨胀，这说明原有 $CH_4$ 进行了转化。综上所述，升高温度有利于 $CH_4$ 向 CO 和 $H_2$ 的转化，可以增加还原气体中有效成分，提高反应效率。

#### 3.4.1.5 $CH_4$ 含量对还原过程的影响

焦炉煤气零重整竖炉氢冶金工艺最大的特点是未设置炉外重整设备，因此入炉的工艺气含有 10%~20% 的甲烷，铁矿石的实际还原过程可以认为是体系中 $H_2$、CO 和 $CH_4$ 综合作用的结果。为了进一步了解 $CH_4$ 在还原过程中的作用，计算了还原气体中 $CH_4$ 含量为 4%，在不同温度条件下的平衡物相组分，如图 3-29 所示。对比图 3-29 和图 3-27（$CH_4$ 含量为 10%）可知，还原气体在不同 $CH_4$ 含量下，温度对平衡组分的影响规律基本一致，但体系中不同温度下铁氧化物含量有所不同。其中，两种 $CH_4$ 含量下铁氧化物变化的对比如图 3-30 所示。

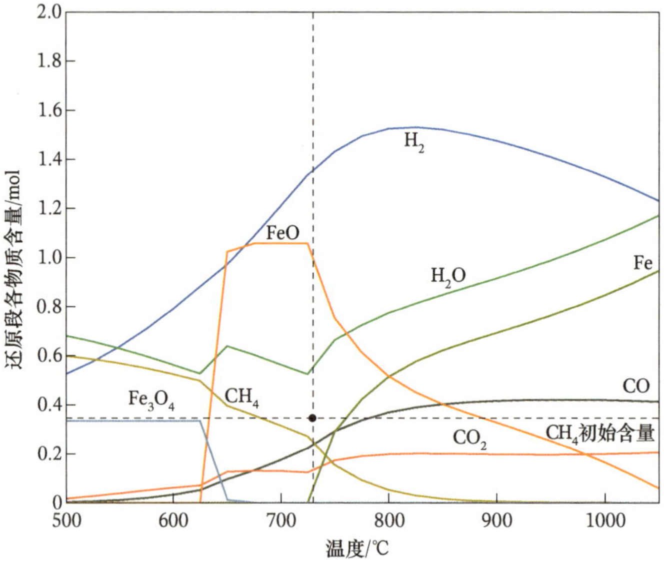


图 3-29 温度与还原过程平衡物相组成的关系（还原气体中 4%$CH_4$）

由图 3-30 可知，初始气中不同 $CH_4$ 含量对低温下铁氧化还原影响较小，主

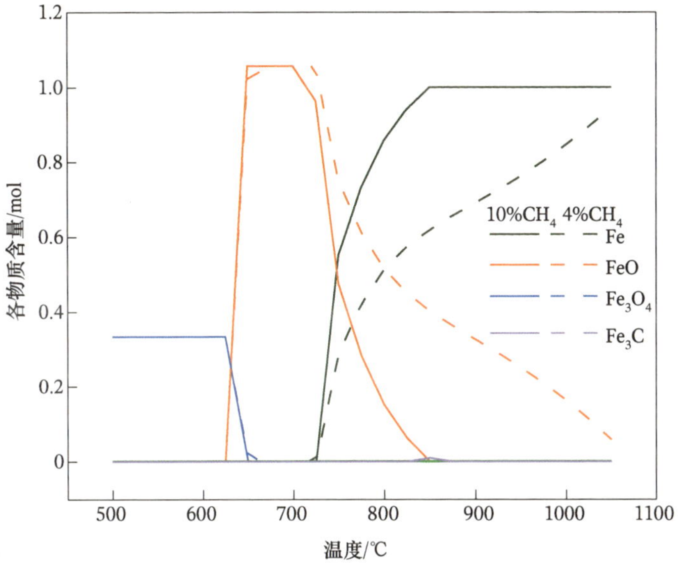


图 3-30 不同 $CH_4$ 含量对各温度下还原过程平衡组分中含铁物质的影响

要对 FeO 向 Fe 的转变过程产生影响。当 $CH_4$ 含量为 4%时，温度超过甲烷开始发生转化反应的温度点后，体系不同温度下 FeO 含量均明显升高，这是因为 $CH_4$ 含量的降低使得体系中重整转化出的 CO 和 $H_2$ 总量较少，从而使 FeO 被还原的量降低。而 $CH_4$ 较高时，高温条件下 $CH_4$ 原位重整还原气体总量增大。

3.4.1.6 压力对反应过程影响

焦炉煤气零重整竖炉氢冶金工艺相炉内压力较高，实际生产中炉内压力在 810 kPa 左右。为分析气体压力影响，分别取 101 kPa、506 kPa、810 kPa 对不同温度下的气体转化及铁氧化物还原过程进行计算，结果如图 3-31 所示。由图 3-31 可知，压强增大，不利于 $CH_4$ 转化反应发生，气相中 $H_2$、CO 摩尔量减少，$Fe_3O_4$、FeO 被还原的温度升高，这说明压强增大不利于铁氧化物的还原。随着压强增大，C/$Fe_3C$ 明显减少，且存在的温度区间缩小。在 101 kPa 条件下，500~600 ℃范围内体系中存在固体碳，随着温度升高，DRI 开始出现渗碳，主要在 550~750 ℃区间，且在 700 ℃达到最大值 0.23 mol。随着压强增加，固体碳消失，仅在 650~750 ℃范围内存在 $Fe_3C$，在压强为 506 kPa、810 kPa 条件下，700 ℃时渗碳量分别为 0.10 mol、0.02 mol。因此，可以通过改变炉内压强达到控制 DRI 渗碳量的目的。

### 3.4.2 碳氢还原反应动力学

对不同气氛下铁氧化物的还原过程进行动力学研究，是深入了解其反应机理

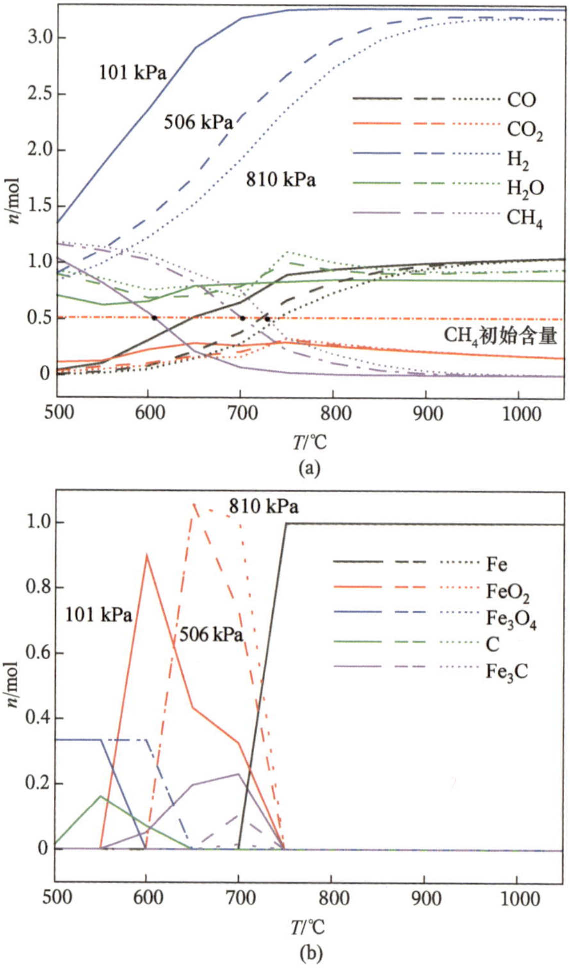


图 3-31 气体压强对铁氧化物还原过程各物质含量的影响

（a）气体转化情况；（b）固体产物变化及渗碳情况

的主要途径和方法。前人已经对单一 CO 和 $H_2$ 气氛下铁矿粉还原过程的动力学反应机理进行了研究。研究表明，铁矿粉分别在 CO 和 $H_2$ 气氛的还原过程具有一致性，即遵循铁氧化物逐级还原的原则。陈庚[20]利用热重分析仪研究了单一 CO 和 $H_2$ 气氛下铁矿粉的反应机理，结果认为：当 $H_2$ 体积分数为 25%～100%、反应温度 400～550 ℃时，$Fe_2O_3$ 向 $Fe_3O_4$ 的转化过程遵守化学反应模型，$Fe_3O_4$ 向 Fe 的转化过程遵守三维扩散模型；当反应温度为 600～750 ℃时，$Fe_2O_3$ 向 $Fe_3O_4$ 的转化过程遵守化学反应模型，$Fe_3O_4$ 向 FeO 的转化过程遵守成核和随后生长模型，FeO 向 Fe 的转化过程遵守三维扩散模型。当 CO 体积分数为 25%～75%、700～850 ℃时铁矿粉的还原机理和 600～750 ℃时 $H_2$ 条件下的还原机理类似，但是两种气氛下不同阶段的反应级数不同。并且还研究了铁矿粉在 CO、$H_2$ 和 $CH_4$ 混合气氛下的还原机理，结果认为：在总流量 40 mL/min、700～850 ℃内，氧化铁的还原也分为三个阶段，前两个阶段和上述单一 CO、$H_2$ 气氛下还原的动力学规律一致，但第三阶段 FeO 向 Fe 的转化过程属于二维扩散模型。

对于焦炉煤气零重整竖炉氢冶金工艺，入炉的工艺气中除了 CO 和 $H_2$ 还原剂，还有 10%左右的 $CH_4$，上述热力学分析表明 $CH_4$ 在还原过程中的反应较为复杂，因此，本节重点研究 $CH_4$ 对球团矿失重率的影响及其动力学机理。

3.4.2.1 竖炉氢冶金非等温还原动力学

A 气体流量对球团矿非等温还原过程的影响

模拟竖炉氢冶金气氛条件，按照还原气体中各组分间的比例关系 $\varphi(H_2)$ ∶ $\varphi(CO)$ ∶ $\varphi(N_2)$ = 5 ∶ 1 ∶ 4 配制混合还原气体，还原气体总流量分别为 3 L/min、6 L/min 和 10 L/min。升温速率为 8 ℃/min，升温过程中炉内持续通入氮气进行保护，当炉温升至 500 ℃后，恒温 5 min，然后将 $N_2$ 切换为 CO、$N_2$ 和 $H_2$ 混合还原气体，开始发生还原反应，直到球团矿样品温度升至 1000 ℃时还原实验结束，并将还原气体切换成 $N_2$ 后开始降温，室温下取出样品送至化学分析。实验过程中利用电子天平连续测量并记录球团矿的质量损失情况，计算机每隔 5 s 记录一次样品质量数据。实验得到不同还原气体流量下球团矿样品的失重率和还原度曲线，如图 3-32 所示。

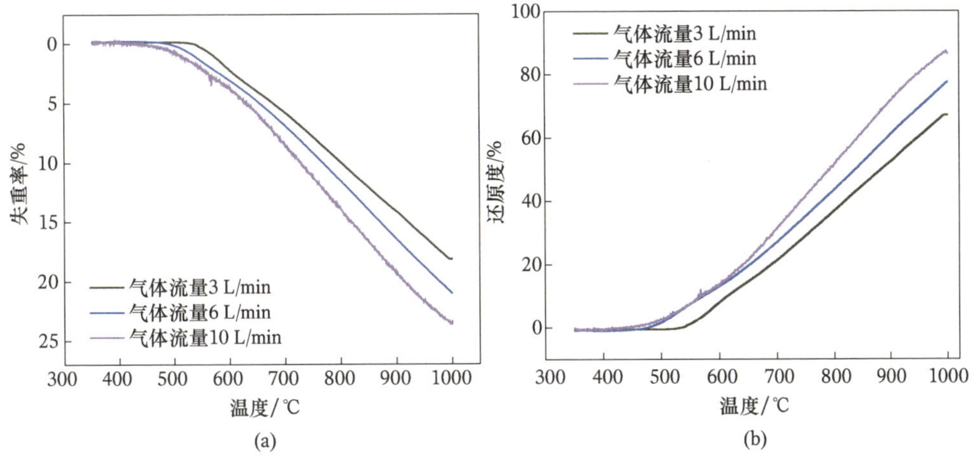


图 3-32 不同还原气体流量下球团矿的失重率和还原度随温度的变化

(a) 还原失重；(b) 还原度

由图 3-32 可知，当还原气体流量一定时，随着还原温度的升高，球团矿的失重率增加，还原度升高。在一定温度下，气体流量由 3 L/min 提高到 10 L/min 的过程中，球团矿的失重率均呈下降趋势，还原度均呈上升趋势。当流量为

10 L/min 时还原度可以达到 90%，这说明随着还原气体流量提高，球团矿的还原加快。

B 升温速率和 $CH_4$ 含量对还原过程的影响

以 $\varphi(H_2):\varphi(CO):\varphi(N_2):\varphi(CH_4)=5:1:4:0$ 还原气氛为基础，分别增加 10%、20% $CH_4$ 含量，降低相应比例的 $N_2$，分别在 4 ℃/min、8 ℃/min 和 12 ℃/min 的升温速率下进行还原实验。得到不同升温速率下 $CH_4$ 含量对球团矿还原度的影响，实验结果如图 3-33 所示。

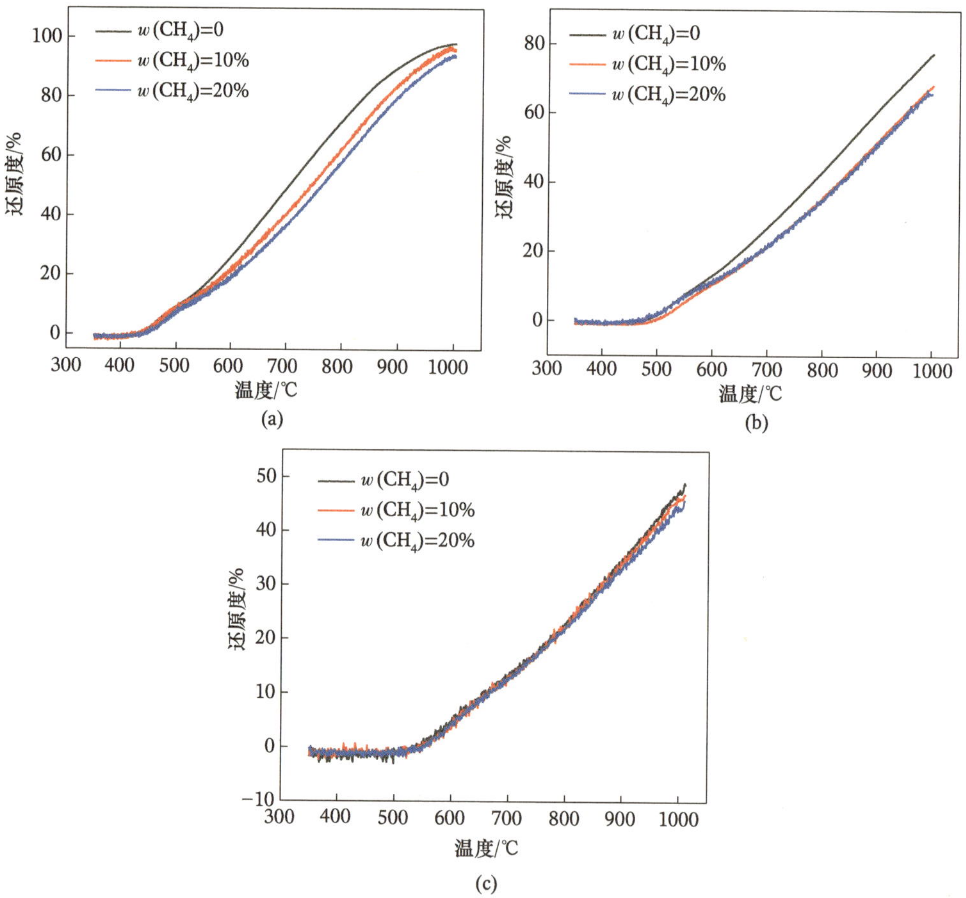


图 3-33 不同升温速率下 $CH_4$ 含量对球团矿还原度的影响

(a) 升温速率 4 ℃/min；(b) 升温速率 8 ℃/min；(c) 升温速率 12 ℃/min

由图 3-33 可知，当升温速率为 4 ℃/min 和 8 ℃/min 时，增加 $CH_4$ 含量，还原度曲线呈下移趋势，即增加 $CH_4$ 含量，导致球团矿还原度降低，而在流量为 12 ℃/min 对还原度的影响不明显。

C 非等温还原动力学分析

对不同温度下的还原度进行求导，得到还原速率随温度的变化关系。对于非等温还原过程中，球团矿还原的动力学表达式为[21]：

$$v=\frac{\mathrm{d}\alpha}{\mathrm{d}t}=k(T)f(\alpha) \tag{3-44}$$

式中 $\alpha$——还原度，%；

$\frac{\mathrm{d}\alpha}{\mathrm{d}t}$——还原速率，%/s；

$t$——反应时间，s；

$T$——反应温度，℃；

$k(T)$——反应速率常数的温度关系式；

$f(\alpha)$——还原反应和机理函数。

式（3-44）中，$k(T)$ 一般用阿伦尼乌斯（Arrhenius）公式表达：

$$k(T)=A\exp\left(\frac{-E_a}{RT}\right) \tag{3-45}$$

式中 $A$——反应指前因子；

$E_a$——活化能，kJ/mol；

$R$——气体常数；

$T$——反应温度，℃。

已知升温速率 $\beta=\frac{\mathrm{d}T}{\mathrm{d}t}$，代入式（3-44）可得：

$$v=\frac{\mathrm{d}\alpha}{\mathrm{d}t}=\beta\frac{\mathrm{d}\alpha}{\mathrm{d}T}=\frac{A}{\beta}\exp\left(\frac{-E_a}{RT}\right)f(\alpha) \tag{3-46}$$

将式（3-46）两边变形同时积分得：

$$G(\alpha)=\int_0^{\alpha}\frac{1}{\beta}\cdot\frac{\mathrm{d}\alpha}{f(\alpha)}=\int_0^{T}\frac{1}{\beta}A\exp\left(\frac{-E_a}{RT}\right)\mathrm{d}T=\frac{A}{\beta}\int_0^{T}\exp\left(\frac{-E_a}{RT}\right)\mathrm{d}T \tag{3-47}$$

式（3-47）中对活化能 $E_a$ 的计算，可以用不同的方法进行求解，例如可以采用非模型法（Kissinger-Akahira-Sunose 法[22] 和 Flynn-Wall-Ozawa 法[23]）计算，也可以采用模型拟合法（Coats-Redfern 法[24]）等进行求解。对于富氢条件下球团矿的非等温还原过程，使用 Coats-Redfern 法计算最大可能的机理函数 $G(\alpha)$，其表达式为 $\ln(G(\alpha)/T^2)=\ln[AR/(\beta E_a)]-E_a/RT$。利用 $\ln(G(\alpha)/T^2)$ 和 $1/T$ 作图，通过比较各拟合直线的拟合度确定最可能的机理函数，将线性关系中拟合度最大的函数认为是反应的机理函数。表 3-9 列出了还原过程常见的机理函数积分公式 $G(\alpha)$[25]。这里将其分为 Mampel 幂函数模式、几何相关模式、Avrami-Erofeev 模式、扩散模式和反应级数模式五类[26,27]，每类中又根据方程特征数取值不一样，分出多种次级模型，以在表达字母后附加一个数字的形式进行标记，分别以首字母 P、R、A、D 和 F 进行标记。

表 3-9　常用固相动力学机理函数

| 编号 | 反应模型 | $G(\alpha)$ |
| --- | --- | --- |
| P4 | Mampel 幂函数法则，$n=4$ | $\alpha^{1/4}$ |
| P3 | Mampel 幂函数法则，$n=3$ | $\alpha^{1/3}$ |
| P2 | Mampel 幂函数法则，$n=2$ | $\alpha^{1/2}$ |
| P1 | Mampel 幂函数法则，$n=1$ | $\alpha$ |
| P3/2 | Mampel 幂函数法则，$n=3/2$ | $\alpha^{3/2}$ |
| R1 | 几何收缩模式（面积） | $1-(1-\alpha)^{1/2}$ |
| R2 | 几何收缩模式（体积） | $1-(1-\alpha)^{1/3}$ |
| A1 | Avrami-Erofeev 方程，$n=1$ | $-\ln(1-\alpha)$ |
| A2 | Avrami-Erofeev 方程，$n=2$ | $[-\ln(1-\alpha)]^{1/2}$ |
| A3 | Avrami-Erofeev 方程，$n=3$ | $[-\ln(1-\alpha)]^{1/3}$ |
| A4 | Avrami-Erofeev 方程，$n=4$ | $[-\ln(1-\alpha)]^{1/4}$ |
| A3/2 | Avrami-Erofeev 方程，$n=3/2$ | $[-\ln(1-\alpha)]^{2/3}$ |
| A1/4 | Avrami-Erofeev 方程，$n=1/4$ | $[-\ln(1-\alpha)]^{4}$ |
| A1/3 | Avrami-Erofeev 方程，$n=1/3$ | $[-\ln(1-\alpha)]^{3}$ |
| A1/2 | Avrami-Erofeev 方程，$n=1/2$ | $[-\ln(1-\alpha)]^{2}$ |
| D1 | 扩散模式，一维扩散 | $\alpha^2$ |
| D2 | 扩散模式，二维 Valensi 扩散 | $\alpha+(1-\alpha)\ln(1-\alpha)$ |
| D3 | 扩散模式，二维 Jander 扩散 | $[1-(1-\alpha)^{1/2}]^2$ |
| D4 | 扩散模式，三维 Anti-Jander 扩散 | $[(1+\alpha)^{1/3}-1]^2$ |
| D5 | 扩散模式，三维 Z-L-T 扩散 | $[(1-\alpha)^{-1/3}-1]^2$ |
| F1 | 反应级数模型，零级 | $\alpha$ |
| F2 | 反应级数模型，一级 | $-\ln(1-\alpha)$ |
| F3 | 反应级数模型，二级 | $(1-\alpha)^{-1}-1$ |
| F4 | 反应级数模型，三级 | $(1/2)(1-\alpha)^{-2}-1$ |

不同升温速率下球团矿的还原速率如图 3-34 所示。由图 3-34 可知，球团矿的还原动力学过程比较复杂，因为在富氢还原过程中还原速率均存在拐点，故该还原过程的动力学分析中采用分段分析方法进行，以还原速率拐点对应的还原度为分界点，将还原过程分成三个阶段，分别建立动力学模型。

以 8 ℃/min 的试验结果为例，进行非等温还原动力学分析。根据图 3-34，将 8 ℃/min 下的还原过程分为三个阶段：第一阶段 350~400 ℃，第二阶段 400~

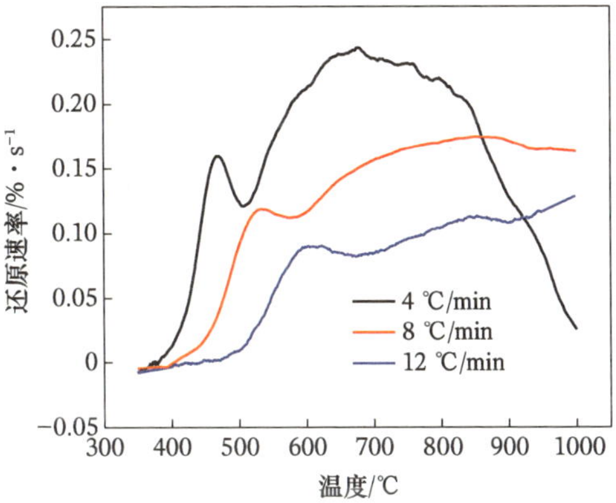


图 3-34 不同升温速率下球团矿的还原速率

560 ℃，第三阶段 560~1000 ℃。

将 8 ℃/min 下各阶段不同温度下对应的还原度 $\alpha$ 代入各机理函数中，绘制 $\ln(G(\alpha)/T^2)$-$1/T$ 关系曲线并进行线性拟合，得到的结果如图 3-35 所示。对比分析图 3-35 中各机理函数对应的拟合度，得到不同阶段下最可能的机理函数及相应的活化能、指前因子见表 3-10。

**表 3-10 8 ℃/min 下还原不同阶段动力学模型及特征参数**

| 温度区间 $T$/℃ | 符合模型 | 活化能 $E_a$/kJ·mol$^{-1}$ | 指前因子 $A$ | 相关系数 $R$ |
|---|---|---|---|---|
| 350~400 | A1 | 33.233 | $8.243\times10^{13}$ | 0.9848 |
| | A2 | 27.105 | $9.473\times10^{12}$ | 0.9869 |
| 400~560 | A3 | 183.581 | $4.0791\times10^{11}$ | 0.99568 |
| | A4 | 375.942 | $8.5667\times10^{25}$ | 0.99587 |
| 560~1000 | A3/2 | 66.136 | $5.512\times10^{7}$ | 0.99951 |
| | A1/4 | 147.266 | $1.269\times10^{6}$ | 0.99961 |
| | A1/3 | 106.701 | $2.933\times10^{5}$ | 0.99959 |
| | A1/2 | 66.136 | $1.861\times10^{7}$ | 0.99951 |

由此可见，焦炉煤气零重整竖炉氢冶金工艺不同还原气体参数下球团矿的非等温动力学过程比较复杂。

#### 3.4.2.2 竖炉氢冶金等温还原动力学

A 气体流量对还原反应的影响

以 $\varphi(H_2):\varphi(CO):\varphi(N_2)=5:1:4$ 为还原气体配比，分别选取 6 L/min、9 L/min 和 12 L/min 的气体流量，在 1000 ℃下进行恒温还原实验。还原反应开始前，先利用 $N_2$ 排除恒温区内的氧气。随后，将装有球团矿的吊篮放入炉中，

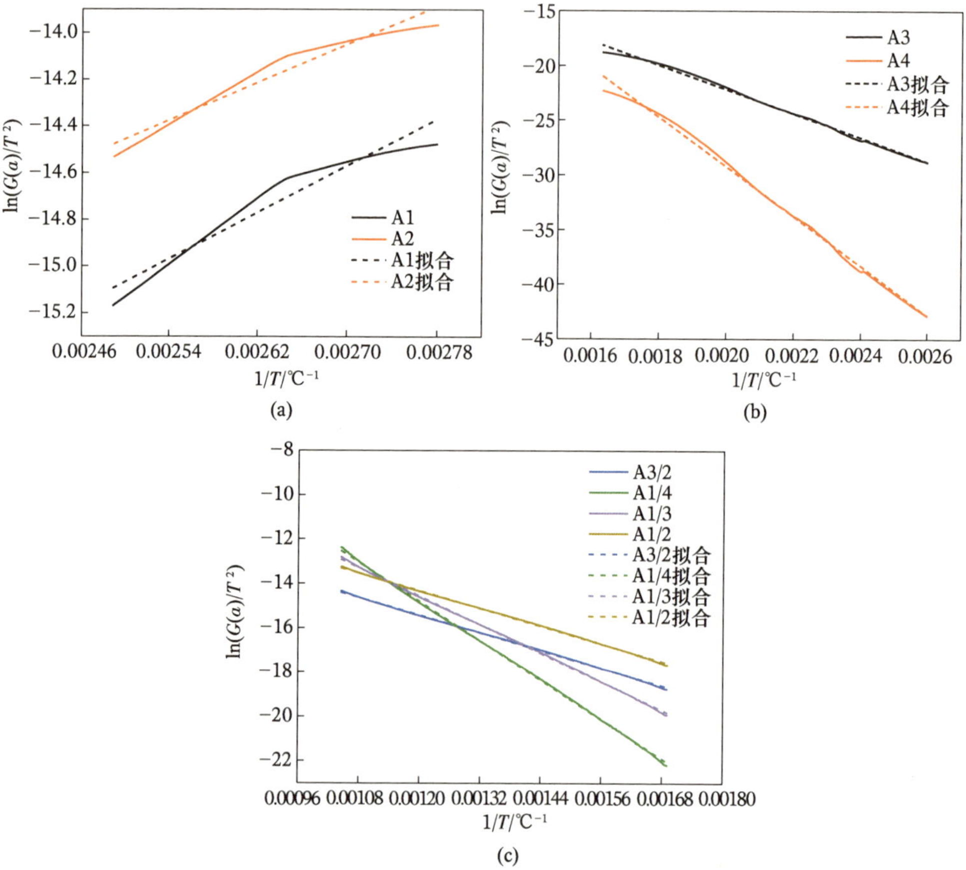


图 3-35 升温速率 8 ℃/min 下还原不同阶段 $\ln(G(\alpha)/T^2)$ 与 $1/T$ 图

（a）第一阶段；（b）第二阶段；（c）第三阶段

并将 $N_2$ 切换为一定流量的 $H_2$、$N_2$ 和 CO 混合性还原气体，等气流稳定后开始计时，还原实验结束后，通过 $N_2$ 保护并降温。利用电子天平连续记录样品失重情况并采集实时数据，计算还原后样品的失重率、还原度，如图 3-36 所示。

由图 3-36 可知，流量为 6 L/min 的还原度和失重率都相对较低，而流量 9 L/min 和 12 L/min 还原度和失重率较高且相差不大，当气体流量超过 9 L/min 略有下降趋势。因此，为了使球团矿充分还原，后续实验的还原气体流量选择 10 L/min。

B 等温还原过程动力学分析

球团矿与还原气体的还原过程属于典型的未反应收缩核模型理论[28]，如图 3-37 所示。

还原过程分为以下几个环节：

（1）气体穿过球团矿表面的气相边界层，向内扩散到球团矿的表面；

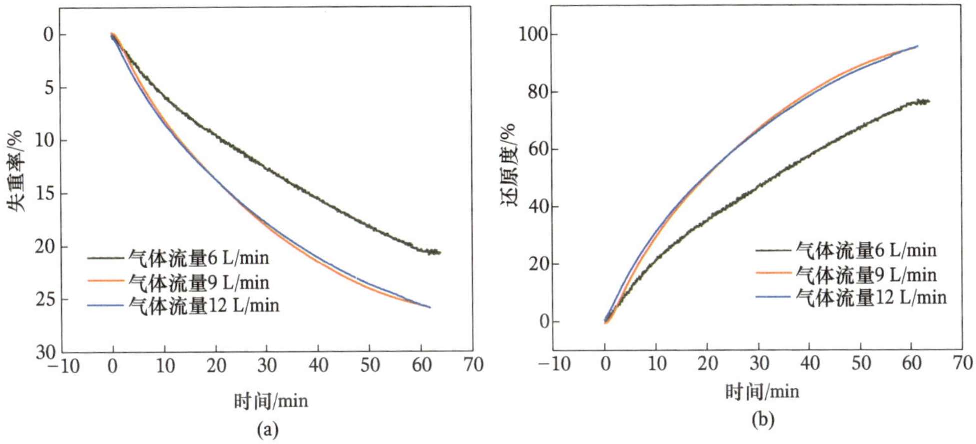


图 3-36 不同流量样品的失重率和还原度随时间的变化

（a）失重率；（b）还原度

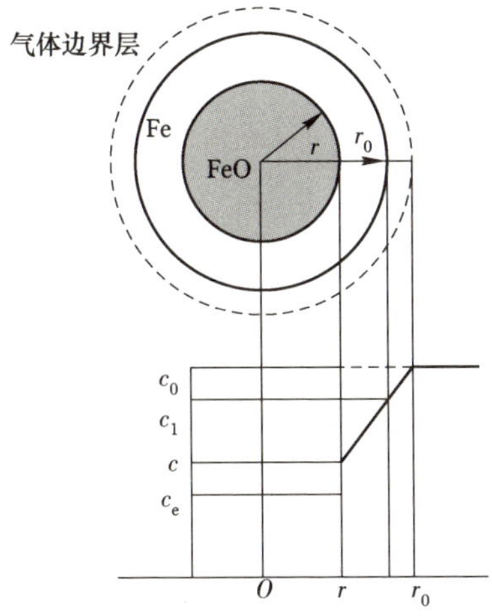


图 3-37 球团矿还原过程的未反应收缩核模型示意图

(2) 气体穿过球团矿表面的固体产物层，向内扩散到未反应的固相物质界面；

(3) 气体与固相氧化物的界面反应，包括气体在相界面上的吸附、脱附，界面化学反应和新相晶格的重建；

(4) 气体产物穿过固相产物层，向外扩散到球团矿的表面；

(5) 气体产物穿过球团矿表面的气相边界层，向外扩散到气相主流中。

其中，球团矿还原过程中反应阻力由外扩散阻力、界面反应阻力以及内扩散阻力构成[29-31]，还原过程的动力学方程表达式为：

$$\frac{X}{3\beta_g}+\frac{r_0}{6D_e}[1-3(1-X)^{2/3}+2(1-X)]+\frac{1}{k_+}[1-(1-X)^{1/3}]=\frac{c-c_e}{r_0\cdot\rho_C}\cdot t \tag{3-48}$$

式中 $r_0$——试样原始半径，m；

$c$——反应界面上的反应气体浓度，mol/m$^3$；

$\beta_g$——气相边界层内的传质系数，m/s；

$X$——转化率，此外为球团矿的还原度；

$D_e$——气体有效扩散系数，m$^2$/s；

$k_+$——正反应速率常数，m/s；

$c_e$——反应达到平衡时反应气体的浓度，mol/m$^3$；

$\rho_C$——球团矿的氧摩尔密度，mol/m$^3$。

实验过程中气体的外扩散条件较好，可忽略外扩散阻力。内扩散限制和界面反应限制方程如下：

$$t_i=\frac{r_0^2\rho_C}{6D_e(c-c_e)}[1-3(1-X)^{2/3}+2(1-X)] \tag{3-49}$$

$$t_c=\frac{\rho_C r_0}{k_+(c-c_e)}[1-(1-X)^{1/3}] \tag{3-50}$$

分别做 $t$-$[1-(1-X)^{1/3}]$、$t$-$[1-3(1-X)^{2/3}+2(1-X)]$ 的线性拟合直线，认为拟合度较高的即为反应的限制性环节。

目前，张宣科技氢冶金工艺气中 $CH_4$ 含量最高不超过 20%，在固定还原气体流量为 10 L/min、$\varphi(H_2):\varphi(CO):\varphi(CH_4):\varphi(N_2)=5:1:2:2$ 条件下，950 ℃等温还原时间为 1 h，获得球团矿还原速率随时间的变化，如图 3-38 所示。

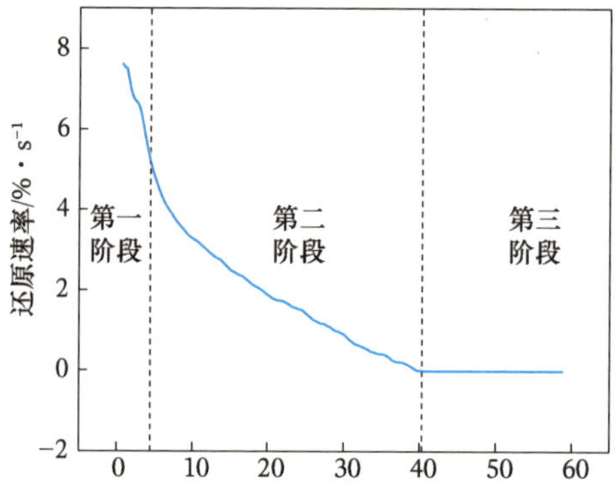


图 3-38 950 ℃球团矿还原速率随时间的变化

由图 3-38 可知，将实验条件下球团矿的还原过程分成三个阶段，即 0~4 min、

4~42 min 和 42~60 min，分别将不同时间 $t$ 下的还原度 $X$ 按上述方法进行计算并作图，结果如图 3-39 所示。

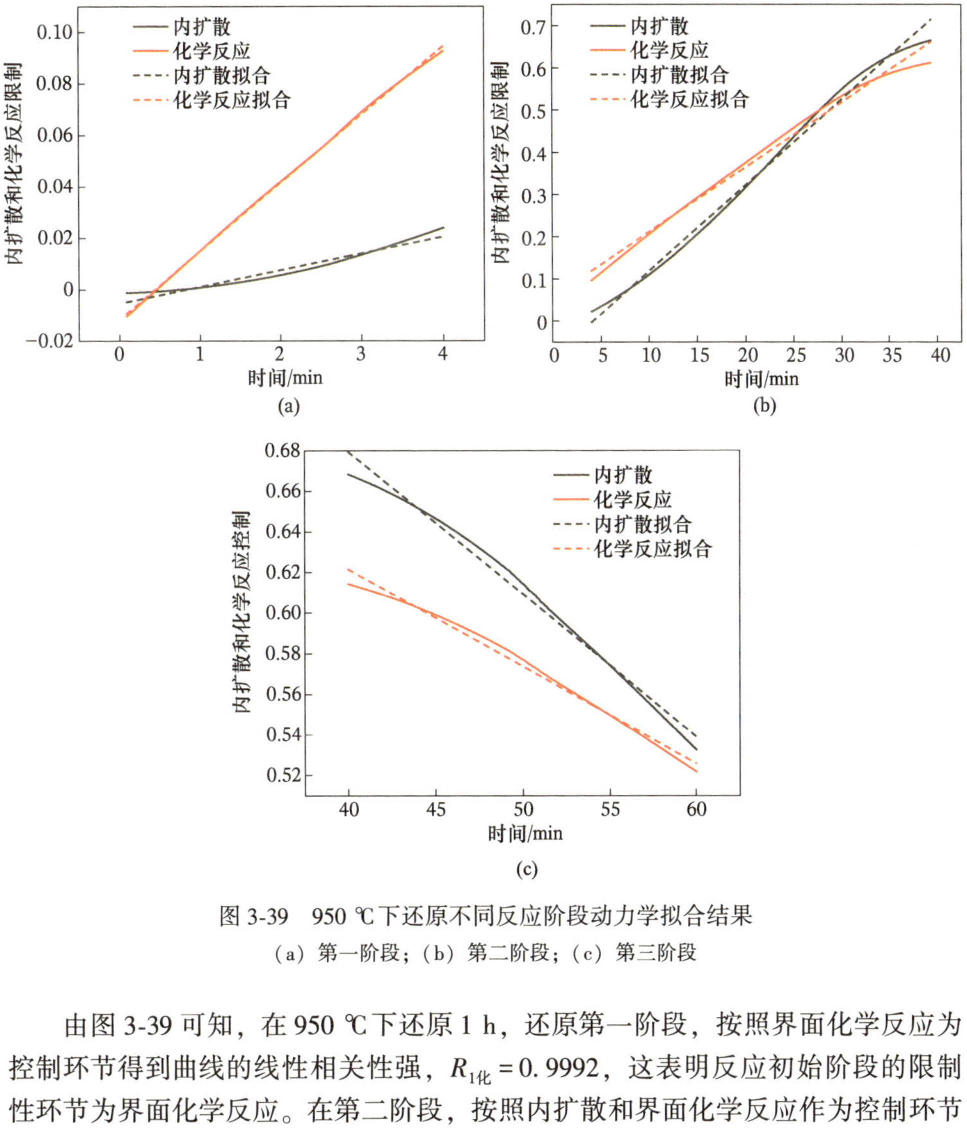


图 3-39 950 ℃下还原不同反应阶段动力学拟合结果

(a) 第一阶段；(b) 第二阶段；(c) 第三阶段

由图 3-39 可知，在 950 ℃下还原 1 h，还原第一阶段，按照界面化学反应为控制环节得到曲线的线性相关性强，$R_{1化}=0.9992$，这表明反应初始阶段的限制性环节为界面化学反应。在第二阶段，按照内扩散和界面化学反应作为控制环节进行分析，两条曲线均未表现出良好的线性关系，$R_{2内}=0.9821$ 和 $R_{2化}=0.9862$，因此可以认为反应第二阶段不是单一的界面化学反应或内扩散对反应进行控速，而是界面化学反应和内扩散混合控速。在第三阶段，按照内扩散限制得到曲线的线性相关度较好，$R_{3内}=0.9943$，说明还原第三阶段受内扩散限制。

按照同样的方法，对还原温度 850 ℃下的等温还原数据进行分析，得到还原速率随时间的变化如图 3-40 所示。根据图 3-40 的还原速率变化，认为 850 ℃反应 1 h 的还原过程可以分为 2 个阶段，分别为 0~9 min 和 9~60 min，其相应阶段的动力学拟合结果如图 3-41 所示。

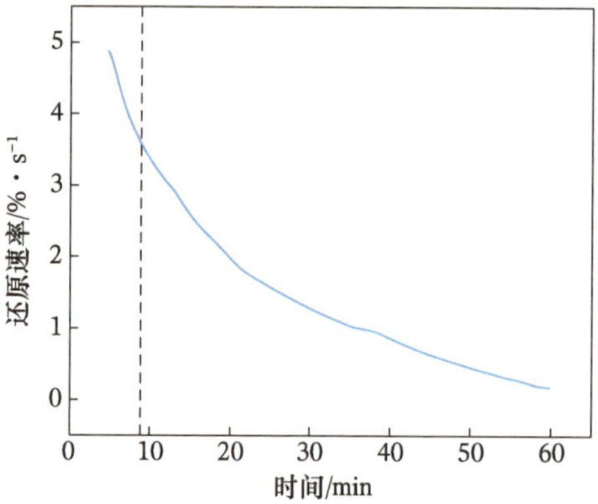


图 3-40 850 ℃球团矿还原速率随时间的变化

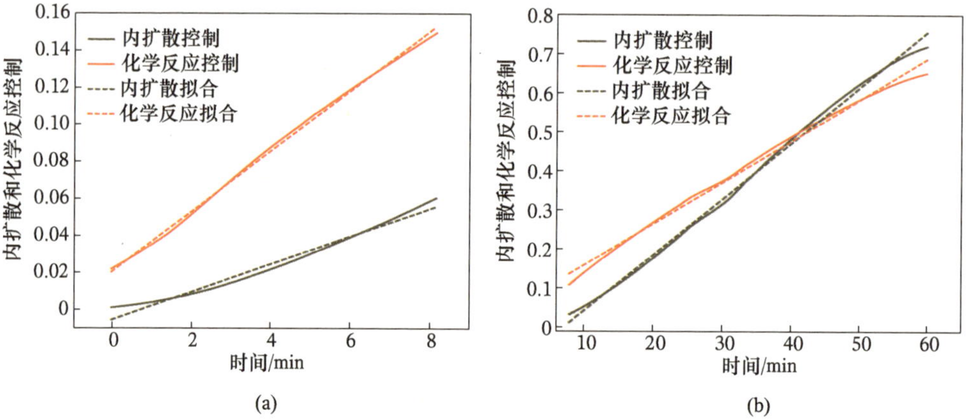


图 3-41 850 ℃下还原不同反应阶段动力学拟合结果

(a) 第一阶段；(b) 第二阶段

由图 3-41 可知，在 850 ℃下还原 1 h，还原第一阶段，按照界面化学反应为控制环节得到曲线的线性相关性强，$R_{1化}=0.9982$，这表明反应初始阶段的限制性环节为界面化学反应。在第二阶段，按照内扩散和界面化学反应作为控制环节进行分析，两条曲线均未表现出良好的线性关系，但 $R_{2内}=0.9821$ 和 $R_{2化}=0.9862$ 相差不大，这说明此阶段还原反应的控制性环节为界面化学反应和内扩散混合控制。

此外，对比图 3-39 和图 3-41 认为，对于球团矿的等温还原过程，在实验条件下，还原温度较低气体内扩散的影响微弱，而还原温度升高到 950 ℃后，在反应后期还原过程主要由内扩散限制。

### 3.4.3　工艺参数对氢基竖炉还原性能的影响

在热力学和动力学分析的基础上，进一步研究还原温度、气氛、脉石成分对氢基竖炉内球团矿还原性能的影响，主要包括还原性、还原膨胀率和还原黏结行为的变化特征。

3.4.3.1　温度和气氛的影响

还原温度和还原气氛对球团矿还原性的影响如图 3-42 所示。

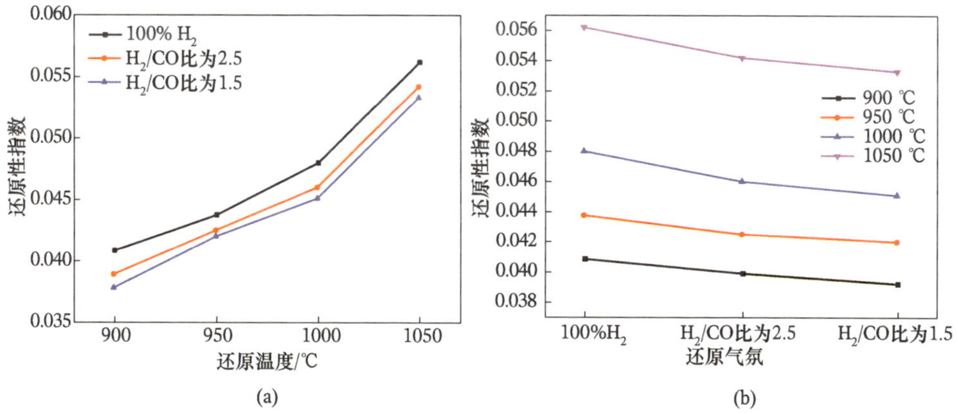


图 3-42　还原温度和还原气氛对球团矿还原性指数的影响

（a）还原温度；（b）还原气氛

由图 3-42（a）可知，在 900~1050 ℃范围内，相同还原气氛下，随还原温度升高，球团矿还原性指数呈现上升趋势，特别是由 1000 ℃升高至 1050 ℃时，还原性指数增大幅度相较其他阶段更加明显。在 100%$H_2$ 条件下，当温度由 900 ℃提高至 1050 ℃时，还原性指数由 0.041 逐渐升高至 0.056，提升了 37.54%。还原温度的升高，不仅改善了 $H_2$ 还原的动力学条件，还可在一定程度上弥补因 $H_2$ 还原铁氧化物吸热导致的床层温度降低，从而保证了 $H_2$ 还原速率快、还原能力强的优势。由图 3-42（b）可知，相同还原温度下，随还原气体中 $H_2$ 含量提高，球团矿还原性指数呈现上升趋势。在 900 ℃下，100%$H_2$ 与 $H_2$/CO 比为 1.5 的条件下还原性指数分别为 0.041 和 0.039，还原性指数略微降低（降幅 3.99%）。在 1050 ℃下，两种球团矿的还原性指数分别为 0.056 与 0.053，降低了 5.16%。

还原温度和还原气氛对球团矿还原膨胀的影响如图 3-43 所示。由图 3-43（a）可知，在 900~1050 ℃范围内，相同还原气氛下，随还原温度升高，球团矿还原膨胀率逐渐增大，特别是由 1000 ℃升高至 1050 ℃时，还原膨胀率增大幅度相较其他阶段更加明显，这与对还原性的影响规律一致；而且，无论在何种气氛下，当还原温度低于 1000 ℃时，球团矿还原膨胀率均低于 15%，膨胀率较低，而继续升高至 1050 ℃时，100% $H_2$、$H_2$/CO 比为 2.5 和 $H_2$/CO 比为 1.5 三种还原气氛下的还原膨胀率分别达到 22.84%、24.38%和 25.82%，均大于 20%，属于恶性膨胀，此时无法满足实际生产需求。铁晶须生长、热应力、碳沉积、碱金属等是影响球团矿还原膨胀的主要因素，当球团矿在较低温度还原时，铁晶粒析出不仅速率慢而且析出量也相对较少，因此体积膨胀较小，升高温度，还原速率加快，铁晶粒生长加快，因而膨胀率增大。此外，在更高的还原温度下，球团矿内部的热应力也会相应增大，一定程度上加剧了膨胀。

由图 3-43（b）可知，相同还原温度下，随还原气体中 $H_2$ 含量提高，球团矿还原膨胀率逐渐降低。在还原过程中，新生金属铁的析出形态对球团矿结构有重要的影响，根据相关研究成果均发现，还原气氛中 $H_2$ 含量越高，新生的金属铁析出速率快，在早期形成的晶核周围快速聚集长大，趋向于以层状生长，对于结构的破坏更小，宏观上表现为球团矿还原膨胀率较小。

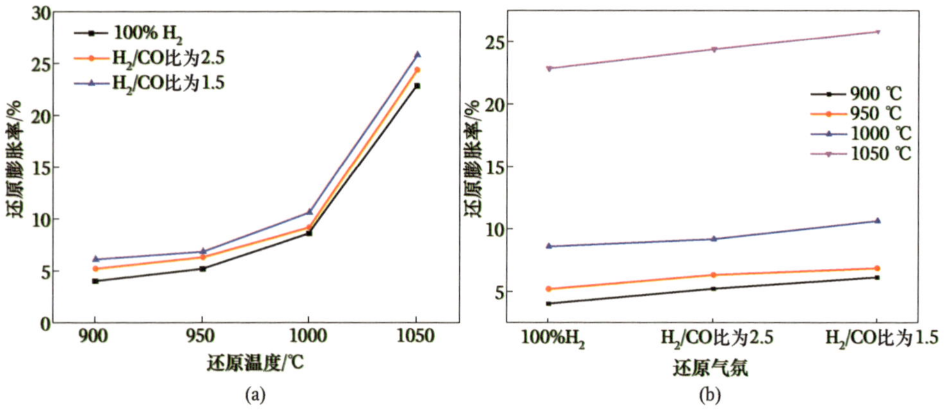


图 3-43 还原温度和还原气氛对球团矿还原膨胀的影响

（a）还原温度；（b）还原气氛

还原温度和还原气氛对球团矿还原黏结的影响如图 3-44 所示。由图 3-44（a）可知，在 900~1050 ℃范围内，相同还原气氛下，随还原温度升高，球团矿的还原黏结指数逐渐增大；100%$H_2$ 条件下，当还原温度由 900 ℃升高至 1050 ℃时，还原黏结指数由 12.88%急剧增加至 96.42%；无论何种还原气氛，当温度超过 1000 ℃时，还原黏结指数均已超过 60%。由图 3-44（b）可知，增加还原气氛中 $H_2$ 含量可一定程度上降低还原黏结指数。实际生产中，球团矿表层往往会喷涂一层浓度为 20%左右的水泥浆，在皮带运输机上边运行边干燥，进入炉内后水泥薄膜可减少还原过程中球团矿新生金属铁的接触与勾连，从而达到降低还原黏结指数的目的。

综上分析可知，提高还原气体中 $H_2$ 含量，不仅可以提高还原速率，获得更

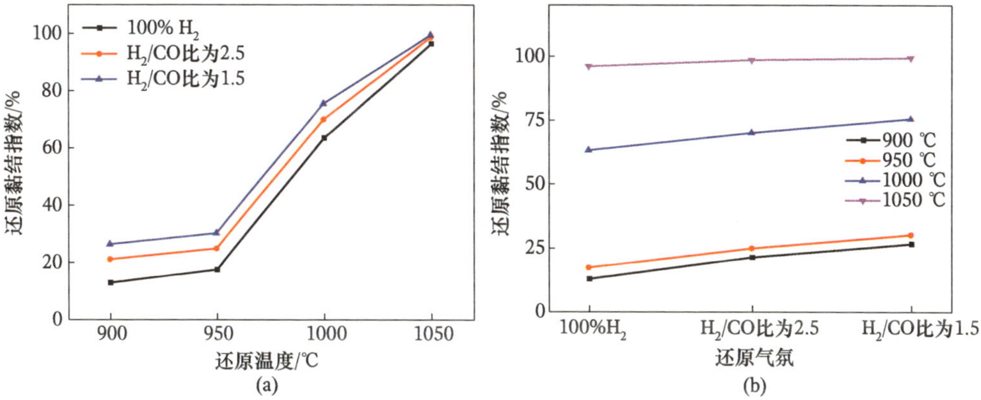


图 3-44 还原温度和还原气氛对球团矿还原黏结的影响

（a）还原温度；（b）还原气氛

高的金属化率，同时，还可以改善球团矿的还原膨胀和黏结行为，有利于氢基竖炉的生产顺行。升高还原温度，同样可提高还原速率以及金属化率，但会造成还原膨胀率与还原黏结指数的增大，还原黏结指数在实际生产中可通过喷涂水泥浆的手段来降低。因此，在焦炉煤气零重整竖炉氢冶金实际生产中，应在还原膨胀率允许的范围内，尽量升高还原温度，以提高生产效率和产品金属化率。

3.4.3.2 球团矿中 $SiO_2$ 质量分数的影响

不同 $SiO_2$ 质量分数球团矿在氢基竖炉还原条件下的还原率曲线如图 3-45 所示。由图 3-45 可知，随着 $SiO_2$ 质量分数的提高，球团矿的还原率呈升高的趋势。当 $SiO_2$ 质量分数为 1.5%时，球团矿的还原率最低；当 $SiO_2$ 质量分数为 3.0%~4.5%时，球团矿的还原率相差很小；当球团矿 $SiO_2$ 质量分数为 6.0%~7.5%时，球团矿的还原率最高且相差不大。

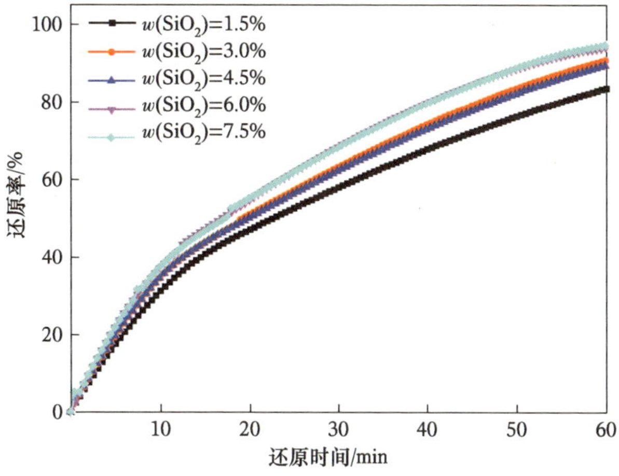


图 3-45 不同 $SiO_2$ 质量分数球团矿在氢基竖炉的还原率曲线

$SiO_2$ 质量分数对球团矿还原膨胀性能的影响如图 3-46 所示。由图 3-46 可知，随着球团矿中 $SiO_2$ 质量分数的增加，球团矿还原膨胀率呈降低趋势，球团矿 $SiO_2$ 质量分数大于 3%时，球团矿还原膨胀率小于 15%；球团矿中 $SiO_2$ 质量分数为 7.5%时，还原膨胀率最低，仅为 3.89%。添加 1.5% $SiO_2$ 的球团矿还原膨胀率达到 21.98%，膨胀率高，不满足球团矿氢基竖炉还原对还原膨胀率的要求。随着 $SiO_2$ 质量分数的增加，在 3%时球团矿还原膨胀率大幅降低，降低至 13.35%，属于正常膨胀。$SiO_2$ 质量分数在达到 7.5%时，球团矿还原膨胀率达到最低，仅有 3.89%左右。由于 $Fe_2O_3$ 与 $SiO_2$ 之间可以形成良好的固溶体，在还原过程中球团矿内部的晶体结构较为稳定，所以适量的 $SiO_2$ 有利于提高球团矿强度，改善了球团矿还原膨胀。

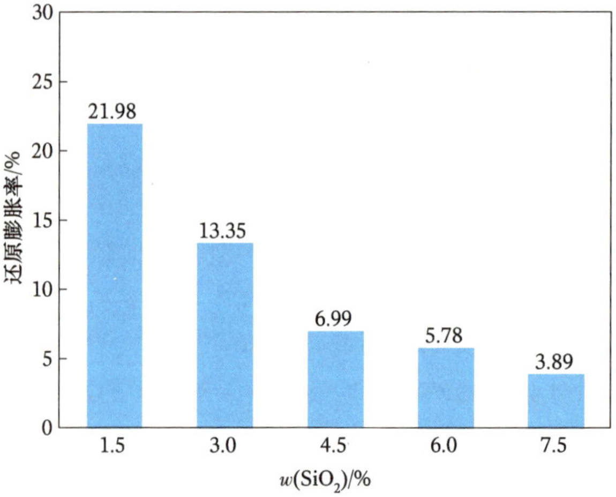


图 3-46　$SiO_2$ 质量分数对球团矿还原膨胀性能的影响

### 3.4.3.3　球团矿中 $Al_2O_3$ 质量分数的影响

图 3-47 为不同 $Al_2O_3$ 质量分数球团矿在氢基竖炉还原条件下的还原率曲线。由图 3-47 可知，随着球团矿中 $Al_2O_3$ 质量分数的提高，球团矿的还原率呈升高的趋势。当 $Al_2O_3$ 质量分数为 0.5%时，球团矿的还原率最低；当 $Al_2O_3$ 质量分数为 1.0%~2.0%时，随着球团矿中 $Al_2O_3$ 质量分数的增加，球团矿的还原率略微增大。当球团矿中 $Al_2O_3$ 质量分数为 2.5%时，球团矿的还原率达到最大。

$Al_2O_3$ 质量分数对球团矿还原膨胀性能的影响如图 3-48 所示。由图 3-48 可知，随着 $Al_2O_3$ 质量分数的升高，球团矿还原膨胀性能先升高后降低。当球团矿中 $Al_2O_3$ 质量分数为 0.5%时，还原膨胀率最低，为 13.99%；当球团矿中 $Al_2O_3$ 质量分数为 1.5%时，还原膨胀率最高，为 21.98%。因此，$Al_2O_3$ 质量分数对于球团矿的还原膨胀率有较大的影响，为了氢基竖炉生产顺行，应尽量控制 $Al_2O_3$ 质量分数在合理的范围内。

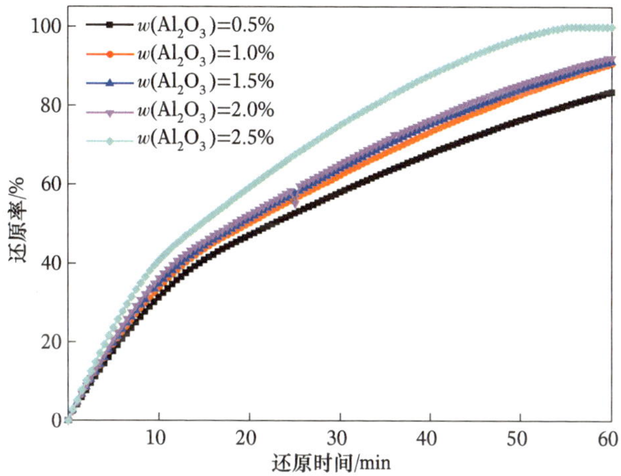


图 3-47　不同 $Al_2O_3$ 质量分数球团矿在氢基竖炉还原条件下的还原率曲线

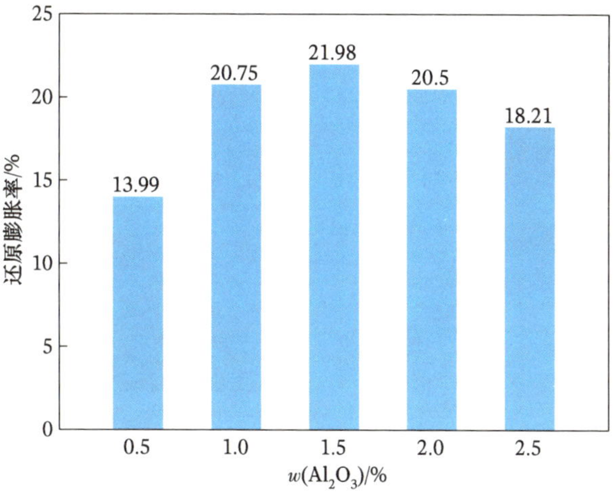


图 3-48　$Al_2O_3$ 质量分数对球团矿还原膨胀性能的影响

## 3.5 DRI 渗碳机理

焦炉煤气零重整竖炉氢冶金工艺的直接还原铁产品（DRI）的碳含量是其质量的重要指标，对还原后的 DRI 进行渗碳不仅是为了达到电炉炼钢的要求，更重要的是降低还原后海绵铁的活性，对 DRI 的安全储运具有重要意义，因此有必要对其进行深入分析。焦炉煤气零重整竖炉氢冶金工艺 DRI 内碳元素来源于气相含碳物质，DRI 的渗碳包括气体析碳和金属渗碳两个步骤，以下分别进行论述。

### 3.5.1 C-H-O 体系气体析碳量的控制

在氢基竖炉内气体析碳是 DRI 渗碳的基础，实际生产中主要是通过控制 C-H-O 体系气体的析碳反应来控制 DRI 内的碳含量。以张宣科技氢冶金气体成分为例，通过调整加湿比（$H_2O$ 加入量）、$CO_2$ 加入量及 $O_2$ 加入量，分析 C-H-O 体系析碳量的变化，并建立加湿比（$H_2O$ 加入量）、$CO_2$ 加入量及 $O_2$ 加入量与体系析碳量的关系，确定 C-H-O 体系析碳量调控方案。

（1）加湿比（$H_2O$ 加入量）的影响。通过调整加湿比实现 DRI 渗碳量控制是焦炉煤气零重整竖炉氢冶金的特点之一，水蒸气在影响体系中气体组成的同时也对 $CH_4$ 裂解、CO 气化等析碳反应产生影响。在压力 101 kPa、温度 500~800 ℃ 条件下，分析 $H_2O$ 加入量对碳含量的影响如图 3-49 所示。由图 3-49 可知，在有 $CH_4$ 参与的 C-H-O 体系，随着 $H_2O$ 加入量增加，气体转化过程中析碳量减少，这表明增大加湿比可以有效控制 DRI 的渗碳量。

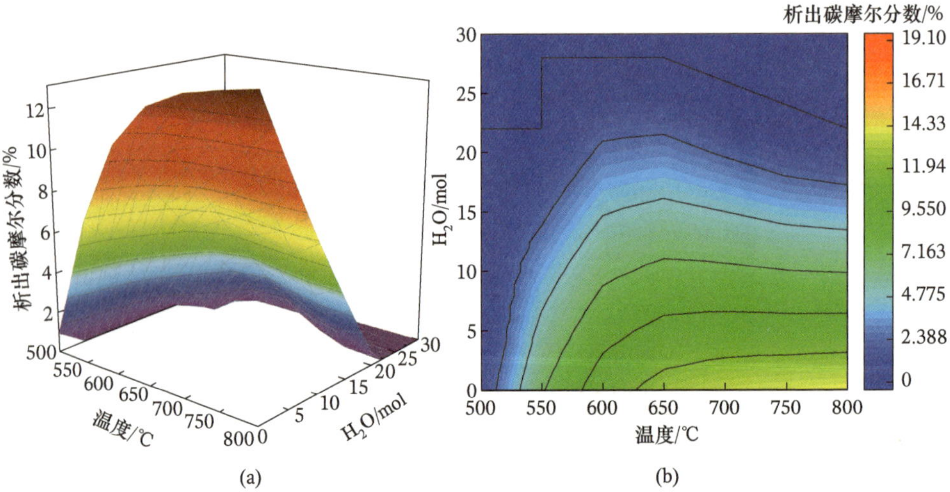


图 3-49 加湿比对 C-H-O 体系气体析碳量的影响

（a）3D 映射曲面图；（b）等高线图

（2）$CO_2$ 加入量的影响。固定体系压力为 101 kPa、在温度 500~800 ℃ 条件下，$CO_2$ 加入量对 C-H-O 体系析碳量的影响如图 3-50 所示。由图 3-50 可知，$CO_2$ 对析碳量的影响分为两段：在低温段（500~600 ℃），随着 $CO_2$ 含量增加，析碳量增加；在高温段（650~800 ℃），随着 $CO_2$ 含量增加，析碳量降低。

（3）$O_2$ 加入量的影响。同 $H_2O$、$CO_2$ 等气体组分相同，$O_2$ 加入量同样影响直接还原铁（DRI）中的渗碳量。设定体系压力为 101 kPa、在温度 500~800 ℃ 条件下，$O_2$ 加入量对 C-H-O 体系气体析碳量的影响如图 3-51 所示。由图 3-51 可

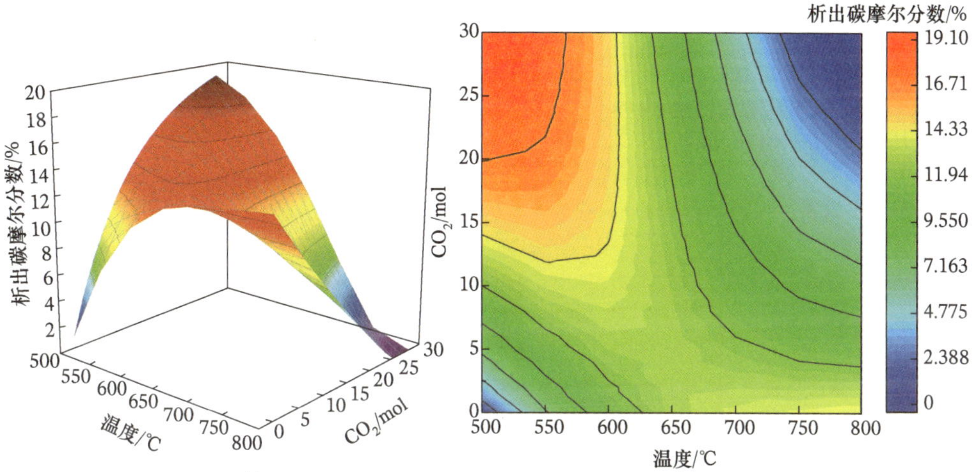


(a)　　(b)

图 3-50　$CO_2$ 加入量对 C-H-O 体系气体析碳量的影响

（a）3D 映射曲面图；（b）等高线图

知，$O_2$ 加入量对析碳量的变化关系与 $CO_2$ 类似，析碳量随着 $O_2$ 加入量增加呈现先增加后降低的变化趋势，且低温段和高温段随着温度升高，碳含量变化趋势相反。

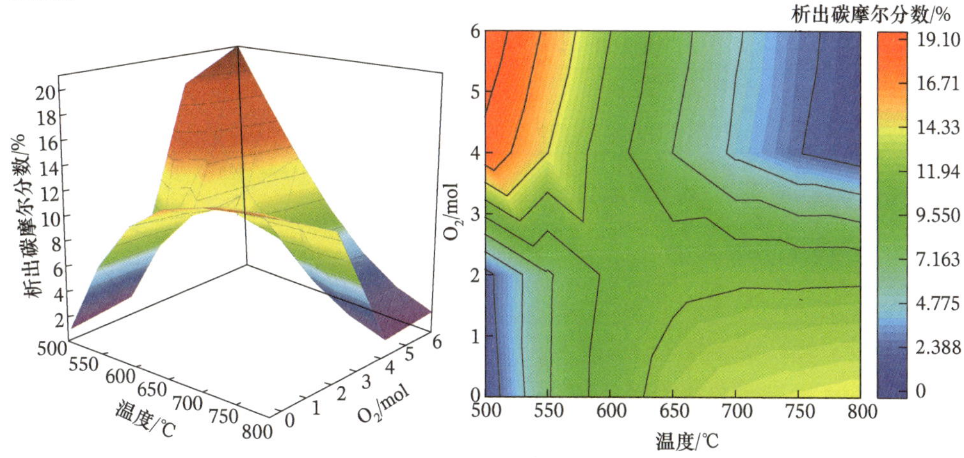


(a)　　(b)

图 3-51　$O_2$ 加入量对 C-H-O 体系气体析碳量的影响

（a）3D 映射曲面图；（b）等高线图

综上所述，在 101 kPa、温度为 500~800 ℃条件下，对不同加湿比、$CO_2$ 加入量和 $O_2$ 加入量与 C-H-O 体系析碳量的关系曲线进行线性拟合，确定 $H_2O$、$CO_2$、$O_2$ 加入量与析碳量的函数，结果如图 3-52 所示。由图 3-52 可知，$CO_2$、

$O_2$ 在析碳过程中分成两段：在 500～600 ℃时，随着加入量增加，析碳量增加；在 600～800 ℃时 $H_2O$ 加入量与析碳量的影响关系变化一致，随着加入量增加，析碳量降低，其函数表达式见表 3-11。通过表 3-11 可以对有 $CH_4$ 参与的 C-H-O 体系析碳量进行定量调控。

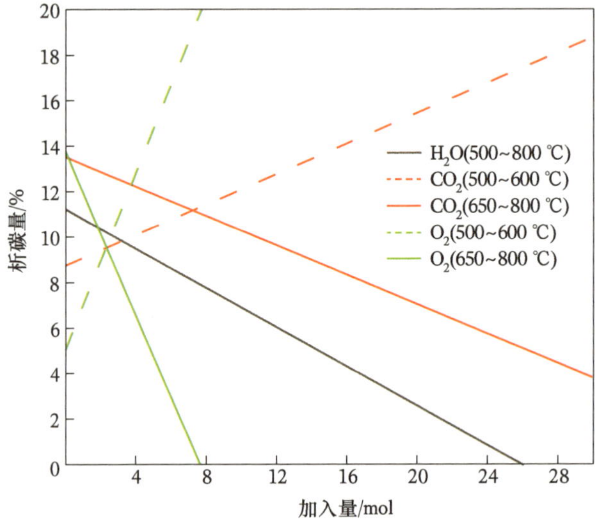


图 3-52 物质加入量与析碳量线性关系

**表 3-11 调控参数与析碳量的关系**

| 控制环节 | 析碳量控制函数 | 公式编号 |
|---|---|---|
| $H_2O$ 与析碳量关系（$x$ 为 $H_2O$ 加入量，$y$ 为析碳量） | $y=-0.432x+11.216$ | 式（3-51） |
| $CO_2$ 与析碳量关系（$x$ 为 $CO_2$ 加入量，$y$ 为析碳量） | $y=0.335x+8.725$ | 式（3-52） |
| | $y=-0.323x+13.507$ | 式（3-53） |
| $O_2$ 与析碳量关系（$x$ 为 $O_2$ 加入量，$y$ 为析碳量） | $y=1.924x+5.039$ | 式（3-54） |
| | $y=-1.789x+13.756$ | 式（3-55） |

### 3.5.2 DRI 渗碳过程热力学分析

氢基竖炉内 DRI 渗碳的渗碳剂主要为气相中含有碳元素的 CO 和 $CH_4$ 气体，其中 CO-$CO_2$、$CH_4$-$H_2$ 的气相碳势分别为：

$$2CO \rightleftharpoons CO_2+C$$

$$K^{\ominus}_{CO/CO_2}=\frac{p_{CO_2}}{p^2_{CO}}\cdot a_C$$

$$a_C=\frac{p^2_{CO}}{p_{CO_2}}\cdot K^{\ominus}_{CO/CO_2} \tag{3-56}$$

故：

$$\pi_{C(CO)}=RT\ln\frac{p_{CO}^2}{p_{CO_2}}+RT\ln K_{CO/CO_2}^{\ominus}$$

$$CH_4 \rightleftharpoons C+2H_2$$

$$K_{CH_4/H_2}^{\ominus}=\frac{p_{H_2}^2}{p_{CH_4}}\cdot a_C$$

$$a_C=\frac{p_{CH_4}}{p_{H_2}^2}\cdot K_{CH_4/H_2}^{\ominus} \tag{3-57}$$

故：

$$\pi_{C(CH_4)}=RT\ln\frac{p_{CH_4}}{p_{H_2}^2}+RT\ln K_{CH_4/H_2}^{\ominus}$$

气相碳势与温度及平衡气相成分有关。如果混合气体与金属接触时其碳势高于金属的碳势，即 $\pi_{C(气体)}>\pi_{C(M)}$，则可发生渗碳；相反，金属内的碳气化，发生脱碳。碳可以与 Fe 形成一系列碳化物 $Fe_4C$、$Fe_3C$、$Fe_4C_3$、$Fe_2C$、FeC 等，在铁的还原温度下，仅 $Fe_3C$ 才有实际意义。$Fe_3C$ 称为渗碳体，具有正斜方晶型，它能作为结构单元存在于铁的合金中。用 CO 处理 $Fe_2O_3$(还原) 或 Fe（渗碳）时，在 225 ℃以下的温度范围内可获得 $Fe_2C$，它在 300~400 ℃可转变成 $Fe_3C$。在 $T<$ 1000 K 时，$Fe_3C$ 在热力学上是不稳定的（$\Delta_r G_m^{\ominus}>0$），要分解析出石墨（$Fe_3C=3Fe+C_{(石)}$）。但是，这种低温下的分解速率一般很慢，所以能以准稳态 $Fe_3C$ 存在[18]。下面对 $CO+CO_2$、$CH_4+H_2$ 气体对铁的渗碳反应进行分析。

3.5.2.1 $CO-CO_2$ 气体对铁的渗碳反应

CO 的渗碳反应为：

$$2CO=[C]+CO_2 \qquad \Delta_r G_m^{\ominus}=-166550+171T\ (J/mol) \tag{3-58}$$

式中 [C]——溶解于 Fe 中的碳，标准态为纯石墨。

由
$$K^{\ominus}=\frac{p_{CO_2}}{p_{CO}^2}\cdot a_C=\frac{100[100-\varphi(CO)]}{\varphi(CO)^2\cdot p}\cdot a_C$$

得：

$$x[C]=\frac{\varphi(CO)^2}{100-\varphi(CO)}\cdot\frac{K^{\ominus}\cdot p}{100}\cdot\frac{1}{\gamma_C} \tag{3-59}$$

为了计算铁中的渗碳浓度，需要知道 $\gamma_C$，$\gamma_C$ 可利用由碳在奥氏体中呈间隙式溶解模型的 C 原子组态熵导出的公式导出：

$$\begin{cases} a_C=\dfrac{x[C]}{1-5x[C]} \\ f_C=\dfrac{1}{1-5x[C]} \end{cases} \tag{3-60}$$

式中 $a_C$——以假想纯物质为标准态时碳的活度。

因为以上公式中 $f_C$ 是假想纯物质标准态的活度系数，代入式（3-59）中，应先做标准态的换算。

活度系数换算公式： $\gamma_C = \gamma_C^{\ominus} f_C$

当铁中C饱和时，$\gamma_{C(饱)} = \gamma_C^{\ominus} f_{C(饱)}$，故：

$$\gamma_C/\gamma_{C(饱)} = f_C/f_{C(饱)} \tag{3-61}$$

从而

$$\gamma_C = \gamma_{C(饱)} \cdot (f_C/f_{C(饱)}) \tag{3-62}$$

以石墨作为标准态时，$a_{C(饱)} = \gamma_{C(饱)} \cdot x[C]_饱 = 1$，故：

$$\gamma_{C(饱)} = 1/x[C]_饱 \tag{3-63}$$

将式（3-60）中所得的 $f_C$、$f_{C(饱)}$ 值及式（3-57）代入式（3-63）中，得：

$$\gamma_C = \frac{1 - 5x[C]_饱}{x[C]_饱(1 - 5x[C])} \tag{3-64}$$

这是碳元素（C）以石墨为标准态的活度系数计算式。将式（3-64）代入式（3-59）中，可得出计算铁中渗碳量的方程：

$$x[C] = \frac{\varphi(CO)^2}{100 - \varphi(CO)} \cdot \frac{x[C]_饱(1 - 5x[C])}{1 - 5x[C]_饱} \cdot \frac{K^{\ominus} \cdot p}{100} \tag{3-65}$$

当铁中渗碳浓度较低（小于1%）时，可利用下列浓度单位转换关系：

$$x[C] = \frac{55.85}{100 \times 12} \times w[C] = 0.0465w[C]$$

则式（3-65）变为：

$$w[C] = w[C]_{(饱)} \bigg/ \left[ (1 - 0.23w[C]_{(饱)}) \cdot \frac{100 - \varphi(CO)}{\varphi(CO)^2} \cdot \frac{100}{K_p^{\ominus} p} + 0.23w[C]_{(饱)} \right] \tag{3-66}$$

其中，溶解饱和碳浓度可由Fe-C状态图得出。

可由式（3-66）绘制出铁渗碳的平衡图[18]，如图3-53所示。铁的渗碳发生在α-Fe、γ-Fe、δ-Fe及Fe(l)区内，而γ-Fe区是主要的渗碳区，其下界线为CO还原FeO的平衡线，气相的CO浓度低于此线时Fe不能存在；其上界线则是CO分解反应的平衡线。在式（3-65）中，当 $x[C] = x[C]_饱$ 时该式变为：

$$\frac{\varphi(CO)^2 p}{100[100 - \varphi CO)]} = \frac{1}{K^{\ominus}} \quad 或 \quad K^{\ominus} = \frac{100 - \varphi(CO)}{\varphi(CO)^2} \cdot \frac{100}{p}$$

此即反应 $2CO = C_{(石)} + CO_2$ 的平衡常数。因此，图3-53中CO分解反应曲线（1）是CO对Fe渗碳达到饱和浓度的平衡线，此区内绘有由式（3-66）计算的渗碳浓度的等值线。随着气相中CO浓度的增加及温度的降低，γ-Fe中渗碳的浓度增大。

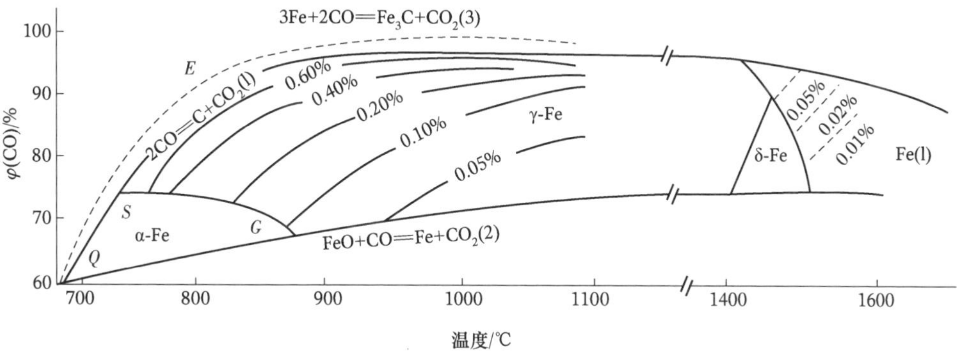


图 3-53 $CO+CO_2$ 对铁渗碳的平衡图

由于奥氏体渗碳浓度达饱和时有 $Fe_3C$ 析出，则渗碳反应可表示为：

$$2CO + 3Fe(s) \longequal Fe_3C(s) + CO_2 \quad \text{或} \quad C_{(石)} + 3Fe(s) \longequal Fe_3C(s)$$

而
$$K^{\ominus}_{Fe_3C} = \frac{p_{CO_2}}{p^2_{CO}} \cdot a_{C(Fe_3C)}$$

式中 $a_{C(Fe_3C)}$——$Fe_3C$ 中 C 的活度。

当 $Fe_3C$ 与 γ-Fe 中饱和碳平衡时，$Fe_3C$ 的吉布斯自由能可认为是 C 及 Fe 的化学势之和，即：

$$G(Fe_3C) = \mu_{C(Fe_3C)} + 3\mu_{Fe(Fe_3C)}$$

又由于 $Fe_3C$ 及与其平衡的 γ-Fe 饱和液中 Fe 的量相等（碳含量很低），故有 $\mu_{Fe(Fe_3C)} = \mu_{Fe}$，从而

$$G(Fe_3C) = \mu_{C(Fe_3C)} + 3\mu_{Fe}$$

由于渗碳温度下 $Fe_3C$ 在热力学上不能稳定存在（$\Delta_r G^{\ominus}_m > 0$），要分解为石墨及 C 饱和的 γ-Fe：

$$Fe_3C(s) \longequal C_{(石)} + 3Fe(s)$$

所以：

$$G(Fe_3C) > G^{\ominus}(C) + 3\mu_{Fe}$$

$$\mu_{C(Fe_3C)} > G^{\ominus}(C)_{石}$$

即 $Fe_3C$ 的化学势比石墨的化学势大：

$$\mu^{\ominus}_{Fe_3C} + RT\ln\alpha_{C(Fe_3C)} > \mu^{\ominus}_{C_{(石)}} + RT\ln a_{C_{(石)}}$$

两者的标准态相同时，$\mu^{\ominus}_{Fe_3C} = \mu^{\ominus}_{C_{(石)}}$，故有 $a_{C(Fe_3C)} > a_{C_{(石)}}$。

又

$$2CO \longequal C_{(石)} + CO_2 \qquad a_{C_{(石)}} = K^{\ominus}_C \cdot \left(\frac{p^2_{CO}}{p_{CO_2}}\right)_{石}$$

$$2CO+3Fe(s) = Fe_3C(s)+CO_2 \qquad a_{C(Fe_3C)} = K^{\ominus}_{Fe_3C} \cdot \left(\frac{p^2_{CO}}{p_{CO_2}}\right)_{Fe_3C}$$

由于 $K^{\ominus}_{C} = K^{\ominus}_{Fe_3C}$（标准态同为石墨），又 $a_{C(Fe_3C)} > a_{C(石)}$，故：

$$\left(\frac{p^2_{CO}}{p_{CO_2}}\right)_{Fe_3C} > \left(\frac{p^2_{CO}}{p_{CO_2}}\right)_{石}$$

即与 $Fe_3C$ 平衡的气相CO浓度高于与石墨平衡的气相CO浓度。因此，图3-53中反应 $2CO+3Fe(s) = Fe_3C(s)+CO_2$ 的平衡虚线（3）必位于反应 $2CO = C_{(石)}+CO_2(s)$ 的平衡线（1）之上。其最大渗碳量可达到 $w[C]=2.0\%$，而奥氏体中与 $Fe_3C$ 平衡的碳浓度则高于与石墨相平衡的碳浓度。

α-Fe 区渗碳量最小，仅在 738 ℃ 有最大渗碳量 $w[C]=0.032\%$。δ-Fe 及 Fe(l) 区的渗碳量小，虽然气相中 $\varphi(CO)$ 浓度高时溶解 C 的 $w[C]$ 达到 6.67%，即 $Fe_3C$ 的成分，但这已相当于 $\varphi(CO)=100\%$ 的渗碳量了。

由图 3-53 铁渗碳的平衡图可得出铁渗碳量的影响因素：

（1）提高气相中 CO 的浓度能使 γ-Fe 区内碳浓度增加；

（2）降低温度具有提高 CO 浓度的作用，因为 CO 渗碳反应是放热的；

（3）提高压力能提高 $CO+CO_2$ 混合气体的碳势，从而增加渗碳量，它能使压力为 $10^5$Pa 的渗碳平衡曲线向比较低浓度的 CO 方向移动，使 γ-Fe 渗碳区缩小；

（4）气相 CO 浓度低于一定渗碳曲线的 $\varphi(CO)$，可发生脱碳，使铁中碳含量降低。

### 3.5.2.2 $CH_4$ 对铁的渗碳反应

$CH_4$ 是有效的渗碳剂，它在加热时分解为 C 及 $H_2$：

$$CH_4 = C_{(石)}+2H_2 \qquad \Delta_r G^{\ominus}_m = 91044-110.67T \ (J/mol)$$

温度升高，压力降低，气相的碳势增加，因此，这些因素的影响恰与 CO 分解反应的相反。$CH_4$ 的渗碳反应为：

$$CH_4 = [C] + 2H_2 \qquad \Delta_r H^{\ominus}_m > 0$$

$$CH_4+3Fe(s) = Fe_3C(s)+2H_2 \qquad \Delta_r H^{\ominus}_m > 0$$

仿照 $CO\text{-}CO_2$ 气体渗碳反应，同样可导出渗碳反应的热力学公式：

$$x[C] = \frac{100-\varphi(H_2)}{\varphi(H_2)^2} \cdot \frac{K^{\ominus} \times 100}{p\gamma_C} \tag{3-67}$$

图 3-54 为 $CH_4+H_2$ 气体中 $CH_4$ 含量对 Fe 渗碳的平衡图，由图 3-54 可知：

（1）提高气相 $CH_4$ 的浓度和温度及降低压力，可使渗碳量增加。

（2）γ-Fe 的渗碳区比较小，但 α-Fe 与 $Fe_3C$ 的存在区则较宽，这表明 $CH_4$ 的渗碳能力很强，气相组成不大的改变就能使 γ-Fe 的渗碳达到很高浓度。因此，为了获得规定的渗碳量，必须正确控制气相的 $CH_4$ 含量。

（3）气相中 $H_2$ 的浓度高于渗碳反应 $H_2$ 的平衡浓度时，可发生脱碳。

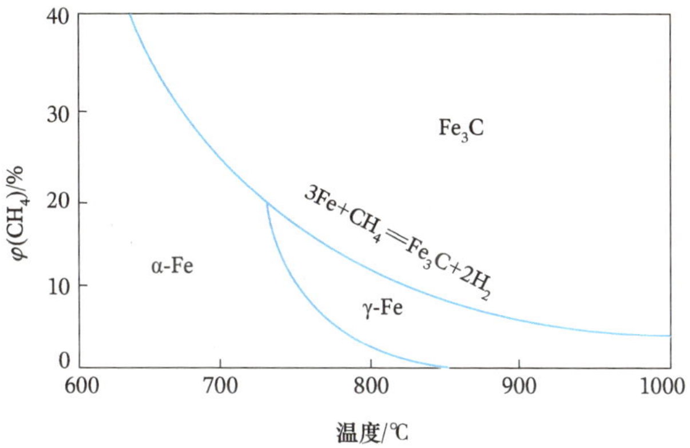


图 3-54　$CH_4$ 含量对 Fe 渗碳的平衡图

### 3.5.3　DRI 渗碳试验研究

焦炉煤气零重整竖炉氢冶金工艺的 DRI 渗碳主要发生在竖炉内还原段和冷却段，因此以张宣科技氢冶金气体成分为基础，通过改变气体成分分析还原和冷却过程的 DRI 渗碳行为。

3.5.3.1　还原过程 DRI 渗碳行为

以张宣科技氢冶金气氛条件为基础，通过改变还原气体中 $CH_4$ 含量，在 900 ℃进行还原试验，还原 2 h 后通过碳硫分析仪对不同气氛条件下的 DRI 进行碳含量分析，结果见表 3-12。由表 3-12 可知，随还原气体中 $CH_4$ 含量增加，DRI 碳含量增加，这表明还原气体成分对 DRI 的渗碳影响较大，尤其是还原气体中 $CH_4$ 含量超过 20%时，DRI 中碳含量增加非常明显。

**表 3-12　还原气体中 $CH_4$ 含量对 DRI 碳含量的影响**

| $\varphi(CH_4)$（体积分数）/% | DRI 碳含量（质量分数）/% |
|---|---|
| 0 | 0.09 |
| 10 | 0.14 |
| 20 | 1.95 |

通过对比 $\varphi(CH_4)=10\%$ 与 $\varphi(CH_4)=30\%$ 条件下，还原后 DRI 的 SEM 及

EDS 图（见图 3-55），球团矿中碳含量由外层到中心逐渐减少，对比图 3-55（a）与（c）可知，$\varphi(CH_4)=30\%$条件下球团矿外层自由碳明显增多，面扫碳含量为19.14%，而$\varphi(CH_4)=10\%$时碳以离散颗粒分布，面扫碳含量也仅有 9.09%，这表明了甲烷增加，气体析出的固体碳明显增多，并沉积在 DRI 试样中，这是因为甲烷含量增加，提高了甲烷分压，促使甲烷裂解反应驱动力增强，产生的固体碳增加，并通过吸附、扩散沉积，导致 DRI 碳含量增加。

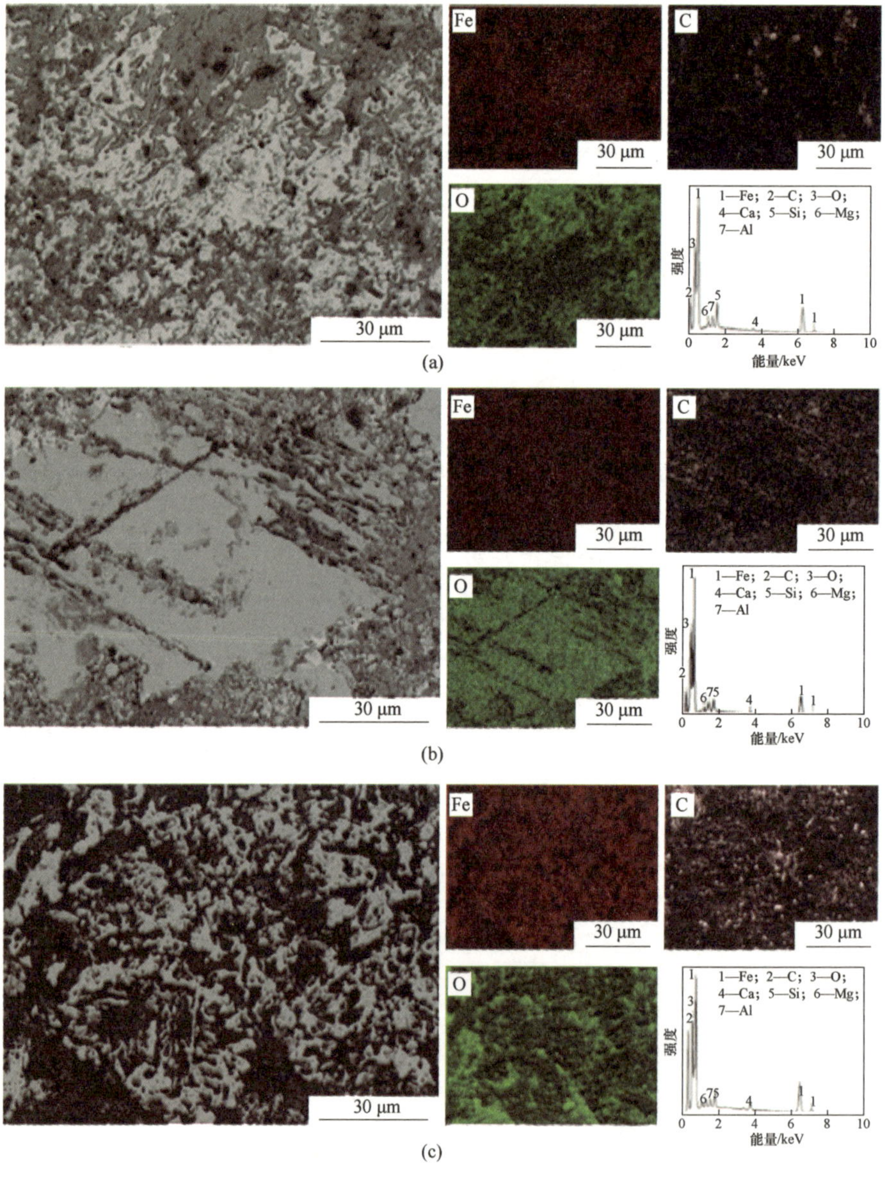

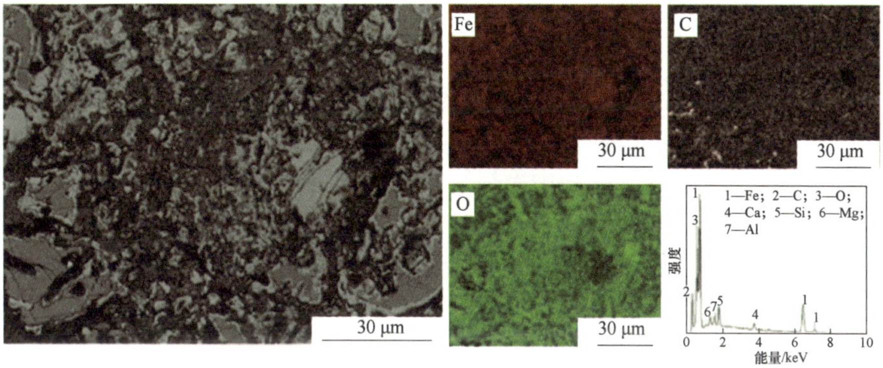


(d)

| 对照组 | $w$(Fe)/% | $w$(C)/% | $w$(O)/% | $w$(Ca)/% | $w$(Si)/% | $w$(Mg)/% | $w$(Al)/% |
|---|---|---|---|---|---|---|---|
| (a) | 70.56 | 9.09 | 13.82 | 0.89 | 3.51 | 0.77 | 1.36 |
| (b) | 71.79 | 7.20 | 16.07 | 1.08 | 1.93 | 0.56 | 1.37 |
| (c) | 61.25 | 19.14 | 13.92 | 2.22 | 1.76 | 0.84 | 0.87 |
| (d) | 62.80 | 9.32 | 20.73 | 2.35 | 2.38 | 0.97 | 1.46 |

图 3-55 不同 $\varphi(CH_4)$ 条件下 DRI 的 SEM 及 EDS 图

(a) $\varphi(CH_4)$= 10%还原气体还原球团矿外层 SEM 及 EDS 图；(b) $\varphi(CH_4)$= 10%还原气体还原球团矿中心 SEM 及 EDS 图；(c) $\varphi(CH_4)$= 30%还原气体还原球团矿外层 SEM 及 EDS 图；(d) $\varphi(CH_4)$= 30%还原气体还原球团矿中心 SEM 及 EDS 图

### 3.5.3.2 冷却过程 DRI 渗碳行为

以张宣科技氢冶金气氛为基础，在 900 ℃进行还原试验，还原后分别通入 $N_2$ 和焦炉煤气，试验后试样的失重曲线如图 3-56 所示。由图 3-56 可知，冷却时通入 $N_2$，DRI 质量随冷却时间保持不变；通入焦炉煤气时，DRI 质量随时间延长缓慢升高，说明发生了气体析碳与 DRI 渗碳反应。

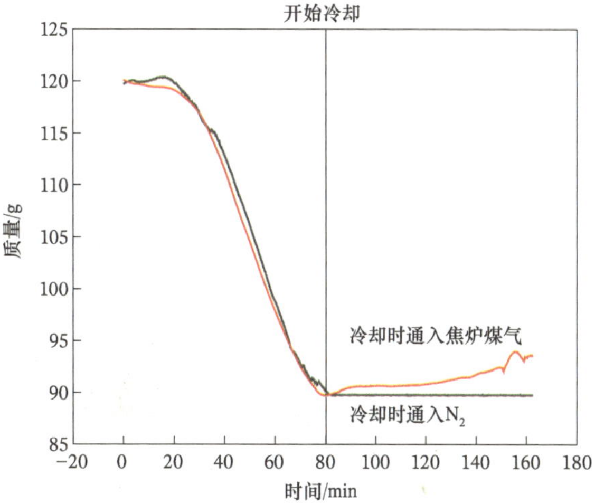


图 3-56 冷却气体成分对试样质量的影响

对冷却后 DRI 表面析出的炭黑进行清扫和收集，并通过碳硫分析仪分析不同冷却气氛条件下 DRI 的碳含量见表 3-13。由表 3-13 可知，通入 $N_2$ 冷却后 DRI 碳含量较少，仅有 0.09%；以张宣科技焦炉煤气为基础，改变其中 $CH_4$ 的含量后明显有固体炭黑析出，并且随冷却气体中 $CH_4$ 含量的增加，冷却后 DRI 的碳含量逐渐增加，这表明冷却过程中冷却气体的成分直接影响着 DRI 的最终碳含量。

**表 3-13　冷却气体成分对 DRI 碳含量的影响**

| 冷却气体成分 | 占比（体积分数）/% | 析出炭黑质量/g | 测定 DRI 碳含量（质量分数）/% |
|---|---|---|---|
| $N_2$ | 100 | 0 | 0.14 |
| $CH_4$ | 0 | 1.73 | 0.92 |
| | 10 | 2.25 | 2.42 |
| | 20 | 3.88 | 2.95 |

两种冷却气体条件下还原后 DRI 外层和中心的 SEM 及 EDS 分析如图 3-57 所示。

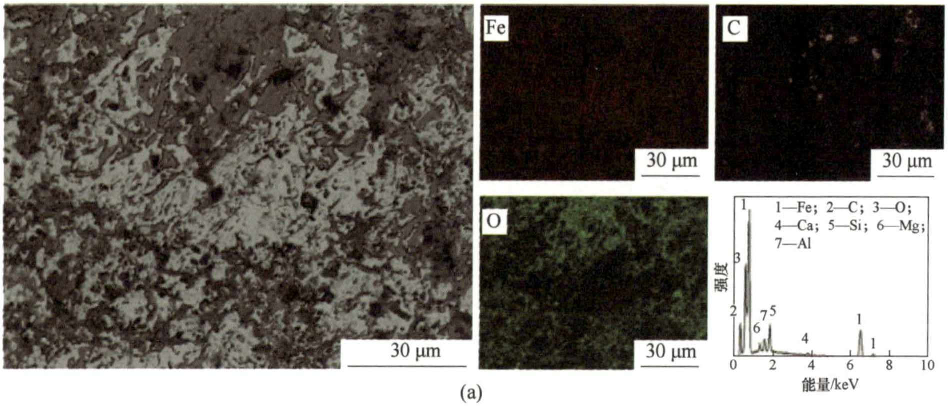


(a)

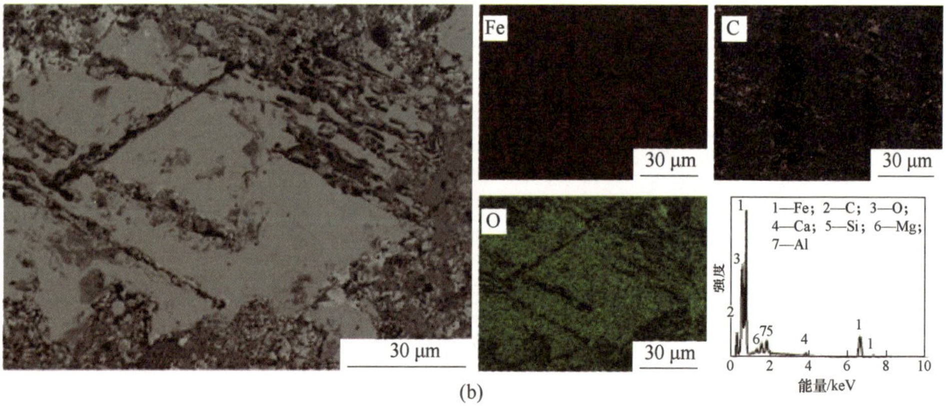


(b)

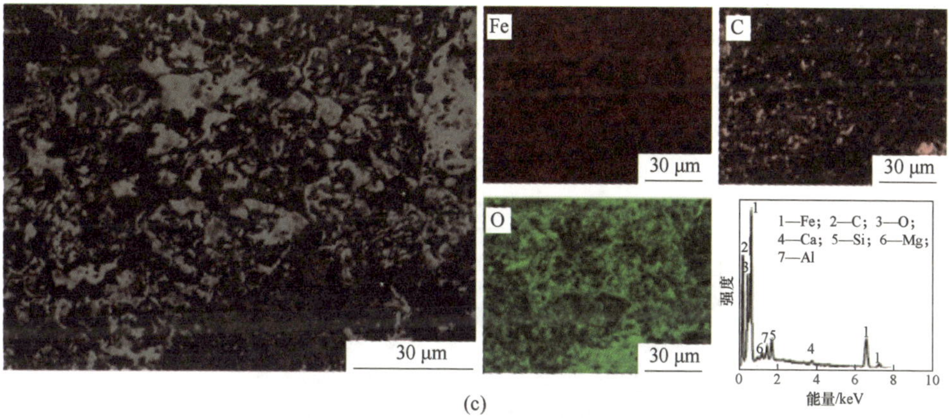


(c)

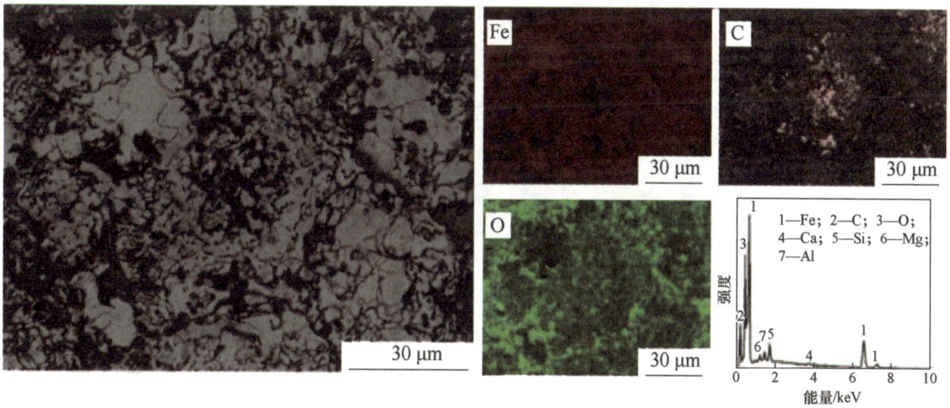


(d)

| 对照组 | w (Fe)/% | w (C)/% | w (O)/% | w (Ca)/% | w (Si)/% | w (Mg)/% | w (Al)/% |
|---|---|---|---|---|---|---|---|
| (a) | 70.56 | 9.09 | 13.82 | 0.89 | 3.51 | 0.77 | 1.36 |
| (b) | 71.79 | 7.20 | 16.07 | 1.08 | 1.93 | 0.56 | 1.37 |
| (c) | 62.33 | 20.51 | 12.72 | 0.94 | 1.92 | 0.47 | 1.11 |
| (d) | 71.03 | 10.69 | 14.02 | 0.60 | 2.09 | 0.60 | 0.98 |

图 3-57　不同气体条件下 DRI 的 SEM 及 EDS 图

(a) $N_2$ 冷却组球团矿外层 SEM 及 EDS 图；(b) $N_2$ 冷却组球团矿中心 SEM 及 EDS 图；
(c) 焦炉煤气冷却组球团矿外层 SEM 及 EDS 图；(d) 焦炉煤气冷却组球团矿中心 SEM 及 EDS 图

由图 3-57 可知，还原后 DRI 由外部到内部含碳量逐渐降低，且焦炉煤气冷却组渗碳量明显高于使用氮气冷却［见图 3-57 (a) 与 (c)］，由于在冷却过程中，DRI 表面与内部存在温度梯度，CO、$CH_4$ 作为碳源，持续向球团内部扩散，使得焦炉煤气冷却处理的球团矿外层可见连续碳层，而 $N_2$ 冷却样品碳含量很低，且分布较为稀疏。另外，为了获得碳元素在 DRI 中的赋存形式，进一步对焦炉冷却条件下的试样中心进行点扫（见图 3-58），由图 3-58 可知，A 点与 C 点中碳主要以 $Fe_3C$ 形式存在，D 点主要是沉积的自由碳，这表明碳在 DRI 中主要以 $Fe_3C$ 和自由碳的形式赋存。同时，DRI 中仍然有金属 Fe 物相存在（B 点），并与 $Fe_3C$ 之间存在明显的界限。

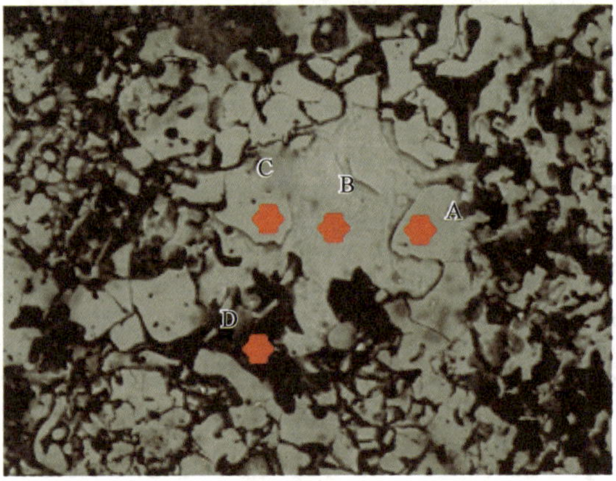


| 元素 | A点 | | B点 | | C点 | | D点 | |
|---|---|---|---|---|---|---|---|---|
| | 质量分数/% | 原子数分数/% | 质量分数/% | 原子数分数/% | 质量分数/% | 原子数分数/% | 质量分数/% | 原子数分数/% |
| C | 7.70 | 25.92 | 2.08 | 8.84 | 8.06 | 27.88 | 69.86 | 85.52 |
| O | 4.04 | 10.2 | 0.71 | 2.27 | 1.95 | 5.07 | 9.76 | 8.97 |
| Mg | — | — | 0.07 | 0.16 | 0.01 | 0.01 | 0.05 | 0.03 |
| Al | 0.01 | 0.01 | 0.03 | 0.05 | — | — | 0.12 | 0.07 |
| Si | — | — | 0.02 | 0.04 | 0.04 | 0.07 | 0.32 | 0.17 |
| Ca | 0.02 | 0.02 | 0.01 | 0.02 | 0.10 | 0.10 | 0.09 | 0.03 |
| Fe | 88.23 | 63.85 | 97.07 | 88.62 | 89.84 | 66.87 | 19.80 | 5.21 |

图 3-58 DRI 中碳的赋存形式

## 3.6 焦炉煤气零重整竖炉氢冶金能量利用

焦炉煤气零重整竖炉氢冶金过程能质转化如图 3-59 所示。由图 3-59 可知，氢基竖炉直接还原过程可以带入热量的物质包括氧化球团、入炉气体、焦炉煤气携带物理热等，但目前大多数竖炉的唯一能量来源是被加热的高温还原气体，这部分高温还原气体进入炉内起到还原剂和热量提供者两方面作用。热量的支出项包括铁氧化物的还原、有机物的催化裂解、析碳渗碳、水煤气等反应和产品DRI、煤气携带的物理热及热损失等。

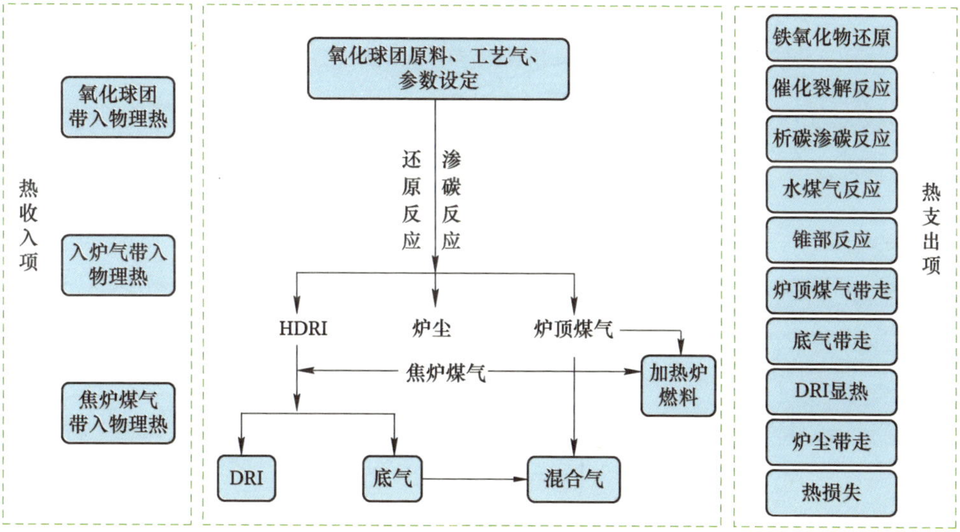


图 3-59　焦炉煤气零重整竖炉氢冶金过程能质转化图

竖炉内的能质平衡计算过程如图 3-60 所示[32]。由图 3-60 可知，决定竖炉内最低需气量的为还原反应消耗量（$V_1$）与热量消耗量（$V_2$）两者的最大值，气体既需要满足化学反应需求，又要满足热量需求。

根据张宣科技氢冶金球团矿成分、成品参数和工艺参数，以下按照 DRI 金属化率在 94%以上、DRI 碳含量 2%~3%、日产量约 1500 t 进行计算。

### 3.6.1　物料平衡计算

3.6.1.1　物料收入项

（1）根据球团矿日消耗量和铁的平衡得到生产每吨 DRI 消耗约 1358 kg 球团矿。

（2）入炉气量为 $V_r$。计算出生产每吨 DRI 所耗用 $H_2$ 和 CO 的总量，计算过程如下：

$$n_{(H_2+CO)} = n_O = \frac{(G_{Fe_2O_3})_{球团}}{160} \times 3 + \frac{(G_{FeO})_{球团}}{72} - \frac{(G_{FeO})_{DRI}}{72} \tag{3-68}$$

$$V_{(H_2+CO)还原} = \frac{n_{(H_2+CO)} \times 22.4}{1000} = \frac{n_O \times 22.4}{1000} \tag{3-69}$$

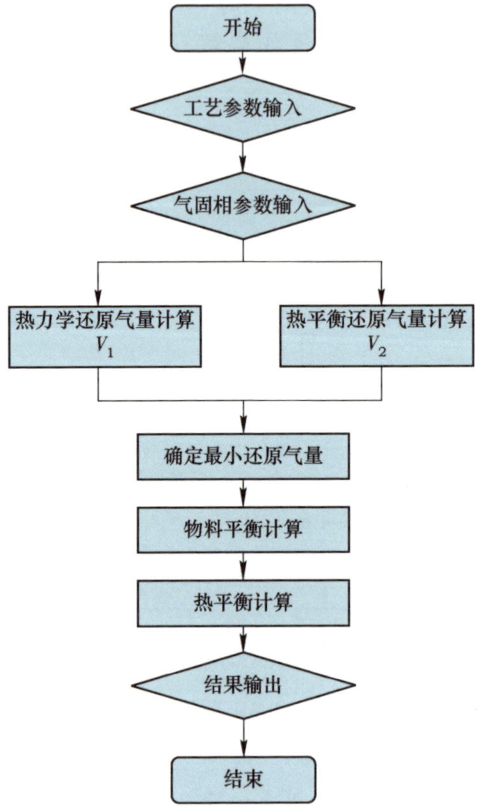


图 3-60　竖炉内能质平衡计算过程

由炉内热力学综合煤气利用率，可推导出理论还原所需的最低煤气量：

$$V_{min}=\frac{V_{(H_2+CO)还原}}{[\varphi(CO)_{还原}+\varphi(H_2)_{还原}]\times\eta_{综合}} \tag{3-70}$$

式中 $n_{(H_2+CO)}$——还原气体中 $H_2$ 与 CO 的摩尔量，mol/t DRI；

$n_O$——还原脱除 O 的摩尔量，mol/t DRI；

$(G_{Fe_2O_3})_{球团}$，$(G_{FeO})_{球团}$——球团矿中 $Fe_2O_3$ 和 FeO 的质量，kg/t DRI；

$(G_{FeO})_{DRI}$——DRI 中未还原的 FeO 质量，kg/t DRI；

$V_{(H_2+CO)还原}$——还原铁氧化物所消耗 $H_2$ 与 CO 的体积，$m^3$/t DRI；

$V_{min}$——还原 1 t DRI 最低需气量，$m^3$/t DRI；

$\varphi(CO)_{还原}$，$\varphi(H_2)_{还原}$——还原气体中 CO、$H_2$ 的体积分数，%；

$\eta_{综合}$——煤气的综合利用率，%。

通过炉顶煤气成分和入炉煤气条件对比，得到张宣科技氢冶金目前的煤气利用率约 33.03%。

根据式（3-70）计算结果可知，为满足此竖炉的还原需求，充入竖炉的工艺气应大于2156.74 $m^3$/t DRI，参照国外生产经验，通入竖炉的还原性气体量在标准状态下为2200~2400 $m^3$/t DRI[33]。考虑到在实际生产中，炉内存在其他反应，主要有$CH_4$重整反应、水煤气反应、析碳渗碳反应等，以及在管道和炉体处可能存在漏气、产品带出气体等现象，应在最低气量的基础上增加储备量[34]。在此选用入炉气量为$V_r$=2270 $m^3$/t DRI，则工艺气的质量（$m_{工艺气}$）为：

$$m_{工艺气}=\frac{V_r}{22.4}\times[\varphi(CH_4)_{入炉}\times16+\varphi(H_2)_{入炉}\times2+\varphi(CO)_{入炉}\times28+\varphi(CO_2)_{入炉}\times44+\varphi(H_2O)_{入炉}\times18+\varphi(C_2H_6)_{入炉}\times30+\varphi(C_2H_4)_{入炉}\times28] \tag{3-71}$$

式中　$\varphi(i)_{入炉}$——入炉气中$i$成分的体积分数,%。

（3）焦炉煤气消耗量。焦炉煤气消耗量是根据日消耗焦炉煤气量与日产量相除得到生产1 t DRI的焦炉煤气消耗量，计算焦炉煤气质量（$m_{焦炉煤气}$）：

$$m_{焦炉煤气}=\frac{V_{焦炉煤气}}{22.4}\times[\varphi(CH_4)_{焦}\times16+\varphi(H_2)_{焦}\times2+\varphi(CO)_{焦}\times28+\varphi(CO_2)_{焦}\times44+\varphi(H_2O)_{焦}\times18+\varphi(C_2H_6)_{焦}\times30+\varphi(C_2H_4)_{焦}\times28] \tag{3-72}$$

式中　$\varphi(i)_{焦}$——焦炉煤气中$i$成分的体积分数,%。

3.6.1.2　物料支出项

（1）直接还原铁1 t DRI。

（2）炉顶煤气。炉顶煤气量与炉内还原、$CH_4$炉内重整、裂解、析碳渗碳、水煤气等反应有关，下面是具体计算公式。

1）铁氧化物还原反应所消耗和生成的气体量：

$$V_{H_2还原}=V_{H_2O还原}=V_{min}\cdot\varphi(H_2)_{内还原}\cdot\eta_{H_2} \tag{3-73}$$

$$V_{CO还原}=V_{CO_2还原}=V_{min}\cdot\varphi(CO)_{内还原}\cdot\eta_{CO} \tag{3-74}$$

式中　$\varphi(H_2)_{内还原}$，$\varphi(CO)_{内还原}$——入炉气与上升底气混合后气体中$H_2$、CO的体积分数,%；

$\eta_{H_2}$，$\eta_{CO}$——$H_2$、CO的利用率,%。

2）炉内混合气重整生成还原性气体：

$$V_{CH_4炉内重整}=V_{CH_4内混合}\cdot\alpha_{CH_4内转化率} \tag{3-75}$$

$$V_{H_2炉内重整}=V_{CH_4内混合}\cdot\alpha_{CH_4内转化率}\cdot(3L_1+2L_2) \tag{3-76}$$

$$V_{CO炉内重整}=V_{CH_4内混合}\cdot\alpha_{CH_4内转化率}\cdot(2L_1+L_2) \tag{3-77}$$

$$V_{CO_2炉内重整}=V_{CH_4内混合}\cdot\alpha_{CH_4内转化率}\cdot L_1 \tag{3-78}$$

$$V_{H_2O炉内重整}=V_{CH_4内混合}\cdot\alpha_{CH_4内转化率}\cdot L_2 \tag{3-79}$$

式中 $V_{CH_4炉内重整}$——炉内发生重整 $CH_4$ 的体积，$m^3/t$ DRI；

$V_{H_2炉内重整}$，$V_{CO炉内重整}$——重整反应生成的 $H_2$ 和 CO 体积，$m^3/t$ DRI；

$V_{CO_2炉内重整}$，$V_{H_2O炉内重整}$——重整反应消耗的 $CO_2$ 和 $H_2O$ 体积，$m^3/t$ DRI；

$V_{CH_4内混合}$——入炉气与上升底气混合后气体中 $CH_4$ 的体积，$m^3/t$ DRI；

$\alpha_{CH_4内转化率}$——炉内 $CH_4$ 重整率,%；

$L_1$，$L_2$——炉内 $CH_4$ 与 $H_2O$ 和 $CO_2$ 重整占比,%。

3）水煤气反应所消耗和生成的气体。设水煤气反应前后四种物质组分变化量为 $\Delta x_{水煤气}$，计算平衡常数：

$$K_r = \frac{[\varphi(H_2) + \Delta x_{水煤气}][\varphi(CO_2) + \Delta x_{水煤气}]}{[\varphi(H_2O) - \Delta x_{水煤气}][\varphi(CO) - \Delta x_{水煤气}]} \tag{3-80}$$

式中 $\varphi(H_2)$，$\varphi(CO_2)$，$\varphi(H_2O)$，$\varphi(CO)$ ——混合煤气中 $H_2$、$CO_2$、$H_2O$、CO 的体积分数,%。

水煤气反应的标准吉布斯自由能为：

$$\Delta_r G_m^{\ominus} = -36571 + 33.51T \tag{3-81}$$

$$K_r = e^{\frac{\Delta_r G_m^{\ominus}}{-RT}} = e^{\frac{-36571+33.51T}{-8.314T}} \tag{3-82}$$

式中 $T$——水煤气反应温度，K。

联立式（3-80）~式（3-82），计算出 $\Delta x_{水煤气}$，故由水煤气转换反应造成的气体生成与消耗量计算满足以下公式：

$$V_{H_2水煤气} = V_{H_2O水煤气} = V_{内还原气} \cdot \Delta x_{水煤气} \tag{3-83}$$

$$V_{CO水煤气} = V_{CO_2水煤气} = V_{内还原气} \cdot \Delta x_{水煤气} \tag{3-84}$$

式中 $V_{H_2水煤气}$，$V_{CO水煤气}$——水煤气反应生成的 $H_2$ 和 CO 体积，$m^3/t$ DRI；

$V_{H_2O水煤气}$，$V_{CO_2水煤气}$——水煤气反应消耗的 $H_2O$ 和 $CO_2$ 体积，$m^3/t$ DRI；

$V_{内还原气}$——炉内还原气体总量，$m^3/t$ DRI。

4）析碳渗碳反应所消耗和生成的气体。炉内可能发生的渗碳反应如下：

$$3Fe(s) + 2CO(g) = Fe_3C(s) + CO_2(g) \tag{3-85}$$

$$3Fe(s) + CO(g) + H_2(g) = Fe_3C(s) + H_2O(g) \tag{3-86}$$

$$3Fe(s) + CH_4(g) = Fe_3C(s) + 2H_2(g) \tag{3-87}$$

$$2CO(g) = C(s) + CO_2(g) \tag{3-88}$$

$$CH_4(g) = C(s) + 2H_2(g) \tag{3-89}$$

$$V_{H_2渗碳} = \frac{M_{DRI} \times C_{DRI} \times 22.4 \times 1000}{12} \times (P_2 - 2P_3 - 2P_5) \tag{3-90}$$

$$V_{CO渗碳} = \frac{M_{DRI} \times C_{DRI} \times 22.4 \times 1000}{12} \times (2P_1 + P_2 + 2P_4) \tag{3-91}$$

$$V_{CH_4渗碳} = \frac{M_{DRI} \times C_{DRI} \times 22.4 \times 1000}{12} \times (P_3 + P_5) \tag{3-92}$$

$$V_{CO_2渗碳} = \frac{M_{DRI} \times C_{DRI} \times 22.4 \times 1000}{12} \times (P_1 + P_5) \tag{3-93}$$

$$V_{H_2O渗碳} = \frac{M_{DRI} \times C_{DRI} \times 22.4 \times 1000}{12} \times P_2 \tag{3-94}$$

式中　$V_{CO渗碳}$，$V_{H_2渗碳}$，$V_{CH_4渗碳}$——炉内渗碳反应消耗的 CO、$H_2$ 和 $CH_4$ 体积，$m^3$/t DRI；

$V_{CO_2渗碳}$，$V_{H_2O渗碳}$——炉内渗碳反应产生的 $CO_2$ 和 $H_2O$ 体积，$m^3$/t DRI；

$M_{DRI} \times C_{DRI}$——1 t DRI 的渗碳量，kg/t DRI；

$P_1$，$P_2$，$P_3$，$P_4$，$P_5$——式（3-85）~式（3-89）对 DRI 渗碳的贡献率，%。

根据反应前后 C 和 H 的质量守恒，得到炉顶煤气中 $CH_4$、$H_2$、CO、$CO_2$、$H_2O$ 的体积分别为：

$$V_{CH_4炉顶} = V_{CH_4内混合} - V_{CH_4炉内重整} - V_{CH_4渗碳} \tag{3-95}$$

$$V_{H_2炉顶} = V_{H_2内混合} - V_{H_2炉内重整} - V_{H_2渗碳} - V_{H_2水煤气} - V_{H_2还原} \tag{3-96}$$

$$V_{CO炉顶} = V_{CO内混合} - V_{CO炉内重整} - V_{CO渗碳} + V_{CO水煤气} - V_{CO还原} \tag{3-97}$$

$$V_{CO_2炉顶} = V_{CO_2内混合} - V_{CO_2炉内重整} + V_{CO_2渗碳} - V_{CO_2水煤气} + V_{CO_2还原} \tag{3-98}$$

$$V_{H_2O炉顶} = V_{H_2O内混合} - V_{H_2O炉内重整} + V_{H_2O渗碳} + V_{CO_2水煤气} + V_{H_2O还原} \tag{3-99}$$

在炉内自始至终 $N_2$ 不与其他气体发生化学反应，故反应前后气体体积不变。

$$V_{N_2炉顶} = V_{N_2内混合} \tag{3-100}$$

这里应注意：炉内众多反应的物质参与比例不仅与温度、压力相关，并且与炉内气体成分和 DRI 还原息息相关，本书通过迭代校核进行确定。

按照上述方法进行计算，计算迭代 34 次后得到焦炉煤气零重整竖炉氢冶金的物料平衡见表 3-14。由表 3-14 可知，物料平衡的相对误差为 1.2%，证明了该计算方法的稳定性和准确性。

**表 3-14　竖炉氢冶金物料平衡表**

| 收入项 | | 支出项 | |
|---|---|---|---|
| 项目 | 质量/kg | 项目 | 质量/kg |
| 氧化球团 | 1358.7 | DRI | 997.2 |
| 入炉工艺气 | 1027.7 | 炉顶煤气 | 1466.6 |
| 焦炉煤气 | 246.1 | 出口底气 | 124.0 |
| 总计 | 2632.5 | 炉尘 | 13.6 |
| | | 总计 | 2601.4 |
| | | 相对误差 | 1.2% |

### 3.6.2 热平衡计算

竖炉氢冶金热收入项包括：入炉煤气带入、球团矿热装、焦炉煤气带入热量；热支出项包括：铁氧化物还原、甲烷催化裂解反应消耗、析碳渗碳反应消耗、水煤气反应消耗、炉顶煤气带走、锥部反应消耗、底气带走、DRI 显热、炉尘带走及各部产生的热损失，其中热损失是根据能量守恒原则计算得到的。

3.6.2.1 热收入项

(1) 入炉煤气带入的物理热。入炉煤气入炉时温度为 1010~1050 ℃，煤气量为$V_r$。由热力学手册可以查到气体的热力学参数，可计算出入炉煤气带入的物理热：

$$Q_{入炉} = \frac{V_r}{22.4} \cdot \sum_{i=1}^{8} (q_i \times \varphi(i)) \tag{3-101}$$

式中 $q_i$——组分 $i$ 的热焓，可由热力学手册查找，kJ/mol；

$\varphi(i)$——煤气中组分 $i$ 的体积分数,%。

(2) 球团矿热装。目前球团矿热装较少，可先不用考虑。

(3) 焦炉煤气带入。焦炉煤气进入锥部时温度为 40 ℃，它的用量为$V_{焦炉煤气}$，则焦炉煤气带入的物理热为：

$$Q_{焦} = \frac{V_{焦炉煤气}}{22.4} \cdot \sum_{i=1}^{9} (q_i \times \varphi(i)) \tag{3-102}$$

式中 $q_i$——组分 $i$ 的热焓，可由热力学手册查找，kJ/mol；

$\varphi(i)$ ——焦炉煤气中组分 $i$ 的体积分数,%。

3.6.2.2 热支出项

各反应的耗热（$Q_{反应}$）应为该反应所消耗物质的量与标准反应焓的乘积，即：

$$Q_{反应} = n_{反应} \cdot \Delta H_T^{\ominus} \tag{3-103}$$

式中 $n_{反应}$——反应的物质量，mol/t DRI；

$\Delta H_T^{\ominus}$——反应焓，kJ/mol。

(1) 铁氧化物还原反应消耗热量（$Q_{还原}$）：

$$Q_{还原} = Q_{H_2(Fe_2O_3\text{-}Fe)} + Q_{CO(Fe_2O_3\text{-}Fe)} = \frac{V_{H_2还原} \times 2}{22.4 \times 3} \times 50.0305 + \frac{V_{CO还原} \times 2}{22.4 \times 3} \times (-11.6945) \tag{3-104}$$

式中 $Q_{H_2(Fe_2O_3\text{-}Fe)}$，$Q_{CO(Fe_2O_3\text{-}Fe)}$ ——$H_2$ 和 CO 还原球团矿中 $Fe_2O_3$ 吸收的热，kJ/t DRI；

$V_{H_2还原}$，$V_{CO还原}$——参加还原反应的 $H_2$ 和 CO 体积，$m^3$/t DRI；

50.0305，-11.6945——1 mol 的 $H_2$ 和 CO 还原吸收的热，kJ/t DRI。

（2）催化裂解反应消耗热量（$Q_{催化裂解}$）：

$$Q_{(CH_4\text{-}H_2O)} = \frac{V_{CH_4内混合} \cdot \alpha_{CH_4内转化率} \cdot L_1}{22.4} \cdot \Delta H^{\ominus}_{H_2O} \tag{3-105}$$

$$Q_{(CH_4\text{-}CO_2)} = \frac{V_{CH_4内混合} \cdot \alpha_{CH_4内转化率} \cdot L_2}{22.4} \cdot \Delta H^{\ominus}_{CO_2} \tag{3-106}$$

$$Q_{催化裂解} = Q_{(CH_4\text{-}H_2O)} + Q_{(CH_4\text{-}CO_2)} \tag{3-107}$$

式中 $Q_{(CH_4\text{-}H_2O)}$，$Q_{(CH_4\text{-}CO_2)}$——$H_2O$ 和 $CO_2$ 重整 $CH_4$ 吸收的热，kJ/t DRI；

$\Delta H^{\ominus}_{H_2O}$，$\Delta H^{\ominus}_{CO_2}$——1 mol 的 $H_2O$ 和 $CO_2$ 重整 $CH_4$ 吸收的热，kJ/t DRI。

（3）析碳渗碳反应消耗热量（$Q_{渗碳}$）：

$$Q_{渗碳} = \sum \frac{M_{DRI} \times C_{DRI} \times 22.4 \times 1000}{12} \times P_i \times \Delta H^{\ominus}_i \tag{3-108}$$

式中 $P_i$——式（3-85）~式（3-89）对 DRI 渗碳的贡献率,%；

$\Delta H^{\ominus}_i$——式（3-85）~式（3-89）渗碳反应消耗的热量，kJ/t DRI。

（4）水煤气反应消耗热量（$Q_{水煤气}$）：

$$Q_{水煤气} = \frac{V_{H_2水煤气}}{22.4} \times 41.115 \tag{3-109}$$

式中 41.115——水煤气的反应热焓，kJ/mol。

（5）锥部反应消耗热量（$Q_{锥}$）：

$$Q_{锥} = \sum \frac{V_{焦炉煤气} \cdot \varphi(CH_4)_{焦} \cdot CH_4 生成率}{22.4} \cdot \eta_i \cdot \Delta H^{\ominus}_i \tag{3-110}$$

式中 $\eta_i$——竖炉锥部反应生成 $CH_4$ 的体积分数,%；

$\Delta H^{\ominus}_i$——竖炉锥部反应生成 $CH_4$ 消耗热量，kJ/t DRI；

$CH_4$ 生成率——锥部反应甲烷生成率,%。

（6）炉顶煤气带走物理热（$Q_{炉顶气}$）。炉顶煤气温度 450~520 ℃，炉顶煤气带走的物理热为：

$$Q_{炉顶气} = \frac{V_{炉顶气}}{22.4} \times \sum_{i=1}^{6} (q_i \cdot \varphi(i)) \tag{3-111}$$

式中 $q_i$——组分 $i$ 的热焓，可由热力学手册查找，kJ/mol；

$\varphi(i)$——炉顶煤气中组分 $i$ 的体积分数,%。

（6）底气带走物理热（$Q_{底气}$）：

$$Q_{底气} = \frac{V_{底气}}{22.4} \times \sum_{i=1}^{8} (q_i \cdot \varphi(i)) \tag{3-112}$$

式中 $V_{底气}$——焦炉煤气从竖炉锥部底气出口出来的气体量，$m^3$/t DRI；

$q_i$——组分 $i$ 的热焓，可由热力学手册查找，kJ/mol；

$\varphi(i)$——底气中组分 $i$ 的体积分数,%。

（7）DRI 带走物理热：

$$Q_{DRI} = q_{DRI} \cdot m_{DRI} \tag{3-113}$$

式中 $q_{DRI}$——DRI 携带的热焓，kJ/kg；

$m_{DRI}$——DRI 的质量，1000 kg。

（8）炉尘带走物理热（$Q_{炉尘}$）：

$$Q_{炉尘} = q_{炉尘} \cdot m_{炉尘} \tag{3-114}$$

式中 $q_{炉尘}$——炉尘携带的热焓，kJ/kg；

$m_{炉尘}$——炉尘的质量，kg/t DRI。

（9）全炉热损失。根据能量守恒原理，热收入项的能量总和应等于热支出项的能量总和。但是，由于结构、材料、漏气等不可避免的问题，以及炉内热量利用不充分导致一定的热损失，因此根据能量守恒方程，计算出各部分热损失之和为：

$$Q_{损失} = Q_{收入} - Q_{支出} \tag{3-115}$$

以张宣科技氢冶金为例，计算得到焦炉煤气零重整竖炉氢冶金的热平衡见表 3-15。由表 3-15 可知，炉顶煤气带走物理热在热支出总额中占比 48.97%，用于铁氧化物还原的热量占 16.74%，说明进一步优化工艺、提高煤气利用率和热量利用率是今后焦炉煤气零重整竖炉氢冶金工艺的重点。

**表 3-15　氢基竖炉内热平衡表**

| 收入项 | | | 支出项 | | |
|---|---|---|---|---|---|
| 项目 | 热量/kJ | 占比/% | 项目 | 热量/kJ | 占比/% |
| 入炉煤气带入 | 3791556.0 | 99.18 | 铁氧化物还原 | 641364.9 | 16.74 |
| 焦炉煤气带入 | 31225.1 | 0.82 | 催化裂解反应 | 425111.0 | 11.10 |
| | | | 析碳渗碳反应 | 105446.6 | 2.75 |
| | | | 水煤气反应 | 8889.2 | 0.23 |
| | | | 锥部反应 | -228919.7 | -5.97 |
| | | | 炉顶煤气带走 | 1876177.0 | 48.97 |
| | | | 底气带走 | 248641.2 | 6.49 |
| | | | DRI 显热 | 65120.1 | 1.70 |
| | | | 炉尘带走 | 5649.8 | 0.15 |
| | | | 热损失 | 675301 | 17.85 |
| 总计 | 3822781.0 | 100.00 | 总计 | 3822781.0 | 100.00 |

### 3.6.3　系统能质平衡模型的建立

综合竖炉氢冶金过程物料平衡和热平衡得知，在焦炉煤气零重整竖炉氢冶金生产过程中，气体的循环和各工序的匹配是降低系统能耗和提高系统热量利用的关键。基于此，除了建立竖炉本身的能质平衡外，以张宣科技氢冶金为例，梳理各工序的能质转化关系，建立了焦炉煤气零重整竖炉氢冶金系统的能质平衡，并采用 Visual Basic 6.0 设计和编写程序实现计算结果的界面化处理，软件主界面如图 3-61 所示。由图 3-61 可知，焦炉煤气零重整竖炉氢冶金系统能质平衡模型包括导入现场数据、计算准备、煤气循环过程、物料平衡计算、全炉热平衡、加热炉热平衡、加湿过程关键参数分析、全铁折算功能，主界面输入包括球团矿和 DRI 成分、初步还原气体、焦炉煤气成分及竖炉的工艺参数设定。

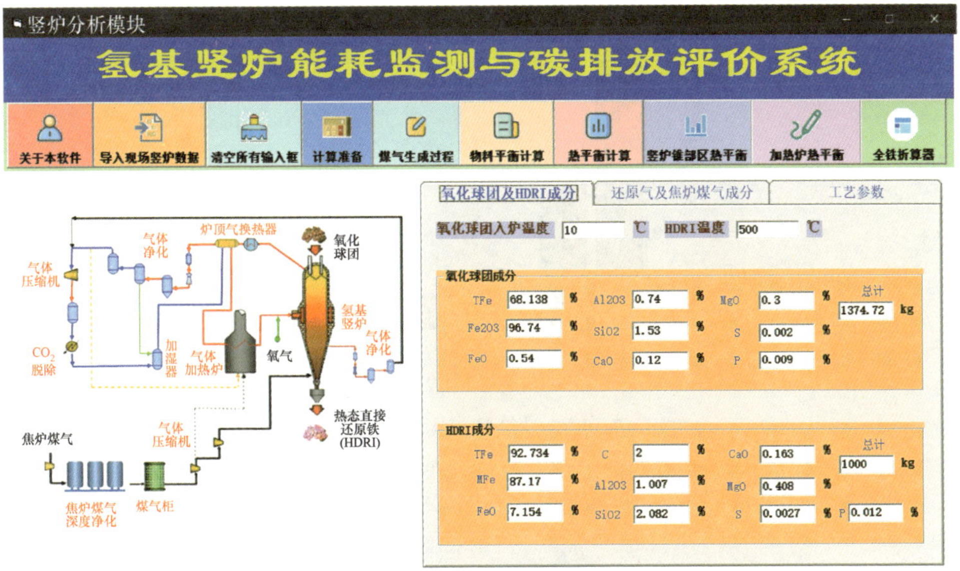


图 3-61　焦炉煤气零重整竖炉氢冶金系统能质平衡模型主界面

为了验证焦炉煤气零重整竖炉氢冶金系统能质平衡计算模型的准确性和稳定性，以张宣科技氢冶金现场生产为基础，每小时更新一次数据，采用固定时间测定的数据，保证数据的连贯性。将采集到的数据输入至分析软件中进行处理，对尾气脱水、脱碳洗涤及底气出口的煤气成分进行分析，并将得到的结果与生产过程中的实际值进行比较，直观地得到分析系统的准确性。经系统分析后将生产实际值和系统计算值进行对比，如图 3-62 所示。由图 3-62 可知，生产实际值与模型计算值高度吻合，验证了模型系统计算的准确性与稳定性。该模型的成功建立有利于分析系统各工序能质的转化，为提高焦炉煤气零重整竖炉氢冶金工艺系统能量利用奠定了理论基础。

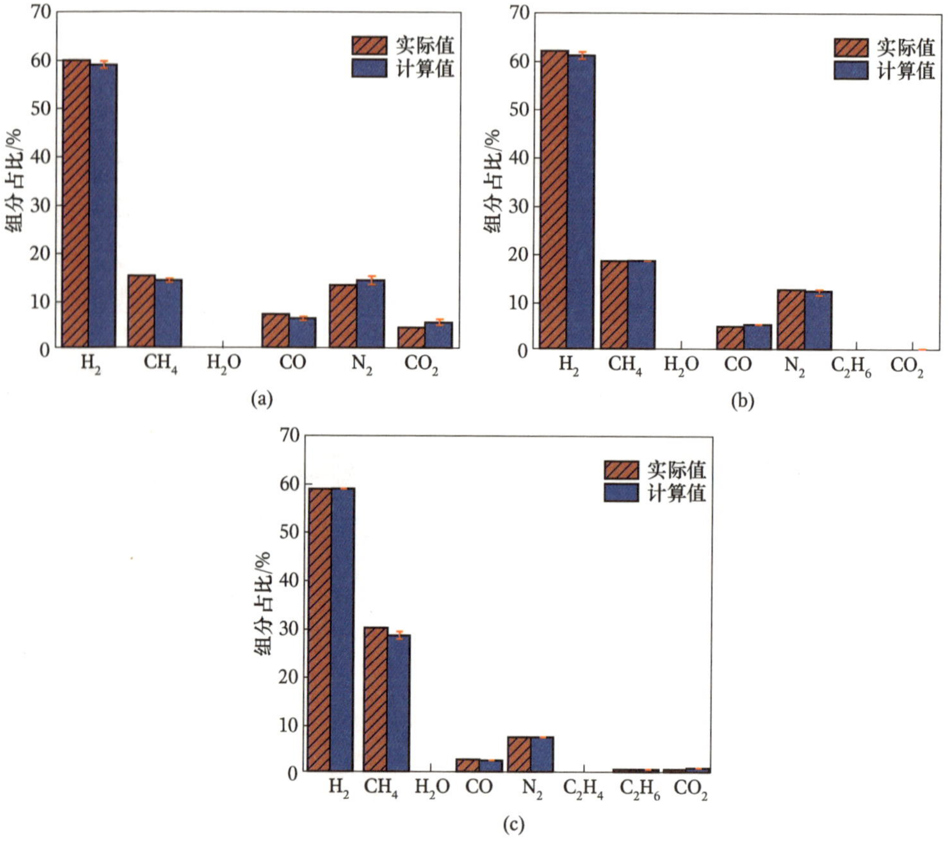


图 3-62 模型计算值与实际生产值对比

（a）尾气脱水后气体成分；（b）脱碳洗涤后气体成分；（c）底气气体成分

## 3.7 本章小结

本章对入炉工艺气体转化、能质平衡、碳氢还原理论、DRI 的渗碳都做了较为详细的分析，随着研究和认识的不断加深必将形成完整的焦炉煤气零重整竖炉氢冶金理论体系。

对该工艺进行物理化学过程理论分析，得到结论如下：

（1）基于热力学分析焦炉煤气转化分为三个阶段。第Ⅰ阶段为 CO 和 $H_2$ 的甲烷化反应，气体总量降低；第Ⅱ阶段随温度的升高，甲烷开始重整和裂解，但气体中甲烷含量始终低于初始含量，气体总量仍然小于初始含量；第Ⅲ阶段甲烷继续重整裂解，并且气体体积膨胀，这表明升高温度有利于 $CH_4$ 向 CO 和 $H_2$ 的转化，可以增加还原气体中有效成分，提高温度是焦炉煤气转化反应的关键。

（2）以张宣科技氢冶金为例，分析焦炉煤气零重整竖炉氢冶金气体的循环过程认为，在竖炉冷却段焦炉煤气中大分子有机物被吸附，发生裂解反应，对焦炉煤气起到进一步净化的作用；在加热炉内，随加入水蒸气的量增加，会促进 $CH_4$ 的重整转化，气相体系平衡组分中 $H_2$、CO 含量增加。加入氧气加速了 $CH_4$ 在 950~1050 ℃的重整转化过程，使工艺气中 $H_2/CO$ 比提高，还原气体成分增加，$CH_4$ 含量降低，最终达到竖炉入口煤气要求。

（3）竖炉煤气的需求量和热力学利用率主要由反应的第三阶段，即 FeO 向 Fe 的转变阶段决定。在还原温度 850 ℃、炉内压力 810 kPa 下，以生成 1 mol Fe 为目标，为了保持还原充分进行，生成 1 mol Fe 实际使用的还原气体量应该略高于最低还原气体量 3.4 mol。

（4）碳氢耦合还原的非等温动力学分析表明，在一定升温速率下，还原过程分三个阶段。随着反应温度升高，还原反应过程不同阶段反应的动力学过程都遵循 Avrami-Erofeev 方程，不同阶段的特征数值不同。碳氢耦合还原的非等温动力学分析表明，950 ℃、还原 1 h 的反应过程分成三个阶段，其中第一阶段遵循界面化学反应控制模型，第二阶段为界面化学反应和内扩散混合控制，第三阶段为内扩散控制。

（5）随着还原温度升高以及还原气氛 $H_2$ 含量的降低，球团矿的还原膨胀率增加，还原黏结指数增大。随着 $SiO_2$ 质量分数的提高，球团矿的还原速率呈升高的趋势，还原膨胀指数呈降低趋势。随着球团矿中 $Al_2O_3$ 质量分数的提高，球团矿的还原速率呈升高的趋势，而球团矿的还原膨胀性能先升高后降低。

（6）DRI 中碳含量是其质量的重要指标，C-H-O 体系气体析碳是 DRI 渗碳的基础，建立加湿比（加入水蒸气量）、$CO_2$ 加入量及 $O_2$ 加入量对体系析碳量的关系，获得 C-H-O 体系析碳定量调控方案。还原气体中较高 $CH_4$ 含量的存在有利于 DRI 的渗碳。冷却气体成分决定了 DRI 中的最终碳含量，随冷却气体中 $CH_4$ 含量增加，冷却后 DRI 的碳含量逐渐增加。

（7）提高能量利用率是焦炉煤气零重整竖炉氢冶金降低消耗的关键。目前张宣科技氢冶金炉顶煤气带走物理热在热支出总额中占比 48.97%，说明近乎一半的热量都被炉顶煤气带走，而用于铁氧化物还原的热量仅占 16.74%（不足 20%）。因此，提高竖炉煤气利用率和能量利用效率是今后焦炉煤气零重整竖炉氢冶金工艺的重点。

## 参 考 文 献

［1］ Mittal D, Kundoo J K, Bisen A K, et al. Persperctives on the reducing $CO_2$ emissions of gas-based DRI in steelmaking［J］. Metallurgical Research & Technology, 2022, 119 (4): 404.

［2］ Ghadi A Z, Radfar N, Valipour M S. A review on the modeling of direct reduction of iron oxides in gas-based shaft furnaces［J］. Steel Research International, 2023, 94 (6): 124.

[3] 焦健，陈彬剑，刁文鹏，等．甲烷水蒸气重整制氢技术研究进展［J］．节能，2023，43（1）：116-118.

[4] 钱慧琳，冉金玲，何安帮，等．二氧化碳-甲烷干气重整反应及其积碳控制的热力学分析［J］．低碳与化工，2023，48（5）：55-61.

[5] 王新东，赵志龙，李传民，等．基于富氢焦炉煤气零重整的氢冶金工程技术［J］．钢铁，2023，58（5）：11-19.

[6] 吴胜利，王筱留，张建良．钢铁冶金学（炼铁部分）［M］．4 版．北京：冶金工业出版社，2020.

[7] 周颖，周红军，徐春明．中国钢铁工业低碳绿色生产氢源思考与探索［J］．化工进展，2022，41（2）：1073.

[8] Duarte P E，Becerra J. Reducing greenhouse gas emissions with Energiron non-selective carbon-free emissions scheme［J］．Stahl Und Eisen，2011，31（6）：85-90.

[9] Wenguo L，Haibin Z，Jingsong W，et al. The production and application of hydrogen in steel industry［J］．Hydrogen Energy，2021，46：10548-10569.

[10] 蒋正彩．钴基催化剂的制备及其甲烷干重整反应性能研究［D］．银川：宁夏大学，2023.

[11] 侯人玮，柳圣华，冯效迁．$CH_4$-$CO_2$ 重整反应用 Ni 基合金催化剂研究进展［J］．低碳与化工，2023，48（6）：1-9.

[12] 苏通明，王传棽，宫博，等．甲烷干重整 Ni 基催化剂上积碳调控的研究进展［J］．低碳与化工，2023，48（3）：1-9.

[13] 马强．甲烷水蒸气重整制氢反应机理研究［D］．唐山：华北理工大学，2023.

[14] Towhidi N，Szekely，J. Reduction kinetics of commercial low-silica hematite pellets with CO-$H_2$ mixtures over temperature range 600 ℃-1234 ℃［J］．Ironmaking and Steelmaking. 1981，8（6）：237-249.

[15] 所聪．抗烧结 Ni 基催化剂制备及在甲烷水蒸气重整反应中的应用［D］．大连：大连理工大学，2022.

[16] 吕帅帅，徐成，张荣俊，等．镁含量对 Ni/$MgAl_2O_4$ 催化剂甲烷干重整反应性能的影响［J］．燃料化学学报（中英文），2024，52（3）：313-322.

[17] Guanin D，Pignattone A Martinis. Automatic control of direct reduction iron ore（DRI）process［C］．16 th IFAC Symposium on Automation in Mining，Mineral and Metal Processing. August 25-28，2013. San Diego，California，USA.

[18] 黄希祜．钢铁冶金原理［M］．北京：冶金工业出版社，2017.

[19] 李娜，郄亚娜，张淑会，等．基于气基还原的球团矿冶金行为研究进展与展望［C］//中国金属学会．第六届全国炼铁技术会暨炼铁学术年会论文集，2024：4，175-176.

[20] 陈庚．气基还原氧化铁动力学机理研究［D］．大连：大连理工大学，2011.

[21] 吴越，廖亚龙，马海飞，等．多金属复杂黄铜矿热活化及其非等温动力学研究［J］．中南大学学报（自然科学版），2023，54（2）：443-455.

[22] Li Y C，Cheng Y，Ye Y H，et al. Supplement on applicability of the Kissinger equation in thermal analysis［J］．Journal of Thermal Analysis&Calorimetry，2010，102（2）：605-608.

[23] Hernando N G. Analyzing the pyrolysis kinetics of several microalgae species by various differential and integral isoconversional kinetic methods and the distributed activation energy model [J]. Algal Research, 2018, 32: 11-29.

[24] Marini A, Berbenni V, Flor G. Kinetic parameters from thermogravimetric data [J]. Zeitschrift Für Naturforschung A, 1979, 34 (5): 102-106.

[25] 韩运晴，刘乃安．面向固体热解单一活化能计算的等转化率动力学分析方法研究 [J]. 火灾科学，2011，20 (1)：7-10.

[26] Vyazovkin S, Wight. Kinetics in solids [J]. Annual Review of Physical Chemistry, 1997, 32 (6): 35-39.

[27] Vyazovkin S, Wight C A. Isothermal and non-isothermal kinetics of thermally stimulated reactions of solids [J]. International Reviews in Physical Chemistry, 1998, 17 (3): 407-433.

[28] 郄亚娜．喷煤气高炉冶炼特点及反应规律的研究 [D]. 唐山：华北理工大学，2018.

[29] Lan Chenchen, Zhang Shuhui, Liu Xiaojie, et al. Kinetic behaviors of coke gasification with $CO_2$ and $H_2O$ [J]. ISIJ International, 2021, 61 (1): 167-173.

[30] Qie Yana, Lyu Qing, Li Jianpeng, et al. Effect of hydrogen addition on reduction kinetics of Iron oxides in gas-injection BF [J]. ISIJ International, 2017, 57: 404-412.

[31] Lyu Qing, Qie Yana, Liu Xiaojie. et al. Effect of hydrogen addtioon on reduction behavior of iron oxides in gas-injection blast furnace [J]. Thermochimica Acta, 2017, 648: 79-90.

[32] 任素波，白明华，龙鹄，等．气基竖炉直接还原技术及仿真 [M]. 北京：冶金工业出版社，2018.

[33] Yu G G. Energiron-new generation and innovation in DRI technology [R]. ITA: Danieli Metallurgical Equipment Co. , Ltd, 2005: 1-14.

[34] 梁之凯，黄柱成，易凌云．焦炉煤气竖炉法生产 DRI 的煤气用量及利用率 [J]. 中国冶金，2017，27 (11)：18-23.

# 4 氢基竖炉工艺技术与装备

竖炉氢冶金工艺是以球团矿作为主要原料，氢气作为主要还原剂，在高温条件下通过化学反应用氢气将铁矿石还原成金属铁的技术[1,2]。该工艺完全不使用烧结矿、焦炭和煤，从源头减少碳的消耗，是一种先进的绿色低碳冶金技术[3-5]。氢冶金工艺包括氢基竖炉工艺和循环气体工艺，本章围绕氢基竖炉工艺技术与设备，从原料供应和处理、炉顶上料、氢基竖炉、DRI 冷却、DRI 卸料、成品 DRI 储运等主要工艺系统，详细介绍了各系统的组成、工艺流程、主要装备及技术特点等。

## 4.1 氢冶金竖炉工艺概述

### 4.1.1 系统组成

氢基竖炉的主要原料是球团矿，也可以配加少量块矿[6]。块矿的配加比例由其物理化学性能决定。由于缺乏高品质的块矿资源，因而 HyMEX 项目选择全部采用球团矿作为原料。

氢基竖炉工艺包括原料供给与处理、炉顶上料、氢基竖炉、竖炉排料、DRI 冷却、DRI 卸料、成品 DRI 运输和储存系统，以及高温工艺气体集输管道、液压、润滑、电梯、电弧炉等辅助系统[7,8]。

### 4.1.2 工艺流程

铁矿粉制备成球团后，成品球团矿经带式输送机输送到氢冶金工厂区域，进入原料供给和处理系统，经分装、储存、筛分、涂覆等单元处理后，通过主上料皮带和垂直皮带输送至竖炉炉顶上料系统，加入到氢基竖炉系统；球团矿在氢基竖炉中完成还原、渗碳，生成热态 DRI 进入到排料系统；热态 DRI 经旋转给料器进入 DRI 冷却系统；热态 DRI 在冷却器中与冷却气体进行热交换，进一步冷却；冷态 DRI 经排料系统进入 DRI 卸料系统；根据压力调控，冷态 DRI 会交替排入两个加压卸料仓，然后交替卸载到 DRI 成品皮带，由成品 DRI 运输系统运输到 DRI 储仓进行钝化和储存。合格的 DRI 产品将供给后续电炉炼钢使用或外销至其他用户。氢基竖炉工艺流程如图 4-1 所示。

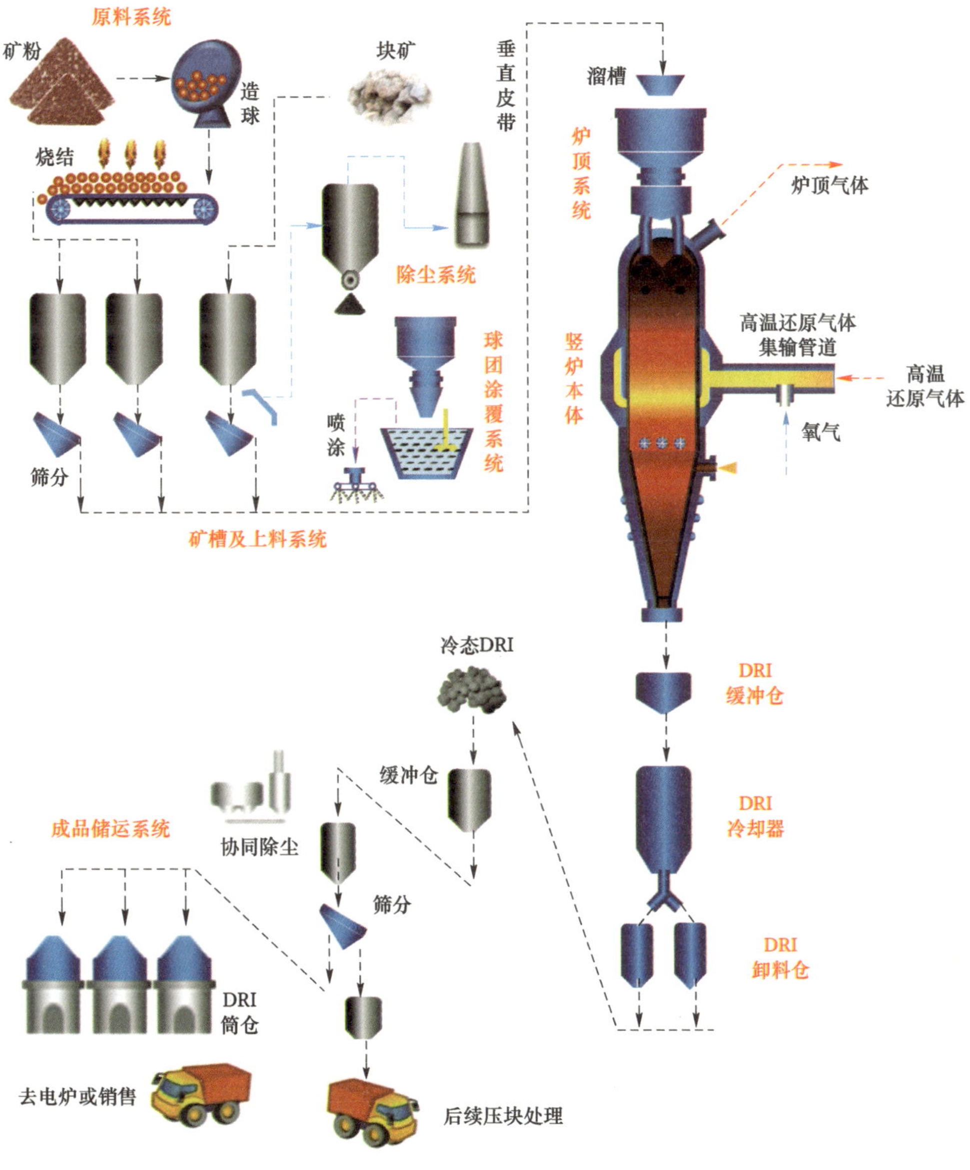


图 4-1　氢基竖炉工艺流程图

### 4.1.3　竖炉塔架及设备布置

竖炉塔架是氢基竖炉工艺的最重要设施之一，氢基竖炉工艺的核心设备都布置在竖炉塔架上。HyMEX 项目竖炉塔架的主体钢结构为高 118 m，烟囱最高点达 123 m，底部框架为 16 m×16 m，被誉为“京西第一高建筑物”。目前，我国现有最大的 5800 $m^3$ 高炉的最高点为 118 m。针对不同规模的竖炉或不同的 DRI 输送方式，竖炉塔架设计会有所区别。

竖炉钢结构塔架根据工艺流程进行精准设计，主体结构平台分为 28 层，形成 4 个串联的功能区域，自上而下为炉顶上料、氢基竖炉、成品冷却和成品卸料。竖炉钢结构塔架及功能区域如图 4-2 所示。

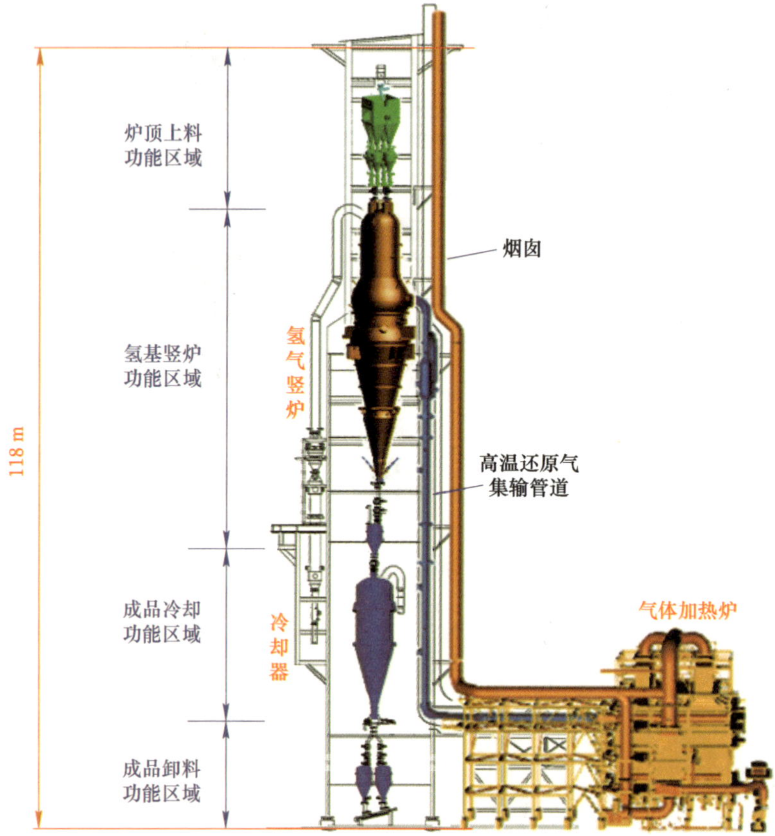


图 4-2 HyMEX 项目竖炉钢结构塔架及功能区域示意图

（1）炉顶上料功能区域。氢基竖炉炉顶上料功能区域范围是塔架 118～95 m 之间的部分，主要功能是负责实现球团矿的接收、缓存、布料、装存等，主要设备包括垂直皮带和炉顶上料系统设备等，详细内容见 4.3 节。

（2）氢基竖炉功能区域。氢基竖炉功能区域范围是塔架 95～42 m 之间的部分，主要功能是负责实现球团矿的还原、渗碳和排料等。其中，70 m 平台是整个塔架最重要的平台之一，也是氢基竖炉的承载平台，详细内容见 4.4 节和 4.5 节。

（3）成品冷却功能区域。成品冷却功能区域是塔架 42～14 m 之间的部分，主要功能是负责实现热态 DRI 的冷却和排料。其中，29 m 平台是塔架的第二个重要平台，也是 DRI 冷却器的承载平台，详细内容见 4.6 节。

（4）成品卸料功能区域。成品卸料功能区域是塔架 14~0 m 之间的部分，主要功能是负责实现冷 DRI 卸料，详细内容见 4.7 节。

竖炉塔架结构形式较独特，所有设备和管道均挂靠在竖炉钢结构塔架上。钢结构不仅需要承受设备及炉料的重量和热应力，还必须具备良好的抗风、抗震、耐腐蚀能力。针对竖炉框架平台荷载大、长宽比较小、周边附属结构多等特点，HyMEX 项目对结构方案、荷载取值及关键部位的设计进行了深入分析和研究，完成了竖炉框架的抗风抗震分析、柱脚节点和柱脚基础分析，以及整体的钢结构设计工作。

以我国常规 3000 $m^3$ 高炉为例，该高炉年产 250 万吨铁水，主体结构高度约 80 m，底部框架跨度约 18 m，高宽比在 4.5 左右。此类高炉的框架整体与高炉炉壳进行水平拉结，由炉壳为炉体框架提供足够的水平刚度。相比之下，HyMEX 竖炉钢结构塔架的高宽比约为 7.4，氢基竖炉、冷却器等核心设备全部自然安置于钢结构框架上，且没有依赖水平拉结或炉壳刚度支撑。在这种高宽比更大、无水平拉结支撑的情况下，HyMEX 项目创新性地提供了一种全新的结构体系，使得结构框架在不依靠炉壳刚度的前提下，既能够承受竖炉反应器等垂直载荷，又能保证足够的水平和侧向刚度，从而为竖炉工艺流程的顺利实施提供了坚实可靠的结构支撑。

## 4.2 原料供应与处理系统

### 4.2.1 工艺描述

HyMEX 项目使用厂内自产球团矿，球团制备工艺详见第 6 章。成品球团矿经皮带运输机输送到项目区域的原料供应系统。

原料供应系统主要分为槽上供料单元、矿槽单元、涂覆单元、竖炉上料单元，总体工艺流程为：球团矿→皮带运输→槽下储仓→扇形闸门→棒条闸门→皮带秤→振动筛→皮带输送→涂覆皮带→球团涂覆→皮带输送→缓冲仓→皮带秤→上料主皮带→垂直皮带→竖炉炉顶料仓。原料供应与处理工艺流程如图 4-3 所示。

### 4.2.2 槽上供料单元

#### 4.2.2.1 工艺流程

槽上供料单元主要为 4 个储仓进行装料，球团矿通过皮带运输至矿槽的槽上供料单元，经重型卸料车分别卸入储仓。按照物料不同，槽下设置 4 个储仓，其

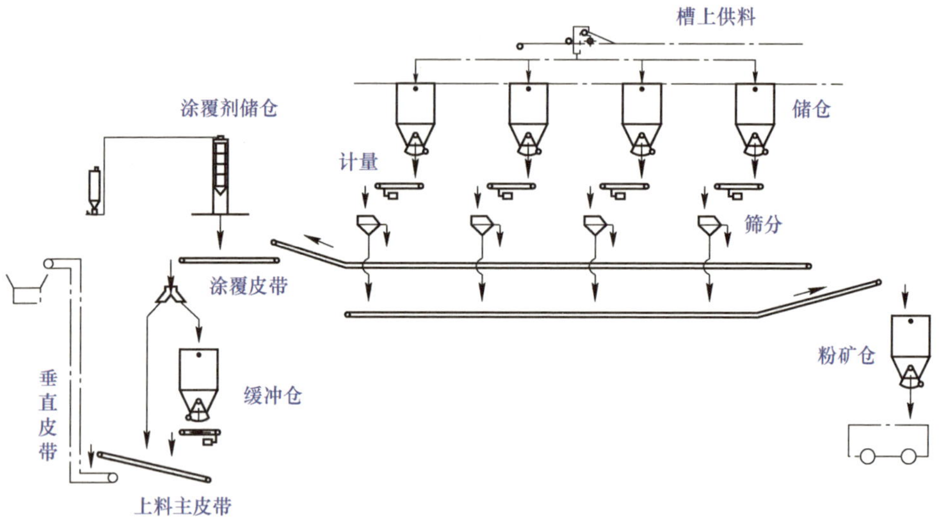


图 4-3 原料供应与处理工艺流程图

中 3 个为原料球团矿储仓，1 个为不合格的 DRI 储仓。

4.2.2.2 主要设备

槽上供料单元设置 2 条皮带，主要技术参数见表 4-1。

**表 4-1 槽上供料系统带式输送机的技术参数**

| 设备名称 | 数量/台（套） | 主要参数 |
|---|---|---|
| 带式输送机 | 2 | 带宽 1000 mm，运输能力 800 t/h，带速 2 m/s |

4.2.2.3 系统操控

A 控制

槽上供料系统采用原控制系统并加以优化，将其引入竖炉主控室，实现集中控制。该系统具备自动控制、集中手动操作和机旁单机手动操作三种控制方式，其中自动控制和集中手动操作均可在控制室内完成。

当某矿槽的料位计发出低料位信号时，卸料车的电动机自动启动；当卸料车到达该矿槽（即发出低料位信号的位置）时，行程开关发出信号控制卸料车电动机停止。同时，行程开关的信号接入原料输送系统的 PLC，通过 PLC 指令，原料输送系统按照逆料流顺序依次启动相关运输系统设备。

（1）自动控制。正常生产时采用自动控制功能，在控制室通过 PLC 实现，系统根据事先输入及设定的参数自动完成作业流程。

（2）集中手动操作。集中手动操作也是正常生产时常用的操作方式之一。其主要包括集中手动连锁操作和集中手动单机操作两种功能。集中手动连锁操作通常用于投产初期或某一系统发生故障时，通过集中控制实现设备的联动操作。集中手动单机操作则适用于设备调试或处理突发事故等特殊情况，在解除 PLC 控制和手动连锁操作后，可对单台设备进行独立控制。

(3) 机旁单机手动操作。设备单机调试、设备维修及处理现场突发事故时，采用现场操作盘手动操作方式。

B 报警、检测与连锁

(1) 启动警示与事故报警。在系统启动前，用声光信号警示现场人员注意安全，振铃信号延时 10~20 s 后启动系统。在设备启动后，声光信号停止。

每条带式输送机上都装有速度检测器、跑偏检测器、拉绳事故开关等检测组件，这些检测组件与振铃或灯光等报警信号相联；当设备发生事故检测组件报警时，集中控制室内和现场应有声光信号显示。

(2) 检测及连锁。对带式输送机的跑偏、打滑（速度）状况进行检测，对矿槽的低料位、高料位和超高料位进行检测，所有检测信号均可显示、自动报警及参与控制。

C 辅助设施

为改善劳动条件，满足环境保护要求，在带式输送机各转运点均设有通风除尘设施，除尘设施与工艺设备联动运行。为方便检修，在转运点设有电动葫芦和检修电源。

### 4.2.3 矿槽单元

4.2.3.1 工艺流程

矿槽单元主要包括原料储仓、带式称重给料机、振动筛、溜管、带式输送机、粉矿储仓等。

原料储仓设置 4 个，呈“一”字形布置。为实现不同品质或规格的球团矿分开储存，以及不同配比供料，其中 3 个为原料球团矿储仓，另 1 个为不合格的 DRI 储仓。

在原料储仓的球团矿通过闸门放料，经带式称重给料机计量和输送进入振动筛，筛分后，由皮带输送机将合格球团矿输送至涂覆系统。筛下物经皮带输送至粉矿仓，通过汽车转运至处理工厂。

4.2.3.2 主要设备

矿槽系统主要设备及技术参数见表 4-2。

**表 4-2 矿槽系统主要设备及技术参数**

| 名　称 | 数量/台（套） | 主要参数 |
| --- | --- | --- |
| 球团矿储仓 | 3 | 容积 500 m$^3$，储存量 3300 t |

续表 4-2

| 名　称 | 数量/台（套） | 主要参数 |
|---|---|---|
| 不合格 DRI 矿储仓 | 1 | 容积 500 $m^3$，储存量 770 t |
| 筛下粉矿储仓 | 1 | 容积 180 $m^3$，储存量 400 t |
| 仓口闸门 | 4 | 处理能力 140 t/h |
| 带式称重给料机 | 4 | 带宽 1000 mm，$Q$=0~140 t/h |
| 振动筛 | 3 | 处理能力 140 t/h |
| 振动筛 | 1 | 处理能力 20 t/h |
| 返矿带式输送机 | 1 | 带宽 650 mm，运输能力 20 t/h |
| 返矿大倾角带式输送机 | 1 | 带宽 800 mm，运输能力 20 t/h |

4.2.3.3　系统操控

（1）控制。矿槽系统的电气控制方式分为自动、手动和机旁手动三种。在正常情况下，在中央控制室内实现自动运转，也可在中央控制室内通过手动控制方式，对系统设备单独操作。机旁手动是在解除连锁的情况下，仅用于设备试车或检修期间的操作。

（2）监测及安全保护。在原料系统的关键部位设置了多种控制、监视装置及安全保护装置，如：料位计、带式输送机防纵向撕裂、跑偏、打滑等安全保护装置。在炉顶卸料区域设置摄像头，在中控室设工业电视，实现对系统运行情况的实时监控。

（3）检修设施。在振动筛上方设有电动葫芦，在转运站带式输送机头轮上方均设有电动葫芦，供检修时使用。

（4）环保除尘。为了保护环境、改善工人工作条件，槽下系统的振动筛、带式输送机转运站等产尘点均设通风除尘设施。

槽下各产尘点均设置除尘罩，烟尘由除尘罩收集并通过槽下集中除尘系统进行处理。

### 4.2.4　球团涂覆单元

4.2.4.1　工艺流程

在竖炉还原过程中，球团矿在高温还原生成 DRI 时容易黏结成块，影响竖炉的顺行生产。通过在原料球团矿表面涂覆一层涂层，可以有效防止发生这种黏结现象，提高竖炉的生产效率[9]。因此，竖炉氢冶金流程必须设置球团涂覆单元，使用的涂覆剂一般为水泥或石灰，球团涂覆原理如图 4-4 所示。

球团涂覆单元主要包括水泥筒仓、布袋式除尘器、带式称重给料机、水泥浆制备、涂覆皮带、涂覆球团缓存仓、污泥处理等。

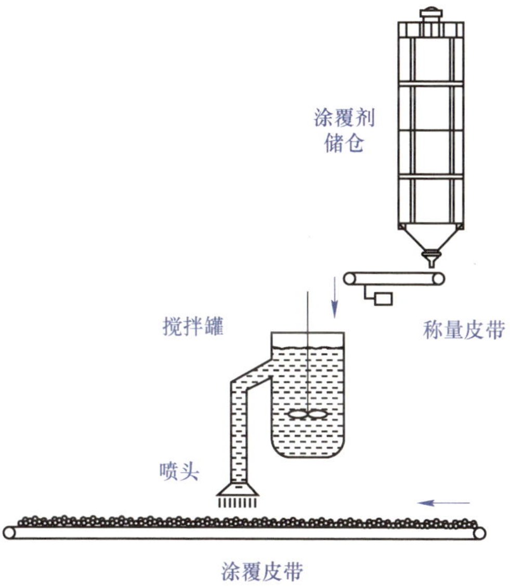


图 4-4 涂覆原理示意图

经矿槽单元将优质球团矿输送至涂覆单元，在涂覆皮带上，球团矿在输送的过程中完成涂覆，涂覆好的球团矿送至球团缓冲仓，经过一定时间的缓存、匀化、干燥后，由皮带输送机输送至上料主皮带，进入竖炉上料单元。

水泥筒仓储存量按 7~10 天用量进行设计。水泥罐车通过气力输送方式，将水泥粉经管道输送至水泥筒仓顶部，仓顶设置单点除尘器进行除尘。

4.2.4.2 主要设备

涂覆单元中主要储仓和主要设备的技术参数见表 4-3。

**表 4-3 涂覆单元主要储仓和主要设备的技术参数**

| 设备名称 | 数量/台（套） | 主要参数 |
| --- | --- | --- |
| 水泥储仓 | 1 | 80 $m^3$，储存量 70 t |
| 缓冲仓 | 1 | 300 $m^3$，储存量 770 t |
| 涂覆皮带机 | 1 | 变频控制，带宽 650 mm，运输能力为 0~140 t/h，水平机长为 20 m，提升高度 $h$=-0.4 m |
| 水泥筒仓除尘器 | 1 | 处理风量 2000 $m^3$/h，过滤面积 58 $m^2$，过滤风速 0.58 m/min |
| 活化料斗 | 1 | 处理能力 10 t/h |
| 回转阀 | 1 | 处理能力 10 t/h |

续表 4-3

| 设备名称 | 数量/台（套） | 主要参数 |
|---|---|---|
| 手动插板阀 | 1 | 尺寸为 300 mm×300 mm，处理能力 10 t/h |
| 分料阀 | 3 | 处理能力 10 t/h |
| 失重式给料机 | 1 | 处理能力 10 t/h |
| 水泥搅拌罐 | 2 | $P$=5.5 kW，容量 1 t |
| 干粉振动给料机 | 2 | $P$=3.75 kW |
| 电液动三通分料器 | 1 | 口径 600 mm×600 mm |

#### 4.2.4.3 系统操控

良好的球团涂覆可以保证竖炉炉料顺行，因此，涂覆系统的控制与调节至关重要。一般包括以下五个方面：灰球比调节（涂覆剂用量的调节）、灰水比调节（涂覆浆液浓度的调节）、水温的调节、涂覆线路的切换、涂覆方式的调整。

A 灰球比调节

灰球比，即涂覆剂与待涂覆球团矿之间的质量之比，即每吨球团矿使用涂覆剂的质量，单位为 $kg/t_{球团}$。

灰球比的控制范围与还原气体成分、球团矿的表面性质和冶金性能密切相关，一般情况下球团矿的品位越高，黏结倾向越大，因此，灰球比通常需在工厂热调试阶段通过实际运行进行摸索和优化。其基本控制原则是“满足球团矿在竖炉内还原时不黏结”。

此外，灰球比控制受涂覆单元的运行状况、涂覆剂质量及气候气象条件等因素影响。生产过程中应根据竖炉生产反馈情况，及时对灰球比进行调整，以确保生产顺利进行。

B 灰水比调节

灰水比，即涂覆剂与水之间的质量之比，即每立方米水中稀释涂覆剂的质量，单位为 $kg/m^3$。涂覆单元的另一个操控关键，在于水灰比的控制。

如果水灰比过低，不仅降低涂覆效果，还会导致涂覆浆液干燥固化的时间延长，降低生产效率。同时，过多未固化的涂覆浆液将进入下游设备，影响皮带的正常运行，增加清洁工作量。反之，如果灰水比过高，则浆液流动性变差，难以在球团表面形成均匀涂层，同时易导致浆液导管发生堵塞，影响系统稳定运行。

根据 HyMEX 项目实践，灰水比过高的危害更大，极容易造成涂覆中断、影响竖炉供料，导致现场人员不得不频繁地切换涂覆线路、清洗浆液制备搅拌罐和浆液导管。

因此，合适的灰水比需要根据所用涂覆剂的性能、涂覆系统的设备状况、涂覆皮带的运输量和速度等进行实践摸索，是一个需要根据实际情况进行定制的工艺参数。

C 水温的调节

一般情况下，水温对涂覆影响不明显。如果项目地纬度较高，在冬季生产时，会遇到涂覆剂混合和涂覆浆液硬化问题。HyMEX 项目处于北纬 40°，冬季温度最低可达-25 ℃，因此，不仅要设置墙面保温，同时设置了外加热；在温度低于 5 ℃时，会启动电加热器，对供水进行加热提温，以确保涂覆浆液的硬化不受影响。水温控制可以参考供应商提交的涂覆剂性能规格书进行具体确定。

D 涂覆线路的切换

涂覆单元设置两条涂覆线路，沿着涂覆皮带进行串联式布置，采取一用一备设计。由于一条线路在长时间使用后，涂覆浆液导管内的结垢情况会逐步加剧，浆液制备罐的内壁结垢也会大量积累，影响涂覆的稳定性。因此，两条路线会周期性地切换，一条线路使用，则另一条线路进行清洗维护。

E 涂覆方式的调整

球团涂覆方式，一般分为干涂和湿涂两种方式。由于 HyMEX 项目的特殊性，同时配置了这两种方式。但并不是所有的直接还原工厂都是这样，一般只配置一种。

(1) 湿涂方式：本章描述的涂覆方式为湿涂，先将水和涂覆剂加入浆液制备罐，制备成涂覆浆液，再将浆液喷洒到涂覆皮带上的球团矿料流表面。

(2) 干涂方式：将涂覆剂干粉直接撒到涂覆皮带上的球团矿料流表面上，然后喷洒少量水，在涂覆皮带上进行混合。一般情况，不会使用干涂方式。

### 4.2.5 竖炉上料单元

#### 4.2.5.1 工艺流程

涂覆后的球团矿进入到竖炉上料系统。竖炉上料单元主要包括上料主皮带和垂直皮带，主要功能是将涂覆后的球团矿输送至竖炉塔架顶部的炉顶上料系统。

在两条皮带的交接点设置点式除尘器，用于收集粉末，防止环境污染；在垂直皮带的头尾平直段下方设置收粉仓，用于收集撒落的球团和粉末，进一步减少对环境的影响。收集后的物料通过重力输送系统输送至地面，再由汽车输送至压块车间处理。

#### 4.2.5.2 主要设备

竖炉上料系统的主要设备包括上料主皮带机、垂直皮带输送机、收料装置、除尘器等。

(1) 上料主皮带的主要参数见表 4-4。

**表 4-4 上料主皮带的主要参数**

| 设备名称 | 数量/台 | 规格参数 |
|---|---|---|
| 上料主皮带 | 1 | 带宽 800 mm，运输能力 140 t/h，水平机长 297 m，$\alpha=10.2°$，提升高度 $h=53.3$ m |

（2）垂直皮带输送机，又称波纹挡边皮带输送机，主要运输颗粒和粉状原料[10,11]。其主体结构由水平上料段、中间的垂直提升段和水平卸料段三部分组成，带体中间设有隔板，带体两侧为波纹裙边。垂直皮带输送机示意图如图 4-5 所示，其性能参数见表 4-5。

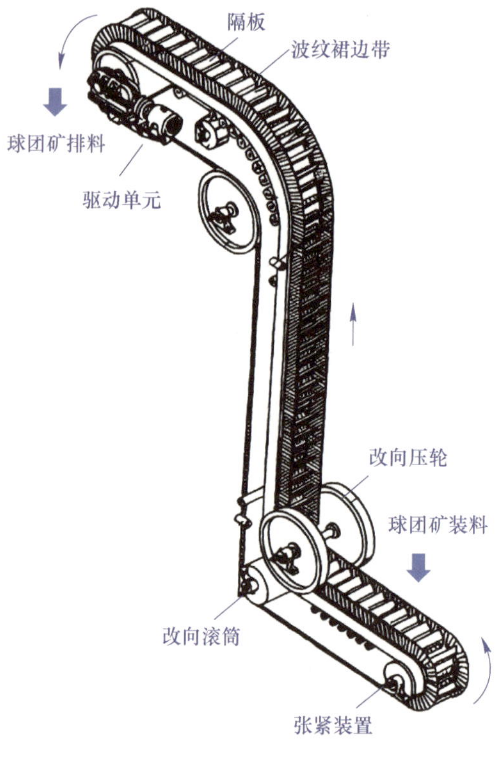


图 4-5 垂直皮带输送机示意图

**表 4-5 垂直皮带输送机的性能参数**

| 设备名称 | 数量/台（套） | 规格参数 | 备注 |
|---|---|---|---|
| 垂直皮带输送机 | 1 | 带宽 1000 mm，运输能力 140 t/h，$\alpha=90°$ | 波纹挡边输送带 |

（3）回收装置。垂直皮带水平上料段下方配置物料回收装置，用于将装料

口散落的原料球团矿进行收集，由回收料斗和卸料溜槽构成。

4.2.5.3 系统操控

为保证竖炉还原过程中的 DRI 产品达到合格金属化率和碳含量，球团矿上料速率必须与竖炉生产速率、DRI 排料速率相匹配。这种条件下，得到生产每吨 DRI 需要消耗的球团矿原料，即矿耗比。根据 HyMEX 项目经验，通过理论计算并结合实际统计得到矿耗比，自动匹配合理的上料速度。

由于竖炉炉顶料仓、加压装料仓都具备一定的缓冲能力，因此短时间内上料速度的波动（过快或过慢）不会影响正常生产。竖炉操作人员只需要根据炉顶常压的受料仓料位变化，及时调整上料速度即可。

## 4.3 炉顶上料系统

### 4.3.1 系统组成

竖炉炉顶系统承担供料功能，主要包括旋转装料机、装料仓、加压料仓、上下密封阀组、膨胀补偿节、气密放散阀、液压与润滑设施，以及炉顶检修设施等。竖炉炉顶系统示意图如图 4-6 所示。

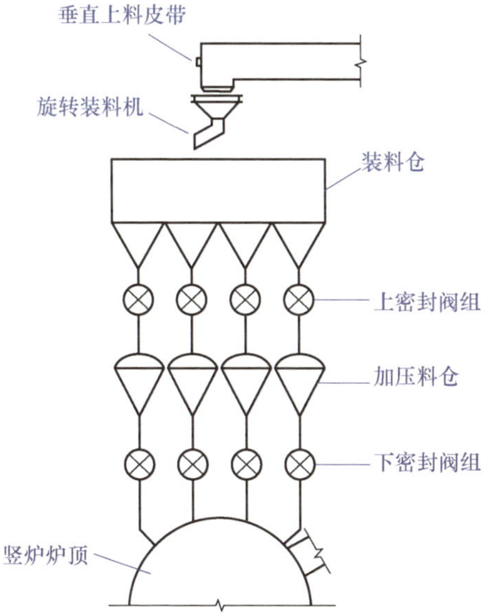


图 4-6 竖炉炉顶系统示意图

### 4.3.2 工艺描述

竖炉装料系统的流程如下：

(1) 对于竖炉反应器装料，首先使用旋转装料机将球团矿均匀分配到常压受料仓的4个料斗内。

(2) 4个加压料仓分别对应在4个料斗的下方，二者连接的导管上设有一套密封阀组。每套密封阀组由一个固体切断阀和一个气体与固体双向密封阀组成。其中，固体切断阀主要负责固体料流的截断，气体与固体双向密封阀主要负责气体的密封并兼具截断固体料流的功能。

(3) 加压料仓在常压和竖炉工作压力下间歇工作，工作原理类似高炉均压上料仓；当炉顶料仓向其放料前，需要将其泄压至环境压力；当其装满料后，需要先将其与上下游截断开并进行冲压，直至压力与竖炉炉顶压力一致，再打开下方与竖炉连接导管上的截门向竖炉内放料。

(4) 4个加压料仓下方对应于反应器相连的4个下料管，下料管上设有密封阀组，加压料仓排出的球团矿经下料管进入竖炉。

### 4.3.3 主要设备

#### 4.3.3.1 旋转装料机

旋转装料机用于将垂直上料皮带输送过来的物料装填到装料仓中。旋转装料机下部为圆形溜管，镶嵌耐磨合金衬板，其主要参数见表4-6。

**表4-6 旋转装料机的主要参数**

| 项 目 | 主要参数 |
|---|---|
| 工作温度 | 环境温度 |
| 驱动方式 | 变速电机 |
| 功能 | 可实现多环或定点装料 |

旋转装料机采用变速电机驱动，可进行变速旋转，设有多环装料和定点装料方式。多环布料设有自动和手动两种操作方式，定点布料仅在特殊情况时使用，只设手动操作。旋转装料机可将球团矿布到装料仓上的圆周多点位置，保证装料仓内球团矿分布均匀。

#### 4.3.3.2 矿石装料仓

矿石装料仓位于旋转装料机后端，对球团矿给料起到缓冲作用，为下游加压料仓装料。矿石装料仓本体为正方形（见图4-7），底部有4个锥体，每个锥体为一个加压料仓投料。

竖炉炉顶设有装料仓一个，装料仓上部为正方形结构，敞开形式，底部有4个锥体，每个锥体为一个加压料仓投料。装料仓本体为焊接结构，内部接触炉料部位设有可更换的耐磨衬板，在装料仓内部设有一层筛网，可以将大块异物分

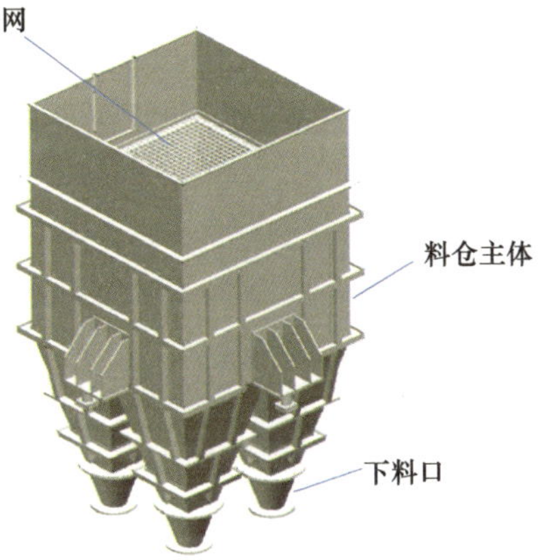


图 4-7 矿石装料仓

离，避免进入加压料仓。

装料仓设有称重传感器，用来检测装料仓下部 4 个锥体内物料的料位状态。装料仓的主要参数见表 4-7。

**表 4-7 装料仓的主要参数**

| 项 目 | 参 数 |
|---|---|
| 型号 | 物料流型 |
| 工作容积 | 40 $m^3$ |
| 工作压力 | 常压 |
| 工作温度 | 环境温度 |
| 料位检测 | 称重传感器 |

4.3.3.3 加压料仓

装料仓后端设置 4 个加压料仓，与 4 个锥体一一对应排列。作为竖炉装料设备，这些料仓可最大限度地保证对竖炉进行连续投料。每个加压料仓在环境大气压下装料，装满料后充压到与竖炉反应器压力相等，关闭充压阀门，打开卸料阀门，然后向竖炉反应器投料。

加压料仓的示意图如图 4-8 所示，加压料仓上部阀门可防止物料溢出，同时也防止料仓内气体排入大气。当料仓充压时，允许高压氮气充入，给料仓增压；料仓减压时，料仓中的氮气压力通过排气阀排放到大气中去。

加压料仓的主要参数见表 4-8。

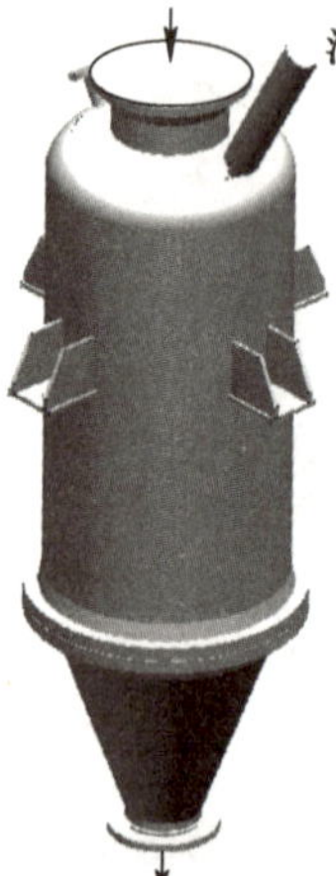


图 4-8 加压料仓

**表 4-8 加压料仓的主要参数**

| 项 目 | 主 要 参 数 |
| --- | --- |
| 数量 | 4 个 |
| 类型 | 质量流量 |
| 工作容积 | 2.1 $m^3$ |
| 设计压力 | 1.2 MPa |
| 工作温度 | 环境温度 |
| 料位检测 | 高料位检测、射线料位传感器 |

### 4.3.4 系统操控

炉顶上料系统是衔接球团矿上料和竖炉进料的重要环节。垂直皮带的上料速度可以保证炉顶的球团矿供给，旋转装料机将球团矿分装在装料仓。

由于正常生产情况下，竖炉一直处于带压状态，因此无法直接将处于环境大气压力条件下的球团矿或块矿直接装入竖炉，必须借助加压料仓实现。加压料仓的装料原理与高炉的装料系统类似，其装料过程为：受料→加压→放料→泄压→受料，每个工序的功能如下：

(1) 受料。加压料仓接收来自上部炉顶装料仓的球团矿，直至达到额定料位后，关闭上部装料阀门。

(2) 加压。使用氮气对加压料仓进行充压，直至料罐压力与竖炉顶压相一致。

(3) 放料。打开下部卸料阀门，炉料由加压料仓被装入竖炉中，关闭卸料阀门。

(4) 泄压。打开泄压阀门，将加压料仓中的氮气排空，直至料罐压力与外界大气压力相同。打开上部装料阀门，进入下一个装料周期。

料罐上部装料阀门和下部卸料阀门设置液压连锁，当操作料罐下部阀门时，不能同时操作料罐上部阀门；反之，操作上部阀门时，不能同时操作料罐下部阀门。该连锁装置防止安全风险的发生，当压力锁打开时，系统不能开启排压阀来释放竖炉反应器中的压力。

装料系统设计为在不降低生产速率的情况下，可以允许只有 3 个料仓运行，剩余一个料仓及其阀门可以离线进行维护检修。

通常，竖炉装料都是自动进行的，无须进行人为操作。但是，操作员需要随时关注氮气压力、各阀组的动作情况，判断是否存在密封不严或者卡阀等事故。如果出现事故，影响正常上料，需要及时退出自动操作模式，切换到手动操作模式，并及时联系现场人员和检修人员共同配合进行处理。

## 4.4 氢基竖炉本体

氢冶金的核心还原设备是氢基竖炉[12-15]。氢基竖炉主要包括下料管、竖炉本体、耐火材料、冷却夹套、大块破碎装置，其本体内部结构如图 4-9 所示。

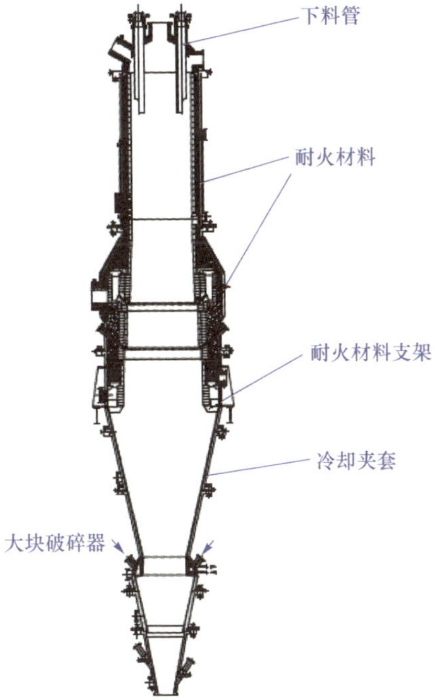


图 4-9 竖炉本体内部结构示意图

### 4.4.1 竖炉结构

4.4.1.1 下料管

球团矿由炉顶上料系统通过下料管进入竖炉。HyMEX 竖炉顶部设置了 4 根下料管，主要是为了使球团矿在竖炉内均匀分布。

下料管上端设置了冷的工艺气体入口，如果竖炉顶部气体温度过高，则通过工艺气体进行降温保护。为控制和降低竖炉出口气体的温度，在每个进料口冷的工艺气体与竖炉炉顶气体混合。

4.4.1.2 竖炉反应器

竖炉是压力容器，上部为圆柱形，下部为圆锥形。竖炉炉型，以竖炉本体的纵剖面形状来表示。与高炉不同，由于竖炉物料单一，且工况简单，其设计炉型与工作炉型基本一致。由上而下，竖炉结构分为封头、炉身、炉腹、炉锥及排料口组成的五段式，其内型示意图如图 4-10 所示。

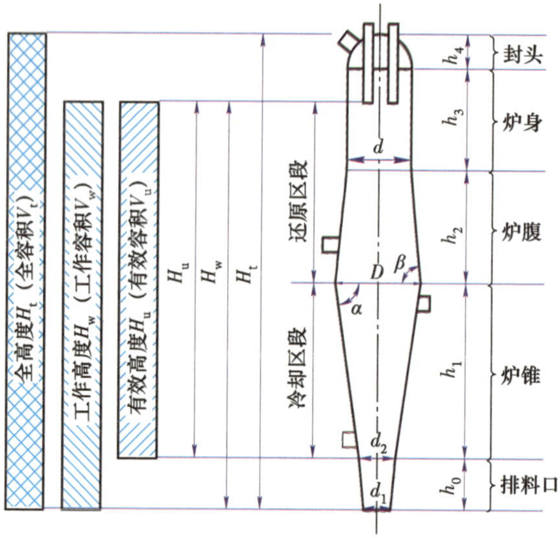


图 4-10 氢基竖炉内型示意图

$D$—炉腹直径；$d$—炉身直径；$d_1$—排料口直径；$d_2$—炉锥口直径；$H_u$—有效高度；$H_w$—工作高度；$H_t$—全高度；$\alpha$—炉锥角；$\beta$—炉腹角；$h_0$—排料口高度；$h_1$—炉锥高度；$h_2$—炉腹高度；$h_3$—炉身高度；$h_4$—炉顶球面半径

（1）封头。竖炉封头为半球状，下料管穿过封头进入竖炉。封头设置气体出口，还原后的尾气从封头排出。炉顶气体温度控制在 450 ℃以下。

（2）炉身。竖炉炉身为圆柱体，其主要作用是接收下料管内的炉料。在炉身段，炉料与上升的热还原气体进行充分接触后完成预热和预还原。竖炉还原的高效性与炉身预热均匀程度有很大关系，稳定的炉料下料和还原气体的流速有密切关系。因此，合理炉身直径必须考虑还原气体的流速。

(3) 炉腹。炉腹为上小下大的圆台体，可适应炉料在下降过程中受热和还原晶型转变的体积膨胀，其锥度由炉身角 $\beta$ 表示。炉腹主要承担炉料的深度还原，高温还原气体经集输管道从竖炉炉腹下部的环形通道（简称“环道”）均匀分布，由耐火材料的孔道通入竖炉炉体。

(4) 炉锥。炉锥为圆锥体，内部装满深度还原后的 DRI 产品，其锥度由 $\alpha$ 表示。竖炉炉锥下部设置焦炉煤气入口，采用环管布置方式，上部设置 1 个出口。竖炉锥部通入焦炉煤气，主要作用是进一步对焦炉煤气进行净化和对 DRI 冷却。焦炉煤气离开反应器后进入煤气处理系统，在作为新的补充气重新进入还原系统前降温和除尘。

(5) 排料口。排料口是圆锥体，是还原后热 DRI 排出的通道。排料口设置 2 个物料破碎器，当物料有黏结时，操作物料破碎器，将大块的物料进行破碎。2 个物料破碎装置是彼此相对的，通过液压控制。排料口下方设置旋转给料阀，由变速电机驱动，可通过它控制竖炉反应器生产率。

#### 4.4.1.3 松料器

为了预防竖炉内部分球团矿还原过程中发生黏结长大导致竖炉下料困难，部分竖炉内会设置松料器保证炉料顺利下行。一般是通过电液推杆带动曲柄连杆机构连接空心轴转动，达到松料效果。

松料器的设置一般按照 3 套为一组。根据竖炉的大小，可设置多组松料器。

### 4.4.2 竖炉容积

#### 4.4.2.1 基本概念

竖炉容积是指耐火材料砌筑后竖炉内型所包围的容积。根据用途和功能，一般分为全容积 $V_t$、有效容积 $V_u$、工作容积 $V_w$、炉料容积 $V_i$。

竖炉全容积 $V_t$ 是竖炉全高度 $H_t$ 内包围的容积，具体为从竖炉顶部至排料口底部。竖炉全容积反映的是竖炉内部耐火材料包围的总体容积空间。

竖炉有效容积 $V_u$ 是竖炉有效高度 $H_u$ 内包围的容积，具体为从竖炉下料管口至炉锥底部。竖炉有效容积承担着球团矿进行预热、还原、渗碳、冷却等主要功能的区域。一般情况下，竖炉的有效容积可以作为衡量竖炉生产能力的主要指标。竖炉有效容积 $V_u$ 是由 $V_1$ 还原区段有效容积和 $V_2$ 冷却区段有效容积组成。

竖炉工作容积 $V_w$ 是竖炉工作高度 $H_w$ 内包围的容积，具体为从竖炉下料管口至排料口底部。竖炉工作容积反映的是竖炉内物料的总容积。一般情况，竖炉的工作容积对于载荷设计和炉料装填具有指导意义。

炉料容积 $V_i$ 是竖炉内工作中实际炉料占据的体积。炉料容积与竖炉工作容积相当，由于球团矿堆积存在安息角，在下料管口处堆积为锥体，所以竖炉的有效容积比实际装料容积要略大一点。

4.4.2.2 HyMEX 项目竖炉炉容

由于原料、冶金原理和产品的不同，竖炉与高炉的炉型差别较大。从国内外习惯来看，高炉一般以炉容衡量大小，竖炉一般以产能衡量大小。竖炉的炉容与产能也不是一一对应的，主要取决于还原气体的压力、温度和还原能力。

HyMEX 项目氢基竖炉使用焦炉煤气，配加少量氢气，其设计产能为年产 60 万吨绿色 DRI，有效容积为 432 $m^3$，产能相当于 450 $m^3$ 高炉；宝武湛钢的氢基竖炉使用天然气，配加焦炉煤气和少量氢气，设计产能为年产 100 万吨，有效容积为 508 $m^3$，相当于 1000 $m^3$ 高炉。因此，从利用系数上看，氢基竖炉达到 4~6 $t/(m^3 \cdot d)$，远远高于高炉。

### 4.4.3 竖炉内型设计

冶金炉型是冶金重要的参数，合理的炉型是实现“稳定、顺行、高产、低耗、长寿”等生产目标和获得最佳的冶炼效果的保障[16,17]。竖炉生产过程不同于高炉生产，整个竖炉生产中炉料仅为球团矿一种，且产品为固体 DRI，无液态铁水，故竖炉的设计炉型和操作炉型基本是一致的，统称为竖炉内型。

4.4.3.1 竖炉内型

竖炉的炉型与压力、温度、还原速率等多因素相关。竖炉设计涉及一些术语表达，见表 4-9。

**表 4-9 竖炉内型的重要参数**

| 名词名称 | 符号 | 单位 | 描　述 |
|---|---|---|---|
| 小时产量 | $Q$ | t/h | 每小时的 DRI 产量 |
| 工作压力 | $p$ | MPa | 竖炉气体入口的绝对压力 |
| 还原强度 | $I$ | $t/m^3$ | 还原区段单位容积的产量 |
| 冷却强度 | $C$ | $t/m^3$ | 冷却区段单位容积的产量 |
| 炉腹煤气量 | $V$ | $m^3/t$ | 吨 DRI 的煤气量 |
| 利用系数 | $\eta$ | $t/(m^3 \cdot d)$ | 单位有效炉容的日产量 |
| 气体利用率 | $\rho$ | % | 衡量竖炉中氢气和 CO 的利用程度 |

竖炉相关内型的重要参数见表 4-10。

**表 4-10 竖炉相关内型的重要参数**

| 项　目 | 描　述 |
|---|---|
| $H_1/D$ | 决定铁矿石还原时间 |

续表 4-10

| 项 目 | 描 述 |
|---|---|
| $H_2/D$ | 决定 DRI 冷却时间 |
| $H_u/D$ | 决定 DRI 生产时间 |
| 炉腹角 $\alpha$/(°) | 决定 DRI 冷却均匀性 |
| 炉锥角 $\beta$/(°) | 决定 DRI 生产均匀性 |

#### 4.4.3.2 高温还原气体环道

竖炉还原主要凭借高温的还原气体与球团矿进行反应，且竖炉产量与高温还原气体的温度有极大关系。本书在第 3 章详细探讨温度对竖炉还原的影响。

加热炉加热后的高温还原气体从气体集输管道进入竖炉环道，然后经均匀排布的孔道进入竖炉内部。

气体孔道的数量与竖炉直径和还原区域容积有较大关系。竖炉环道和孔道示意图如图 4-11 所示。

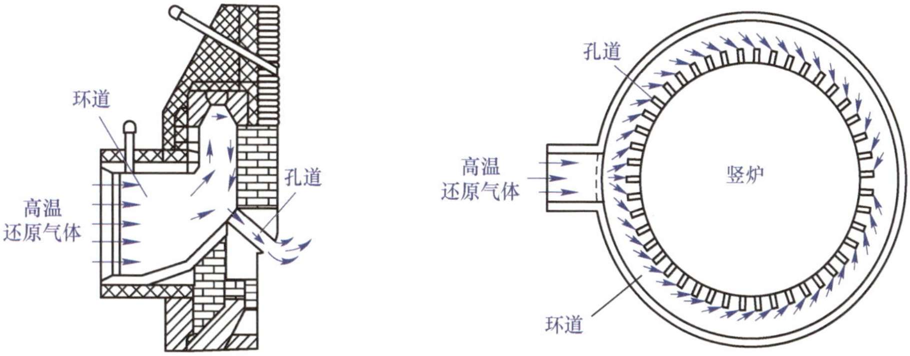


图 4-11 竖炉环道和孔道示意图

### 4.4.4 竖炉耐火材料

氢基竖炉炉体上部圆柱段的内衬有耐火砖和浇注料，以承受高温和腐蚀，在耐火衬里和碳钢外壳体之间安装低密度绝缘浇注料。竖炉圆柱形部分内衬，由隔热耐火材料组成，用于最大限度地减少热损失和保护外壳。

由于 $H_2$ 的还原性更强，扩散更快，渗透性和导热性更强，且反应产物含有水蒸气，其在高温下的强还原性可能会对炉衬耐火材料造成严重腐蚀，故对氢冶金相关工艺所用耐火材料的化学稳定性、抗 $H_2$ 还原性、抗热震性、抗水化性和热导率等指标也提出了新的要求[18,19]。

氢基竖炉主要使用的耐火材料有高铝耐火砖、低铁隔热浇注料、氧化铝浇注料等，典型耐火材料的主要参数见表4-11。

**表4-11 典型耐火材料的主要参数**

| 指标 | 单位 | 高铝莫来石砖 | 铝质保温砖 | 铝质浇注料 |
|---|---|---|---|---|
| $Al_2O_3$ 含量 | % | 90 | 36 | 95 |
| $Fe_2O_3$ 含量 | % | 0.2 | 0.5 | 0.3 |
| $SiO_2$ 含量 | % | 9 | 57 | 0.5 |
| CaO 含量 | % | — | 0.6 | 4.0 |
| 使用温度 | ℃ | 1650 | 1350 | ≤1800 |
| 体积密度 | $g/cm^3$ | 3.05 | 1.06 | 1.6 |
| 常温耐压强度 | MPa | 130 | 9 | — |
| 热导率 | W/(m·K) | ≤2.50 | ≤0.2 | 0.8 |

### 4.4.5 竖炉炉壳冷却

竖炉炉壳使用碳钢制造。由于竖炉产品仍为固体，工作温度较高炉低很多，为防止炉壳过热，竖炉冷却采用夹套水冷方式；本体内衬有耐火砖和浇注料，以承受高温和腐蚀，在耐火衬里和碳钢外壳体之间安装低密度绝缘浇注料。

### 4.4.6 高温还原气体集输管道

高温还原气体集输管道是将工艺气体加热炉加热后的高温还原气体汇集在一起后输送至竖炉的管道。高温还原气体集输管道的设计对整个工艺正常运行是非常重要的，需要兼顾热应力和保温的双重功能。

高温还原气体集输管道外壳为碳钢材料，内部砌筑了两层耐火材料，其中外面一层是低强度的隔热材料、内层是高强度的耐火砖，设置波纹补偿器。

高温还原气体集输管道附属有氧气注入系统，该系统包含氧枪、管网、配件和阀门，安装在输送线路上，氧枪位于加热器出口和反应竖炉入口之间，注氧能提高还原气体的温度，进而提高竖炉的反应效率和产量。

### 4.4.7 HyMEX 氢基竖炉

HyMEX 氢基竖炉自投产以来，DRI 产品金属化率稳定达到94%以上，竖炉生产指标良好，达到国际领先水平[20]。HyMEX 氢基竖炉使用100%精制后的焦炉煤气，工作压力为0.8 MPa，主要参数见表4-12。

表 4-12 氢基竖炉本体的主要参数

| 项 目 | 单 位 | 参 数 |
|---|---|---|
| 全容积 $V_t$ | $m^3$ | 475 |
| 有效容积 $V_u$ | $m^3$ | 432 |
| 运行时间 | h | ≥8000 |
| 下料管数量 | 个 | 4 |
| 炉腹直径 $D$ | m | 4.4 |
| 工作压力 | MPa | 0.8 |
| 工作温度范围 | ℃ | 446~1100 |
| 竖炉寿命 | 年 | ≥20 |

## 4.5 竖炉排料系统

### 4.5.1 系统组成

竖炉排料系统用于排出热态高品质绿色 DRI，包括：旋转给料器、上下密封阀组、气密放散阀、膨胀补偿节、DRI 缓冲罐和密封阀组，以及配件等。竖炉排料系统如图 4-12 所示。

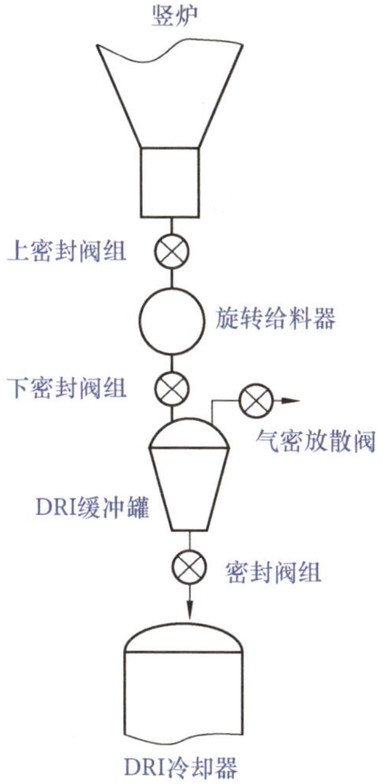


图 4-12 竖炉排料系统示意图

### 4.5.2 工艺描述

球团矿自顶部装入竖炉，在重力作用下自上而下运动；高温工艺气自竖炉中部进入竖炉，在竖炉内自下而上运动。工艺气与球团矿逆向运动接触过程中，球团矿中的铁氧化物逐步被还原：$Fe_2O_3 \rightarrow Fe_3O_4 \rightarrow FeO \rightarrow Fe$。

高温还原气体进入竖炉后，除与铁氧化物发生还原反应，还会发生重整和渗碳反应，这三大反应已经在第 3 章进行了详细描述。竖炉内部气体和物料流动如图 4-13 所示。

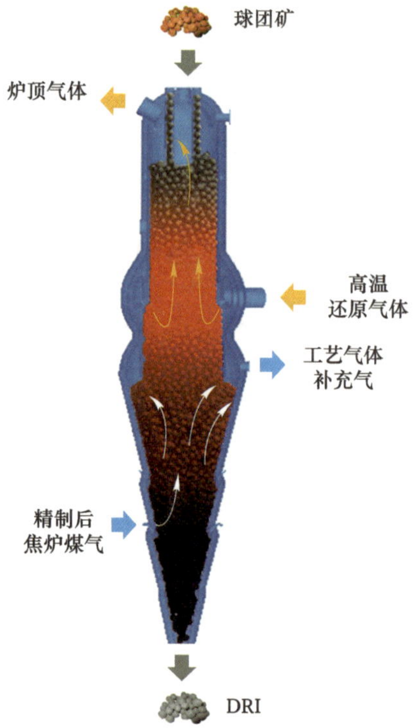


图 4-13 竖炉内部气体和物料流动示意图

还原后热态 DRI 在竖炉内继续向下运动，进入竖炉锥部冷却区，竖炉锥部的 DRI 金属化率不再上升。

精制后焦炉煤气自锥部的下部注入竖炉，从炉锥上部排出，与热态 DRI 逆向接触，发生渗碳反应，DRI 的碳含量将逐步增加。由于冷的焦炉煤气吸收部分 DRI 的显热，且渗碳反应也是强吸热反应，在双重作用下对热态 DRI 进行冷却。渗碳冷却后的 DRI 达到竖炉底部后，由竖炉旋转排料器排出竖炉。HyMEX 的 DRI 金属化率达到 94%以上，碳含量可达到 3%左右。

DRI 金属化率是很重要的技术指标，高的金属化率对后续电炉冶炼有益，但会造成 DRI 强度降低，造成转运、装卸时粉化率增大。一般金属化率达到 92%，即可满足好的运输性能和电炉冶炼性能。

竖炉排出后的 DRI 会先进入外置 DRI 缓冲罐，之后再进入 DRI 冷却器冷却至常温，以便进行运输和储存。

### 4.5.3 主要设备

#### 4.5.3.1 DRI 冷却器缓冲罐

DRI 冷却器缓冲罐的主要参数见表 4-13。DRI 冷却器缓冲罐用于接收竖炉排出的热 DRI，并将其引导至 DRI 冷却器，该装置中的压力可以在竖炉反应器的压力和环境大气压之间交替，以便进行维护检修。

**表 4-13 DRI 冷却器缓冲罐的主要参数**

| 项 目 | 参 数 |
|---|---|
| 数量/个 | 1 |
| 工作容积/$m^3$ | 4.3 |
| 工作压力/kPa | 781 |
| 工作温度/℃ | 300~500 |

#### 4.5.3.2 DRI 旋转给料器

DRI 旋转给料器的示意图如图 4-14 所示，主要参数见表 4-14。旋转给料器由变速电机驱动，可通过它控制竖炉反应器生产率。还原铁通过旋转给料阀排出，并通过位于其下方的导流阀分配到加压料仓。

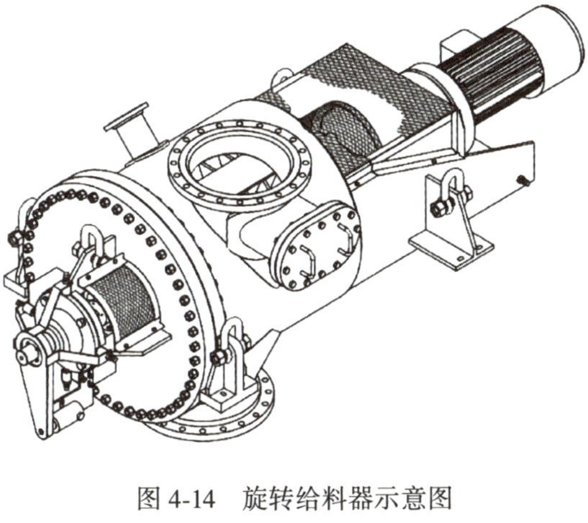

图 4-14 旋转给料器示意图

表 4-14 旋转给料器的主要参数

| 项 目 | 主要参数 |
|---|---|
| 数量 | 1 |
| 公称直径 | 610 mm |
| 驱动模式 | 电机驱动 |
| 电机类型 | 变速 |
| 变速范围 | 0~20 r/min |
| 电机功率 | 22.35 kW |

### 4.5.4 系统操控

在正常生产状况下，竖炉-冷却器缓冲罐-冷却器均带有一定的压力，且互相之间的基本压力相同，因此，竖炉向冷却器的排料是连续性的，无须借助类似竖炉装料的加压料仓。竖炉排料调控的核心是调节竖炉旋转排料阀的转速。

竖炉排料速率直接与单位时间内的产量相关联，因此排料速率的控制是极为重要的。排料速率的控制，通过调节旋转排料阀的转速来实现。HyMEX 工厂的控制系统中，拥有直接设置小时排料量来控制排料速率的功能，只需要输入小时排料量，系统会自动调节旋转排料阀的转速以实现控制目标。

需要特别指出的是，竖炉旋转排料阀可以正向转动也可以反向转动，如果出现卡阀的情况，可以将旋转排料阀从自动或串联控制模式中退出，再手动进行正/反转操作，尝试消除故障。如果无法消除，则需要按照对应的事故操作程序进行操作，并联系检修人员进行处理。

## 4.6 DRI 冷却器

### 4.6.1 主体结构

为了冷却竖炉生产的热态 DRI，竖炉后端设置一个 DRI 冷却器，结构如图 4-15 所示。通过重力，高温 DRI 从竖炉系统落入 DRI 冷却器，高温 DRI 与冷的氮气对流换热进行冷却。

DRI 冷却器是一个压力容器，其结构与竖炉相比较简单，炉壳由碳钢制造，由一个圆柱和一个底部的圆锥组合而成。DRI 冷却器上部圆顶填充耐火材料衬

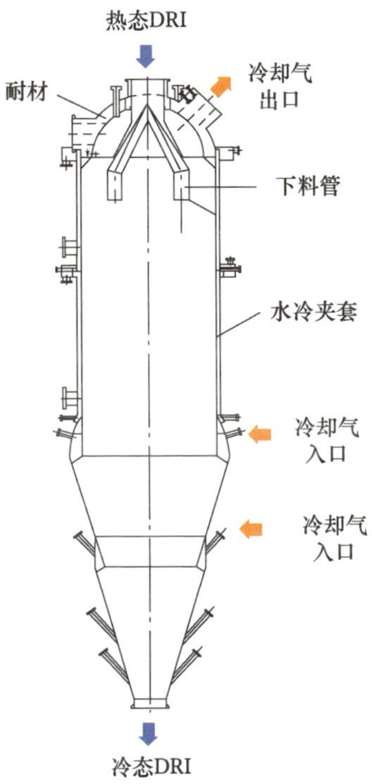


图 4-15 DRI 冷却器结构

里，外壳设置 1 套水冷夹套。

DRI 的冷却主要由冷的氮气进行循环换热完成。此外，少量的工艺气体也可以与氮气一起注入。两者都通过冷却气体入口喷入竖炉，冷却气体入口呈环形分布在冷却锥部。

4.6.1.1 下料管

热的 DRI 由竖炉系统通过下料管进入 DRI 冷却器。HyMEX 的 DRI 冷却器顶部设置了下料管并且一分为四，同样是为了使 DRI 在冷却器内均匀分布。

4.6.1.2 冷却器

（1）封头。DRI 冷却器的封头为半球状，下料管穿过封头进入 DRI 冷却器。封头设置气体出口，热交换后的冷却气体从封头排出。

（2）炉身。DRI 冷却器的炉身为圆柱体，其主要作用是接收下料管内的高温 DRI。在炉身段，高温 DRI 下落与上升的冷却气体进行充分接触后完成冷却。冷却器的冷却效率与冷却气体分布的均匀程度有很大关系，因此合理炉身直径必须考虑还原气体的流速。

（3）炉锥。冷却器锥部为圆锥体，其锥度由 $\alpha$ 表示。冷却器炉锥部设置 2 排冷却气体入口，采用环管布置方式。冷却气体主要为氮气，也可以掺入部分工艺气体。

### 4.6.2 内型设计

DRI 冷却器的炉料仅为热 DRI 一种，也不存在化学反应，仅发生与气体进行热交换的物理变化，因此，冷却器的设计炉型较简单，如图 4-16 所示。

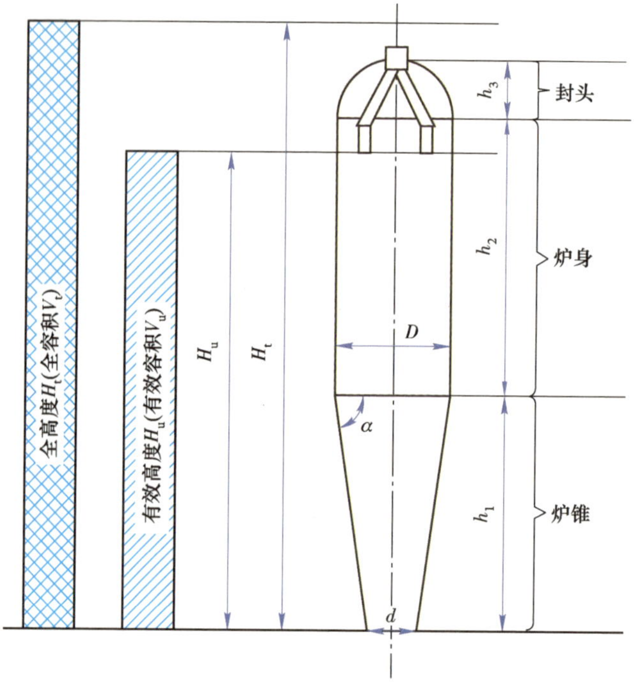


图 4-16 DRI 冷却器内型示意图

$D$—炉身直径；$d$—排料口直径；$H_u$—有效高度；$H_t$—全高度；$\alpha$—炉锥角；$h_1$—炉锥高度；$h_2$—炉身高度；$h_3$—封头球面半径

### 4.6.3 耐火材料

DRI 冷却器工作温度一般在 600 ℃以下，因此，冷却器的结构没有必要全部设置耐火材料。根据 DRI 和气体的温度，仅在冷却器封头处设置耐火材料，DRI 冷却器对耐火材料的要求与竖炉一致。

### 4.6.4 冷却器

HyMEX 项目使用 100%焦炉煤气作为原料气体，由于气体的比热容小，冷却效果不佳，所以需要设置单独的冷却器。其主要参数见表 4-15。

表 4-15 DRI 冷却器的主要参数

| 项 目 | 参 数 |
|---|---|
| 数量/个 | 1 |
| 炉身直径/m | 3.8 |
| 总高度/m | 18 |
| 有效容积/$m^3$ | 113 |
| 设计压力/MPa | 1.2 |

# 4.7 DRI 卸料系统

## 4.7.1 系统组成

DRI 卸料系统主要由以下设备组成：DRI 冷却器、旋转给料器、上下密封阀组、膨胀节、成品 DRI 加压卸料仓、密封阀组，以及辅助配件等，该系统的布置示意如图 4-17 所示。

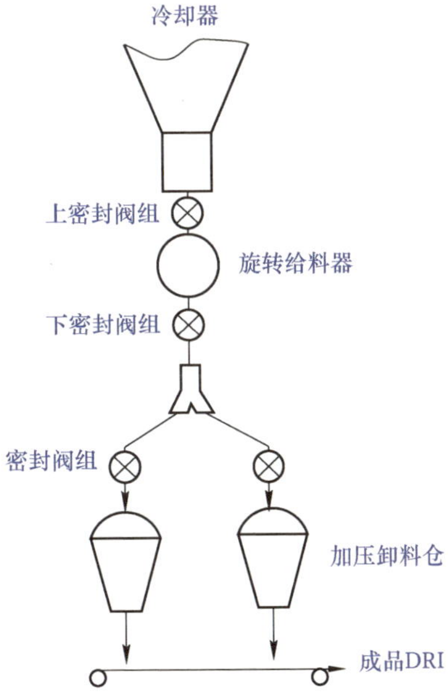


图 4-17 DRI 卸料系统示意图

## 4.7.2 工艺描述

来自竖炉反应器的热 DRI 在冷却器中冷却后，经过冷却器排料系统排入成品运输皮带上，并经过转运、筛分最终进入 DRI 筒仓进行储存。

DRI 冷却器排料系统的功能是将冷却器中冷却到适宜温度的 DRI 产品，连续、稳定地排出，以实现竖炉连续生产出合格 DRI 产品的目标。

### 4.7.3 主要设备

DRI 旋转给料器是一个由变速电机驱动的旋转阀，具有控制 DRI 冷却器生产率的功能，然后将其送入冷产品加压仓。其主要参数见表 4-16。

**表 4-16 旋转排料阀的主要参数**

| 项 目 | 参 数 |
| --- | --- |
| 数量 | 1 |
| 标准直径 | 609.6 mm（24 in） |
| 旋转阀驱动电机类型 | 变速电机 |
| 速度范围 | 0~20 r/min |
| 电机额定功率 | 22.35 kW |

冷态 DRI 加压卸料仓如图 4-18 所示，该料仓从分流器阀接收冷态 DRI 颗粒。当该加压卸料仓处于不卸料阶段时，仓内压力等于大气压；当该加压卸料仓处于加压卸料阶段时，仓内压力维持在设计压力。

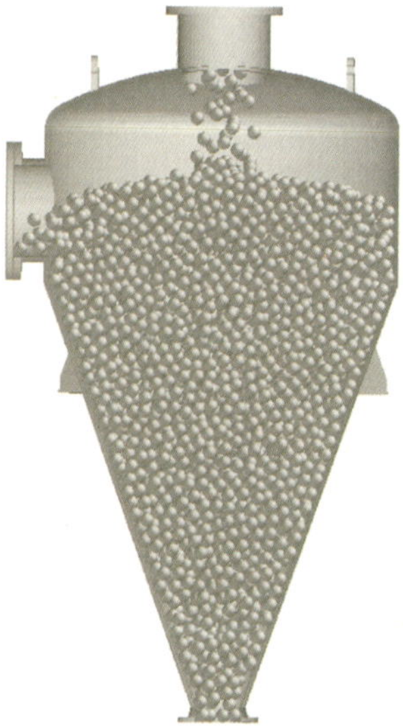

图 4-18 冷态 DRI 加压卸料仓示意图

冷态 DRI 加压卸料仓的主要参数见表 4-17。

表 4-17 冷态 DRI 加压卸料仓的主要参数

| 项 目 | 参 数 |
|---|---|
| 数量 | 2 |
| 类型 | 质量流量 |
| 工作压力 | 870 kPa |
| 工作温度 | 80~90 ℃ |
| 料位检测 | 高料位检测 |

### 4.7.4 系统操控

冷态 DRI 从冷却器经过旋转排料阀排出，通过分流阀排放至加压排料罐。加压卸料仓位于冷却器与 DRI 输送皮带之间，用以实现冷却器与外部环境的均压功能：当加压卸料仓在接收 DRI 前，使用氮气对其进行加压，在其压力与冷却器压力一致后，再进行冷却器的放料；当加压卸料仓需要将 DRI 排放到成品皮带上时，需要先将其泄压至大气压力，再将加压卸料仓中的 DRI 排放到成品皮带上。加压卸料仓的下游为 DRI 受料输送皮带，该皮带接收冷却到常温的 DRI 并将其转运至下游成品筛分、储存单元。该皮带有计量功能，能够称量和反馈竖炉的产量。

HyMEX 项目一期工程没有实现热态 DRI 热送电炉，由于 DRI 在温度高于 90 ℃时，极容易与环境中的湿分、氧气反应，导致再氧化产生“变质”。因此，必须借助外置冷却器将竖炉排出的热态 DRI 冷却至常温并进行储存，才能满足电炉使用的需求。

正常生产过程中，冷却器是带压工作的，因此要将冷却后的 DRI 排放到输送皮带上，需要借助加压排料罐实现。其排料的过程与装料正好相反，可分为加压、受料、泄压、放料四个阶段。

在冷却器旋转排料阀启动、向加压排料罐装料之前，需要先使用氮气对其加压，直至其压力与冷却器压力几乎等同；之后，进入加压排料罐受料阶段，冷却器中完成冷却的 DRI 在重力作用下，经过旋转排料阀及下游的导管，装入加压排料罐中，直至料罐达到设定的料位或操作容积；关闭上游的密封阀组后，加压排料罐进入泄压阶段，将其中的氮气泄放直至料罐压力达到大气压力；最后，将加压排料罐下游的密封阀组打开，向输送皮带放料，直至料罐中的料全部排空。

通常，冷却器排料都是自动完成的，无须人为操作。操作员需要随时关注氮气压力、各阀组的动作，判断是否存在密封不严或者卡阀等事故情况。如果出现事故，影响正常排料，需要及时退出自动操作模式，切换到手动操作模式，并及时联系现场人员和检修人员共同配合进行处理。

由于冷却器只有一个排放口，因此如果出现单一一条线路的加压卸料仓无法正常工作、需要手动操作单仓进行排料时，需要阶段性停止冷却器旋转排料阀，这与装料系统在操作顺序上是有明显差异的。

此外，为了最大程度地减少粉尘外排，加压卸料仓在泄压阶段所泄放的氮气，会经过减压洗涤器除尘。减压洗涤器的结构类似气体处理系统的分离塔，不过回水是使用污泥泵送回水处理厂进行处理的，这由于其工作时内部压力较低所致。通常减压洗涤器的操控是由排料操作员来完成的，操作员需要关注洗涤器的液位、阀组等工作状况。

## 4.8 竖炉辅助系统

### 4.8.1 液压系统

一套液压动力装置满足氢基竖炉工艺所需全部液压需求，其主要目的是提供可控的液压能，这些液压能用于氢基竖炉上料和排料系统的密封阀组的驱动。液压单元也用于大块破碎器的工作、压力平衡补偿系统阀门的驱动，以及冷态 DRI 的排料设备。

氢基竖炉液压装置设置 3 个阀站，分别为竖炉装料、竖炉排料、冷却器排料系统服务。液压单元包含 2 台液压泵，实现一用一备。

### 4.8.2 润滑装置

三套润滑装置可满足氢基竖炉工艺所需全部润滑需要，每个系统都需要安装在操作旋塞阀附近，分别在竖炉装料、竖炉排料、冷却器排料三处。自动润滑系统是气动型，包含一个润滑油泵和油脂剂量仪表板，这个泵是提供润滑油给在工作中插板阀的。润滑油是以自动的方式，通过位于插板阀水平位置的油脂加油机注入的。润滑油经两点注入，这两点位于插板阀上、下部主体构造的中心输送管里，输送方式是气动泵输送。油脂被一个容积 200 L 的油脂储罐接收，这个罐有一个钢罩，用来避免湿分和灰尘的进入，在钢罩的上面安装着气动泵。

### 4.8.3 提升装置

氢基竖炉为了设备安装、运行和维护便利，设置了提升装置，主要包括竖炉塔架电梯和电弧炉。

#### 4.8.3.1 塔架电梯

电梯允许将操作人员运送至多个工作平台。电梯包括：一间客舱，配备有照明系统、命令按键、手动门；一套电力驱动装置；一套电梯控制系统。该电梯的最大提升重量 2000 kg；根据工作平台安排设定楼层为 9 层，最高层平台在距地面约 111 m 处。

4.8.3.2 电弧炉

氢基竖炉的设备维护将在多个平台进行，设有起重机的重要区域有：竖炉塔架顶部区域、球团矿收料仓、增压罐、氢基竖炉人孔、大块破碎器、排料旋转阀、分流阀、排料区域等。

另外，考虑临时检修，项目设置了多个手动弧炉。

## 4.9 DRI 产品储运系统

氢基竖炉的主要产品为 DRI，又称为海绵铁，是一种多孔、黑色/灰色无味金属材料。由于其活性较高，会与空气、淡水和海水发生反应产生氢气和热量，在储存、运输过程中有发热、着火和爆炸的危险，因此在很多国家都被视为散装危险品。

氢冶金厂的成品 DRI 储运系统设施主要由 3 个单元组成，即 DRI 运输单元、DRI 储存单元、DRI 粉尘收集及处理单元。

### 4.9.1 DRI 运输单元

4.9.1.1 工艺流程

DRI 运输单元是从 DRI 卸料到储仓的中间运输环节，DRI 运输工艺流程如图 4-19 所示。

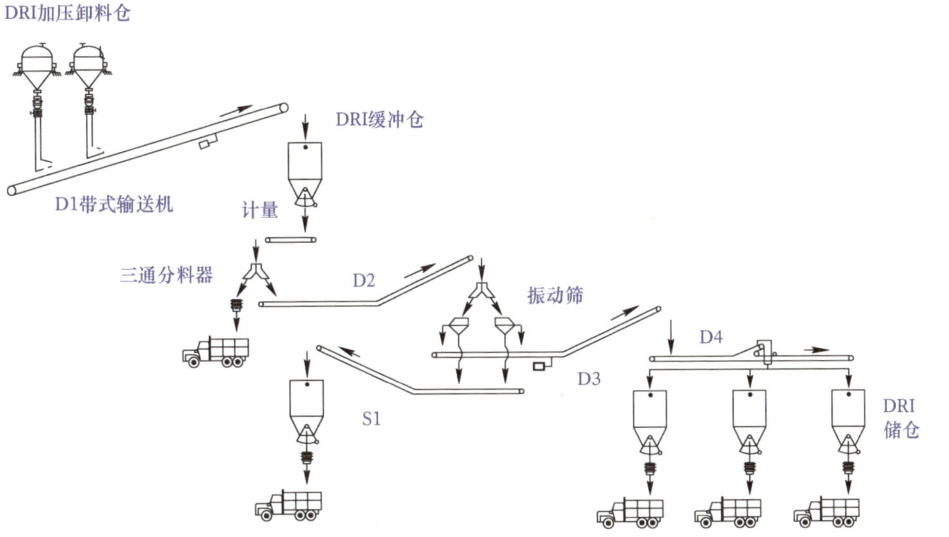


图 4-19 DRI 运输工艺流程图

D1~D4—带式输送机；S1—振动筛

根据工艺流程，D1 皮带承接竖炉 DRI 加压卸料仓排出的 DRI，D1 皮带运输能力 500 t/h，可以将卸料仓迅速拉空，使其开始下一轮的装料。D1 皮带持续运行，而成品 DRI 则是根据加压卸料仓工作频率进行周期性排料。在 D1 皮带尾部设有红外测温仪，可检测排料温度，并将信号传输至成品中控室；D1 皮带中部设置有 4 阵列式皮带秤（精度可达 5‰），可精准称量 DRI 质量，是产量的有效记录，成品 DRI 经 D1 皮带运输至 DRI 缓冲仓。

DRI 缓冲仓主要作用是为后续皮带运输系统做缓冲。成品缓冲仓内有测温和充氮设备，可在 DRI 温度异常时充氮，隔离氧气的同时降低温度。成品缓冲仓下方设置称量带式给料机，采用变频控制，可根据竖炉排料节奏调整运量。带式给料机下方设置三通分料器，其正向为排料至 D2 皮带，逆向可直排落地。由于竖炉开炉期间将产生不合格的半成品，这时启动三通分料器逆向运行，不合格的半成品将由汽车运输至原料厂或原料供应系统的储仓。

合格的成品 DRI 进入 D2 皮带，继续运输至成品振动筛。经过筛分，分级粒度合格的 DRI 进入 D3 皮带继续运输；筛下颗粒进入 S1 皮带，运输至 DRI 粉仓储存并定期拉走，后续制作成压块供电炉炼钢。成品粉仓内有测温和充氮设备，可在仓内温度异常时充氮，隔离氧气的同时降低温度。振动筛为一用一备，通过三通分料器可控制物料进入相应振动筛进行筛分。经过筛分的 DRI 粒级合适、含粉降低，可以更安全运输和存放。

D3 皮带继续运输 DRI 至 D4 皮带。D4 皮带位于 DRI 储仓上方，设有可逆式卸料小车，可在 DRI 的几个储仓上方往复行车，并将成品 DRI 分装至筒仓。

4.9.1.2 主要设备

DRI 运输单元包括 DRI 缓冲仓、筛下 DRI 粉料仓、带式输送机、可逆式卸料小车、称重带式给料机等。

HyMEX 项目的 DRI 缓冲仓直径 4 m，有效容积 15 $m^3$，有效容重 30 t。仓下设电液动扇形闸门及称重带式给料机各一台，称重带式给料机给料能力 0~80 t/h，称量精度±0.5%。称重带式给料机出口设三通分料器，非还原性球团矿可通过三通分料器装车后运往原料场，DRI 通过带式输送机送往振动筛进行筛分。为防止 DRI 再次氧化，缓冲仓设有充氮装置。

设有 2 台分级 DRI 振动筛，一用一备，分级粒度为+6.3 mm，筛分能力 80 t/h。

设有 1 个筛下粉料仓，仓直径为 5 m，仓容 33 t，仓下设置 1 台电液动扇形闸门和 1 台可伸缩装车溜槽，可将 DRI 筛下粉料用卡车外送，筛上 DRI 经带式输送机送往筒仓储存。

DRI 运输系统的主要设备为带式输送机，其主要特点是：

(1) DRI 运输系统的带速均不高于 1.6 m/s，带速根据输送的物料及其与带宽的匹配来选择，以使物料运输过程中产生的细粉最少；所有带式输送机的槽角均为 35°；带式输送机的受料区保持水平，最大角度为 7°；输送 DRI 的带式输送机的倾角不大于 12°；带式输送机的设计功率超过计算功率的 20%作为安全/超载裕度，保证输送机能够实现满载启动。

(2) 带式输送机的承载段采用 35°槽型托辊组，布置间距不大于 1000 mm，从头轮起向尾轮方向，每隔 9 组槽型托辊组安装 1 组自动上调心上托辊；每个受料点设置不少于 4 组缓冲托辊组，缓冲托辊组的间距不大于 500 mm；下托辊的配置为自头轮起第 1、2 组是螺旋式自清扫下托辊，第 3 组是自动下调心下托辊，然后每隔 6 组平行下托辊，安装 3 组 10°倾角 V 形前倾下托辊、1 组自动调心下托辊，依此循环。距尾轮第 1 组下托辊为锥形下调心托辊。

凸形弯曲处的曲率半径应以胶带上沿的伸长量不超过胶带允许的伸长率为准，此处托辊的间距不大于 500 mm；凹形弯曲处的曲率半径，一般根据胶带起动时最恶劣条件下（即空载启动）胶带不脱离托辊面为原则确定；带式输送机优先选择垂直重锤拉紧装置，机长小于 30 m 的可以选用螺旋拉紧装置。带式输送机通廊、转运站有设备层，全部采用环保封闭结构。

(3) 为保证输送机械安全、可靠、长期运转，带式输送机传动采用硬齿面减速机。带式输送机传动功率 45 kW 以上的驱动装置，全部配置液力耦合器。胶带选用 EP 带，D1 选用钢绳芯胶带；带式输送机头部设双刮板清扫器，重锤拉紧装置和尾部改向滚筒前面设有空段清扫器。带式输送机上部托辊采用前倾托辊和自动调偏托辊组合使用，下部托辊采用 V 形托辊和自动调偏托辊交替使用，提高纠偏效果。

(4) 为保证安全生产，在设备系统中采用了多种自动检测装置，主要有：机旁双侧设置双向拉绳事故开关、胶带跑偏检测装置、胶带打滑检测装置、移动设备自动定位装置、储料仓料位检测装置、部分带式输送机设漏斗堵塞检测装置、部分带式输送机设胶带纵向撕裂检测装置、导料槽、钢制料仓、料斗敷设耐磨衬板；所有外露的转动部分、胶带趋入点、尾部滚筒及其他所有改向滚筒轴端处，均应加设护罩及可拆卸的护栏。检修起重设备供电采用安全滑触线供电。

DRI 运输主要储仓及设备的主要参数见表 4-18 和表 4-19。

**表 4-18 DRI 运输储仓的主要参数**

| 名称 | 容积/$m^3$ | 数量 | 储存容量/t |
|---|---|---|---|
| DRI 缓冲仓 | 15 | 1 | 30 |
| DRI 粉料仓 | 16.5 | 1 | 33 |

**表 4-19 带式输送机的主要参数**

| 带式输送机 | 带宽 /mm | 带速 /m·s$^{-1}$ | 输送能力 /t·h$^{-1}$ | 水平长度 /m | 功率 /kW |
|---|---|---|---|---|---|
| D1 | 1000 | 1.25 | 500 | 86 | 90 |
| D2 | 650 | 1.25 | 80 | 73 | 37 |
| D3 | 650 | 1.25 | 80 | 78 | 37 |
| D4 | 650 | 1.25 | 80 | 75 | 22 |
| S1 | 500 | 1.25 | 20 | 95 | 7.5 |

#### 4.9.1.3 系统操控

A 系统控制

储运设施集中控制设置在竖炉主控室，可实现自动控制、集中手动操作和机旁单机手动操作控制。其中，自动控制和集中手动操作在控制室内完成。

(1) 自动控制：正常生产时采用自动控制功能，系统根据事先输入及设定的参数完成作业流程组合。

(2) 集中手动操作：这也是正常生产时采用的操作方式，其功能有集中手动连锁操作，这是投产初期或某一系统发生故障时采用的操作方式，也可采用集中手动单机操作，这是在设备调试、处理突发事故时，解除 PLC 控制和解除手动连锁操作后采用的操作方式。

(3) 机旁单机手动操作：这是设备单机调试、设备维修及处理现场突发事故时采用的现场操作盘手动操作方式。

B 报警、检测及连锁

启动警示与事故报警，在系统启动前，用声光信号警示现场人员注意安全，振铃信号延时 10~20 s 后启动系统。在设备启动后，声音信号停止。每条带式输送机上都装有速度检测器、跑偏检测器、拉绳事故开关等检测元件，该检测元件与振铃或灯光等报警信号相关联，当设备发生事故检测元件报警时，集中控制室内和现场应有声光信号显示。

检测及连锁，对带式输送机的跑偏、打滑（速度）等状况进行检测，对料仓的低料位、高料位和极高料位进行检测，所有检测信号均要求显示、自动报警及参与控制。

### 4.9.2 DRI 储存单元

#### 4.9.2.1 工艺流程

竖炉新生产出来的 DRI 活性非常高，很容易与水、氧气发生氧化反应。由于其孔隙率高、密度低、比表面积大，以及金属表面间的空隙，从而导致热导率较低，使得 DRI 容易发生快速的腐蚀和再氧化反应。这些反应有的是放热的，导致自热，如果不加以控制，热量不断积累，最终可能引发自燃，甚至发生爆炸。因此，必须高度重视 DRI 的储存安全。

对于 DRI 的储存，最简单的方法就是在空气中进行长时间堆放，使其表面生成一层薄薄的氧化膜，实现钝化，抑制进一步的氧化反应。最好的方法是使用筒仓储存，利用充入惰性气体氮气将筒仓内造成低氧环境，使 DRI 在筒仓缓慢氧化完成钝化。为了保障长期储存或运输的安全，通常要求钝化时间不少于 72 h。

充氮系统的工作流程分为锁气、充气和换气等三种模式。

（1）锁气模式，用惰性气体封住筒仓卸料口，阻止空气向筒仓内部渗透，完成与外界空气隔绝；

（2）充气模式，向筒仓内通入氮气，稀释 DRI 颗粒周围氧气浓度，延缓 DRI 氧化过程，控制筒仓温度上升；

（3）换气模式，用惰性气体将筒仓内部氢气和氧气稀释置换出来，防止爆炸，保障筒仓的安全。

HyMEX 项目当 DRI 经卸料小车装入筒仓时，同步启动充气，向筒仓中部充入氮气，直至仓顶内的氧含量检测仪示数为 3%，停止充氮。之后持续进行 DRI 装仓，重力翻板打开会向外溢出一些氮气；当仓顶内氧含量上升到 4%时，又开始充氮气，下降到 3%时停止，往复进行持续保持筒仓内低氧环境。仓满后，DRI 在 3%低氧环境下静置存放 72 h 后可排料，然后通过汽运至下游用户。

由于 DRI 装仓时间有先后的差异，只要保证仓底 DRI 钝化时间超过 72 h 即可排料，结束后启动锁气层向筒仓内充入氮气，直至仓顶内的氧含量检测仪示数为 3%。排料时先放下伸缩溜槽，再逐步打开气动刀闸阀和电液扇形阀。排料结束后逐步关闭电液扇形阀、气动刀闸阀和伸缩溜槽，气动刀闸阀可很好地密封仓底卸料口。

由于进入筒仓的 DRI 活性较高，很容易与氧气发生反应，导致 DRI 温度上升且热量产生累积，增加筒仓发送火灾风险，因此要密切监控 DRI 储仓的温度及氢气含量。

#### 4.9.2.2 主要设备

DRI 储存单元，包括 DRI 成品筒仓、阵列式皮带秤、卸料装车设备、自动检测装置及电控系统、气体监测系统及筒仓充氮系统。

HyMEX 项目的 DRI 储存系统设有 3 座成品 DRI 筒仓，其单仓储量为 3000 t，直径为 15 m，高度为 27.5 m。每座筒仓设置一套卸料装车设备，包括气动刀闸阀、手动棒条阀、电液扇形排料闸门、伸缩溜槽卸料装置。冷态 DRI 筒仓主体形态为圆柱形，下部料斗为锥形，顶部为锥形，采用钢板焊接，筒仓为架空式。入仓为皮带机可逆卸料小车单点入料。采用单点卸料，每座筒仓设置 1 条车道，物料直接通过筒仓底部的卸料装车设备进行装车外运电炉，装车能力 250 t/h。因所储存 DRI 理化性质的特殊性，设置温度气体检测系统及筒仓氮气保护系统，所有电气设备防爆。筒仓直段上对称布置两个 DN600 应急排料门兼人孔门，底部锥斗设一个 DN600 应急排料门。如果直接还原铁发生自燃，灭火后打开紧急排料门，将仓内中部、上部的余料由人工卸出，下部 DRI 融化结固的部分，在紧急排料门处由人工破碎之后取出。

3 座 DRI 筒仓共设置一套气体检测系统和一套充氮气系统，其中包括氧气与氢气检测、温度监测、通风机、防爆门、储气装置、减压装置、仪表、控制阀、多个充气预埋管及氮气喷嘴等。DRI 筒仓充氮气系统每个筒仓设置三层，共 16 个喷嘴。利用氮气的惰性原理将高纯度的氮气作为惰化气源，通过喷嘴向仓顶或锥体灌注仓内，造成缺氧气氛，防止直接还原铁氧化、升温、燃烧。

HyMEX 的 DRI 储仓系统包括 DRI 储仓、带式输送机、卸料车及充氮设备等，主要设备的技术参数见表 4-20 和表 4-21。

**表 4-20　DRI 储仓单元设备的技术参数**

| 名称 | 容积/$m^3$ | 数量 | 储量 |
|---|---|---|---|
| DRI 储仓 | 1800 | 3 | 2880 t |
| 氮气储罐 | 5 | 1 | 20 $m^3$ |

**表 4-21　带式输送机和卸料车的技术参数**

| 设备名称 | 带宽 /mm | 带速 /$m \cdot s^{-1}$ | 输送能力 /$t \cdot h^{-1}$ | 水平长度 /m | 功率 /kW |
|---|---|---|---|---|---|
| 带式输送机 | 650 | 0.8 | 80 | 179.2 | 22 |
| 卸料车 | 650 | 0.8 | 80 | — | 7.5 |

#### 4.9.2.3　系统操控

DRI 储仓单元的工艺控制与调节主要包括料位控制、惰性气氛控制、料床温度控制等三个方面。

A　料位控制

DRI 筒仓配置有雷达料位探测仪和 4 个高料位监测仪。料位控制是根据筒仓容积确定的，当筒仓料位低于额定工作容积对应的料位时，筒仓为可受料状态；当筒仓料位达到额定工作容积时，则筒仓不可再受料；当料位超过警戒线后，会出现自动报警提示。操作人员需要及时关注料位变化，当料位到达额定容积时，要及时切仓。

B　惰性气氛控制

要实现 DRI 的惰性密封储存，延长其保质期，避免出现大幅度的再氧化致使金属化率下降，需要将筒仓中的空气置换为氮气。通常，筒仓内的残氧量控制在4%以下。

筒仓的顶部、中部、下部锥段均设有充氮入口，根据氮气的功能和位置，自上而下设置了换气、充气、锁气等阀门。

氢冶金工厂投产初期，初次投放 DRI 产品时，通常需要将换气、充气、锁气三个充氮阀门全部打开，保证短时间内完成筒仓的气体置换，将其中氧气含量快速降低到4%以下；随着筒仓料位上升，三个充氮阀门将由从下至上依次关闭，当料位在30%~50%时，开启换气、充气阀门进行充氮；当料位高于70%时，只需开启换气阀门即可。

C 料床温度控制

如果在运输过程中出现漏雨或受潮，即使有氮气惰性密封，也会由于 DRI 具有较高的活性，与水汽发生再氧化放热，导致料床温度升高，带来安全隐患。因此，必须要时刻关注筒仓的温度情况，一旦出现温度异常升高，需及时采取处置措施。

HyMEX 的 DRI 筒仓，配备了可以监测不同料位对应的料床温度的热电偶，用以对料床进行适时测温。出现料床温度异常升高后，需要及时采取控制调节。当检测到仓内温度高于60 ℃时，锁气、充气、换气三种模式全部打开持续充氮，直至温度恢复正常后，充氮阀组的启动恢复到正常操控模式。

如果使用充氮进行冷却的效果不佳，可能由于下部容易出现粉末 DRI 堆积，造成局部蓄热能力大幅增加，且透气性较差，通氮后难以达到预期冷却效果，则可以考虑适当排料，将发热的 DRI 转移至通风散热良好的料场，摊开单独存放，以便快速散热，避免出现安全事故。

如果 DRI 发生自燃，一般是从筒仓下部开始，其料仓下部 DRI 成为熔化结固状态。当采取灭火措施之后，将打开紧急排料门，人工将仓内剩余 DRI 全部卸出。

### 4.9.3 DRI 粉尘收集及处理单元

4.9.3.1 概述

与球团矿相比，成品 DRI 的强度相对较弱，在运输和储存过程中很容易粉化，产生大量粉尘和细颗粒物。这种 DRI 粉尘是一种可燃的金属粉尘，意味着达到一定浓度的粉尘云一旦遇明火会形成燃烧。如果火灾发生在密闭容器或通廊内，例如筒仓、输送机外壳、除尘装置、转运站等，可能会导致爆燃或爆炸。因此，在成品 DRI 转运过程中，应尽量减少转运次数，减少粉尘或颗粒的产生，从而降低效益损失。

4.9.3.2 工艺流程

为满足环保要求和增加经济性，氢冶金工厂对 DRI 卸料和储运系统设置必要的粉尘收集设施。根据DRI的特性，氢冶金工艺主要采用湿法除尘收集，但要事先对DRI粉尘进行可燃性和危害性分析，以确保与逸散粉尘和集尘设备相关的危害得到综合解决。

主要的粉尘收集装置位于振动筛和皮带转运的落料点，通过除尘管道和抽尘罩将粉尘吸走。抽尘罩上端连接吸尘支管，吸尘支管上设有蝶阀，以控制和调节风量。将各吸尘支管汇集到主管道，由风机引风，将粉尘或烟气吸入除尘器。主管道上开有人孔，便于人工清理沉积的灰尘。

含尘气体由进风口进入除尘器，经尘气分配器和导风系统使尘风均匀分配后，以25~30 m/s高速冲击除尘器下部水面。由于除尘器内部的面积扩大，部分较大尘粒在重力作用下掉入水中被捕集，未被除去的细小尘粒随着气体携带自激卷起的大量水雾进入两个“S”形通道，产生旋涡，气流充分接触，多数微细粉尘被水雾黏附。黏附粉尘的气体经过旋涡通道时，由于气体突然转向，形成离心力，将黏附了细微粉尘的水雾经挡水板挡回灰斗。挡水板上方还设有水雾喷淋，进一步除去经过的尘粒。含有较小尘粒和此时气体中的大部分尘粒已经去除，但有小部分较小的尘粒未被去除，而且气体经水冲击后湿度较大。为去除这些尘粒和水，在除尘器出口处设置尘水气分离器，该分离器采用金属和陶瓷波纹，过滤精度很高，又能通过反冲洗反复利用。含水的气体经过尘水气分离器，尘粒和水被分离，气体达到进入湿电除尘器的标准，经风机排入湿电除尘器。湿电除尘器接收湿法除尘器分离出的较干净气体，经湿电分离细小粉尘后达标排放，此时排放的气体含尘量可降至5 mg/m$^3$。

湿法除尘器下部是倒立锥形灰斗，调整排污阀开度，使进水量和排水量平衡，保证灰斗内盛满动态流动且恒定高度的水。含尘气体经过除尘器时，较大颗粒灰尘在重力作用下首先进入水中，沉入锥底，较小颗粒灰尘经挡水板挡回灰斗。这样，所有灰尘均悬浮在灰斗水中。随着补水的不断进行，灰尘随水排出灰斗，排入污泥处理间。

污泥处理间内均包括污泥沉淀池、渣池及污泥泵组。来自除尘设施的生产排水先自流入污泥沉淀池，经过充分沉淀后，沉淀池内的上清液由污泥泵站的泵组抽送至原有浊水水处理站进行后续处理，沉入池底的沉渣则定期由污泥泵站内的抓斗起重机抓至渣池，再由汽车装车外运。

DRI粉尘检测主要项目见表4-22。

**表4-22 DRI粉尘检测主要项目**

| 检测项目 | 检测标准 | 检测结果 | 单项结论 |
|---|---|---|---|
| 粉尘云可爆性 | ASTM-E 1226—19 | 压力比 $PR$=3.786<br>（粉尘浓度 $c$=1000 g/m$^3$） | 可爆 |

续表 4-22

| 检测项目 | 检测标准 | 检测结果 | 单项结论 |
|---|---|---|---|
| 粉尘云最低点燃温度（MAIT） | ASTM-E 1491—06 | MAIT = 390 ℃ | |
| 粉尘层最低点燃温度（HITL） | ASTM-E 2021—2015 | 350 ℃ <HITL<360 ℃ | |

4.9.3.3 主要设备

DRI 粉尘收集及处理单元，包括旋涡式湿法除尘器、湿电除尘器和污泥处理水池等。旋涡式湿法除尘器的主要参数见表 4-23。

**表 4-23 旋涡式湿法除尘器的主要参数**

| 项 目 | 1 号湿法除尘器 | 2 号湿法除尘器 | 3 号湿法除尘器 |
|---|---|---|---|
| 处理烟气量/$m^3 \cdot h^{-1}$ | 78000 | 45000 | 78000 |
| 除尘器出口含尘浓度/$mg \cdot m^{-3}$ | <10 | <10 | <10 |
| 除尘器本体漏风率/% | ≤2 | ≤2 | ≤2 |
| 除尘器耐压/kPa | -10 | -10 | -10 |
| 除尘器本体设备阻力/kPa | ≤2.2 | ≤2.2 | ≤2.2 |

4.9.3.4 系统操控

在启动湿法除尘设备前，应先启动湿电除尘设备。湿法除尘设备的启动操作应在控制柜触摸屏上手动按照以下顺序依次执行。

（1）湿法除尘注水：打开手动外接进水管总阀、除尘器进水手动阀，向除尘器内注水（自动补水器下漏斗有水溢出为满），关闭除尘器进水手动阀；

（2）湿法除尘开启喷雾手动阀，喷雾电动阀；

（3）湿法除尘开启补水箱电动阀；

（4）湿法除尘打开 1 号、2 号排污阀，至 25%~30%开度；

（5）湿法除尘开启风机，观察风机电流大小，待电流稳定后，慢慢开启风机电动调节门开度至 40%，启动电机时，风门开度需保持在 5%~10%；

（6）观察运行情况，正常后稳定运行 0.5 h 以上，然后在控制柜上切换至连锁模式，自动开机运行；

（7）开启运行之后，操作人员应及时查看风机运转及各项指标是否正常。

除尘器下部斜斗的反冲洗水管，系统已设置好反洗时间，防止斜斗底部堵塞，或手动打开排污调节阀至最大开度，然后调回至原开度；检查主管上各喷淋是否正常、主管道排水及除尘器排水是否正常。

## 4.10 本章小结

HyMEX 项目作为我国的第一座氢基竖炉实现安全、顺利、连续生产，标志着我国在绿色冶金技术领域取得了阶段成功。该项目的成功实施，为我国实现碳达峰和碳中和目标提供了强有力的技术支撑，也为全球钢铁绿色低碳可持续发展起到了重要示范作用[21,22]。

（1）氢基竖炉工艺集成了国内外目前最先进的技术和设备，各系统的自动化程度非常高，从原料供应、竖炉还原到产品储运，从质量控制、仪表监测到安全连锁，全流程、全过程、全方位保障氢冶金工艺的高效、稳定和安全运行。

（2）氢基竖炉作为氢冶金工艺的最核心装备之一，承担着氢气还原铁矿石生产绿色直接还原铁（DRI）的主要功能，由上料系统、竖炉炉顶、竖炉卸料、DRI 冷却器、DRI 卸料器、DRI 储运及辅助系统构成完整的氢基竖炉工艺装备。

（3）竖炉塔架是氢基竖炉工艺的最重要设施之一。HyMEX 竖炉塔架主体结构高 118 m，高宽比达到 7.4，实现了工业超限高层钢结构和地基基础设计创新，为竖炉工艺流程的运行提供了可靠的结构支撑。

（4）球团矿是氢基竖炉的主要原料，原料供应和处理系统的稳定是保证竖炉顺行的头道工序，良好的涂覆对球团矿还原和竖炉顺行具有非常重要的作用，涂覆参数需要根据球团矿的物料性能、涂覆剂和涂覆方式来综合确定。

（5）成品 DRI 是一种比废钢更加优质的电炉炼钢原料，但其储存具有一定危险性。为防止 DRI 自燃和爆炸，在储存和运输前必须要进行钝化处理。一般情况下，成品 DRI 在筒仓中停留时间要求超过 72 h，以确保安全。

### 参 考 文 献

[1] 王新东，上官方钦，邢奕，等．“双碳”目标下钢铁企业低碳发展的技术路径［J］．工程科学学报，2023，45（5）：853-862.

[2] 王新东，郝良元．现代炼铁工艺及低碳发展方向分析［J］．中国冶金，2021，31（5）：1-5，18.

[3] 徐可可，姜涛．利用焦炉煤气生产直接还原铁是我国现阶段最可行的氢冶金路径［N］．中国冶金报，2023-11-14.

[4] 中国金属学会．氢冶金技术进展及关键问题［M］．北京：化学工业出版社，2023.

[5] 张建良，等．氢冶金初探［M］．北京：冶金工业出版社，2021.

[6] 魏晓光．国内铁精矿粉制备气基竖炉专用高品位球团矿［J］．河北冶金，2024，1：13-18.

[7] 王新东，赵志龙，李传民，等．基于富氢焦炉煤气零重整的氢冶金工程技术［J］．钢铁，2023，58（5）：11-19.

[8] 禹忠剑．张宣科技氢基竖炉生产工艺特点［J］．炼铁，2024，2：65-68.
[9] Ramakgala C，Danha G. A review of ironmaking by direct reduction processes：Quality requirements and sustainability［J］．Procedia Manufacturing，2019，35：242-245.
[10] 丁明洋．波纹挡边式输送机的改进［J］．港口科技动态，2005，2：25-26.
[11] 吉英华，张华义，陈峰．90°波纹挡边带式输送机在车集煤矿选煤厂的应用实践［J］．煤矿机械，2023，9：139-140.
[12] Tang Jue，Chu Man sheng，Li Feng，et al. Development and progress on hydrogen metallurgy［J］．Int. J. Miner. Metall. Mater.，2020，6：713-723.
[13] Hamzeh Hamadeh，Olivier Mirgaux，Fabrice Patisson. Detailed modeling of the direct reduction of iron ore in a shaft furnace［J］．Materials，2018，11，1865：1-16.
[14] Rami Béchara，Hamzeh Hamadeh，Olivier Mirgaux，et al. Optimization of the iron ore direct reduction process through multiscale process modeling［J］．Materials，2018，11，1094：1-18.
[15] M. Shahabuddin，Alireza Rahbari，Shabnam Sabah，et al. Process modelling for the production ofhydrogen-based direct reduced iron inshaft furnaces using different ore grades［J］．Ironmaking & Steelmaking，2024：1-14.
[16] GB 50427—2015，高炉炼铁工程设计规范［S］.
[17] 吴胜利，王筱留．钢铁冶金学（炼铁部分）［M］．北京：冶金工业出版社，2019.
[18] 鞠茂奇，程水明，夏昌勇，等．氢冶金用耐火材料体系综述与展望［J］．陶瓷学报，2024，3：437-445.
[19] 陈天任，王战民，秦红彬．氢冶金工艺及氢基竖炉用耐火材料研究进展［J］．耐火材料，2024，3：263-269.
[20] 路鹏，褚润林，王海涛，等．张宣科技氢基竖炉开炉操作［J］．炼铁，2024，2：61-64，68.
[21] 王宏斌，李洋，覃开伟，等．张宣科技焦炉煤气零重整直接还原工艺创新与实践［J］．钢铁，2024，59（9）：38-44，83.
[22] 王新东．王新东绿色制造与技术创新文集［M］．北京：冶金工业出版社，2024.

# 5 循环气体处理技术与装备

焦炉煤气零重整竖炉氢冶金工艺循环气体处理系统包括工艺回路、冷却回路、底气回路，它是焦炉煤气零重整竖炉氢冶金工艺的核心内容之一，本章重点介绍焦炉煤气的精制处理、工艺回路、底气回路、加热炉、喷氧系统、$CO_2$ 脱除与精制、冷却回路。

## 5.1 焦炉煤气的精制技术与装备

氢基直接还原工艺对焦炉煤气的质量有一定的要求，包括洁净度、压力等，因此，必须对焦炉煤气进行预处理，才能直接供氢基竖炉使用。本节将从焦炉煤气深度净化及加压两个方面，介绍焦炉煤气零重整竖炉氢冶金工艺中焦炉煤气精制处理的技术与装备。

### 5.1.1 焦炉煤气的质量要求

5.1.1.1 洁净度的要求

用于氢基竖炉零重整工艺的焦炉煤气不同于炼焦生产过程中初步净化的焦炉煤气，这是由于初步净化的焦炉煤气仍含有一定量的 $H_2S$、$CS_2$、COS、$NH_3$、BTX（苯、甲苯、二甲苯等）、焦油和萘等。BTX、焦油等成分在加热时，极易发生析碳反应，造成管道堵塞和损坏，严重时出现泄漏，甚至会造成爆炸等事故。此外，焦炉煤气含有的 $H_2S$ 和 $SO_2$ 对 DRI 产品质量也有影响。因此，用于焦炉煤气零重整工艺的焦炉煤气必须要经过深度净化[1-5]，达到表 5-1 的要求。

表 5-1 焦炉煤气的洁净度要求

| 杂 质 | 洁净度要求/$mg \cdot m^{-3}$ |
|---|---|
| $NH_3$ | ≤5 |
| 总硫 | ≤10 |
| 焦油 | ≤2 |
| 苯 | ≤50 |
| $CS_2$ | ≤5 |
| COS | ≤5 |

实际生产中，焦炉煤气经深度净化后指标达到苯不大于 0.05 g/m$^3$，$NH_3$，总硫、焦油、HCN、萘均不大于 0.001 g/m$^3$。深度净化后焦炉煤气的主要成分见表 5-2。

**表 5-2 深度净化后焦炉煤气的主要成分**（体积分数） （%）

| $H_2$ | CO | $CH_4$ | $N_2$ | $CO_2$ | $C_2H_4$ | $C_2H_6$ | $O_2$ |
|---|---|---|---|---|---|---|---|
| 56~61 | 6~7.9 | 20~24 | 5~7.8 | 1.5~2.2 | 1.8~2 | 0~0.7 | 0.1~0.6 |

5.1.1.2 压力的要求

焦炉煤气零重整竖炉氢冶金工艺中，焦炉煤气主要用于工艺回路（工艺气流经的设备或装置组成的系统）的还原气体补充、加热炉烧炉及火炬长明灯的燃烧。为满足加热炉烧炉及火炬的燃烧要求，焦炉煤气压力通常需要大于 150 kPa；对于工艺回路的还原气体补充而言，焦炉煤气的压力必须大于对应接入点的气体压力，通常不小于 750 kPa。

### 5.1.2 焦炉煤气深度净化技术及装备

焦化厂通常都会带有煤气净化系统，对荒煤气进行净化处置以便下游用户的使用。独立的炼焦厂有的将焦炉煤气用于制备化工副产品（如乙二醇等），因此净化工序的投资会更高，净化后的煤气洁净度也更高。对于钢铁联合生产企业的焦化厂而言，由于焦炉煤气通常作为燃料用于锅炉、烧结、球团、加热炉等工序使用，下游的用户对其洁净度要求并不苛刻，因此，净化后的煤气洁净度要低得多。零重整竖炉氢冶金工艺对焦炉煤气的洁净度要求较高，在传统的煤气净化单元的基础上，增加了深度净化单元，所采用的工艺为微晶材料吸附工艺[6-10]。

5.1.2.1 微晶吸附分离技术概述

A 工艺特点及应用领域

在少量及痕量杂质的分离中，吸附方法是目前应用最广、最成熟的技术。例如，疏水微晶材料吸附方法，它具有吸附分离过程中节能效果好、产品纯度高、可除去痕量物质、操作温度低等突出特点，广泛应用在化工、医药、食品、轻工、环保等行业。

(1) 气体或液体的脱水及深度干燥，如将乙烯气体中的水分脱到痕量后再聚合。

(2) 气体或溶液的脱臭、脱色及溶剂蒸汽的回收，如在喷漆行业中，常有大量的含苯类有机溶剂逸出，采用微晶材料处理待排放气体，再通过回收装置对有机溶剂进行回收处理，不仅能减少尾气（由冷却塔出口、抽离工艺回路的工艺气）排放对大气环境的污染，而且能降低有机溶剂使用量，社会效益和经济价值显著[11-16]。

(3) 气体中痕量物质的吸附分离，如纯氮、纯氧的制取。

(4) 分离某些精馏难以分离的物系，如烷烃、烯烃、芳香烃馏分的分离。

(5) 废气和废水的处理，如从高炉废气中回收一氧化碳和二氧化碳，从焦化厂废水中脱除苯、酚等有害物质。

B 微晶材料的主要特征

微晶材料是一种重要的气体杂质吸附介质，它是人工水热合成的硅铝酸盐晶体。依据晶体内部孔穴大小吸附或排斥不同的物质分子，同时根据不同物质分子极性或可极化度而决定吸附的次序，达到分离的效果，因而被形象地称为微晶材料[17-21]。微晶材料的孔径分布非常均匀，因而微晶材料比其他类型吸附剂更具有独特的优越性。

(1) 具有极高吸附精度，提高分离效率；

(2) 可以有效避免分离时产生的共吸附现象，提高产品得率；

(3) 可以在同一系统中同时完成干燥和物质的纯化；

(4) 在较高的温度条件下，同样具有一定的吸附容量；

(5) 微晶材料系统较其他干燥和分离装置设备投资低，运行成本低；

(6) 微晶材料可以做成疏水的类型，减少水的影响；

(7) 微晶材料使用寿命长，可以用5~7年结构不变化。

5.1.2.2 焦炉煤气微晶吸附技术方案

A 微晶吸附材料技术参数

焦炉煤气深度净化系统，采用微晶材料吸附分离技术，吸附剂为疏水型微晶材料 CZ-100。该产品针对煤气净化处理有如下特点：

(1) 可以吸附硫化氢，吸附精度较高；

(2) 可以吸附羰基硫、二硫化碳、硫醇、硫醚、噻吩等有机硫；

(3) 可以吸附焦油、苯、萘及氰化物等杂质；

(4) 吸附剂疏水，可减少煤气中水蒸气的影响；

(5) 耐高温，结构稳定，可以反复再生；

(6) 微晶材料使用寿命长，不会产生危废；

(7) 吸附前面不用氧化铁、活性炭等工艺，可节约投资。

CZ-100 疏水型微晶材料的主要参数见表 5-3。

**表 5-3 CZ-100 疏水型微晶材料的主要参数**

| | |
|---|---|
| 规格 | $\phi$(3~4) mm×(10~15) mm |
| 外观 | 白色三叶草型柱状 |
| 堆密度 | 0.5 $t/m^3$ |
| 比表面积 | 100~500 $m^2/g$ |

续表 5-3

| | |
|---|---|
| 强度 | ≥40 N |
| 孔容积 | 0.2~0.4 mL/mg |
| 特征 | 耐高温，在 800 ℃以下长周期使用，对结构基本无影响 |
| 用途 | 除硫化氢、有机硫、焦油、苯和萘等杂质 |
| 脱除难度排序 | 有机硫、苯、甲苯等其他芳烃，氨，萘，氰氢酸，硫化氢，焦油 |

CZ-100 疏水型微晶材料实物如图 5-1 所示。

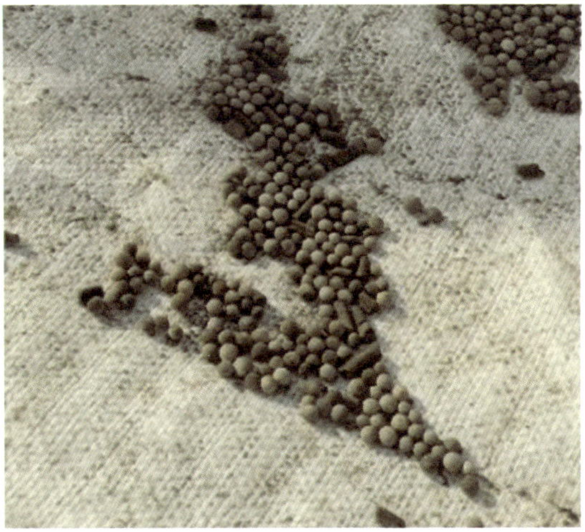

图 5-1 CZ-100 疏水型微晶材料实物

B 微晶吸附焦炉煤气深度净化系统的处理能力

由于工艺设计的最大焦炉煤气使用量为 50000 $m^3/h$（干基），因此位于上游的微晶吸附深度净化系统的处理能力与此保持一致，具体指标如下。

(1) 焦炉煤气净化装置处理煤气量为 50000 $m^3/h$。

(2) 进口灰尘含量小于 10 $mg/m^3$。

(3) 进口温度不高于 60 ℃。

(4) 净化前煤气参数如下：

1) 总硫含量不高于 2000 $mg/m^3$；

2) 苯及苯系物总含量不高于 2500 $mg/m^3$；

3) 焦油含量不高于 20 $mg/m^3$；

4) 氨含量不高于 30 $mg/m^3$；

5) 萘含量不高于 2400 $mg/m^3$。

(5) 净化后煤气参数如下：

1) 总硫含量不高于 30 $mg/m^3$；

2）苯及苯系物总含量不高于 200 mg/m³；

3）焦油含量不高于 2 mg/m³；

4）氨含量不高于 5 mg/m³；

5）萘含量不高于 5 mg/m³。

(6) 出口压力大于 8 kPa。

(7) 吸附剂设计使用寿命 5 年以上，可反复再生。

(8) 装置连续运行，年操作时间大于 8700 h。

C 微晶吸附焦炉煤气深度净化工艺流程

焦炉煤气微晶材料吸附深度处理装置布置在净化车间后面的焦炉煤气管段处，净化工艺流程如图 5-2 所示，微晶材料吸附工艺流程如图 5-3 所示。

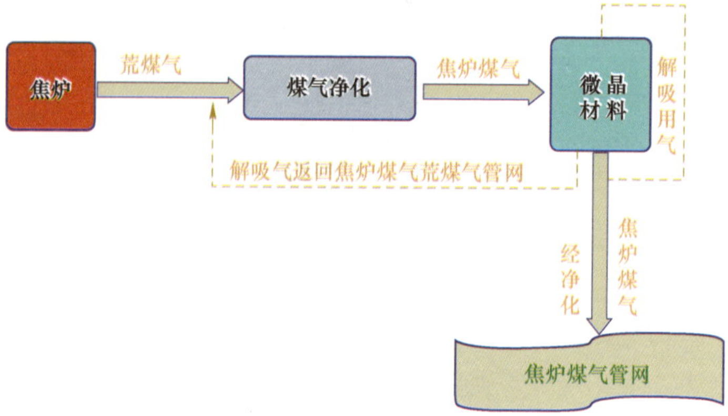


图 5-2 焦炉煤气净化工艺流程示意图

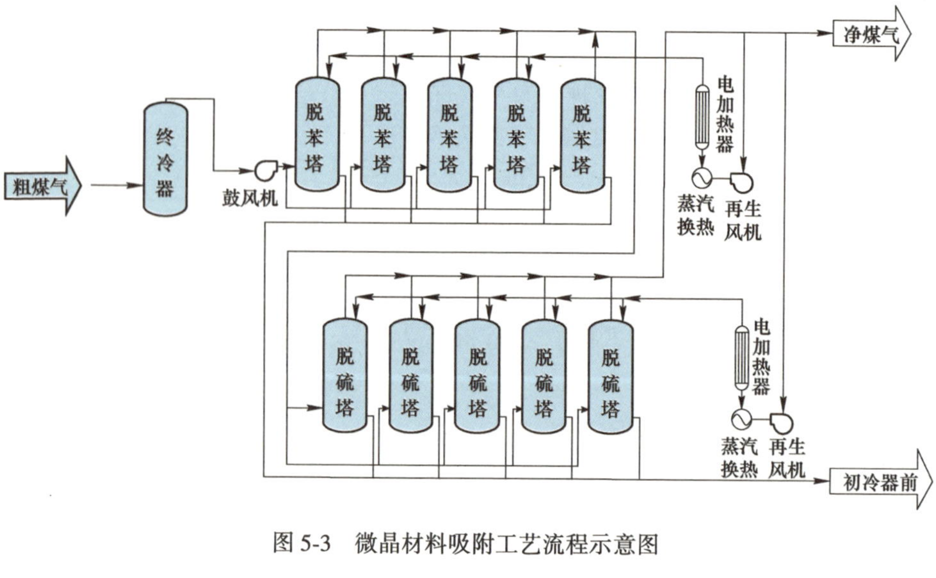


图 5-3 微晶材料吸附工艺流程示意图

根据图 5-3，微晶材料吸附工艺具体流程如下：

（1）净化车间后的 50000 $m^3$ 焦炉煤气，通过增压风机，先进入终冷系统，温度从 60 ℃降至 25 ℃；将焦炉煤气中的萘含量由 2400 $mg/m^3$ 降至 300 $mg/m^3$ 以下。

（2）经过终冷后的焦炉煤气进入微晶脱苯系统，主要脱除焦炉煤气中的苯、萘、焦油和大部分的硫，同时也脱除了部分氨气和氢氰酸等杂质成分，其中第一级脱苯塔对苯的脱除效率为 90%，焦炉煤气从进脱苯塔到出脱苯塔，气体中苯含量由 2500 $mg/m^3$ 降到 250 $mg/m^3$，第一级脱苯塔对总硫的脱除效率为 85%，焦炉煤气从进脱苯塔到出脱苯塔，气体中总硫含量由 2000 $mg/m^3$ 降到 300 $mg/m^3$。采用 5 座脱苯塔，4 开 1 备，每座脱苯塔内装填约 100 $m^3$ 脱苯剂，脱苯装置总装填量约 500 $m^3$ 脱苯剂，脱苯塔内径 3.8 m、塔高约 14 m。

（3）精脱苯后的焦炉煤气送进精脱硫系统，精脱硫系统主要脱除焦炉煤气中的硫化物、剩余的苯和萘、焦油等杂质成分。第二级脱硫塔的脱苯效率为 85%，经过一级净化的焦炉煤气通过脱硫塔后，气体中苯含量由 250 $mg/m^3$ 降到 37.5 $mg/m^3$。经过两级吸附的焦炉煤气达到设计指标，保证气体中苯含量在 50 $mg/m^3$ 以下。第二级脱硫塔的总脱硫效率为 95%，经过一级净化的焦炉煤气通过脱硫塔后，气体中总硫含量由 300 $mg/m^3$ 降到 15 $mg/m^3$。经过两级吸附后焦炉煤气达到设计指标，保证气体总硫含量在 30 $mg/m^3$ 以下。在保证焦炉煤气出口苯和总硫的出口含量达标的情况下，焦炉煤气中的其他杂质如萘、氨、焦油都可以脱除下来。精脱硫系统采用 5 座脱硫塔，每座脱硫塔内装填约 72 $m^3$ 脱硫剂，5 座脱硫塔总装填量约 360 $m^3$ 脱硫剂，脱硫塔内径 3.8 m、塔高约 14 m[22-25]。

（4）脱苯系统和精脱硫系统吸附塔达到一定饱和程度后，从吸附系统出口抽取干净焦炉煤气 4000 $m^3/h$ 左右作为再生解吸气；经过换热器用高温水蒸气将解吸气加热到 280 ℃左右，对吸附饱和的吸附塔进行吹扫再生，再生过程分为升温、保温和冷吹三个过程，单塔再生时间约 72 h，每个塔循环再生。

脱苯单元和脱硫单元的再生解吸气，先送入焦油氨水喷淋塔，经过氨水喷淋冷却后，直接冷却至 70~80 ℃；去除大部分焦油和萘，经换热器间接冷却至 30 ℃左右后，然后送到喷淋脱硫塔，用贫液或富液喷淋，脱除大部分硫化氢；脱硫塔出来的再生气，再进入碱洗塔，洗掉剩余的硫化氢（硫化氢含量降至 500 $mg/m^3$ 以下)，然后再生气进入终冷塔前，再进入系统循环使用。再生解吸气可以根据运行情况预留去初冷器和去加热炉管线，避免在系统内循环。

（5）每个塔自动轮流切换再生，正常工况下脱苯塔吸附周期约 12 天，脱硫塔吸附周期也约 12 天。

#### 5.1.2.3 焦炉煤气微晶吸附系统设备概况

焦炉煤气微晶吸附系统设备规格参数见表 5-4。

表 5-4 焦炉煤气微晶吸附系统设备规格参数

| 设备名称 | 规格参数 | 单位 | 数量 |
|---|---|---|---|
| 终冷器（板式冷却器） | 外形尺寸：3500 mm×2600 mm×25492 mm<br>工作介质：煤气（壳程）/水（管程）<br>换热面积：$F=2667.8\ m^2$<br>操作温度：<br>壳程：循环水冷却段焦炉煤气 65~35 ℃，制冷水Ⅰ冷却段焦炉煤气 35~26 ℃，制冷水Ⅱ冷却段焦炉煤气 26~24 ℃<br>管程：循环水 32~40 ℃，制冷水 16~23 ℃<br>操作压力：焦炉煤气 0.012 MPa；水 0.4 MPa | 台 | 1 |
| 终冷器水封槽 | 尺寸：$\phi$800 mm×3000 mm，$V_{全}=1.5\ m^3$<br>工作介质：焦炉煤气冷凝液<br>操作温度：约 25 ℃<br>操作压力：常压 | 台 | 1 |
| 冷凝液贮槽 | 尺寸：$\phi$2200 mm×4800 mm，$V_{全}=21.3\ m^3$<br>工作介质：焦炉煤气冷凝液<br>操作温度：约 45 ℃<br>操作压力：常压 | 台 | 1 |
| 脱苯吸附塔 | 尺寸：$\phi$3800 mm×30052 mm<br>工作介质：粗煤气，脱苯煤气<br>填料：共 5 段，总高度 19500 mm，总重 132600 kg，比表面积 200~500 $m^2/g$，堆密度 700 $kg/m^3$<br>操作温度：25~280 ℃<br>工作压力：30 kPa<br>设计压力：0.1 MPa | 台 | 5 |
| 脱硫吸附塔 | 尺寸：$\phi$3800 mm×15852 mm，Q245R/20<br>工作介质：粗煤气，净化煤气<br>填料：共 2 段，每段高 3900 mm，总重 53280 kg，比表面积 200~500 $m^2/g$，堆密度 700 $kg/m^3$<br>操作温度：25~280 ℃<br>工作压力：30 kPa | 台 | 5 |
| 吸附塔水封槽 | 尺寸：$\phi$3600 mm×4000 mm，$V_{全}=36.6\ m^3$<br>工作介质：废液（含水、油、奈、氨等）<br>操作温度：30~80 ℃<br>操作压力：常压 | 台 | 1 |

续表 5-4

| 设备名称 | 规格参数 | 单位 | 数量 |
|---|---|---|---|
| 地下槽 | 尺寸：$\phi$3600 mm×4000 mm，$V_{全}$ = 36.6 $m^3$<br>工作介质：废液（含水、油、奈、氨等）<br>操作温度：30~80 ℃<br>操作压力：常压 | 台 | 1 |
| 洗油缓冲槽 | 尺寸：$\phi$2200 mm×4000 mm，$V_{全}$ = 18.3 $m^3$<br>工作介质：洗油<br>操作温度：约 25 ℃<br>操作压力：常压 | 台 | 1 |
| 再生风机 | 进口压力：8 kPa<br>输送介质：焦炉煤气<br>进口温度：约 35 ℃<br>介质重度：0.42~0.50 kg/$m^3$<br>电机功率：55 kW，YVB-250M-4-55 kW<br>电机防护、防爆等级：IP54，dIIBT4 | 台 | 2 |
| 冷凝液输送泵 | 尺寸：$Q$=55 $m^3$/h，$H$=80 m<br>介质：焦炉煤气冷凝液<br>电机电压：380 V<br>电机防护、防爆等级：IP54，dIIBT4 | 台 | 2 |
| 废水输送泵（自吸泵） | 尺寸：$Q$=25 $m^3$/h，$H$=30 m<br>介质：蒸氨废水<br>电机电压：380 V<br>转速：2900 r/min<br>电机防护、防爆等级：IP54，dIIBT4 | 台 | 2 |
| 洗油缓冲槽液下泵 | 尺寸：$Q$=65 $m^3$/h，$H$=46 m<br>介质：洗油<br>电机电压：380 V<br>电机防护、防爆等级：IP54，dIIBT4 | 台 | 2 |

续表 5-4

| 设备名称 | 规格参数 | 单位 | 数量 |
| --- | --- | --- | --- |
| 焦炉煤气蒸汽换热器 | 外形尺寸：$\phi$800 mm×7680 mm<br>工作介质：蒸汽、冷凝液（壳程）/焦炉煤气（管程）<br>换热面积：$F=300\ m^2$<br>操作温度：壳程 300/210 ℃；管程 40/250 ℃<br>操作压力：壳程 1.8 MPa；管程 0.02 MPa | 台 | 2 |
| 380 kW 电加热器 | 工作介质：焦炉煤气<br>入口煤气温度：210 ℃<br>出口焦炉煤气温度：300 ℃<br>设计温度：400 ℃<br>工作压力：0.02 MPa<br>设计压力：0.04 MPa<br>电热管表面负荷：2.5 $W/cm^2$<br>电机功率：380 kW<br>电压：380 V/50 Hz/3 PH<br>电机防护、防爆等级：IP54，dIIBT4 | 台 | 1 |
| 260 kW 电加热器 | 工作介质：焦炉煤气<br>入口焦炉煤气温度：210 ℃<br>出口焦炉煤气温度：300 ℃<br>设计温度：350 ℃<br>工作压力：0.02 MPa<br>设计压力：0.04 MPa<br>电热管表面负荷：2.5 $W/cm^2$<br>电机功率：260 kW<br>电压：380 V/50 Hz/3 PH<br>电机防护、防爆等级：IP54，dIIBT4 | 台 | 1 |

系统的核心设备为吸附塔，吸附塔结构及实景照片如图 5-4 所示。工作时待净化的焦炉煤气从吸附塔的下部［见图 5-4（a）中的进气口］进入，从吸附塔的顶部离开；吸附塔再生时，蒸汽从顶部反向鼓入，进行反吹，解析产生含有杂质的气体从底部的出口排出。

#### 5.1.2.4 焦炉煤气微晶吸附系统的操作与控制

焦炉煤气微晶吸附系统的自动化程度很高，生产运行状态下，主要的操作控制内容包括：

（1）根据各设备的压力损失，及时进行吸附塔的切换，焦炉煤气微晶吸附系统运行压损控制要求见表 5-5；

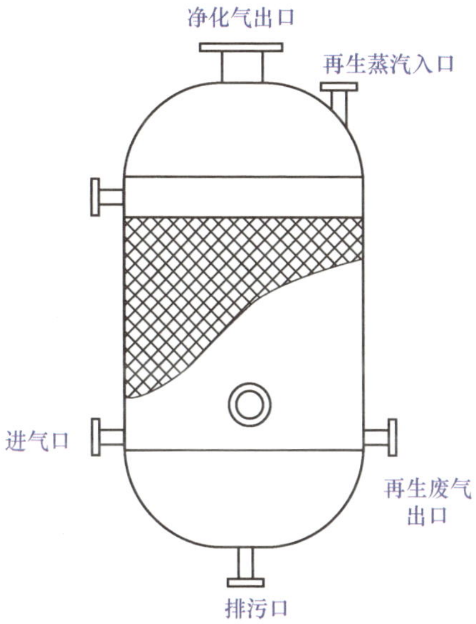


(a)

(b)

图 5-4 吸附塔的结构图（a）及实景照片（b）

**表 5-5 焦炉煤气微晶吸附系统运行压损控制要求**

| 设 备 | 压力损失控制要求/kPa |
|---|---|
| 终冷器 | ≤1 |
| 脱苯塔 | ≤8.4 |
| 脱硫塔 | ≤6.1 |

（2）检测焦炉煤气洁净度，根据检测结果调整投用的吸附塔数量（吸附塔可以并联或串联使用）；

（3）根据吸附塔压损情况，及时进行吸附塔的轮换，并将替换下场的吸附塔进行再生。

焦炉煤气微晶吸附深度净化系统，在直接还原工厂投产前提前投用。净化后焦炉煤气杂质含量见表 5-6。

**表 5-6 焦炉煤气微晶吸附深度净化后的杂质含量** （$mg/m^3$）

| 时间 | $H_2S$ | 总硫 | 焦油 | 萘 | 氨 | 苯 | 甲苯 | 二甲苯 |
|---|---|---|---|---|---|---|---|---|
| 2023 年 4 月 | — | 14 | — | 1.5 | 2 | 269 | 25 | 6.8 |
| 2023 年 5 月 | — | 20 | — | 3.4 | 2.1 | 110 | 29 | 5.3 |
| 2023 年 6 月 | — | 18 | — | 3 | 1.9 | 133 | 20 | 6.8 |
| 2023 年 7 月 | — | 23 | — | 3.2 | 2 | 146 | 28 | 7.1 |

续表 5-6

| 时间 | $H_2S$ | 总硫 | 焦油 | 萘 | 氨 | 苯 | 甲苯 | 二甲苯 |
|---|---|---|---|---|---|---|---|---|
| 2023 年 8 月 | — | 27 | — | 3.8 | 2 | 151 | 46 | 8.9 |
| 2023 年 9 月 | — | 23 | — | 1.8 | 2.1 | 166 | 46 | 6.3 |
| 2023 年 10 月 | — | 26 | — | 3 | 1.9 | 134 | 39 | 5.8 |
| 2023 年 11 月 | — | 25 | — | 1.2 | 2 | 207 | 50 | 5.1 |
| 2023 年 12 月 | — | 20 | — | 2.5 | 2 | 198 | 56 | 6.3 |
| 2024 年 1 月 | — | 20 | — | 1.8 | 2.1 | 205 | 53 | 7.1 |

由表 5-6 可知，除苯系杂质含量略高于原设计目标（受入口含量高的影响），其余杂质含量均低于设计值。

### 5.1.3 焦炉煤气加压系统

与天然气直接还原工厂比较，焦炉煤气直接还原工厂的一大特征是，需要额外增加一套补给气加压系统。这是由于来自上游焦炉煤气压力只有 3~10 kPa，不经过加压焦炉煤气无法补充到还原系统之中，这也是焦炉煤气零重整竖炉氢冶金工厂比传统直接还原建设需要增加投资的主要原因。

5.1.3.1 工艺流程

焦炉煤气加压系统的流程如图 5-5 所示。

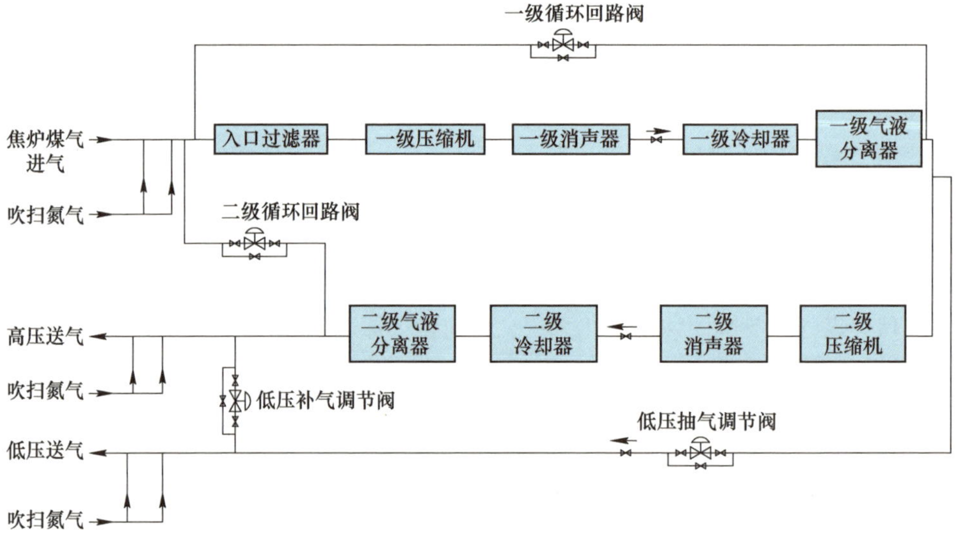


图 5-5 焦炉煤气加压系统工艺流程图

由图 5-5 可知：

（1）焦炉煤气自上游煤气管网，先进入压缩机入口端的过滤器，焦炉煤气中携带的部分粉尘、冷凝产生的萘等杂质，被过滤器吸附；

（2）过滤器后的焦炉煤气经过消声器入口后，然后进入一级压缩机膛内进行压缩，同时，部分冷凝水也被喷入一级压缩机膛内，用于对转子的降温冷却，避免转子温度过高，造成设备损坏；

（3）焦炉煤气被加压到 180～200 kPa 时，与喷入压缩机内部的冷却水一起被排出；

（4）焦炉煤气和冷却水的混合物通过消声器出口后，进入压缩机一级后冷器，该换热设备为管壳式换热器，在此处焦炉煤气和水的混合物将从 60 ℃左右冷却到 40 ℃以下；

（5）冷却后的气液混合物进入一级气液分离器，分离后的冷却水进入气液分离器下部的罐体内，焦炉煤气自顶部离开，一级气液分离器罐体内收集的冷却水，将被冷却水泵抽出，并泵送至一级压缩机入口，由此，冷却水形成闭环；

（6）焦炉煤气离开一级气液分离器，一部分作为火炬和加热炉的燃料，剩余部分经过过滤器，过滤掉残留的杂质，与冷却水一同进入二级压缩机；

（7）在二级压缩机，焦炉煤气将被加压到 750 kPa 以上；

（8）温度达到 75 ℃的加压焦炉煤气与冷却水通过二级消声器，进入二级后冷器；

（9）煤气和水的混合物在二级后冷器后，温度下降到 40 ℃以下，然后进入二级气液分离器，其中，二级后冷器和二级气液分离罐的结构和功能与一级后冷器及一级气液分离器完全相同；

（10）焦炉煤气在二级气液分离器中实现脱水，之后被送入还原系统参与还原生产 DRI，分离出的冷却水进入气液分离器下部，在煤气的高压作用下，压入二级压缩机的入口（入口压力只有 180～200 kPa）。

除此之外，两级压缩机均有回流保护的管路，避免下游用户减少或停用煤气时，压缩机出现憋压损坏压缩机。

由于张宣科技氢冶金启动阶段，没有工艺尾气可供使用，加热炉只能全部使用焦炉煤气作为燃料气，而加热炉对燃料气的压力要求不小于 0.18 MPa，还原系统对焦炉煤气注入的压力需求不小于 0.78 MPa，因此焦炉煤气加压系统设计为两级压缩，既可以满足加热炉的需求，也可以满足还原系统的要求。由图 5-5 可知，加压工艺中二级压缩机的原料气为一级压缩后的出口气。

#### 5.1.3.2 焦炉煤气压缩机的结构和主要参数

零重整竖炉氢冶金工艺中的焦炉煤气压缩机为螺杆型压缩机。压缩机内部结构示意图如图 5-6 所示，压缩机机组采用二级压缩，喷软水冷却，双螺杆结构，阳转子通过同步齿轮带动阴转子转动。由一台双输出轴的主电动机分别通过挠性叠片联轴器直连驱动一级主机，连接齿轮箱驱动二级主机。机组双层布置，运转层标高为 7.0 m，压缩机及电机布置在楼层上，其他辅助设备布置在楼层下。

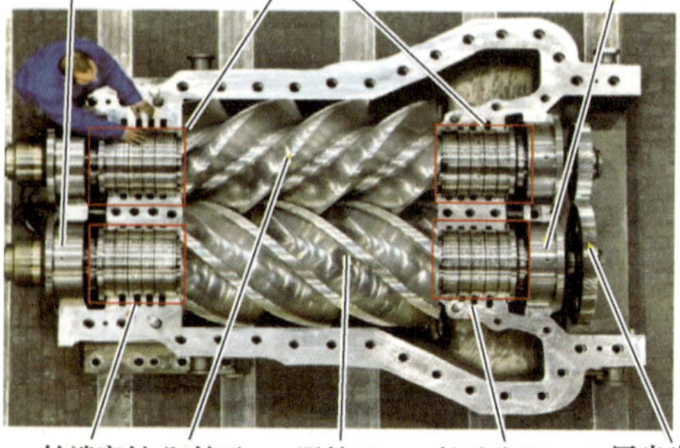


图 5-6　压缩机内部结构示意图

充分考虑介质气进入压缩机时压力、组分、杂质等大范围波动时，转子所能承受的交变应力，以保证将介质气中的杂质颗粒顺畅地输出到排气端并起到更好的密封作用，提高压缩机的效率。转子经单独动平衡后再和装配在转子上的所有零件一起进行动平衡，平衡等级均为 G1.0 级。

一级压缩机壳体为分段铸造，水平剖分便于检查维修安装，二级压缩机为垂直剖分，适应更高的工作压力，介质气进出口接管能适应较高排气压力操作工况并且能通畅排出带液气体。

压缩机按最大工况设计（焦炉煤气流量 52000 $m^3/h$，湿基）。

压缩机出口温度不高于 85 ℃，后冷却器出口温度为 40 ℃。

原料气压缩机径向及推力轴承均采用压力润滑滑动轴承，设置轴位移和轴振动检测系统。

压缩机轴封系统采用前置密封+双端面干气密封形式，确保在正常工况以及开停车时介质气体不向外泄漏，同时阻止润滑油进入介质气。

开工、运行及停机时压缩机进、排气端干气密封均采用氮气作为主密封气、隔离气，前置气充气管线材质均为不锈钢。

压缩机同步齿轮副为中硬齿面齿轮，材质为 42CrMo，经热处理后硬度 HRC45，齿面经过磨齿精度等级为 5 级。大齿轮为厚薄齿结构，以避免压缩机反转时转子接触。

压缩机气缸体材料为 ZG15Cr13 不锈钢铸件，转子材料为 20Cr13 不锈钢锻件，以抗腐蚀。

一级压缩机配置进、出口消声器，二级压缩机配置出口消声器，使噪声控制在距压缩机机组 1 m 处不超过 85dBA。

压缩机按最大工况设计，流量调节范围为额定工况气量的0~100%，机组流量调节通过开山专利提升阀+自动循环回流来调节。压缩机配置电动盘车装置，手动投入，自动脱扣。

5.1.3.3 焦炉煤气加压系统的操作与控制

焦炉煤气压缩机一旦启动并进入正常运行状态后，便可以将操作画面上的所有控制器设置好对应的操作参数后，切换至自动或级联模式，由计算机完成对后续压缩机系统的操作与控制。主要的控制内容包括：

（1）一级及二级气液分离器的液位。通常要控制液位在45%以上，确保不会发生煤气泄漏。计算机操控时，当液位低于设定值（通常是由于煤气带走的水累积到一定程度后触发），会自动启动补水阀进行补水。

（2）一级及二级出口煤气压力的控制。煤气压力影响加热炉的烧炉及焦炉煤气向还原系统的注入，通常需要根据下游用户的要求进行调节。

（3）循环冷却水水质的控制。由于一级、二级压缩机使用的冷却水均为闭路循环+直接接触冷却模式，冷却水与煤气接触，会溶解或冲洗出煤气中携带的部分杂质，长时间使用后，水质会持续变差，影响冷却效果、造成设备和管路堵塞，因此，必须要经常关注冷却水管路上的过滤器压差变化情况，并定时开启排污阀检查水质，必要时启动手动补水阀，进行水质置换。

## 5.2 工艺回路循环系统

工艺回路循环系统的作用是为球团矿直接还原提供所需的温度、压力和化学成分的还原气体。还原回路的功能分为：去除降低气体还原能力的产物，补给焦炉煤气，提高气体的温度和压力调节还原气体。

### 5.2.1 工艺回路循环系统的工艺流程

工艺回路的工艺流程如图5-7所示。

工艺回路的具体流程为：

（1）从反应竖炉顶部排出480 ℃的还原气体，经过热交换器，生产蒸汽或预热还原气体；

（2）换热后的工艺气（工艺气自竖炉炉顶排出，经过一系列处理后从竖炉中部注入竖炉的气体）经过图5-7中冷却和洗涤系统，炉内还原后的水从气流中冷凝和脱除出来，气体携带的几乎所有粉尘被分离掉，进入浊环水中，被回水携带进入水处理厂进行处理；

（3）洗涤脱水后的气体经过工艺气体压缩机过滤器，被送入工艺气压缩机，压力提升，再经过后冷器将温度降至适合脱碳的水平（40 ℃）；

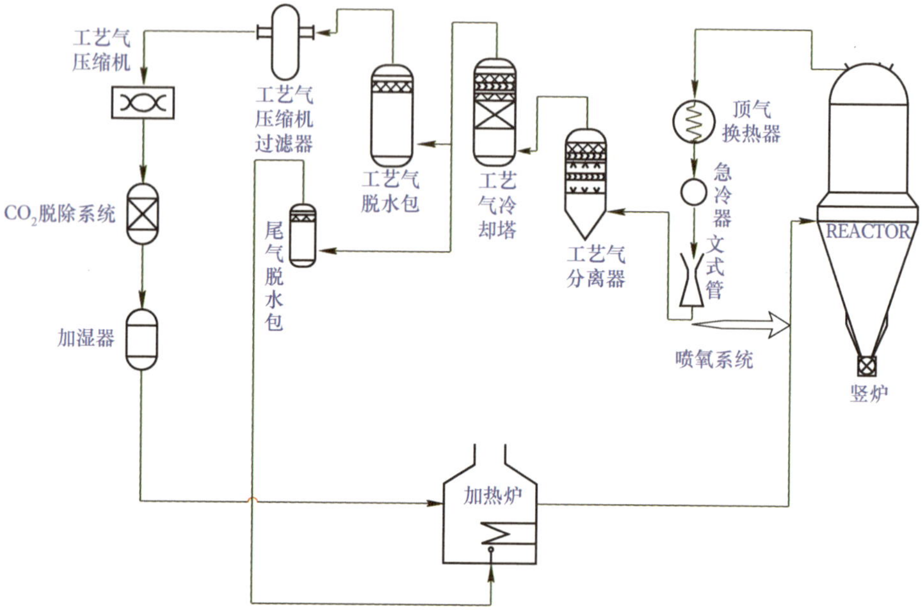


图 5-7 工艺回路的工艺流程图

(4) 压缩以后的气体经过一个二氧化碳脱除单元，脱除还原产生的绝大多数 $CO_2$(此时工艺气中 $CO_2$ 残留量不大于 3%)，然后被送至下游的加湿器；

(5) 工艺气经过加湿器，湿度提高到 3%以上，然后被送入下游的加热炉和部分燃烧系统（喷氧系统)；

(6) 经过加热炉和喷氧系统后，工艺气获得足够的显热，然后进入竖炉，用于还原，形成闭路循环。

### 5.2.2 工艺回路的主要设备功能及规格

本节重点介绍脱碳系统、喷氧系统、加热炉系统设备的工作原理及规格参数。

5.2.2.1 顶气换热器

顶气换热器结构及工作原理示意图如图 5-8 所示。顶气换热器由管壳式换热器及连接到汽包的管道组成，该设备是蒸汽发生系统的一部分，其目的是利用炉顶气潜热产生蒸汽，这有助于降低整体热损失，节约能源[26-31]。

气流通过管道时，在传热作用下使外壳底部的水沸腾产生蒸汽，并收集到汽包中，供下游二氧化碳脱除系统和压缩机系统使用。顶气换热器的主要参数见表 5-7。

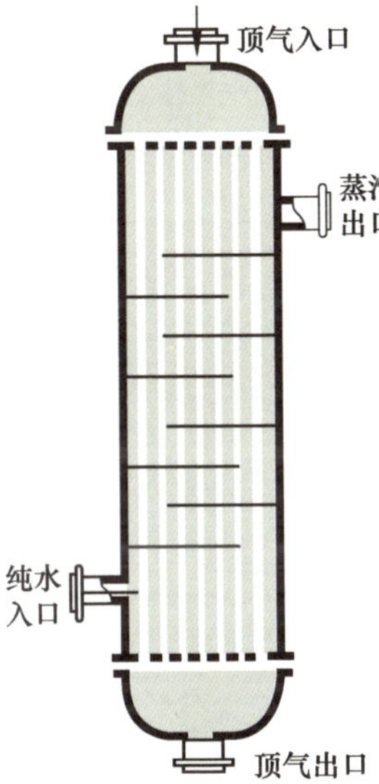


图 5-8 顶气换热器结构及工作原理示意图

**表 5-7 顶气换热器主要参数**

| | |
|---|---|
| 数量 | 1 |
| 顶部气体入口温度/℃ | 约 470 |
| 顶部气体入口流量/$m^3 \cdot h^{-1}$ | 约 154000 |
| 运行压力/kPa | 约 700 |
| 顶部气体出口温度/℃ | 约 350 |
| 换热器类型 | 管壳换热 |
| 管道材料 | 高强合金钢 |
| 饱和蒸汽压力/kPa | 800 |

5.2.2.2 工艺气体急冷器

来自换热器的气体含有 $CO_2$、$H_2O$ 和粉尘等物质，必须将其清除。气体洗涤净化的第一步是急冷器（或称急冷水套），急冷器由同心管组成，位于顶气换热器的下游。洗涤水通过该设备被喷入到工艺气中，与气流直接接触，并捕捉工艺气中所携带的含铁粉末。急冷器的结构及工作原理示意图如图 5-9 所示。

工艺气急冷器的主要参数见表 5-8。

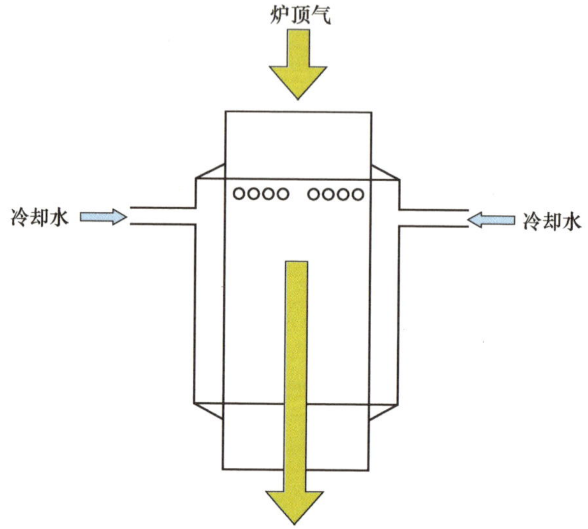


图 5-9 急冷器的结构及工作原理示意图

**表 5-8 工艺气急冷器的主要参数**

| | |
|---|---|
| 入口水流量/$t \cdot h^{-1}$ | 约 95 |
| 运行压力/kPa | 约 680 |
| 工艺气体入口温度/℃ | <330 |
| 工艺气体出口温度/℃ | 约 120 |

### 5.2.2.3 工艺气体文丘里管

气体经过急冷器之后进入文丘里管（或称文式管），它是一个同心异径管，中间有一段收窄，这会带来压力的变化，从而使固液分离。工艺气体通过文丘里管的固定喉部后，气体流速增加；在文氏管的喉部出口处，发散喷嘴使气流和水流速度降低，流速的变化促进气体和液体的相互分离，同时水中携带的含铁粉尘也被分离。文丘里管结构及工作示意图和主要参数分别如图 5-10 和表 5-9 所示。

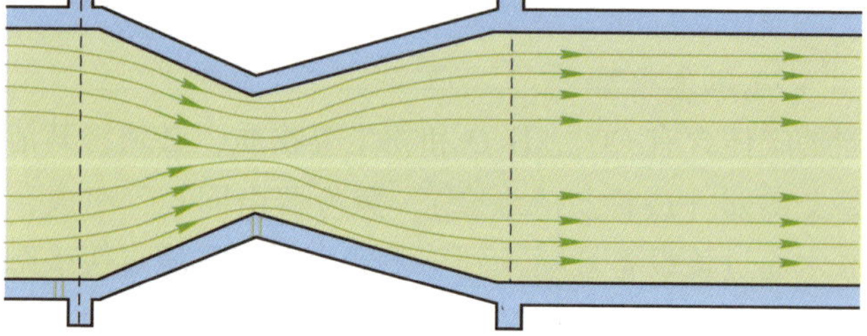

图 5-10 文丘里管结构及工作示意图

表 5-9 工艺气文丘里管的主要参数

| 类型 | 固定喉部式 |
|---|---|
| 运行压力/kPa | 约 670 |
| 运行温度/℃ | 约 120 |
| 最大压降/mbar | 约 250 |

5.2.2.4 工艺气体分离器

文丘里管与工艺气体分离器相连，在工艺气体分离器内，液相包裹着固相颗粒，从气流中分离出来。它的功能是收集自急冷水套中喷入的水生成的污泥，之前注入的所有水都在此处脱除。

分离器还配备了一个除雾垫、一个 V 形折流板和一套用于进一步除尘的喷雾器。在容器底部位于污泥出口处有一个涡流破碎器，净化后的气体自顶部离开分离器。

分离器的结构及原理示意图如图 5-11 所示。

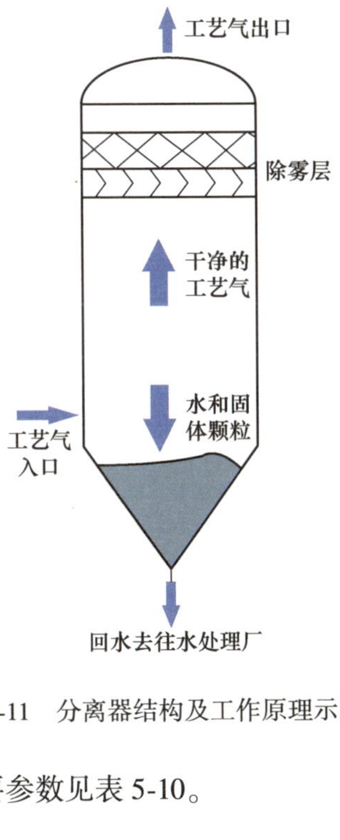


图 5-11 分离器结构及工作原理示意图

工艺气体分离器的主要参数见表 5-10。

表 5-10 工艺气体分离器的主要参数

| 类型 | 带 V 形和除雾垫的立式滚筒 |
| --- | --- |
| 工艺气体入口流量/$m^3 \cdot h^{-1}$ | 约 154000 |
| 运行压力/kPa | 650 |
| 运行温度/℃ | 120 |

#### 5.2.2.5 工艺气体急冷塔

工艺气急冷塔结构及工作原理示意图如图 5-12 所示。离开分离器的气体呈饱和态，必须脱除水分以恢复其还原能力。脱除的办法是：通过直接接触式冷却最终把水从气流中冷凝出来。急冷塔（或称“冷却塔”）是分离器之后的设备。工艺气体进入容器，通过与流经填料床的水形成逆向流动的方式，使气流冷却、水冷凝并从填料床滴落出来[32-38]。

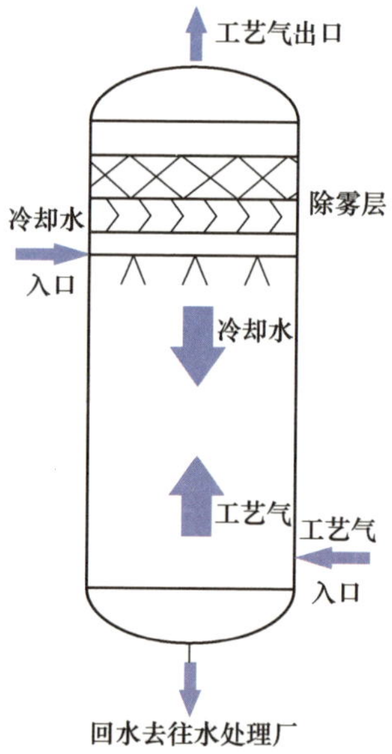


图 5-12 急冷塔结构及工作原理示意图

急冷塔配有除雾垫、填料床，气体从下方柔性格栅进入，并与填料床上方注入的水逆向接触后向上流动。气体通过填料床开始冷却，水冷凝并向出水口滴落。气体从顶部离开急冷塔，水分被冷凝并脱除出来。

工艺气急冷塔的主要参数见表 5-11。

表 5-11 工艺气急冷塔的主要参数

| 类型 | 带有填料层的直接接触式急冷塔 |
|---|---|
| 工艺气体入口流量/$m^3 \cdot h^{-1}$ | 约 153000 |
| 运行压力/kPa | 约 645 |
| 入口气体温度/℃ | 约 120 |
| 出口气体温度/℃ | 约 42 |

5.2.2.6 工艺气体脱水包

脱水包的唯一功能是分离通过急冷塔内的除雾垫和填料床的液滴。脱水包配有除雾垫，用于脱除可能存在的冷凝液滴，保护工艺气体压缩机免受损坏。脱水包的结构及工作原理如图 5-13 所示。

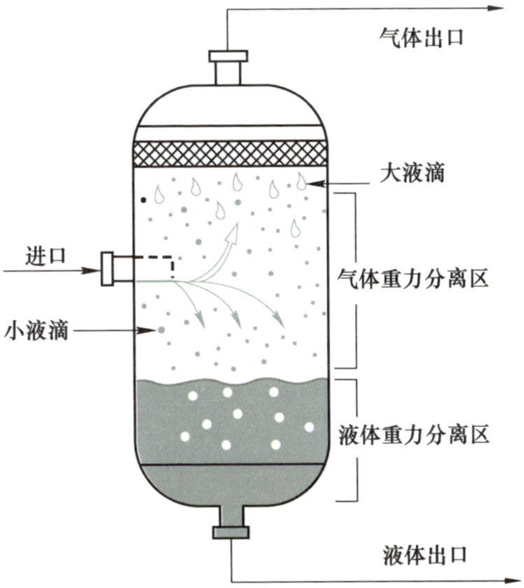


图 5-13 脱水包结构及工作原理示意图

工艺气体脱水包的主要参数见表 5-12。

表 5-12 工艺气体脱水包的主要参数

| 类型 | 带除雾垫的立式滚筒 |
|---|---|
| 运行压力/kPa | 约 630 |
| 运行温度/℃ | 约 42 |

5.2.2.7 工艺气体压缩机过滤器

为了保护工艺气体压缩机，在工艺气离开脱水包进入压缩机之前，需要使用过滤器脱除工艺气中残留的粉尘颗粒物。粉尘颗粒物会损坏工艺气体压缩机，造成跳闸而无法使用。工艺气体压缩机过滤器备有两台，一用一备[39-44]。

工艺气压缩机过滤器的结构及工作原理如图 5-14 所示。

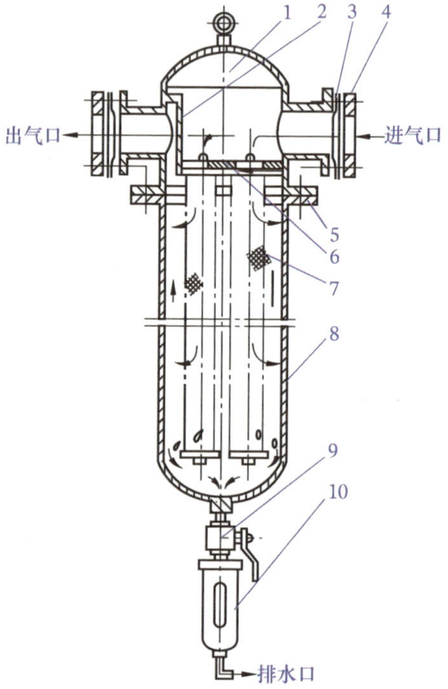


图 5-14 工艺气压缩机过滤器结构及工作原理示意图

1—滤壳分隔腔体；2—隔板；3—密封垫片；4—配管法兰；5—密封垫片；6—滤芯密封圈；7—滤芯；8—滤壳；9—球阀；10—自动排水器

工艺气压缩机过滤器的主要参数见表 5-13。

**表 5-13 工艺气压缩机过滤器的主要参数**

| | |
|---|---|
| 过滤气体 | 工艺气，密度 0.5 kg/m$^3$ |
| 允许压力损失 | ≤15 kPa |
| 过滤精度 | ≥50 μm 的固体颗粒 |
| 壳体材质 | 316 不锈钢 |

5.2.2.8 工艺气体压缩机

工艺气体在经过一系列的净化措施后，气体已完成冷却、脱水和除尘，但仍含有反应产生的 $CO_2$，且由于流经了多道设备工序，存在一定的压力损失。因此，为实现继续循环，需要对气体进行增压。

工艺气体压缩机具有增加工艺气压力的功能，以便为气体再循环提供动力。压缩机的选择是根据可用电力条件、加压气体的特性、可用布局区域的具体情况和经济等因素做出的。

通常，在直接还原工厂中，工艺循环气的加压，选择使用离心式压缩机完成。这是许多直接还原工厂的实践得到的经验。整体而言，离心压缩机在直接还原工厂的应用场景中，功耗指标、更快速的流量调节反馈和更持久的使用稳定性较好[45-48]。

压缩机其他的设备辅助，由储油器、油泵、压力指示器、温度指示器、气密封管装置等组成。工艺气离心式压缩机内部结构示意图如图 5-15 所示。

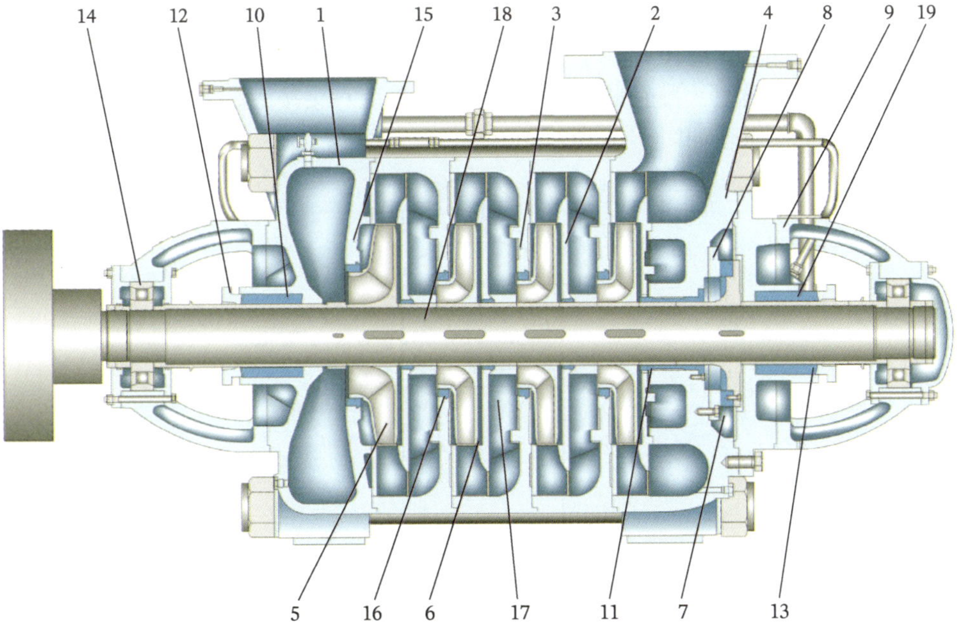


图 5-15 工艺气离心式压缩机内部结构示意图

1—进水段；2—导叶；3—中段；4—出水段；5—首级叶轮；6—叶轮；7—平衡盘；8—平衡板；9—尾盖；10—填料；11—平衡套；12—填料压盖；13—O 形圈；14—轴承；15—首级密封环；16—密封环；17—导叶套；18—轴；19—轴套

工艺气压缩机的主要参数见表 5-14。

**表 5-14 工艺气压缩机的主要参数**

| 类型 | 离心式 |
|---|---|
| 工艺气体入口流量/$m^3 \cdot h^{-1}$ | 约 153000 |
| 驱动方式 | 电动 |

续表 5-14

| | |
|---|---|
| 电机额定功率/kW | 约 4476 |
| 入口压力/kPa | 约 610 |
| 入口温度/℃ | 约 50 |
| 出口压力/kPa | 约 1000 |
| 出口温度/℃ | 约 110 |

#### 5.2.2.9 工艺气体压缩机后冷器

由于工艺气体经过压缩机加压后，它的温度会升高，因此有必要再次进行冷却，与此同时低温和高压有利于 $CO_2$ 吸收塔内 $CO_2$ 的吸收。后冷器可以是直接接触或间接接触类型，目前张宣科技的后冷器采用直接接触。工艺气体压缩机后冷器结构及工作原理如图 5-16 所示。

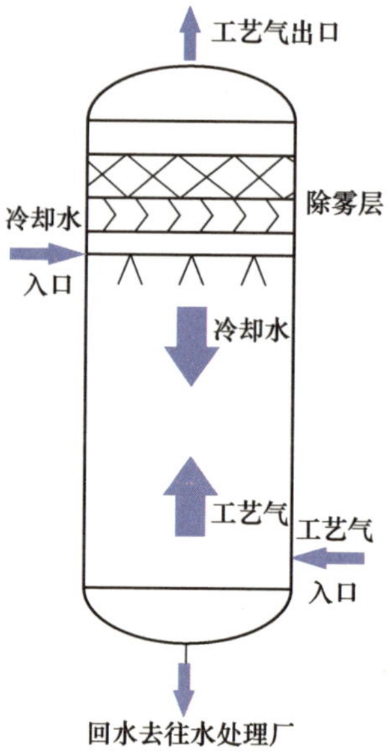


图 5-16 工艺气体压缩机后冷器结构及工作原理示意图

由图 5-16 可知，气体进入容器，并通过一个紧凑的网格填料床，而填料床被其顶部喷雾器的水淹没，气体和水逆向流动，使气体冷却。工艺气从后冷却器部进入，在填料床的上方设有喷雾器和除雾垫，用于脱除气体中可能存在的水分。

工艺气体压缩机后冷器的主要参数见表 5-15。

表 5-15 工艺气压缩机后冷器的主要参数

| 类型 | 结构填充床直接接触急冷 |
| --- | --- |
| 工艺气体入口流量/$m^3 \cdot h^{-1}$ | 约 153000 |
| 运行压力/kPa | 约 1000 |
| 入口气体温度/℃ | 约 110 |
| 出口气体温度/℃ | 约 40 |

5.2.2.10 工艺气体加湿器

由压缩机后冷器之后的工艺气体，进入 $CO_2$ 脱除系统，在吸收塔内脱除绝大多数还原产生的 $CO_2$，然后进入加湿器，调节工艺气的湿度，以便后续在竖炉内渗碳和重整反应的调控。

在加湿器内部，通过热喷水增加工艺气体湿度。工艺气体从加湿器下部进入，通过填料床与向下流动的水相接触，实现加湿。在加湿器顶部，工艺气体在通过除雾垫后离开。工艺气体加湿器结构及工作原理示意图如图 5-17 所示。

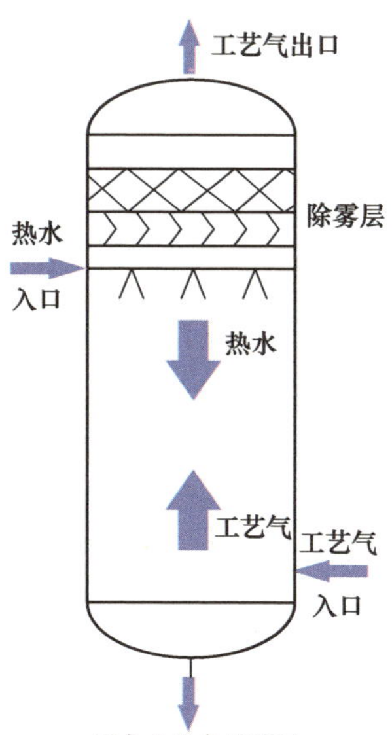


图 5-17 工艺气体加湿器结构及工作原理示意图

工艺气体离开加湿器后，经过加热炉和喷氧装置的提温，获得热量，然后进入竖炉参与炉内反应；反应后含有 CO、$H_2$、$CH_4$、$H_2O$ 和 $CO_2$、$N_2$ 的混合气体，自炉顶离开，被称为炉顶气。由此，工艺气形成闭环。

### 5.2.3 工艺回路循环系统的操作与调控

工艺回路与竖炉首尾相连，由于竖炉是一个高温高压的反应釜，竖炉本体只有压力、温度的仪表监控，竖炉内反应过程的控制，都是由与竖炉相衔接的工艺回路、竖炉装料系统、竖炉排料系统、底气（自竖炉锥段上部排出，经过冷却洗涤后汇入工艺回路的气体）系统的调控来实现的，其中以工艺回路为主要调控对象。因此，工艺回路循环系统的操作与调控，不仅是气体系统最主要的工作任务，也是整个直接还原工厂最主要的工作任务。

结合氢基竖炉生产实践，分别介绍相关的操作与调控方法。

5.2.3.1 工艺气的冷却与净化

氢基竖炉炉顶工艺气还原势较高，温度高达450~550 ℃，并含有大量的粉尘，为利用其化学能和热能必须对炉顶工艺气进行处理。氢基竖炉炉顶工艺气的成分见表5-16。

**表5-16 氢基竖炉炉顶工艺气的成分**（体积分数） （%）

| 成分 | $H_2$ | $CH_4$ | $H_2O$ | CO | $N_2$ | $CO_2$ |
|---|---|---|---|---|---|---|
| 含量 | 约40.0 | 约12.0 | 约23.1 | 约5.2 | 约14.5 | 约5.5 |

工艺气的冷却与净化过程如下：

（1）对炉顶工艺气进行余热回收。炉顶工艺气先通过余热锅炉换热器，所生产的蒸汽主要供给 $CO_2$ 脱除系统，此换热设备与蒸汽包相连，本身不具备调节功能。

（2）对工艺气进行除尘和进一步冷却。对急冷器后的工艺气进行水和气体的混合，然后通过文氏管和分离器实现工艺气中固体颗粒物和液体的分离，同时温度下降至120 ℃左右，此过程可以根据煤气总量来调节水流量。

5.2.3.2 工艺气的脱水

炉顶工艺气中约含有高达20%的水分，水分不仅是氧化剂，而且还会损坏压缩机，因此必须脱除水分。利用急冷器冷却工艺气至50 ℃左右，水分含量由20%降到3.0%，氢含量由40%提高至约50%，$CO_2$ 含量高达6.0%。在急冷塔脱水环节，通常根据工艺气总量以及入口温度调节水流量大小。

5.2.3.3 工艺气的压力控制

工艺气的压力调节，主要分为两部分：一是顶压的控制，二是竖炉入口压力的控制。

顶压的控制，是通过抽离出工艺回路尾气量控制的，抽离的越多，顶压越低，反之则越高。在脱水器出口处分出一部分气体，称为竖炉尾气。竖炉尾气是低热值煤气，作为加热炉的主要燃料，占加热炉全部燃料的90%~95%，可以节约焦炉煤气作为加热炉燃料的使用量。分流尾气的主要作用是调节循环气体的成分，降低甲烷和氮气的含量，防止甲烷和氮气循环富集。尾气流量占循环气体总量的10%～15%。

入炉压力的控制，是通过控制工艺气压缩机的运行频率来实现的，即通过调整工艺气压缩机的出口压力，实现入炉压力的控制。在生产过程中，通常是不直接调整压力，而是调节工艺气流量。当给出流量控制指令后，压缩机会根据流量需要自动地控制出口压力，满足工艺气进入竖炉的压力要求。

5.2.3.4　工艺气的脱碳

炉顶煤气中 $CO_2$ 含量5.5%，同时补充的焦炉煤气中含有一定数量的 $CO_2$。如果其中的 $CO_2$ 不脱除，将会循环富集，影响循环气体的还原性能。因此，在还原回路中设置了 $CO_2$ 脱除系统，利用MDEA溶液在吸收塔中高效脱除 $CO_2$。此后，循环气体中 $CO_2$ 含量低于3.0%，氧化度进一步下降，循环气体的还原性能进一步改善。

5.2.3.5　工艺气的温度控制

温度是改善还原进程的热力学条件，因此工艺气经过余热回收、清洗、脱水、脱碳后，需要提温以提高工艺气所携带的显热。

入炉工艺气的温度提升，主要分为两个步骤：第一步是调整加热炉使用燃料气来实现，将工艺气温度提高到900～950 ℃；第二步是通过调节氧气流量控制燃烧和煤气温度，实现对入炉煤气温度的控制，使工艺气温度提高到1000～1100 ℃。

5.2.3.6　工艺气成分的调控

经过脱水、脱碳、喷氧后，循环工艺气体中的氧化成分 $H_2O$、$CO_2$ 含量降低，氢气含量升高，甲烷和氮气含量可控，氧化度降低，循环气体的还原能力得到了有效改善。循环气体的成分、压力及温度，均能满足竖炉生产要求。$H_2$、CO还原球团矿，转变成 $H_2O$ 和 $CO_2$ 后离开竖炉。

通过加湿器内喷入的高温水流量控制工艺气的湿度，通常湿度控制在4%～5%。

在氢基竖炉内，发生还原反应的位置同时发生甲烷的重整反应，甲烷重整的条件是高温、氧化剂和催化剂。在氢基竖炉内完全具备了重整条件，即温度1000～1100 ℃，氧化剂是循环气体中可控的 $H_2O$ 和 $CO_2$，还原反应生成的金属铁充当催化剂，活性较高。甲烷重整反应的位置主要在竖炉进口的高温区域。

在氢基竖炉内，甲烷重整改质的特点是在发生还原反应的位置同时发生甲烷的重整反应。甲烷重整生成 $H_2$、CO为还原反应提供还原剂，还原反应的产物 $H_2O$ 和 $CO_2$ 为重整反应提供氧化剂，还原和重整反应相互促进，不需要设置专门的重整器，这就是甲烷零重整技术。重整反应生成的 $H_2$ 和CO，改善了气体的还原气氛和还原能力，有利于提高氢气利用率。因此，$CH_4$ 的重整效率会直接影响氢基竖炉内球团矿的还原进程。

5.2.3.7 工艺尾气的调控

竖炉炉顶煤气通过急冷和洗涤系统（顶部气体换热器、急冷器、文氏管、分离器、急冷塔）进行冷却和清洁形成还原气体。之后，部分还原气体被输送至尾气总管，一部分通过尾气脱水包脱水后，作为加热炉的燃料，另一部分被输送至火炬，大部分还原循环气体经工艺气体压缩机加压。

氢基竖炉炉顶煤气经过急冷降温和水洗除尘后，从急冷塔后分出一部分还原循环气体，称为竖炉尾气。其特点有：

(1) 炉顶煤气经过处理后，尾气温度 40 ℃左右；

(2) 尾气中几乎不含有粉尘，比较洁净；

(3) 经过脱水处理，尾气几乎不含水分，可以看作是炉顶煤气的干基成分；

(4) 尾气的主要成分有 $H_2$、CO、$CO_2$、$CH_4$；

(5) 竖炉尾气比焦炉煤气的热值低，90%以上作为加热炉的燃料；

(6) 通过控制阀的开度可以控制竖炉的炉顶压力，维持既定的炉顶压力，尾气流量在一定的范围内波动。

经过清洗净化后的还原循环气体，从还原回路中急冷塔出口位置分出一部分输送至尾气总管中，通过控制阀控制竖炉炉顶压力。由顶压调节阀（尾气脱水包主出口气阀）实现竖炉压力控制，尾气控制示意图如图 5-18 所示。

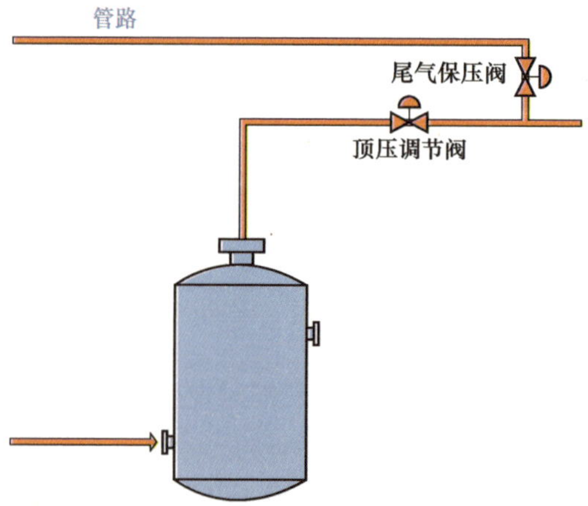


图 5-18 尾气控制示意图

尾气调节了还原回路中氮气和其他气体，避免了富集影响球团矿的还原进程。由于尾气具有一定的热值，因此可以与焦炉煤气一起作为加热炉的燃料。

在维持竖炉炉顶压力不变的情况下，尾气流量随炉顶的工艺气流量增加而增加。由于炉顶工艺气流量不变，因此随炉顶压力的增加尾气流量减小。

炉顶煤气中的水分以气体状态存在，经过急冷降温和水洗除尘后，水蒸气变成冷凝水而脱除。当炉内氢气利用率提高后，炉顶煤气中水分含量增高，急冷塔出口处的煤气流量变小，为了保持既定的竖炉炉顶压力，顶压控制阀的开度要变小，尾气流量将下降。从这个角度看，尾气流量的变化程度，表征了氢气在炉内利用率的高低。尾气流量减少，氢气利用率升高；尾气流量增加，氢气利用率降低。

尾气成分可看作是炉顶煤气的干基成分，尾气中的 $CO_2$ 含量反映了 CO 利用情况，表征了炉内 CO 利用率的高低。由于没有经过 $CO_2$ 脱除系统，因此尾气中的 $CO_2$ 含量在一定程度上影响其热值。

正常生产情况下，尾气流量变化的本质就是工艺气利用率的变化，主要是氢利用率的变化。尾气流量随煤气利用率的变化呈反向变化，即煤气利用率高，尾气流量减少。

## 5.3 底气系统

竖炉圆锥段区域通常被称为底气区域，该区域是直接还原铁的冷却及渗碳区。通常，在生产热态 DRI 并且直接热装电炉的工艺中，直接还原竖炉的圆锥段要短小一些，而生产冷态 DRI 的直接还原工厂，其竖炉的圆锥段较长，以便于实现在圆锥段对 DRI 的冷却，而无须设置单独的外置冷却器。若使用天然气作为冷却气（自 DRI 外置冷却器上部排出，经过一系列处理再次自冷却器下部注入，用于 DRI 冷却的气体），利用天然气的裂解吸热反应及“气体-DRI”逆向流动接触的热交换，实现 DRI 的冷却。

张宣科技使用焦炉煤气作为竖炉锥部冷却气，其本身含氢量高、密度小，通过“气体-DRI”逆向流动接触的热交换，无法达到所需的冷却效果；DRI 离开高温还原区进入竖炉锥部的初始温度为 680～750 ℃，仍携带大量的显热，且包含金属铁，可以用作 CO 歧化反应及甲烷重整逆反应的催化剂。因此，在竖炉锥部，CO 歧化反应和甲烷聚合反应（重整反应的逆反应）将发生，而这些反应均为放热反应，会影响 DRI 的冷却。

除此之外，在竖炉锥部，焦炉煤气中所含的高分子碳氢化合物（萘、苯等），其裂解反应也将发生，且反应为不可逆。这意味着在竖炉锥部，焦炉煤气中所携带的高分子碳氢化合物杂质，将被“净化”掉。正因如此，底气回路（底气流经的设备或装置组成的系统）又被称为焦炉煤气净化回路。

基于焦炉煤气的特性，竖炉锥部的底气区域，在实现 DRI 部分冷却的同时，由于高分子碳氢化合物的裂解渗碳、一氧化碳歧化反应析碳，DRI 中的 C 含量进一步上升，焦炉煤气的成分也发生变化。典型的底气成分与焦炉煤气成分对比见表 5-17。

表 5-17 底气成分与焦炉煤气成分对比 (%)

| 成分 | 焦炉煤气 | 底气 |
|---|---|---|
| $H_2$ | 58.95 | 54.78 |
| $CH_4$ | 22.37 | 30.91 |
| $H_2O$ | — | — |
| CO | 6.68 | 4.21 |
| $N_2$ | 7.27 | 8.3 |
| $C_2H_4$ | 2.02 | 0.18 |
| $C_2H_6$ | 0.58 | 0.69 |
| $O_2$ | 0.18 | 0 |
| $CO_2$ | 1.95 | 0.93 |

在竖炉锥部与圆柱段交界面附近，设置有底气出口，底气离开锥部进入底气回路，经过除尘净化、冷却后，被送入工艺气压缩机前端，回到工艺回路。

### 5.3.1 底气系统的工艺流程

焦炉煤气自竖炉锥体的下部区域，注入到还原系统之中。在竖炉锥部，焦炉煤气中的苯系物、萘、焦油等杂质受热裂解，使得焦炉煤气得到进一步的深度净化。之后这部分气体向上流动，其中一部分从锥体上部抽取出来，这便是底气。底气经过冷却降温和水洗除尘后，补充至工艺回路。对底气进行冷却、净化并将之送回工艺回路的系统被称作底气系统。底气系统的工艺流程如图 5-19 所示。

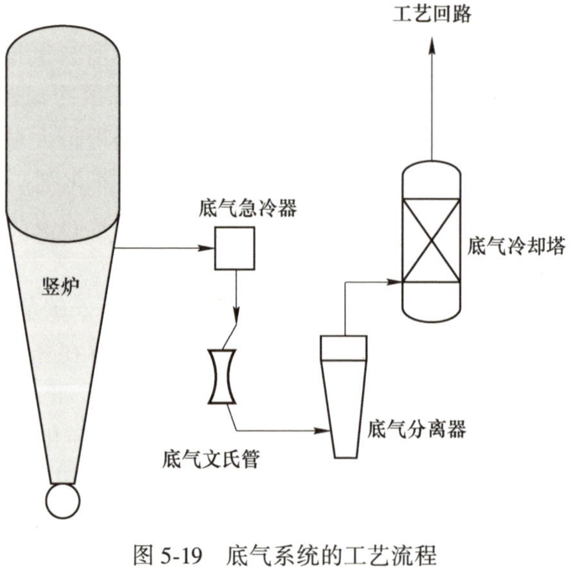


图 5-19 底气系统的工艺流程

底气系统的工艺流程具体如下：

(1) 焦炉煤气自竖炉锥部下半区域注入到竖炉内，并自下而上流动。在竖炉锥部，焦炉煤气与生产出的热态 DRI 逆向运行（热态 DRI 自上而下去旋转排料阀排出），对 DRI 进行初步的冷却；同时，焦炉煤气中的高分子碳氢化合物裂解，因裂解而产生的少量碳进入到 DRI 中进一步提高 DRI 的碳含量。此外，焦炉煤气在热态 DRI 提供的中温（200~700 ℃）环境条件下，发生一系列的反应，成分出现较大的变化，同时转变为底气。

(2) 底气自底气出口离开竖炉之后，进入底气急冷器，在急冷器喷入水的作用下，底气温度下降至 120 ℃，底气中携带的 DRI 粉尘被雾化后的水滴捕获。

(3) 包含液态水滴、固态 DRI 粉末颗粒、气态底气组分的混合流体进入底气文氏管，通过文氏管固相与液相从气相中分离。

(4) 底气离开文氏管，自下部进入底气分离塔。在分离塔中，液态水携带固态的 DRI 粉末颗粒从底气中彻底分离出去，洁净的底气自分离塔上部离开去往冷却塔。

(5) 底气自冷却塔的下部进入，冷却水自冷却塔上部喷入，形成水与底气逆向流动，气与水相互间的直接接触，底气被冷却到 40 ℃，然后自上部离开冷却塔。

(6) 洁净且被冷却下来的底气，温度与工艺气温度接近，自工艺气脱水包入口汇入到工艺气之中，成为工艺气的一部分，之后随工艺气经过一系列处理，自竖炉工艺气入口进入竖炉，参与还原反应。

### 5.3.2 底气系统的主要设备

底气回路的功能是对底气进行冷却、净化并将其送入工艺回路。底气回路的主要设备有底气急冷器、底气文氏管、底气分离器、底气急冷塔。

上述底气设备的结构及工作原理，与工艺回路对应的急冷器、文氏管、分离器、急冷塔是相同的，设备的主要参数见表 5-18~表 5-21。

**表 5-18 底气急冷器的主要参数**

| | |
|---|---|
| 入口水流量/$t \cdot h^{-1}$ | 约 60 |
| 运行压力/kPa | 约 800 |
| 气体入口温度/℃ | 约 550 |
| 气体出口温度/℃ | 约 140 |

表 5-19 底气文氏管的主要参数

| 类型 | 固定喉部式 |
|---|---|
| 运行压力/kPa | 约 800 |
| 运行温度/℃ | 约 140 |
| 最大压降/mbar | 约 300 |

表 5-20 底气分离器的主要参数

| 类型 | 带 V 形和除雾垫的立式滚筒 |
|---|---|
| 气体入口流量/$m^3 \cdot h^{-1}$ | 约 30000 |
| 运行压力/kPa | 约 780 |
| 运行温度/℃ | 约 120 |

表 5-21 底气急冷塔的主要参数

| 类型 | 带有填料层的直接接触式急冷塔 |
|---|---|
| 气体入口流量/$m^3 \cdot h^{-1}$ | 约 30000 |
| 运行压力/kPa | 约 750 |
| 入口气体温度/℃ | 约 100 |
| 出口气体温度/℃ | 约 40 |

### 5.3.3 底气系统的操作与调控

在生产过程中，通常维持还原系统焦炉煤气的补充量在一稳定水平，并控制排料速度在一稳定水平，即控制稳定的产量。因此，正常生产条件下，可视为竖炉底气区域固体流的运动速度是恒定的。在该区域，无法直接监测到炉内的压力和温度的具体变化，但可通过焦炉煤气注入管线上的煤气压力进行侧面反馈，以煤气压力作为锥部压力的参考值（锥部的实际压力应略低于煤气压力，否则煤气无法正常注入炉内）。

底气系统的日常操作与调控主要包括分离塔、急冷器、急冷塔的用水流量调节以及分离塔、急冷塔的液位控制。通常都是设定好参数，由控制系统自动完成调节控制。如果出现底气初始温度过高的情况，需要及时调节水流量以保护设备，避免因冷却不足而烧坏设备的情况出现。

## 5.4 DRI 冷却气体回路

目前，为了提高“直接还原-电炉”系统的能量利用率，新建或改建的直接还原工厂越来越多地使用DRI热态输送（热送）技术：即直接将热态DRI，通过气力输送或耐热密封储罐/导管等方式，直接装入电炉使用，以充分利用热态DRI的显热，进而降低电炉电耗。但是即使是热送的直接还原工厂，也会像生产冷态直接还原铁的工厂一样，配置外置冷却系统，以应对电炉故障条件下的DRI处置问题，避免直接还原系统的生产中断和事故发生。

DRI冷却系统的功能主要是将竖炉排出的热态DRI冷却到常温以便于储存和运输。DRI从反应器排出后，被装入DRI冷却器；在DRI冷却器中，固体通过重力向下流动，并与再循环冷却气体逆流。DRI冷却器中的唯一热源是DRI的显热，冷却气体作为载热介质吸收这部分热量，实现DRI的冷却。

### 5.4.1 DRI冷却系统的工艺原理

#### 5.4.1.1 冷却介质的比较与选择

试验表明，温度较高（70 ℃左右）时，DRI与水的反应性明显增强，会发生氧化发热，并放出可燃气体。因此，在选择冷却介质时，必须考虑选择不易参与氧化反应的气体。

A 氮气

氮气（$N_2$）是一种是无色、无味、无毒的惰性气体，其沸点为-195.79 ℃，熔点为-210.01 ℃，在标准状况下的密度大约为1.25 g/cm$^3$。常温下氮气呈惰性，化学性质不活泼，不容易与其他的物质发生化学反应。氮不可燃，但它能与某些极活泼的金属，例如它与锂和镁结合生成氮化物，也能在高温下与氢、氧等其他元素结合。此外，氮气微溶于水和绝大部分其他液体，是热和电的不良导体。

氮气制作成本低廉且物理特性稳定，是冷却DRI的首选介质。

B $CO_2$

二氧化碳（$CO_2$）是一种常见的无机化合物，具有多种性质。

物理性质：$CO_2$ 是一种无色、无味的气体，在标准状况下的密度大约为1.977 g/cm$^3$，比空气略大。在常温常压下，$CO_2$ 是一种气态物质，但可以通过加压或降低温度将其液化，甚至在极低温下凝华为固态，俗称干冰。它不易燃烧、不支持燃烧，也不供给呼吸。

化学性质：$CO_2$ 是一种稳定的化合物，不易被氧化、还原或水解。然而，在高温和高压条件下，它可能与某些金属发生反应，生成相应的碳酸盐。$CO_2$ 与 $H_2O$ 反应生成碳酸（$H_2CO_3$），这是一个可逆反应，因此碳酸不稳定，容易分解。此外，$CO_2$ 还能与碱反应生成碳酸盐。

根据 $CO_2$ 特性，选择 $CO_2$ 作为冷却介质必须要保证没有水分，$CO_2$ 水分的脱除会使得工厂的成本增加。

C 焦炉煤气

焦炉煤气主要由 $H_2$ 和 $CH_4$ 组成，典型值分别为 56%和 27%，并有少量 CO、$CO_2$、$N_2$、$O_2$ 和其他烃类。焦炉煤气的气体组分绝大部分在较低温度下不与 DRI 发生反应。对于冷却的 DRI 来说，焦炉煤气算是一种惰性气体。但是，如果焦炉煤气净化不好，会含有较多的焦油和萘等杂质，容易堵塞管道和设备，若用焦炉煤气作为冷却介质，需要对焦炉煤气进行净化处理，使用成本极大提高。因此，作为工厂来说，焦炉煤气不是一种良好的冷却介质。

5.4.1.2 DRI 冷却回路流程

DRI 冷却回路（冷却气流经的设备或装置组成的系统）的目的是冷却 DRI 至常温，将其再氧化的风险降至最低，以便于其储存。冷却回路的工艺流程如图 5-20 所示。冷却气体回路主要由三个部分组成：DRI 冷却器，冷却气体净化及降温系统，冷却气体压缩机和后冷却器。

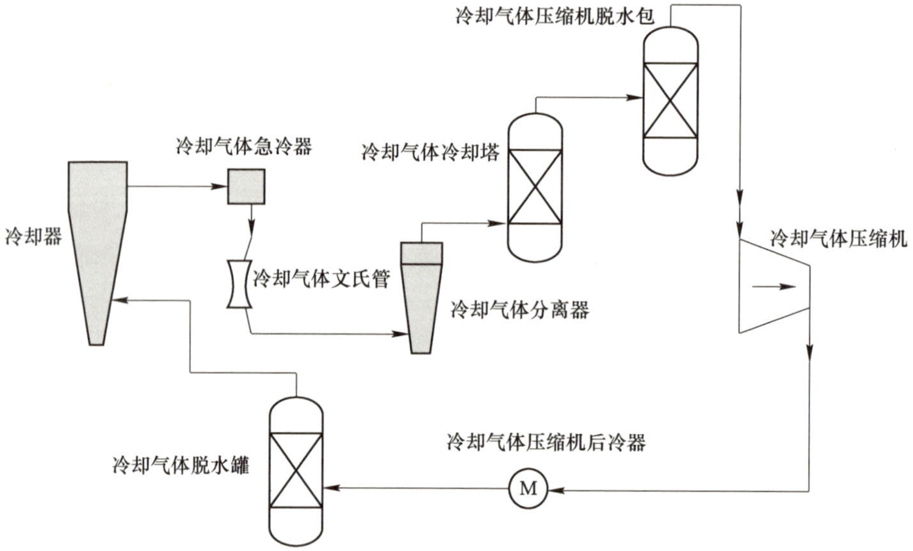


图 5-20 冷却回路的工艺流程图

A DRI 在冷却器内的冷却

DRI 冷却器的是一个在结构和形状上与竖炉类似的设备，顶部的圆顶内砌筑有耐火材料，圆柱段和锥形部分配备了水冷保护。DRI 从冷却器上部的缓冲罐经导管进入冷却器中，之后经过冷却器上部的分流器，均匀分布到冷却器内，并在重力作用下自上而下运动；同时，冷却气体（$N_2$）从冷却器下部的注入口进入冷却器中，向上逆流运动，与 DRI 进行热交换，逐步将其冷却到常温；最终，DRI 从冷却器的下部排出，$N_2$ 从炉顶离开，进入冷却气体的净化和降温系统。

B 冷却气体的净化和降温

洗涤和冷却系统的重点是清洗、冷却和去除气体中的水，它集成了急冷器、文氏管、分离器、冷却塔、脱水包和压缩机过滤器等设备。气体在该系统中被重新处理，以便在冷却器中循环利用。

急冷器直接将水注入气流中，并与气流中的粉尘产生碰撞。急冷器由同心管组成，集中分布于气流通路上，捕捉气体中含有的粉尘，同时起到降温的作用。

气流经过文氏管，通过释放管道中的压力，从而使固液分离，清除气体中与球团矿直接接触产生的细粉和灰尘。

文氏管与冷却气体分离器相连，分离器用于收集在急冷孔中产生的污水，之前注入的所有水都在此处脱除，完成气体提纯。

急冷塔是分离器之后的设备，冷却气体进入该容器后，通过与流经填料床的水形成逆向流动的方式，使气态水冷却并滴落。急冷塔配有除雾垫、填料床和柔性网格等装置，气体从下方柔性格栅进入，与填料床上方注入的水形成逆流接触向上流动。气体通过填料床时开始冷却，水冷凝并向出水口滴落。气体离开顶部的冷却塔时水分被脱除。至此，气体完成了冷却、除水和去污等过程。

脱水包的主要功能是分离通过急冷塔填料层和急冷塔内除雾垫的水滴。脱水包配有除雾器，用于脱除可能存在的冷凝液滴，保护冷却气体压缩机免受损坏。

压缩机过滤器是洗涤和冷却过程的最后一道保护工序。在此工序之前的容器内部均为碳钢材质，内壁可能发生锈蚀，锈片脱落后，如果随气流进入压缩机内，将会损坏压缩机。因此，在压缩机入口前端设置过滤器，过滤器可有效过滤这些结垢颗粒。

净化、冷却后的冷却气通过冷却气体压缩机的机械过滤器，可滤掉大于 10 μm 的粉尘颗粒，避免损坏冷却气体压缩机。

C 冷却气体的加压

由于气体流经多个设备后会出现压力损失，因此有必要再次增压以保证持续循环，冷却气体压缩机为气体提供动力以进一步重复使用。

由于气体的压缩，其温度升高，冷却气体进入压缩机后冷却进行降温，确保脱除水分，从而避免 DRI 和水接触，防止 DRI 再氧化。冷却气体调节完成后，将再次进入冷却器冷却 DRI。

### 5.4.2 冷却回路的主要设备参数

DRI 冷却气体回路的设备组成为：DRI 冷却器、冷却气体、急冷器、冷却气体文氏管、冷却气体分离器、冷却气体急冷塔、冷却气体脱水包、冷却气体压缩机过滤器、冷却气体压缩机、冷却气体压缩机后冷器、冷却气体压缩机后冷器脱水包。其中，冷却器的相关设备资料详见第 4 章。冷却回路的其他设备，包括急冷器、文氏管、分离塔、急冷塔、脱水包、压缩机过滤器、压缩机，其工作原理及结构、材质，与工艺回路对应的设备完全一致，可以参考本章5.2节的内容，设备规格与工艺回路略有不同，详情见表5-22~表5-29。

**表5-22 冷却气体急冷器的主要参数**

| 项目 | 参数 |
|---|---|
| 工作温度/℃ | 约100 |
| 工作压力（气体)/kPa | 约800 |
| 工作压力（水)/kPa | 约1200 |
| 设计温度/℃ | 125 |
| 设计压力/kPa | 1200 |

**表5-23 冷却气体文氏管的主要参数**

| 项目 | 参数 |
|---|---|
| 工作温度/℃ | 约100 |
| 工作压力/kPa | 约780 |
| 长度/mm | 3500 |
| 设计温度/℃ | 125 |
| 设计压力/kPa | 1200 |

**表5-24 冷却气体分离器的主要参数**

| 项目 | 参数 |
|---|---|
| 工作温度/℃ | 约90 |
| 工作压力/kPa | 约750 |
| 内径/mm | 2800 |
| 高度/mm | 6000 |

**表5-25 冷却气体急冷塔的主要参数**

| 项目 | 参数 |
|---|---|
| 工作温度/℃ | 约80 |
| 工作压力/kPa | 约730 |
| 内径/mm | 3000 |
| 高度/mm | 11000 |
| 设计温度/℃ | 125 |
| 设计压力/kPa | 1200 |

表 5-26 冷却气体脱水包的主要参数

| 项 目 | 参 数 |
|---|---|
| 工作温度/℃ | 约 35 |
| 工作压力/kPa | 约 700 |
| 内径/mm | 3200 |
| 高度/mm | 4500 |
| 设计温度/℃ | 70 |
| 设计压力/kPa | 1200 |

表 5-27 冷却气体压缩机过滤器的主要参数

| 项 目 | 参 数 |
|---|---|
| 冷却气流量/$m^3 \cdot h^{-1}$ | 约 100000 |
| 压差范围/kPa | 2~15 |
| 过滤对象 | ≥50 μm 含铁颗粒 |
| 过滤材料 | 径向翅片元件，聚丙烯纤维或同等材料 |
| 设计压力/kPa | 1200 |

表 5-28 冷却气体压缩机的主要参数

| 项 目 | 参 数 |
|---|---|
| 冷却气体流量/$m^3 \cdot h^{-1}$ | 100000 |
| 类型 | 离心式压缩机 |
| 入口气体温度/℃ | 约 40 |
| 出口气体温度/℃ | 约 80 |
| 气体介质相对分子质量 | 约 27.8 |
| 驱动形式 | 电机驱动 |
| 设计使用寿命/年 | 20 |

表 5-29 冷却气体压缩机后冷器脱水包的主要参数

| 项 目 | 参 数 |
|---|---|
| 工作温度/℃ | 40 |
| 工作压力/kPa | 约 900 |
| 内径/mm | 3000 |
| 高度/mm | 4500 |
| 设计温度/℃ | 70 |
| 设计压力/kPa | 1200 |

冷却气体压缩机后冷器为间冷式热交换设备，这是冷却回路与工艺回路的不同之处，该设备为一个卧式的管壳式换热器，其结构如图 5-21 所示。冷却气体压缩机后冷器结构见表 5-30。

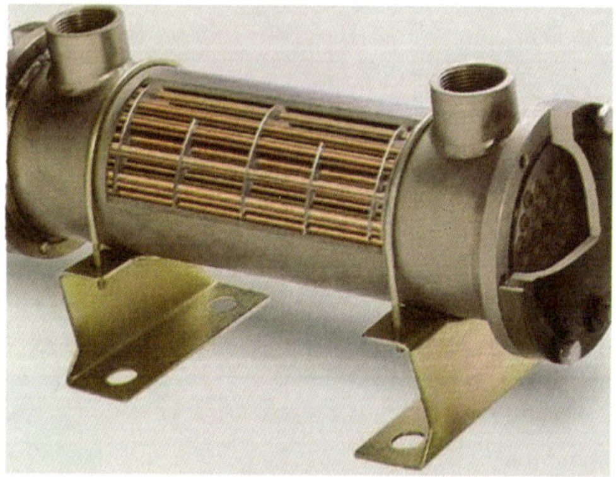

图 5-21　冷却气体压缩机后冷器结构示意图

表 5-30　冷却气体压缩机后冷器的主要参数

| 项　目 | 管-冷侧 | 壳-热侧 |
| --- | --- | --- |
| 流体进入总量 | 水约 120 t/h | 氮气约 10000 $m^3/h$ |
| 入口温度 | 约 35 ℃ | 约 80 ℃ |
| 出口温度 | 约 45 ℃ | 约 40 ℃ |
| 工作压力 | 约 600 kPa | 约 900 kPa |
| 设计压力 | 1200 kPa | 1200 kPa |
| 设计温度 | 60 ℃ | 100 ℃ |

### 5.4.3　冷却回路的操作与控制

冷却回路的操作与控制相较于工艺回路要简单得多，主要分为两个方面：冷却气体流量的控制和水流量、液位等的控制，其中，冷却气体流量的控制为主要控制内容；水流量、液位等的控制相对简单，并且与工艺回路和底气回路完全一致，因此在此不再赘述。

DRI 冷却器中的冷却回路用于冷却 DRI，以便将其储存，并将再氧化的风险降至最低。冷却后的 DRI 从冷却器中排出并被输送到合适的储存位置。

还原过程中氧气被还原气体除去，DRI 的比表面积较高，在 0.5~1.5 $m^2/g$ 之间。

在直接还原过程中，发现 DRI 在低于 65 ℃的温度下排料后，其再氧化倾向较低。该 65 ℃是由散装固体材料规范（IMO）的安全操作规程确定的。

因此，调节冷却回路的主要目的是降低 DRI 温度。调节冷却效果最主要的是利用冷却气压缩机，根据热 DRI 的排出温度及 DRI 需要冷却到的温度，调节压缩机的功率和循环冷却气的流量大小。

# 5.5 气体加热炉

工艺气再次回到竖炉参与反应之前，必须要进行提温，它携带足够多的显热，才能够使其在进入竖炉之后，满足炉内反应所需的热力学条件。

加热炉是一个热交换的设备，它通过燃烧燃料气（尾气/焦炉煤气）释放热量，将其化学热转化为显热，再通过热辐射、热传导，将热量传递给加热炉管内经过的工艺气，从而使得工艺气具备还原所需的能量。

加热炉是直接还原工厂中最为重要的设备之一，是直接还原工厂的“心脏”，它为直接还原提供所必需的能量。加热炉一旦宕机，整个工厂就无法继续运转。

此外，加热炉还是整个工厂中安全风险最高的设备。这是由于加热炉的辐射段和对流段为封闭的高温厢体，运行状态下经过其内部的是含有一定残氧的燃烧产物——高温烟气（氧化性气氛），而呈线圈盘绕状布置在其中的加热炉管内部，通过的是拥有足够温度和热量的强还原性的工艺气（还原性气氛），因此，一旦出现炉管泄漏，极容易引发恶性事故，造成设备损坏、带来极大的经济损失，还将导致整个工厂停产。

## 5.5.1 加热炉的工作原理

工艺气体管式加热炉系统的结构及工作原理如图 5-22 所示，加热炉本体可以分为上部的对流段（水平布置的加热炉盘管）、下部的辐射段（燃烧室）、烟道系统（包含烟气风机及其上游烟道、烟囱）、助燃空气系统（助燃空气过滤器、助燃风机及助燃空气管道）和燃气系统（尾气及焦炉煤气管道、烧嘴等）等 5 部分。

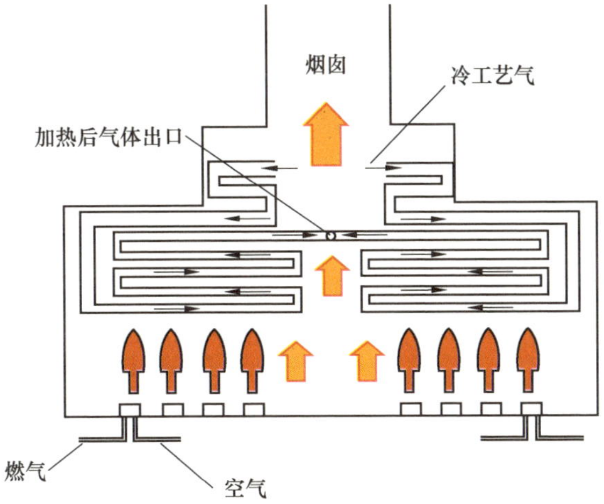


图 5-22　加热炉的结构及工作原理图

下面分别从烟气流和工艺气流两个方面阐述其工作原理。

5.5.1.1 烟气流

助燃空气被助燃风机从环境中抽取，助燃空气经过过滤器滤掉其中携带的固体颗粒物等杂质后，进入助燃空气总管并被送入到加热炉体下方，进入助燃空气支管，每根助燃空气支管都连接到每个单独的加热炉烧嘴；带有一定压力的工艺尾气和焦炉煤气经过流量调节阀组后，按照设定好的量汇入到燃气总管，并被送入加热炉体下方，进入燃气支管，每根燃气支管都连接到每个单独的加热炉烧嘴；助燃空气和燃气进入烧嘴，从烧嘴喷射而出并交织混合到一起，在燃烧室高温的作用下，自发燃烧（加热炉开炉时，燃烧室没有高温环境，因此需要点火器点燃），释放出大量的热量，并形成高温的烟气。高温烟气在烟气风机的抽力作用下，自下而上向烟道方向流出；烟气经过辐射段、对流段，与其中布置的加热炉管进行热交换，将热量传递给加热炉管内经过的工艺气，温度逐渐下降；最终，烟气进入烟道，经过烟气风机，再经过烟囱排入大气。

由图5-22可知，烟道是设有旁路的，一路直接连接到烟囱，一路经过烟气风机后再与烟囱连接；其中直连烟囱的管路在加热炉燃烧强度较低时（启停阶段）使用，此时依靠烟囱自然抽力便足以满足烧炉需求。

5.5.1.2 工艺气流

工艺气自上部工艺气总管进入无数根加热炉的分支盘管内，每根单独的盘管都与总管连接；加热炉盘管在对流段是水平布置的，工艺气顺着盘管内的通路绕行，与高温烟气进行热交换并被加热到400 ℃以上；之后，从盘管进入辐射段，在辐射段呈垂直状盘绕布置，工艺气在盘管内继续沿通路绕行，与辐射段的高温烟气进行热交换，同时吸收烧嘴喷射出火焰的辐射放热，温度进一步提高至900 ℃以上；最终，盘管与终点处布置的高温工艺气总管连接，高温工艺气总管内砌筑有耐火材料，工艺气也随盘管内通路，汇入到高温工艺气总管内，随后去往下游的喷氧单元和竖炉内。

### 5.5.2 加热炉的主要设备参数

加热炉整体是一个庞大的集成设备，下部辐射段封闭厢体和上部对流段封闭厢体外围都有钢结构塔架连接，设置有扶梯、垂直爬梯，便于设备维护人员的检查和维护。此外，张宣科技氢冶金工厂位于北半球纬度较高的区域，冬季严寒，因此在助燃空气管路和燃气管线均有防冻保温层。加热炉的主要参数见表5-31。

表 5-31 加热炉的主要参数

| 设备名称 | 参数 |
|---|---|
| 烧嘴 | 分三排均匀布置，材质为碳钢，带有助燃空气和燃气流量调节手阀 |
| 助燃风机 | 单台鼓风机，流量 40000~60000 $m^3/h$，电机驱动 |
| 烟气风机 | 单台引风机，助燃空气流量 40000~80000 $m^3/h$，转速 1200~1800 r/min，电机驱动 |
| 加热管 | 镍合金材质，共 22 根支管 |
| 烟囱 | 出口标高 123 m、内径 1700 mm，外壳材质碳钢厚度 8 mm，内衬保温浇注料厚度 50 mm，烟气出口温度约 180 ℃ |

### 5.5.3 加热炉的操作与控制

张宣科技氢冶金工厂加热炉配套了全自动烧炉程序系统，设定所需的工艺气温度后，系统会根据工艺气流量、入口温度及出口温度变化，自行调节燃气流量，实现对出口工艺气温度的调节。同时，系统也配置了手动烧炉操作功能，可以在紧急情况下切换为人为干预，避免出现安全事故。无论是自动烧炉还是手动烧炉，其控制的主要内容及控制原理都是一致的，主要包括炉内压力调节、助燃空气调节、烧嘴调节、燃气调节四个方面。

#### 5.5.3.1 炉内压力调节

加热炉内设有压力监测仪表，仪表实时反馈炉内压力。正常生产状态下，需要保持炉内为微负压状态，以确保烟气能够及时、顺畅地从炉内排入烟道中。炉内负压的调整通过控制烟气风机的转速来实现。当负压过大时，则烟气流动速度过快，会导致烟气在炉内滞留时间缩短，造成烟气热量浪费，此时，需要适当降低烟气风机转速，减少炉内负压；反之亦然。

#### 5.5.3.2 助燃空气调节

加热炉运行的空气过剩系数设定为 10%，对应的残氧量为 2.1%（干基）。当残氧量低于控制值时，则表示助燃空气流量不足，需要适当提高助燃空气量。助燃空气流量的调整是通过控制助燃风机的转速来实现的，如果残氧量反馈过高，说明助燃空气过剩较多，会造成加热炉系统整体的能源浪费增加；此时，需要适当降低助燃风机的转速。

#### 5.5.3.3 烧嘴调节

正常烧炉时，所有烧嘴的空气流量调节阀门必须 100%打开。如果观测到某烧嘴的火焰过大或过小，燃烧状态不正常时，则需要及时对烧嘴进行调节，张宣科技氢冶金工厂的烧嘴调节是在现场手动进行的。

（1）当需要将火焰调小时，应适当调整燃气手阀开度，并根据火焰变化，选择调整助燃空气手阀开度；

（2）当需要将火焰调大时，应适当调整燃气手阀开度，并根据火焰变化，选择调整助燃空气手阀开度；

（3）当单个烧嘴火焰不稳定时，应检查烧嘴入口处的空气压力是否正常，如果该烧嘴对应的空气压力与其余的烧嘴存在偏差，应调整烧嘴上的助燃空气流量调节阀开度，使之与其他烧嘴达到相同的压力；

（4）除开机启动期间外，所有烧嘴应全开，避免关闭单个烧嘴，这会导致加热炉炉内温度分布不匀，短期内更换喷嘴除外。

5.5.3.4 燃气调节

燃气调节比较简单，直接调节燃气管线上的流量调节阀开度即可实现。正常情况下，加热炉自动烧炉系统会在尾气充足的情况下尽量使用工艺尾气烧炉，焦炉煤气降至最低量。如果发生异常，可以停用工艺尾气，全部使用焦炉煤气烧炉。

燃气流量的增大或减少，需要参考质谱仪反馈的燃气低位发热值（LHV）的变化情况、加热炉出口工艺气温度和流量的变化情况来进行。当燃气 LHV 降低、加热炉出口工艺气温度降低和流量增大这三个条件同时或单独触发时，需要增加燃气流量；反之亦然。如果出现燃气 LHV 降低、加热炉出口工艺气温度升高和流量减小三个条件同时触发这种比较复杂的情况，则应首要考虑加热炉出口工艺气温度的变化，决定是增加还是减少燃气流量。

需要着重指出的是，调节燃气和助燃空气流量，不能孤立地进行，必须要互相兼顾，且时刻确保烟气残氧量和炉内压力受控。

### 5.5.4 加热炉的长寿与设计优化

在氢基竖炉内，工艺气体在 1000~1050 ℃和高压条件下，发生以 $H_2$ 为主、CO 为辅的还原反应，焦炉煤气中的 $CH_4$ 在还原区下部发生重整、直接还原铁的裂解析碳等反应，这些反应的发生都需要吸收热量。加热炉作为提供热量的核心单元，炉内换热管布置及使用条件、烟气热能的利用和烧嘴布置等因素，都会影响其运行效果和寿命，进而影响生产系统的稳定性和直接还原铁的成本。

此外，加热炉设计必须满足绿色环保的要求，确保烟气中的氮氧化物含量和二氧化硫含量等指标满足地方环保排放的要求。

5.5.4.1 加热炉极致能效技术

加热炉是实现把燃料本身的化学能释放出来并交换给工艺气的换热设备。因此，其能量转换利用效率（简称热效率）是非常重要的技术指标。通常以“燃料气完全燃烧释放的热量”作为分母、以“工艺气温度提升所吸收的热量”作为分子，计算结果为加热炉的热效率，计算公式为：

$$热效率=\frac{工艺气温度提升所吸收的热量}{燃料气完全燃烧释放的热量}\times100\% \quad (5\text{-}1)$$

以张宣科技 HyMEX 氢冶金工厂为例，投产运行后，正常运行阶段（不考虑启停机带来的影响）加热炉的能量转换利用效率基本在94%~96%的水平，即加热炉利用的燃料气携带的化学能，只有4%~6%的损失、未能被工艺气吸收。

要实现加热炉的极致能效，在加热炉的设计、建造和运行过程中，需要关注如下几个方面：

(1) 加热炉的散热损失。加热炉的辐射段、对流段内部的耐火材料，能否实现最大化的阻隔散热损失，对加热炉的热效率有着直接的影响。因此，在耐火材料的选用时必须兼顾其耐高温的能力和导热系数，在耐火材料的砌筑、烘干方面都要做好质量控制。

(2) 加热炉的烧嘴性能。加热炉要实现热效率的最大化，必须尽可能实现运行过程中空气过剩系数的最小化，即烧炉过程中燃料气完全燃烧的同时残氧量尽可能的低。只有这样，烟气的总量才能够达到极限水平，进而减少烟气带来的热损失。

此外，合理的空气过剩系数有利于炉膛过剩氧含量为2%~3%，能有效减少氮氧化物的生成量，进而减少氮氧化物的排放（加热炉的排放指标，可以参见本书第9章）。因此，烧嘴的性能极为关键，烧嘴的设计要兼顾燃气流速、助燃空气流速，以实现燃气完全燃烧的同时，助燃空气量最少。

(3) 加热炉炉管的布置。加热炉炉管是传热的媒介，热量能否快速充分地被工艺气吸收，是影响加热炉热效率的又一重要因素。因此，炉管的布置形式对换热效率影响极大。

张宣科技 HyMEX 氢冶金工厂的加热炉为全套进口。未来，将实现直接还原工厂用加热炉的全套国产化，需要国内设备制造商开展进一步技术研发工作。

#### 5.5.4.2 加热炉长寿技术

张宣科技 HyMEX 氢冶金工厂的加热炉设计使用寿命为20年。为实现加热炉的长寿，着重关注了如下几个方面内容。

(1) 加热炉炉管材质选择。加热炉炉管的使用寿命，在很大程度上决定了加热炉的使用寿命。气基直接还原技术自20世纪50年代开始研发，80年代实现规模化连续生产，至今世界范围内气基直接还原工厂的总产能已经超过了1亿吨。加热炉作为直接还原工厂的核心，在设计上也随着实践进行了很多的迭代更新。尤其是加热炉炉管的材质选用方面，该材质在兼顾优良传热性能的同时，满足了足够的强度、韧性、抗腐蚀性的要求。

张宣科技 HyMEX 氢冶金工厂的加热炉，在设计上吸取了许多前代加热炉出现的事故经验教训，炉管材质选用的是镍基合金，最高使用温度可达到980 ℃。

(2) 加热炉的耐火材料施工和烘干。加热炉的耐火材料砌筑和烘干过程控制对使用寿命也有极大的影响，张宣科技 HyMEX 氢冶金工厂加热炉的耐火材料绝大部分来自进口，只有部分陶瓷纤维材料在国内采购。在耐火材料的施工方面，严格遵循供应商提交的技术规格书；在耐火材料烘干方面，采用了自然干燥+分段、分步式预烘干+整体烘炉的策略，以确保达到设计的质量控制要求。

(3) 加热炉的维护与在线监控。为监控加热炉运行情况，配置了温度、残氧、压差等监控系统。在加热炉燃烧室上部，安置了数个测温点，用以监测加热炉内烟气的均匀分布情况；在对流段的出口位置，配置了多个残氧分析仪，根据残氧分析自动调节助燃空气流量，确保燃烧过程的合理进行；在每根炉管的起点和终点，设置了压力和温度监控仪表，用以监控工艺气在每根炉管内的温度和压力变化情况，以判断是否存在碳沉积、堵塞的情况；同时，在对流段还设置了 CO 检测仪，监控烟气中 CO 含量（以“ppm”为单位），以判断是否存在炉管泄漏。

此外，在加热炉运行期间，对炉壳表面和换热管定期测温、检查，以便及时发现问题。

张宣科技 HyMEX 氢冶金工厂的加热炉设计，融合了高效换热、节能环保、长寿等绿色理念。在后续的生产实践中，应根据加热炉运行参数，强化点检和维护工作，定期测量炉体各部位温度，减少各种故障发生，定期评估加热炉热效率，查找影响热效率的因素，并采取有效措施，降低热损失和烟气中的可燃成分或过剩氧，从而实现加热炉设计理念。

## 5.6 喷氧系统

焦炉煤气零重整竖炉氢冶金工艺的一个重要特点是炉外没有重整设备，而是使气体中的 $CH_4$ 在冷却段、加热器、喷氧系统和竖炉内发生重整转化反应。

还原反应、重整反应都需要更高的工艺气温度。由于加热炉受限于设备能力，难以将工艺气温度提升到 1000 ℃以上，所以在加热炉之后的高温工艺气管道上设置了喷氧系统。通过工艺气局部燃烧进一步升温，达到提高工艺气温度的目的。喷氧系统对于整个工艺至关重要，它能够提供重整和还原过程所需的高温环境。

### 5.6.1 喷氧系统的工艺流程

喷氧系统（或称为部分燃烧系统、局部燃烧系统）的工作原理为：向流往竖炉高温还原区的工艺气中喷入部分氧气，由于工艺气经过加热后温度达到 900 ℃以上，远高于自燃温度，喷入的氧气在极强的还原性气氛下被迅速地消耗，且喷入的氧气量远远低于工艺气流量，因此氧气会被完全消耗，而工艺气只是部分燃烧。这部分燃烧掉的工艺气释放的热量进一步提高其温度，使之达到 1000 ℃以上。部分燃烧系统的工艺流程如图 5-23 所示。

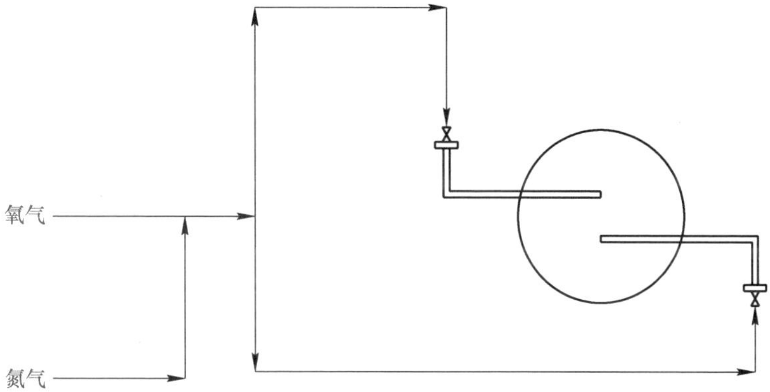


图 5-23 喷氧系统的工艺流程示意图
（箭头表示气体流向）

由图 5-23 可知，喷氧系统设置在连接加热炉和竖炉的高温工艺气管道上，位置靠近竖炉。工艺气经过喷氧段，发生部分燃烧。在氧气撬内进行压力和流量的控制与调整，然后输送到氧枪，由氧枪喷入到工艺气流之中。氧气在还原性气氛中与工艺气体中的 $CH_4$、CO、$H_2$ 发生部分燃烧放热，从而进一步提升工艺气温度。

### 5.6.2 喷氧系统的设备

喷氧系统的设备包括氧气撬、仪表箱、氧枪、氧气管道及截门等设备。

氧气撬装包含一套截止阀、流量控制阀、手动截止阀、止回阀和测量仪表。氧气撬同时也有连接到氮气供应总管的氮气管道，主要用于系统启停时的吹扫，以及事故状态下的惰性密封。

仪表箱为封闭箱体，内部布置着氧气撬上所有的流量、压力、温度监控仪表。为确保冬季仪表的正常运行，仪表箱内设置有电伴热装置。

氧枪是安装在高温工艺气管道上的，氧枪材质为耐高温的合金钢。氧枪插入高温工艺气管道的位置（见图 5-23），工艺气管道有预留接口，包括耐火材料部分，也预留有孔洞。

每个氧枪由一个套筒形成，套筒与高温工艺气管道内壁的耐火材料接壤，缝隙填充陶瓷纤维。套筒内部有一个合金钢管，该管的末端有一个喷嘴，氧气以高速从喷嘴排出。

### 5.6.3 喷氧系统的操作与控制

为了保护人员和设备安全，氧气撬配备了完善的连锁系统。在任何连锁条件被激活时如氧气压力不足、氧气流量过低、氮气压力过低等，喷氧系统都会自动停止，以确保工厂安全运行。

正常生产条件下，喷氧系统的操作与控制相对简单，主要包括喷氧系统的安全启停和氧气流量调节。

（1）喷氧系统的安全启停。由于离开加热炉的工艺气温度已经很高（不低于 900 ℃），一旦工艺气从高温管道泄漏，或者顺着氧气管路反窜入喷氧系统，与氧气接触，将发生严重的安全事故，因此，喷氧系统配置了氮气保护功能，并且有严格的安全启停操作要求。喷氧系统安全启停操作要求如下。

1）喷氧系统启动时的安全操作步骤为：氮气吹扫→氧气注入→氮气切断→氧气增量。

2）喷氧系统停止时的安全操作步骤为：氮气切入→氧气切断→氮气吹扫→氮气停用。

（2）氧气流量调节。在正常操作模式下，不需要人为干预氧气流量，只需设定好工艺气入炉温度，控制系统会自动调节氧气流量，使其匹配入炉工艺气温度的需求。

## 5.7 $CO_2$ 的脱除与精制

### 5.7.1 MDEA 脱碳原理及工艺流程

#### 5.7.1.1 MDEA 脱碳原理

目前，世界上的直接还原工厂主要采用变压吸附法和 MDEA 化学物理吸收法脱碳。变压吸附法存在噪声大、酸气有效成分（CO、$CH_4$、$H_2$）含量较高等缺点，因此张宣科技氢冶金工艺中采用的脱碳方式是 MDEA 法[49,50]。

MDEA（N-Methyldiethanolamine）即 N-甲基二乙醇胺，分子式为 $CH_3$-N$(CH_2CH_2OH)_2$，相对分子质量 119.2，沸点为 246~248 ℃，闪点为 260 ℃，凝固点为-21 ℃，汽化潜热 519.16kJ/kg。MDEA 能够与水和醇混溶，并能微溶于醚。在一定条件下，MDEA 对二氧化碳等酸性气体有很强的吸收能力，且反应热小，解吸温度低，化学性质稳定，无毒且不易降解。

纯 MDEA 溶液与 $CO_2$ 不发生反应，但其水溶液与 $CO_2$ 可按下式反应：

$$CO_2+H_2O = H^+ + HCO_3^- \tag{5-2}$$

$$H^+ + R_2NCH_3 = R_2NCH_3H^+ \tag{5-3}$$

式（5-2）受液膜控制，反应速率极慢，式（5-3）则为瞬间可逆反应，因此，式（5-2）为 MDEA 吸收 $CO_2$ 的控制步骤。为加快吸收速率，在 MDEA 溶液中加入活化剂（$R_2/NH$）后，反应按下式进行：

$$R_2/NH+CO_2 = R_2/NCOOH \quad (5\text{-}4)$$

$$R_2/NCOOH+R_2NCH_3+H_2O = R_2/NH+R_2CH_3NH^+HCO_3^- \quad (5\text{-}5)$$

式（5-4）与式（5-5）相加得到：

$$R_2NCH_3+CO_2+H_2O = R_2CH_3NH^+HCO_3^- \quad (5\text{-}6)$$

由式（5-4）~式（5-6）可知，活化剂吸收了 $CO_2$ 并向液相传递，大大加快了反应速度。MDEA 分子含有一个叔胺基团，在吸收 $CO_2$ 后生成碳酸氢盐。与生成氨基甲酸盐的伯仲胺相比，MDEA 在加热再生时需要的能量更低。

5.7.1.2 MDEA 脱碳系统的工艺流程

MDEA 脱碳系统的工艺流程如图 5-24 所示。脱碳系统涉及工艺气、胺液、蒸汽、$CO_2$ 酸气四种流体介质，这四种流体介质，除蒸汽是独立管路、不直接与其他流体接触，其余三种流体是存在交互的。

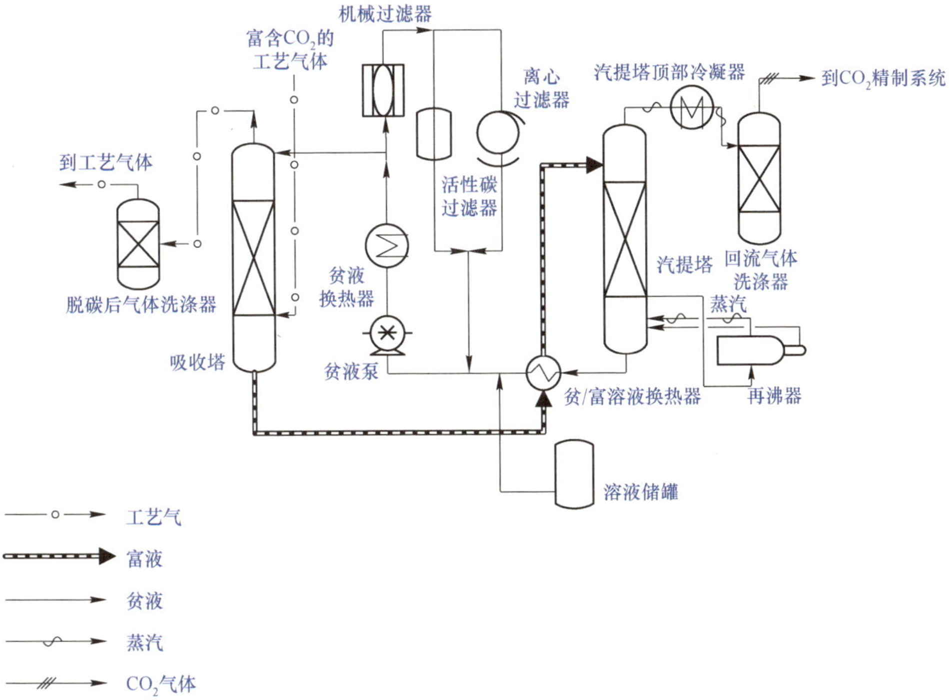


图 5-24 MDEA 脱碳系统工艺流程图

下面将分别介绍各流体介质的处理流程（由于工艺气在脱碳系统中只经过吸收塔和脱碳后气体洗涤器两个设备，因此与胺液合并介绍）[51-56]。

A 胺液及工艺气的工艺流程

（1）从工艺气压缩机来的气体，进入吸收塔下部，自下而上通过吸收塔；在吸收塔内，工艺气与从吸收塔上部进入的贫胺液进行逆流接触，气体中的$CO_2$被MDEA溶液吸收。未被吸收的净化气则由吸收塔顶引出，再经脱碳后气体洗涤器除掉夹带的溶液后去加湿器。

（2）吸收$CO_2$后的MDEA溶液被称为富液，从吸收塔底部进入贫/富溶液换热器。经换热后富液进入汽提再生塔上部，被再沸器中产生的蒸汽汽提再生，再生释放掉吸收的最大部分$CO_2$气体直至贫液达到所要求的贫液度指标。

（3）接近贫液的胺液到达汽提塔的下部，并进入再沸器中（壳侧），再沸器是一个非直接接触的釜式换热器，使用蒸汽对胺液进一步加热，胺液中挥发出大量的水蒸气，并带出胺液中残存的少量$CO_2$，共同进入到汽提塔中，从汽提塔自下而上流动，与自上而下流经的富液接触使富液再生。

（4）几乎完全释放掉所吸收$CO_2$的胺液从再沸器回到汽提塔的下部，至此胺液变为贫液。从汽提再生塔底出来的贫液经贫/富溶液换热器初步降温后，经贫液泵加压，再经贫液冷却器降温后送至吸收塔上部，重新吸收$CO_2$。

B $CO_2$酸气的工艺流程

（1）在汽提再生塔内，富液被减压闪蒸并被上升的蒸汽气提，并经过再生塔底的蒸汽再沸器加热，解析$CO_2$。解析出的$CO_2$随着蒸汽由汽提再生塔塔顶引出。

（2）再生气进入汽提塔顶冷却器冷却，然后去回流洗涤器（国内常称再生气水洗塔）。分离出水分后的$CO_2$气体被送入脱硫装置，脱硫后送至$CO_2$精制工段，生产食品级$CO_2$或工业级$CO_2$。

（3）冷凝液经回流泵送回汽提再生塔底部出口，以维持系统水的平衡。

C 蒸汽的工艺流程

（1）来自竖炉顶气换热器（余热锅炉）产生的蒸汽，经过蒸汽包脱水后，再经过减压阀进入蒸汽主管。

（2）蒸汽通过蒸汽主管被送到减温器，适当降低蒸汽温度后被送入再沸器，对胺液进行加热。

（3）蒸汽热量传输给胺液后变成冷凝水，冷凝水被送往脱氧器后脱除残氧。

（4）冷凝水被泵送入顶气换热器的蒸汽包中，作为产蒸汽的介质，就此形成闭环。

在日常生产中，应根据工艺要求检测溶液的发泡情况。当溶液的泡沫高度或完全消泡时间不符合工艺要求时，或吸收塔、汽提再生塔的压差明显上升时，应加入消泡剂。

此外，设置了机械过滤器、活性炭过滤器和离心过滤器等装置去除固体颗粒和微量反应杂质，以减少设备腐蚀和溶液发泡。

### 5.7.2 MDEA 脱碳系统的主要设备

以张宣科技氢冶金工厂的脱碳系统为例，该系统可以分为吸收单元、再生单元、胺液制备单元、胺液净化单元、富液回收单元、贫液回收单元、胺液闭路循环单元七个部分。吸收单元的主要设备为吸收塔；再生单元的主要设备包括汽提塔、再沸器；胺液制备单元的主要设备为胺液制备罐、胺液储罐、胺液补给泵、胺液过滤器等；胺液净化单元的主要设备包括机械过滤器、活性炭过滤器、炭捕集器、离心过滤器、消泡剂添加装置等；富液回收单元的主要设备包括脱碳后气体洗涤器、补水泵、循环泵等；贫液回收单元的主要设备包括汽提塔顶部冷凝器、回流洗涤器、回流泵；胺液闭路循环单元的主要设备包括贫/富溶液换热器、贫液换热器、贫液泵、贫液过滤器、富液过滤器。

脱碳系统根据不同的应用场景（包括原料气体的压力、成分、粉尘含量等），在细节的设计上会有所差异，但大体都可以分为上述七个部分。下面以张宣科技为例，介绍脱碳系统的主要设备概况，如图 5-25 所示。

图 5-25 脱碳系统设备布置全貌示意图

#### 5.7.2.1 吸收单元

吸收单元的设备只有吸收塔。有的脱碳工厂在设计时，出于终点残留 $CO_2$ 含量的需求考虑，或者待脱碳的原料气体流量/压力的现状考虑，采用并联或串联的模式设置多个吸收塔。焦炉煤气零重整竖炉氢冶金工艺脱碳的吸收塔采用两段式设计，即贫液进入吸收塔的入口分为上下两层，对应的塔器内填料也分为上下两层。填料采用不锈钢的材质，塔器本体内衬采用碳钢+不锈钢或纯不锈钢的材质。HyMEX 项目吸收塔的主要参数见表 5-32。

**表 5-32 吸收塔的主要参数**

| 设备名称 | 吸收塔 |
|---|---|
| 数量 | 1 |
| 介质 | 工艺气 |
| 操作温度/℃ | 45~70 |
| 操作压力/kPa | 1200 |
| 设计温度/℃ | 100 |
| 设计压力/kPa | 1300 |
| 最低设计金属温度/℃ | -20 |

吸收塔的塔内结构如图 5-26 所示。

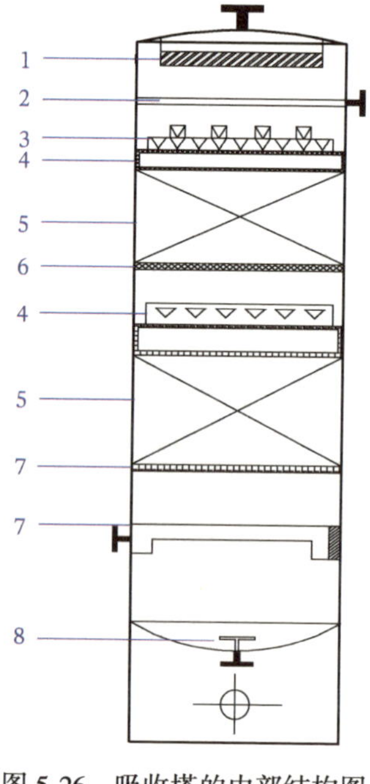


图 5-26 吸收塔的内部结构图

1—除雾垫，金属丝网 316 不锈钢；2—进料管分配器 316 不锈钢；3—孔板分配器 316 不锈钢；4—散堆填料 316 不锈钢；5—散堆填料支撑板 316 不锈钢；6—孔板再分配器 316 不锈钢；7—管式分配器 316 不锈钢；8—防涡器 316 不锈钢

5.7.2.2 再生单元

再生单元的主要功能是将吸收了大量 $CO_2$ 的胺液（称为富液）进行加热，使其将 $CO_2$ 释放排出，得到可以再次用于吸收的胺液（称为贫液），进而实现胺液的不断重复利用和降低生产成本的目的。再生单元的主要设备包括汽提塔和再沸器。

（1）汽提塔。汽提塔的技术参数见表 5-33。

**表 5-33 汽提塔的技术参数**

| 设备名称 | 汽提再生塔 |
|---|---|
| 数量 | 1 |
| 工作压力/kPa | 约 50 |
| 工作温度/℃ | 90~110 |
| 最低设计金属温度/℃ | 约 20 |

（2）再沸器。再沸器是一种釜式换热器，其内部设置有蒸汽盘管，壳侧为胺液，是一种间接接触式热交换装置。再沸器结构示意图如图 5-27 所示。再沸器的壳体、换热管材质均为不锈钢，外层带有隔热保温层，以减少散热损失。

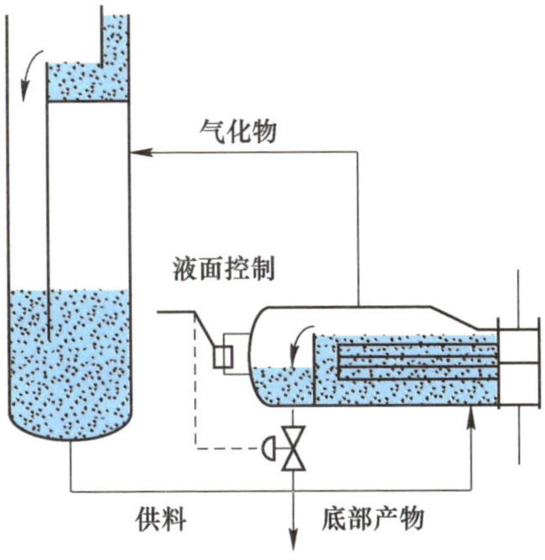


图 5-27 再沸器的结构示意图

由图 5-27 可知，当胺液进入 MDEA 脱碳系统的再沸器中后，经过与蒸汽的交换热，胺液中水蒸气大量挥发；同时，残留 $CO_2$ 在比汽提塔更高的温度条件下解析而出。因此，再沸器也可以视为胺液深度解析吸附 $CO_2$ 的装置。当蒸汽携带着少量的 $CO_2$ 再次回到汽提塔时，自发地自下而上运动，与自汽提塔上部喷入的富液逆向充分接触，促进富液中 $CO_2$ 的解析。因此，汽提塔可以视为富液中 $CO_2$ 初步解析的场所。

### 5.7.2.3 胺液制备单元

在首次开机时，需要提前制备大量的胺液装入胺液储罐中。通常是购买胺液浓度接近 100%，然后用除盐水或超纯水稀释到 30%~40%的浓度，满足脱碳系统的使用要求，用于稀释的设备称为胺液制备罐，用于储存胺液的设备称为胺液储罐。为了避免胺液与空气接触发生变质，胺液储罐和胺液制备罐通常都带有氮气密封。

（1）胺液制备罐。胺液制备罐的功能是配制 MDEA 溶液，该设备通常布置于经过防腐、防渗漏处理的地坑。为了确保胺液的浓度均匀，该设备的主要参数见表 5-34。

**表 5-34　胺液制备罐的主要参数**

| 设备名称 | 胺液制备罐 |
|---|---|
| 数量 | 1 |
| 介质 | MDEA 溶液 |
| 操作温度/℃ | ≥45 |
| 操作压力/kPa | 25 |
| 设计温度/℃ | 75 |
| 设计压力/kPa | 约 15 |
| 最低设计金属温度/℃ | 约 20 |

（2）胺液储罐。胺液储罐功能是储存 MDEA 溶液。当工厂进行长时间停机或设备检修时，需要将管路或塔器内的胺液进行排空处理。为了避免造成浪费，会将胺液排放到储罐中进行储存。当胺液需要再次补入循环系统中时，通过启动胺液储罐出口的补液泵即可实现。通常在胺液储罐的出口，配置有过滤器，以确保进入系统的胺液纯净无杂质。该设备的主要参数见表 5-35。

**表 5-35　胺液储罐的主要参数**

| 设备名称 | 胺液储罐 |
|---|---|
| 数量 | 1 |
| 介质 | MDEA 溶液 |
| 操作温度/℃ | 35 |
| 操作压力/kPa | 30 |
| 设计温度/℃ | 70 |
| 设计压力/kPa | 约 15 |
| 最低设计金属温度/℃ | 约 20 |

#### 5.7.2.4 胺液净化单元

胺液在吸收塔-汽提塔之间往复循环、不间断使用过程中，除去受加热自然缓慢降解之外，还会受到补入系统中的水携带盐类矿物质的污染。此外，吸收塔中胺液与待脱碳的原料气（如直接还原工艺的工艺循环气）直接接触，部分原料气携带的杂质也会进入胺液中造成胺液质量变差，从而影响 $CO_2$ 吸收效率，导致整个系统的运行能耗增加。因此，MDEA 脱碳工厂通常都配备在线的胺液净化单元，该单元的设备除了在贫液/富液/补充新胺液出口端的常规过滤器之外，还包括机械过滤器、活性炭过滤器、炭捕集器、离心过滤器、消泡剂添加装置等。

（1）机械过滤器。机械过滤器的主要参数见表 5-36。

**表 5-36　机械过滤器的主要参数**

| 设备名称 | 机械过滤器 |
|---|---|
| 数量 | 1 |
| 介质 | MDEA 溶液 |
| 流量/$L\cdot min^{-1}$ | 400 |
| 操作压力/kPa | 350 |
| 操作温度/℃ | 45 |
| 设计压力/kPa | 600 |
| 设计温度/℃ | 80 |
| 压降/kPa | 60 |
| 类型 | 滤筒 |
| 液体密度/$kg\cdot m^{-3}$ | 1.055 |
| 黏度/Pa·s | 0.0038 |
| 过滤出的物质 | 铁的硫化物和氧化物 |
| 颗粒粒径/μm | >10 |
| 去除率/% | 95 |

（2）活性炭过滤器。活性炭过滤器的主要参数见表 5-37。

**表 5-37　活性炭过滤器的主要参数**

| 设备名称 | 活性炭过滤器 |
|---|---|
| 数量 | 1 |
| 介质 | MDEA 溶液 |
| 操作温度/℃ | 45 |
| 操作压力/kPa | 350 |
| 设计温度/℃ | 80 |
| 设计压力/kPa | 600 |
| 最低设计金属温度/℃ | 约 20 |

（3）炭捕集器。炭捕集器的主要参数见表5-38。

**表5-38 炭捕集器的主要参数**

| 设备名称 | 炭捕集器 |
|---|---|
| 数量 | 1 |
| 介质 | MDEA溶液 |
| 流量/L·min$^{-1}$ | 400 |
| 操作压力/kPa | 350 |
| 操作温度/℃ | 45 |
| 设计压力/kPa | 600 |
| 设计温度/℃ | 80 |
| 压降/kPa | 40 |
| 类型 | 滤筒 |
| 液体密度/kg·m$^{-3}$ | 1.055 |
| 黏度/Pa·s | 0.0038 |
| 过滤出的物质 | 碳、铁的硫化物和氧化物 |
| 颗粒粒径/μm | >10 |
| 去除率/% | 95（大于10 μm的最小颗粒） |

（4）离心过滤器。离心过滤器的主要参数见表5-39。

**表5-39 离心过滤器的主要参数**

| 设备名称 | 离心过滤器 |
|---|---|
| 数量 | 2 |
| 介质 | 胺液 |
| 流量/t·h$^{-1}$ | 最大值4 |
| 入口压力/kPa | 330 |
| 入口温度/℃ | 45 |
| 出口压力/kPa | 100 |
| 设计压力/kPa | 600 |
| 溶液中固体颗粒含量/mg·L$^{-1}$ | 300（一般），700（最大） |
| 固体密度/kg·m$^{-3}$ | 2000~5000 |
| 类型 | 离心（连续操作，自动清洗） |
| 密度/kg·m$^{-3}$ | 1050 |
| 黏度/Pa·s | 0.0035 |
| 过滤出的物质 | 主要是铁的硫化物、氧化物、其他矿物 |

续表 5-39

| | |
|---|---|
| 颗粒粒径/μm | 1~10 |
| 去除率/% | 80 |
| pH 值 | 9~12 |
| 氯化物含量/$mg \cdot kg^{-1}$ | 130 |

(5) 消泡剂添加装置。胺液的泡沫过多时，会导致吸收塔、汽提塔内的压差上升，影响吸收/再生效果，还会影响仪表的测量精度。因此，需要对胺液中的泡沫含量制定严格的控制要求。HyMEX 氢冶金系统 MDEA 脱碳装置的消泡剂添加装置的主要参数见表 5-40。

**表 5-40 消泡剂添加装置的主要参数**

| 设备名称 | 消泡剂计量系统 |
|---|---|
| 数量 | 1 |
| 介质 | 消泡剂溶液 |
| 黏度（25 ℃)/Pa·s | 1±0.1 |
| 乳化剂类型 | 非离子 |
| 保质期/月 | ≥8 |
| pH 值（25 ℃) | 5~9 |
| 稀释液 | 水 |
| 设计压力/kPa | 2000 |

### 5.7.2.5 富液回收单元

当脱碳后的工艺气离开吸收塔时，由于脱碳过程的放热效应，会导致其工艺气温度上升，从而更多的气态水进入到工艺气中。此外，在工艺气流快速离开吸收塔时，通常会有少量的富液被吹出吸收塔。因此，如果不对脱碳后的工艺气进行冷却冲淋处理，会造成部分富液的损失。富液回收单元通过对脱碳后的工艺气进行喷淋、洗涤、降温，进而回收富液。该单元主要设备包括脱碳后汽提洗涤器、补液泵和循环洗涤水泵等。脱碳后气体洗涤器的主要参数见表 5-41。

**表 5-41 脱碳后气体洗涤器的主要参数**

| 设备名称 | 脱碳后气体洗涤器 |
|---|---|
| 数量 | 1 |
| 介质 | 工艺气 |
| 操作温度/℃ | 45 |
| 操作压力/kPa | 1200 |

续表 5-41

| | |
|---|---|
| 设计温度/℃ | 75 |
| 设计压力/kPa | 1300 |
| 最低设计金属温度/℃ | -20 |

5.7.2.6 贫液回收单元

当解析产生的 $CO_2$ 酸气离开汽提塔时，通常会带出少量的贫液；同时，由于酸气温度较高（95~110 ℃），酸气中还会携带大量的水蒸气。如果不对酸气进行降温和冲淋洗涤，不仅会造成胺液的损失，还会造成大量水的损失，进而导致系统中胺液的浓度上升，胺液总体积大幅减少，吸收塔和汽提塔出现液位亏空现象，系统的除盐水消耗增加。因此，脱碳系统通常都带有酸气冷却与贫液回收单元。该单元的主要设备包括汽提塔顶部冷凝器、回流泵和回流洗涤器等。

（1）汽提塔顶部冷凝器。汽提塔顶部冷凝器的主要参数见表 5-42。

**表 5-42 汽提塔顶部冷凝器的主要参数**

| 常规工况 | 管-冷侧 | 壳-热侧 |
|---|---|---|
| 循环液体 | 冷却水 | 气体 |
| 进入的流体总量 | 300 t/h | 12000 $m^3$/h |
| 液体流量 | 300 t/h | — |
| 液体蒸发或冷凝量 | — | 6000 $m^3$/h |
| 重力-液体量 | 1.0 kg/h | — |
| 相对分子质量 | — | 28.8 |
| 比热容 | 4.18 kJ/(kg · ℃) | — |
| 入口温度 | 35 ℃ | 95 ℃ |

（2）回流泵。回流泵的主要参数见表 5-43。

**表 5-43 回流泵的主要参数**

| 设备名称 | 回流泵 |
|---|---|
| 数量 | 2 |
| 介质 | 99%的水和 1%的 MDEA 溶液 |
| 入口温度/℃ | 45 |
| 入口温度下密度/kg · $m^{-3}$ | 1.0 |

续表 5-43

| | |
|---|---|
| 入口温度下的黏度/Pa·s | 0.0008 |
| 有效的汽蚀余量/kPa | 186.3 |
| 驱动方式 | 电力驱动 |
| 设计排放压力/kPa | 300 |
| 设计吸入压力/kPa | 150 |
| 入口温度下的蒸汽压/kPa | 20 |
| 必需的汽蚀余量/kPa | — |

（3）回流洗涤器。回流洗涤器结构示意图如图 5-28 所示。

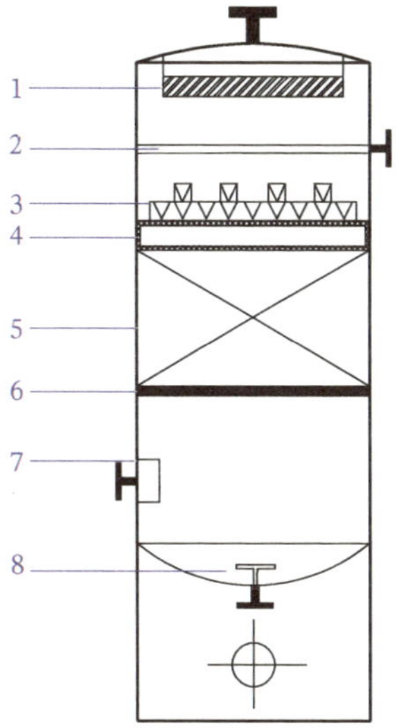


图 5-28　回流洗涤器结构示意图

1—除雾垫，金属丝网 316 不锈钢；2—液体进料管 316 不锈钢；3—槽型分配器 316 不锈钢；4—填料床限制器 316 不锈钢；5—散堆填料 316 不锈钢；6—散堆填料支撑板 316 不锈钢；7—V 形挡板入口扩散器 316 不锈钢；8—防涡器 316 不锈钢

5.7.2.7　胺液闭路循环单元

胺液闭路循环单元的主要设备包括贫/富液换热器、贫液冷却器和贫液泵等，该单元的主要功能是实现胺液在吸收塔和汽提塔之间的循环。

（1）贫/富液换热器。贫/富液换热器的主要参数见表 5-44。

表 5-44 贫/富液换热器的主要参数

| 项目 | 冷侧 | 热侧 |
|---|---|---|
| 循环液体 | MDEA 富液 | MDEA 贫液 |
| 进入的流体总量/$t \cdot h^{-1}$ | 约 300 | 约 280 |
| 液体流量/$t \cdot h^{-1}$ | 约 300 | 约 280 |
| 重力-液体量/$kg \cdot h^{-1}$ | 约 0.99 | 约 0.98 |
| 黏度（入口/出口）/$Pa \cdot s$ | 约 0.0015 | 约 0.0014 |
| 比热容/$kJ \cdot (kg \cdot ℃)^{-1}$ | 约 3.39 | 约 3.55 |
| 入口温度/℃ | 约 50 | 约 110 |
| 出口温度/℃ | 约 100 | 约 60 |
| 操作压力/kPa | 1200 | 200 |
| 允许压降（计算值）/kPa | <65 | <65 |
| 设计压力/kPa | 1300 | 300/-15 |
| 设计温度/℃ | 150 | 150 |

（2）贫液冷却器。贫液冷却器的主要参数见表 5-45。

表 5-45 贫液冷却器的主要参数

| 项目 | 冷侧 | 热侧 |
|---|---|---|
| 循环液体 | 冷却水 | MDEA 贫液 |
| 进入的流体总量/$t \cdot h^{-1}$ | 约 450 | 约 280 |
| 液体流量/$t \cdot h^{-1}$ | 约 450 | 约 280 |
| 重力-液体量/$kg \cdot h^{-1}$ | 约 1.00 | 约 1.025 |
| 黏度（入口/出口）/$Pa \cdot s$ | 0.00075 | 0.002 |
| 相对分子质量 | 18 | — |
| 比热容/$kJ \cdot (kg \cdot ℃)^{-1}$ | 约 4.18 | 约 3.55 |
| 入口温度/℃ | 约 35 | 约 70 |
| 出口温度/℃ | 约 50 | 约 45 |
| 操作压力/kPa | 约 400 | 约 1700 |
| 允许压降（计算值）/kPa | <59 | <59 |

（3）贫液泵。贫液泵的主要参数见表5-46。

**表5-46 贫液泵的主要参数**

| 设备名称 | 贫液泵 |
|---|---|
| 数量 | 2 |
| 介质 | MDEA溶液 |
| 入口温度/℃ | 62 |
| 入口温度下密度/$kg \cdot m^{-3}$ | 1.01 |
| 入口温度下的黏度/$Pa \cdot s$ | 0.0021 |
| 驱动 | 电力驱动 |
| 设计排放压力/kPa | 约1700 |
| 设计吸入压力/kPa | 100~130 |

### 5.7.3 $CO_2$ 脱除的操作与控制

脱碳系统的自动化和智能化程度很高，因此日常生产过程中，通常很少需要人为干预。脱碳系统操作与控制的主要内容包括：

（1）系统水平衡的控制。由于工艺气和 $CO_2$ 离开系统时带走部分水分，会破坏整个系统的水平衡，因此在操作过程中需补加超纯水维持系统的水平衡。

（2）系统压力的控制。如果气体压力高，则气相中 $CO_2$ 分压大有利于吸收，相反则不利于吸收。

（3）溶液循环量的控制。在一定的温度和压力条件下，MDEA对 $CO_2$ 的溶解度是恒定的。若循环量过小，吸收效率会降低，致使工艺气中 $CO_2$ 含量无法满足工艺要求；若循环量过大，则能耗会增加。因此，当MDEA浓度确定后，溶液循环量直接影响脱碳效果。

（4）液位的控制。各塔的液位高低直接影响正常操作，吸收塔液位过高时，溶液易倒灌入口工艺气管道，液面过低则会引起塔内压空、串气，导致系统不能正常工作，以致打乱整个操作过程；汽提塔液位过低则会引起泵抽空，因此液位的控制通常为50%~60%。

（5）溶液中MDEA浓度的控制。溶液中MDEA浓度控制在30%~40%。

（6）溶液中杂质的控制。在溶液循环使用过程中，补给水带入的盐类和工艺气带入的杂质等会引起溶液发泡，从而影响吸收效率。因此，系统设置了过滤器、一个净化单元（包含离心过滤器、机械过滤器、活性炭过滤器、炭捕集器）和一套消泡装置。在操作过程中要及时利用上述设备合理控制溶液中的杂质含量，确保系统能够稳定运行。

（7）温度的控制。吸收塔内温度受工艺气入口温度和贫液入口温度影响，温度越高，吸收效率越差；汽提塔出口酸气温度越高，蒸汽用量越大；回流气洗涤器出口酸气温度越高，系统水损失越大；脱碳后气体洗涤器出口工艺气温度越高，从系统带走的水/胺液越多。

### 5.7.4 $CO_2$ 酸气的脱硫工艺与装备

在 MDEA 脱碳过程中，工艺气中少量的 $H_2S$ 也会被吸收，并与 $CO_2$ 一同进入酸气从回流洗涤器离开脱碳系统。在国外的直接还原工厂设计中，设计方会根据工厂项目所在地的环保法规决定是否单独对酸气进行脱硫。焦炉煤气零重整竖炉氢冶金工艺致力于实现最大程度的碳减排目标，设有 $CO_2$ 副产品加工线，即 $CO_2$ 精制单元，将 $CO_2$ 酸气加工成为工业级或者食品级的 $CO_2$ 产品。$CO_2$ 酸气的脱硫处于 $CO_2$ 精制的上游，属于副产品加工线之前的酸气预处理单元，其主要目的脱除 $CO_2$ 酸气中的 $H_2S$ 来提高 $CO_2$ 纯度。

焦炉煤气零重整竖炉氢冶金工艺 $CO_2$ 酸气的参考成分及工艺条件见表 5-47。

**表 5-47 $CO_2$ 酸气的参考成分及工艺条件**

| | | |
|---|---|---|
| 温度/℃ | | 56 |
| 压力/bar | | 0.31 |
| 流量/$m^3 \cdot h^{-1}$ | | 5500~6500 |
| 组分（体积分数）/% | $H_2$ | 0.196 |
| | $H_2O$ | 12.786 |
| | $H_2S$ | 0.048 |
| | CO | 0.019 |
| | $CO_2$ | 86.755 |
| | $CH_4$ | 0.155 |
| | $N_2$ | 0.041 |

$CO_2$ 酸气脱硫工艺流程如图 5-29 所示。脱硫原理为：原料气与补入的氧气混合后，依次进入脱硫塔 A、B、C 下部，分离冷凝出来的液态水，原料气进入脱硫塔吸附剂床层，原料气中的硫化氢（$H_2S$）被选择地吸附在脱硫剂表面，$H_2S$ 与气体中微量 $O_2$ 反应生成单质硫沉积在脱硫剂微孔中。此外，$H_2S$ 与部分活性组分反应，生成单质硫、硫化物，沉积在脱硫剂的微孔内，净化后的气体中 $H_2S$ 含量小于 0.15 $mg/m^3$ 送至后工序。

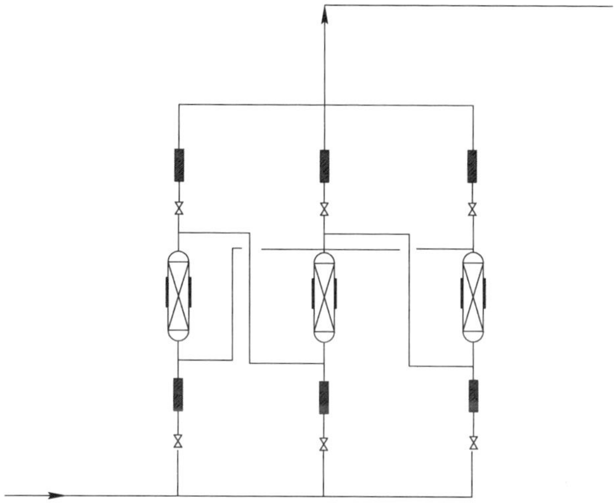

图 5-29 $CO_2$ 酸气脱硫工艺流程图

脱硫反应是一种氧化反应，需要消耗氧。由于原料气中氧气不足，该流程设置补充氧气的管线，补充的氧量通过调节阀进行比例调节实现。

该装置由 3 台脱硫塔组成，其中 1 台作为备用塔。为保证脱除 $H_2S$ 的精度，3 台脱硫塔采用可串联可并联的结构设计。每个脱硫塔中脱硫剂装填量大于 80 $m^3$，且为了进一步降低该装置的运行成本和提高脱硫精度，脱硫塔内复合装填多种脱硫剂。

3 台脱硫塔规格一致，均为立式设备，塔径 DN4 m、高度 14 m、材质为碳钢，设备内外需作防腐处理，外壳采用硅酸铝保温。内件配置有吸附剂支撑格栅及丝网，材质为不锈钢。

3 台脱硫塔中的脱硫剂分三层进行装填，最下层为第一层分别装填瓷球和活性炭吸附剂，装填量分别为 2.5 $m^3$ 和 16 $m^3$；上面第二层、第三层装填氧化铁脱硫剂，装填量均为 32.5 $m^3$。

吸附剂的相关技术参数如下：

(1) 瓷球为球状，粒度 $\phi$10~15 mm，堆密度 1.25~1.5 g/$cm^3$。

(2) 活性炭吸附剂为柱状，粒度 $\phi$2~4 mm，堆密度 0.54 g/mL，强度：≥90%，灰分：≤12%。

(3) 氧化铁脱硫剂为柱状，粒度 $\phi$4~5 mm，堆密度 0.65 g/mL，测压强度：≥45 N/$cm^2$，工作硫容（质量分数）：≥30%。

### 5.7.5 $CO_2$ 精制工艺与装备

$CO_2$ 作为一种重要的工业生产原料，广泛应用于冶金、石油、电子、食品和消防等多个领域，因此，$CO_2$ 的开发利用研究已成为各国科技开发部门的热门课题。在这样的背景下，国家已出台一系列措施鼓励或要求企业进行 $CO_2$ 捕集回收工作，并将得到的 $CO_2$ 产品加以利用或封存，这种技术被称为 CCUS（Carbon Capture、Utilization and Storage，碳捕获、利用与封存），它的核心是把生产过程中排放的 $CO_2$ 进行提纯，然后投入到新的生产过程中，进行循环再利用，而不是简单地封存。

#### 5.7.5.1 $CO_2$ 理化性质和市场应用情况

A $CO_2$ 理化性质简介

$CO_2$ 不能传导地面的长波辐射，也基本不能吸收太阳辐射，由此导致温室效应。$CO_2$ 在常温常压下是无色、无臭、无味的气体，相对分子质量为 44.01，相对密度 1.53，密度 1.977 g/L，在大气中的含量为 0.03%（控制碳排放的一个目标是将大气中 $CO_2$ 含量控制在 0.04%以内）。

$CO_2$ 临界温度为 31.1 ℃，临界压力为 7.38 MPa；在温度为-56.6~31.1 ℃、压力为 0.52~7.38 MPa 时，$CO_2$ 液化为无色透明的液体；当温度为-56.6 ℃、压力为 0.52 MPa 时，$CO_2$ 以固态存在，即干冰。固体干冰常温常压下升华温度为-78.5 ℃。$CO_2$ 无毒，呈化学惰性，$CO_2$ 是碳原子的最高氧化状态，性质非常稳定，不燃烧。$CO_2$ 常温下微溶于水，水溶液呈酸性。

$CO_2$ 是一种窒息性气体，火灾危险性为戊类，不存在爆炸危险，但易在低洼处聚集。空气中 $CO_2$ 浓度在 2.5%以下时，经数小时无任何症状；浓度超过 3%时，能刺激眼睛、皮肤和呼吸道，出现呼吸困难、无意识呼吸次数增加、头痛、眩晕、呕吐等；超过 10%时，出现视力障碍、痉挛、呼吸加快、血压升高、意识丧失，中枢神经的抑制、昏睡、痉挛、窒息致死；浓度在 20%以上时，数秒即可瘫痪，心脏停止跳动。

B $CO_2$ 的市场应用前景

（1）强化石油、天然气开采。达到一定纯度的液态 $CO_2$ 产品注入正在开采的油田、气田可以提高石油、天然气采收率（EOR），同时也是将 $CO_2$ 进行封存，在获取一定经济效益的同时实现 $CO_2$ 的减排，这是一个非常理想的循环利用的方法。通过向油藏注入 $CO_2$ 来提高油田采收率，从世界范围来看技术已比较成熟，且在近年来发展较为迅速。目前我国在胜利油田、吉林、内蒙古等地均已开展相关的应用，已成为工业级 $CO_2$ 产品的一个重要市场。

（2）用于碳酸饮料。$CO_2$ 在饮料中的主要作用包括起泡、增加酸度和抑制微生物生长，加入后不会影响饮料的外观和味道，并且不会引入超量杂质。经过提纯后的食品级 $CO_2$ 可用作汽水、啤酒、可乐等碳酸饮料的充气添加剂。可口可乐公司在天津的生产工厂，使用的就是经化工企业尾气提纯的食品级 $CO_2$。

（3）$CO_2$ 保护焊。$CO_2$ 可以保护电弧焊接，避免金属表面氧化，又可使焊接速度提高9倍左右，已经在黑色金属的焊接中得到广泛的应用。目前，我国$CO_2$气体保护焊仅占全部焊接的5%，而发达国家占到了67%，因此$CO_2$在保护焊的应用发展潜力十分乐观。

（4）液体$CO_2$制干冰。$CO_2$是主要的制干冰原料，通过一套简单的干冰机即可进行生产。干冰在食品、电力、汽车、船舶、冷藏和消费等领域具有广泛的用途，还可以用于燃气轮机、锅炉等电厂设备的清洗。此外，干冰还可用于海产品、农产品等的保鲜贮藏，尤其是航空运输中使用干冰保鲜可大大降低运输成本。干冰的运输受距离限制较小，销售半径较液态$CO_2$显著扩大，因此目前干冰冷链运输的发展也十分迅速。

（5）转炉炼钢。应用$CO_2$替代氩气用于转炉炼钢吹炼气，可大幅度降低炼钢成本。目前该技术已相对比较成熟，在大量钢铁企业得到了应用。

此外，$CO_2$的其他应用还包括$CO_2$气体消防灭火；利用光、电等对$CO_2$进行还原制得所需产品；把$CO_2$引入蔬菜温室，可提高蔬菜的生长速度，减少病虫害，提高经济效益。

5.7.5.2 $CO_2$净化技术

$CO_2$精制可分为净化和制冷液化两个步骤。$CO_2$的净化是脱除掉$CO_2$原料气中携带的$H_2$、$CH_4$、$H_2S$等杂质，使其纯度达到客户需求；制冷液化是将气态的$CO_2$转变为方便运输储存的液态。常见的$CO_2$净化工艺包括吸附分离法、低温蒸馏法和催化燃烧法等，与之前二氧化碳脱除工艺不同，净化工艺主要目的是除去富$CO_2$气体流中无用的水分、其他烃类或非烃类杂质，使$CO_2$含量达到高纯度的要求。

（1）吸附分离法。吸附分离法的基本原理是通过气体与固体吸附剂接触，利用其表面上活性点之间的相对分子间引力来实现分离。这一过程在填充吸附材料的滤床中进行$CO_2$的吸附分离，吸附剂对原料混合气中的$CO_2$具有一定的选择性，通过可逆吸附作用实现分离回收$CO_2$的目的。吸附剂对气体的吸附量会随着压力与温度的变化而变化，当压力越高时，吸附量也越多；温度越高时，吸附量则越少。吸附分离法适用生产$CO_2$浓度为20%～80%的工业气体。

（2）低温精馏法。低温精馏法适用于气体中$CO_2$浓度大于60%的条件，按照工艺要求，在低温下将气体中各组分冷凝，利用原料中各组分挥发度的差异，在精馏条件下各类物质根据其蒸发温度的不同而实现气体中二氧化碳的相变分离。低温精馏法一般在压力为1.5～2.5 MPa、温度-40～-20 ℃条件下操作。该方法回收的$CO_2$纯度达到99.9%～99.95%，因此低温蒸馏法比较适用于生产高浓度的$CO_2$产品，运行起来较为经济。

（3）催化燃烧法。催化燃烧法通过将混合气体中的可燃烃及其他可燃物质燃烧成二氧化碳和水，随后经过脱水和脱除过量的氧气、少量惰性气体等，最终将二氧化碳提纯至99.99%以上。催化燃烧法适用于气体中的二氧化碳含量较高（一般大于80%），且存在乙烷、丙烷、丁烷及其他分子量相近的气体。该方法操作性能稳定，生产的产品纯度相对较高，多用于精提纯。但该方法需要通入氧气才能实现，且催化剂价格昂贵，不适宜大规模使用。

（4）$CO_2$ 净化技术的选择。$CO_2$ 精制后设定的产品目标是高纯度的工业级或食品级产品，通过对 $CO_2$ 精制技术的研究和比较，以及对国内已投产 $CO_2$ 精制装置的实地考察，发现 $CO_2$ 精制技术的选用受气源成分的影响较大，即不同的气源成分决定了选用不同的单一技术或几种技术进行组合使用。目前，规模化生产提纯的富 $CO_2$ 气体一般要求干基含量在90%以上。根据不同的气源成分，以低温精馏法为主，辅以吸附分离法和（或）催化燃烧法相结合。富 $CO_2$ 气体在进入精制区域前，设置了专门的干法脱硫系统，一是为了满足精制系统的产品质量要求；二是在精制系统停机时，确保气体放空符合环保要求。

脱硫后富 $CO_2$ 气体技术参数见表5-48。由表5-48可知，干基的 $CO_2$ 纯度在99.0%以上，适合选用低温精馏的方法。同时，气源成分中含有的水、氢气、甲烷等杂质，全部超过国家食品级 $CO_2$ 标准。其中，水分用吸附法进行净化，甲烷、氮气、一氧化碳、氢气等相对较轻的组分用低温精馏法去除。由于气源中不含有氰化物、苯等重组分杂质，也没有需要催化燃烧的组分，因此，工艺组合中没有采用催化燃烧法，最终采用了吸附分离法和低温精馏法相结合的吸附精馏工艺。

**表5-48 脱硫后富 $CO_2$ 气体的技术参数**

| 流量 /$m^3 \cdot h^{-1}$ | 压力 /kPa | 温度 /℃ | 含量/% | | | | | | |
|---|---|---|---|---|---|---|---|---|---|
| | | | $H_2$ | CO | $CO_2$ | $CH_4$ | $N_2$ | $H_2O$ | $H_2S$ |
| 4850~6000 | 30 | 50 | 0.15 | 0.02 | 92.08 | 0.08 | 0.04 | 7.58 | 约 $0.1\times10^{-4}$ |

5.7.5.3 制冷液化技术

（1）氨制冷技术。氨制冷系统作为一种成熟的制冷技术和设备，在许多行业得到广泛应用。在 $CO_2$ 精制装置中，目前应用最为普遍的就是氨制冷技术，其最大优点是能耗低。由于氨气属于爆炸性气体，因此在建设和使用过程中危险性较大。

（2）R507制冷技术。R507本质上是一种环保型氟利昂，其制冷机组各类型号设备齐全，应用的行业较多。目前，在一些由于平面布置不能满足安全距离要求的项目中，也使用R507制冷系统。但与氨制冷系统和 $CO_2$ 制冷系统相比，R507制冷系统能耗最高，而且受单台冷冻机制冷温度范围的限制，$CO_2$ 精制流程通常需要根据温度需要选择两台或三台不同制冷温度的冷冻机，导致投资增加。在前期调研中发现，在无法使用氨制冷的情况下，多个项目均以R507制冷技术替代。

（3）$CO_2$ 制冷技术。$CO_2$ 制冷技术目前已经应用于各个领域，例如，北京冬奥会滑冰场馆冰面就采用 $CO_2$ 制冷技术。目前国内尚未出现以 $CO_2$ 作为制冷剂用于精制项目的情况，主要问题是 $CO_2$ 系统的低温适应性有待提高，系统运行压力较高（达到 7.0 MPa 以上），对设备材料强度要求较高。一种 $CO_2$ 制冷工艺流程如图 5-30 所示。在 $CO_2$ 精制装置中，已经有单位积极进行工业化应用，鄂尔多斯地区在建一套 $CO_2$ 精制装置就使用了 $CO_2$ 制冷系统，预计 2025 年可以投入使用。一旦按计划投入使用，这将成为国内首个采用 $CO_2$ 制冷技术的 $CO_2$ 精制装置，其能耗水平将介于氨制冷和 R507 制冷之间。

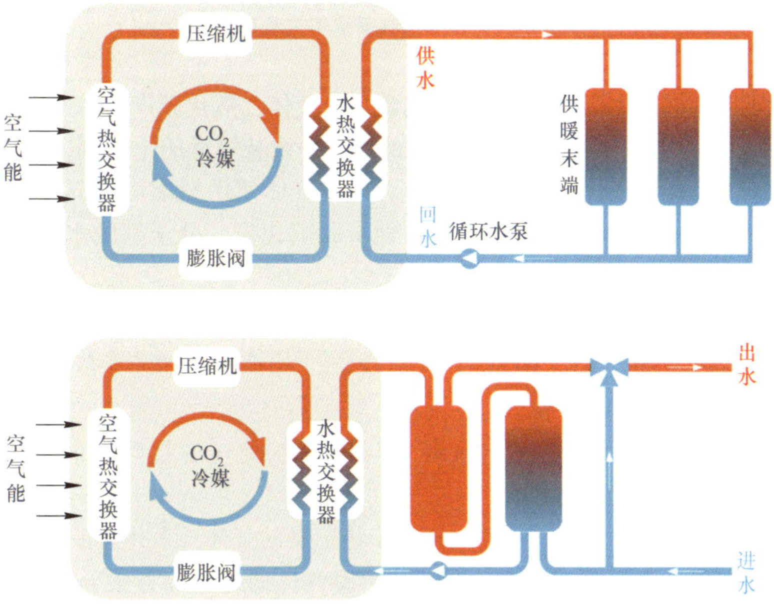


图 5-30　$CO_2$ 制冷工艺流程

本项目由于受建设场地限制，使用氨制冷不能满足安全距离要求，而 $CO_2$ 制冷用于精制项目又没有现实案例可以参考，因此最终选用了 R507 制冷技术。

### 5.7.5.4　$CO_2$ 精制工艺流程

$CO_2$ 精制系统工艺流程如图 5-31 所示。

由图 5-31 可知，富 $CO_2$ 气体进入精制区域后，首先经过水冷器进行冷却降温，除去部分水分，之后进入 $CO_2$ 压缩机增压至 2.5 MPa，加压冷却后的气流进入切换使用的脱硫床，以进一步脱出其中的微量硫化物。接着，气体进入切换使用的干燥床，脱除水分后，通过换热器再被冷冻机提供的低温冷源降温液化。气体液化后进入精馏塔进行精馏，其中氢气、甲烷、一氧化碳等轻组分全部从塔顶

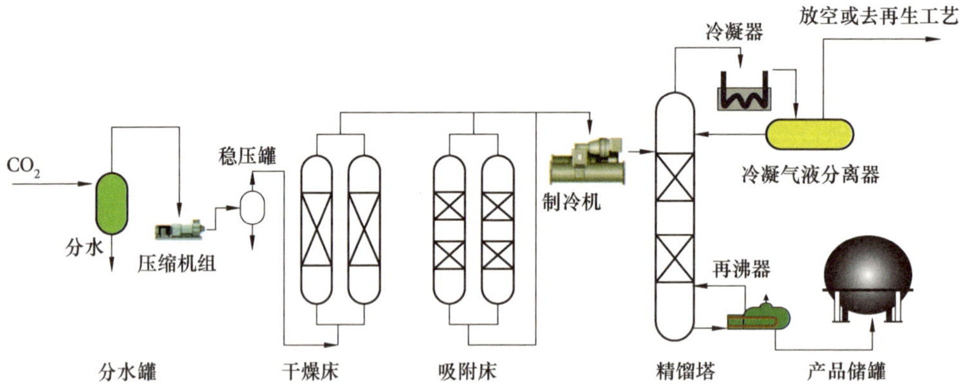


图 5-31　$CO_2$ 精制系统工艺流程图

除去，塔底得到 99.9%以上的工业级或食品级液体二氧化碳产品，经储存后装车出厂。每套干燥床设计为两个同样体积的床体，内装等量的干燥剂，两个床体切换操作，其中一台吸附，另外一台再生，再生气体使用精馏塔顶部排放的废气。精制的整个流程分为预处理、压缩、活性炭脱硫化氢、分子筛脱水、液化精馏、制冷系统、液体储存系统等几个部分。

5.7.5.5　$CO_2$ 精制主要设备设施

（1）$CO_2$ 压缩机一台，活塞式压缩机，用于压缩 $CO_2$ 至 2.5 MPa。

（2）$CO_2$ 液化提纯系统：

1）预冷器一台，用于压缩原料气与塔顶不凝气的换热，最高工作压力 2.5 MPa；

2）$CO_2$ 液化器一台，$CO_2$ 液化器用于将干燥的气体二氧化碳液化；

3）精馏塔一台，用于将 $CO_2$ 与其他不凝气体通过精馏方式分离开来，最高工作压力 2.5 MPa；

4）塔顶冷凝器一台，用于冷凝精馏塔中的上升蒸汽，最高工作压力 2.5 MPa；

5）再沸器一台，用于调节精馏塔塔底 $CO_2$ 纯度；

6）过冷器一台，用于将液体 $CO_2$ 产品过冷，降低输送损失。

（3）冷冻机系统：一台高温冷冻机，用于分离富 $CO_2$ 气体流中的水分；一台低温冷冻机，用于压缩冷媒供给低温精馏冷量。

（4）液体储存系统：4 台卧式单层储槽，用于储存液体二氧化碳产品，材质 16MnDR，设计压力 2.2 MPa，设计温度-40 ℃。

5.7.5.6　$CO_2$ 精制控制系统

$CO_2$ 精制流程相对比较简单，由于是危险化学品生产，因此必须实现自动控制。目前，大部分企业采用的是 PLC 系统进行自动控制，近几年建成投产的装置也开始使用 DCS 系统。结合精制系统控制的特点和国产 DCS 的发展，张宣科技氢冶金工艺的 $CO_2$ 精制装置选用了 DCS 系统控制。操作员依据集散控制系统的操作站，实现对精制装置各工艺系统设备的控制及运行状态的监视，并依据工艺系统的运行参数变化进行调整和操作，控制室不再设置常规的控制盘。

## 5.8 本章小结

本章系统地阐述了张宣科技焦炉煤气零重整竖炉氢冶金工艺气体流的工艺流程、设备概况，并分享了部分操作实践经验。

(1) 对使用的原料气进行深度净化和加压的焦炉煤气预处理单元，详细介绍了张宣科技焦炉煤气零重整竖炉氢冶金工艺的微晶吸附煤气净化工艺技术与装备，以及分为两级的螺杆压缩机的具体设备及工艺流程。

(2) 对张宣科技焦炉煤气零重整竖炉氢冶金工艺工艺气的净化、脱水、加压、脱碳、加热、部分燃烧的全部环节的工艺技术、装备情况，以及主要的操作与控制进行了详细的论述。

(3) 底气系统作为与工艺回路相衔接的小系统，与工艺回路在设备方面有诸多相似之处，介绍了该系统的功能、设备及操作内容。

(4) 详细介绍了焦炉煤气零重整竖炉氢冶金工艺采用的 MDEA 脱碳工艺技术与装备，脱碳副产物 $CO_2$ 酸气的脱硫及副产品加工（“$CO_2$ 精制”）的工艺技术与装备。

(5) 详细介绍了焦炉煤气零重整竖炉氢冶金工艺冷却回路的工艺技术与装备。

### 参考文献

[1] 姬存民，惠武卫，赵合楠，等．焦炉煤气制氢的二氧化碳排放分析 [J]. 现代化工，2024，5：224-227.

[2] 邓万里，杨静，李霁，等．用于降低轧钢加热炉二氧化硫排放的装置及其使用方法 [P]. 上海市：CN117965208A，2024-05-03.

[3] 杨静，涂代雄，周扬，等．混合煤气净化装置及其使用方法 [P]. 上海市：CN117965209A，2024-05-03.

[4] 王媛．焦炉煤气加压脱硫工艺模拟研究 [J]. 山西化工，2024，4：108-110.

[5] 王晨晖，谢鹏，李沁兰，等．焦化厂焦炉煤气定价方法的探讨 [J]. 四川冶金，2024，2：56-59.

[6] 翟晓波，郑军，张涛，等．一种钢厂二次能源回收利用与氢冶金方法、系统及其应用 [P]. 重庆市：CN117947235A，2024-04-30.

[7] 王满，李旭东，杨忠义，等．一种顶装焦炉装煤烟尘处理系统及工艺［P］．辽宁省：CN110760321B，2024-04-26.
[8] 何佳，曹欣川洲，刘自民，等．焦炉煤气精脱硫工艺方案比选研究［J］．冶金动力，2022，5：29-33，45.
[9] 叶青保．基于微晶吸附工艺的焦炉煤气深度脱硫脱萘一体化技术［J］．山西冶金，2022，5：69-70，90.
[10] 曹欣川洲．基于马钢焦炉煤气条件下的精脱硫技术方案比选分析［C］．中国金属学会．第十三届中国钢铁年会论文集．中国金属学会，2022：5.
[11] 钟继生，韩风国，成雪松，等．一种焦炉煤气微晶吸附深度净化系统［P］．河北省：CN219326730U，2023-07-11.
[12] 杨猛，安忠义，龙志峰，等．焦炉煤气精脱硫工艺方案比选和优化设计［J］．冶金能源，2022，2：53-57.
[13] 孙钦贵，宋宪锋，蒋淑艳．一种焦炉煤气微晶吸附再生尾气的净化处理装置［P］．山东省：CN215233176U，2021-12-21.
[14] 孙钦贵，宋宪锋，蒋淑艳．一种焦炉煤气微晶吸附再生尾气的净化处理方法［P］．山东省：CN113209780A，2021-08-06.
[15] 孙钦贵，宋宪锋．焦炉煤气微晶吸附再生操作运行实践［J］．燃料与化工，2021，1：44-45.
[16] 杨敏建．镁基储氢材料的制备及对二硫化碳、噻吩的加氢性能研究［D］．青岛：山东科技大学，2010.
[17] 王林，乔治，朱芬梅，等．基于前馈-反馈控制的混合煤气加压站机后压力控制系统［P］．甘肃省：CN203433377U，2014-02-12.
[18] 王太炎，王文骥，王少立．用焦炉煤气生产直接还原铁短流程工艺［P］．辽宁省：CN103667573A，2014-03-26.
[19] 孙贯永．外热式气基直接还原炼铁工艺的基础与应用研究［D］．北京：北京科技大学，2021.
[20] 赵子川．基于氢冶金的气基竖炉直接还原关键工艺参数研究［D］．沈阳：东北大学，2021.
[21] 朱克．HYL公司阀门配件采购管理研究［D］．上海：上海交通大学，2018.
[22] 李峰．高铬型钒钛磁铁矿气基竖炉直接还原—电热熔分机理研究［D］．沈阳：东北大学，2016.
[23] 曾加庆，齐渊洪，杨兆顺，等．处理高磷鲕状赤铁矿竖炉防球团高温还原黏结的方法［P］．北京市：CN103667687B，2015-10-28.
[24] 郭汉杰．非焦煤炼铁工艺及装备的未来（2）——气基直接还原炼铁工艺及装备的前景研究（下）［J］．冶金设备，2015，4：1-9，33.
[25] 储满生，唐珏，柳政根，等．一种高铬型钒钛磁铁矿气基竖炉直接还原冶炼方法［P］．辽宁省：CN103667572A，2014-03-26.
[26] 程鹏辉．HYL-ZR法冶炼直接还原铁工艺概述［J］．山西冶金，2013，6：1-2.
[27] 李建．铁精矿复合黏结剂球团直接还原法工艺及机理研究［D］．长沙：中南大

学，2007.
[28] 邓秀兰．巴西赤铁矿球团煤基直接还原工艺及机理研究［D］．长沙：中南大学，2013.
[29] 赵立卓．铁矿球团气基低温还原强度及其粉化行为研究［D］．长沙：中南大学，2013.
[30] 易凌云．铁矿球团 $CO-H_2$ 混合气体气基直接还原基础研究［D］．长沙：中南大学，2013.
[31] 胡俊鸽．先进非高炉炼铁工艺技术经济分析［J］．鞍钢技术，2012，3：7-13.
[32] 王兆才．煤制气-气基竖炉直接还原工艺的基础研究［D］．沈阳：东北大学，2013.
[33] 沈维华．以含铁海砂为原料的含碳球团直接还原研究［D］．重庆：重庆大学，2010.
[34] 王兆才．氧化球团气基竖炉直接还原的基础研究［D］．沈阳：东北大学，2009.
[35] 唐文明．炼铁冶金环保与节能技术研究［J］．冶金管理，2023（13）：27-28，31.
[36] Ali Hasanbeigi，Marlene Arens，Lynn Price. Alternative emerging ironmaking technologies for energy efficiency and carbon dioxide emissions reduction：A technical review［J］．Renewable and Sustainable Energy Reviews，2014（33）：645-658.
[37] Xin Jiang，Lin Wang，Feng Manshen. Shaft furnace direct reduction technology—Midrex and energiron［J］．Advanced Materials Research，2013，2694（805/806）：654-659.
[38] 韩星，张彩东，李兰杰，等．氢基竖炉直接还原技术研究现状及展望［J］．河北冶金，2024，4：1-5，11.
[39] 刘艳峰．我国焦炉煤气直接还原技术发展前景探讨［J］．山西冶金，2024，1：70-72.
[40] Yi Lingyun，Huang Zhucheng，Peng Hu，et al. Experimental research on the novel process of iron ore direct reduction by coal gas［J］．Advanced Materials Research，2011，1378（311/312/313）：891-897.
[41] F Kurunov. The direct production of iron and alternatives to the blast furnace in iron metallurgy for the 21st century［J］．Metallurgist，2010，54（5/6）：335-342.
[42] R C A，Grobler F，Amp Minnitt. The increasing role of direct reducted iron in global steelmaking［J］．Journal of the Southern African Institute of Mining and Metallurgy，1999，99（2）：111-116.
[43] Connelly Damian. Green magnetite will be the future of steelmaking［J］．METS Engineering Group Pty Ltd，West Perth，Australia，2023：941-955.
[44] 于樾，王锋，齐渊洪，等．氢基直接还原铁工艺技术及应用［J］．钢铁研究学报，2024，3：283-298.
[45] 张福明，曹朝真，徐辉．气基竖炉直接还原技术的发展现状与展望［J］．钢铁，2014，3：1-10.
[46] 刘应书，杨天钧，苍大强．高炉炉前供氧与安全控制系统及其计算机控制［J］．北京科技大学学报，1998，2：108-112.
[47] 刘应书，杨天钧，苍大强，等．高炉氧煤喷吹供氧及安全控制技术研究［J］．钢铁，1997，7：17-20.
[48] 谷俊男，邢心语，李磊，等．膜法脱除烟气中二氧化碳的工艺技术进展［J］．现代化工，2023（S1）：81-84.
[49] 严硕，于海斌，陈赞．膜法脱除天然气中二氧化碳的工艺技术发展现状［J］．无机盐工业，2022，5：38-46.

[50] 王晓峰. 二氧化碳脱除工艺探讨 [J]. 化工管理, 2016, 14: 226.
[51] 郭自悦. 二氧化碳脱除工艺探讨 [J]. 中国高新技术企业, 2016, 8: 83-85.
[52] 沈奕骏, 郭玉海, 唐红艳. PTFE 膜吸收 $CO_2$ 的工艺参数对传质性能的影响 [J]. 浙江理工大学学报, 2015, 7: 487-491.
[53] 郭蒙. 氨法脱除烟气中二氧化碳耦合化工品生产的新型工艺研究 [D]. 保定: 华北电力大学, 2015.
[54] 令狐磊, 姚成林. 醇胺法脱除煤层气中二氧化碳工艺模拟研究 [J]. 矿业安全与环保, 2013, 6: 1-3, 8.
[55] 朱振玉, 刘恩举, 杨杰, 等. 二氧化碳脱除原理及工艺 [J]. 广州化工, 2011, 5: 51-53, 125.
[56] 张永军. 脱除二氧化碳的工艺技术 [C]. 中国化工学会、中国化工学会石油化工专业委员会. 中国化工学会 2005 年石油化工学术年会论文集. 中国化工学会, 中国化工学会石油化工专业委员会, 2005: 2.

# 6 氢冶金球团矿生产工艺与装备

竖炉氢冶金产品 DRI 主要供电炉炼钢使用，对所用矿石品位的要求较高，通常要达到 67%以上[1]。高品位矿石资源有限，对于占大多数比例的低品位矿石来说，必须经过细磨深选，最大程度地去除脉石成分后才能得到高品位的铁精粉。经选矿得到的高品位铁精粉粒度较细，其小于-0.074 mm（-200 目）比例通常达到 80%以上，这么细的铁精粉不能直接入竖炉，必须经过造块后才能使用。细粒的高品位铁精粉不适合烧结，更适合造球。球团生产目前主要有竖炉、链箅机-回转窑和带式焙烧机三种工艺，其中竖炉工艺属于被逐渐淘汰的工艺。氢冶金球团矿主要采用链箅机-回转窑和带式焙烧机工艺生产。

## 6.1 氢冶金球团矿的质量要求

竖炉氢冶金与高炉炼铁存在着很大的工艺差别，二者的冶炼过程也不一样，这就造成它们对球团矿的质量要求也必然存在着差异。竖炉氢冶金球团矿的质量，一方面要能确保竖炉正常运行，另一方面要使 DRI 产品达到规定的质量要求。竖炉氢冶金球团矿的质量主要包括化学成分、物理性能、冶金性能三个方面。化学成分要求铁品位高，脉石及其他杂质、有害元素含量少；物理性能要求具有足够的抗压强度、耐磨强度，粒级要均匀合适；冶金性能则要求具有较低的还原膨胀指数、还原粉化指数和较高的还原性。

张宣科技氢冶金一期项目投产后，经过一年多的实验研究和生产实践，逐步形成了一套自己的氢冶金球团矿质量控制要求，见表 6-1。在此要求下所生产的球团矿很好地满足了氢冶金竖炉的生产需求，不仅实现了竖炉稳定顺行，而且用其生产的 DRI 产品质量优良、稳定。

**表 6-1　球团矿质量要求**

| 项　目 | 质量指标 | |
|---|---|---|
| 化学成分（质量分数） | TFe | >67% |
| | FeO | <1.0% |
| | $SiO_2+Al_2O_3$ | <3.0% |
| | $K_2O+Na_2O$ | <0.2% |
| | $TiO_2$ | <0.5% |
| | Zn | <0.02% |

续表 6-1

| 项 目 | 质 量 指 标 | |
|---|---|---|
| 物理性能 | +16 mm | <5.0% |
| | -10 mm | <15.0% |
| | -6.3 mm | <1.5% |
| | 转鼓指数 | ≥93.0% |
| | 抗压强度 | ≥2500 N/个球 |
| 冶金性能 | 还原性指数 | ≥4% |
| | 还原膨胀指数 | <15% |
| | 低温还原粉化指数 $LTD_{+6.3}$ | ≥80% |
| | 低温还原粉化指数 $LTD_{-3.15}$ | ≤10% |

## 6.2 原燃料

优良、合理的原料条件是生产优质氢冶金球团矿的必要条件。生产氢冶金球团矿所使用的原料主要包括铁精粉、添加剂和燃料，其中铁精粉是主料，添加剂和燃料是辅料。

### 6.2.1 铁精粉

铁精粉作为生产氢冶金球团矿的主料，其理化性能在很大程度上直接决定着球团矿的质量。试验研究与生产实践一致表明，铁精矿粉具有合适的粒度、合理而稳定的化学成分和适合造球的自然属性是生产优质氢冶金球团矿的三个重要因素。

#### 6.2.1.1 铁精粉粒度

铁精粉粒度是影响造球的决定性因素，无论使用什么种类的铁精粉，必须有一定的粒度要求。铁精粉应具有足够小的粒度和合适的粒度组成。粒度小、组成不均匀的物料成球性好，生球长大快，生球强度高。这是因为粒度细小的矿粉比表面积大，粒度组成不均匀，小颗粒嵌入大颗粒间的空隙中，颗粒排列紧密，毛细管直径小，有利提高毛细水的迁移速度，增强颗粒间的分子黏结力、毛细黏结力和内摩擦力。各种铁精粉都有适宜的造球粒度，铁精粉的粒度上限不应超过 0.2 mm，磁铁精粉的-0.074 mm（-200 目）含量应大于 80%，赤铁精粉的-0.074 mm（-200 目）含量应大于 70%。但铁精粉并不是越细越好，铁精粉的粒度越细，虽然能使毛细力增大，但随着毛细管径变小，会使成球过程中毛细水的迁移速度降低，导致成球速度降低，造球时间延长。同时，铁精粉粒度过细，会增加生球干燥脱水难度，使干燥工艺复杂化。对于粒度较粗的铁精粉，为保证造球质量，需要再磨加工处理。此外，保持铁精粉粒度组成的稳定性，有利于稳定造球操作和生球质量。

铁精粉细度的表示方法，除了粒度组成法以外，通常还采用比表面积法，比表面积法较粒度组成法能更好地反映铁精粉的成球性能。适宜造球的铁精粉比表面积一般控制在 1300~2100 $cm^2/g$。需要说明的是，粒度与比表面积并不成直线关系。

6.2.1.2 铁精粉水分

水是影响造球的重要因素。水在细磨物料中可以不同的形式存在，影响成球过程的主要是分子结合水和自由水，即吸附水、薄膜水、毛细水和重力水。干燥的细磨物料在造球过程中被水润湿，首先吸着吸附水、薄膜水，然后吸着毛细水和重力水[2]。

原料的湿度对造球影响甚大，水分的变化影响生球粒度和质量，关系到造球机能否正常运行，水分的调控是造球过程中的关键环节。若造球物料水分不足，在成球初期，矿粒之间的毛细水分不足，矿粒间的间隙就会被空气填充，颗粒之间结合得非常脆弱，而且生球成球很慢。对于水分不足的物料，可在造球时加以补充。若造球物料水分含量过高，尽管开始成球较快，但易造成母球互相黏结变形，使生球粒度分布不均匀。此外，过湿的物料和过湿的母球，易粘在造球机上，增加操作困难，严重时会使母球失去滚动能力，甚至造成造球机负荷过重而引起断轴和烧坏马达等事故。过湿原料生产的过湿生球，其强度极低，不仅不利于运输，而且过多的水分也给干燥作业带来困难。

造球的适宜水分值与铁精粉的物理性质（粒度、亲水性、密度、孔隙率等）、混合料组成、造球机生产率和成球条件等有关。造球的最适宜水分值波动范围很窄（$<\pm0.5\%$），最适宜水分值一般通过实验确定。通常磁铁矿和赤铁矿精粉造球的适宜水分值为 8%~10%，而同样粒度的褐铁矿精粉造球的适宜水分值较高，可达 17%。在实际生产中一般控制造球物料的水分值稍低于其最适宜水分值，以便在造球过程中能再补加一部分水分，从而实现对生球质量的灵活调控。

6.2.1.3 铁精粉化学成分

铁精粉化学成分对球团生产操作和球团矿质量都有直接影响，因此，铁精粉除了要有合适的粒度和水分外，还应具有合适的、稳定的化学成分。用于生产氢冶金球团的铁精粉，对其化学成分的要求概括地讲就是品位要高、脉石及其他杂质含量要低。品位高是指铁精粉的 TFe 含量一般不应低于 67%。脉石含量低是指要控制铁精粉中 $SiO_2$、CaO、MgO、$Al_2O_3$ 等脉石组分的总含量要低，尤其是其中的 $SiO_2$、$Al_2O_3$ 等酸性脉石成分的含量更是越低越好。杂质含量低是指 S、P、

$Na_2O$、$K_2O$ 等杂质的含量要低，这些杂质成分不仅对球团矿质量不利，而且对后续 DRI 产品应用于电炉冶炼也有负面影响。此外，成分的稳定性也是衡量铁精粉质量的一个重要指标，一般控制铁精粉 TFe、$SiO_2$ 的波动量分别为：$w(TFe) \leqslant \pm 0.5\%$、$w(SiO_2) \leqslant \pm 0.3\%$。一种竖炉氢冶金球团矿使用的铁精粉成分见表 6-2。氢冶金球团生产采用多种铁精粉时，通常通过配矿，对这些铁精粉的理化性能进行合理搭配，最终实现对造球混合料成分的合理控制。

**表 6-2 一种竖炉氢冶金球团矿所用铁精粉成分**（质量分数） （%）

| TFe | $SiO_2$ | CaO | MgO | $Al_2O_3$ | $TiO_2$ | S | MnO | 其他 |
|---|---|---|---|---|---|---|---|---|
| 70.42 | 0.94 | 0.03 | 0.16 | 0.45 | 0.19 | 0.01 | 0.17 | <0.1 |

6.2.1.4 铁精粉天然属性

在铁精粉的天然属性中，影响造球过程的主要是铁精粉颗粒的亲水性、表面特性和孔隙率。铁精粉颗粒的亲水性越高，固体颗粒被水润湿的能力越大，毛细水和薄膜水的含量就越高，毛细力就越大，受毛细力影响的毛细水的迁移速度也就越大，相应铁精粉的成球性就愈好。一般情况下铁精粉的亲水性按下列顺序呈递增趋势：磁铁矿→赤铁矿→菱铁矿→褐铁矿。脉石对铁精粉的亲水性有很大影响，甚至可能改变上述顺序。脉石矿物中，石英是主要成分，石英的吸水能力和黏结力较低，脉石含量较高的铁精粉，其颗粒表面光滑，颗粒间的摩擦力小，这些都会降低铁精粉的亲水性。采用亲水性较低的铁精粉，造球过程中需增加膨润土用量来改善成球性，并确保生球质量。脉石含量较高的铁精粉应加强细磨与精选，以进一步降低其脉石含量。

铁精粉颗粒的表面形貌也对成球性具有显著影响，尖角形的和不定形状的颗粒成球后多孔、松散而且强度不高。颗粒表面粗糙、凹凸不平，成球后机械结合力高、强度好。对于表面粗糙的针状和片状颗粒，具有较大的表面积，成球性好，在滚动过程中能相互嵌入，生球强度高。如颗粒呈球状、立方体状、多角状或星状共生体形，因表面积较小，所以成球性稍差，而且颗粒之间的接触面积小，表面又圆滑，颗粒之间的摩擦力也小，所以生球强度也差。褐铁矿颗粒表面粗糙呈针状，具有较大的接触面积，因而成球性较好。赤铁矿或磁铁矿颗粒多呈矩形或多角形且表面圆滑，所以成球性稍差。

铁精粉颗粒的孔隙率同样与其吸水性有很大的关系，孔隙率高的吸水性比较好，相应的成球性就好。

### 6.2.2 添加剂

添加剂是球团生产的关键原料，它虽然添加量少，对球团生产及球团矿质量却发挥着不可替代的作用。氢冶金球团矿添加剂分为无机添加剂和有机添加剂两大类。

#### 6.2.2.1 无机添加剂

氢冶金球团矿最常用的无机添加剂是膨润土、消石灰和石灰石粉[3]。酸性球团矿几乎全部采用膨润土作为添加剂，碱性球团矿则采用膨润土与消石灰、石灰石粉或消石灰和石灰石粉共同作为添加剂，消石灰和石灰石粉除了具有添结剂的作用还具有碱性熔剂的作用。

A 膨润土

膨润土也称皂土，是使用最广泛的无机黏结剂，它以蒙脱石为主要成分[4]。蒙脱石是一种具有膨胀性能、呈层状结构的含水铝硅酸盐。膨润土的 $SiO_2$ 含量为 60%~70%、$Al_2O_3$ 含量为 15%左右，另外还含有其他杂质，如 $Fe_2O_3$、$Na_2O$、$K_2O$ 等。根据层间阳离子的不同，膨润土主要分为钙基膨润土和钠基膨润土两种。自然界中膨润土主要以钙基膨润土的形式存在，一般来说钙基膨润土膨胀能力较差，且在水溶液中黏度也较小。而钠基膨润土则具有更好的黏结性能，因此常对钙基膨润土进行人工钠化处理。

膨润土的主要作用是提高生球强度、调剂原料水分、稳定造球作业，提高物料的成核率和降低生球长大速度，使生球粒度小而均匀。同时，膨润土还能提高生球的热稳定性，提高生球的爆裂温度和干燥速度，还可提高干球强度。

为了保持膨润土的活性，膨润土的加工干燥温度应不超过 150 ℃。一般对膨润土的技术要求为：蒙脱石含量大于 60%，吸水率（2 h）大于 120%，膨胀倍数大于 12 倍，-0.074 mm（-200 目）粒级占比大于 99%，水分值小于 10%。国外球团矿的膨润土添加量通常为混合料的 0.5%~1.0%，国内由于铁精粉粒度较大而膨润土用量较多，一般占混合料的 1.0%~1.5%。膨润土的主要成分为 $SiO_2$ 和 $Al_2O_3$，每增加 1%的膨润土用量，球团矿矿品位降低 0.4%~0.6%，在确保球团矿质量的前提下应尽量减少配加量。

B 消石灰和石灰石粉

消石灰和石灰石粉既是添结剂，又是碱性熔剂，主要在生产碱性球团矿时使用。消石灰和石灰石粉都具有一定的黏性，可代替一部分膨润土造球，有利于球团矿降低 $SiO_2$ 含量。

消石灰是生石灰加水消化后形成的氢氧化钙，它具有粒度细、比表面积大、亲水性好及天然胶结能力强的特点。消石灰加入量过多时，由于物料的堆密度减小，毛细水迁移速度降低，成球速度减慢。消石灰黏性好，用量过多时，母球易于聚结，往往导致生球表面出现棱角。造球使用时，要注意确保生石灰充分消化和水分稳定，否则对造球和球团矿质量有负面影响。

石灰石粉也是一种亲水性较强的添加剂，其颗粒表面粗糙，能增加生球内颗粒间的摩擦力，有利提高生球强度。石灰石粉堆密度比消石灰大，但黏结力不如消石灰。在处理过湿原料时，采用石灰石粉可起到降低原料水分的作用。球团矿添加的石灰石粉，其-0.074 mm（-200 目）粒级比例应达到90%以上。采用消石灰或消石灰和石灰石粉的混合物作为碱性球团矿添加剂是比较合理的，既可提高生球和干球的强度，又可提高生球的热稳定性。

6.2.2.2 有机添加剂

由于膨润土的 $SiO_2$ 含量较高，随其添加量增加会使球团矿品位下降，寻找新型黏结剂代替膨润土，早已成为国内外共同瞩目的问题。有机黏结剂比传统的无机黏结剂具有用量小、带入有害杂质少等优点，常用的有机黏结剂主要有羧甲基纤维素钠（又称 CMC）、海藻酸钠（又称褐藻酸钠）、聚丙烯酰胺及其共聚物、KLP 球团黏结剂、WKD 系列黏结剂等。

无机黏结剂膨润土与有机黏结剂相配合形成的复合黏结剂，同时具有无机黏结剂和有机黏结剂的特点，目前在球团矿制造行业中广泛使用，并取得了较好的效果。此外，目前国内竖炉氢冶金尚处于起步发展阶段，所用球团矿全部为酸性球团矿，随着竖炉氢冶金技术的发展，未来可能会开发适合氢冶金的碱性球团品种，到那时消石灰或石灰石粉将会作为添加剂被应用到氢冶金球团矿的生产中。

### 6.2.3 燃料

燃料在球团矿生产工艺中起发热剂的作用。球团矿生产所需燃料分为气体燃料、液体燃料和固体燃料三大类，其中气体燃料主要是焦炉煤气、高炉煤气、混合气（焦炉煤气+高炉煤气）、天然气等，液体燃料主要是柴油、重油等，固体燃料主要是煤粉、焦炭（含半焦）。球团矿生产选择燃料的原则是与所选工艺相匹配、价廉质优、来源广泛、易于调节、发热量高、有害杂质少。在我国，球团矿生产用的燃料主要是气体燃料和固体燃料，液体燃料用得比较少。气体燃料以焦炉煤气、高炉煤气和天然气为主，固体燃料则主要是煤粉。燃料种类和质量对球团矿质量、产量和生产工艺过程有直接影响，选择燃料应注意如下要求：

（1）燃烧性要适宜。燃烧性是指燃料与氧在一定条件下的反应速度，反应速度越快，则燃烧性越高。在球团矿焙烧过程中若燃烧速度明显快于传热速度，则高温作用时间短，易造成“欠烧”；反之，传热速度显著大于燃烧速度，则焙烧温度降低，同样影响球团矿的质量。为使燃烧速度与传热速度有一个良好配合，要求燃料要有适宜的燃烧性。

（2）发热值要高。燃料中可燃性碳、氢及其化合物多，则灰分就少，发热值就高。使用高热值燃料，可提高气体燃烧产物中自由氧含量，有利于球团矿的氧化固结，并有利于改善球团矿的冶金性能。

（3）灰分含量少且灰熔点温度高。气体燃料和液体燃料的灰分含量都很少，而固体燃料的灰分则比较高。固体燃料灰分的主要成分是矿物质，灰分高，则发热值相对较低，而且焙烧时灰分易与含铁物料形成低熔点化合物，易发生黏结现象，严重时会影响正常生产。灰熔点温度是指部分灰分熔融生成一定数量液相时的温度，固体燃料的灰分应具有较高的灰熔点温度，以防止出现黏结现象。

（4）硫含量要低。在球团矿生产过程中，燃料中的硫通过燃烧反应（或分解反应）生成 $SO_2$ 进入气相，在低温段（尤其是干燥段）被球团矿吸收，会导致球团矿硫含量升高。此外，碱性球团矿易吸收烟气中的硫，有较强的固硫作用。要获得低硫球团矿，应使用硫含量低的燃料。

（5）其他要求。当回转窑以煤为燃料时，希望煤具有较高的挥发分，以形成长焰燃烧，实现沿回转窑长度方向均匀加热；生产碱性球团矿时，应尽量不要采用煤粉作燃料，因为碱性球团矿易出现液态渣相，煤粉中的灰分会与液态渣相混合黏结在一起，对于链箅机-回转窑工艺易形成结圈，对于带式焙烧机工艺易形成结块，都会严重影响正常生产；带式焙烧机采用气体燃料时需选用焦炉煤气、天然气等高热值煤气。

## 6.3 球团矿的生产工艺流程

氢冶金球团矿的生产是将高品位铁精粉进行造块的一个加工过程。在此过程中，先将铁精粉与添加剂按一定比例进行配料、混匀，然后造成具有一定粒度尺寸的小球，最后经特定的工序和设备进行干燥、预热、焙烧和冷却，使其发生一系列的物理化学反应而硬化固结，生成具有合适的化学成分和优良冶金性能的球团矿，以满足氢冶金竖炉直接还原的需要。

球团矿制备目前主要有三种工艺，即竖炉、链箅机-回转窑、带式焙烧机。竖炉工艺因单体装备产能低、能耗高、球团矿质量不稳定，已呈逐步被淘汰的趋势。不管是哪种球团矿生产工艺，其基本生产工艺流程是相近的，都需要经过原料准备、配料、混合、造球、焙烧等工艺流程后才能制造出成品球团矿。球团矿生产的一般工艺流程如图 6-1 所示。竖炉氢冶金在国内属于新兴工艺技术，其所用球团矿多采用链箅机-回转窑或带式焙烧机生产。

### 6.3.1 原料准备

生产氢冶金球团矿所需入厂原料的理化性能不可避免地会存在波动，有时甚至会达不到使用的要求。为了使球团矿生产过程的顺利进行，并达到优质、高产、低耗的目的，需要对部分原料进行必要的准备处理。造球原料的准备处理主要包括细磨、润磨、干燥和混匀。

#### 6.3.1.1 细磨

用于球团矿生产的铁精粉有一定的粒度要求，一般国外球团厂要求-0.043 mm（-325 目）粒级比例达到 70%以上或-0.074 mm（-200 目）粒级比例达到 90%

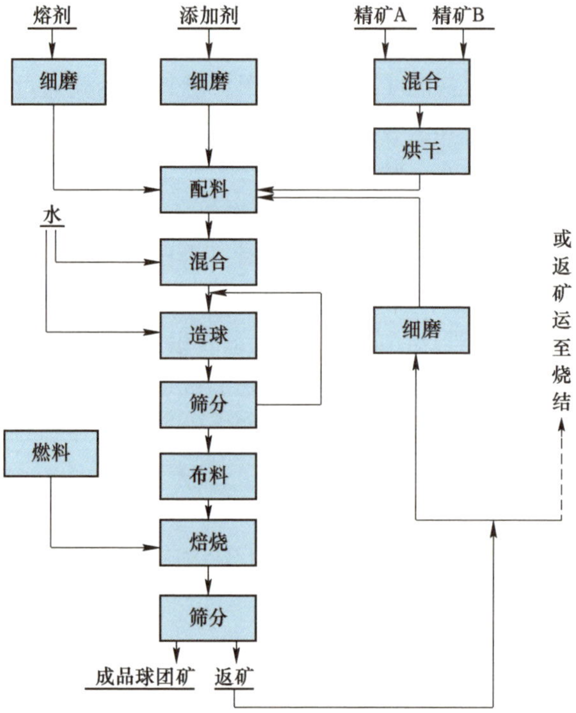


图 6-1　球团矿生产的一般工艺流程示意图

以上，国内球团厂则要求-0.074 mm（-200 目）粒级比例达到 70%～80%以上[5]。如进厂铁精粉的粒度较粗，达不到要求，就需要进一步细磨，又称再磨。国外球团厂很重视铁精粉的再磨，国内近些年也有很多球团企业增设了再磨工艺，这不仅有利于改善铁精粉的粒度组成，而且也有利于扩大铁精粉的资源范围、降低配矿成本。

再磨工艺按磨矿原料的干、湿可分为干磨和湿磨，按磨矿过程有无分级又可分为开路模式和闭路模式，如果综合两种分类则又可细分为下列四种磨矿方式：干式开路磨矿、干式闭路磨矿、湿式开路磨矿、湿式闭路磨矿。湿式开路磨矿工艺流程和干式闭路磨矿工艺流程分别如图 6-2 和图 6-3 所示。湿磨工艺是将粗粒铁精粉加水，在开路或闭路的磨矿系统中磨至造球所需的粒度，磨后的矿浆经过过滤机脱水，并用干燥机干燥至适于造球的水分，然后送去造球。湿磨工艺通常采用的设备有球磨机、分级机、过滤机和圆筒干燥机等。湿磨后矿浆中铁精粉的粒度很细，过滤产品的水分难以达到造球要求，而且磨矿介质（钢球）磨蚀量较大导致成本增加，所以有不少球团厂选用干磨工艺。干磨工艺是矿粉在入磨前要先进行干燥（干燥到水分小于 1%，甚至更低），干式磨矿工艺除了细磨铁矿粉外，还常将石灰石、球团返矿等按规定的比例加入磨机一起进行细磨（膨润土、消石灰一般不进行细磨)，在磨矿的同时还起到了初步混匀的作用，有利于改善造球物料的均匀性和成球性。

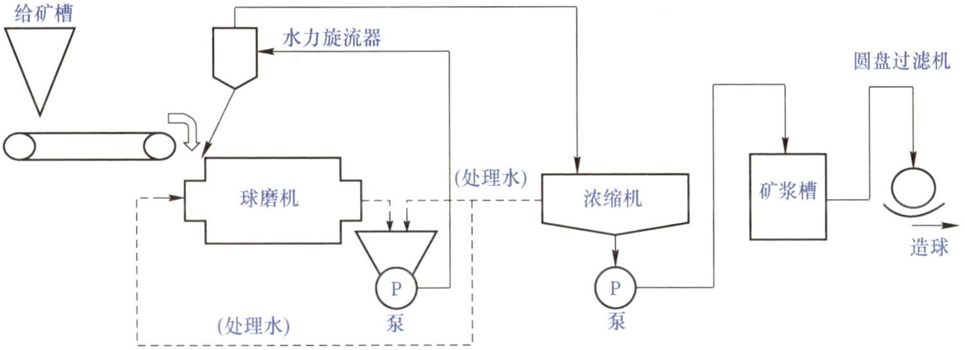


图 6-2 湿式开路磨矿工艺流程

┄ 表示风流；— 表示料流

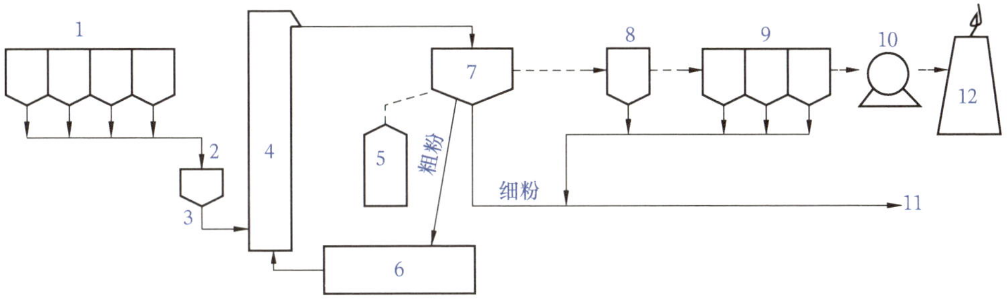


图 6-3 干式闭路磨矿工艺流程

┄ 表示风流；— 表示料流

1—原料槽；2—磨机给料槽；3—球磨机给料机；4—斗式提升机；5—热风炉；6—球磨机；7—风力分级机；8—多管旋风除尘器；9—电除尘器；10—电除尘风机；11—至料仓；12—烟囱

湿磨工艺的优点是投资少，动力消耗较低，灰尘少；缺点是磨矿介质磨损较大，磨矿后要脱水才能达到造球需要的适宜水分值。干磨工艺的优点是磨矿介质消耗少，产品不需脱水处理；缺点是耗电量高，矿石需经预先干燥，灰尘大，需要配置较大的除尘系统。

选用湿磨工艺还是干磨工艺通常主要取决于原料的过滤性，一般而言，磁铁矿精粉过滤性好，宜采用湿磨。赤铁矿、褐铁矿、天然富矿粉等过滤性较差，大多采用干磨。

6.3.1.2 润磨

润湿磨矿工艺，简称润磨，它是介于湿磨和干磨之间的一种新的磨矿工艺，是将待磨原料在接近造球所需水分的状态（即润湿状态）下，在润磨机中进行磨矿和混碾[6]。常用润磨设备有球式润磨机和高压辊磨，球式润磨机示意图如图6-4所示，高压辊磨的生产流程及工作原理如图6-5所示[3-5]。

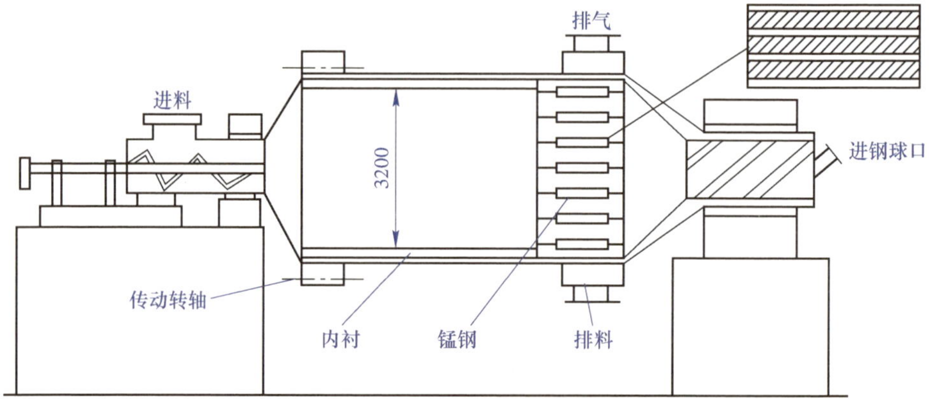


图6-4 球式润磨机示意图

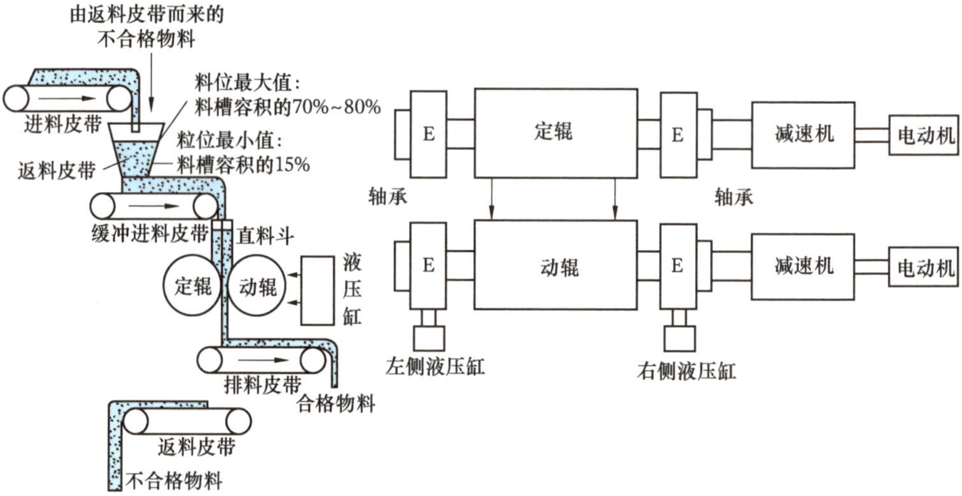


图6-5 高压辊磨的生产流程及工作原理

造球混合料实施润磨可以达到以下目的[7]：提高混合料的细度，使混合料粒度及粒度组成趋于合理；增加矿物的晶格缺陷，增大矿物的表面活性；物料在润磨过程中，通过被搓揉、挤压，塑性增大；使矿物颗粒紧密接触，增大颗粒之间的附着力，使粗颗粒能被包裹进球团矿内部。

造球混合料润磨应注意以下事项：混合料润磨不是磨矿，它对降低铁精矿粒度的作用不如干磨或湿磨，粒度太大的物料不宜润磨，这些物料容易成母球，对造球不利；润磨一般会降低生球爆裂温度，球团原料不同，降低幅度不同，一般降低 100 ℃左右，高的可降低 150~200 ℃；随润磨时间延长，爆裂温度降低，因此混合料润磨时间不宜长，生产上一般润磨 4~5 min 较适宜；混合料水分不宜过大，水分过大，润磨机出料困难，物料进入润磨机的水分值应不超过 7.5%；混合料部分润磨不可取，润磨前需进行分料，润磨后还需再混料，工艺操作复杂，而且润磨混合料的比例小于 50%时，润磨效果不明显；对于球式润磨机，介质（钢球）充填率对出料粒度影响很大，充填率高时出料粒度细，反之出料粒度粗。实际生产中，可把充填率作为调整润磨机产量的主要手段。

高压辊磨机俗称辊压机，20 世纪 90 年代初开始应用于钢铁行业的球团原料处理，因使用效果显著，迅速得到推广普及，现几乎已成新建球团产线的标配装备。高压辊磨与传统球式润磨机比较，节能 20%~50%，可明显改善球团原料的成球性和预热焙烧性能，且处理能力大（可达到 700 t/h 以上）。高压辊磨工艺可有效改善原料的颗粒形貌和粒度组成，使得颗粒在成球过程中堆积更加紧密，从而可显著提高球团矿的固结强度。高压辊磨作为一种机械活化装置，能够将一部分机械能转化为自由能，通过物料结构的破坏如非晶化实现物料颗粒表面积、晶粒大小、晶粒强度以及相位的转变，可形成大量晶格缺陷，从而增强物料的表面活性，降低了反应活化能，促进了焙烧过程中的质点迁移和连接键的形成。这些对提高造球物料的成球性、提高成品球团矿的冶金性能都是极其有利的[8]。

通常通过对比造球物料润磨前后的粒级、密度和比表面积来评价润磨的效果。

6.3.1.3 干燥

造球原料最佳水分与物料的物理性质（粒度、密度、亲水性、颗粒孔隙率等）、造球机生产率、成球条件等有关，一般磁铁矿、赤铁矿适宜水分值为 8%~10%，黄铁矿烧渣、焙烧磁选精矿适宜水分值为 12%~15%；褐铁矿适宜水分值可达 17.0%[9]。造球前原料适宜水分值应控制低于最佳成球水分 2%~3%。

铁精粉水分值如果大于适宜的造球水分值则需要进行干燥。采用仓库储存自然干燥效果差、占地面积大、不环保，现已很少使用。目前铁精粉干燥主要采用圆筒干燥机，其示意图如图 6-6 所示，它干燥效果好，处理能力大，环境影响小，但干燥中易成球或结块需再破碎。圆筒干燥机有直接作用式和间接作用式，直接作用式就是使热风与被干燥物料直接接触，间接作用式被干燥物料与热风不直接接触，球团生产中干燥铁精粉几乎全部采用直接接触式。直接接触式按物料流向与干燥气流向又可分为顺流式与逆流式。顺流式即物料流向与干燥气流向相同，逆流式即物料流向与干燥气流向相反。对于要求最终水分含量较低的物料干燥，一般多采用逆流式。圆筒干燥机热源是其他工序热废气或燃烧产生的热烟气。铁精粉进入筒体后，被扬料板反复抛起形成料幕，在重力和回转作用下流向后端，并与进入筒体内的热气流进行热交换，物料经反复扬撒，所含水分逐渐被烘干。烘干物料在带有倾斜度的抄板和热气流的作用下，运动到干燥机另一端排出。

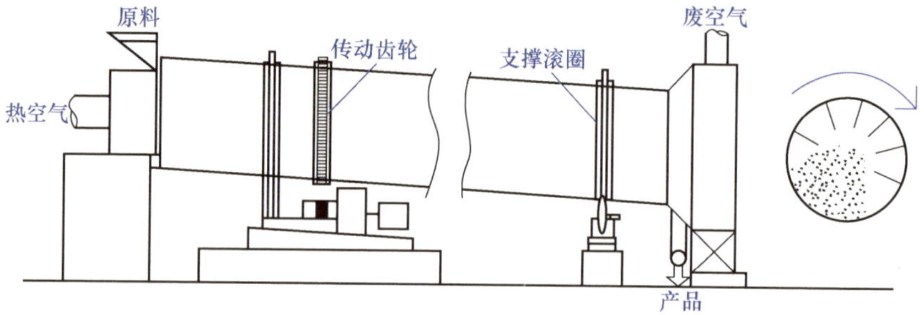


图 6-6 圆筒干燥机示意图

6.3.1.4 混匀

生产球团的混合料中往往有多种铁精粉、添加剂，通过混匀可使混合料成分、性能更加均匀，有利造球过程控制，可确保制得的成品球团矿成分稳定、组织和粒度均匀、冶金性能优良。对配加量比较少的添加剂而言，混匀更是保证其发挥重要作用的关键。因此，混匀是球团生产不可或缺的重要环节。

物料的黏结性大、水分含量高，容易成团，分散性差，对混匀不利。物料的粒度差别大，混合时容易产生偏析，也难以混匀。混合料中各原料的密度相差太大会影响物料间的穿插混杂，也不利混匀。

在应用高压辊磨机的球团生产中，一般都在其后配置混合机，用以对铁精粉与黏结剂的混合。另外，生产熔剂性球团矿时，因对混合料的混匀效果要求比较高，也需配置高效混合机。我国球团生产使用的混合设备主要有轮式混合机、单轴搅拌机、双轴搅拌机和圆筒混合机等，其中圆筒混合机使用较为广泛。

圆筒混合机的混匀效果受多种因素的影响。圆筒混合机安装的倾角大小，决定了物料在混合机中的停留时间，倾角越大，物料混合的时间越短，混匀效果越差。如果倾角太小，混合机的产量会受到影响，且容易造成积料，也会影响混匀效果。圆筒混合机的倾角一般控制在 2.5°~4.0°。增加圆筒混合机的长度等于增加了物料在圆筒内的停留时间，有利于提高混匀效果。圆筒混合机的转速决定着物料在筒体内的运动状态，转速太小，筒体产生的离心力较小，物料不能被带到一定的高度，易形成堆积状态，混匀效果差；转速过大，筒体所产生的离心力太大，会使物料紧贴于筒壁上而完全失去混匀作用。圆筒混合机的转速通常按临界转速控制，合理的圆筒转速通常控制为临界转速的 0.2~0.3。圆筒混合机的临界转速（r/min）计算公式为：

$$n_{临} = \frac{30}{\pi}\sqrt{\frac{g}{R}} \quad (R\text{为圆筒半径}) \tag{6-1}$$

圆筒混合机内的物料充填率对混匀效果影响也较大，充填率增大，在混匀时间不变时，能提高产量。充填率过大，由于料层增厚，物料在筒体内的运动受到阻碍和限制，甚至遭到破坏，反而对混匀不利；充填率过小，生产效率低，物料间的相互作用小，对混匀也不利。一般圆筒混合机的充填率控制在10%～15%比较合适。将多个圆筒混合机串在一起多级使用，在一定程度上有利改善混匀效果。

圆筒混合机虽有很多优点，但它设备体积大，在混合的同时还产生了制粒过程，降低了混匀效果。在原料水分较大或有干、湿配合料的情况下，筒壁上易形成粘料，而且对于膨润土等配加量较少的物料，实现混匀是比较困难的。

为了进一步提高混匀效果，国外研制了一些新型的高效混合设备，目前主要有强力型圆筒搅拌机、双轴轮碾机和螺旋搅拌机等。国内有些球团厂也引进了这些新型混合设备，其中使用最多的是强力型圆筒混合机。

强力型圆筒混合机在国内一般简称为强力混合机，实践证明，它是一种高效混合设备，已成为球团生产中必不可少的装备。强力混合机有多种类型，以卧式强力混合机（见图6-7）为例简单介绍其构造。强力混合机有一个水平安装的固定卧式圆筒，圆筒内有一根很大的转轴，轴装设在外侧承重轴承上，轴上安装有若干不同角度、专门设计的搅拌齿耙，齿耙随着转轴高速转动。动力由电动机传到混合机轴上，电动机通过液压联轴节与减速机直接相连[2-5]。

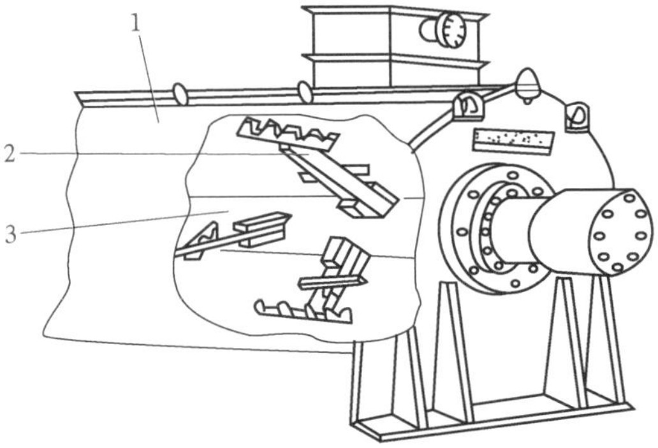


图6-7　卧式强力混合机

1—固定圆筒；2—犁型搅拌齿耙；3—转轴

搅拌齿耙是强力混合机的关键部件，它采用特殊设计，为犁型混合耙，既具有搅拌作用，又可为物料的前进提供动力。强力混合机的主轴与卧式圆筒体之间采用气封装置，可防止漏灰，减缓磨损。

强力混合机混合作业时，精矿粉与添加剂通过混合机一端的上部入口连续进入混合机，受到高速齿耙的强力搅动，产生剧烈搅动，将细粒物料猛烈地撒抛起来，投向筒壁后又反弹回来，与其他颗粒交叉往来，这样物料在筒体内相互交织运动，形成一种物料颗粒与空气紊动状态的混合物。交叉颗粒的这种抛射和旋涡运动，使各个颗粒都能与添加剂或水相接触，使添加剂分布良好，水分彻底吸附，形成均匀的混合物，物料在连续搅拌返混过程中，向排料端前进，通过排料口排出。

强力混合机与其他混合机比较，它的混匀和湿润物料的时间短，处理能力大；膨润土分布均匀，可减少膨润土用量而不降低生球质量；干球强度提高，其落下强度高于用其他混匀方法的落下强度；水分分布均匀，使生球粒度均匀，可减少结块、返料，有利球团提产。强力混合机的缺点是电耗高，在混料能力相近的情况下，其电耗明显高于圆筒混合机。

### 6.3.2 配矿

配矿是球团生产的关键环节，它决定了球团矿的成分组成，也影响着球团生产操作和成品球团矿的冶金性能。为获得化学成分稳定、机械强度高、冶金性能好的氢冶金球团矿，必须对各种铁精矿和黏结剂进行合理、精确的配矿。与烧结生产相比，球团使用的原料种类通常比较少，球团配矿比烧结相对简单。

球团配矿前必须掌握各种原料的化学成分、物理性能、库存和供应情况，还要了解配料设备的能力、成品球团矿的质量要求等。现在球团配矿基本上都采取集中配矿的方式，即各种准备好的球团原料全部集中到配料室，分别储存在各自的配料仓内，然后根据不同配比进行配矿。集中配矿操作简便，配矿准确，配合料成分稳定，球团矿质量易于控制，而且配矿设备简捷，作业率高，运输距离短，便于管理，易于调整，有利于实现配料自动化。配矿方法现在基本都采用质量法，可借助电子皮带秤（或核子秤）和定量给料自动调节系统实现自动化配矿。

影响配矿作业的因素主要有：物料水分影响，高水分物料易在矿槽内产生棚料、悬料或崩料现象，破坏配矿的连续性和准确性；物料的物理性质和化学成分波动，这不仅会影响生产过程控制，还会造成成品球团矿的成分和冶金性能出现波动；矿槽槽位的影响，圆盘给料是借助摩擦力、离心力和机械作用力来完成的，摩擦力大小与料柱的正压力成正比例关系，矿槽槽位波动较大会破坏圆盘给料的均匀性；设备性能的影响，主要涉及给料均匀性、运转稳定性、称量准确性、衔接匹配性等；人为因素的影响，主要是配矿计算是否准确合理，配矿操作有无失误，是否有混料、断料现象，取制试样是否规范和具有代表性、检化验是否准确等。在实际生产中，要针对上述影响因素，制定具体的技术措施和管理措施，以确保合理、精确、稳定配矿。

氢冶金球团配矿应遵循以下原则：（1）资源符合性原则，配矿要立足于自身资源条件；（2）成分合理原则，满足成品球团矿对成分的要求；（3）合理搭配原则，通过配矿物料的合理搭配，实现造球物料理化性能的优势互补；（4）成本最低原则，最大限度降低配矿成本；（5）结构稳定性原则，通过稳定配矿结构，稳定生产操作，稳定球团矿质量。

### 6.3.3 造球

造球是球团生产流程中的一个关键环节，它不仅是前面各工序（再磨、润磨、配矿、混匀）所做工作效果的综合体现，而且在很大程度上也直接影响着球团矿的焙烧操作及成品球团矿的质量。

#### 6.3.3.1 水分对造球的作用

干燥的细磨物料不可能滚动成球，水分不足或水分太多都会影响造球的效率和生球的质量，水分对造球起着至关重要的作用[2-5,10]。细磨物料被水润湿的过程中，水分以四种状态存在，即吸附水、薄膜水、毛细水和重力水。

（1）吸附水。干燥的细磨造球物料在自然条件下会吸收大气中的气态水分子，这种被细磨物料颗粒表面强大电分子力所吸引的水称为吸附水。吸附水的性质和自由水的性质完全不同，吸附水被电分子力牢固地保持着，使它具有非常大的黏滞度、弹性和抗剪强度，它不能自由移动，也不能从一个颗粒直接转移到另一个颗粒，只有在颗粒被烘干时才能变为水蒸气。因此，一般认为粉料中仅存在吸附水时成球过程尚未开始。

（2）薄膜水。造球物料颗粒达到饱和吸附水后，其表面尚存在剩余的电分子力，再进一步润湿粉料，在吸附水周围便形成薄膜水，薄膜水和颗粒表面的结合力比吸附水和颗粒表面的结合力弱得多，其水分子具有较大的活动自由。薄膜水的主要特征是在分子力的作用下具有从一个粒子迁移到另一个粒子的能力。薄膜水由于受到电分子引力的吸引，仍具有比普通水更大的黏滞性。矿粒间距越小，薄膜水的黏滞性越大，矿粒就越不容易发生相对移动，对生球来说，生球的强度就越高。薄膜水厚度变大，矿粒便易于相对移动，因此，薄膜水厚度的变化会影响细磨物料的物理性质（如成球性、压缩性、可塑性等），也会影响生球的机械强度。

吸附水和薄膜水合称分子水，在力学上可看作是颗粒的外壳，在外力作用下和颗粒一起变形，并且分子水膜使颗粒彼此黏结，这就是细磨物料成球后具有强度的原因之一。分子水对提高生球的强度有决定性影响。当物料达到最大分子水后，细磨物料在外力（搓揉）作用下表现出塑性性质，在造球机中成球过程才明显开始。

（3）毛细水。当细磨物料继续被润湿到超过最大分子结合水分时，粉料中形成毛细水，它是不受矿粒表面电分子引力作用的水分。粉料中彼此相通的空隙形成了毛细管，毛细水的形成是依靠表面张力的作用。毛细水的结合强度视物料的亲水性和毛细管的直径而定。

毛细水能够在毛细压的作用下、在引起毛细管形状和尺寸改变的外力作用下发生较快的迁移，物料的表面越亲水，毛细水的迁移速度就越大。在成球的过程中，毛细水起着主导的作用，物料的成球速度就决定于毛细水的迁移速度。毛细力将水滴周围的颗粒拉向水滴的中心形成了小球粒，当物料润湿到毛细水阶段时，物料的成球过程才获得充足的发展。

（4）重力水。当细磨物料达到最大毛细水容量后，继续润湿还可以出现重力水。重力水是处于矿粒的电分子力和毛细力影响之外的水，它是能在重力及压力差的作用下发生移动的自由水，由于重力的方向总是朝下的，所以它具有向下运行的性能。重力水对矿粒具有浮力，它在成球过程中起着有害的作用。造球过程中应将水分控制在毛细水含量的范围内，要尽量避免产生重力水。

吸附水、薄膜水、毛细水、重力水的总含量称为全水量。不同形态的水分对造球过程起着不同的作用，对造球起决定性作用的是毛细水和分子水，毛细水形成的毛细力将矿粉颗粒拉向水滴，使球团快速长大，而分子水能将矿石颗粒黏附在一起。毛细水在形成生球的过程中起主要作用，而分子水则决定着生球的机械强度。

6.3.3.2 造球机理

造球是加工准备后的造球料在造球设备中被水湿润，借助机械力的作用而滚动成球的过程。在球团生产中，造球料连续加到造球机中，母球在造球机中不断地滚动而被压密，引起毛细管形状和尺寸的改变，从而使过剩的毛细水被迁移到母球表面，潮湿的母球在滚动中很容易粘上一层润湿程度较低的造球料。经滚动和再压密，表面不断粘上造球料，如此反复多次，母球不断长大，一直到母球中的摩擦力比滚动时的机械压密作用力大为止。如果要使母球再继续长大，必须人为地润湿母球的表面，即向母球表面喷水。母球长大应满足以下 3 个条件[11]：机械外力的作用，使母球滚动黏附料层和压密；有润湿程度较低的物料，能黏附在过湿的母球表面；母球表面必须有过湿层，必要时可通过喷水实现。

造球过程分为三个阶段，即母球形成、母球长大、生球密实[2-5]，三个阶段都是在加水润湿和用滚动的方法产生机械作用力的条件下实现的。

（1）母球形成。母球实质上是毛细水分含量较高的紧密的颗粒集合体，形成母球有两种方法：一种方法是利用机械外力作用于造球物料层的个别部分，使该部分颗粒之间接触更加紧密，同时形成毛细管；另一种方法是对造球物料层进行不均匀的点滴润湿。实际生产中同时利用这两种方法生成母球，即物料在旋转的造球机中受到重力、离心力和摩擦力的作用而产生滚动和搓动，同时补充滴状水润湿。

(2) 母球长大。第一阶段形成的母球在造球机内继续滚动，母球在被进一步压实、压密的情况下，引起毛细管形状和尺寸的改变，过剩的毛细水被挤到了母球表面。过湿的母球表面，在滚动过程中很容易粘上一层润湿程度较低的颗粒，从而使生球长大。这种长大过程是多次重复的，一直到母球中颗粒间的摩擦力比滚动成型时的机械压密作用力大时为止。此后，如要母球继续长大，需要对母球表面进行润湿，即往母球表面喷撒雾状水。

母球是依靠毛细力和分子黏结力促使母球长大的，其中毛细力起主导作用。

(3) 生球密实。生球长大到一定尺寸将进入密实阶段，使生球密实是增加其机械强度所必需的。在密实阶段应该停止润湿，让生球中挤出来的多余水分被未充分润湿的造球物料吸收。造球机机械力作用所产生的滚动和搓动效应使生球内的颗粒按接触面积最大发生选择性排列，使生球内的物料颗粒被压紧、压实，并进一步排出毛细水，使薄膜水层互相接触。薄膜水沿颗粒表面迁移，会促使一个为几个颗粒共有的总的薄膜水层形成。这样制得的生球，内部颗粒依靠分子力、毛细黏结力和内摩擦阻力相互结合，力的数值越大，生球的机械强度就越大。如果将全部毛细水由生球中排除，便得到机械强度最大的生球。

造球过程的三个阶段是为了分析问题而划分的，第一阶段母球生成，关键是润湿；第二阶段母球长大，是在润湿作用和机械作用双重作用下进行的；第三阶段生球密实，机械作用是决定因素。这三个阶段的论述从机理上揭示了造球的整个过程，对造球生产具有很好的指导意义。

#### 6.3.3.3 造球过程

造球物料是在造球机中完成造球作业的，造球机是球团厂的重要设备之一，它直接关系着球团矿的产量和质量。目前主要有三种造球机：圆筒造球机、圆盘造球机和圆锥造球机。圆筒造球机在国外多有应用，圆锥造球机只在美国少数球团厂应用，国内则基本上全部采用圆盘造球机。

造球混合物料经给料装置进入造球机后，随着洒水管的水滴落在物料上而产生聚集，由于受到离心力的作用，物料随造球机转动向上运动，当被带到一定高度后就滚落下来，这样就形成了母球。在造球机旋转带动下，母球不断地得到滚动和搓揉，使母球中的颗粒逐步密实，并把母球内的水分不断挤向表面，这时母球表面和周围的造球物料产生了一个湿度差，从而使造球物料不断地黏附在母球表面上，而使母球逐渐长大。长大的母球在不断地滚动、搓揉和挤压中变得紧密，其强度得到提高，达到一定粒度后被排出造球机外，经过筛分得到合格的生球。

#### 6.3.3.4 生球质量要求

为了确保球团焙烧过程的顺利进行及所生产的成品球团矿具有优良的理化性

能，需对生球质量提出要求。生球质量指标主要有落下强度、抗压强度、热爆裂温度、粒度组成和水分等五个方面，一般要求见表 6-3。

表 6-3　生球质量一般要求

| 水分/% | 粒度（8~16 mm）/% | 抗压强度/N·个$^{-1}$ | 落下强度/次·0.5 m$^{-1}$ | 爆裂温度/℃ | | |
|---|---|---|---|---|---|---|
| | | | | 竖炉 | 链箅机-回转窑 | 带式焙烧机 |
| 8~10 | ≥95 | ≥10 | ≥4 | ≥550 | ≥350 | ≥400 |

### 6.3.4　焙烧

合格生球经过布料设备布于链箅机或带式焙烧机上开始进行焙烧。焙烧是球团生产过程中最重要的环节之一，球团在焙烧过程中发生一系列复杂的物理化学反应，实现低价铁氧化物向高价铁氧化物的氧化转变，进行结晶和再结晶反应，使球团得到有效固结并具备良好的理化性能。球团的焙烧过程分为五个阶段：干燥、预热、焙烧、均热、冷却，球团矿固结主要是在预热、焙烧、均热三个阶段中进行的[2-5]。球团焙烧过程及对应温度如图 6-8 所示。

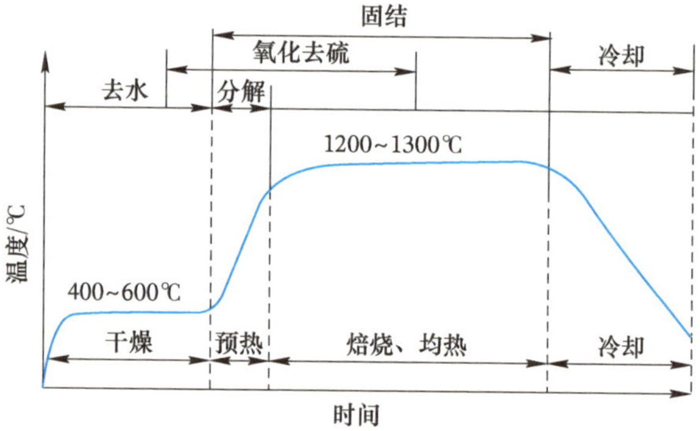


图 6-8　球团焙烧过程及对应温度

#### 6.3.4.1　干燥

生球干燥是为了使生球脱除水分并能够安全承受预热阶段的温度应力。如生球水分含量较高，一方面可导致生球塑性变形，另一方面在预热阶段容易产生裂纹或爆裂，因此，生球在进入预热和焙烧阶段之前必须预先进行干燥。

球团干燥方式可分为抽风干燥、鼓风干燥和交换流向的鼓风-抽风干燥方式。实际生产中多采用鼓风-抽风干燥方式，采用这种方式时先鼓风干燥，使下层的球蒸发掉一部分水分，并被加热到超过露点，然后再向下抽风干燥，就可避免水分的冷凝，使下层球团具有较大的抗压强度，提高球团的热稳定性。

根据生球的水分及表面温度随时间的变化情况，生球干燥分为三个阶段，即预热阶段、等速干燥阶段、降速干燥阶段，其中降速干燥阶段又分为降速干燥阶段 $VO_1$、降速干燥阶段 $VO_2$，如图 6-9 所示。

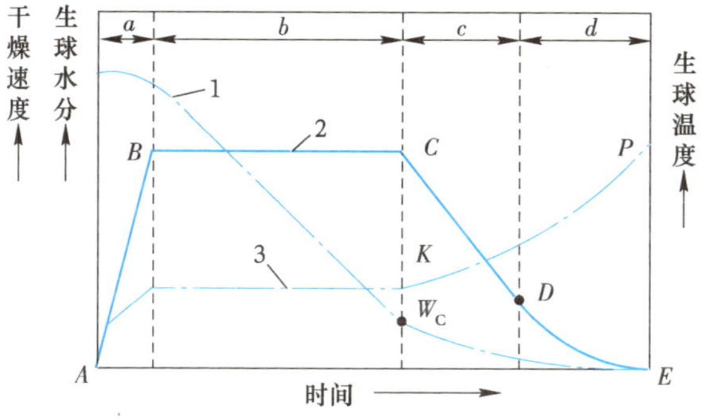


图 6-9 生球干燥过程示意图

*a*—预热阶段；*b*—等速干燥阶段；*c*—降速干燥阶段 $VO_1$；*d*—降速干燥阶段 $VO_2$

（1）预热阶段。生球被置于逐渐升温的空间并被加热，介质将热量传给生球，生球表面温度升高到一定值时水分便开始蒸发。本阶段物料接受的热量与用于蒸发水分的热量相等，干燥速度很快达到最大值。

（2）等速干燥阶段。生球开始干燥时表面有一层连续的水膜，随表面水分蒸发，生球内出现了湿度梯度，生球内部的水分在湿度梯度的作用下，通过毛细管扩散到生球表面（这就是所谓的湿传导），使生球表面保持其连续的水膜。生球在此阶段的干燥过程与自由液面蒸发实质上是一样的，也就是说干燥以恒定的速度进行。由于生球表面始终保持连续的水膜，生球所吸收的热量全部用于水分的蒸发，生球表面温度保持不变，并且等于热介质的湿球温度。

（3）降速干燥阶段。此阶段的特征是随着物料湿度的下降，物料的干燥速度不断降低（见图 6-9 中曲线 2 上的 *CD*、*DE*）。这是由于生球湿度逐渐减小而使其表面水蒸气分压下降，水分的内扩散速度也减小（随水分蒸发，毛细管收缩，水在毛细管内迁移阻力增加）的缘故。这一阶段是干燥过程由表面汽化控制逐步变为内部扩散控制的阶段，因用于蒸发水的热量消耗减少，使物料的温度不断上升（见图 6-9 中曲线 3 上的 *KP*），干燥介质与生球的温差缩小。生球表面达到平衡湿度（即干燥速度为零时的湿度）时，此阶段结束，干燥速度降低至零（见图 6-9 中曲线 2 上的点 *E*），生球停止脱水。

干燥过程由表面气化和内部扩散两个过程组成，干燥过程受速度小的过程控制，当内部扩散速度大于表面气化速度时为表面气化控制，当内部扩散速度小于表面气化速度时为内部扩散控制。

生球的干燥必须在生球不发生破裂的条件下进行，其干燥速度和干燥所需时间决定于干燥介质状态、生球理化性质和生球层高度等。

(1) 干燥介质状态主要指介质的温度、流速。介质温度越高，干燥速度越快，干燥时间越短，但介质温度必须低于生球的爆裂温度。介质流速大，干燥时间短，但介质流速过高会发生爆裂。提高介质流速时应适当降低介质温度，对于热稳定性差的生球往往采用大风低温的干燥制度。

(2) 生球理化性质主要是生球的湿度、生球粒度。生球湿度越大，干燥时间越长，而且生球初始湿度越高，生球的爆裂温度越低，这限制了介质温度和流速的提高，也就降低了干燥速度。生球粒度越大，干燥速度越慢，干燥时间越长，而且内部蒸汽往外迁移的阻力也增大，容易产生蒸气压过剩，使球团出现爆裂。生球粒度大与热介质换热面积小，热利用率低，也不经济。在质量允许的范围内，生球粒度越小越好。

(3) 生球层越高，抽风干燥时水蒸气在球层下部冷凝的现象越严重（鼓风干燥时，则在球层上部)，水分在生球表面冷凝会降低生球的爆裂温度。采用薄球层干燥，可提高介质温度和流速以加快干燥速度和缩短干燥时间。

爆裂温度是制约生球干燥的一个关键因素，需设法提高生球的爆裂温度，应选择适宜的黏结剂。就爆裂温度而言，应优先选择有机黏结剂，其次为膨润土，再次为消石灰。优化造球参数，在确保生球强度的条件下，应尽可能降低生球水分、减少造球时间。选择合适的造球原料，选用高爆裂温度的铁精粉或将低爆裂温度的铁精粉与高爆裂温度的铁精粉搭配使用。造球原料进行润磨或高压辊磨可降低生球爆裂温度，应尽量避免对爆裂温度低的原料进行润磨或高压辊磨。链箅机或带式焙烧机干燥生球时，采用鼓干-抽干相结合、薄料层干燥，有利于提高爆裂温度。此外，采用表面改性剂或防爆剂也可有效提高生球爆裂温度。

#### 6.3.4.2 预热

生球在干燥后，随着温度的升高在进入焙烧带之前先进入一个过渡阶段，即预热阶段。预热段的温度范围为 300~1000 ℃。在预热阶段，发生的最重要的反应就是磁铁矿氧化转变为赤铁矿，同时还伴随有结晶水蒸发、水合物和碳酸盐分解等反应。

在预热阶段内，预热速度应同磁铁矿的氧化协调一致。磁铁矿氧化反应对成品球团矿的质量有重要影响，磁铁矿的氧化反应分两个阶段进行。

第一阶段：化学过程占优势，不发生晶型转变，只是 $Fe_3O_4$ 生成了 $\gamma$-$Fe_2O_3$，即生成有磁性的赤铁矿，但是 $\gamma$-$Fe_2O_3$ 不是稳定相。

$$4Fe_3O_4+O_2 \longrightarrow 6\gamma\text{-}Fe_2O_3(\text{磁赤铁矿}) \qquad (>200\ ℃)$$

第二阶段：这个阶段晶型转变占优势，从立方晶系转变为斜方晶系，$\gamma$-$Fe_2O_3$ 氧化成 $\alpha$-$Fe_2O_3$，磁性也随之消失。但是，此阶段的温度范围和第一阶段的产物，随磁铁矿的类型不同而异。

$$\gamma\text{-}Fe_2O_3 \longrightarrow \alpha\text{-}Fe_2O_3 \quad (>400\ ℃)$$

#### 6.3.4.3 焙烧

高温焙烧是球团固结的重要阶段，在这个阶段球团发生一系列复杂的物理化学变化，矿石颗粒发生结晶、再结晶和结晶长大反应，导致球团内部形成牢固的联结键，使球团矿具有足够高的强度，并具备良好的冶金性能。

球团矿在焙烧阶段的固结形式可归纳为两种：固相固结和液相固结。固相固结的实质是球团内的矿粉颗粒通过结晶、再结晶反应连接在一起。在高温下，晶格内的质点（离子、原子）在获得一定能量时，可以克服晶格中质点的引力发生扩散。温度足够高时，这种扩散可以超出晶体自身，达到相邻的晶体上。其结果是，微小晶体之间产生连接桥，聚集成较大的晶体颗粒，同时结晶缺陷逐渐得到校正，从而变成稳定的晶体，最终通过结晶反应实现了球团矿的固结。球团矿的液相固结则类似于烧结矿的成块结合，即生成的一部分液相在冷却时形成新的玻璃相或结晶相，起到对矿粉颗粒的黏结作用。球团矿固结以固相固结为主，液相固结是极少量的，当球团脉石含量或碱度提高时液相生成量会有所增加。液相固结比例应控制在一定的范围内，比例过大会对球团矿质量产生负面影响。

#### 6.3.4.4 均热

均热段基本维持了焙烧段的温度，是焙烧段在时间、空间上的延续。因为均热段的存在，使得结晶和再结晶反应更充分，球团矿固结反应进行得更彻底，球团矿强度和各项冶金性能得到进一步改善。带式焙烧机有明确的均热段分区，链箅机-回转窑虽没有明确的均热段分区，但按温度分布来说，均热段对应的是回转窑头部到环冷机之间前半部分的区域。

#### 6.3.4.5 冷却

球团矿冷却的目的：一是满足成品运输、储存设施的温度要求；二是充分回收球团矿显热，再用于生球的干燥和焙烧。

冷却也是球团矿焙烧过程中的一个重要环节，它虽然不及焙烧对球团矿固结作用的影响显著，却极大地影响着固结的结果。冷却速度过快，会引起球团黏结键的破坏，降低球团矿的强度[12]。实验研究表明，当冷却速度为 70~80 ℃/min 时球团矿强度最高，实际生产时冷却速度一般按不超 100 ℃/min 来控制。

冷却后的成品球团矿经皮带运输，或直供用户，或入料仓，或落地倒运至料场储存。

上述内容从原料准备到造球，再到干燥、预热、焙烧、冷却，对氢冶金球团矿生产的主干工艺及一般原理分别进行了介绍，通过介绍可以对球团矿生产工艺过程有一个全面的了解。

除了球团主干生产工艺，球团生产离不开风、水、电、气等公辅设施，还必须配置有烟气脱硫脱硝和除尘等环保设施。常用的球团烟气脱硫方法有湿法、干法、半干法等，每种方法都有比较成熟的脱硫工艺。球团烟气脱硝比较成熟的工艺是 SCR 法，活性焦法也有应用。有的链箅机-回转窑工艺在链箅机机头 800~900 ℃的高温区也采用 SNCR 法进行初步脱硝的，然后末端烟气再采用 SCR 法等进行深度脱硝。球团公辅和脱硫脱硝系统将在后续章节结合具体产线案例进行详细介绍，在此不赘述。

## 6.4 链箅机-回转窑球团矿的生产工艺与装备

链箅机-回转窑是成熟的球团矿生产工艺，在国内外多有应用。2022 年 12 月，河钢集团张宣科技公司 120 万吨竖炉氢冶金项目一期工程成功投运，这是全球第一个焦炉煤气零重整竖炉氢冶金直接还原铁项目[13-20]，其所用的球团矿采用链箅机-回转窑工艺生产。张宣科技共有两条链箅机-回转窑球团生产线，每条生产线的球团矿产能为 100 万吨/年，是利旧的原宣钢的球团生产线。下面以张宣科技的球团生产线为典型案例，对链箅机-回转窑球团矿生产工艺及装备进行具体介绍。

### 6.4.1 工艺流程

张宣科技的链箅机-回转窑球团生产线包括原料配料室、干燥室、润磨室、造球室、生球筛分布料系统、链箅机-回转窑-环冷机系统、主引风系统、成品储运系统及 35 kV 变电站、水泵房和循环水池等附属设施。链箅机-回转窑工艺流程如图 6-10 所示。

6.4.1.1 原燃料

（1）铁精粉：张宣科技的链箅机-回转窑球团生产线年消耗铁精粉约 105 万吨。铁精粉外运过来后，直接储存于封闭料场。上料时通过地下料仓和皮带上料。地下料仓共 6 个，储存不同品种的铁精粉，料仓下设有皮带秤，不同品种的铁精粉按比例进行称量配料，配好料的铁精粉通过同一条皮带输送至球团作业区配料室的铁精粉储料大仓。

（2）燃料：链箅机-回转窑生产的燃料采用天然气，天然气管网压力 40~50 kPa，天然气消耗量为 18~20 $m^3/t$ 球。天然气通过窑头的燃烧设备喷入回转窑内，天然气燃烧设备主要由燃烧器、安全控制阀、点火柜及相关配件组成。

（3）黏结剂：球团造球采用膨润土为黏结剂，膨润土仓库占地面积为 36 m×6.0 m，采用汽车运输，人工卸料。膨润土在混合料中的配加比例为 0.8%~1.2%，主要质量指标见表 6-4。

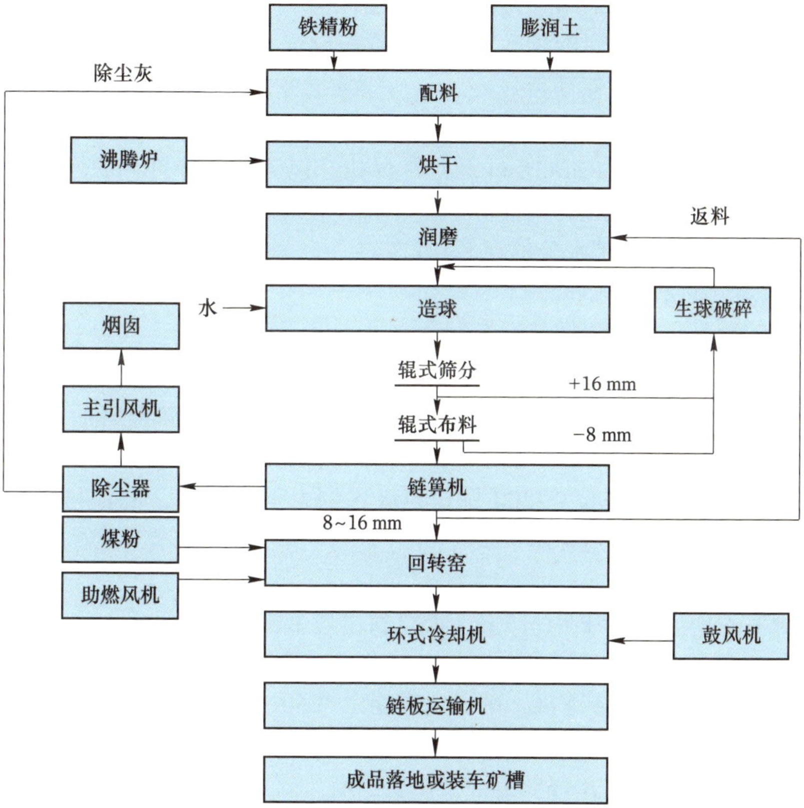


图 6-10 张宣科技链箅机-回转窑工艺流程图

**表 6-4 膨润土的主要质量指标**

| 膨胀指数 /mL·2 $g^{-1}$ | 吸蓝量 /g·100 $g^{-1}$ | 胶质价 /mL·15 $g^{-1}$ | 膨胀容 /mL·$g^{-1}$ | 吸水率 (2 h)/% | 水分 /% | −0.043 mm (−325 目)/% |
|---|---|---|---|---|---|---|
| ≥15 | ≥30 | ≥500 | ≥45 | ≥400 | ≤13 | >90 |

6.4.1.2 配料

混合铁精粉储料大仓共 3 个，采用隔墙分隔，总容积为 5012 $m^3$，可储存 1.1 万吨混合铁精粉，厂房全封闭。料仓厂房内配置 2 台 16 t 抓斗起重机（抓斗容积 3 $m^3$），用于供料及堆高。

配料室共配置 9 个料仓，其中铁精粉仓 5 个、除尘灰仓 2 个、膨润土仓 2 个。铁精粉料仓容积为 60 $m^3$，除尘灰、膨润土料仓容积均为 80 $m^3$，厂房全封闭，料仓设置料位计。

铁精粉仓内壁安装 20 mm 厚尼龙衬板，每仓下部锥段安装仓壁振动器 2 台。铁精粉配料由 $\phi$2 m 圆盘给料机（变频控制）给料，采用电子皮带秤进行称量。

膨润土、除尘灰均采用气力输送运至配料仓。膨润土、除尘灰配料仓下设有变频给料机，称量采用螺旋秤。料仓下部锥段设置 1 台振动器，防止悬料。

配料室设置 10 t 检修葫芦。

6.4.1.3　干燥

干燥室有两台 $\phi$2.4 m×18 m 圆筒干燥机，以天然气作为热源燃料。采用逆流干燥方式，干燥脱水后的铁精粉经皮带机送至润磨室，每台干燥机处理能力为 90 t/h，干燥后的铁精矿水分值在 8.0%左右。

6.4.1.4　润磨

干燥后的混合料经皮带机运至润磨室进一步润磨、混匀。润磨室现有球式润磨机 3 台，1 号、2 号润磨机规格为 $\phi$3.2 m×5.4 m，每台处理能力均为 50 t/h。3 号润磨机规格为 $\phi$3.5 m×6.2 m，处理能力为 80 t/h。控制润磨后的混合料中 -0.074 mm（-200 目）粒级比例大于 85%。润磨机配有旁路系统，在润磨机检修或混合料中-0.074 mm（-200 目）粒级比例大于 85%时，混合料可不经润磨而走旁路系统，直送到造球室。

6.4.1.5　造球

造球室占地面积 59 m×13.7 m，混合料由皮带机（$B$=1000 mm）运至造球室上部，分别卸至 6 个混合料仓内，每个混合料仓有效容积均为 55 m$^3$。仓下分别配备 6 台 $\phi$6.0 m 圆盘造球机，单机生产能力为 50 t/h，5 台运行、1 台备用。

造球机采用圆盘给料机供料，共配置 $\phi$1.6 m 圆盘给料机 6 台，采用变频控制，圆盘至造球盘采用 $B$=650 mm 皮带机供料。

为保证成球质量，造球盘可调速，其倾角也可以调整，在圆盘造球过程中添加适量水分，以使混合料水分为造球最佳值。

造球室设 10 t 检修单梁起重机 1 台。

6.4.1.6　生球筛分和布料

造出的生球经皮带机（$B$=1000 mm）收集后运往生球筛分、布料系统。生球筛分、布料系统由梭式皮带机、大球辊筛、宽皮带机（$B$=4300 mm）、小球辊筛和返料皮带机组成，筛分粒级组成：<8 mm、8~16 mm、>16 mm。

大球辊筛筛上大于 16 mm 的不合格生球通过破碎机破碎，由皮带机收集，再返回造球室的混合料仓重新造球，筛下小于 16 mm 的生球经宽皮带机输送到辊式布料器上，宽皮带机可变频调速。小球辊筛将 8~16 mm 合格生球向链箅机箅床上布料，筛下小于 8 mm 不合格小球经皮带机收集后返回造球室的混合料仓重新造球。

这套联合筛分布料装置可将生球均匀地分散平铺开来，并使生球进一步滚实、滚紧，最终将粒度合格的生球均匀地平铺在链箅机箅床上。

6.4.1.7　焙烧

链箅机、回转窑和环冷机三大主机组成焙烧系统。生球在链箅机上干燥和预热，在回转窑中焙烧、固结，在环冷机中冷却。

A 生球干燥、预热

生球在链箅机上进行干燥、预热。链箅机室占地面积为 14 m×63.7 m，链箅机有效面积为 4 m×41 m，共 14 个风箱，除预热Ⅰ段风箱为 2 m 外，其余均采用 3 m 风箱。链箅机布料厚度为140~180 mm，正常生产机速为1.5 m/min。链箅机分4段：干燥Ⅰ段、干燥Ⅱ段、预热Ⅰ段、预热Ⅱ段。

干燥Ⅰ段：长9 m，有3个风箱，干燥时间约6 min。在干燥Ⅰ段，来自西耐热风机约350 ℃的回收热气体从料层上方往下鼓风，在此段生球脱水、干燥，并使它可以承受干燥Ⅱ段450 ℃以上的温度。干燥Ⅰ段设有一台主引风机从风箱将热废气抽走，通过静电除尘器后排入大气。

干燥Ⅱ段：长6 m，有2个风箱，停留时间约4 min。在干燥Ⅱ段，450 ℃以上的热气流通过料层使生球继续干燥，并开始氧化，以保证球团矿在预热Ⅰ段可以经受600 ℃以上的温度。干燥Ⅱ段的热源主要来自东耐热风机抽过来的预热Ⅱ段的废气。干燥Ⅱ段的热废气通过风箱一侧的汇集总管与干燥Ⅰ段的热废气一起，通过静电除尘器、主引风机、脱硫系统、烟囱排放。

预热段：预热段分为预热Ⅰ段、预热Ⅱ段。预热Ⅰ段长 2 m，有 1 个风箱，停留时间约1.3 min。在此段，球团矿进一步加热至600 ℃以上，发生氧化、预热、分解化学反应。预热Ⅰ段热源主要来自环冷机二冷段的回热风，此段的热废气通过风箱一侧的汇集总管与干燥段的热废气一起，通过静电除尘器、主引风机、脱硫系统、烟囱排放；预热Ⅱ段长 24 m，有 8 个风箱，停留时间约 16 min。在预热Ⅱ段，球团矿进一步加热至1000 ℃以上，球团矿进一步氧化、固结、提升温度，并发生结晶反应，强度进一步提高。其热源来自回转窑窑尾1010 ℃热气流，其中部分是环冷机一冷段通入窑内的回热风热量。

链箅机箅床最下层的球团矿在离开链箅机进入回转窑时的温度控制在900 ℃左右，以使链箅机不因承受过高的温度而致损坏。预热段配置两台高效多管除尘器和两台耐热风机，列于链箅机厂房两侧，露天布置。在预热段烟罩顶部设放散烟囱和放散阀，在烘炉和故障操作时使用。

生球在链箅机上干燥、预热，预热后的球团矿获得足够的强度，经铲料板溜槽进入回转窑。

返料系统：链箅机头部及回转窑窑尾的返料通过溜槽进入斗提机，返回回转窑，链箅机灰箱和风箱灰斗下的干返料输送至返料皮带，与湿返料一起返回造球盘上的料仓，直接参与造球。

B 回转窑氧化焙烧

球团矿焙烧固结主要在回转窑中进行，回转窑规格 $\phi$4.6 m×33 m，设计正常处理能力150 t/h，焙烧温度1200~1300 ℃。回转窑在窑头（出料端）设有天然气烧嘴供热，同时由来自环冷机一冷段的高温废气作为二次风进入窑内。预热球团矿进入窑内随着窑体的转动而不停地翻滚，使球团矿与高温热气流充分接触，以达到均匀焙烧的目的，这也是回转窑工艺与竖炉、带式焙烧机工艺最本质的区别之一。球团矿在回转窑中经过 30～35 min 的高温焙烧，由磁铁矿氧化成的 $Fe_2O_3$ 微晶再结晶，同时完成晶粒长大形成晶桥及产生部分低熔点化合物等化学反应，使球团矿固结致密、强度显著提高。

窑头和窑尾罩采用新型的密封装置，并设结构冷却风机。采用双色测温-固定热电偶测温相结合的检测方式，检测和控制回转窑的温度。

焙烧好的球团矿通过回转窑窑头罩内的溜槽和固定筛卸到环冷机受料斗内。

C　冷却

环冷机有效冷却面积为 69 $m^2$，中径 12.5 m，台车宽 2.2 m，正常处理能力不小于 180 t/h。正常冷却时间约 45 min，料层厚度 760 mm，环冷机由回转部分、风箱、传动装置、机架和上罩组成。

环冷机承接回转窑排出的温度达 1250 ℃的炽热球团矿。回转窑因高温操作间断有大块排出，通过设在窑头罩内的固定筛分离，经大块溜槽排出处理。经过固定筛筛分后，粒度为 8～16 mm 的球团矿通过布料装置布入环冷机，布料厚度为 760 mm。根据回转窑的排料量，通过环冷机变频调速来控制料层厚度。

环冷机共有 9 个风箱，配置 3 台鼓风机，每台鼓风机对应 3 个风箱，环冷机烟罩分三个区域：一冷段 1000～1100 ℃热气流通过受料斗上部窑头罩和平行管道直接送回转窑，用于提高窑内气氛的温度，改变喷枪火焰形状；二冷段 500～600 ℃热气流直接通过热风管道返回链箅机干燥Ⅱ段烟罩，用于生球的干燥和预热；三冷段 90～110 ℃废气通过环冷机上的烟囱直接排放。环冷机鼓风机通过风门自动调节冷却风量，控制回热风的温度，这样用于冷却球团矿的气流所回收的热量绝大部分都被有效地利用到球团的生产工艺中。

环冷机卸料斗下设缓冲仓，用闸门控制均匀卸料，球团矿在环冷机上冷却到 150 ℃以下，通过卸料斗卸到链板机上，然后落地或通过成品皮带机运往成品仓内储存。

6.4.1.8　工艺废气、粉尘处理

废气处理：自链箅机预热Ⅱ段风箱抽出的热废气经过高效多管除尘器净化后回到干燥室循环利用，其中东耐热风机抽出的热烟气进入干燥Ⅱ段，西耐热风机抽出的热烟气进入干燥Ⅰ段。系统脱硝采用 SNCR+SCR 二级脱硝，第一级 SNCR 法脱硝在链箅机预热Ⅱ段 800～1000 ℃高温段直接喷氨脱硝，第二级 SCR 法脱硝则是将东、西耐热风机抽出的高温热烟气通过催化剂层进行催化脱硝。干燥段和预热段排出的废气引入电除尘器净化，由主引风机导入脱硫系统。烟气脱硫采用石灰石-石膏法，脱硫后由烟囱排入大气。环冷Ⅰ段高温冷却烟气由风机鼓入回转窑，环冷二冷段烟气也由风机鼓入预热Ⅰ段，对冷却烟气热量进行回收利用。环冷三冷段的烟气温度较低，经金属滤筒除尘器除尘后排放至大气中。烟气经脱硫脱硝处理后达到超低排放标准，$SO_2$ 浓度不大于 30 $mg/m^3$，$NO_x$ 浓度不大于 50 $mg/m^3$，颗粒物浓度不大于 10 $mg/m^3$，氨逃逸浓度不大于 2.5 $mg/m^3$。

粉尘及散料回收：链箅机风箱的粉尘及工艺过程除尘器收集的粉尘运送至配料仓，参与配料后经混合再进入造球工序。

### 6.4.2 主要装备

链箅机-回转窑氧化球团生产线的主要装备有干燥机、混合机、润磨机、圆盘造球机、链箅机、回转窑、环冷机。

6.4.2.1 干燥机

球团生产线配置了两台圆筒干燥机，工艺参数见表 6-5。

**表 6-5 圆筒干燥机工艺参数**

| | | |
|---|---|---|
| 设备型号及参数 | 干燥机及数量 | 圆筒干燥机，两台 |
| | 筒体内径/mm | 2396 |
| | 筒体长度/mm | 18000 |
| | 滚筒角度/(°) | 50 |
| | 筒体容积/$m^3$ | 81 |
| | 处理能力/$t \cdot h^{-1}$ | 90 |
| | 主电机型号 | Y315 L2-6 |
| | 主电机功率/kW | 132 |
| | 减速机型号 | ZSY450-45-I |
| 工艺参数 | 燃气种类 | 天然气 |
| | 助燃风量/$m^3 \cdot h^{-1}$ | 14913 |
| | 二次风量/$m^3 \cdot h^{-1}$ | 6349 |
| | 水蒸发量/$kg \cdot h^{-1}$ | 2920 |
| | 燃烧室温度/℃ | 1000 |
| | 干燥室温度/℃ | 800 |
| | 烧嘴前天然气压力/kPa | ≥40 |
| | 出口废气温度/℃ | 160~200 |

6.4.2.2 混合机

球团生产线配置了 1 台混合机，主要技术参数见表 6-6。

表 6-6 混合机的主要技术参数

| | | |
|---|---|---|
| 筒体直径/mm | | 2800 |
| 筒体长度/mm | | 7000 |
| 滚筒角度/(°) | | 7 |
| 筒体转速/$r \cdot min^{-1}$ | | 6.08 |
| 生产能力/$t \cdot h^{-1}$ | | 170 |
| 电机 | 型号 | Y315 L2-8 |
| | 功率/kW | 110 |
| 减速机 | 型号 | ZL85-NT |
| | 速比 | 20 |

6.4.2.3 润磨机

球团生产线配备了3台润磨机，主要技术参数见表6-7。

表 6-7 润磨机的主要技术参数

| 润磨机 | | 1号和2号 | 3号 |
|---|---|---|---|
| 筒体直径/m | | 3.2 | 3.5 |
| 筒体长度/m | | 5.4 | 6.2 |
| 筒体转数/$r \cdot min^{-1}$ | | 16.5 | 22.1 |
| 衬板规格/mm×mm | | 350×930 | 280×1050 |
| 格子板规格/mm×mm | | 350×930 | 415×1050 |
| 钢球填充量/t | | 44 | 64 |
| 生产能力/$t \cdot h^{-1}$ | | 50 | 80 |
| 电机 | 型号 | YR560-8 | YRKK630-6 |
| | 功率/kW | 630 | 1000 |
| 减速机 | 型号 | SZD-80 | ZLY560-6.70 |
| | 速比 | 19.6 | 6.70 |

6.4.2.4 圆盘造球机

球团生产线配置了6台$\phi$6 m圆盘造球机，5开1备，主要工艺参数见表6-8。

表 6-8 圆盘造球机的主要参数

| | |
|---|---|
| 圆盘直径/mm | 6000 |
| 圆盘高度/mm | 600 |
| 圆盘倾角/(°) | 45~50 |

续表 6-8

| | |
|---|---|
| 圆盘转速/r·min$^{-1}$ | 5.5~8.5 |
| 生产能力/t·h$^{-1}$ | 50 |
| 传动功率/kW | 110 |

造球圆盘由钢板制成，通过主轴（中心轴）与主轴轴承座和横轴而承重于底座，带动滚动轴承的盘体（托盘）套在固定的主轴上。主轴高出盘体，可固定随圆盘变更倾角的刮刀臂，刮刀臂上固定一个刮边的刮刀和两个活动刮刀。主轴的尾端与调角机构的螺杆连接，主传动的形式为调速电机-减速机-啮合齿轮-盘体，圆盘转速调整由电机变频调速实现。盘体主轴结构为转动心轴式，盘体由中心盘和六块边盘组成，盘底及盘边采用专用橡胶衬板形成一定厚度的料衬。在造球室设有干油集中润滑系统，对各圆盘造球机进行定时定量集中供油润滑。

6.4.2.5 链箅机

链箅机的主要参数见表 6-9，链箅机工艺段划分见表 6-10。

**表 6-9 链箅机的主要参数**

| | |
|---|---|
| 规格/mm×mm | 4000×41000 |
| 最大生产能力/t·h$^{-1}$ | 175 |
| 驱动电机型号 | QABP160 L6A |
| 功率/kW | 4×11 |
| 电压/V | 380 |
| 电机工作转速/r·min$^{-1}$ | 90~1920 |
| 额定电流/A | 21.0 |
| 减速机型号 | TSH751AH-1170 |

**表 6-10 链箅机工艺段划分**

| 工艺段 | 长度/m | 面积/m$^2$ | 停留时间/min | 风温/℃ |
|---|---|---|---|---|
| 预热Ⅱ段 | 24 | 96 | 10.4 | 1000 |
| 预热Ⅰ段 | 2 | 8 | 1.3 | 550 |
| 干燥Ⅱ段 | 6 | 24 | 4 | 400 |
| 干燥Ⅰ段 | 9 | 36 | 6 | 350 |

链箅机主要由传动装置、走行部分、风箱、上罩、机架、密封装置等组成。传动装置设于链箅机的排料端，采用双侧全悬挂两点啮和柔性传动装置，电

机为变频调速；传动装置悬挂在链箅机主轴两端，用胀套联结，通过驱动链箅机的排料端主轴带动链板运行。

走行部分包括链节、箅板、上下托轴、头尾轴，链箅机的驱动头轮采用空心水冷轴，装配 6 个链轮拖动 6 条链组成的运行链（箅床），运行链每组装配 6 个链节，每两个链节间夹两个装在定距套管上的箅板，中间穿心轴成一体，轴两端装有叠合的挡料侧板，并用卡环定位，侧板靠自重在侧密封箱的滑轨上滑行，各配件间均留有一定的间隙，以补偿设备制造误差和适应热态工作。

运行链下由上托轮支承，每一托轮由两个链轮和两个边轮组成，将链轮对中前后交错排列，轮盘均采用柔性石墨填料轴封。高温区的预热段拖轮采用中空轴，并采用水冷。预热段后一个风箱的上托轴也采用水冷结构。箅床侧面由侧密封箱封闭，侧板上部用平头板、下部用侧板和滑轨形成密封。

运行链的尾部设有压辊装置，对回到行程没有复位的箅板强制复位。在尾轮的下侧设有重锤式张紧装置，通过调整配重锤的数量，调整运行链的张力。

风箱下部的回程运行链由下托轮支撑，每组下托轮有 6 个平轮支托箅床，随运行链一起移动，托轮轴由机架横梁上的轴承座支承。

运行链的构件、链节、箅板、侧板、链轮等均采用耐热钢铸件。

风箱采用钢板及型钢焊接而成，穿过料层的工艺烟气经风箱后汇集到总管，箅床漏下的散料经风箱下部的排料支管从双层卸灰阀排出。箅床下部对应各段的风箱密封与箅床之间用纤维浇注料填空，风箱内壁设有浇注耐热、耐磨衬料，风箱外表面做保温。

链箅机上罩及内衬耐火隔热层固定在机架上用托板支承，各段间用水冷梁支承着砖墙隔开，进料口处用双层橡胶帘密封。鼓风干燥后的低温废气由上罩上部的烟囱排入大气，在预热段顶部设有事故放散烟囱阀，供事故状态下使用。

链箅机下部设有灰箱，收集回程箅床落料。下回程封闭在两侧用黏接在钢板上的隔热材料使箅床与空气隔离，减少回程箅床的热应力。

链箅机全部由型钢制作的机架支承，机架在每段的隔热墙处采用可滑移结构，以消除热膨胀。

#### 6.4.2.6 回转窑

回转窑的主要参数见表 6-11。

**表 6-11 回转窑的主要参数**

| | |
|---|---|
| 规格/m×m | $\phi5\times35$ |
| 生产能力/$t\cdot h^{-1}$ | 160 |
| 斜度/% | 4.25 |
| 转速/$r\cdot min^{-1}$ | 正常转速 1.1，调速范围 0~1.5 |

续表 6-11

| | |
|---|---|
| 支承数 | 2 挡 |
| 挡轮 | 液压挡轮 |
| 填充率/% | 6~8 |
| 焙烧时间/min | 30~35 |
| 焙烧温度/℃ | 1200~1300 |
| 传动方式 | 主、辅传动 |

回转窑筒体由钢板卷制焊接而成，筒体的外部安装有托圈和齿圈用于支承和传动。托圈套装在筒体上，托圈与筒体之间设有垫板。齿圈通过弹性板连接在筒体上，可隔热减震。回转窑筒体内侧砌筑耐火材料。

支承装置用于支承回转窑筒体，为两挡支承。托轮采用滚动轴承，托圈和托轮均为铸件。托轮安装底座可水平调整。托轮轴承座与筒体之间设有隔热装置。

回转窑采用双侧传动，回转窑窑头是滚圈，窑尾是齿圈，窑尾的齿圈由一个小齿轮驱动，而小齿轮由两个液压马达驱动。驱动液压马达的液压系统包括一个主液压动力站和一个应急动力站，通过对液压系统的控制，实现回转窑的无级调速；正常时由主液压动力站提供动力，故障或检修时由应急动力站提供动力。

正常情况下，回转窑为负压操作，为减少外部空气进入窑体，在窑头、窑尾处设有叶片式密封装置。

窑头处设有窑头罩，以保证回转窑和环冷机的密封。环冷机的高温废气作为回热风通过窑头罩进入回转窑。窑头罩为钢结构，内衬耐火材料，设有观察孔、窑头罩门、燃烧器等。在窑头罩中设置固定筛，以筛除回转窑的结圈大块。

#### 6.4.2.7 环冷机

环冷机的主要参数见表 6-12。

**表 6-12 环冷机的主要参数**

| | |
|---|---|
| 有效冷却面积/$m^2$ | 69 |
| 处理物料能力/$t \cdot h^{-1}$ | 150 |
| 给料温度/℃ | 约 1150 |
| 卸料温度/℃ | <150 |
| 物料堆密度/$t \cdot m^{-3}$ | 2.2 |
| 环冷机中径/m | 12.5 |

续表 6-12

| | |
|---|---|
| 台车数量/个 | 28 |
| 台车宽度/mm | 2200 |
| 料层厚度/mm | 760 |
| 正常冷却时间/min | 30~78 |
| 传动 | 销齿传动，电动机功率 2×15 kW |

环冷机共设有两套传动装置，每套传动装置包括主传动电机、辅助电机、减速机离合器、开式齿轮等。主传动电机变频调速，传动装置通过链轮驱动固定在回转体上的套筒滚子链，从而带动整个回转部分运转。

回转部分包括回转框架和台车，回转框架用于支承台车、栏板等，为焊接结构，整个圆周分为若干等分以便于制造和运输。框架上部固定有栏板并砌有耐火材料。框架下部安装环形轨，分为内外两圈与支承辊接触，承担整个回转部分的载荷。台车为铸造结构，台车通过两端的半轴与回转框架联结。除卸料区以外，其他区域台车在压轨的作用下保持水平位置。

整个风箱系统由若干风箱及供风管组成，冷却风机通过供风管道将冷却风送入风箱，然后冷却风穿过球团料层进行热交换以实现球团矿的冷却。风箱及供风管道均为焊接结构，支撑在环冷机架上。

环冷机架分为上部机架、下部机架及梯子走台，几乎所有的环冷机部件都支撑在机架上，上下机架均为 H 型钢结构。

环冷机罩由钢结构及耐火材料构成，用于密封及热量回收，无回收价值的低温废气经除尘后由烟筒直接排入大气。

给料斗由钢结构和耐火材料内衬构成，其中设有耐热隔墙与平料装置以形成要求的料层厚度，给料处的一部分高温废气通过给料斗回收进入回转窑。

6.4.2.8 风机的主要参数

风机的主要参数见表 6-13。

**表 6-13 风机的主要参数**

| 风机 | 台数 | 工作温度/℃ | 静压/Pa | 工况风量/$m^3 \cdot h^{-1}$ |
|---|---|---|---|---|
| 主轴风机 | 2 | 200 | 6000 | 700000 |
| 耐热引风机 | 2 | 550 | 6000 | 220000 |
| 环冷鼓风机 | 2 | 20 | 5000 | 120000 |
| 环冷鼓风机 | 1 | 20 | 5000 | 100000 |

## 6.5 带式焙烧机球团矿的生产工艺与装备

国外球团矿大多采用带式焙烧机工艺，近几年带式焙烧机球团生产工艺在国内也呈现出快速普及的趋势。在国内已建成的带式焙烧机球团生产线中，除河钢唐钢的带式焙烧机外，其余带式焙烧机所产球团矿都是仅供高炉使用的。河钢唐钢新区建有两条国内产能规模最大的带式焙烧机球团生产线[13,14]，除供 3 座 3000 $m^3$ 级高炉进行高比例球团矿冶炼使用外，还考虑了为计划建设的 2×130 万吨氢冶金竖炉供应球团矿。下面以河钢唐钢新区带式焙烧机球团生产线为典型案例，介绍带式焙烧机球团生产工艺与装备。

### 6.5.1 工艺流程

河钢唐钢新区每台带式焙烧机的台车宽度为 4.0 m，有效长度为 156 m，有效焙烧面积为 624 $m^2$，两条产线的球团矿总产能为 1100 万吨/年。按 1 条线生产酸性球团矿、1 条线生产碱性球团矿设计，特殊情况下 2 条生产线也可同时生产同一种球团矿。河钢唐钢为将带式焙烧机球团生产线建设成为环保、高效、节能、低运行成本的生产线，集成使用了一系列先进的设计理念和生产装备[21-24]。河钢唐钢新区带式焙烧机球团生产线工艺流程如图 6-11 所示。

#### 6.5.1.1 预配料

铁精粉由原料场通过胶带机转运至预配料室，每条球团生产线的预配料室设 7 个铁精粉料仓（每仓储量 1000 t），仓顶胶带机采用犁式卸料器。精粉仓设计为钢仓，仓内设厚度 20 mm 含油尼龙耐磨防黏料衬板，锥段下出口装配振动漏斗，采用称重式料位计检测料位。仓下由 $\phi$3000 mm 变频调速圆盘给料机与定量胶带称量机组成定量给料系统，实现自动配料。各种铁精粉按设定的比例配料后，由胶带机运至干燥系统进行干燥。

#### 6.5.1.2 干燥

每条球团生产线设置了 1 台 $\phi$5.0 m×22 m 圆筒干燥机，最大处理能力 800 t/h（烘干料），保证铁精粉水分（≤8.5%）满足造球工序要求。采用高炉煤气作为干燥热风炉的热源，在风机的抽力下顺着料流方向对物料进行加热、水分蒸发。另外设计了旁路系统，当精矿粉水分低不需要干燥时，可由旁路系统运至下道工序。干燥机进出口安装自动测水仪，可根据进出料水分实现自动控制。干燥机出料溜槽安装箅料装置，防止扬料板等杂物脱落，避免损坏皮带，同时设置收尘尾罩及除尘系统。

#### 6.5.1.3 辊磨

干燥后的混合铁精粉经皮带运至高压辊磨进行辊磨。在酸性球团生产线中，

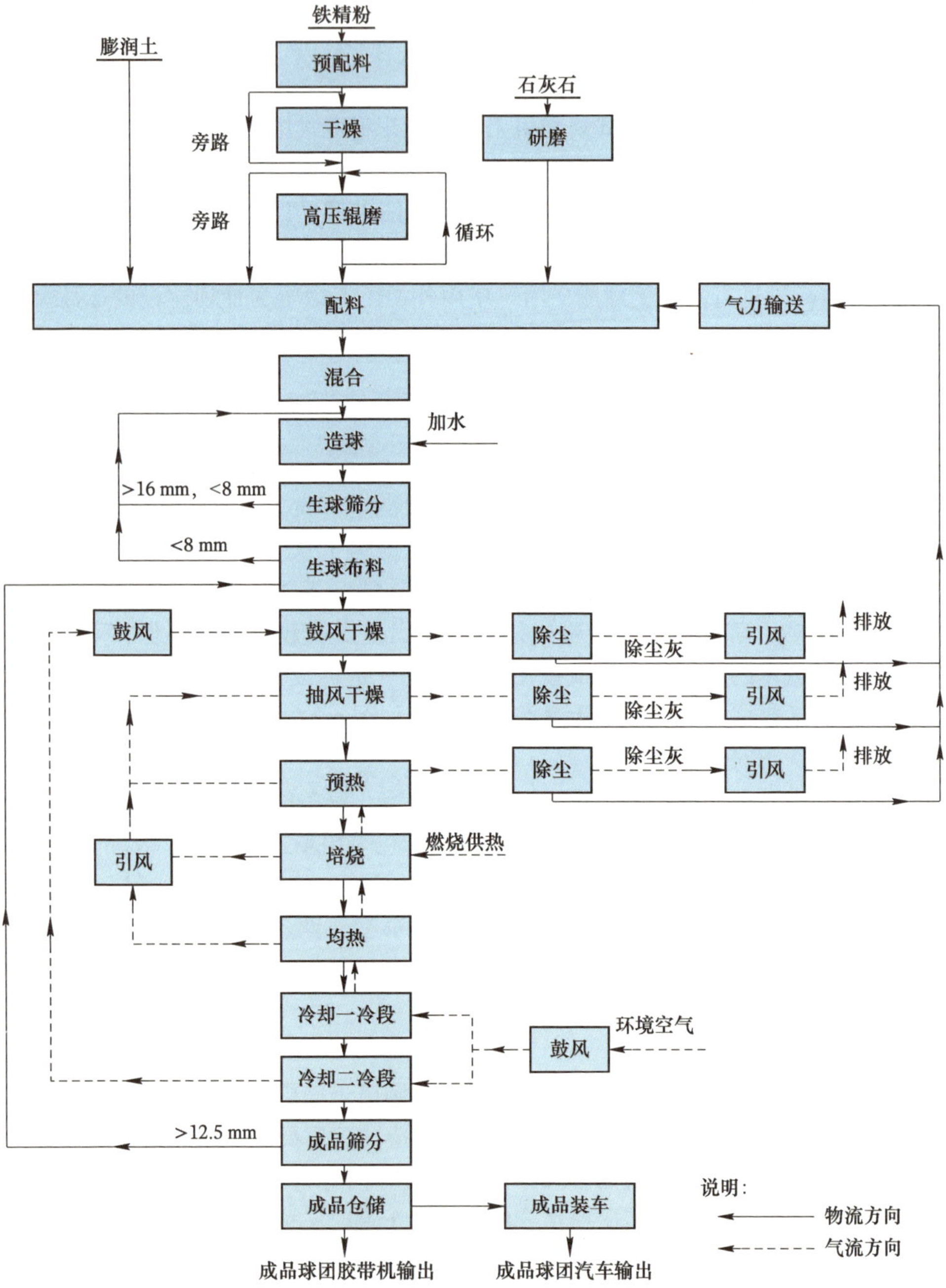


图 6-11　唐钢新区带式焙烧机球团生产线工艺流程图

设置 1 台高压辊磨机，处理能力 700~800 t/h，开路模式，不带边料循环。辊磨机进料设施流程：胶带机→杂物筛→溜槽→圆盘→皮带秤→可逆皮带。可逆胶带机可分别向辊磨机和旁路料仓供料，不需要辊磨时铁精粉进旁路料仓。在碱性球团生产线中，设置1台高压辊磨机，处理能力1800~2000 t/h，对铁精粉进行边料循环辊磨处理，边料循环量大于150%，大于2次。辊磨机照片如图6-12所示。

图6-12 辊磨机照片

6.5.1.4 熔剂制备

因生产碱性球团矿的需要，设置了熔剂制备系统，为两条球团产线共用。熔剂通过胶带机运至预配料室熔剂缓冲仓，储存后通过胶带机运至熔剂制备系统。胶带机运输能力150 t/h，带宽650 mm，带速1.25 m/s。熔剂制备室设置2个熔剂料仓，有效容积为35 $m^3$/个，全钢质材料，采用称重式料位计。仓内衬耐磨防黏料衬板，锥段装配仓壁振动器。仓下采用密封定量给料机，将物料定量给入磨机中。熔剂制备采用2台立式磨机，每台磨机处理能力为50 t/h，处理石灰石时，石灰石粉-0.043 mm（-325目）粒度可达90%以上。磨机出口配套变频调速的分离装置，根据工况调节转速，保证成品细度。熔剂在磨机中边干燥边细磨，由干燥废气带出的成品通过袋式收集器收集，通过管道气力输送至配料室的熔剂料仓中。

熔剂制备系统设置2台排粉风机，每台风机设计压力10 kPa，工况流量175000 $m^3$/h，风机出口设置消音器，噪声小于85 dB。配置2台燃气加热炉为熔剂制粉系统提供热风，采用高炉煤气作为燃料，高炉煤气总管压力8~10 kPa。

6.5.1.5 配料

每条球团生产线的配料室内设有4个铁精粉仓（每仓储量800 t）、2个膨润土仓（每仓储量300 t）、2个熔剂仓（每仓储量500 t）、1个除尘灰仓（储量500 t）。铁精粉仓下采用变频调速圆盘给料机+定量胶带称量机组成定量配料系统，膨润土、熔剂、除尘灰采用减量称定量给料，熔剂、膨润土设有自动取样装置。膨润土、熔剂、除尘灰料仓结构为密封钢仓并接受气力输送进料，配有仓顶袋式除尘器收集物料，料仓采用称重式料位计。粉料配料仓均装配仓壁振动器。配好的配合料由胶带机运至混合室，胶带机上安装有计量秤。

6.5.1.6 混合

按设定比例配好的各种物料通过胶带机送至混合室进行混合。每条球团生产线配置 1 台立式强力混合机，正常处理能力 750 t/h（湿基），最大处理能力 850 t/h（湿基），混合效率不小于 98%。混匀后的物料通过胶带机送至造球室，皮带机设有自动取样机和水分检测仪。

6.5.1.7 造球

每条球团生产线的造球室配备 10 台 $\phi$7.5 m 圆盘造球机，单台合格生球产量 90 t/h，8 台运行、1 台备用、1 台检修。混合料由胶带机运至造球室，通过犁式卸料器分卸至 10 个缓冲料仓，单个料仓储存能力 130 t。采用称重式料位计检测仓内料位以指令进料操作。

混合料仓内衬耐磨防黏料衬板，锥段下出口装配振动漏斗，由仓下的定量给料胶带机输出物料至造球机内。造球机的转速、倾角及加水量均可调，以适应最佳成球效率。

造球机产出的生球由胶带机收集后给入辊式筛分机，每台造球机对应 1 台辊式筛分机，筛除粒径小于 8 mm 及大于 16 mm 的不合格生球。不合格生球经胶带机重新返回直接参与造球，合格生球由胶带机运往焙烧室布料系统。造球室辊筛安装生球粒径检测仪，在线监测生球粒径。

辊式筛分机工作宽度 1600 mm，辊数 29 辊，辊径 108 mm，筛辊间隙 8 mm 的有 16 个辊，间隙 16 mm 的有 13 个辊，辊筛面与水平面夹角为 12°~14°，全部筛辊间隙及筛面倾角均可调。造球室内设置 1 套智能润滑系统，分别对造球机、辊式筛分机等进行自动润滑。

6.5.1.8 生球布料

生球布料流程：移动布料机→宽胶带机→辊式布料机→带式焙烧机。移动布料机的移动装置采用液压驱动，胶带机传动可变频调速。采用辊式布料机，辊径 120 mm，辊子数量 45 个，辊间隙为 7 mm，辊筛面与水平面夹角为 20°。

6.5.1.9 焙烧作业

每台带式焙烧机的有效焙烧面积均为 624 $m^2$，焙烧作业流程分为鼓风干燥段、抽风干燥段、预热段、焙烧段、均热段、一冷段和二冷段，共 7 个工艺段。

（1）鼓风干燥段。生球在鼓风干燥段内用 250~285 ℃ 的干燥气流除去生球附着水，同时避免下部生球过湿。鼓风干燥用热气流来自焙烧机二冷段，通过风机和管路系统送往鼓风干燥段，并在回热风管路上设冷、热风调节阀，使风温控制在 250~285 ℃。经过料层干燥后的废气，由电除尘器除尘后通过风机经主烟囱排入大气。为防止鼓风干燥段上部烟气温度低于露点温度，在抽风干燥段上罩的回热风管路与鼓风干燥段上部炉罩处连接 1 个支管，并用阀门控制。当鼓风干燥段上部炉罩废气温度低于露点温度时，自动兑入高温热风，保证其在露点温度以上。

(2) 抽风干燥段。抽风干燥段采用来自焙烧后段及均热段风箱内 350~400 ℃回收热废气，经回热风机引入抽风干燥段上罩对料层进行干燥，使生球脱水、干燥，并可以承受预热段 600 ℃以上温度。

(3) 预热段。预热段主要工艺作用是加热和升温。球团内化学水及碳酸盐分解与氧化反应，主要热源为来自焙烧机一冷段高于 600 ℃热废气，并在预热段前部兑入部分来自回热风机近 400 ℃热气流，以及预热段上罩所装配燃烧器的燃烧供热。生球得到预热并具备一定强度后，进入焙烧段经受高于 1000 ℃的焙烧硬化。

(4) 焙烧段。经过预热的球团进入焙烧段，经受燃烧器供热所形成的 1200~1235 ℃焙烧气氛并进行硬化固结。燃烧器所需助燃风由助燃风机提供的一次环境空气和来自焙烧机一冷段的二次助燃热风组成，经过焙烧后的球团达到所需强度。

(5) 均热段。经过焙烧的球团料层进入均热段后，在抽风处理下由一冷段上罩的高于 1000 ℃换热风对料层进行持续地温度均化，使料层中不同高度的球团都保持在均衡的温度状态下，充分进行结晶、再结晶反应。虽然均热段是焙烧段和冷却段之间的过渡段，但它对球团矿的最终质量具有很大影响。

(6) 冷却段。冷却段分为一冷段和二冷段。一冷段采用冷却风机将环境风引入风箱并穿透球团料层，对经过焙烧的高温球团进行冷却换热，换热后约 1000 ℃热风通过上罩及管道分别被送往均热段、焙烧段、预热段。

二冷段对球团料层进行继续冷却，将球团冷却至不超过 100 ℃后经卸料被运往筛分工序。经换热后，温度约为 300 ℃的热风从上罩被鼓干风机引入鼓风干燥段进行生球干燥。

焙烧室内设置 1 套智能润滑系统，分别对生球布料设备、焙烧机传动装置、焙烧机中部滑道等进行自动润滑。成品球团矿由胶带机运往筛分室，在成品胶带机尾部设有温度检测仪和紧急事故喷水装置，温度高于 150 ℃时自动喷水，防止高温球团烧损胶带。

6.5.1.10 *燃烧系统*

燃烧系统以焦炉煤气为燃料，为焙烧机预热段、焙烧段提供热源。燃烧系统包括：燃烧器、助燃风系统（包括一次风和二次风）、焦炉煤气（混合煤气）供气系统、控制系统、安全系统等。燃烧器分别布置在焙烧机预热段、焙烧段炉罩两侧的燃烧室内，每个燃烧器对应 1 个燃烧室，燃烧室规格为：有效内径 1360 mm，燃烧室长为 3200 mm。燃烧介质：焦炉煤气（混合煤气），热值 17.56 MJ/$m^3$，至燃烧器接口处压力 35 kPa。

燃烧器数量：焙烧机预热段和焙烧段炉罩两侧共设17对（共34个）燃烧器，其中预热段4对、焙烧段13对，每侧燃烧室均布。

助燃风：包括一次风与二次风，其中一次风由助燃风机提供，二次风为系统回热风，从回热风总管分出32个支管，每个支管分别与燃烧室连接。

#### 6.5.1.11　成品铺底边料筛分系统

冷却后的球团矿，通过胶带机运至筛分室。通过振动筛筛分出一部分12.5~16.0 mm粒级的成品球做铺底、铺边料，其他成品球团矿通过胶带机转运至成品中间矿仓或成品圆形料库。筛分室设有2套振动筛，处理能力500 t/h，正常工作状态下1用1备，确保对铺底、铺边料的筛分及供应。成品球团矿出料皮带处安装红外测温和自动打水装置，温度主控显示，音响报警。铺底、铺边料共用1个料仓，储存能力350 t，仓容按照生产初期或长时间检修恢复生产实现熟球循环考虑，料仓采用称重料位计。铺底、铺边料上料系统皮带采用变频调速，合理控制料位，同时铺底、铺边料上料设有旁路系统，当振动筛发生故障停机后部分成品球团矿可临时直接作为铺底料供焙烧机生产。成品胶带机及铺底、铺边料胶带机安装有计量秤。

#### 6.5.1.12　成品系统

成品球团矿从筛分室由胶带机运至成品仓，或转运至成品圆形料库，均可通过胶带机输出送往高炉，胶带机的运输能力为2100 t/h、带宽1.4 m、带速2 m/s。成品球团矿仓设有2个落地筒仓，酸性球团矿与碱性球团矿各存入1个筒仓，单仓储量不少于5000 t。成品球团矿圆形料库共4座，每座储存能力不低于8.5万吨，仓内球团矿可通过底部卸料阀门由胶带机输出至高炉，或者运往成品装车站装车外运。成品装车站配有4套装车系统，可为4辆汽车同时装料，外运能力为240万吨/年，成品装车站下配置定量称量斗，实现定量装车，并设有除尘设施。

#### 6.5.1.13　工艺风机系统

带式焙烧机配套的工艺风机选用：冷却风机、回热风机、鼓干风机、鼓干引风机、主抽风机等，均采用变频调速，与之配套的除尘器选电除尘器。冷却鼓风机吸入环境空气鼓入一冷段和二冷段；二冷段上烟罩的热风通过鼓干风机送到鼓风干燥段使用；一冷段的热风通过上烟罩直接进入均热段、焙烧段、预热段；均热、焙烧后段风箱的热风通过回热风机循环到抽风干燥段和预热段使用；抽风干燥段、预热前段风箱的废气经静电除尘器净化及主抽一号风机后，通过烟气脱硫、脱硝系统处理后经烟囱排入大气；预热后段、焙烧前段风箱废气经静电除尘器净化及主抽二号风机后，通过脱硫脱硝系统处理后经烟囱排入大气。带式焙烧机工艺风系统如图6-13所示。

#### 6.5.1.14　自动控制系统

河钢唐钢新区带式焙烧机项目自动化部分分为L2信息化平台、自动过程控

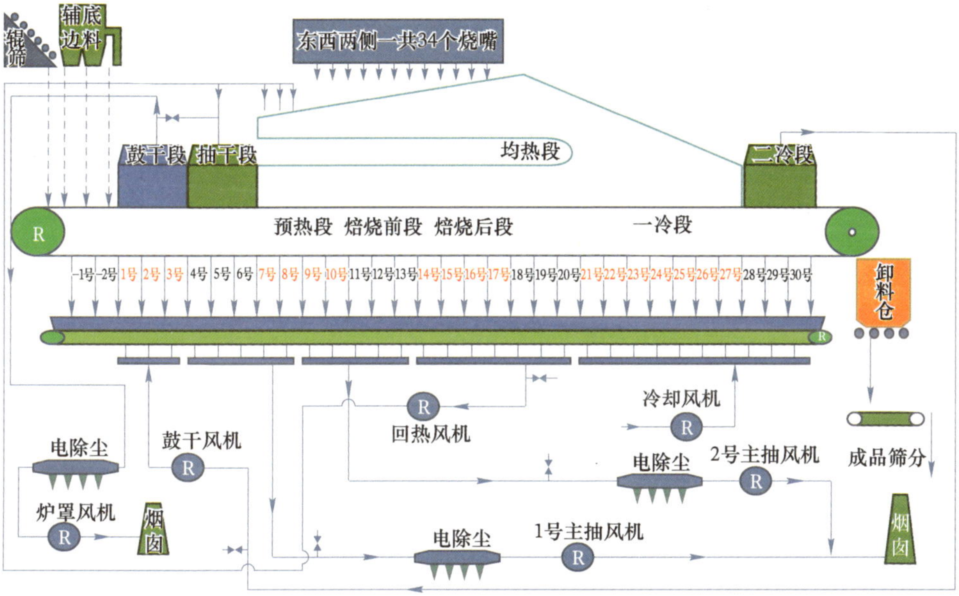


图 6-13　带式焙烧机工艺风系统

制系统和接口平台3部分。通过以上3部分贯穿计划层与生产层，实现数据无缝衔接，达到球团控制系统的稳定运行和智能控制，形成完整的专家控制系统，如图6-14所示。

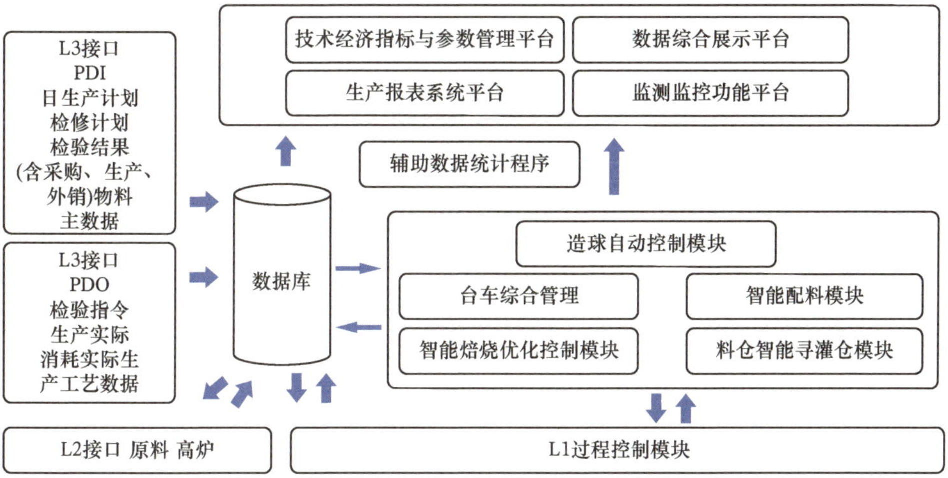


图 6-14　带式焙烧机自动控制系统

系统搭建是将控制思想付诸实施，指挥系统部件和设备完成各自控制任务所依赖的软件环境，将多种应用服务分别封装部署，增强可用性、安全性、封装复用性、可扩展性和可移置性，从而实现几大模块协调运行，达到大型系统应用的目的。

6.5.1.15 烟气脱硫脱硝系统

工艺外排废气净化处理采用电除尘器，鼓干风段引风系统、主抽风引风系统各采用1台电除尘器。其中，鼓风干燥系统的废气经除尘后直接由烟囱排放，主抽风系统的废气进入烟气处理系统进行脱硫、脱硝处理后通过主烟囱排放。球团工序造球工艺特点决定粉尘含量要低于烧结工序，硫硝污染物更低，无二噁英产生。建设循环流化床半干法脱硫+SCR脱硝烟气治理设施，设计排放指标：$SO_2$浓度不大于20 mg/m$^3$，$NO_x$浓度不大于30 mg/m$^3$，烟气含尘浓度不大于5 mg/m$^3$，氨逃逸浓度不大于2.5 mg/m$^3$。

### 6.5.2 主要装备

6.5.2.1 铁精粉干燥机

每条球团生产线均配置一台圆筒干燥机，供热燃料采用高炉煤气。干燥机的主要参数见表6-14。

**表6-14 干燥机的主要参数**

| | | |
|---|---|---|
| 设备规格 | 设备类型及数量 | 圆筒干燥机，1台 |
| | 设备规格 | 内径5.0 m，长度22 m |
| | 容积及处理能力 | 容积为431.7 m$^3$，正常处理能力700 t/h，最大处理能力800 t/h |
| 工艺参数 | 铁精粉平均初始水分含量 | 11% |
| | 干燥处理后平均水分含量 | 8.0% |
| | 干燥机蒸发强度 | 约65 kg/(m$^2$·h) |
| | 处理料堆密度 | 2.2~2.3 t/m$^3$ |
| | 处理料静安息角 | 35°~38° |
| | 供热燃料 | 高炉煤气 |
| 技术参数 | 筒体内风速 | 3.7 m/s |
| | 干燥机进口烟气温度 | 800~900 ℃ |
| | 干燥机进口烟气压力 | −200 Pa |
| | 干燥机出口废气温度 | 70~100 ℃ |
| | 干燥机出口废气压力 | −300Pa |
| | 干燥机进口铁精矿温度 | 室温 |
| | 烘干后物料温度 | 50~70 ℃ |
| | 传动形式 | 液压马达驱动 |
| | 主传动方式 | 液压马达+开式齿轮 |
| | 主传动电机功率 | 4台×250 kW |
| | 干燥形式 | 直接传热，顺流干燥 |
| | 给料溜槽衬板材质 | 不锈钢 |

6.5.2.2 高压辊磨机

高压辊磨工艺设备组成见表6-15。

表6-15 高压辊磨工艺设备组成

| | |
|---|---|
| 喂料装置 | 大于2.5 m的直料柱，保证物料正常给入辊压机，喂料溜槽设料位检测装置 |
| 磨辊 | 辊磨机主要由两个磨辊组成，一个磨辊固定在设备机架上，另一个安装在滑轨上可自由移动，滑轨则固定在机架上。两个磨辊之间的间距不固定，可根据粉磨物料的契合特性自动调整。物料的锲合特性越高，磨辊的间距就越大。粉磨压力通过移动磨辊施加到磨辊间的料柱上 |
| 设备机架 | 设备机架把所有设备部件组装在一起，机架本身安装在混凝土基础上。机架的主要部件包括：底座、油缸并承受压力的横梁、安装移动磨辊的导轨、机架安装固定螺栓 |
| 主润滑系统 | 主润滑系统包括：干油泵，带换油的支撑和绞盘装置、油管和接头，分配器和控制阀 |
| 液压系统 | 液压系统通过滑动磨辊的轴套向2个相向转动的磨辊间料柱提供粉磨压力。液压系统的基本组成包括：4个独立作用的油缸、4个独立磨辊支撑臂、2个活塞蓄压器、完整的供油系统（带油槽、过滤器、控制阀等）、马达齿轮油泵、充装液氮装置 |
| 驱动装置 | 每个磨辊都由单独的驱动装置驱动，两套驱动装置完全一样。每套驱动装置包括：带联轴器的减速机、减速机润滑系统的油泵（带马达）和油/水冷却装置、轴、主电机。两套驱动装置的扭矩通过扭臂作用系统抵销，其扭矩差传递到设备基础上 |

1号球团生产线配置1台高压辊磨机，其处理能力为700~800 t/h（湿基），采用开路模式，不带边料循环，主要供酸性球团生产使用，高压辊磨机辊径$D$=1700 mm、辊宽$L$=1200 mm，功率2×800 kW。

2号球团生产线配置1台高压辊磨机，其处理能力为1800~2000 t/h（湿基），边料循环量大于150%，大于2次，主要供碱性球团生产使用，高压辊磨机辊径$D$=2400 mm、辊宽$L$=1700 mm，功率2×2800 kW。

6.5.2.3 强力混合机

每条球团生产线配置1台强力混合机，用于铁精粉、膨润土、熔剂及除尘灰的混匀。强力混合机的设计参数见表6-16。

表6-16 强力混合机的设计参数

| | | |
|---|---|---|
| 规格型号 | 混合机型号 | R33/80C，连续式生产 |
| | 设备有效容积 | 7200 L |
| | 装机功率 | 混合盘：2×30 kW<br>转子1：200 kW<br>转子2：200 kW<br>圆盘卸料/开度调节7.5 kW<br>其他：1.9 kW |

续表 6-16

| | | |
|---|---|---|
| 工艺参数 | 物料在混合机内的堆密度 | 1.8 kg/L |
| | 有效混合时间 | 50~55 s |
| | 处理能力 | 正常 750 t/h（湿基），最大 850 t/h（湿基） |
| | 混合料特性 | 铁精矿水分 8.5%，粒度-0.074 mm（-200目）>80%，堆密度：2.2 t/m³；<br>膨润土水分约 10%，粒度-0.045 mm（-320目）的约占 80%，堆密度：0.8 t/m³；<br>灰尘水分 0%，粒度-0.074 mm（-200目）>90%，堆密度：1.8 t/m³；<br>石灰石水分约 2%，粒度-0.074 mm（-200目）的约占 95%，堆密度：0.8 t/m³；<br>混合料中，铁精粉占比 93%以上 |

6.5.2.4 圆盘造球机

每条带式焙烧机球团生产线配备 10 台 $\phi$7.5 m 圆盘造球机，单台合格生球产量 90 t/h，8 台运行、1 台备用、1 台检修。造球盘的工艺参数见表 6-17。

**表 6-17 造球盘的工艺参数**

| | | |
|---|---|---|
| 工艺参数 | 设备规格 | $\phi$7.5 m 圆盘造球机，功率 160 kW |
| | 造球盘处理能力 | 130 t/h（湿基），最大 180 t/h（湿基） |
| | 旋向 | 顺时针 |
| | 造球机转速 | 电机采用变频调速，5.1~7.6 r/min |
| | 造球机倾斜角 | 在 44°~55°范围内可调（有固定指针），造球盘边高 650 mm |
| | 处理物料种类及参数 | 磁铁精粉、膨润土、石灰石、灰尘的混合料，水分 8.5%~9.0%，粒度-0.074 mm（-200目）>90%，堆密度 2.2 t/m³，安息角-35° |
| | 合格生球量 | 90~110 t/h |
| | 合格生球粒度 | 8~16 mm |

续表 6-17

| | | |
|---|---|---|
| 主要设备构成 | 传动装置 | 主要组成：电动机、减速机、小齿轮轴装配、内齿回转支撑、传动底座等，主减速机采用硬齿面齿减速机，采用回转支撑形式 |
| | 小齿轮轴装配 | 由轴、小齿轮、透盖、轴承壳套、轴承等组成 |
| | 刮刀 | 采用固定刮刀，刮刀采用耐磨合金，能覆盖盘底全面。刮刀的设计能满足安装、更换及与盘底间隙调整方便，采用 4 个底刮刀清理圆盘底面、1 个侧刮刀清理侧边、1 个盘沿刮刀清理盘沿，刮刀安装在圆盘上方的纵向和横向刮刀机架上，上下位置可调，整个圆盘底面、侧边和盘沿都得到清理 |
| | 倾角调整装置 | 用于调整盘体倾角，其主要部件为机械调整器，调整器由两台螺旋千斤顶组成 |
| | 盘体装配 | 由中部盘、边托架、边盘组成。在制造厂预装盘体，盘边沿安装含油尼龙衬板，尽量减少接缝，且接缝平滑 |
| | 接料板 | 每台圆盘造球机附带接料板，用于将生球导料至胶带机上。接料板采用高分子衬板，并采用适当措施加强刚度及表面光洁度 |
| | 智能润滑系统 | 设置智能润滑系统，对圆盘造球机进行定时定量供油润滑。智能润滑系统独立采用电控箱对润滑进行控制，同时可接受主控室的启停控制信号并反馈状态信号和故障信号 |
| | 卸料槽 | 由钢板与耐磨衬板组成，它能跟随机架调整角度，方便物料落入皮带机上，槽两侧均设挡料板 |

#### 6.5.2.5　带式焙烧机

唐钢新区 2 台 624 $m^2$ 带式焙烧机是国内产能规模最大、国产化程度最高的带式焙烧机球团生产线，其工艺装备代表了国内带式焙烧机球团生产线的最高水平。

A　设备规格及工艺参数

焙烧机的规格及工艺参数见表 6-18，焙烧机各段长度、面积及球团停留时间

（正常机速时）见表6-19，带式焙烧机生产酸性、碱性球团矿时的热工参数分别见表6-20和表6-21。

**表 6-18 焙烧机的规格及工艺参数**

| | |
|---|---|
| 焙烧机规格 | 宽 4.0 m，有效长 156 m，有效面积 624 $m^2$ |
| 头尾轮中心距 | 163.1 m |
| 头尾轮节圆直径 | $\phi$4136 mm |
| 台车数量 | 226 台 |
| 台车规格 | 4.0 m×1.5 m |
| 台车栏板高度 | 400 mm |
| 台车运行速度 | 0.55~5.3 m/min，正常 4.5 m/min |
| 风箱数量 | 26 个 |
| 生球处理量 | 700 t/h |
| 物料粒度 | 8~16 mm |
| 料层厚度 | 400 mm，含 80 mm 厚度铺底料 |

**表 6-19 焙烧机的各段长度、面积及球团停留时间**（正常机速时）

| 项目 | 干燥段 | | 预热段 | 焙烧段 | 均热段 | 冷却段 | | 总计 |
|---|---|---|---|---|---|---|---|---|
| | 鼓干段 | 抽干段 | | | | 一冷段 | 二冷段 | |
| 长度/m | 15 | 15 | 24 | 39 | 9 | 39 | 15 | 156 |
| 面积/$m^2$ | 60 | 60 | 96 | 156 | 36 | 156 | 60 | 624 |
| 停留时间/min | 3.33 | 3.33 | 5.33 | 8.67 | 2.0 | 8.67 | 3.33 | 34.6 |

**表 6-20 焙烧机生产酸性球团矿时**（$R$=0.34）**的热工参数** （℃）

| 项目 | 鼓干段 | 抽干段 | 预热段 | 焙烧段 | 均热段 | 一冷段 | 二冷段 |
|---|---|---|---|---|---|---|---|
| 炉罩温度 | 85~115 | 335~350 | 550~950 | 1180~1235 | 1180 | 1200~600 | 280~300 |
| 风箱温度 | 250~285 | 95~120 | 100~135 | 250~450 | 450 | 30 | 30 |

**表 6-21 焙烧机生产碱性球团矿时**（$R$=1.0）**的热工参数** （℃）

| 项目 | 鼓干段 | 抽干段 | 预热段 | 焙烧段 | 均热段 | 一冷段 | 二冷段 |
|---|---|---|---|---|---|---|---|
| 炉罩温度 | 85~110 | 335~350 | 550~950 | 1150~1225 | 1150 | 1150~600 | 约 285 |
| 风箱温度 | 250~270 | 95~120 | 100~135 | 250~450 | 450 | 30 | 30 |

B 设备组成

带式焙烧机由焙烧机本体、润滑系统、整体炉罩系统、布料系统及台车吊具等部分组成。其中，焙烧机本体包括：铺底铺边料装置、台车装配、落棒密封装置、吸风装置、1 号灰箱、2 号灰箱、头部星轮装配、头部骨架、中部骨架、尾部骨架、尾部密封罩、尾部移动装置、台车挠度检测装置、黏结矿清扫装置、水冷系统、卸料矿槽及传动装置等。

a　铺底铺边料装置

本装置由上料槽、中部料槽、扇形闸门调整装置、漏斗和压力传感器等组成。

上料槽分别用 4 个压力传感器及相关支座支撑在厂房的梁上。生产中底边料仓需保持一定料位（约为料仓容积的 80%），是通过压力传感器传出的信号来控制输送铺底铺边料的胶带机实现的。

中部料槽用螺栓固定在头部骨架上，并装有通过控制扇形闸门的开口度来调节给料量的手动调节机构。

通过电动传动装置控制外侧门的上下调整，实现台车上铺底料层厚度在 0~100 mm 的范围内，通过手动装置调节铺边料。

b　台车装配

台车装配主要由车体、端梁、下栏板、上栏板、端部箅条、中部箅条、箅条插销、密封板、防磨板、车轮轴、密封装置、啮辊轴承等零部件组成。

c　落棒密封装置

落棒密封装置吊挂安装在炉罩系统侧墙下部，通过落棒装置与台车两侧密封板滑动接触，实现对焙烧机工作区域的密封。落棒装置分为单落棒与双落棒两种：鼓风干燥段、抽风干燥段、预热段、焙烧段及均热段采用单落棒；一、二冷段采用双落棒密封，并设有气封系统，以保证罩内高温气体不外逸。

d　骨架

焙烧机骨架由头部骨架、中部骨架、尾部骨架组成，是承载焙烧机各部件的主体结构框架。

骨架内包含台车运行的轨道及弯道，其中轨道分上下轨道、弯道分头尾弯道。台车在封闭的水平轨道和头尾弯道上运行。

e　头部星轮装配

头部星轮装配安装于焙烧机头部骨架内，由头部驱动齿板、驱动主轴及相关附件组成。主轴驱动端安装传动装置，通过齿板驱动台车啮辊，实现台车在弯道及轨道上的运动，最终实现对物料的运输。

f　尾部移动装置

尾部移动装置安装于焙烧机尾部骨架内，采用水平移动架型式，用以吸收台车在升温过程中的热胀伸长量，实现对头尾链轮中心距的自动调整。

尾部移动架由尾部链轮、链轮轴、水平移动架、移动架托轮组、移动灰箱、重锤平衡装置、导向装置及液压千斤顶等组成。

尾部链轮的轴承座安装在水平移动架上，移动架通过托轮组，吊挂支承在尾部骨架上，可随台车热胀冷缩而前后移动。导向装置可保证移动装置左右两侧协调一致的动作：质量可调的重锤平衡装置将移动架向头部方向拉紧，使台车相互靠紧，用以减少台车间的非正常拉缝，减少散料和漏风。

#### 6.5.2.6 风机的主要参数

带式焙烧机用风机的主要参数见表6-22。

**表6-22 带式焙烧机用风机的主要参数**

| 风机 | 台数 | 工作温度范围/℃ | 全压/Pa | 工况风量/$m^3 \cdot h^{-1}$ | 功率/kW |
|---|---|---|---|---|---|
| 炉罩风机 | 1 | 70~160 | 6000 | 930000 | 2240 |
| 鼓干风机 | 1 | 170~350 | 7700 | 1250000 | 3500 |
| 主抽风机1 | 1 | 120~270 | 7500 | 1230000 | 3500 |
| 主抽风机2 | 1 | 120~270 | 7500 | 1230000 | 3500 |
| 回热风机 | 1 | 300~500 | 7800 | 1800000 | 5500 |
| 冷却风机 | 1 | ≤40 | 7500 | 1800000 | 5300 |

## 6.6 链箅机-回转窑与带式焙烧机工艺对比

一般来说，带式焙烧机与链箅机-回转窑工艺均能生产出优质球团矿，在质量上无明显区别，但两者具有不同的技术特点，带式焙烧机与链箅机-回转窑工艺特点对比见表6-23。链箅机-回转窑工艺分别采用了链箅机、回转窑和环冷机三大主体设备来完成干燥、预热、焙烧、冷却等工艺过程，对燃料适应性好，球团质量均匀，但因涉及预热球团转运和滚动焙烧，粉末量更多，易发生回转窑结圈；相比而言，在带式焙烧机工艺中，球团干燥、预热、焙烧、冷却过程仅在一台设备上进行，设备更加简单、可靠，热效率高，单机能力大，便于实现智能化；而且，球团与带式焙烧机保持相对静止，对预热球团强度要求不高，粉末率大大降低，不会产生链箅机-回转窑工艺中的结圈及大块问题，从而使球团生产操作难度明显降低，作业率可提高到92%以上。

**表6-23 带式焙烧机与链箅机-回转窑工艺特点对比**

| 项目 | 带式焙烧机 | 链箅机-回转窑 | 技术特点 |
|---|---|---|---|
| 单机能力 | 最大产量为925万吨/年 | 最大产量为600万吨/年 | 带式焙烧机的适度产能规模为300万吨/年以上；回转窑的适度产能规模为60万~300万吨/年 |
| 主机数量 | 1台 | 3台 | 由于带式焙烧机具有流程紧凑集约、热量耗散低、余热循环利用充分、热能利用效率高等优点，因此其工程占地少，工序能耗低，粉尘排放少 |

续表 6-23

| 项目 | 带式焙烧机 | 链算机-回转窑 | 技术特点 |
|---|---|---|---|
| 原料适应性 | 强 | 一般 | 带式焙烧机适用于磁铁矿、赤铁矿等多种原料条件；回转窑主要以磁铁矿为主，赤铁矿焙烧工艺难度大，设备适用性、可靠性和耐久性不如带式焙烧机 |
| 燃料适应性 | 气体或液体燃料 | 固体、气体或液体燃料 | 带式焙烧机工艺一般采用较高热值的气体燃料（如焦炉煤气、天然气、合成煤气等），需要有充沛的高热值气体燃料的供应保障；回转窑一般采用煤粉作为燃料，具有较好的燃料适用性 |
| 球团焙烧状态 | 静止 | 滚动 | 带式焙烧机工艺球团静止焙烧，球团破碎和粉末较少、球团成品率高；回转窑工艺球团滚动焙烧，且球团需要转运，易产生粉料和造成回转窑结圈，球团破碎和粉末较多 |
| 生产运行操作 | 便捷 | 较复杂 | 带式焙烧机自动化控制程度高，可实现精准调控，操作运行稳定，无结圈、黏结等故障，设备检修维护工作最小；回转窑工艺流程长，热能利用效率低，热工响应速度慢，工艺调整复杂，设备检修维护工作量较大 |
| 工程建设投资 | 较高 | 较低 | 带式焙烧机工艺装备要求较高，自动化控制水平高，工程建造投资相对较高；回转窑工艺装备技术成熟，主机已全部实现国产化，工程建造投资相对较低 |

根据全国烧结球团信息网的数据，2023 年国内带式焙烧机球团生产工艺的平均工序能耗为 19.1 kgce/t，远低于链算机-回转窑和竖炉球团生产工艺的平均工序能耗。其中，包钢 624 $m^2$、首钢京唐 504 $m^2$ 和马钢 504 $m^2$ 带式焙烧机的工序能耗更是低至 18 kgce/t 以下。2023 年不同球团生产工艺的平均工序能耗对比如图 6-15 所示。

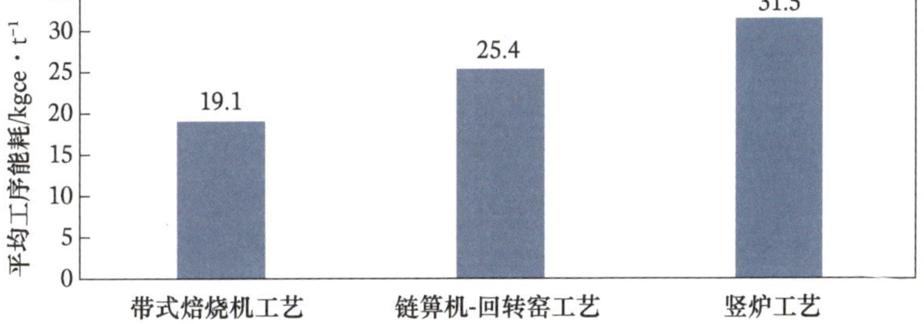


图 6-15 2023 年不同球团生产工艺的平均工序能耗对比

因此，大力发展带式焙烧机工艺、促进装备大型化智能化发展，将为球团实现绿色低碳高效生产提供强有力的支撑，是今后球团行业发展的重要方向之一[14,15]。

近几年带式焙烧机在国内得到快速推广，河钢唐钢、首钢京唐公司、包钢、马钢、三明钢铁等多家钢铁企业都先后建设了带式焙烧机球团生产线。随着国内带式焙烧机的普及和生产技术的成熟，为带式焙烧机生产竖炉氢冶金球团矿打下了良好基础，带式焙烧机+氢冶金竖炉的工艺组合必将成为我国氢冶金的一种重要生产模式[25-30]。

## 6.7 氢冶金球团矿的冶金性能评价方法

氢冶金竖炉还原与高炉冶炼虽然都是还原过程，但是工艺不同，炉内的还原气氛和还原过程不同[30,31]。如果还用高炉球团矿的冶金性能评价方法来检测，是不能真正反映球团矿在氢冶金竖炉内的真实性能的，是不合适的。目前国内还没有出台可执行的评价氢冶金球团冶金性能的相关标准。张宣科技参考国外氢冶金球团矿冶金性能的检测方法，并结合竖炉氢冶金的理论与生产实践，摸索出了一套氢冶金球团矿冶金性能的评价方法。采用此方法对球团矿冶金性能进行检测评价，并据此指导球团生产，所产球团矿较好地满足了氢冶金竖炉生产。实践表明，这套氢冶金球团矿冶金性能的评价方法是可行的。

球团矿在氢冶金竖炉内与高炉内的还原气氛不同，因此，检测氢冶金球团矿的还原性能必须是在与氢冶金竖炉的还原性气氛相近的条件下进行才具有代表性。张宣科技氢冶金球团矿冶金性能检测的气氛条件见表 6-24。

表 6-24 氢冶金球团矿还原性能检测的气氛条件

| 成分 | 组成（体积分数）/% |
|---|---|
| $H_2$ | 60 |
| $CH_4$ | 10 |
| CO | 8 |
| $CO_2$ | 4 |
| $N_2$ | 18 |

### 6.7.1 抗压强度

氢冶金球团矿抗压强度的检测流程是取 22 个粒径为（12±0.50）mm 的成品氧化球团，按国家标准 GB/T 14201—1993 测定氧化球团矿抗压强度。测试完成后，去掉最高值和最低值，其余取平均值记为实验成品氧化球团矿的抗压强度，单位：N。

### 6.7.2 还原性

氢冶金球团矿还原性测定的实验步骤如下：

(1) 将焙烧后的氧化球团矿在干燥箱中烘干 4 h 后取出，称取 (500±1) g 装入反应管中；

(2) 将反应管放入还原炉中，还原炉开始升温，控制自动升温速率为 10 ℃/min，炉料温度升高至 200 ℃后，向反应管内通入 5 L/min 的 $N_2$，在 $N_2$ 保护下继续升温，直到升至实验还原温度并保持该温度恒定；

(3) 炉料温度升至指定还原温度并稳定后，开始通入还原气体 15 L/min (气体组分见表 6-24)，每分钟记录一次还原失重；

(4) 直到还原失重不再变化之后，关闭还原气体，通入 8 L/min 的氮气，将反应管从炉中取出，冷却至室温；

(5) 实验结果可以用还原率对时间的曲线来描述。

还原率定义如下：

$$R = \frac{O_{2,rem}}{O_{2,red}} \times 100\% \tag{6-2}$$

式中 $R$——还原率,%；

$O_{2,rem}$——试样中被还原夺去的氧量，g；

$O_{2,red}$——试样中可还原氧量，g。

可还原氧量用式 (6-3) 计算：

$$O_{2,red} = \frac{W_O}{W_{Fe}} \times (1.5 \times TFe - 0.5Fe^{II}) \tag{6-3}$$

式中 $W_O$——氧的相对分子质量，16；

$W_{Fe}$——铁的相对分子质量，55.58；

TFe——试样中全铁含量 (质量分数),%；

$Fe^{II}$——试样中二价铁含量 (质量分数),%。

试样中被还原夺去的氧量可根据试样失重来计算。

可用式 (6-4) 计算还原率：

$$R = \left(1 - \frac{W}{W_1}\right) \times \frac{10^4}{O_{2,red}} \tag{6-4}$$

式中 $W$——试样质量 (时间的函数)；

$W_1$——试样的初始质量。

一般地，实验数据符合一级反应动力学模型。反应速率表达式为：

$$\frac{dR}{dt} = k \cdot (1 - R) \tag{6-5}$$

式中 $k$——速率常数；

$t$——时间，min。

将式（6-5）积分得：

$$\ln \frac{1}{1-R} = k \cdot t \tag{6-6}$$

将 $\ln[1/(1-R)]$ 对时间作图，得到一条直线，直线的斜率为 $k$。$k$ 值越大，说明球团矿的还原性越好。把 $k$ 乘以 100 所得值，定义为还原性指数。

### 6.7.3 还原膨胀性

氢冶金球团矿还原膨胀性测定的实验步骤如下：

（1）将焙烧后的氧化球团在干燥箱中烘干 4 h 后取出，随机挑选 18 颗氧化球团；

（2）随机多次测量每个氧化球团的直径，并计算出其平均直径，假定球团为均匀的圆球，利用体积计算公式计算平均体积 $V_0$；

（3）将球团依次按顺序放入吊篮中，吊篮中共 3 层每层 6 颗球团，随后将吊篮放入反应管中，将反应管置入还原炉开始升温，控制自动升温速率为 10 ℃/min，炉料温度升高至 200 ℃后，向反应管内通入 5 L/min 的 $N_2$，在 $N_2$ 保护下继续升温，直到升温至实验还原温度（950 ℃）并保持温度恒定；

（4）炉料温度升高至实验温度并稳定后，开始通入还原气体 15 L/min，还原气体组分见表 6-24，直到还原达到终点；

（5）还原结束后，关闭还原气体，通入 8 L/min 的 $N_2$，将反应管从炉中取出，还原后球团随反应管冷却至室温；

（6）取出还原后的球团矿称重，多次测量还原后球团直径，计算其平均直径和平均体积 $V_1$，计算还原膨胀率，该方法在测定直径时会存在一定误差，取决于球团是否足够圆，因此实验结果可能略有出入。

### 6.7.4 还原黏结性

氢冶金球团矿还原黏结性测定的实验步骤如下：

（1）将焙烧后的氧化球团在干燥箱中烘干 4 h 后取出，称取（500±1）g，放入坩埚后置入反应管中；

（2）将反应管放入荷重还原炉中开始升温，控制自动升温速率为 10 ℃/min，炉料温度升至 200 ℃后，向反应管内通入 5 L/min 的 $N_2$，在 $N_2$ 保护下继续升温，直到升温至实验还原温度并保持温度恒定；

（3）炉料温度升至实验温度并稳定后，开始通入还原气体 10 L/min，还原气体组分见表 6-24，为了模拟料柱压力，在炉料料面上部施加 0.155 MPa 的载荷压力；

（4）直到还原达到终点后，关闭还原气体，卸掉载荷压力，通入 8 L/min 的 $N_2$，将反应管从炉中取出，冷却至室温；

（5）取出还原后的炉料进行称重，将相互黏结的球团矿进行落下实验，并计算黏结指数（*SI*）。

黏结指数的计算方法如下：对还原后样品中相互黏结的球团矿进行称重，并在 1 m 的高度处落下 20 次。每次落下后，对仍然黏结的部分进行称重并记录，然后用每次落下后黏结的球团矿质量对应落下次数作图。黏结指数的定义为图 6-16 中曲线下面积所占整个图中的百分比，当还原后的球团矿样品中无黏结现象发生时，则黏结指数为 0；当落下 20 次后球团黏结部分的质量无变化，则认为此时球团矿还原后的黏结指数为 100%。黏结指数越高代表球团黏结越紧密，不利于实际生产。

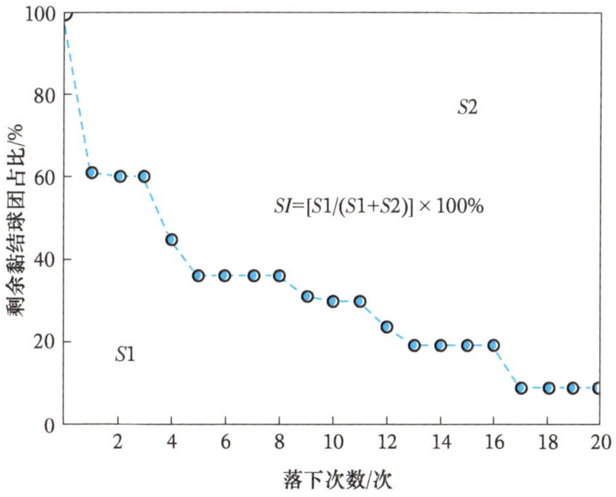


图 6-16 黏结指数计算示意图

### 6.7.5 低温还原粉化

氢冶金球团矿低温还原粉化测定的实验步骤如下：

（1）将焙烧后的氧化球团矿在干燥箱中烘干 4 h 后取出，称取（500±1）g 并数出球团总数，随后装入反应管中；

（2）将反应管放入还原炉中，还原炉开始升温，炉料温度升至 200 ℃后，通入 5 L/min 的 $N_2$，在 $N_2$ 保护下继续升温；

（3）炉料温度升至 500 ℃并稳定后，开始通入还原气体 15 L/min，还原气体组分见表 6-24，还原时间 2 h；

(4) 直到还原实验结束后，关闭还原气体，通入 8 L/min 的 $N_2$，将反应管从炉中取出，冷却至室温；

(5) 取出还原后炉料称重，放入转鼓中，以 18r/min 的转速旋转共 300 r，取出后依次过 6.3 mm 和 3.2 mm 圆孔筛，随后数出完整球团数量，计算低温还原粉化指数（*LTD*）。

低温还原粉化指数是一个质量分数，由下式计算得出：

$$LTD_{+6.3} = (m_1/m_0) \times 100\% \tag{6-7}$$

$$LTD_{up} = (n_2/n_1) \times 100\% \tag{6-8}$$

式中 $m_0$——当试样中铁的氧化物还原到 $Fe_3O_4$ 阶段时，试样的理论质量，g；

$m_1$——用 6.3 mm 的筛子进行筛分后，筛上部分的质量，g；

$n_1$——初始球团个数；

$n_2$——最后没有破碎的球团个数。

HYL 条件下气基竖炉低温还原粉化指标中，$LTD_{+6.3}$ 是一个比较好的评价球团矿还原粉化趋势的指数，此值越高，球团矿在还原过程中的强度越好，对氧化球团矿来说，此值应该大于 80%才可以被接受；$LTD_{up}$ 也是一个较好的评价球团矿在还原过程中强度的指数，此值越高，球团矿在还原过程中的表现越好，此值应该大于 60%才可以被接受。

## 6.8 本章小结

本章对氢冶金球团矿的生产工艺和装备进行了系统介绍，提出了氢冶金竖炉所用球团矿的质量要求，对生产氢冶金球团矿所需原燃料、造球机理、工艺流程、主要装备及球团矿质量性能检测方法等进行了详细介绍。

(1) 根据张宣科技 HyMEX 焦炉煤气零重整竖炉氢冶金的生产经验，提出了氢冶金所用球团矿的质量标准。

(2) 对生产氢冶金球团矿所需的原燃料进行了分类介绍，阐述了原燃料理化性能对造球的影响，明确了氢冶金球团矿生产对原燃料的质量要求。

(3) 按工艺流程介绍了球团矿的生产过程。造球原料准备重点介绍了细磨、润磨、干燥、混匀等加工预处理工艺，配矿重点介绍了配矿方式和配矿原则。生球造球重点介绍了水分对造球的影响及生球的成球机理。球团焙烧重点介绍了干燥、预热、焙烧、均热、冷却等热工控制环节，对每个焙烧段的反应机理和反应过程进行了说明。

(4) 以张宣科技的链箅机-回转窑球团生产线和唐钢新区的带式焙烧机球团生产线为典型案例，对链箅机-回转窑和带式焙烧机这两种主要球团生产工艺进行了系统介绍，并对工艺特点及工序能耗情况进行了对比。

（5）氢冶金竖炉与高炉冶炼存在巨大工艺差距，还原气氛不同，对球团矿的性能要求必然存在差别。根据张宣科技竖炉氢冶金实际的生产情况，给出了氢冶金球团矿冶金性能的检测气氛条件和检测方法。

## 参 考 文 献


[1] 王新东，赵志龙，李传民，等．基于富氢焦炉煤气零重整的氢冶金工程技术［J］．钢铁，2023，58（5）：11.

[2] 范广权．球团矿生产技术问答［M］．北京：冶金工业出版社，2010.

[3] 包丽明，吕国成，杨林，等．炼铁原料生产与操作［M］．北京：化学工业出版社，2015.

[4] 张汉泉，罗立群．烧结球团理论与工艺［M］．北京：化学工业出版社，2018.

[5] 张一敏．球团矿生产技术［M］．北京：冶金工业出版社，2005.

[6] 刘刚亮，高 斌．润磨比对生球质量影响的研究［J］．河北冶金，2006，2：4.

[7] 朱德庆，熊守安，王昌安．大冶铁矿竖炉球团润磨工艺的研究［J］．烧结球团，2002，27（4）：15.

[8] 张汉泉，戚岳刚．辊压机在改善铁矿球团质量中的应用［J］．矿业工程，2005，3（1）：37.

[9] 张卫华，陈伟田．240 万吨/年球团厂铁精矿干燥系统的设计［J］．烧结球团，2010，35（2）：6.

[10] 彭志伟，李光辉，唐兆坤，等．改善铁精矿成球性能的研究［J］．钢铁，2008，43（12）：7.

[11] 亢立明，刘曙光，马明鑫，等．水分对冀东磁铁矿成球性能的影响［J］．，河北理工学院学报，2006，28（3）：18.

[12] 朱辛州，张旦，宋文武．环冷机风箱结构对球团矿抗压强度影响之初探［J］．烧结球团，2009，34（1）：8.

[13] 王新东，胡小东，胡启晨，等．河钢唐钢新区 760 $m^2$ 带式焙烧机设计特点［J］．河北冶金，2018，8：31-38.

[14] 王新东，郝良元．现代炼铁工艺及低碳发展方向分析［J］．中国冶金，2021，31（5）：1.

[15] 赵志龙，唐惠庆，郭占成．高磷铁矿气基还原冶炼低磷铁［J］．北京科技大学学报，2009，31（8）：964.

[16] 王晓磊，师学峰，胡长庆，等．高硅镁质熔剂性球团成球过程及冷态性能实验［J］．钢铁研究学报，2020，32（3）：8.

[17] 王新东，上官方钦，邢奕，等．“双碳”目标下钢铁企业低碳发展的技术路径［J］．工程科学学报，2023，45（5）：853-862.

[18] 邢奕，崔永康，田京雷，等．钢铁行业低碳技术应用现状与展望［J］．工程科学学报，2022，44（4）：801.

[19] 王新东，田京雷，宋程远．大型钢铁企业绿色制造创新实践与展望［J］．钢铁，2018，

53 (2): 1.
[20] 王新东. 河钢新发展阶段技术升级的路径与措施 [J]. 河北冶金, 2022, 1: 1.
[21] 张文强, 肖洪, 高冰, 等. 唐钢 1 号高炉高比例球团矿冶炼工业试验 [J]. 炼铁, 2019, 38 (2): 13.
[22] 王新东, 李建新, 刘宏强, 等. 河钢创新技术的研发与实践 [J]. 河北冶金, 2020, 2: 1-12.
[23] 王新东, 李建新, 胡启晨. 基于高炉炉料结构优化的源头减排技术及应用 [J]. 钢铁, 2019, 54 (12): 104.
[24] 王新东. "融合协同"的绿色工程管理方法及应用 [J]. 钢铁, 2022, 57 (11): 1.
[25] 周颖, 周红军, 徐春明. 中国钢铁工业低碳绿色生产氢源思考与探索 [J]. 化工进展, 2022, 41 (2): 1073.
[26] 于恒, 周继程, 郦秀萍, 等. 气基竖炉直接还原炼铁流程重构优化 [J]. 中国冶金, 2021, 31 (1): 31.
[27] 干勇. 钢铁生产流程发展及先进钢铁材料研究的展望 [J]. 宝钢技术, 2007, 1: 1.
[28] 王新东, 侯长江, 田京雷. 钢铁行业烟气多污染物协同控制技术应用实践 [J]. 过程工程学报, 2020, 20 (9): 997.
[29] 王新东, 胡启晨, 张晓冬. 发挥铁前系统潜力 赶超行业先进水平 [J]. 河北冶金, 2022, 7: 1.
[30] 张奔, 赵志龙, 郭豪, 等. 气基竖炉直接还原炼铁技术的发展 [J]. 钢铁研究, 2016, 44 (5): 59.
[31] 李娜, 郄亚娜, 张淑会, 等. 气基竖炉直接还原工艺发展现状与展望 [J]. 炼铁, 2024, 43 (6): 6.

# 7 竖炉氢冶金公辅系统

公辅系统是指支持氢冶金工厂主要生产活动的辅助系统和设施。公辅系统虽然不直接参与生产过程，但对于确保生产线的正常运行、提高效率和保障安全至关重要。竖炉氢冶金公辅设施的布置力求做到格局紧凑、流程顺畅、运距短捷、功能分区明晰[1]。本章对竖炉氢冶金工厂的一些主要公辅系统进行详细介绍。

## 7.1 给排水及水处理设施

### 7.1.1 概述

水对竖炉氢冶金的功能和用途与传统高炉炼铁存在很大差异。在传统高炉炼铁工艺中，水的主要功能是设备冷却和消防介质。而在竖炉氢冶金工艺中，水的主要功能不仅是设备冷却和消防介质，更重要的是水参与重整制氢和渗碳调节反应，同时作为气体净化和制备蒸汽的能源介质。

根据水在氢冶金系统中的用途，给排水系统主要分为给水系统、循环水系统和排水系统。系统通过集中收集各工序水量、水温、水质等数据，由能源管控中心根据水质实现科学循环水错峰补排水和各类水资源梯级利用[2]。

### 7.1.2 给水系统

#### 7.1.2.1 系统分类

给水系统是指竖炉氢冶金各单体建（构）筑物的补充用水和消防用水，主要包括生产给水系统、生活给水系统、一级除盐水系统、二级除盐水系统和消防用水系统。

（1）生产给水系统，主要供竖炉氢冶金的净循环冷却水系统、浊循环冷却水系统的补充水、生产消耗用水及生产洒水等零星用水，生产给水系统由厂区管网供给。

（2）生活给水系统，主要供给竖炉氢冶金的主控楼、车间、构筑物值班室等生活用水，生活给水系统由厂区管网供给。

（3）一级除盐水系统，主要供给竖炉氢冶金的除盐水循环冷却水系统、净循环冷却水系统和浊循环冷却水系统补充水的勾兑，以及二级除盐水制备用水，除盐水给水系统由厂区一级除盐水站供水管网供给。

(4) 二级除盐水系统，主要供给竖炉氢冶金的焦炉煤气压缩机、$CO_2$ 脱除厂房和锅炉补充水用水，二级除盐水系统由厂区二级除盐水站供水管网供给。

(5) 消防用水系统，主要为竖炉氢冶金厂区发生火灾时提供的室内外消防用水，分为室外消火栓供水系统、室内高区消火栓供水系统、室内低区消火栓供水系统、自动喷淋灭火供水系统和消防水炮灭火供水系统。

竖炉氢冶金的各给水系统水质应根据工艺用水要求并结合补充水水质、工况条件及药剂处理配方等因素综合确定。

7.1.2.2 一级除盐水制备

A 工艺流程

为节约常规水资源，竖炉氢冶金工艺一级除盐水可采用生产新水、市政中水及全厂综合废水作为水源，工艺流程图如图 7-1 所示。

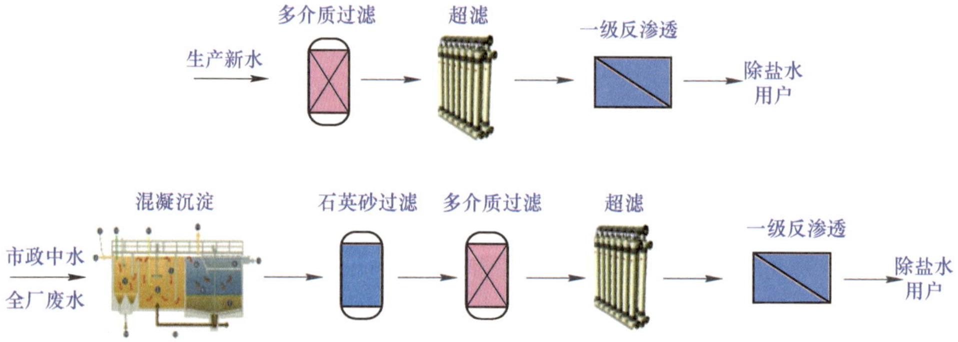


图 7-1 一级除盐水制备工艺流程图

水处理工艺包括预处理和深度处理两部分。预处理采用混凝、沉淀及石英砂过滤的处理工艺，深度处理系统采用多介质过滤、超滤和反渗透的处理工艺。反渗透产水作为一级除盐水送至氢冶金系统，回收率为 70%，反渗透浓盐水送至全厂低质用户消纳[3]。

采用生产新水作为水源的制备工艺，只需要进行深度处理，采用市政中水及全厂废水作为水源的制备工艺，需要进行预处理和深度处理。

B 操作与控制

一级除盐水制备系统配备了高水平、实用、完善的检测仪表和集中控制电仪合一的 PLC 系统，结构为集散式系统结构，以集中管理、分散控制为原则，为每一具体的工艺控制任务提供一个可靠的解决方案；其优点是系统的结构层次清楚、简单，任务分工明确，局部任何个别成员的失效既不会扩展到其他应用层，也不会影响整个系统的正常工作，从而保证了整个系统能够长期高效运行，使系统的可靠性大大提高。

7.1.2.3 二级除盐水制备

竖炉氢冶金主要制备满足该项目除盐水循环冷却水系统补充水、焦炉煤气压缩机、$CO_2$ 脱除厂房和锅炉补充水用水要求的二级除盐水。

二级除盐水制备工艺的系统产水能力为 15 $m^3/h$，系统进水为一级除盐水，系统产水为二级除盐水。

工艺流程：原水（一级除盐水）→原水箱原水泵（氢氧化钠加药）→RO 保安过滤器→RO 高压泵→反渗透装置→中间水箱→EDI 增压泵→EDI 保安过滤器→EDI 装置→二级除盐水箱→二级除盐水泵→加氨装置→二级除盐水管网，工艺流程图如图 7-2 所示。

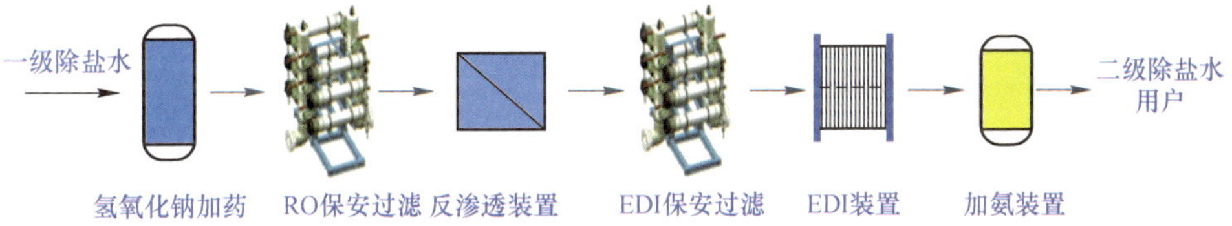


图 7-2 二级除盐水制备工艺流程图

## 7.1.3 循环水系统

竖炉氢冶金循环冷却水系统主要分为：除盐水循环冷却水系统、设备净循环冷却水系统、气体净循环冷却水系统和浊循环冷却水系统。为了减少新水消耗，补水主要通过除盐水循环冷却水系统和净循环冷却水系统进行，除冷却塔自然蒸发消耗外，系统排水通过脱氨处理后，废水进行外排。竖炉氢冶金循环水处理系统如图 7-3 所示。

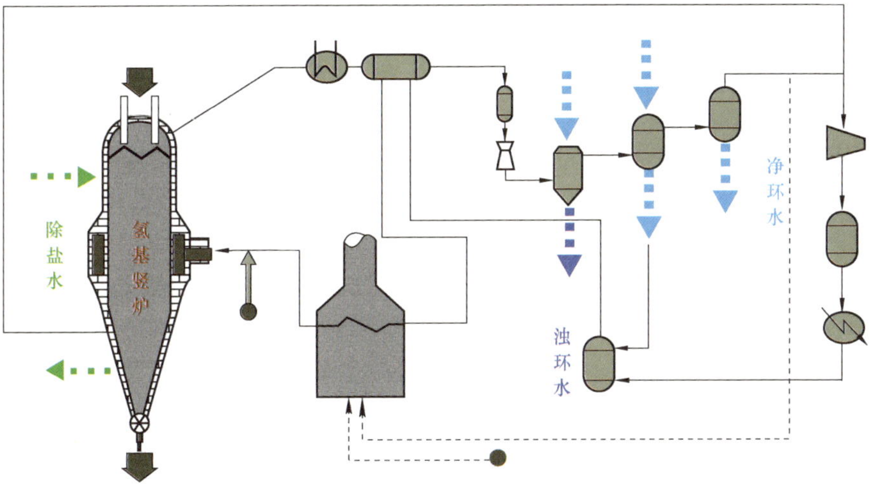


图 7-3 竖炉氢冶金循环水处理系统示意图

7.1.3.1 工艺流程

A 除盐水循环冷却水系统

除盐水循环冷却水系统也称间冷除盐水循环冷却水系统，主要用于在非接触式回路中冷却专有设备、料仓和反应器，其主要用户为竖炉夹套、竖炉其他设备等。除盐水循环冷却水系统流程如图 7-4 所示。

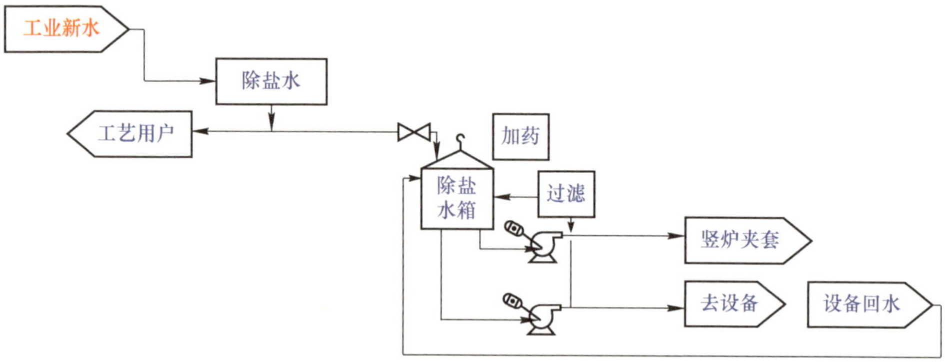


图 7-4 除盐水循环冷却水系统图

竖炉氢冶金的除盐水循环冷却水系统设置两组供水泵：竖炉夹套供水泵组、竖炉设备冷却供水泵组，每个供水泵组设有过滤器。

该冷却水系统经使用后水质未受污染，仅水温升高，经专门设置的冷却器降温后，用水泵加压送往用户循环使用。其中，补水采用厂区工业水和一级除盐水的混合进行。

为去除以上除盐水循环冷却水系统冷却过程中水与大气接触增加的灰尘，降低系统中的悬浮物含量，设置了旁滤系统，旁滤水量大于 5%。

B 净循环冷却水系统

净循环冷却水系统也称间冷开式循环冷却水系统，主要用于非接触式热交换器的降温冷却，主要用户为各个冷却设备、工艺气压缩机润滑油冷却系统、冷却气压缩机润滑油冷却系统、$CO_2$ 脱除系统、焦炉煤气压缩机站等。其中，补水采用厂区工业水和一级除盐水混合进行，该系统内设有专门的上塔冷却泵组和石英砂过滤泵组，其中的气体冷却泵组也设置在此系统中，并在其回水中设置水气分离器用以脱除回水中携带的气体。净循环冷却水系统如图 7-5 所示。

a 设备净循环冷却水系统

设备净循环冷却水系统主要为气体压缩机、液压站、冷却器等用水，使用该系统后，与经过排气后的气体净循环冷却水系统的回水，一同进入冷却塔进行冷却，再经加压泵加压循环使用。同时为保证冷却效果，另设再循环泵组将水池内部分水提升至冷却塔进行冷却降温。

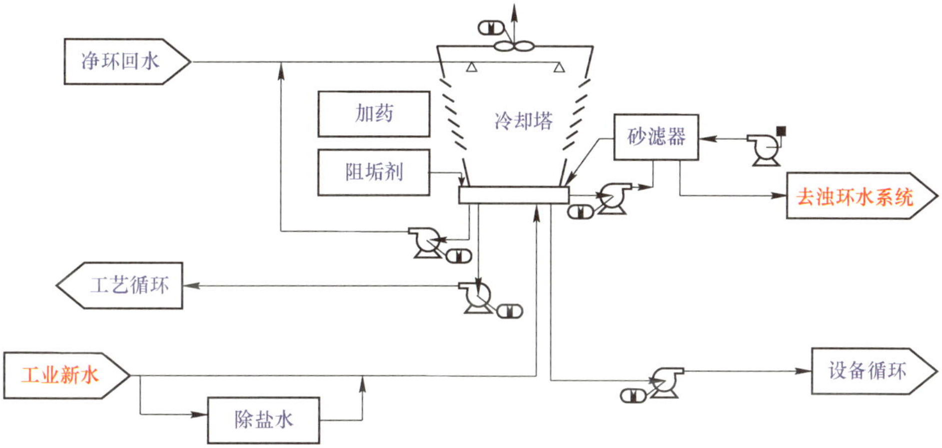


图 7-5 净循环冷却水系统图

该系统供压缩机、液压站及 $CO_2$ 脱除工厂各系统设备冷却用水，回水仅水温升高，水质未受污染，回水自流回至冷却塔进行冷却，冷却后的水再由水泵加压循环使用。

b 气体净循环冷却水系统

气体净循环冷却水系统主要为焦炉煤气激冷塔、冷却气体激冷塔、气体回路冷却等用水，此系统用于直接接触冷却 DRI 设备中处理的热气体，回水内溶解了 $H_2$、CO、$CO_2$、$CH_4$ 和 $N_2$ 等工艺气体。为保证去除溶解在水中的气体，回水先经水气分离器以脱除溶解的气体，水气分离器出水与设备净循环冷却水系统的回水一同进入冷却塔进行冷却，气体排至火炬燃烧。

该系统主要供气体回路各系统冷却用水，回水仅水温升高，水质未受污染，回水经水气分离器脱气后，自流回至冷却塔进行冷却，冷却后的水再由水泵加压循环使用。

整个净循环冷却水系统的补充水为生产新水和一级除盐水，净循环系统强制排污排至厂区排水管网。

为去除以上净循环冷却水系统冷却过程中水与大气接触增加的灰尘，降低系统中的悬浮物含量，在竖炉中心循环水泵站内设置了净环旁滤系统，旁滤水量大于 5%。

C 浊循环冷却水系统

浊循环冷却水系统也称直冷开式循环冷却水系统，主要用于通过湿法洗涤和对淬火气体进行除尘，主要用户为工艺气分离器、冷却气分离器、底气分离器、湿法除尘、泄压洗涤器等；其中，补水采用厂区工业水和一级除盐水的混合进行，该系统内每个供水泵组设有过滤器和专门的上塔冷却泵组。浊循环冷却水系统如图 7-6 所示。

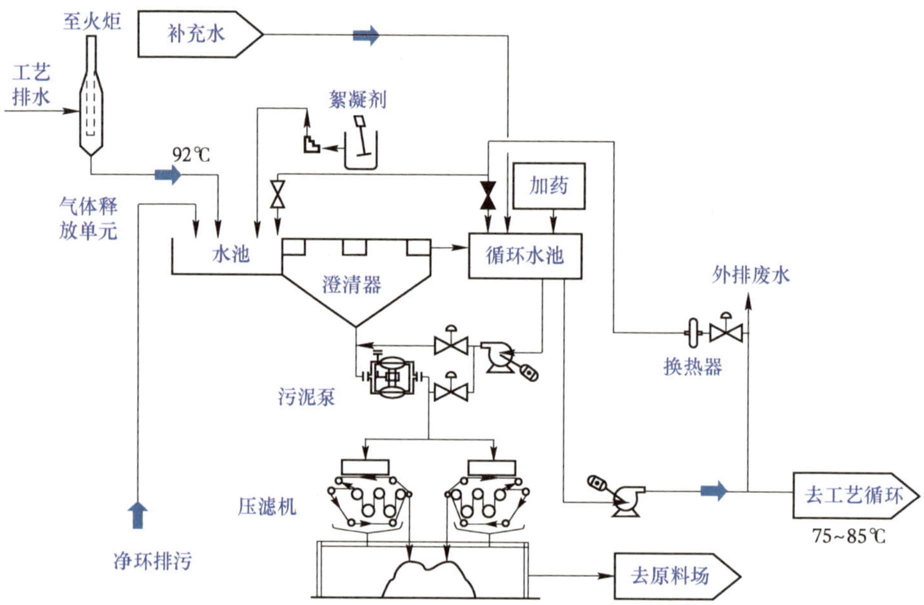


图 7-6 浊循环冷却水系统图

浊循环冷却水系统设有污泥脱除工艺，浊环水的回水通过水气分离器、高效沉淀器、污泥浓缩池、板框压滤机对浊环水中的废气进行脱除，污泥进行脱水、干化，脱水后的清液进行回用。

浊循环冷却水系统主要供给煤气、除尘器洗涤等用水，根据用户用水要求，分高压供水和低压供水两部分。因回水温度过高（约 100 ℃），经水气分离器与部分低压回水混合脱气与降温后，进入高效沉淀器，经加药沉淀后出水至浊循环热水池，由水泵加压送冷却塔，经冷却后的水至浊循环冷水池，通过水泵加压供用户循环使用。

高温浊环水净化装置底部泥浆水排入泥浆调节池泵送至泥浆处理间压滤，滤液返回到循环水系统中，泥饼暂时储存，定期送至渣场。

该系统的补充水为生产新水及一级除盐水，系统排污水中含有氨，经脱氨处理后排至厂区生产排水管网。

7.1.3.2 设备配置

A 循环水处理系统设备配置

循环水处理系统主要包含：除盐水循环冷却水系统、设备净循环冷却水系统、气体净循环冷却水系统和浊循环冷却水系统。

a 除盐水循环冷却水系统

除盐水循环冷却水系统主要为竖炉夹套、竖炉设备冷却用水，该系统经使用后由板式换热器降温送至除盐水循环水池，经加压泵加压循环使用。

竖炉水冷夹套供水泵组 2 台，开 1 备 1，此泵组需提供应急电源，出水总管设自清洗管道过滤器 1 台。

竖炉水冷设备供水泵组 2 台，开 1 备 1，此泵组需提供应急电源，出水总管设自清洗管道过滤器 1 台。

旁滤供水泵 1 台，常开，此系统设浅层砂过滤器 1 套。

b 设备净循环冷却水系统

设备净循环冷却水系统主要为煤气压缩机、液压站、冷却器等用水，该系统经使用后仅水温升高，与经过排气后的设备净循环冷却系统的回水一同进入冷却塔进行冷却，再经加压泵加压循环使用。同时为保证冷却效果，另设上塔泵组将水池内部分水提升至冷却塔再进行冷却降温。

DRP 设备冷却供水泵组 3 台，开 2 备 1，出水总管设自清洗管道过滤器 1 台。

公辅供水泵组 2 台，开 1 备 1，出水总管设自清洗管道过滤器 1 台。

再循环冷却供水泵组 3 台，开 2 备 1。

净循环旁滤供水泵 2 台，常开，此系统设浅层砂过滤器 2 套。

冷媒水供水泵 2 台，开 1 备 1，出水总管设自清洗管道过滤器 1 台。此泵组主要为除盐水循环冷却水系统的板式换热器提供冷媒水，同时也为脱氨系统提供冷媒水。

c 气体净循环冷却水系统

气体净循环冷却水系统主要为焦炉煤气激冷塔、冷却气体激冷塔、气体回路冷却等用水，此系统用于直接接触冷却 DRI 设备中处理的热气体，回水内溶解了 $H_2$、CO、$CO_2$、$CH_4$ 和 $N_2$ 等工艺气体。为保证去除溶解在水中的气体，回水先经水气分离器以脱除溶解的气体，水气分离器出水与设备净循环冷却水系统的回水一同进入冷却塔进行冷却，气体排至火炬燃烧。

气体冷却供水泵组 3 台，开 2 备 1，出水总管设自清洗管道过滤器 1 台。

d 浊循环冷却水系统

浊循环冷却水系统主要为湿法除尘洗涤器、DEP 洗涤器、气体回路激冷孔板、分离塔等用水，根据用户要求，分高压及低压供水。浊循环冷却水系统的回水经水气分离器脱气后与湿法除尘洗涤回水共同进入高效沉淀器，经高效沉淀器处理合格后自流至浊循环热水池，经上塔泵提升至冷却塔降温回至浊循环冷水池，经供水泵组加压循环使用。另外，浊循环冷却水系统的部分水送至脱氨系统进行脱氨处理。

浊循环低压供水泵组 2 台，开 1 备 1，出水总管设自清洗管道过滤器 1 台。

浊循环高压供水泵组 2 台，开 1 备 1，出水总管设自清洗管道过滤器 1 台。

浊循环上塔供水泵组 2 台，开 1 备 1。

B 循环水泵房的其他设备

a 水气分离装置

水气分离装置：净循环冷却水系统的水气分离装置1套；浊循环冷却水系统的水气分离装置1套。

为脱除循环水系统回水中的杂质气体，将高温高压、富含 $H_2$ 和 CO 等还原性气体的冷却水接入水气分离装置，高压水转为常压水，释放废气后再进行冷却循环。脱气装置设压力检测、调节放散阀及备用排气口，应对排气管路堵塞或释放气体量异常增加的危险情况。

b 起重设备

水泵房内设起重机1台，用于设备的安装和检修。

c 加药装置

为保证循环水系统的水质稳定，防止在各冷却设备中产生结垢、腐蚀及菌藻的生长，分别在上述各系统中投加缓蚀阻垢剂和杀菌灭藻剂，每套加药装置均配有溶药箱、搅拌机及计量泵，缓释阻垢剂及杀菌灭藻剂选用液体桶装药剂。

d 冷却设备

净循环冷却水系统设有逆流式钢筋混凝土冷却塔3台，用于冷却来自设备净循环冷却水系统、气体净循环冷却水系统、板换冷媒水等系统的循环回水。

浊循环冷却水系统设有逆流式钢筋混凝土冷却塔2台，用于冷却来自浊循环冷却水系统的循环回水。

除盐水循环冷却水系统设板式换热器2台，用于冷却来自除盐水循环冷却水系统的循环回水。

冷却塔、空冷器风机启、停既可在控制室集中控制（且在控制室LCD屏幕上显示每台冷却塔的运行状况），也可机旁就地操作，机旁就地操作设在冷却塔顶部电动机附近，供风机维修及调试使用。当冷却塔风机检修及调试时，就地选择开关选择到检修位，机旁和控制室集中控制均不能启动风机，以确保人身安全。

冷却塔运行中，若电源、电压、电流、风机齿轮箱油温、振动、噪声等发现异常情况时，应停机检查，排除故障后再开机。

冷却塔投入运行前，应仔细清除管道、塔顶配水槽、塔底和水池，塔内填料等附着的杂物和污垢并清洗，防止运行时发生堵塞。

e 潜水排污泵

泵房管沟内设置3个集水坑，坑内各设有潜水排污泵1台，用于将管沟内的积水排至外网。潜水排污泵可根据坑内高、低液位自动开启和停止，并在高液位发出声光报警信号。

C 泥浆处理间的主要设备配置

泥浆处理间主要处理浊循环冷却水系统的废水，主要包括高效沉淀器、泥浆泵站及加药间、污泥处理间。

泥浆处理间主要工艺流程为：来自高效沉淀器的污泥进入泥浆调节池，由污泥泵打入板框压滤机，压缩后的污泥由汽车外运，滤液水自流入污泥间一层的集水池，由泵打入高效沉淀器进水槽回用。

(1) 高效沉淀器共5台，自带控制箱。

(2) 压滤机进泥泵共3台，开2备1。

(3) 泥浆搅拌器共2台。

(4) 高效沉淀器配套加药设备2套，自带控制箱。

(5) 泥浆泵站及加药间设起重机1台。

(6) 板框压滤机共3台，自带控制箱。

(7) 污泥间二层设起重机1台。

(8) 自控自吸泵共3台，开2备1，主要负责将滤液水提升至高效沉淀器，进行回用处理。自控自吸泵在循环水泵站控制室及就地设自动及手动控制，并设液位控制，高水位时水泵启动，最高水位时备用泵启动，低水位时水泵停止。一台压滤机投入使用时，对应一台自控自吸泵投入使用。滤液池在操作室及就地设液位显示。

(9) 潜水排污泵。泥浆泵站内设置1个集水坑，坑内设有潜水排污泵1台，用于将管沟内的积水排出。潜水排污泵可根据坑内高、低液位自动开启和停止，并在高液位发出声光报警信号。

(10) 泥浆池有水位显示装置，并在最高最低水位时设声光报警，显示仪表设在循环水泵站操作值班室内。

7.1.3.3 操作与控制

A 监控及操作要求

a 主要用电设备

(1) 所有水泵均采用中心泵站控制室集中操作，以及机旁手动操作。在中控室设有DCS程序控制，并有LCD屏幕显示运行状态，并可进行键盘控制操作。当机旁操作时，控制室操作无效。

(2) 工作泵与备用泵互为连锁。当工作泵发生故障时，备用泵自动投入运行。

(3) 各循环系统供水泵组的出水管道上设有流量、压力检测仪表，传送至中心泵房控制室进行显示。

(4) 机电一体化设备自带电控箱，采用机旁手动控制，设备电控箱以网线形式与系统通信，运行、故障及报警信号传至中心循环水泵站控制室显示及报警。

(5) 水泵高压电机配防潮加热器。防潮加热器必须在电机停车状态下加热且有连锁保护，启泵时必须先切断加热器。由电气专业巡检人员定期检测，定期加热，加热器需要远程控制。

（6）柴油机应定期进行检查及保养性运转，一般为每星期1次，每次1~2 h，使柴油机时刻保持最佳备用状态。柴油机供油靠泵站内所设油箱供给，柴油的贮存由用户统一考虑。柴油机工作时排烟管温度较高，现场根据实际情况在排烟管附近设置高温警示防护牌，提醒工人作业时注意避让，避免造成人员、物品的损伤。平时维修、保养、检验柴油机泵时，将试验用回水管上的阀门开启，与加热炉净循环供水总管连接管道上的阀门关闭，使柴油机泵的出水回流至水池。

b 吸水井

（1）各吸水井设有液位指示仪表，所有信号送至中心控制室显示、连锁。

（2）各吸水井内均设有补水管，各补水管上均设有电动蝶阀，阀门启闭与吸水井液位连锁。当吸水井液位低于开阀水位时，电动阀打开补水；当吸水井液位高于关阀水位时，电动蝶阀关闭停止补水。

（3）补水管道上设有流量计，流量信号传至控制室显示并可记录、累计补水量。操作人员应经常检测吸水井水质，在保证水质的前提下，可适当进行调整。

（4）现场调试人员调整补水管道的手动、电动阀门，使得补水量与水泵送至用户水量、系统强制排污管达到平衡，避免造成补水量不足或者生产新水浪费。

c 其他

（1）泵房内、外设有正常及事故照明，冷却塔设有避雷装置和照明设施。

（2）为保证泵站内系统各设备正常运行，操作人员应定期巡视，加强对设备的维护和管理。

（3）运行管理、操作人员必须熟悉本工程处理工艺和设施、设备的运行要求，在进行操作、检修时必须严格按照安全操作规程进行。

（4）各岗位应有安全操作规程，并示于明显部位。在需要提醒注意的地方同时设置安全警示牌，特别注意以下几点：

1）泵房内的吊车操作时需按有关安全操作规程进行；

2）水泵与电机之间安装联轴器防护罩，以防人员伤害；

3）排水检查井、各类水池放空检修时，应采用机械换风措施，经监测确认安全后人员方可进入。

B 传动自动化功能描述

a 控制功能选择

所有水泵要求有下列选择功能：

（1）操作方式选择，包括控制室自动及手动、机旁手动、自动与手动切换位置在控制室；

(2) 状态选择，包括工作状态、备用状态、检修状态，设置在控制室；

(3) 循环水系统的备用泵始终处于备用启动状态；

(4) 每个泵组中的泵要求互为备用；

(5) 当控制室 DCS 掉电或故障时，所有水泵维持掉电或故障前工作状态。

b 控制方式

(1) 水泵。工作泵与备用泵互为备用，当任一台工作泵出现电气故障或流量（或压力）降至低值时，备用泵自动启动，且出现故障的工作泵自动停止并在控制室发出声光报警。

所有水泵均要求机旁手动，循环水泵房控室手动、自动、联动。

水泵总出水管上压力值降至最小值或升至最大值时发出声光报警。

(2) 各循环水池。当水位低于最低水位时，延时 1 min（可调）自动停止所有工作泵。池内水位值在泵站控制室内显示，且水位值为最高、最低值时发出声光报警。

(3) 水温值在泵站控制室内显示，最高值时发出声光报警。

C 设备连锁控制要求

(1) “机旁”状态下，操作者可在现场操作箱手动操作，HMI 键盘操作无效；“集中”状态下，操作者可在 HMI 键盘操作，现场操作箱手动操作无效。

(2) 工作泵与备用泵互为备用，当任意一台工作泵出现故障（即泵出水支管上流量降低至设定值或出现电气故障）时，备用泵自动启动，且出现故障的工作泵自动停止。

### 7.1.4 排水系统

排水系统是指竖炉氢冶金各单体建（构）筑物的排水和厂区的雨排水，主要包括生产废水排水、生活污水排水、雨水排水和外排废水脱氨。

7.1.4.1 系统分类

(1) 生产废水排水系统，主要为竖炉氢冶金的循环水系统溢流及排污，浊循环排污水经脱氨工艺处理后排至厂区生产排水管网，煤气含酚废水由含酚废水池统一收集后，由罐车外运处理或运至焦化水处理集中处理。

(2) 生活污水排水系统，主要为竖炉氢冶金内生活设施排水，排至厂区排水管网。

(3) 雨水排水系统，在竖炉氢冶金厂区道路两旁按一定距离设置雨水口，将雨水收集至雨水排水管网，经区域雨水排水管网就近排至红线外雨水排水管网[4]。

(4) 外排废水脱氨系统，主要为竖炉氢冶金产生的外排废水，先将外排废水输送到脱氨工艺系统，通过脱氨工艺处理后，将废水中的氨氮含量降低到

10 mg/L 以下后再进行排放。

7.1.4.2 脱氨工艺

A 氨氮污染物来源

目前竖炉氢冶金使用焦炉煤气作为气源，焦炉煤气中含有 5%~10%的 $N_2$ 和部分的 $CH_4$、$H_2$；进入竖炉后，$N_2$ 和 $CH_4$、$H_2$ 在高温高压环境下生产氨氮化合物，且溶于循环冷却水中，导致外排废水中含有氨氮污染物。

针对竖炉氢冶金外排废水氨氮污染物含量富集的情况，需要配套增设氨氮脱除设施。

B 脱氨系统的工艺流程

工程目前采用内流式汽提脱氨回收硫酸铵工艺（见图 7-7），主要原理是蒸汽汽提法，是一种用蒸汽将废水中的游离氨转变为氨气逸出的方法；处理机理与吹脱法一样是一个传质过程，即在高 pH 值时，使废水与气体密切接触，从而降低废水中氨浓度，传质过程的推动力是气体中氨的分压与废水中氨的浓度相当的平衡分压之差，且汽提产生的氨气经硫酸回收生成 30%硫酸铵溶液。

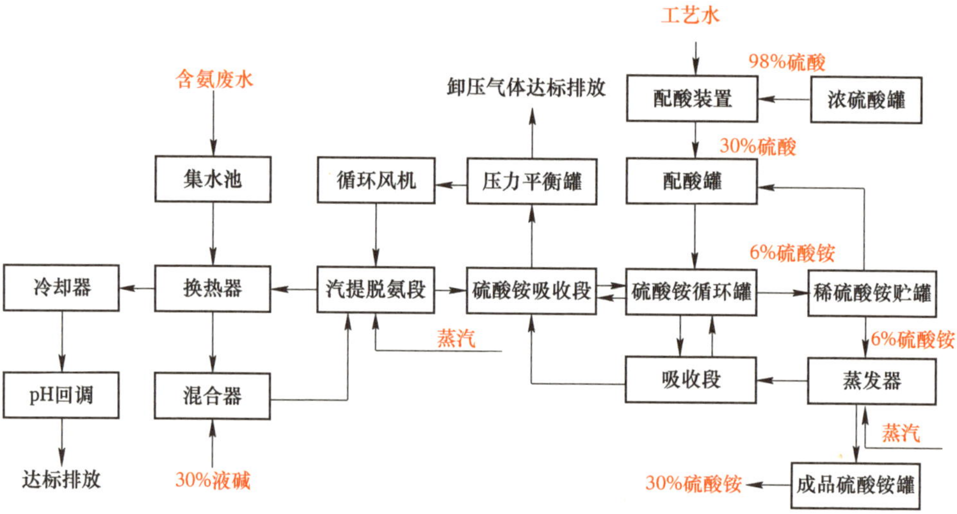


图 7-7 内流式汽提脱氨回收硫酸铵工艺流程图

浊环水由提升泵送到脱氨系统的换热系统，与塔釜出水进行换热后进入汽提脱氨塔。利用蒸汽对塔内废水加热沸腾，氨气和二次蒸汽进入硫酸铵吸收段吸收氨，同时利用硫酸和氨反应的热使温度再次提升后进入蒸汽循环机；蒸汽循环采用罗茨式风机，使蒸汽再次进入塔内作为加热蒸汽，热量不足时补充新鲜蒸汽。

进入脱氨塔的废水经塔内各层塔板向下逐级流动，在塔釜加入蒸汽的作用下，氨氮废水和蒸汽在塔内各级喷射“V-D”型塔板上进行湍流、汽化、传质，基于氨与水分子相对挥发度的差异原理，氨氮废水在脱氨塔内各层塔板上进行多次气液相平衡，脱除的氨气随蒸汽一起上升进入上段，在降低塔内氨分压的同时，为水体中分子氨持续高效脱除提供条件。废水中的氨氮在各级塔板以不同的效率被脱除进入气相后，到最后一级塔板时废水中氨氮含量降低至 10 mg/L 流入塔釜，塔釜脱氨废水经和原水换热进入浊环水系统。

塔顶氨气进入吸收塔，吸收塔分为饱和吸收段（下部）、硫酸吸收段（上部）两段。在硫酸吸收段，由稀硫酸和含一定硫酸铵浓度的溶液共同喷淋至硫酸吸收段，与氨气逆流接触吸收成为低浓度硫酸铵；在饱和吸收段，低浓度硫酸铵继续吸收脱氨塔后的高浓度氨气，循环往复吸收氨气，当硫酸铵含量达到 25%~30%之后进入成品罐输送至焦化硫酸铵系统进一步提纯销售。

### 7.1.5 消防水系统

本工程的核心装置平台（竖炉反应器）高达 118 m，为了防止发生火灾，结合国内的现行国家标准《建筑设计防火规范》《消防给水及消火栓系统技术规范》及相关消防规范要求，和国外的《NFPA-国家消防协会标准》及项目经验，在核心装置各平台设置室内消火栓，进行设备降温、灭火，采用干式消火栓供水系统，由高区、低区消火栓供水系统联合供水。

7.1.5.1 系统设置

A 消防水源及用水量

本工程的消防用水采用城市自来水。从项目红线外市政给水管道引出两根 DN150 的给水管道，在室外环状布置，形成双路供水系统。室内消防水源来自项目综合消防泵房的消防水池，消防泵房内设有效容积为 500 m$^3$ 的消防水池两座。

本工程水消防系统主要分为：室外消火栓供水系统、室内高区消火栓供水系统、室内低区消火栓供水系统、自动喷淋灭火供水系统和消防水炮灭火供水系统，各系统的详细设计参数见表 7-1。

**表 7-1 消防用水量标准表**

| 消防系统名称 | 消防用水量标准/L·s$^{-1}$ | 火灾延续时间/h | 一次灭火用水量/m$^3$ | 备注 |
|---|---|---|---|---|
| 室外消火栓供水系统 | 40 | 3 | 432 | 由市政管网提供 |
| 室内高区消火栓供水系统 | 80 | 3 | 864 | 由消防水池提供 |
| 室内低区消火栓供水系统 | 30 | 2 | 216 | 由消防水池提供 |
| 自动喷淋灭火供水系统 | 40 | 1 | 144 | 由消防水池提供 |
| 消防水炮灭火供水系统 | 50 | 1 | 180 | 由消防水池提供 |

B 室外消火栓供水系统

室外消防采用低压制给水系统，水源来自厂区市政给水管网，发生火灾时，由消防车从室外消火栓、消防水泵接合器取水，加压后灭火。室外消火栓给水系统采用双路供水，在室外布置成环。在给水管上设有若干套室外地上式消火栓，消防栓间距不超过 120 m，与周围道路的距离不超过 2 m，距离项目建筑物外墙不小于 5 m。

C 室内高区消火栓供水系统

本工程室内高压消火栓供水系统主要供竖炉各平台室内消火栓系统用水，用水量为 80 L/s，火灾延续时间 3 h，一次消防用水量 864 $m^3$。室内高压消火栓供水系统包含：消防水池、消防主泵、稳压装置及配套给排水管道。

D 室内低区消火栓供水系统

本工程室内低压消火栓系统主要供全厂建（构）筑物（除竖炉各平台）的室内消火栓系统用水，用水量为 30 L/s，火灾延续时间 2 h，一次消防用水量 216 $m^3$。室内消火栓供水系统包含：消防水池、消防主泵、稳压装置及配套给排水管道。

E 自动喷淋灭火供水系统

本工程自动喷淋灭火供水系统主要供主控楼自动喷淋消防系统用水，用水量为 40 L/s，火灾延续时间 1 h，一次消防最大用水量 144 $m^3$。自动喷水供水系统包含：消防水池、消防主泵、稳压装置及配套给排水管道。

F 消防水炮灭火供水系统

本工程消防水炮灭火供水系统主要供 $CO_2$ 脱除装置消防水炮用水，用水量为 50 L/s，火灾延续时间 1 h，一次消防用水量 180 $m^3$。消防水炮灭火供水系统包含：消防水池、消防主泵、稳压装置及配套给排水管道。

7.1.5.2 装备配置

室内高压消火栓供水系统设消防供水泵 3 台，流量 $Q=40$ L/s，扬程 $H=170$ m，$N=132$ kW，380 V，2 用 1 备。配套消防稳压装置，设有 2 台稳压泵和 1 个气压罐，消防系统通过稳压泵维持系统压力。

室内低压消火栓系统设消防供水泵 2 台，流量 $Q=30$ L/s，扬程 $H=90$ m，$N=55$ kW，380 V，1 用 1 备。配套消防稳压装置，设有 2 台稳压泵和 1 个气压罐，消防系统通过稳压泵维持系统压力。

自动喷淋灭火供水系统设消防供水泵 2 台，流量 $Q=40$ L/s，扬程 $H=70$ m，$N=45$ kW，380 V，1 用 1 备。配套消防稳压装置，设有 2 台稳压泵和 1 个气压罐，消防系统通过稳压泵维持系统压力。

消防水炮灭火供水系统设消防供水泵 2 台，流量 $Q=50$ L/s，扬程 $H=120$ m，$N=110$ kW，380 V，1 用 1 备。配套消防稳压装置，设有 2 台稳压泵和 1 个气压罐，消防系统通过稳压泵维持系统压力。

以上各消防水系统的装备配置见表 7-2。

表 7-2 消防水系统的装备配置表

| 序号 | 设备名称 | 水泵配置 | 流量/L·s$^{-1}$ | 扬程/m | 功率/kW | 数量 |
|---|---|---|---|---|---|---|
| 一 | 室内高区消火栓供水系统 | | | | | |
| 1 | 电动消防泵 | 2 用 1 备 | 40 | 170 | 132 | 3 台 |
| | 成套进出水管路机组 | 含进出口阀门、仪表、管道接口配对法兰、垫片、螺栓等紧固件和连接件 | | | | 1 套 |
| 2 | 消防稳压装置 | 1 用 1 备 | 2.22 | 186 | 7.5 | 1 套 |
| 3 | 成套控制及操作系统 | 双电源切换柜、消防泵控制柜、消防巡检柜、就地控制柜等 | | | | 1 套 |
| 二 | 室内低区消火栓供水系统 | | | | | |
| 1 | 电动消防泵 | 1 用 1 备 | 30 | 90 | 55 | 2 台 |
| | 成套进出水管路机组 | 含进出口阀门、仪表、管道接口配对法兰、垫片、螺栓等紧固件和连接件 | | | | 1 套 |
| 2 | 消防稳压装置 | 1 用 1 备 | 1.11 | 99 | 4 | 1 套 |
| 3 | 成套控制及操作系统 | 智能控制面板式Y-Δ+机械强起消防柜、就地控制柜等 | | | | 1 套 |
| 三 | 自动喷淋灭火供水系统 | | | | | |
| 1 | 电动消防泵 | 1 用 1 备 | 40 | 70 | 45 | 2 台 |
| | 成套进出水管路机组 | 含进出口阀门、仪表、管道接口配对法兰、垫片、螺栓等紧固件和连接件 | | | | 1 套 |
| 2 | 消防稳压装置 | 1 用 1 备 | 1.1 | 80 | 2.2 | 1 套 |
| 3 | 成套控制及操作系统 | 智能控制面板式Y-Δ+机械强起消防柜、就地控制柜等 | | | | 1 套 |
| 四 | 消防水炮灭火供水系统 | | | | | |
| 1 | 电动消防泵 | 1 用 1 备 | 50 | 120 | 110 | 2 台 |
| | 成套进出水管路机组 | 含进出口阀门、仪表、管道接口配对法兰、垫片、螺栓等紧固件和连接件 | | | | 1 套 |
| 2 | 消防稳压装置 | 1 用 1 备 | 1.5 | 135 | 7.5 | 1 套 |
| 3 | 成套控制及操作系统 | 智能控制面板式Y-Δ+机械强起消防柜、就地控制柜等 | | | | 1 套 |

7.1.5.3 操作与控制

A 室内高区消火栓供水泵组启动方式

自动方式：消防水泵应由火灾报警系统、消防水泵出水干管上设置的压力开关，或报警阀压力开关等开关信号直接自动启动。

远程手动方式：在全厂消防控制中心可远程按下消防按钮，启动消防水泵，手动启动消防供水设施实施消火栓灭火。消火栓系统上的启动按钮与消防供水主管的阀门连锁。按下消火栓消防按钮，远传消防起泵信号至消防控制中心，同时阀门连锁打开，阀门状态信号元传至消防控制中心。

机械应急启动：消防水泵控制柜应设置机旁手动机械启泵功能，并保证在控制柜内的控制线路发生故障时由有管理权限的人员在紧急时启动消防水泵。手动时应在报警 5 min 内正常工作。无论系统处于手动状态还是自动状态，消防水泵启动后火灾报警控制器应接收启动后的反馈信号。

B 室内低区消火栓供水泵组启动方式

自动方式：消防水泵应由火灾报警系统、消防水泵出水干管上设置的压力开关，或报警阀压力开关等开关信号直接自动启动。

远程手动方式：在全厂消防控制中心可远程按下消防按钮，启动消防水泵，手动启动消防供水设施实施消火栓灭火。消火栓系统上的启动按钮与消防供水主管的阀门连锁。按下消火栓消防按钮，远传消防起泵信号至消防控制中心，同时阀门连锁打开，阀门状态信号元传至消防控制中心。

机械应急启动：消防水泵控制柜应设置机旁手动机械启泵功能，并保证在控制柜内的控制线路发生故障时由有管理权限的人员在紧急时启动消防水泵。手动时应在报警 5 min 内正常工作。无论系统处于手动状态还是自动状态，消防水泵启动后火灾报警控制器应接收启动后的反馈信号。

C 自动喷水供水泵组控制方式

自动方式：消防水泵应由火灾报警系统、消防水泵出水干管上设置的压力开关，或报警阀压力开关等开关信号直接自动启动。

远程手动方式：在全厂消防控制中心可远程按下消防按钮，启动信号阀，启动消防水泵，手动启动消防供水设施实施自动喷水灭火。

机械应急启动：消防水泵控制柜应设置机旁手动机械启泵功能，并保证在控制柜内的控制线路发生故障时由有管理权限的人员在紧急时启动消防水泵。手动时应在报警 5 min 内正常工作。无论系统处于手动状态还是自动状态，消防水泵启动后火灾报警控制器应接收启动后的反馈信号。

D 消防炮供水泵组启动方式

遥控手动方式：火灾情况可控时，可通过电控炮无线遥控器驱动消防水炮瞄准着火点，启动电动阀及增压水泵设施实施自动喷水灭火。

就地手动方式：可通过现场手动控制箱驱动消防水炮瞄准着火点，启动电动阀及增压水泵设施实施自动喷水灭火。

远程手动方式：火灾情况不可控时，可在全厂消防控制中心的消防炮集中控制柜，配合监控系统的现场监控视频画面，驱动消防水炮瞄准着火点，启动电动阀及增压水泵设施实施自动喷水灭火。

E 消防稳压泵组连锁启动要求

消防稳压泵（1 用 1 备）在正常情况下维持厂区消防管网的压力。当由于消防管网泄漏使管网的压力下降至某一压力值（现场可调）时，自动启动一台稳压泵，当气压罐及管网压力升高至某一压力值（现场可调）时自动停止稳压泵，此时由气压罐维持系统压力。当运行稳压泵故障时，自动启动备用稳压泵，并在自动控制柜上及集控室内发出声光报警信号。

当消防稳压泵启动后，系统管网压力仍继续下降至某一压力值（现场可调）时，发出声光报警信号，并连锁启动电动消防泵，稳压泵自动停止运行。

F 其他要求

消防泵房设控制柜，消防供水装置的供水压力及泵房液位信号传至泵房控制室控制柜，并由控制柜传至消防控制中心和泵房消防系统。

室内高压消火栓供水系统供给核心装置平台消火栓用水，采用干式消火栓系统。消火栓箱配带消防按钮，并与消防供水主管的阀门连锁。按下消火栓消防按钮，远传消防起泵信号至消防控制中心，同时阀门连锁打开，阀门状态信号元传至消防控制中心。

室内低压消火栓供水系统供给 DRI 转运站消火栓用水，采用干式消火栓系统。消火栓箱配带消防按钮，并与消防供水主管的阀门连锁。按下消火栓消防按钮，远传消防起泵信号至消防控制中心，同时阀门连锁打开，阀门状态信号元传至消防控制中心。

自动喷淋供水系统供给主控楼自喷消防系统，采用湿式系统，消防水泵不应设置自动停泵的控制功能，停泵应由具有管理权限的工作人员根据火灾扑救情况确定。

消防水泵应保证从接到启泵信号到水泵正常运转的自动启动时间不应大于 2 min。

就地控制柜具有消防水泵的自动启、停控制功能。消防泵不允许自动停泵。接到消防系统给出的启泵信号后主泵自动投入运行，稳压泵自动停泵。所有水泵设备的运行信号、泵组压力信号、水泵报警信号均能远传显示。

主消防泵电机的启动方式为直接启动控制，稳压泵电机的启动方式为低压直接启动。

机械应急柜上应有所有泵的启、闭开关，运行、故障状态指示，压力低、高信号指示，中央/现场的选择开关。

系统具备自动巡检功能，在无火灾报警信号时，系统按周期进行自动巡检，一旦发生火警，系统立即退出自动巡检模式并自动转换为按消防程序运行。

消防供水装置控制系统需与全厂消防控制中心通信，消防供水装置的工作状态需与全厂消防控制中心通信。

基础自动化系统须设置必要的人机接口装置（HMI），HMI 采用先进可靠的工业化计算机，提高操作系统的可靠性和稳定性，保证人机界面的统一性，HMI

操作站具有完善的报警系统、趋势记录、报表记录、操作记录。

控制系统采用 PLC 控制方式，应采用高性能总线、高速网络传输技术和硬件热插拔技术，确保系统具有高度的安全性、高效数据交换和 I/O 处理能力。插槽备用量不低于 10%，I/O 点备用量不低于 15%。预留 DP 接口，可作为 DP 从站与主系统通信。

系统预留通信接口，具备与全厂消防控制中心系统的软硬件接口，满足各控制系统的信息要求。

消防控制柜具备消防泵启停信号远传，能够实现远程控制；具备故障信号、消防管道压力信号远传，未提及之处需满足《消防给水及消火栓系统技术规范》（GB 50974—2014）[5] 及《消防联动控制系统》（GB 16806—2006）的控制与操作要求[6]。

## 7.2 供配电及电气设施

竖炉氢冶金供配电与其规模相关，本节基于 HyMEX 项目工艺进行论述。

### 7.2.1 供配电系统

7.2.1.1 供电电源

竖炉氢冶金生产电力负荷多属一级及二级负荷，中断供电将造成设备损坏和重大经济损失，对供电的可靠性要求较高。供电系统采用取电制，供电电源、电缆及路由在竖炉氢冶金区域设计范围之内，供电电缆沿室外架空电缆桥架敷设引入各变电所。竖炉氢冶金区域供电/并网电源包括 4 路 10 kV 供电，见表 7-3。

表 7-3 竖炉氢冶金区域供电/并网电源列表

| 变电所名称 | 变电所编号 | 供电/并网 | 电压/kV | 供电回路数量 |
|---|---|---|---|---|
| 主控楼变电所 | S1 | 供电 | 10 | 2 |
| 水处理变电所 | S2 | 供电 | 10 | 2 |

7.2.1.2 计算负荷

全厂总装机容量 30000 kW，计算负荷约 20500 kW。在竖炉氢冶金区域的主控楼、水处理变电所内 10 kV 母线配置无功功率补偿，功率因数补偿到 0.94。0.4 kV 系统均不再设置无功补偿装置。

7.2.1.3 计算短路电流

根据当地相关电力系统资料，全厂 10 kV 系统配电装置短路容量可按 31.5 kA 考虑设计。

7.2.1.4 供配电系统中性点接地方式

主控楼和水处理的 10 kV 系统中性点采用不接地方式。380 V/220 V 低压动力、照明系统中性点采用直接接地。

7.2.1.5 供配电电压等级

(1) 受电电压：AC 10 kV；

(2) 配电电压：AC 10 kV；

(3) 低压动力电压：AC 380 V/220 V；

(4) 照明电压：AC 380 V/220 V；

(5) 控制电压：AC 220 V、DC 220 V、DC 24 V；

(6) 检修照明电压：AC 24 V。

7.2.1.6 供配电方案

根据竖炉氢冶金区总图布置和用电负荷分布情况，需在竖炉氢冶金区域内设置两个带 10 kV 配电装置的变电所和若干个仅有低压配电系统的电气室，现对竖炉氢冶金区内设置的各变电所/电气室的供配电范围进行说明。

A 中压供配电设施及供配电范围

a 主控楼变电所

在竖炉氢冶金负荷中心建设一座主控楼变电所，主控楼变电所与主控楼合建，两路 10 kV 电源来自上一级变电所不同的 10 kV 母线段，组成 10 kV 单母线分段的配电方式。每一路 10 kV 电源均能承担变电所的全部负荷。

主控楼变电所的 10 kV 配电装置，给原料气体压缩机、工艺气体压缩机、冷却气体压缩机、湿法除尘风机等 10 kV 电动机供电，给本变电所、焦炉煤气电气室、矿槽电气室内各两台动力变压器提供 10 kV 电源。

主控楼变电所内设置两台 2500 kV · A、10/0.4~0.23 kV 动力变压器，动力变压器的低压侧组成两段单母线分段的配电方式，每台变压器均能承担全部低压动力和照明负荷。

380 V/220 V 低压配电系统负责向垂直上料皮带、竖炉炉顶、竖炉本体、$CO_2$ 脱除等工艺设施和照明负荷供配电，为工艺气体压缩系统、冷却气体压缩系统提供低压电源。

b 循环水泵站变电所

在竖炉氢冶金循环水泵站旁建设一座循环水泵站变电所，考虑与循环水泵房合建。变电所两路 10 kV 电源来自上一级变电所不同的 10 kV 母线段，组成 10 kV 单母线分段的配电方式，每一路 10 kV 电源均能承担变电所的全部负荷。

循环水泵站变电所的 10 kV 配电装置，给压缩机及液压站供水泵、$CO_2$ 工厂净环水供水泵、气体回路净循环供水泵等 10 kV 电动机供电，给本变电所内两台动力变压器提供 10 kV 电源。

循环水泵房变电所内设置两台 2500 kV · A、10/0.4~0.23 kV 动力变压器，动力变压器的低压侧组成两段单母线分段的配电方式，每台变压器均能承担全部低压动力和照明负荷。

380 V/220 V 低压配电系统负责向竖炉氢冶金循环水泵房区域内除盐水系统、净环水系统、浊环水系统、再循环系统、浊水处理站、泥浆处理间、脱氨水站工艺设施和照明负荷供配电。其中，除盐水站、脱氨水站仅提供电源，供配电设施由水处理机械设备成套提供。

B 低压供配电设施及供配电范围

a 矿槽运输系统电气室

在原料运输系统设施附近建设一座矿槽电气室。电气室内设置两台 1600 kV · A、10/0. 4~0. 23 kV 动力变压器，变压器的两路 10 kV 电源引自竖炉氢冶金主控楼变电所不同的 10 kV 母线段，动力变压器的低压侧组成两段单母线分段的配电方式，每台变压器均能承担全部低压动力和照明负荷。

380 V/220 V 低压配电系统负责向物料运输系统区域内工艺设施和照明负荷、电伴热负荷供配电。

b 原料气压缩系统电气室

在原料气压缩机房附近建设一座原料气压缩系统电气室，电气室内设置两台 2000 kV · A、10/0. 4~0. 23 kV 动力变压器，变压器的两路 10 kV 电源引自竖炉氢冶金主控楼变电所不同的 10 kV 母线段，动力变压器的低压侧组成两段单母线分段的配电方式，每台变压器均能承担全部低压动力和照明负荷。

380 V/220 V 低压配电系统负责向原料气压缩系统区域内工艺设施和照明负荷、电伴热负荷供配电。

电气室内设置一组中压变频柜，供焦炉煤气压缩机所用，变频柜由压缩机设备成套供货。

c 筒仓系统电气室

在筒仓系统设施附近建设一座筒仓系统电气室。电气室内设置一组 MCC 柜，进线柜的两路 AC 380 V 电源引自焦炉电气室不同的低压母线段。

380 V/220 V 低压配电系统负责向筒仓系统区域内工艺设施和照明负荷供配电。

d 消防泵房系统电气室

在竖炉设施附近建设一座消防泵房电气室。电气室内设置两组 MCC 柜，一组为设备成套柜、一组为泵房的低压 MCC 柜。进线柜的两路 AC 380 V 电源分别引自焦炉电气室不同的低压母线段。

380 V/220 V 低压配电系统负责向消防泵房区域内工艺设施和照明负荷供配电。

7.2.1.7 安全供电及保安措施

竖炉氢冶金系统的用电负荷大部分为一级、二级负荷，少数用电负荷为三级负荷。为保证竖炉氢冶金生产的连续性和稳定性，采取下列安全供电措施：

（1）供电电源。竖炉氢冶金的用电负荷在正常情况下，采用两台来自不同电源的变压器供电，一路电源发生故障时，通过母联开关手动切换至另一路电源而保证供电，另一路电源和变压器仍能维持竖炉氢冶金继续生产。

（2）计算机及基础自动化控制系统。计算机及基础自动化等重要控制系统采用不间断电源（UPS）供电，保证供电的可靠性，蓄电池持续放电时间为不少于 30 min。

（3）高压供配电操作及控制系统。各变电所 10 kV 开关柜操作及指示电源采用带蓄电池及充电装置的直流电源，直流屏电池放电时间不少于 1 h。

当变压器与为其供电的中压柜不在同一建筑物内时，在变压器室内安装中压隔离开关，配套电磁锁。

（4）事故照明。正常供电电源停电时，采用内部带有蓄电池应急照明灯进行事故照明，用于变电所、电气室、控制室和必要的厂房照明和疏散指示照明，持续时间不少于 30 min。

7.2.1.8 高压设备微机监控系统

在竖炉氢冶金区域各变电所内的 10 kV 高中压配电装置采用微机综合保护及监控系统，对高中压配电设备进行监视和控制。微机综保装置分散安装在各开关柜上，并在各变电所控制室内设置一台微机监控后台机。

微机监控各保护单元完成如下主要功能：

（1）进线、馈线断路器的电流速断保护、过电流保护；

（2）母线分段断路器的电流速断保护；

（3）动力变压器断路器的电流速断保护、过电流保护、接地保护、瓦斯及温度保护；

（4）中压异步电机（<2000 kW）断路器的电流速断保护、过负荷保护、接地保护及低电压保护，中压异步电机（≥2000 kW）断路器的纵联差动保护、过负荷保护、接地保护及低电压保护；

（5）电容器断路器的电流速断保护、过电流保护、过负荷保护、开口三角电压保护、过电压保护、低电压保护、高压零序电流保护。

### 7.2.2 电气传动

7.2.2.1 传动系统概述

竖炉氢冶金系统的传动设备大多为常规的交流电动机驱动，交流电动机的电压等级分为 380 kV 及 10 kV。电动机容量大于等于 250 kW 的风机、水泵采用 10 kV 电动机驱动，电动机容量大于等于 200 kW 的皮带机采用 10 kV 电动机驱动，其余均为交流 380 V 电动机。

加热炉助燃风机、排烟风机、旋转阀、旋转式装料机、带式称重给料机等设备需要采用交流变频调速传动，大部分设备为低压恒速传动。

电气传动控制集中操作采用 HMI→PLC→继电器柜→MCC 柜→电动机，机旁操作采用机旁操作箱→继电器柜→MCC 柜→电动机，机旁操作信号不进 PLC 型结构，集中操作或机旁操作的选择开关设在机旁操作箱上。

低压开关柜控制电压为 AC 220 V，并采用隔离变压器进行隔离。继电器柜控制电压为 DC 24 V，电磁阀线圈、接近开关电压等级为 DC 24 V。

7.2.2.2 电动机控制及启动方式

对调速的传动系统，采用全数字式交直交变频调速系统传动，低压恒速传动系统采用电动机控制中心（MCC）传动。

竖炉氢冶金系统电动机的启动一般采用以下方式：

（1）当低压笼型电动机的功率在变压器允许全电压启动的范围以内时，优先采用直接启动方式；

（2）当笼型电动机的功率大于变压器允许全电压起动的范围时，则采用降压启动方式；

（3）对于 75 kW 及以上的低压水泵、风机、皮带机采用软启动方式。

### 7.2.3 电气照明

照明电源取自动力变压器，照明电源电压为交流 380 V/220 V，照明灯具电压一般为交流 220 V。对移动式和手提式灯具应采用Ⅲ类灯具，采用交流 24 V 电压灯具。插座回路设置漏电开关保护，额定漏电动作电流不大于 30 mA。

根据不同的使用场所选择合适的照明灯具。竖炉各平台、加热炉、气体压缩机房照明采用防爆 LED 投光灯；脱氧球团矿存储、运输系统照明灯具需要考虑耐热性、防火型；其他无热源、非爆炸性气体区域灯具采用 LED 投光灯及 LED 工厂灯；各变电所、电气室、控制室等场所采用 LED 灯具，并设置一定数量的带蓄电池的应急照明 LED 灯具和安全疏散灯；中央控制室采用格栅 LED 天棚灯（嵌入式）；非爆炸性气体处理区域灯具采用防水、防尘、防腐灯具；爆炸性气体区域选用防水、防尘、防腐、防爆灯具；竖炉炉顶和烟囱顶设有航空障碍灯等[7]。

主控楼设置 1 个消防电源配电箱，进线为双路供电，供消防相关设备及照明供电，疏散、出口、消防照明电源采用 DC 24 V。

全厂道路照明采用钢管灯杆、光源为 LED，照明电压 AC 220 V，控制方式为人工手动控制和时钟自动控制。

竖炉氢冶金区照明设计的照明标准值见《建筑照明设计标准》（GB/T 50034—2024）。

### 7.2.4 防雷与接地

7.2.4.1 防雷

各建（构）筑物的防雷设施按其高度和防雷类别设置。一般建筑物采用避雷带，较细高构筑物如热风炉烟囱等采用避雷针作为接闪器。对于其他柱子和梁是钢结构的建筑物或金属板覆盖的建筑物用其钢结构或金属板作为接闪器，其钢结构或金属板保证可靠的电气连接。

7.2.4.2 接地

（1）工作接地：110 kV 系统采用变压器中性点直接接地方式；10 kV 系统采用不接地方式；低压动力变压器二次侧中性点采用直接接地的 TN-C-S 系统，接地电阻小于 4 Ω。

（2）保护接地：所有电气设备正常不带电金属外壳均应可靠接零。

（3）防静电接地：凡是加工、储存、运输各种可燃气体，易燃液体和粉体的金属工艺设备、容器和管道均应接地。接地线必须有足够的机械强度，应连接良好，一般与其他接地系统共用接地，如单独接地，每处接地电阻值要求不大于 30 Ω。

（4）防雷接地：对建筑物的防雷措施和接地要求，应按《建筑物防雷设计规范》（GB 50057—2010）进行设计[8]。

（5）自动化控制系统和检测设备接地：对于自动化控制系统和检测设备接地，应按设备供货商要求进行接地设计。对特殊要求的自动化控制系统和检测设备，其信号接地、保护接地共用一组接地装置，其接地电阻值要求不大于 1 Ω。

（6）接地工程：氢冶金竖炉等可利用构筑物或设备的金属构件作为接闪器，通过钢结构柱子与竖炉基础内钢筋可靠连接，利用竖炉基础内钢筋作基础接地极。由于竖炉基础内钢筋甚多，无论绑扎或焊接，只要连成连续的电气通路，即使在土壤电阻率较高的地区，其接地电阻一般也在 1 Ω 以下。

变压器工作接地、重复接地、保护接地、防静电接地、防雷接地共用接地系统，接地电阻不大于 4 Ω。PLC 系统接地、仪表接地、火灾报警接地共用接地系统，并应与电气接地系统分开，控制系统接地电阻不大于 1 Ω。

当机械和电气有充分而可靠的连接时（如胶带运输机的构架、起重机的轨道）可以把构架和轨道看作接地线的一部分，并与接地干线连接在一起。有电缆桥架时，接地干线应沿电缆桥架的外侧敷设。

各转运站、车间、电气室的防雷接地均利用建筑物钢屋面或者屋面避雷带作为接闪器，利用钢柱或者结构柱内钢筋、基础及桩内钢筋分别作为引下线和接地体。电气系统一般不再敷设人工接地极。

PLC 总接地在主控楼变电所内，采用铜板作为接地极，接地电阻不大于 1 Ω。其他各现场子站 PLC 接地通过电缆与主控楼变电所 PLC 接地系统相连。

### 7.2.5 电气设施防灾

7.2.5.1 防止火灾危害的措施

电气设施防止火灾危害的措施[9]，应按《钢铁冶金企业设计防火标准》（GB 50414—2018）和《建筑设计防火规范》（GB 50016—2014）进行设计[10]。

7.2.5.2 防止水害的措施

电气室标高相对室外地坪 800 mm，室外电缆进入电气室采用架空电缆桥架形式。

对不是电气室本身使用的水管不准进入电气室，对必须进入电气室的水管不允许架设在电气设备的顶部。

电气室各出口处安装高度为 500 mm 的阻挡隔板，防止小动物进入电气室内。

### 7.2.6 通风与空调

对安装高、低压配电装置，电动机控制中心的电气室的温度一般不超过 35 ℃。

对仪表室、PLC 室、计算机室的温度不宜超过 30 ℃。

对有人工作的主控制室、操作室、值班室等，按人体通风要求，一般取 24~28 ℃，不得低于 16 ℃。

对油浸变压器室的排风温度不大于 45 ℃，进风和出风的温差不应大于 15 ℃，应有良好的自然通风，对自然通风达不到要求温度时可安装排气扇强制排风。

电缆室的温度控制在 38~40 ℃。

### 7.2.7 节能与环保

7.2.7.1 节能

为了贯彻国家节能的产业政策，电力变压器、照明灯具均采用节能型号产品。部分电机采用变频调速控制，节约电能。

在竖炉氢冶金主控楼、水处理变电所的 10 kV 母线设置无功补偿装置，补偿后功率因数大于 0.94。

7.2.7.2 环保

基础自动化系统中，控制电缆采用了通信屏蔽电缆，以提高电磁兼容性抗干扰性能。所有变频设备采用变频器专用电缆，以减少干扰。

# 7.3 燃气设施

燃气设施主要为直接还原工艺提供能源介质和废烟气放散，包括火炬放散塔、制氧站和氮气储配站、化学消防等设施。

## 7.3.1 火炬放散塔

7.3.1.1 工艺概况

竖炉氢冶金核心区域设置双头火炬放散塔，放散塔主管径为 DN600，副放散管径为 DN100。主放散气经前端阀门排放后，经放散塔水封罐、筒体、速度密封器后进入主火炬头进行燃烧排放，放散量不大于 60000 $m^3/h$，放散气压力为 30 kPa；副放散气经前端阀门排放后，经筒体、速度密封器后进入副火炬头进行燃烧排放，放散量不大于 40 $m^3/h$，放散气压力为略高于大气压力[11]。放散管的燃烧情况由火焰探测组件检出，观察放散管在放散时煤气是否处于燃烧状态，确保生产装置的安全性[12]。

7.3.1.2 主要设备

竖炉氢冶金火炬放散塔的主要设备见表 7-4。

**表 7-4 火炬放散塔主要设备表**

| 设备 | 规 格 型 号 | 单位 | 数量 |
|---|---|---|---|
| 组合式火炬头 | 扩散燃烧型，DN600/DN100<br>3 组长明灯组 | 套 | 1 |
| 速度密封器 | 折流式，DN600<br>密封介质：氮气 | 套 | 1 |
| 火炬筒体 | DN600 管式火炬筒体 | 个 | 1 |
| 水封罐 | 立式 DN2500×$H$10000<br>设计压力 0.7 MPa | 个 | 1 |

## 7.3.2 燃气介质供应

竖炉生产 DRI 核心区域所需燃气介质主要有氧气、氮气、焦炉煤气，均从界区外引入。

7.3.2.1 氧气供应

竖炉核心区域的氧气耗量见表 7-5。

表 7-5 氧气耗量表

| 项目 | 耗量/$m^3 \cdot h^{-1}$ | | 使用压力/MPa | 使用制度 |
|---|---|---|---|---|
| | 平均值 | 最大值 | | |
| 喷氧增温 | 2230 | 2680 | 1.4 | 连续 |
| 合计 | 2230 | 2680 | 1.6 | |

7.3.2.2 氮气供应

竖炉核心区域的氮气耗量见表 7-6。

表 7-6 氮气耗量表

| 序号 | 项目 | 耗量/$m^3 \cdot h^{-1}$ | | 使用压力/MPa | 使用制度 |
|---|---|---|---|---|---|
| | | 平均值 | 最大值 | | |
| 一 | 原料气压缩系统 | | | | |
| 1 | 一级螺杆压缩机干气密封 | 110 | 210 | 1.5 | 连续 |
| 2 | 二级螺杆压缩机干气密封 | 110 | 210 | 1.5 | 连续 |
| 3 | 开机吹扫 | 120 | 120 | 0.6 | 间断 |
| 二 | 工艺气压缩系统 | | | | |
| 1 | 电机正压泄漏 | 10 | 18 | 0.6 | 连续 |
| 2 | 开机吹扫 | 154 | 154 | 0.6 | 间断 |
| 3 | 干气密封 | 110 | 210 | 0.6 | 连续 |
| 三 | 冷却气压缩系统 | | | | |
| 1 | 电机正压泄漏 | 8 | 13 | 0.6 | 连续 |
| 2 | 开机吹扫 | 148 | 148 | 0.6 | 间断 |
| 3 | 干气密封 | 50 | 103 | 0.7 | 连续 |
| 四 | 竖炉系统 | | | | |
| 1 | 加压料仓加压 | 176 | 176 | 0.7 | 间断，瞬时流量 8 $m^3/s$ |
| 2 | 阀密封 | 200 | 200 | 0.7 | 连续 |
| 3 | 脱氧球团冷却缓冲罐加压 | 43 | 43 | 0.9 | 间断，瞬时流量 4 $m^3/s$ |
| 4 | 加压卸料仓 | 44 | 44 | 0.9 | 间断，瞬时流量 4 $m^3/s$ |
| 5 | 竖炉冷却用气 | 2000 | 2000 | 1.4 | 间断 |
| 五 | 储运系统 | | | | |
| 1 | 脱氧球团缓冲仓 | 50 | 50 | 1.0 | 间断 |
| 2 | 脱氧球团储料仓 | 3000 | 3000 | 1.0 | 间断，1500 $m^3/h$ 连续使用 |
| 六 | 加热炉系统 | | | | |
| 1 | 加热炉煤气管道吹扫放散 | 2000 | 2000 | 0.1 | 间断 |

续表 7-6

| 序号 | 项　目 | 耗量/$m^3 \cdot h^{-1}$ | | 使用压力/MPa | 使用制度 |
|---|---|---|---|---|---|
| | | 平均值 | 最大值 | | |
| 七 | $CO_2$ 脱除系统 | | | | |
| 1 | $CO_2$ 脱除系统开车吹扫 | 100 | 100 | 0.6 | 间断 |
| 合计 | | | 8799 | 1.6 | |
| 冷却用氮气 | | | 约 145000 | | 系统内循环 |

从边界供应的氮气，进入直接还原厂进行分配前先进入氮气储罐储存，以确保氮气供应的连续稳定。根据不同用气功能，分别设置了加热炉吹扫储罐、压缩机密封储罐、部分燃烧吹扫储罐、密封气储存罐等。

7.3.2.3　焦炉煤气供应

竖炉氢冶金核心区域的焦炉煤气耗量见表 7-7。

**表 7-7　焦炉煤气耗量表**

| 序号 | 项　目 | 耗量/$m^3 \cdot h^{-1}$ | | 使用压力/MPa | 使用制度 |
|---|---|---|---|---|---|
| | | 平均值 | 最大值 | | |
| 一 | 低压焦炉煤气 | | | | |
| 1 | 加热炉及火炬长明火 | 1700 | 1700 | 0.2 | 连续 |
| 二 | 中压焦炉煤气 | | | | |
| 1 | 竖炉还原气体 | 49500 | 49500 | 0.8 | 连续 |
| 合计 | | 51200 | 51200 | 0.8 | |

7.3.2.4　介质供应设备的主要参数

介质供应设备的主要参数见表 7-8。

**表 7-8　介质供应设备的主要参数**

| 名　称 | 规格/mm×mm | 数量/个 | 操作压力/MPa | 温度/℃ |
|---|---|---|---|---|
| 氮气储罐 | $\phi$3800×14000 | 1 | 1.7 | 30 |
| 压缩机气体密封罐 | $\phi$1600×2800 | 1 | 1.0 | 30 |
| 部分燃烧吹扫缓冲罐 | $\phi$800×2600 | 1 | 1.0 | 30 |
| 加热炉吹扫缓冲罐 | $\phi$2100×14700 | 1 | 1.0 | 30 |
| 密封气储罐 | $\phi$800×2200 | 4 | 1.7 | 30 |

### 7.3.3 化学消防设施

根据《建筑灭火器配置设计规范》（GB 50140—2005）及电力专业要求，本工程对车间内各电气室、变压器室、电缆室、操作室等场所，配置了灭火器[13]。

## 7.4 热力设施

热力设施主要包括炉顶气体余热回收装置、蒸汽供应系统、净化压缩空气供应、采暖热水供应、车间及区域热力管道等。

### 7.4.1 炉顶气体余热回收

7.4.1.1 工艺概述

为保证工艺气体管式加热炉出口的气体温度满足要求的 950 ℃，需对进入加热炉前的工艺气体进行预热。

工艺气体在竖炉内与氧化球团矿反应后，从竖炉顶部排出，此时排出的炉顶气体温度约 450 ℃。为实现节能降耗，设置炉顶气体余热回收装置来回收余热。余热回收装置分别由炉顶气体换热器和工艺气体预热器构成。

竖炉顶部气体出口排出的炉顶气首先进入顶部气体换热器，顶部气体换热器与汽包、上升/下降循环水管、汽包给水管等构成余热锅炉系统。

顶部气体换热器、工艺气体预热器和余热锅炉汽包等与竖炉反应器共用反应器塔主体钢结构，顶部气体换热器、工艺气体预热器和余热锅炉汽包位于竖炉反应器旁边，顶部气体换热器、工艺气体预热器露天布置，汽包设在汽包间小室。

余热锅炉给水系统设除氧给水泵房，除氧给水泵房内设置除氧器、电动给水泵、加药装置、取样冷却器组等设备。

7.4.1.2 余热锅炉系统

A 顶部气体换热器

竖炉顶部气体出口排出的炉顶气首先进入顶部气体换热器。其功能是利用离开竖炉的炉顶气显热产生低压饱和蒸汽，蒸汽主要用于二氧化碳吸收脱除系统和工艺气体压缩机的再循环系统。

换热器结构选用立式管壳式，炉顶气上进下出，走管程；余热锅炉循环水侧进侧出，走壳程。换热器将顶部气流向下流入管道的部分热量传递给壳程内的余热锅炉循环水，以产生蒸汽。

B 顶部气体换热器参数

本工程设置 1 台炉顶气体换热器，参数见表 7-9。

**表 7-9 炉顶气体换热器的主要参数**

| | |
|---|---|
| 顶部气体入口温度/℃ | 450 |
| 顶部气体入口流量/$m^3 \cdot h^{-1}$ | 175796 |
| 运行压力/kPa | 683 |
| 顶部气体出口温度/℃ | 330 |
| 换热器类型 | 管壳换热 |
| 饱和蒸汽压力/kPa | 781 |

C 余热锅炉汽包

汽包位于顶部气体换热器的顶部，余热锅炉汽包内的循环水由汽包下降管送至顶部气体换热器，在换热器内被加热后部分水汽化，形成的汽水混合物通过上升管返回汽包，汽水混合物在汽包内汽水分离后，饱和蒸汽从汽包顶部送入蒸汽管网或通过放散管排入大气，饱和水进入下一个循环。送入管网的蒸汽主要用于二氧化碳吸收脱除系统和工艺气体压缩机的再循环系统。

D 余热锅炉参数

本工程设置 1 套余热锅炉，它的主要参数见表 7-10。

**表 7-10 余热锅炉的主要参数**

| | |
|---|---|
| 运行压力/kPa | 781 |
| 运行温度/℃ | 174.5 |
| 蒸汽产量/$t \cdot h^{-1}$ | 14.7 |
| 给水流量/$t \cdot h^{-1}$ | 15.3 |

E 除氧给水泵房

除氧给水泵房为余热锅炉系统提供给水，除氧给水泵房内设置 1 台除氧器、2 台电动给水泵（1 用 1 备）、2 套加药装置、取样冷却器组等设备。

余热锅炉所需给水由全厂回收的蒸汽凝结水和水处理厂的补充除盐水经厂区管网送至除氧器进行除氧，在除氧器水箱和给水中分别经 2 套加药装置加入脱氧剂和磷酸盐，以进一步降低水中的氧含量防止余热锅炉氧腐蚀，并防止余热锅炉结垢。

除氧水由给水泵送至余热锅炉汽包。除氧器的主要参数见表 7-11。

**表 7-11 除氧器的主要参数**

| | |
|---|---|
| 补充除盐水量/$t \cdot h^{-1}$ | 0.089 |
| 回收冷凝水流量/$t \cdot h^{-1}$ | 15.2 |
| 工作压力/kPa | 95 |
| 工作温度/℃ | 120 |

F 余热锅炉系统的主要技术经济指标

余热锅炉系统的主要技术经济指标如下。

(1) 年产蒸汽量：$12.64\times10^4$ t；

(2) 年回收冷凝水量：$13.12\times10^4$ t；

(3) 年耗补充除盐水量：$1.28\times10^4$ t；

(4) 年耗电量：$27.51\times10^4$ kW · h；

(5) 定员：9 人；

(6) 年工作时间：8000 h。

7.4.1.3 工艺气体预热器

工艺气体预热器位于顶部气体换热器的下游，其功能是利用离开顶部气体换热器的炉顶气的剩余显热，加热来自工艺气体加湿器的饱和气流。在升高其温度后，将其送入工艺气体加热器。

工艺气体预热器的主要参数见表 7-12。

**表 7-12 工艺气体预热器的主要参数**

| | |
|---|---|
| 工艺气体入口温度/℃ | 79.2 |
| 工艺气体出口温度/℃ | 270 |
| 运行压力/kPa | 997 |
| 工艺气体入口流量/$m^3 \cdot h^{-1}$ | 149305 |
| 换热器类型 | 管壳换热 |

换热器结构选用立式管壳式，炉顶气上进下出，走管程；工艺还原气体侧进侧出，走壳程。

7.4.1.4 再循环加热器

再循环加热器是工艺气加压站内的换热设备，布置在工艺气加压站内，工艺气加压站主体工艺描述详见 5.2 节。

再循环加热器位于工艺还原气体压缩机气体回路，主要作用是采用蒸汽加热工艺还原气体，防止水蒸气冷凝。

在工艺气体压缩机的再循环管线中设再循环加热器，饱和蒸汽通过再循环加热器管侧，对通过再循环交换器壳侧的工艺还原气体加热。再循环工艺气体被加热后，回到工艺气体分液罐中，与来自工艺气体急冷塔的工艺气体混合，以避免在进入工艺气体压缩机之前冷凝。

再循环加热器内饱和蒸汽换热后的冷凝水，由位于再循环加热器下游的冷凝水罐收集，冷凝水经厂区管网返回位于除氧给水泵房的除氧器。

再循环加热器的主要参数见表 7-13。

表 7-13 再循环加热器的主要参数

| | |
|---|---|
| 再循环工艺还原气体流量/$m^3 \cdot h^{-1}$ | 14040 |
| 再循环工艺还原气体入口温度/℃ | 108.4 |
| 再循环工艺还原气体出口温度/℃ | 154.5 |
| 再循环工艺还原气体压力/kPa | 1041 |
| 饱和蒸汽入口流量/$t \cdot h^{-1}$ | 0.846 |
| 饱和蒸汽压力/kPa | 781 |
| 换热器类型 | 管壳换热 |

### 7.4.2 蒸汽供应

蒸汽用户正常生产时主要由炉顶气余热回收装置中的余热锅炉供应，在工厂启动以及正常生产时的不足部分由外网补充供应饱和蒸汽。

蒸汽供应及消耗平衡的主要参数见表 7-14。

表 7-14 蒸汽供应及消耗平衡的主要参数

| 序号 | 项 目 | 采暖季/$t \cdot h^{-1}$ | 非采暖季/$t \cdot h^{-1}$ | 压力/MPa |
|---|---|---|---|---|
| 一 | 产汽 | | | |
| 1 | 余热锅炉 | 14.71 | 14.71 | 0.781 |
| 2 | 外网补充蒸汽 | 22.19 | 3.49 | 0.781 |
| 小计 | | 36.90 | 18.20 | |
| 二 | 消耗 | | | |
| 1 | 二氧化碳脱除再沸器 | 15.20 | 15.20 | |
| 2 | 工艺气压缩机再循环加热器 | 0.846 | 0.846 | |
| 3 | 蒸汽管道疏水 | 1.00 | 0.50 | |
| 4 | 原料系统涂覆后储料仓冬季保温 | 5.00 | 0 | |
| 5 | 除尘伴热 | 2.50 | 0 | |
| 6 | 水处理补水管道伴热 | 3.00 | 0 | |
| 7 | 采暖供热 | 6.00 | 0 | |
| 小计 | | 33.55 | 16.55 | |
| 未计入用户系数 0.1 | | 3.35 | 1.65 | |
| 同时利用系数采暖季 1，非采暖季 1 | | 36.90 | 18.20 | |
| 剩余 | | 0 | 0 | |

由表 7-14 可见，在工厂正常生产时需由外网补充供应饱和蒸汽，采暖季

22.19 t/h、非采暖季 3.49 t/h。

在工厂启动时需由外网补充供应饱和蒸汽 6 t/h，外网接口饱和蒸汽压力 0.8 MPa，外网补充蒸汽年耗量 $10.27×10^4$ t。

### 7.4.3 压缩空气供应

压缩空气是钢铁企业重要的能源介质，在钢铁企业主要作为动力气源、仪表气源、吹扫介质等。压缩空气供应的稳定性和气源质量直接关系到工厂的生产稳定和安全[14]。

压缩空气消耗量见表 7-15。

表 7-15 净化压缩空气消耗量表

| 序号 | 项 目 | 平均耗量/$m^3·min^{-1}$ | 最大耗量/$m^3·min^{-1}$ | 压力/MPa |
|---|---|---|---|---|
| 一 | 原料气体压缩系统 | | | |
| 1 | 螺杆压缩机 | 0.50 | 0.50 | 0.7 |
| 二 | 工艺气压缩系统 | | | |
| 1 | 离心压缩机 | 0.10 | 0.10 | 0.7 |
| 三 | 冷却气压缩系统 | | | |
| 1 | 离心氮气压缩机 | 0.10 | 0.10 | 0.7 |
| 四 | $CO_2$ 脱除系统 | | | |
| 1 | 脱碳系统 | 0.50 | 0.50 | 0.7 |
| 五 | 焦炉煤气加压系统 | | | |
| 1 | 焦炉煤气鼓风机 | 1.00 | 1.00 | 0.7 |
| 六 | 原料涂覆系统 | | | |
| 1 | 水泥筒仓 | 3.33 | 40.00 | 0.7 |
| 七 | 全厂其他用户 | | | |
| 1 | 仪表用气 | 26.67 | 33.33 | 0.7 |
| 2 | 加热炉区域用气 | 4.00 | 5.00 | 0.7 |
| 3 | 水处理 | 4.00 | 5.00 | 0.7 |
| 4 | 工业电视吹扫冷却用气 | 17.50 | 24.50 | 0.7 |
| 5 | 除尘系统 | 9.60 | 16.00 | 0.7 |
| 小计 | | 67.30 | 126.03 | |
| 管网损失及未计用户 0.1 | | | 12.60 | |
| 同时使用系数 0.8 | | | 110.91 | |
| 合计 | | | 110.91 | |

由表 7-15 可见，全厂净化压缩空气平均消耗量 67.3 $m^3$/min，综合最大消耗

量 110.91 $m^3$/min。生产及仪表净化压缩空气气源由工厂外网供应，外网接口压力 0.7 MPa。

净化压缩空气质量要求如下。

（1）最大颗粒物尺寸：0.01 μm；

（2）最大颗粒物浓度：0.1 mg/$m^3$；

（3）最大含油量：0.01 mg/$m^3$；

（4）压力露点：-40 ℃；

（5）全厂净化压缩空气年耗量：$32.3\times10^6$ $m^3$。

### 7.4.4 采暖热水供应

厂区车间小房子、水泵房等采暖负荷共约 4000 kW，因厂外目前无采暖热水供应，暂由厂外管网供应蒸汽，全厂采用蒸汽采暖。

### 7.4.5 车间和区域热力管道

车间热力管道有蒸汽管道、净化压缩空气管道，区域热力管道有蒸汽管道和净化压缩空气管道，压缩空气及蒸汽管道在车间进口设有压力及流量测量仪表。

车间和区域热力管道一般采用架空敷设，并尽量与其他介质管道共架敷设。车间和区域净化压缩空气管道局部可采用埋地敷设。

蒸汽管道保温材料为复合硅酸盐制品，保护层采用镀锌铁皮。净化压缩空气管道材质为不锈钢管。

## 7.5 通风、采暖设施

建筑采暖通风空调工程融合了采暖系统、通风系统和空调系统，涉及物理学、热力学、机械和流体力学等相关理论知识和技术，因此设计方案是建筑采暖通风空调工程安装的前提和基础，如果设计方案不合理，则会直接影响到采暖通风空调工程的运行效率。在设计时，必须用长远发展眼光看待建筑工程的节能环保技术，按照国家节能环保相关要求设计，不能为了降低成本，采用高能耗的空调设备、采暖设备，降低整个建筑的能耗。根据建筑类型、性质和功能，选择不同的采暖通风空调设备[15]。

采暖通风设施主要包括配套公辅的采暖、通风、空调等，主要车间公辅设施采暖、通风、空调等。

### 7.5.1 采暖设施

配套水处理设施均设置采暖设施，防止冬季水泵房管道及水泵发生冻结事故，采暖温度为 5 ℃。

竖炉车间不采暖，车间内公辅用房均设置采暖设施，其中工具间、液压站等按 5 ℃设置值班采暖，操作室、休息室、值班室等按 18 ℃设置采暖设施。

采暖热源引自厂区热力管网，换热后进入采暖系统。采暖散热器全部采用钢制散热器，采暖负荷约为 500 kW。

采暖负荷中未考虑工艺设施的蒸汽伴热部分，此部分在实施过程中具体设计。

### 7.5.2 通风与空调设施

（1）一般房间通风。工艺设备散发热量或有害气体，或有事故通风要求等的房间，如油库、液压站、高低压配电室等设置机械通风设施。一般采用轴流风机进行机械排风，自然进风。自然进风不能满足要求时设机械进风系统。

炉前操作区等受高温辐射的地方，设置移动式岗位轴流风机对人体进行降温。

（2）空调。电气室、操作室等房间的电气设备发热量较大，为保证电气设备正常运行，设置风冷电加热空调机，消除室内余热。值班室、办公室等房间，为满足人员舒适性要求，设置冷暖壁挂式空调器[16]。

## 7.6 电信设施

电信设施包括行政管理电话、调度电话、有线广播、无线电话、工业电视、火灾自动报警等。

### 7.6.1 电信系统

#### 7.6.1.1 行政管理电话

在车间生产、辅助生产及管理部门设置行政管理电话，供日常对外公务通信联系用。竖炉氢冶金范围内的行政管理电话纳入公司电话网络，不另设单独的交换机。

竖炉氢冶金设置行政电话 15 台。

#### 7.6.1.2 调度电话

为满足车间调度员及时组织、协调生产作业计划和指挥生产的需要，设置调度电话系统。竖炉氢冶金区域内的调度电话不设单独的主机，用户线接入原有调度电话系统。

竖炉氢冶金设置调度电话分机 32 台。

竖炉氢冶金设置通信设备室，面积约 30 m²。行政电话和调度电话采用综合配线，在通信设备室内设置保安配线柜，外线引入配线柜。

7.6.1.3 有线广播系统

竖炉氢冶金设置有线广播系统，覆盖脱氧球团运输区域，播放实时指挥语或警示语音。有线广播采用定压输出方式，设置30个扬声器，在主控室设置麦克风和功放。

7.6.1.4 无线电话系统

为满足调度人员与流动调试等人员之间的联系，竖炉氢冶金设置无线电话系统，采用400 MHz频段，同频单工工作方式，发射功率不大于3 W。本系统使用的频率，由工厂向当地无线电管理委员会申报批准后确定。

竖炉氢冶金设置无线对讲固定台3台、手持机22台。

7.6.1.5 工业电视系统

在生产过程中，为了保证产品质量、提高生产效率、确保设备和人身安全，在操作人员必须监视而且又不易直接观察到的生产部位，以及便于调度值班人员和相关控制室的操作人员观察各生产部门的生产运行情况，设置工业电视系统，此系统由网络高清摄像机、监视器、摄像机防护套、云台、冷却设施、传输设备、图像处理设备以及电源设备等组成。

竖炉氢冶金设置摄像机39套，在主控室设置55″液晶拼接大屏幕1套。在通信设备室设置视频存储，集中存储车间内全部视频图像，存储时间30天。

7.6.1.6 火灾自动报警系统

根据火灾自动报警系统设计规范要求，竖炉氢冶金配置如下：

（1）竖炉氢冶金在主控楼设置消防控制室。消防控制室内设置1套火灾报警控制器，并配置图形显示装置、消防专用电话总机和消防应急广播控制装置。

（2）在主控室、配电室设置点式光电感烟火灾报警探测器；在电缆间、变压器室等处采用缆式线性差定温、定温探测器；在上列各处设置适量的手动报警按钮、声光报警器、消防广播扬声器、消防电话分机。

（3）当有火灾发生时，自动关闭风机、防火阀、空调等通风设备，接收其反馈信号，并且启动火灾警报装置，以便及时发现火情、迅速处理。

### 7.6.2 传输线路与管线敷设

竖炉氢冶金音频线路网采用全塑市话电缆，设置保安配线装置，车间对外的电话线路和车间内电话网路在此保安配线装置上进行交接。

有线广播系统、工业电视系统、火灾自动报警系统的传输线路均为单独组网自成系统。

车间内各类电信管线传输线路的敷设，可采用钢管或封闭式金属线槽沿墙、柱明敷设方式，或沿电力电缆桥架弱电层敷设，部分地段采用暗管敷设方式。

### 7.6.3 接地与安全

竖炉氢冶金电信系统采用共用接地，接地电阻值不大于 1 Ω。室外设备考虑防雷措施，防爆区域内电信设备根据爆炸区域划分选择保护级别。

### 7.6.4 维护人员

竖炉氢冶金消防控制室实行每日 24 h 专人值班制度，每班不应少于 2 人，不增设通信设备维护人员，由公司通信设备维护部门统一管理。

## 7.7 本章小结

本章从给排水、供配电、燃气、热力、采暖、通风、电信、消防等角度论述了氢冶金工艺在公用辅助方面的一些必不可少的设施，涵盖了公辅设施工艺路线的确定、公辅设施工艺设备的选择、公辅设施操作控制等多方面内容。这些公辅设施虽然不是最终生产的产品，但它们的高效运行对于保持氢冶金工厂整体运作的稳定性和可靠性具有关键作用。

（1）给排水系统主要分为给水系统、循环水系统和排水系统。给水系统包括生产新水、生活用水、一级除盐水、二级除盐水和消防用水。循环冷却水系统主要分为除盐水半闭路循环冷却水系统、设备净循环冷却水系统、气体净循环冷却水系统和浊循环冷却水系统，排水系统包括生产废水排水、生活污水排水、雨水排水和外排废水脱氨。

（2）燃气系统为直接还原工艺提供能源介质，包括火炬放散塔、氧气供应、氮气供应、焦炉煤气供应、化学消防等设施。

（3）热力设施主要包括竖炉炉顶气体余热回收、蒸汽供应、压缩空气供应、采暖热水供应等。

（4）竖炉氢冶金生产电力负荷多属一级、二级负荷，区域内设有两个带 10 kV 配电装置的变电所和若干个仅有低压配电系统的电气室。

（5）消防系统含室外消火栓供水系统、室内高区消火栓供水系统、室内低区消火栓供水系统、自动喷淋灭火供水系统和消防水炮灭火供水系统；在各电气室、变压器室、电缆室、操作室等场所设置了化学消防设施，在主控室、配电室设置点式光电感烟火灾报警探测器，在电缆间、变压器室等处采用缆式线性差定温、定温探测器；消防控制室设在竖炉氢冶金的主控楼。

## 参 考 文 献

[1] 王新东. 以绿色化、智能化、品牌化为目标规划设计河钢唐钢新区 [J]. 钢铁，2021，

56（2）：16.
［2］王新东，张弛，孙宇佳，等．河钢唐钢新区绿色制造技术应用实践［J］．环境工程，2022，40（7）：179.
［3］GB 50013—2018，室外给水设计标准［S］.
［4］GB 50014—2021，室外排水设计标准［S］.
［5］GB 50974—2014，消防给水及消火栓系统技术规范［S］.
［6］GB 16806—2006，消防联动控制系统［S］.
［7］GB 50034—2013，建筑照明设计标准［S］.
［8］GB 50057—2010，建筑物防雷设计规范［S］.
［9］GB 50414—2018，钢铁冶金企业设计防火标准［S］.
［10］GB 50016—2014，建筑设计防火规范［S］.
［11］GB 6222—2005，工业企业煤气安全规程［S］.
［12］刘志．高炉煤气放散火炬系统节能改造［J］．冶金能源，2015（5）：48.
［13］GB 50140—2005，建筑灭火器配置设计规范［S］.
［14］黄卫东．钢铁企业压缩空气设备技术改造实践［J］．冶金动力，2019（3）：55.
［15］张鑫，张向顺，郭永志．建筑采暖通风空调工程的节能减排措施研究［J］．设备管理与维修，2022（4）：138.
［16］GB 50019—2015，工业建筑供暖通风与空气调节设计规范［S］.

# 8 DRI 产品的质量检化验与应用实践

DRI 化学成分稳定，残余元素和有害元素含量低，在冶炼过程中不会引起铜、铅等元素的富集，可以有效稀释钢中残余元素含量，提升钢液质量；同时还可以降低钢水中的 $N_2$ 含量，也不会产生二噁英等气态污染物，因此 DRI 作为优质的废钢替代品，已经成为生产优特钢的必要原料[1-5]。另外，DRI 还具有减少装料次数、降低热损失、熔化速度快、电耗低，提高效率、降低成本等优势。DRI 产品的质量直接关系到后续冶炼工序的操作、产品质量和成本，因此，DRI 产品的质量检测至关重要[6-9]。本章结合 HyMEX 项目的生产实践，介绍 DRI 产品的质量要求、质量标准和检验方法，并分析 DRI 的应用实践情况。

## 8.1 DRI 产品质量检测内容

### 8.1.1 金属化率

金属化率（Mz，取自英文单词 Metallization）是直接还原铁最为重要的质量指标之一，其计算公式如下：

$$Mz=\frac{MFe}{TFe}\times 100\% \tag{8-1}$$

式中 MFe——DRI 中金属铁的含量（质量分数），%；

TFe——DRI 中铁元素的总含量（质量分数），%。

金属化率表征的是球团矿中铁被还原的程度，金属化率越高，表示铁氧化物被还原得越彻底。一般认为，金属化率由 DRI 生产过程使用的气源、还原气体组成、压力、温度及球团矿的冶金性能等因素共同决定。

当使用的球团矿一定时，更高的金属化率意味着 DRI 中更高的金属铁含量。但是，由于球团矿在还原时，是由外层逐渐发展至内层的，越靠近球团矿核心部分的铁氧化物越难被还原。这就造成在直接还原过程中，随着 DRI 的金属化率逐渐提高，金属化率随时间的增加速率越来越慢，即：金属化率从 0%提升至 90%时，平均每提升 1%所用的时间，要远远低于其从 90%提升至 95%时所对应的时间。追求更高的金属化率，对直接还原工厂的生产效益影响极大，对每吨 DRI 的生产成本也影响极大。因此，绝大多数企业，都将金属化率控制在 92%～95%，以获取最佳的生产效益。

### 8.1.2 金属铁含量

DRI 中的金属铁（MFe）通常以单质和碳化铁的形式存在，金属铁含量是 DRI 最为重要的指标之一。金属铁的含量越高，意味着电炉或转炉能从每吨 DRI 中提取出更多的铁元素，有利于提高钢产量，降低每吨钢水的原料消耗，进而降低生产成本。

金属铁的含量，主要受生产 DRI 时使用的球团矿品位及 DRI 的金属化率影响。当金属化率一定时，生产 DRI 使用的球团矿品位越高，则 DRI 中的金属铁含量越高。当生产 DRI 使用的球团矿品位一定时，DRI 的金属化率越高，则其金属铁含量越高。

### 8.1.3 脉石含量

DRI 的脉石含量对下游用户的影响极大，这是因为脉石含量高，会造成电炉或转炉的熔剂使用量增加，吨钢的能耗增加，金属铁收得率下降。

HyMEX 项目的 DRI 产品中脉石含量通常不大于 6%，DRI 脉石含量的简易计算公式如下：

$$\text{脉石含量}\ (\%) = 100\% - w(\text{FeO}) - w(\text{C}) - w(\text{MFe}) \qquad (8\text{-}2)$$

脉石不参与还原反应，其含量主要和球团矿品位高低有关。如果追求低的 DRI 脉石含量，也会造成球团矿的成本增加。因此，在工业生产过程中，需要因地制宜，根据企业原料条件、铁精粉成本等，寻找到最佳的 DRI 脉石含量控制水平。

### 8.1.4 碳含量

通常，DRI 中都含有一定的碳。DRI 中的碳主要以碳化铁的形态存在，且含有微量的游离态石墨。DRI 中的碳源不含灰分、硫或者挥发物，因此其在电炉中燃烧要比喷入电炉中的煤粉具有优越性，不会对熔炼过程或钢质量产生影响。另外，DRI 中的碳燃烧释放的热量还可以降低电炉的能源消耗。因此，对于电炉而言，如果 DRI 中的碳含量较高，冶炼每吨钢可以降低更多的电耗和煤粉消耗。但如果使用相同的原料生产 DRI，DRI 中的碳含量增加，则每吨 DRI 的金属铁含量也会下降，会影响 DRI 在电炉中的金属铁收得率。因此，DRI 的碳含量控制，需要综合考虑氢基竖炉、电炉炼钢的综合生产成本加以决定。

HyMEX 项目 DRI 中的碳含量通常控制在 2%~3%。

### 8.1.5 抗压强度和含粉率

DRI 的抗压强度和含粉率是 DRI 两个重要的物理性能指标。

抗压强度影响 DRI 在存储、转运并最终加入电炉或转炉这个过程中的破碎和粉化程度；含粉率则表征 DRI 中的小粒级（<3.15 mm）占比，对 DRI 在电炉中的金属铁收得率影响较大，这是因为小粒级的 DRI 更容易被吸入烟气中或进入炉渣中，造成金属铁的损失。

DRI 的抗压强度通常是远远低于其对应的球团矿的抗压强度，只有其四分之一到三分之一，这是由于球团矿经过还原脱氧后，变成的 DRI 产品含有大量的微气孔，就如海绵一般（这也是 DRI 又被俗称为“海绵铁”的原因），强度会大幅度下降，其外观形貌如图 8-1 所示。故在很多生产冷态 DRI 产品并进行销售的直接还原工厂，多将热态的 DRI 排出竖炉并压制成热压铁块（HBI，见图 8-2）；因为 HBI 拥有更高的致密度和强度，可以极大地减少运输过程中的粉化现象，同时更高的致密度能有效地阻绝空气中的氧向 DRI 内部的扩散，避免 DRI 的再次氧化、金属化率降低。此外，HBI 的形态也更利于安全、长时间的存储。

图 8-1 DRI 的外观形貌

图 8-2 热压铁块的外观形貌

DRI 的含粉率通常是与粒级组成一起分析，因为含粉率即是粒级小于 3.15 mm 的 DRI 的质量占比，是粒级组成的一部分。含粉率在生产过程中进行测定时，包括两个方面：一是筛分前DRI的含粉率，二是经过筛分后进入DRI筒仓储存一段时间、最终又装入倒运车辆运往电炉使用DRI的含粉率。两者代表的意义截然不同，前者表征的是DRI在生产过程中（包括还原、冷却）的粉化情况；后者表征的是DRI的筛分状况、DRI在筒仓内存储过程中受压破碎的状况。

以HyMEX为例，筛分前DRI的含粉率一般小于5%，离开DRI筒仓的DRI含粉率一般小于2%。

### 8.1.6　杂质元素含量

DRI杂质元素主要包括S、As、Sn、Sb、Pb、Bi、Cu等。由于DRI生产采用的初始原料通常为高品位的铁精粉，铁精粉本身已经经过了精选，且在球团矿制备过程中也可以脱除掉绝大多数的S元素，故DRI的杂质含量很低。因此，直接还原铁常被用作废钢的替代品和废钢中残留元素的稀释剂。随着DRI在电炉中配比的增加，残留元素浓度下降。同时，DRI的使用可以增强泡沫渣的效果，钢水中氮含量也会显著降低。

## 8.2　DRI产品质量标准

### 8.2.1　化学成分

#### 8.2.1.1　DRI相关现行行业标准

行业标准《炼钢用直接还原铁》（YB/T 4170—2008）[10] 中规定炼钢用DRI的技术要求，关于牌号和化学成分的规定见表8-1。

**表8-1　DRI现行行业标准规定的牌号和化学成分**

| 牌号 | | | H88 | H90 | H92 | H94 |
|---|---|---|---|---|---|---|
| 化学成分（质量分数）/% | 全铁 | | ≥88.0~<90.0 | ≥90.0~<92.0 | ≥92.0~<94.0 | ≥94.0 |
| | C | | 由供需双方协商确定 | | | |
| | P | 1级 | ≤0.030 | | | |
| | | 2级 | >0.030~0.060 | | | |
| | S | 1级 | ≤0.015 | | | |
| | | 2级 | >0.015~0.030 | | | |
| | $SiO_2$ | | ≤7.50 | ≤6.00 | ≤4.50 | ≤3.00 |
| | As、Sn、Sb、Pb、Bi | | As、Sn、Sb、Pb、Bi各≤0.002 | | | |
| | Cu | | ≤0.010 | | | |

注：表中As、Sn、Sb、Pb、Bi元素的化学成分，根据用途不同可由供需双方协商确定。

8.2.1.2 竖炉氢冶金 DRI 化学成分控制标准

标准 YB/T 4170—2008 制定时间在 2008 年，在此之后相当长的时间里我国 DRI 生产技术发展较为缓慢。HyMEX 生产实践发现，根据上述标准控制 DRI 的质量与实际情况相差较远，因此张宣科技根据实际生产条件进行“球团矿-DRI”的成分模拟测算，制定了公司内控标准。

由于 DRI 主要用于替代电炉优质废钢，考虑竖炉氢冶金的工艺特性，基于不同入炉品位的球团矿测算不同金属化率条件下的 DRI 化学成分。

A 65%品位的球团矿

65%品位球团矿的测算化学成分见表 8-2。

**表 8-2 65%品位球团矿的测算化学成分**（质量分数） （%）

| TFe | FeO | $Fe_2O_3$ | $SiO_2$ | $Al_2O_3$ | CaO | MgO | S | P | Zn | 脉石 |
|---|---|---|---|---|---|---|---|---|---|---|
| 65.000 | 1.500 | 91.190 | 4.500 | 0.600 | 0.600 | 0.600 | 0.007 | 0.050 | 0.020 | 7.310 |

表 8-2 中的脉石定义为除去铁及其铁氧化物之外的其余成分的总和。碳含量选取 3%时，测算得到的不同金属化率 DRI 的化学成分见表 8-3。

**表 8-3 测算使用 65%品位球团矿不同金属化率 DRI 的化学成分**（质量分数） （%）

| 金属化率 | MFe | FeO | $SiO_2$ | $Al_2O_3$ | CaO | MgO | S | P | Zn | 脉石合计 | C | TFe |
|---|---|---|---|---|---|---|---|---|---|---|---|---|
| 88 | 74.437 | 13.051 | 5.856 | 0.781 | 0.781 | 0.781 | 0.009 | 0.065 | 0.026 | 9.512 | 3.000 | 84.588 |
| 90 | 76.510 | 10.930 | 5.885 | 0.785 | 0.785 | 0.785 | 0.009 | 0.065 | 0.026 | 9.560 | 3.000 | 85.011 |
| 92 | 78.604 | 8.788 | 5.915 | 0.789 | 0.789 | 0.789 | 0.009 | 0.066 | 0.026 | 9.608 | 3.000 | 85.439 |
| 93 | 79.659 | 7.709 | 5.930 | 0.791 | 0.791 | 0.791 | 0.009 | 0.066 | 0.026 | 9.632 | 3.000 | 85.655 |
| 94 | 80.719 | 6.624 | 5.945 | 0.793 | 0.793 | 0.793 | 0.009 | 0.066 | 0.026 | 9.657 | 3.000 | 85.871 |

B 67%品位的球团矿

67%品位球团矿的测算化学成分见表 8-4。

**表 8-4 67%品位球团矿的测算化学成分**（质量分数） （%）

| TFe | FeO | $Fe_2O_3$ | $SiO_2$ | $Al_2O_3$ | CaO | MgO | S | P | Zn | 脉石合计 |
|---|---|---|---|---|---|---|---|---|---|---|
| 67.000 | 1.000 | 94.603 | 2.000 | 0.440 | 0.200 | 0.190 | 0.006 | 0.050 | 0.020 | 4.397 |

经测算，碳含量选取 3%时，不同金属化率 DRI 的化学成分见表 8-5。

**表 8-5 测算使用 67%品位球团矿不同金属化率 DRI 的化学成分**（质量分数）（%）

| 金属化率 | MFe | FeO | $SiO_2$ | $Al_2O_3$ | CaO | MgO | S | P | Zn | 脉石合计 | C | TFe |
|---|---|---|---|---|---|---|---|---|---|---|---|---|
| 88 | 77.606 | 13.606 | 2.633 | 0.579 | 0.263 | 0.250 | 0.008 | 0.066 | 0.026 | 5.787 | 3.000 | 88.189 |
| 90 | 79.785 | 11.398 | 2.646 | 0.582 | 0.265 | 0.251 | 0.008 | 0.066 | 0.026 | 5.818 | 3.000 | 88.650 |
| 92 | 81.986 | 9.166 | 2.660 | 0.585 | 0.266 | 0.253 | 0.008 | 0.067 | 0.027 | 5.848 | 3.000 | 89.115 |
| 93 | 83.095 | 8.041 | 2.667 | 0.587 | 0.267 | 0.253 | 0.008 | 0.067 | 0.027 | 5.863 | 3.000 | 89.350 |
| 94 | 84.210 | 6.911 | 2.674 | 0.588 | 0.267 | 0.254 | 0.008 | 0.067 | 0.027 | 5.879 | 3.000 | 89.585 |

C 68%品位的球团矿

68%品位球团矿的测算化学成分见表 8-6。

**表 8-6 68%品位球团矿的测算化学成分**（质量分数）（%）

| TFe | FeO | $Fe_2O_3$ | $SiO_2$ | $Al_2O_3$ | CaO | MgO | S | P | Zn | 脉石 |
|---|---|---|---|---|---|---|---|---|---|---|
| 68.000 | 1.000 | 96.032 | 1.500 | 0.220 | 0.200 | 0.190 | 0.002 | 0.020 | 0.020 | 2.968 |

碳含量选取 3%时，不同金属化率 DRI 的化学成分见表 8-7。

**表 8-7 测算使用 68%品位球团矿不同金属化率 DRI 的化学成分**（质量分数）（%）

| 金属化率 | MFe | FeO | $SiO_2$ | $Al_2O_3$ | CaO | MgO | S | P | Zn | 脉石合计 | C | TFe |
|---|---|---|---|---|---|---|---|---|---|---|---|---|
| 88 | 79.188 | 13.884 | 1.985 | 0.291 | 0.265 | 0.251 | 0.008 | 0.066 | 0.026 | 3.928 | 3.000 | 89.987 |
| 90 | 81.420 | 11.631 | 1.996 | 0.293 | 0.266 | 0.253 | 0.008 | 0.067 | 0.027 | 3.949 | 3.000 | 90.466 |
| 92 | 83.675 | 9.355 | 2.006 | 0.294 | 0.268 | 0.254 | 0.008 | 0.067 | 0.027 | 3.970 | 3.000 | 90.951 |
| 93 | 84.812 | 8.208 | 2.012 | 0.295 | 0.268 | 0.255 | 0.008 | 0.067 | 0.027 | 3.981 | 3.000 | 91.195 |
| 94 | 85.955 | 7.054 | 2.017 | 0.296 | 0.269 | 0.255 | 0.008 | 0.067 | 0.027 | 3.991 | 3.000 | 91.441 |

D 测算结果分析

从上述测算结果可以得出如下结论：

（1）使用同品位的球团矿生产 DRI 时，即使产品的金属化率出现较大幅度的变化，但 DRI 产品中总的脉石含量变化并不大；

（2）当使用的球团矿品位下降时，产品中的脉石含量上升，且上升幅度远大于品位下降的幅度；

（3）即使使用的球团矿品位明显下降，但相同金属化率的情况下，DRI 产品中 FeO 含量变化不大，其随金属化率变化的趋势更为明显；

(4) 对同一种球团矿而言，DRI 中的全铁含量，当金属化率高于 88%的情况下，即使金属化率出现明显的变化，其波动幅度并不大。

8.2.1.3 DRI 化学成分的相关标准制定

由于 DRI 本身是微观多孔的形态，强度不高，而其化学成分对电炉炼钢过程的能耗、收得率影响极大，因此 DRI 化学成分指标极为重要。

电炉冶炼过程中，DRI 中的金属铁含量越高，收得率越高。由于脉石基本都进入炉渣，脉石含量越高则造渣剂消耗量、电耗、耐火材料损耗越大，因此需要严格控制脉石含量。碳含量越高越有利于电炉生成泡沫渣，且碳发热能减少能耗，因此更多的碳对电炉冶炼也更有益。但考虑张宣科技 HyMEX 采用的焦炉煤气气源，在生产率一定的情况下，碳含量的调整幅度并不大。

结合前文的测算结果，张宣科技 HyMEX 确立 DRI 的化学成分指标主要内容如下：

(1) 脉石含量；

(2) 金属化率；

(3) 碳含量。

上述 3 项成分指标，可以完全覆盖所有品类的 DRI，并且根据前文测算分析的结论可知，相较于表 8-1 的行业标准，这些指标具备更为明显的区分特性，能够更好地表征产品质量差异。据此，张宣科技制定的公司内部 DRI 化学成分质量标准见表 8-8。

**表 8-8 张宣科技 DRI 的化学成分质量标准**（质量分数） (%)

| 品级 | 牌号（档次） | 金属化率 Mz | 脉石总量 | S | C |
|---|---|---|---|---|---|
| 特级品 | — | ≥94 | ≤4 | ≤0.01 | ≥4 |
| 一级品 | Mz94 | ≥94 | ≤6 | ≤0.02 | ≥2 |
| | Mz92 | ≥92~<94 | ≤6 | ≤0.02 | ≥2 |
| | Mz88 | ≥88~<92 | ≤6 | ≤0.02 | ≥2 |
| | 不合格 | <88 | — | — | — |
| 二级品 | Mz94 | ≥94 | ≤8 | ≤0.02 | ≥2 |
| | Mz92 | ≥92~<94 | ≤8 | ≤0.02 | ≥2 |
| | Mz88 | ≥88~<92 | ≤8 | ≤0.02 | ≥2 |
| | 不合格 | <88 | — | — | — |
| 三级品 | Mz94 | ≥94 | ≤10 | ≤0.02 | ≥2 |
| | Mz92 | ≥92~<94 | ≤10 | ≤0.02 | ≥2 |
| | Mz88 | ≥88~<92 | ≤10 | ≤0.02 | ≥2 |
| | 不合格 | <88 | — | — | — |

根据表 8-8，DRI 金属化率 88%是合格 DRI 产品与不合格产品的界限值，低于这一值的 DRI 产品，均需要进行氢冶金回炉再次还原。

实际生产过程中，张宣科技 DRI 产品金属化率均按照 Mz94 这个档次来控制，金属化率的中位值为 94.5%~95.0%。

### 8.2.2 物理性能

DRI 的物理性能指标主要包括抗压强度、含粉率、加权粒级三项。在制定 DRI 的物理性能质量标准时，统计了较长生产周期内 DRI 产品的质量指标情况，考虑现场实际生产能力进行了分级，具体质量标准见表 8-9。

**表 8-9 张宣科技 DRI 的物理性能质量标准**

| 级别 | 抗压强度/N·颗$^{-1}$ | 含粉率/% | 平均粒级/mm |
|---|---|---|---|
| 一级 | ≥900 | <3 | >12 |
| 二级 | ≥700 | <5 | >10 |
| 三级 | ≥500 | <10 | >9 |

平均粒级的计算方法根据粒级测定结果进行，测定粒级时的粒度分级为：>16 mm、10~16 mm、6.3~10 mm、3.15~6.3 mm、<3.15 mm。

因此，平均粒级的计算公式为：

DRI 平均粒级 = (>16 mm DRI 占比×16 mm)+(10~16 mm DRI 占比×13 mm)+(6.3~10 mm DRI 占比×8.15 mm)+(3.15~6.3 mm DRI 占比×4.725 mm)+(<3.15 mm DRI 占比×3.15 mm)

对于表 8-9 所列的物理性能质量标准，是基于张宣科技现阶段的生产条件和 DRI 产品指标确定的。随着不断的工艺技术优化，DRI 产品指标会得到大幅度的改善，上述标准也将进行适时调整。

## 8.3 DRI 产品质量检测方法

### 8.3.1 DRI 的取制样

#### 8.3.1.1 基本原则

(1) 偏差最小化：取样和制样偏差最小化是非常重要的，精密度可以采取更多的份样或重复测定来改善。与精密度不同，偏差不能用重复测定来降低。因此，使可能产生的偏差最小化或直至消除，应认为比改善精密度更为重要。有些偏差源通过正确设计取样和制样系统就可完全消除，包括样品溢出、样品混杂和份样不正确的采取，而有些偏差源可以最小化，但不能完全消除，包括水分含量的变化、粉尘损失和颗粒破损（对粒度测定）。在破碎之前，试样应该尽可能的干燥。

（2）颗粒破损最小：用作粒度测定样品的颗粒破损最小对降低粒度测定偏差是极为重要的，防止颗粒破损必须保持自由落差最小。

（3）份样的采取：从交货批采取份样，不管各个颗粒的大小、质量或密度如何，必须使 DRI 所有部分都有同等的机会被采取并成为最终分析样品的一部分。如果不遵守这个要求，就容易产生偏差。

8.3.1.2 取样

HyMEX 竖炉氢冶金的 DRI 检测采用人工法取样，份样质量 $m_1$(kg) 的计算公式为：

$$m_1 = \frac{ql_2}{3.6v_B} \tag{8-3}$$

式中 $q$——带式输送机上 DRI 的流量，t/h；

$l_2$——截取的 DRI 皮带长度，m；

$v_B$——输送带的速度，m/s。

按照上述计算公式，张宣科技竖炉氢冶金的 DRI 份样的质量约为 50 kg。

8.3.1.3 制样

A 制样要求

制样要分许多阶段进行，每个阶段均包括破碎、混合和缩分一系列操作。制样应使样品不受污染或混入其他杂质，且在样品品质不变的情况下进行。制样过程应定期进行精密度和偏差的校核试验，这样可以发现一些显著的误差样品制成试样阶段，可以按每个份样、或按由若干份样组成的每个副样、或按由若干份样、或若干副样组成的大样来进行。

副样可由直接采取的两个或更多的份样组成，也可逐一制备到一个适当的缩分阶段后组成大样；可由直接采取的全部分样或副样组成，也可逐一制备到一个适当的缩分阶段后组成。

B 制样方法

应采用与 DRI 粒度和硬度相适应的设备进行破碎和研磨，破碎机和研磨机应用同一来源的 DRI 清洗。在将 DRI 过度破碎到粒级小于 160 μm 时应特别注意避免试样被氧化。另外，破碎设备不应该变热，如有必要可以冷却降温。

C 制样设备

（1）颚式破碎机。颚式破碎机主要由机体、偏心轴连杆、颚板及调节机构等主要部分组成，经三角皮带将动力传给连杆带动活动板破碎物料，出料粒度通过调节螺母螺杆及顶板座、滑动座予以调节。技术参数如下。

1）进料尺寸：60 mm×100 mm；

2）进料粒度：≤50 mm；

3）出料粒度：3~15 mm。

（2）固体震动磨。固体震动磨能在1~2 min之内将各种固体样品粉碎成粒度达150~300 μm的粉末样品，一般不必再筛分、缩分即可直接作为送检样品，技术参数如下。

1）装料粒度：小于13 mm；

2）装料质量：50~100 g；

3）粉碎时间：一般样品小于2~5 min，特硬样品小于10 min；

4）出料粒度：240~300 μm。

### 8.3.2 物理性能检测

8.3.2.1 粒度分析

粒度测定的主要目的如下：

（1）测定矿石或直接还原铁在某个或多个规定筛的筛上或筛下的质量和质量分数。筛网孔径尺寸的选择是由规格粒度决定的，同时应根据矿石最大粒度和筛分负荷决定是否需增加中间筛。

（2）形成一个总体粒度分布曲线。筛网孔径的选择将取决于曲线所要求的结果和满足筛子负荷的要求。

1）筛分方法的选择。粒度分析有两种不同的筛分方法：

①干筛，筛分时不需要用水；

②湿筛，筛分时需要充足的水，确保筛孔尺寸以下的颗粒顺利通过筛孔。

干筛和湿筛的结果可能不同，当筛分铁矿石样品时，本部分对两种方法不作取舍。当筛分直接还原铁时，建议采用干筛。

2）筛分时间。实际筛分时间主要受下列因素的影响：

①试样的特性；

②初始装料量；

③筛分强度；

④筛子的筛孔公称尺寸；

⑤允许的准确度水平。

对筛分过程的完成不可能规定出精确的时间。在可行的情况下，筛分时间应严格执行终点规则，在不能严格执行终点规则的情况下可通过协议，用手放矿粒过筛或根据经验确定筛分时间。

3）筛分指数。某粒级范围的DRI占比按式（8-4）计算：

$$\text{某粒级占比} = \frac{M_1}{M} \times 100\% \tag{8-4}$$

式中 $M$——球团矿试样总质量，kg；

$M_1$——对应筛网筛上物质量，kg。

4）筛分设备。筛分设备为一组 3.15~16 mm 筛孔的振动筛，经筛分最终将样品分为：>16 mm、16~10 mm、10~6.3 mm、6.3~3.15 mm、<3.15 mm 五个粒度等级。

8.3.2.2 抗压强度

检测原理：压板以一个特定的速度把压力负荷施加到一定粒度范围内的单个球团矿上，直至球团矿完全破裂时所受最大压力负荷。对所有检测球团矿试样重复上述过程，计算得到的所有测量值的算术平均值就是抗压强度值。

（1）试样制备。试样应从球团矿中随机取出，粒度为 10~12.5 mm，每一次试验的球团矿个数为 60 个。

（2）试验设备。张宣科技用的是链式全自动铁矿球团压力机，该设备的机械部分由机架、磁力送料机构、自动进料机构、压溃机构、自动卸料机构等组成，电气控制部分由 PLC、减速电机、伺服电机、传感器、笔记本电脑等组成。设备技术参数如下。

1）压力传感器：量程 1.5 t；

2）精度：不低于 0.5%；

3）最小分辨率：≤1 N；

4）试验速度：单组 60 颗球团矿平均 20 min；

5）压溃速度：15 mm/min。

（3）结果表示方法。试样的抗压强度是所有测量值的算术平均值，单位为“N/颗”，计算结果取整数。

### 8.3.3 分析检测

根据《铁矿石钙、硅、镁、钛、磷、锰、铝和钡含量的测定 波长色散 X 射线荧光光谱法》（GB/T 6730.62—2005）[11]，利用岛津 MXF-2400 型多道 X 荧光光谱仪分析 DRI 成分中的硅、钙、镁、钛、磷、铝、锰等金属元素含量；根据《金属材料中氢、氧、氮、碳和硫分析方法通则》（GB/T 14265—2017）[12]，分别利用 CS744-美国力可碳硫分析仪和氧分析仪测定 DRI 的碳、硫氧元素含量；根据《直接还原铁 金属铁含量的测定 三氯化铁分解重铬酸钾滴定法》（GB/T 38812.2—2020）[13]，利用三氯化铁分解重铬酸钾滴定法测定 DRI 中金属铁含量。

## 8.4 本章小结

DRI 是替代废钢的优质含铁原料，其质量直接影响后续冶炼工序的操作效率、钢水质量及生产成本，因此，DRI 的质量检测是整个生产过程中重要环节之一。本章主要介绍 DRI 产品的质量检测内容、质量标准和质量检测方法。

（1）DRI 的质量检测内容主要包括金属化率、金属铁含量、脉石含量、碳含量、抗压强度和含粉率、杂质元素含量。张宣科技 HyMEX 生产的 DRI 金属化率一般在 92%~95%，碳含量为 2%~3%。

（2）结合生产实践，张宣科技制定了 DRI 质量控制标准，认为采用脉石含量、金属化率、碳含量作为 DRI 的主要成分指标更具有科学性和实用性；描述 DRI 物理性能的主要指标包括抗压强度和含粉率。

（3）DRI 的粒度和含粉率采用人工筛分法测定，抗压强度采用链式全自动铁矿球团压力机测定，金属铁和其他元素的检测均按照相关国家标准进行；其中，金属铁利用手工滴定检测方法完成，其他元素通过碳硫分析仪、荧光分析仪、氧分析仪完成。

## 参 考 文 献


[1] 康旭，王强，张彩东，等．直接还原铁对电炉炼钢及碳排放的影响研究现状［J］．河北冶金，2024，5：1-8.

[2] 汪翔宇．直接还原铁在现代冶金中的作用探讨［J］．中国金属通报，2021，19：15-16.

[3] 王建昌，王彦平，张永亮．直接还原铁在转炉的应用效果分析［J］．炼钢，2008，24（6）：29-31.

[4] 陈煜，李京社，武杰，等．直接还原铁在电弧炉炼钢中的应用［J］．特殊钢，1999，20（2）：50-52.

[5] Lule R，Lopez F，Espinoza J，et al. The production of steels applying 100% DRI for nitrogen Removal，the experience of ArcelorMittal lazaro cardenas flat carbon［C］．2009 Iron & Steel Technology Conference，489-498.

[6] 王新东，赵志龙，李传民，等．基于富氢焦炉煤气零重整的氢冶金工程技术［J］．钢铁，2023，58（5）：11-19.

[7] 史占彪．狠抓直接还原铁质量［J］．中国冶金，2004，1：22-24，12.

[8] 袁金甲．电炉炼钢原料及直接还原铁生产技术［J］．冶金与材料，2022，42（2）：101-102.

[9] 于樾，王锋，齐渊洪，等．氢基直接还原铁工艺技术及应用［J］．钢铁研究学报，2024，36（3）：283-298.

[10] YB/T 4170—2008，炼钢用直接还原铁［S］.

[11] GB/T 6730.62—2005，铁矿石 钙、硅、镁、钛、磷、锰、铝和钡含量的测定 波长色散 X 射线荧光光谱法［S］.

[12] GB/T 14265—2017，金属材料中氢、氧、氮、碳和硫分析方法通则［S］.

[13] GB/T 38812.2—2020，直接还原铁、金属铁含量的测定 三氯化铁分解重铬酸钾滴定法［S］.

# 9 竖炉氢冶金环保技术

当前中国钢铁生产以高炉-转炉（BF-BOF）长流程为主，绿色发展水平与生态环境保护要求不匹配已成为钢铁工业面临的主要矛盾之一。竖炉氢冶金-电炉（DRI-EAF）短流程节能减排优势十分明显，可降低吨钢污染物排放量约70%。本章基于焦炉煤气零重整竖炉氢冶金工程工艺，以HyMEX项目为例，探讨竖炉氢冶金的环保相关技术、产排污节点、污染物控制措施、污染物排放水平等方面的内容。

## 9.1 竖炉氢冶金的主要污染物

### 9.1.1 地区环境质量标准

9.1.1.1 环境空气质量标准

竖炉氢冶金项目所在区域环境空气污染物 $PM_{10}$、$PM_{2.5}$、$SO_2$、$NO_2$、CO、$O_2$、TSP执行《环境空气质量标准》（GB 3095—2012）中二级标准及《关于发布〈环境空气质量标准〉（GB 3095—2012）修改单的公告》，氨、硫酸执行《环境影响评价技术导则　大气环境》（HJ 2.2-2018）附录D其他污染物空气质量浓度参考限值，具体标准值见表9-1。

表9-1　环境空气质量标准一览表[1]

| 项目 | 标准值 | 二级 | 单位 | 标准来源 |
|---|---|---|---|---|
| $PM_{2.5}$ | 24 h平均值 | 75 | μg/m³ | 《环境空气质量标准》（GB 3095—2012）标准及其修改单（生态环境部公告2018年第29号）二级标准 |
| | 年均值 | 35 | | |
| $PM_{10}$ | 24 h平均值 | 150 | | |
| | 年均值 | 70 | | |
| TSP | 24 h平均值 | 300 | | |
| | 年均值 | 200 | | |
| $SO_2$ | 1 h平均值 | 500 | | |
| | 24 h平均值 | 150 | | |
| | 年均值 | 60 | | |

续表 9-1

| 项目 | 标 准 值 | 二级 | 单位 | 标准来源 |
| --- | --- | --- | --- | --- |
| $NO_2$ | 1 h 平均值 | 200 | μg/m³ | 《环境空气质量标准》（GB 3095—2012）标准及其修改单（生态环境部公告 2018 年第 29 号）二级标准 |
| | 24 h 平均值 | 80 | | |
| | 年均值 | 40 | | |
| $O_3$ | 日最大 8 h 平均值 | 160 | | |
| | 1 h 平均值 | 200 | | |
| CO | 24 h 平均值 | 4 | mg/m³ | |
| | 1 h 平均值 | 10 | | |
| 硫酸 | 1 h 平均值 | 300 | μg/m³ | 《环境影响评价技术导则 大气环境》（HJ 2.2—2018）附录 D |
| | 24 h 平均值 | 100 | μg/m³ | |
| 氨 | 1 h 平均值 | 200 | μg/m³ | |

9.1.1.2 地下水质量标准

竖炉氢冶金项目所在区域地下水执行《地下水质量标准》（GB/T 14848—2017）Ⅲ类标准，其中石油类执行《地表水环境质量标准》（GB 3838—2002）Ⅲ类标准，具体标准值见表 9-2。

**表 9-2 地下水质量标准一览表**[2]

| 污染物名称 | 标准值（Ⅲ类） | 单位 | 标准来源 |
| --- | --- | --- | --- |
| pH 值 | 6.5~8.5 | mg/L | 《地下水质量标准》（GB/T 14848—2017）Ⅲ类 |
| 色度 | ≤15 | | |
| 嗅和味 | 无 | | |
| 浑浊度 | ≤3.0 | | |
| 肉眼可见物 | 无 | | |
| 总硬度（以 $CaCO_3$ 计） | ≤450 | | |
| 溶解性总固体 | ≤1000 | | |
| 耗氧量（$COD_{Mn}$ 法，以 $O_2$ 计） | ≤3.0 | | |
| 氨氮（以 N 计） | ≤0.5 | | |
| 硝酸盐（以 N 计） | ≤20 | | |
| 亚硝酸盐（以 N 计） | ≤1.0 | | |
| 氟化物 | ≤1.0 | | |
| 铝 | ≤0.2 | | |
| 铁 | ≤0.3 | | |
| 锰 | ≤0.1 | | |

续表 9-2

| 污染物名称 | 标准值（Ⅲ类） | 单位 | 标准来源 |
|---|---|---|---|
| 铜 | ≤1.0 | mg/L | 《地下水质量标准》（GB/T 14848—2017）Ⅲ类 |
| 锌 | ≤1.0 | | |
| 钠 | ≤200 | | |
| 镉 | ≤0.005 | | |
| 铅 | ≤0.01 | | |
| 硒 | ≤0.01 | | |
| 砷 | ≤0.01 | | |
| 汞 | ≤0.001 | | |
| 挥发性酚类（以苯酚计） | ≤0.002 | | |
| 碘化物 | ≤0.08 | | |
| 阴离子表面活性剂 | ≤0.3 | | |
| 氰化物 | ≤0.05 | | |
| 铬（六价） | ≤0.05 | | |
| 硫化物 | ≤0.02 | | |
| 三氯甲烷 | ≤60 | | |
| 四氯化碳 | ≤2 | | |
| 苯 | ≤10 | | |
| 甲苯 | ≤700 | | |
| 总大肠菌群 | ≤3 | MPN/100 mL 或 CFU/100 mL | |
| 菌落总数 | ≤100 | CFU/mL | |
| 石油类[3] | ≤0.05 | mg/L | 《地表水环境质量标准》（GB 3838—2002） |

### 9.1.1.3 声环境质量标准

竖炉氢冶金项目厂址区域声环境执行《声环境质量标准》（GB 3096—2008）3 类区标准，范围内敏感目标执行《声环境质量标准》（GB 3096—2008）2 类区和 1 类区标准，具体标准值见表 9-3。

表 9-3 声环境质量标准一览表[4]

| 污染物名称 | | 时间 | 标准值 | 单位 | 标准来源 |
|---|---|---|---|---|---|
| 等效连续 A 声级（Leq） | 厂址区域 | 昼间 | 65 | dB(A) | 《声环境质量标准》（GB 3096—2008）3 类区 |
| | | 夜间 | 55 | | |
| | 居民区 | 昼间 | 60 | | 《声环境质量标准》（GB 3096—2008）2 类区 |
| | | 夜间 | 50 | | |
| | | 昼间 | 55 | | 《声环境质量标准》（GB 3096—2008）1 类区 |
| | | 夜间 | 45 | | |

9.1.1.4 土壤环境质量标准

竖炉氢冶金项目建设用地土壤环境执行《土壤环境质量　建设用地土壤污染风险管控标准（试行）》（GB 36600—2018）第二类用地筛选值，《建设用地土壤污染风险筛选值》（DB13/T 5216—2022）第二类用地筛选值；厂区外农用地土壤环境执行《土壤环境质量农用地土壤污染风险管控标准（试行）》（GB 15618—2018）其他农用地土壤污染风险筛选值；居民区土壤环境执行《土壤环境质量　建设用地土壤污染风险管控标准（试行）》（GB 36600—2018）第一类用地筛选值，具体标准值见表 9-4。

表 9-4 建设用地土壤环境质量标准　　(mg/kg)

| 污染物项目 | 第一类建设用地筛选值 | 第二类建设用地筛选值 | 标准来源 |
|---|---|---|---|
| 砷 | 20 | 60 | 《土壤环境质量　建设用地土壤污染风险管控标准（试行）》（GB 36600—2018）第二类用地筛选值[5] |
| 镉 | 20 | 65 | |
| 铬（六价） | 3.0 | 5.7 | |
| 铜 | 2000 | 18000 | |
| 铅 | 400 | 800 | |
| 汞 | 8 | 38 | |
| 镍 | 150 | 900 | |
| 四氯化碳 | 0.9 | 2.8 | |
| 氯仿 | 0.3 | 0.9 | |
| 氯甲烷 | 12 | 37 | |
| 1,1-二氯乙烷 | 3 | 9 | |
| 1,2-二氯乙烷 | 0.52 | 5 | |
| 1,1-二氯乙烯 | 12 | 66 | |

续表 9-4

| 污染物项目 | 第一类建设用地筛选值 | 第二类建设用地筛选值 | 标准来源 |
|---|---|---|---|
| 顺-1,2-二氯乙烯 | 66 | 596 | 《土壤环境质量 建设用地土壤污染风险管控标准（试行）》（GB 36600—2018）第二类用地筛选值[5] |
| 反-1,2-二氯乙烯 | 10 | 54 | |
| 二氯甲烷 | 94 | 616 | |
| 1,2-二氯丙烷 | 1 | 5 | |
| 1,1,1,2-四氯乙烷 | 2.6 | 10 | |
| 1,1,2,2-四氯乙烷 | 1.6 | 6.8 | |
| 四氯乙烯 | 11 | 53 | |
| 1,1,1-三氯乙烷 | 701 | 840 | |
| 1,1,2-三氯乙烷 | 0.6 | 2.8 | |
| 三氯乙烯 | 0.7 | 2.8 | |
| 1,2,3-三氯丙烷 | 0.05 | 0.5 | |
| 氯乙烯 | 0.12 | 0.43 | |
| 苯 | 1 | 4 | |
| 氯苯 | 68 | 270 | |
| 1,2-二氯苯 | 560 | 560 | |
| 1,4-二氯苯 | 5.6 | 20 | |
| 乙苯 | 7.2 | 28 | |
| 苯乙烯 | 1290 | 1290 | |
| 甲苯 | 1200 | 1200 | |
| 间二甲苯+对二甲苯 | 163 | 570 | |
| 邻二甲苯 | 222 | 640 | |
| 硝基苯 | 34 | 76 | |
| 苯胺 | 92 | 260 | |
| 2-氯酚 | 250 | 2256 | |
| 苯并［a］蒽 | 5.5 | 15 | |
| 苯并［a］芘 | 0.55 | 1.5 | |
| 苯并［b］荧蒽 | 5.5 | 15 | |
| 苯并［k］荧蒽 | 55 | 151 | |
| 䓛 | 490 | 1293 | |
| 二苯并［a,h］蒽 | 0.55 | 1.5 | |
| 茚并［1,2,3-cd］芘 | 5.5 | 15 | |

续表 9-4

| 污染物项目 | 第一类建设用地筛选值 | 第二类建设用地筛选值 | 标准来源 |
| --- | --- | --- | --- |
| 萘 | 25 | 70 | 《土壤环境质量　建设用地土壤污染风险管控标准（试行）》（GB 36600—2018）第二类用地筛选值[5] |
| 石油烃（C10~C40） | 826 | 4500 | |
| 氰化物 | 22 | 135 | |
| 二噁英类（总毒性当量） | $1\times10^{-5}$ | $4\times10^{-5}$ | |
| 硒 | 248 | 2393 | |
| 锌 | 10000 | 10000 | |
| 铊 | 0.5 | 4.8 | |
| pH 值 | 6.5<pH 值≤7.5 | | 《土壤环境质量　农用地土壤污染风险管控标准（试行）》（GB 15618—2018）[6] |
| 镉 | 0.3 | | |
| 汞 | 2.4 | | |
| 砷 | 30 | | |
| 铅 | 120 | | |
| 铬 | 200 | | |
| 铜 | 100 | | |
| 镍 | 100 | | |
| 锌 | 250 | | |
| 锌 | 10000 | 10000 | 《建设用地土壤污染风险筛选值》（DB13/T 5216—2022）[7] |
| 氟化物（可溶性） | 1950 | 10000 | |
| 氨氮 | 960 | 1200 | |

### 9.1.2 污染物排放标准

9.1.2.1 废气污染物排放标准

竖炉氢冶金项目有组织废气执行《钢铁工业大气污染物超低排放标准》（DB13/ 2169—2018）规定的排放限值，无组织废气执行《钢铁工业大气污染物超低排放标准》（DB13/ 2169—2018）企业大气污染物无组织排放浓度限值；氨、臭气浓度有组织排放执行《恶臭污染物排放标准》（GB 14554—1993），氨、臭气浓度厂界无组织排放执行《恶臭污染物排放标准》（GB 14554—1993）新扩改项目二级标准，硫酸雾执行《大气污染物综合排放标准》（GB 16297—1996）新污染源大气污染物排放限值，具体标准值见表 9-5。

**表 9-5 竖炉氢冶金项目污染物排放标准一览表**

| 污染源 | | 污染因子 | 单位 | 排放标准要求 | |
|---|---|---|---|---|---|
| | | | | 数值 | 来源 |
| 有组织 | 原料供料系统废气、原料储运废气、冷态直接还原铁加压卸料仓、成品储运废气 | 颗粒物 | $mg/m^3$ | 10 | 《钢铁工业大气污染物超低排放标准》（DB13/ 2169—2018）[8] |
| | 加热炉 | 颗粒物 | $mg/m^3$ | 10 | |
| | | $SO_2$ | | 50 | |
| | | $NO_x$ | | 150 | |
| | 脱氨系统 | 氨 | kg/h | 20 | 《恶臭污染物排放标准》（GB 14554—1993）表 2 恶臭污染物排放标准值 |
| | | 臭气浓度 | 无量纲 | 15000 | |
| 无组织 | 无完整厂房车间 | 颗粒物 | $mg/m^3$ | 5.0 | 《钢铁工业大气污染物超低排放标准》（DB13/2169—2018）规定的排放限值 |
| | 有厂房车间 | 颗粒物 | $mg/m^3$ | 8 | |
| | 厂界 | 颗粒物 | $mg/m^3$ | 1.0 | 《大气污染物综合排放标准》（GB 16297—1996）表 2 新污染源大气污染物排放限值[9] |
| | | 硫酸雾 | $mg/m^3$ | 1.2 | |
| | | 氨 | $mg/m^3$ | 1.5 | 《恶臭污染物排放标准》（GB 14554—1993）表 1 二级新扩改建厂界标准 |
| | | 臭气浓度 | 无量纲 | 20 | |

#### 9.1.2.2 水污染物排放标准

竖炉氢冶金项目除盐水站浓水排入钢渣热焖系统以外，净环水系统、浊环水系统、设备冲洗废水、余热锅炉系统排污水及职工生活污水排入综合污水处理站处理，废水经处理后满足《城市污水再生利用 工业用水水质》（GB/T 19923—2024）敞开式循环冷却水系统补充水标准后回用；焦炉煤气加压系统产生的冷凝水排入焦化酚氰废水处理站处理后，回用焦化工序；项目废水总排放口执行《钢铁工业水污染物排放标准》（GB 13456—2012）间接排放浓度限值，同时满足综合污水处理厂进水水质要求，具体标准值见表 9-6 和表 9-7。

**表 9-6 竖炉氢冶金项目废水污染物排放标准一览表**

| 污染源 | 污染因子 | 单位 | 《钢铁工业水污染物排放标准》（GB 13456—2012）及修改单中表2间接排放标准[11] | 综合污水处理厂进水水质要求 | 本次环评执行标准 |
|---|---|---|---|---|---|
| 拟建项目总排水口 | pH值 | — | 6~9 | 7~9 | 7~9 |
| | COD | mg/L | 200 | 200 | 200 |
| | SS | | 100 | 1000 | 100 |
| | 氨氮（以N计） | | 15 | 25 | 15 |
| | 总氮 | | 35 | — | 35 |
| | 石油类 | | 10 | — | 10 |
| | 挥发酚 | | 1 | — | 1 |
| | 总氰化物 | | 0.5 | — | 0.5 |
| | 总锌 | | 4 | — | 4 |
| | 总铅（车间或生产设施排口） | | 1 | — | 1 |

**表 9-7 竖炉氢冶金项目回用水水质一览表**

| 项目 | 单位 | GB/T 19923—2024 中敞开式循环冷却水系统补充水水质标准[12] |
|---|---|---|
| pH值 | — | 6.5~8.5 |
| 浊度 | NTU | ≤5 |
| 色度 | 度 | ≤30 |
| $BOD_5$ | mg/L | ≤10 |
| COD | | ≤60 |
| 铁 | | ≤0.3 |
| 锰 | | ≤0.1 |
| 氯离子 | | ≤250 |
| 二氧化硅 | | ≤50 |
| 总硬度（以 $CaCO_3$ 计） | | ≤450 |
| 总碱度（以 $CaCO_3$ 计） | | ≤350 |
| 硫酸盐 | | ≤600 |
| 氨氮（以N计） | | ≤10 |
| 总磷 | | ≤1 |
| 溶解性总固体 | | ≤1000 |
| 石油类 | | ≤1 |
| 阴离子表面活性剂 | | ≤0.5 |
| 余氯 | | ≥0.05 |
| 粪大肠菌群 | | ≤2000 |

9.1.2.3 噪声排放标准

竖炉氢冶金项目厂界噪声执行《工业企业厂界环境噪声排放标准》（GB 12348—2008）3类标准，具体标准值见表9-8。

**表9-8 拟建工程噪声排放标准一览表**

| 污染源 | 污染因子 | | 单位 | 标准值 | 标准要求 |
|---|---|---|---|---|---|
| 厂界噪声 | Leq | 昼间 | dB(A) | 65 | 《工业企业厂界环境噪声排放标准》（GB 12348—2008）3类区标准[10] |
| | | 夜间 | | 55 | |

9.1.2.4 固体废弃物控制标准

固体废物：（1）一般工业固体废物贮存、处置执行《一般工业固体废物贮存和填埋污染控制标准》（GB 18599—2020）中的相关规定；（2）危险废物执行《危险废物贮存污染控制标准》（GB 18597—2001）及修改单中的相关规定。

### 9.1.3 球团工序主要污染物

9.1.3.1 主要生产设施

竖炉氢冶金项目球团工序采用链箅机-回转窑工艺，为氢基竖炉提供氧化球团矿原料。球团工序主要生产设施包括：配料室、混合室、烘干室、造球室、筛分室、焙烧室、主抽风机室、成品筛分室、成品矿槽、转运站和通廊运输系统等。配套生产设施包括：球团矿余热回收、烟气脱硫脱硝、通风除尘及供配电、给排水等公辅设施。

球团工序的主要生产设备组成见表9-9。

**表9-9 竖炉氢冶金项目球团工序主要生产设备组成表**

| 类别 | 项目名称 | 具体内容 |
|---|---|---|
| 主体工程 | 配料 | 1号窑配料室设置2个膨润土仓、2个除尘灰仓，2号窑配料室设3个膨润土仓、1个除尘灰仓 |
| | 干燥 | 1号、2号链箅机-回转窑分别配置1台 $\phi$3.6 m×24 m 干燥机，2台 $\phi$2.4 m×18 m 干燥机 |
| | 混合造球 | 1号、2号链箅机-回转窑共配备11台 $\phi$6 m 圆盘造球机 |
| | 预热与焙烧 | 1号链箅机有效长度39 m，1号回转窑规格为 $\phi$4.6 m×33 m<br>2号链箅机有效长度41 m，2号回转窑规格为 $\phi$5.0 m×35 m |
| | 冷却 | 设2台69 $m^2$ 环冷机 |
| | 成品转运 | 通过带式输送机送到球团矿成品仓 |

续表 9-9

| 类别 | 项目名称 | 具 体 内 容 |
| --- | --- | --- |
| 公用工程 | 供水 | 由厂区现有供水管网供应 |
| | 供配电 | 由厂区现有现有配电设施供应 |
| | 压缩空气 | 压缩空气年耗量 39.99 $m^3$/min，由厂区压缩空气管网供应 |
| | 燃气 | 天然气，经由厂区供气管道供应 |
| | 供热 | 生活办公设施冬季采暖由厂区供暖管网集中供应；脱硫灰仓等保温所需蒸汽由厂区蒸汽供热管网供应 |
| | 氮气 | 氮气耗量为 0.38 $m^3$/min，由厂区氮气管网供应 |
| | 料场 | 145 m×105 m 物料暂存库，具有 10 万吨铁精矿存储能力 |
| | 危废暂存间 | 厂区危废暂存间 |
| 环保工程 | 废气 | （1）黏结剂入仓废气，经点式除尘器处理。<br>（2）铁精粉烘干废气，经袋式除尘器净化后，由 15 m 高排气筒排放。<br>（3）环境除尘废气，经袋式除尘器净化后，由 25 m 高排气筒排放。<br>（4）焙烧烟气，经静电除尘器+湿法脱硫系统+SNCR+SCR 联合脱硝，由 60 m 高排气筒排放。<br>（5）成品矿落料废气，经袋式除尘器净化后，由 20 m 高排气筒排放。<br>（6）球团工序无组织所有产尘工序均设置集尘装置，车间密闭，原料场密闭。<br>（7）氨水罐区：50 $m^3$ 封闭式储罐，并设置 1 套氨气吸收器 |
| | 废水 | 废水主要为循环冷却系统排污水、脱硫系统排污水、设备及地面冲洗水、厂区生活污水，其中循环冷却系统排污水为清净下水，回用于造球加湿和洒水抑尘，不外排；脱硫系统排污水、设备及地面冲洗水、厂区生活污水排入厂区综合污水处理站 |
| | 噪声 | 采取设置消声器、减震、隔声等降噪措施 |
| | 固废 | 除尘灰回用于球团配料工序综合利用；脱硫石膏集中收集外售；废催化剂、废润滑油、在线监测废液贮存在厂区危险废物贮存间，定期交由具有危废处置资质单位处理 |
| | 防渗 | （1）重点防渗区：主要包括氨水罐区、事故水池。防渗技术要求：等效黏土防渗层 Mb≥6.0 m，渗透系数≤$1\times10^{-7}$cm/s；或参照 GB 18598 执行。<br>（2）一般防渗区：包括主厂房区、原料场、循环水池等区域。防渗技术要求：等效黏土防渗层 Mb≥1.5 m，渗透系数≤$1\times10^{-7}$cm/s。<br>（3）简单防渗区：公用工程如空压站、电气站等区域。<br>防渗技术要求：一般地面硬化 |

9.1.3.2 主要污染源及污染物

球团工序主要污染物包括废气、废水、固体废物、噪声。

（1）废气：

1）配料、混料过程产生粉尘；

2）精矿干燥过程产生含尘、$SO_2$、$NO_x$ 的烟气；

3）球团焙烧过程产生含尘、$SO_2$、$NO_x$ 及少量氟化物、二噁英、铅及其化合物等的烟气；

4）成品球团矿在筛分、转运等过程中产生粉尘。

（2）废水：

1）车间地坪冲洗产生含 SS 废水；

2）球团矿焙烧烟气脱硫系统采用活性焦脱硫工艺时制酸产生的含酸废水。

（3）固体废物：

1）各除尘系统收集的除尘灰；

2）焙烧烟气脱硫系统采用活性焦脱硫工艺产生的废活性焦，采用石灰石-石膏湿法工艺产生的脱硫石膏，采用半干法工艺产生的脱硫渣，脱硝系统采用 SCR 法工艺产生的废催化剂；

3）采用活性焦脱硫工艺时，脱硫制酸过程产生的废催化剂。

（4）噪声：造球机、筛分机、辊磨机、主引风机、除尘风机及各类泵等设备运行产生的噪声。

### 9.1.4 氢基竖炉工序主要污染物

9.1.4.1 主要生产设施

氢基竖炉工序主要生产设施如下：

（1）矿槽系统，包括竖炉矿槽系统、原料涂覆站、竖炉上料系统；

（2）竖炉炼铁工艺，包括竖炉炉顶系统、竖炉反应器、高温工艺气体集输管道、竖炉冷却系统、竖炉 DRI 卸料系统；

（3）气体处理系统，包括工艺气体回路系统、气体加压系统、冷却气体回路系统、原料气（COG）回路、$CO_2$ 脱除单元（化学法）、管式加热炉系统、气体换热及预热系统；

（4）公辅系统，包括竖炉中心水处理设施、氮气和仪表空气系统、点火放散系统、蒸汽系统、生产控制中心、炼铁电讯系统、竖炉炼铁三电（EIC）控制系统硬件设备、竖炉车间化验室、竖炉智能化建设、竖炉炼铁消防设施等。

氢基竖炉工序的主要生产设备组成见表 9-10。氢基竖炉工序的主要生产单元组成见表 9-11。

**表 9-10 竖炉氢冶金项目氢基竖炉工序主要生产设备**

| 设备名称 | | 规 格 |
|---|---|---|
| 原料储运系统 | 外 Z1~外 Z5 胶带机 | 给料能力 140 t/h |
| | Z1~Z5 胶带机 | 给料能力 140 t/h |
| | K201~K203 胶带机 | 给料能力 140 t/h |
| | 原料仓 | 储存能力均为 250 t |
| | 粉料仓 | 储存能力为 200 t |
| | 缓冲仓 | 储存能力均为 300 t |
| | 水泥仓 | 储存能力为 80 t |
| | 带式称重给料机 | 给料能力 0~140 t/h |
| | RH121 胶带机 | $B$=650 mm，$v$=1.25 m/s，$P$=11 kW，$Q$=20 t/h，$\rho$=2.2 t/m$^3$，水平机长 $L$=78.05 m，提升高度 10.175 m |
| | RH136 胶带机 | $B$=800 mm，$v$=1.25 m/s，$Q$=30 t/h，$\rho$=2.2 t/m$^3$，水平机长 $L$=18.9 m，提升高度 4.925 m |
| | RH122 胶带机 | $B$=650 mm，$v$=1.25 m/s，$p$=15 kW，$Q$=140 t/h，$\rho$=2.2 t/m$^3$，水平机长 $L$=71.493 m，提升高度 7.69 m |
| | RH131 胶带机 | $B$=650 mm，$v$=0~1.5 m/s（无级变频调速），$Q$=0~140 t/h，$\rho$=2.2 t/m$^3$，水平机长 $L$=20 m，提升高度 0.381 m |
| | RH140 胶带机 | $B$=650 mm，$v$=1.25 m/s，$P$=7.5 kW：$Q$=140 t/h，$\rho$=2.2 t/m$^3$，水平长度 $L$=11.55 m |
| | RH138 胶带机 | $B$=650 mm，$v$=1.25 m/s，$P$=22 kW，$Q$=140 t/h，$\rho$=2.2 t/m$^3$，水平机长 $L$=136.55 m，提升高度 20.27 m |
| | RH135 胶带机 | $B$=650 mm，$v$=1.25 m/s，$P$=11 kW，$Q$=140 t/h，$\rho$=2.2 t/m$^3$，水平机长 $L$=13 m，提升高度 1.805 m |
| | RH139 胶带机 | $B$=800 mm，$Q$=140 t/h，$v$=1.25 m/s，$L$=188.33 m，$\rho$=2.2 t/m$^3$，$\alpha$=11.8°，双电机 $P$=2×45 kW，水平机长 $L$=188.33 m，提升高度 6.7 m |
| | RH141 胶带机 | $B$=800 mm，$v$=1.25 m/s，$Q$=140 t/h，$\rho$=2.2 t/m$^3$，$\alpha$=10.216°，$P$=2×75 kW，水平长度 $L$=296030 mm，提升高度 53.5 m |

续表 9-10

| 设备名称 | | 规　格 |
|---|---|---|
| 原料处理系统 | 球团矿振动筛 | $Q$=140 t/h，单层筛板，分级粒度 5 mm |
| | DRI 返料振动筛 | $Q$=20 t/h，单层筛板，分级粒度 5 mm |
| | 涂覆机 | 包括密闭的搅拌设施、喷涂设施 |
| 氢基竖炉及其装料排料系统 | 垂直皮带机 | — |
| | 旋转式装料机 | — |
| | 铁矿石装料仓 | 容积 38 $m^3$，壳体材质 Q345R |
| | 铁矿石加压料仓 | 单个容积 2.1 $m^3$，壳体材质 Q345R |
| | 竖炉 | 竖炉反应器（最大直径 7.07 m，竖炉高度 37.4 m）、下料管、耐火材料支架、冷却水套、黏料破碎装置 |
| | 直接还原铁冷却器缓冲罐 | 容积 4.3 $m^3$，壳体材质 Q345R |
| | 冷却器 | 最大直径 4.1 m，高度 18.696 m |
| | 冷态 DRI 加压卸料仓 | 容积 5.9 $m^3$，壳体材质 Q345R |
| | 液压系统 | — |
| | 润滑系统 | — |
| 成品冷却系统 | 冷却气体急冷器 | — |
| | 冷却气体文氏管 | — |
| | 冷却气体分离器 | 直径 2.743 m，高度 11.7 m |
| | 冷却气急冷塔 | 直径 3.048 m，高度 15.5 m |
| | 冷却气体压缩机脱水罐 | 直径 3.048 m，高度 7.5 m |
| | 冷却气体过滤器 | — |
| | 冷却气体压缩机 | 进气压力 0.82 MPa（A），排气压力 1.05 MPa（A） |
| | 冷却气体压缩机后冷器 | — |
| | 冷却气脱水罐 | 直径 2.896 m，高度 6.3 m |
| | 分散剂添加单元 | — |
| 工艺气体循环回路系统 | 顶气换热器 | 长 604.1 cm×宽 292 cm×高 292 cm，高强合金钢/合金碳钢 |
| | 工艺气体预热器 | 长 2017.4 cm×宽 280 cm×高 280 cm，高强合金钢/合金碳钢 |
| | 工艺气体急冷器 | 高 220 cm，外径 80 cm，碳素钢/不锈钢 |
| | 文氏管 | 高 300 cm，外径 70 cm，不锈钢 |
| | 分离器 | 高 1110 cm，外径 300 cm，碳素钢 |
| | 冷却塔 | 高 1500 cm，外径 320 cm，不锈钢/碳素钢 |
| | 尾气脱水包 | 高 500 cm，外径 110 cm，碳素钢 |
| | 工艺气脱水包 | 高 870 cm，外径 340 cm，碳素钢 |
| | 工艺气压缩机 | 离心式 |
| | 后冷器 | 高 1210 cm，外径 260 cm |
| | 加湿器 | 高 1400 cm，外径 260 cm |

续表 9-10

| 设备名称 | | 规　　格 |
|---|---|---|
| 工艺补充气系统 | 底气急冷器 | 高 120 cm，外径 40 cm，碳素钢/不锈钢 |
| | 文氏管 | 高 200 cm，外径 30 cm，不锈钢 |
| | 分离器 | 高 850 cm，外径 140 cm，碳素钢 |
| | 冷却塔 | 高 1430 cm，外径 160 cm，碳素钢 |
| | 焦炉煤气螺杆压缩机组 | 单个 7000 kW 功率双输出电机带两个压缩机头 |
| $CO_2$ 脱除系统 | 吸收塔 | Q345R/Q345R（正火）内构件：S31608 |
| | 汽提再生塔 | Q345R/S30403 内构件：S31608 |
| | 贫液过滤器 | CS/S31608 |
| | 脱碳后气体洗涤器 | Q345R 内构件：S31608 |
| | 回流气体洗涤器 | S30403 内构件：S31608 |
| | 溶液制备罐 | Q345R 内构件：S31608 |
| | 溶液储罐 | Q235C |
| | 消泡剂系统 | CS |
| | 机械过滤器 | CS |
| | 活性炭过滤器 | Q345R 内构件：S31608 |
| | 离心过滤器 | S31608 |
| | 贫富液换热器 | S31608 |
| | 再沸器 | 管 S31603，壳 CS，挡板 S30408 |
| | 贫液换热器 | S31608 |
| | 汽提塔塔顶冷凝器 | 管 S31603，壳 S30403 |
| | 溶液过滤器 | CS |
| | 自动清洗过滤器 | CS/S31608 |
| | 补液过滤器 | CS |
| | 碳收集器 | CS |
| | 富液过滤器 | CS |
| | 再沸器冷凝液罐 | Q345R |
| $CO_2$ 脱硫系统 | 脱硫塔 | 内径 4 m，设计温度 80 ℃，设计压力 0.1 MPa，材质：CS 防腐，填料：活性炭 |
| $CO_2$ 精制系统 | 原料气压缩机 | 往复式三级压缩机 |
| | 制冷机组 | 850P 低温螺杆机组，R507 |
| | 干燥床 | 2.5 MPa，4700 $m^3/h$ 碳钢 |
| | 精馏塔 | 不锈钢规整填料 |
| | 球罐 | 16MnDR，400 $m^3$ |
| | 蒸发冷 | 配套制冷机组 |

续表 9-10

| 设备名称 | | 规　　格 |
|---|---|---|
| 成品储运系统 | D1 胶带机 | $Q=500$ t/h，$B=1000$ mm，$v=0.8$ m/s，$L=93.922$ m，$H=21.6$ m，$N=2\times75$ kW，选用双传动，一用一备，胶带选用耐高温阻燃胶带 |
| | D2 胶带机 | $Q=80$ t/h，$B=650$ mm，$v=0.8$ m/s，$L=67.166$ m，$H=11$ m，$N=15$ kW |
| | D3 胶带机 | $Q=80$ t/h，$B=650$ mm，$v=0.8$ m/s，$L=65.42$ m，$H=8.5$ m，$N=15$ kW |
| | D4 胶带机 | $Q=80$ t/h，$B=650$ mm，$v=0.8$ m/s，$L=149.83$ m，$H=8.8$ m，$N=22$ kW |
| | D5 胶带机 | $Q=80$ t/h，$B=650$ mm，$v=0.8$ m/s，$L=179.174$ m，$H=14$ m，$N=30$ kW |
| | S1 胶带机 | $Q=10$ t/h，$B=650$ mm，$v=0.8$ m/s，$L=70.418$ m，$H=9.745$ m，$N=11$ kW |
| | 转运站 | — |
| | 卸料车 | $B=650$ mm，$v=0.8$ m/s，单侧卸料，重型滑车 |
| | 振动筛 | 型号：XBSFJ125×360-I，$Q=80$ t/h，单层筛板，分级粒度 5 mm |
| | 筒仓 | 筒仓有效堆载 2730 t，有效堆料容积 1820 $m^3$ |
| 辅助设施 | 除盐水站 | 制水能力 670 $m^3$/h |
| | 污泥处理系统 | 箱式自动板框压滤机：过滤面积 250 $m^2$ |
| | 脱氨系统 | 处理量 30 $m^3$/h，采用“曝气调节池+药剂混凝罐+机械澄清池+石英砂过滤器+二级脱氨塔+换热器降温” |
| 应急放散装置 | 组合式火炬头 | 310/304，表面酸洗钝化 |
| | 速度密封器 | 折流式，DN600，304 |
| | 火炬筒体 | 管式火炬筒体，DN600，Q345R，H49.7 m |
| | 水封罐 | DN2500×H10000，立式，Q345R |

**表 9-11　竖炉氢冶金项目氢基竖炉工序单元组成表**

| 类别 | 设备名称 | 具 体 内 容 |
|---|---|---|
| 主体工程 | 氢基竖炉系统 | 氢基竖炉 1 座 |

续表 9-11

| 类别 | 设备名称 | 具 体 内 容 | |
|---|---|---|---|
| 辅助工程 | 竖炉本体配套设施 | 原料处理系统 | 包括原料筛分室、涂覆站 |
| | | 气体加压系统 | 包括原料气压缩系统，工艺气压缩系统，冷却气压缩系统 |
| | | 工艺气及冷却气处理系统 | 包括工艺气体循环回路净化、工艺补充气净化，用于还原的工艺气及补充的还原气体换热、急冷、除尘、增压、加湿、加热等处理 |
| | | 气体加热系统 | 设置 1 个燃气加热炉，对工艺气进行间接加热处理，提高工艺气温度进行重整反应生成 $H_2$ 和 CO |
| | | 成品冷却系统 | 冷却系统介质为氮气，对热态直接还原铁进行冷却降温 |
| | | $CO_2$ 脱除系统 | 采用溶剂吸收法（溶剂为甲基二乙醇胺），对工艺气中 $CO_2$ 进行吸收，通过汽提再生塔对吸收液中的 $CO_2$ 进行解析收集 |
| | | $CO_2$ 脱硫系统 | 采用活性炭吸附方法，对解析后 $CO_2$ 气体中含有的 $H_2S$ 进行脱除 |
| | | $CO_2$ 精制系统 | 采用吸附低温精馏法，对脱硫后的 $CO_2$ 气体进行精制，生产高纯度的工业级液体 $CO_2$ |
| 储运工程 | 原料储运 | 原料供料系统 | 球团矿供料系统 |
| | | 原料仓设置 4 个，储存能力均为 250 t；粉矿仓设置 1 个，储存能力为 200 t | |
| | | 缓冲仓设置 2 个，储存能力均为 300 t；水泥仓设置 1 个，储存能力为 80 t | |
| | | 转运站、胶带机 | |
| | 成品储运 | 成品运输 | 转运站、胶带机、筛分室 |
| | | 成品储存 | 缓冲仓、粉料仓、成品仓分别设置 1 个，储存能力 2730 t |
| 公用工程 | 供水 | 生产供水水源依托厂区现有综合污水处理站处理后的中水；生活供水水源依托厂区供水管网 | |
| | 排水 | 除盐水站浓水排入同钢渣热焖系统，循环水排水、余热锅炉排水、设备冲洗废水及生活排水依托厂区综合污水处理站进行处理，焦炉煤气加压站产生的煤气冷凝水依托厂区焦化工序产生酚氰废水站处理 | |
| | 蒸汽 | 由氢基竖炉炉顶气余热回收装置中的余热锅炉供应 | |
| | | 不足部分由现有 160 t/h 锅炉供应 | |
| | 压缩空气 | 由厂区压缩空气管网提供 | |
| | 氮气、氧气 | 氧气、氮气由外部公司供给 | |
| | 供电 | 在竖炉区域内设置 1 个带 10 kV 配电装置的变电所和若干个仅有低压配电系统的电气室 | |
| | 工艺气 | 还原气体、加热炉燃气气源为焦化工序产生的焦炉煤气 | |

续表 9-11

| 类别 | 设备名称 | 具 体 内 容 |
| --- | --- | --- |
| 环保工程 | 废气 | （1）原料供料系统外 Z1～外 Z5 胶带机转运站产生的粉尘，经袋式除尘器净化后，由 20 m 高排气筒排放；<br>（2）原料供料系统 Z1～Z5、K201～K203 胶带机转运站产生的粉尘，经袋式除尘器净化后，由 20 m 高排气筒排放；<br>（3）氢基竖炉原料储运（原料仓到竖炉之间转运站、涂覆站、水泥仓、原料仓、粉矿仓、缓冲仓、球团矿振动筛、返料振动筛）过程产生的粉尘，经袋式除尘器净化后，由 35 m 高排气筒排放；<br>（4）冷态直接还原铁加压卸料仓产生的粉尘，经旋涡式湿法除尘器处理后，由 15 m 高排气筒排放；<br>（5）氢基竖炉成品储运系统产生的粉尘，经旋涡式湿式除尘器净化，由 35 m 高排气筒排放（3 套）；<br>（6）氢基竖炉燃气加热炉（低氮燃烧）产生的烟气，由 123 m 高排气筒排放；<br>（7）脱氨系统产生的氨气，由 30 m 高排气筒排放；<br>（8）浊环水系统 KW 回水排气管产生的蒸汽，由 45 m 高烟囱排放；<br>（9）净环水系统 QCW 回水排气管产生的蒸汽，由 45 m 高烟囱排放 |
|  | 废水 | （1）除盐水水站浓水排入钢渣热焖系统，不外排；<br>（2）净环水系统排污水、余热锅炉排水、设备冲洗废水，排入厂区综合废水处理站进行处理，经处理后回用；<br>（3）浊环水系统排水，经脱氨处理后排入厂区综合废水处理站进行处理；<br>（4）焦炉煤气加压产生的煤气冷凝水集中收集送焦化酚氰废水站处理；<br>（5）生活污水：排入厂区综合废水处理站处理 |
|  |  | 浊环水处理系统采用“曝气调节池+药剂混凝罐+机械澄清池+石英砂过滤器+二级脱氨塔+换热器降温”排入综合废水处理站处理 |
|  | 噪声 | 采用低噪声设备、基础减振、风机增加消声器等降噪措施 |
|  | 固体废物 | （1）除尘灰集中收集用于球团配料工序综合利用；<br>（2）浊环水处理系统板框压滤设施产生的泥饼集中收集用于球团配料工序综合利用；<br>（3）废耐火材集中收集交由厂家回收利用；<br>（4）除盐水站产生的废滤料、废滤膜集中收集暂存危废间交由具有危废处置资质单位处理；<br>（5）危险废物：废液压、废润滑油、废过滤器、废吸附剂、废油桶、废活性炭集中收集暂存危废间交由具有危废处置资质单位处理；<br>（6）生活垃圾：由当地环卫部门清运处置 |
|  |  | 危废暂存间面积 500 $m^2$ |

9.1.4.2 *主要污染源及污染物*

氢基竖炉工序主要污染物包括废气、废水、固体废物、噪声。

（1）废气：

1）矿槽系统产生粉尘；

2）竖炉炉顶卸料产生粉尘；

3）加热炉燃还原气体尾气及焦炉煤气产生含 $SO_2$、$NO_x$ 和少量粉尘的烟气；

4）竖炉生产过程中产生含 CO、$H_2$、粉尘等的炉顶气；

5）$CO_2$ 脱除装置产生含少量 $H_2S$ 的再生气；

6）DRI 筛分、储料、转运、卸料、装车产生的粉尘。

（2）废水：

1）$CO_2$ 脱碳后气体洗涤器、再生气分离器产生的少量废水；

2）煤气管道排水器排出的少量含酚、氰煤气冷凝水；

3）竖炉炉顶气净化产生的含氨氮煤气清洗浊环水排污水；

4）除盐水站产生的浓盐水；

5）车间生活设施产生的少量生活污水。

（3）固体废物：

1）原料系统产生的球团矿粉末及除尘灰；

2）$CO_2$ 脱除活性炭过滤器产生的废弃活性炭；

3）设备自带脱硫装置产生的脱硫石膏；

4）水处理系统产生的污泥。

（4）噪声：

1）竖炉炉顶余热回收汽化冷却装置的汽包、除氧器排汽放散产生的噪声；

2）$CO_2$ 脱除设备及管路超压放空时产生的噪声；

3）加热炉助燃风机、氨制冷压缩机、煤气加压机、各类除尘风机、泵等工作时产生的噪声。

## 9.2 气体污染物排放及治理措施

### 9.2.1 球团工序

#### 9.2.1.1 主要气体污染物及治理措施

竖炉氢冶金项目球团工序主要气体污染物及治理措施如下：

（1）球团配料间、造球间、成品筛分间等均是封闭设置，球团矿焙烧过程产生含粉尘、$SO_2$、$NO_x$ 的烟气，采用四电场静电除尘器净化，并设置脱硫脱硝装置，净化后烟气由排气筒排放。

（2）精矿干燥时产生含粉尘、$SO_2$、$NO_x$ 的烟气，并入球团矿焙烧烟气净化系统一并净化。

（3）配料、混料、转运等过程中产生的粉尘，经捕集后采用袋式除尘器净化，净化后烟气由排气筒排放。

（4）成品球团矿冷却、筛分、储运时产生的粉尘，经捕集后采用袋式除尘器净化，净化后的烟气由排气筒排放。

球团工序废气污染的治理情况见表 9-12。

表 9-12 球团工序废气污染源及治理

| 污染源 | 污染物因子 | 治理措施 | 污染物排放 | | | | 排气筒参数 | | | 年工作时间/h | 执行标准 /$mg \cdot m^{-3}$ | 达标分析 |
|---|---|---|---|---|---|---|---|---|---|---|---|---|
| | | | 标态风量 /$m^3 \cdot h^{-1}$ | 排放浓度 /$mg \cdot m^{-3}$ | 排放速率 /$kg \cdot h^{-1}$ | 排放量 /$t \cdot a^{-1}$ | 排放高度 /m | 内径/m | 烟气温度 /℃ | | | |
| 1号回转窑废气 | $SO_2$ | 静电除尘器+湿法脱硫系统+SNCR+SCR联合脱硝 | 405792 | 8 | 3.246 | 25.711 | 64 | 5.9 | 80 | 7920 | 35 | 达标 |
| | $NO_2$ | | | 17 | 6.898 | 54.636 | | | | | 50 | 达标 |
| | 颗粒物 | | | 7.3 | 2.962 | 23.461 | | | | | 10 | 达标 |
| | 氟化物 | | | 0.03 | 0.012 | 0.096 | | | | | 4 | 达标 |
| | 铅及其化合物 | | | 0.0065 | 0.003 | 0.021 | | | | | 0.7 | 达标 |
| | 二噁英类 | | | 0.25ng-TEQ/$m^3$ | $0.101 \times 10^{-6}$ mg/h | $0.803 \times 10^{-6}$ kg/a | | | | | 0.5ng-TEQ/$m^3$ | 达标 |
| | 氨 | | | 1 | 0.4 | 3.21 | | | | | — | — |
| 球团矿落料废气 | 颗粒物 | 袋式除尘器 | 83613 | 4.9 | 0.410 | 3.245 | 20 | 1.2 | 25 | 7920 | 10 | 达标 |
| 2号回转窑焙烧废气 | $SO_2$ | 静电除尘器+湿法脱硫系统+SNCR+SCR联合脱硝 | 335239 | 7 | 2.347 | 18.586 | 64 | 5.9 | 80 | 7920 | 35 | 达标 |
| | $NO_x$ | | | 22 | 7.375 | 58.412 | | | | | 50 | 达标 |
| | 颗粒物 | | | 5.7 | 1.911 | 15.134 | | | | | 10 | 达标 |
| | 氟化物 | | | 0.03 | 0.010 | 0.080 | | | | | 4 | 达标 |
| | 铅及其化合物 | | | 0.0065 | 0.002 | 0.017 | | | | | 0.7 | 达标 |
| | 二噁英类 | | | 0.11ng-TEQ/$m^3$ | $0.037 \times 10^{-6}$ mg/h | $0.292 \times 10^{-6}$ kg/a | | | | | 0.5ng-TEQ/$m^3$ | 达标 |
| | 氨 | | | 1 | 0.336 | 2.66 | | | | | — | — |

续表 9-12

| 污染源 | 污染物因子 | 治理措施 | 污染物排放 | | | | 排气筒参数 | | | 年工作时间/h | 执行标准/mg·m$^{-3}$ | 达标分析 |
|---|---|---|---|---|---|---|---|---|---|---|---|---|
| | | | 标态风量/m$^3$·h$^{-1}$ | 排放浓度/mg·m$^{-3}$ | 排放速率/kg·h$^{-1}$ | 排放量/t·a$^{-1}$ | 排放高度/m | 内径/m | 烟气温度/℃ | | | |
| 1号、2号回转窑球团环境废气 | 颗粒物 | 袋式除尘器 | 195378 | 6.3 | 1.231 | 9.749 | 25 | 2.6 | 25 | 7920 | 10 | 达标 |
| 1号回转窑铁精粉干燥废气 | $SO_2$ | 袋式除尘器 | 32878 | 4 | 0.132 | 1.042 | 15 | 1.2 | 50 | 7920 | 50 | 达标 |
| | $NO_x$ | | | 27 | 0.888 | 7.031 | | | | | 150 | 达标 |
| | 颗粒物 | | | 3.8 | 0.125 | 0.989 | | | | | 10 | 达标 |
| 2号回转窑铁精粉干燥二期1号 | $SO_2$ | 袋式除尘器 | 36158 | 4 | 0.145 | 1.146 | 15 | 1.2 | 80 | 7920 | 50 | 达标 |
| | $NO_x$ | | | 27 | 0.976 | 7.734 | | | | | 150 | 达标 |
| | 颗粒物 | | | 3.5 | 0.127 | 1.002 | | | | | 10 | 达标 |
| 2号回转窑铁精粉干燥二期2号 | $SO_2$ | 袋式除尘器 | 38184 | 4 | 0.153 | 1.210 | 15 | 1.2 | 80 | | 50 | 达标 |
| | $NO_x$ | | | 27 | 1.031 | 8.165 | | | | | 150 | 达标 |
| | 颗粒物 | | | 4.1 | 0.157 | 1.240 | | | | | 10 | 达标 |
| 污染物排放：颗粒物 51.575 t/a、二氧化硫 47.695 t/a、氮氧化物 135.978 t/a、氟化物 0.176 t/a、铅及其化合物 0.038 t/a、二噁英类 1.095×10$^{-6}$kg/a、氨 5.87 t/a。 | | | | | | | | | | | | |

9.2.1.2 脱硫脱硝工艺及设备

竖炉氢冶金项目球团工序脱硫脱硝装置采用 SNCR 脱硝系统-SCR 脱硝系统-石灰石/石膏脱硫系统-湿式电除尘系统，对链箅机-回转窑焙烧系统烟气进行脱硫脱硝处理，系统设备见表 9-13。

**表 9-13 球团工序脱硫脱硝装置**

| 序号 | 设备名称 | 规格及参数 | 材质 |
|---|---|---|---|
| 一 | 脱硫系统 | | |
| 1 | 脱硫塔 | $\phi_{内}=8.3$ m，$H=32.73$ m | 碳钢防腐 |
| 2 | 塔顶烟囱 | $\phi_{内}=5.8/4.6$ m，$H=22$ m | 碳钢防腐 |
| 3 | 脱硫循环泵 2 | $Q=2600$ m$^3$/h，$H=20$ m，$N=250$ kW | 组合件 |
| 4 | 脱硫循环泵 3 | $Q=2600$ m$^3$/h，$H=22.5$ m，$N=280$ kW | 组合件 |
| 5 | 脱硫循环泵 4 | $Q=2600$ m$^3$/h，$H=26$ m，$N=315$ kW | 组合件 |
| 6 | 喷淋管 | SP8300，DN600 | 玻璃钢 |
| 7 | 除雾器 | ME（W）8300 | PP |
| 8 | 烟道补偿器 | BQ5326 | 组合件 |
| 9 | 脱硫部件 | | 组合件 |
| 二 | 湿电系统 | | |
| 1 | 湿式电除尘器 | $\phi_{内}=13.6$ m，$H=11$ m | 碳钢防腐 |
| 2 | 恒流高压电源 | 2.2 A/80 kV | 组合件 |
| 3 | 电加热器 | 190 kW | 组合件 |
| 4 | 热风风机 | $Q=6600$ m$^3$/h，$P=5000$Pa | 组合件 |
| 三 | 脱硝系统 | | |
| 1 | SNCR 系统 | | |
| (1) | 氨水储存及供应系统 | | |
| ① | 氨水储罐 | $V=45$ m$^3$ | 304 |
| ② | 氨水卸料泵 | $Q=30$ m$^3$/h，$H=15$ m | 组合件 |
| ③ | 氨水输送泵 | $Q=1.0$ m$^3$/h，$H=80$ m | 组合件 |
| ④ | 废水泵 | $Q=20$ m$^3$/h，$H=25$ m | 组合件 |
| ⑤ | 氨雾吸收器 | $\phi=0.8$ m，$H=1.2$ m | 304 |
| ⑥ | 洗眼器 | | 组合件 |
| ⑦ | 氨水供应系统管路系统 | 含系统内阀门、支架 | |
| (2) | 稀释水系统 | | |
| ① | 稀释水箱 | $V=20$ m$^3$ | 304 |

续表 9-13

| 序号 | 设备名称 | 规格及参数 | 材质 |
|---|---|---|---|
| ② | 稀释水输送泵 | 立式多级离心泵，$Q=2\ m^3/h$，$H=120\ m$ | 组合件 |
| ③ | 稀释水管路系统 | 含系统内阀门、支架 | |
| (3) | 计量稀释及分配系统 | | |
| ① | 计量混合模块 | 整体撬装，包括电磁流量计、调节阀、静态混合器等 | 组合件 |
| ② | 分配模块 | 整体撬装，包括流量计、压力表、调节阀等 | 组合件 |
| ③ | 计量稀释及分配系统管路 | 含系统内阀门、支架 | |
| (4) | 还原剂喷射系统 | | |
| ① | 喷枪 | 双流体雾化喷枪 | 组合件 |
| ② | 喷枪套管 | 喷枪配套 | 316 L |
| ③ | 压缩空气储罐 | $3\ m^3$ | 组合件 |
| ④ | 压缩空气管路 | 含系统内阀门、支架 | |
| 2 | SCR 系统 | | |
| (1) | 氨水蒸发系统 | | |
| ① | 氨水蒸发器 | 处理量 150 kg/h | 组合件 |
| ② | 稀释风机 | $Q=3500\ m^3/h$，$P=5000Pa$ | 组合件 |
| ③ | 氨水蒸发系统管路 | 含系统内阀门、支架 | |
| (2) | 脱硝反应系统 | | |
| ① | 喷氨格栅 | 管网式 | 组合件 |
| ② | 静态混合器 | | 组合件 |
| ③ | 整流格栅 | 方形钢板平列式 | 焊接件 |
| ④ | SCR 反应器 | 碳钢，$\phi 3\ m\times 6\ m$ | 焊接件 |
| ⑤ | 脱硝催化剂 | 蜂窝式，18 孔 | 组合件 |
| ⑥ | 耙式吹灰器 | | 组合件 |
| ⑦ | SCR 反应器电动葫芦 | $Q=2\ t$，$H=40\ m$ | 组合件 |
| ⑧ | SCR 反应器保温 | | |

续表 9-13

| 序号 | 设备名称 | 规格及参数 | 材质 |
|---|---|---|---|
| (3) | 烟气系统 | | |
| ① | SCR 反应器进口膨胀节 | | |
| ② | SCR 反应器出口膨胀节 | | |
| ③ | 高温烟道及支架 | | |
| ④ | 烟道保温 | | |
| ⑤ | 烟气降温系统 | | |
| ⑥ | 氨逃逸检测器 | | |
| 四 | 电气、仪表及自控系统 | | |
| 五 | 公辅系统 | | |

### 9.2.2 氢基竖炉工序

9.2.2.1 主要气体污染物及治理措施

氢基竖炉工序的气体污染物及治理措施如下：

(1) 矿槽和炉顶除尘系统。竖炉矿槽各卸料点、振动筛、称量漏斗等产生的含尘气体，经捕集后采用脉冲袋式除尘器净化，净化后的废气经排气筒排放。

(2) 加热炉废气。加热炉以还原气体尾气及净化后的焦炉煤气为燃料，煤气燃烧产生含 $SO_2$、$NO_x$ 和少量粉尘的烟气，经与竖炉炉顶等高的烟囱排放。

(3) 竖炉炉顶气。竖炉生产过程中产生含 CO、$H_2$、粉尘等的炉顶气，通过文氏管与激冷塔等设施与喷淋水直接接触净化，净化后的炉顶气大部分在竖炉内循环利用，净化后炉顶气产生部分尾气，尾气一部分参与加热炉燃烧，剩余尾气通过火炬放散对空排放。

(4) $CO_2$ 脱除装置除尘系统。$CO_2$ 脱除装置产生含少量 $H_2S$ 的再生气，经硫氧化器转化，将硫化氢转化为 $SO_2$，通过设备自带脱硫装置处理后，经与竖炉炉顶等高的烟囱排放。

(5) DRI 储料仓和仓前转运站除尘系统。DRI 储料仓和仓前转运站产生的含尘烟气，经捕集后进入湿式除尘器净化，净化后的废气经排气筒排放。

(6) 缓冲仓、筛分间和装车站除尘系统。缓冲仓泄压产生的粉尘、DRI 筛分产生的粉尘和装车站装车产生的粉尘，经捕集后进入湿式除尘器，净化后的废气经排气筒排放。

(7) DRI 卸料除尘系统。DRI 卸料产生的粉尘经捕集后进入湿式除尘器净化，净化后的废气经排气筒排放。

氢基竖炉工序的废气污染源及治理情况见表 9-14。

**表 9-14 氢基竖炉工序的废气污染源及治理**

| 污染源 | | 污染物 | 标态烟气量 $/m^3 \cdot h^{-1}$ | 污染物治理 | | | | | 污染物排放 | | | |
|---|---|---|---|---|---|---|---|---|---|---|---|---|
| | | | | 治理措施 | 治理效率/% | 排放高度/m | 烟气温度/℃ | 内径/m | 排放浓度 $/mg \cdot m^{-3}$ | 排放速率 $/kg \cdot h^{-1}$ | 污染物排放量 $/t \cdot a^{-1}$ | 年工作时间/h |
| 一期 1 号原料供料系统 | | 颗粒物 | 64128 | 袋式除尘器 | 99.7 | 20 | 25 | 1.4 | 6 | 0.38 | 3.078 | 8000 |
| 一期 2 号原料供料系统 | | 颗粒物 | 94909 | 袋式除尘器 | 99.7 | 20 | 25 | 1.8 | 6 | 0.57 | 4.556 | 8000 |
| 一期原料储运废气 | | 颗粒物 | 421031 | 袋式除尘器 | 99.7 | 35 | 25 | 3 | 6.5 | 2.74 | 21.894 | 8000 |
| 一期冷态直接还原铁加压卸料仓 | | 颗粒物 | 3000 | 旋涡式湿法除尘器 | 98 | 15 | 72 | 0.3 | 6 | 0.02 | 0.144 | 8000 |
| 一期成品储运 | 成品缓冲仓、成品筛分、成品运输系统（D1、D2） | 颗粒物 | 74754 | 旋涡式湿法除尘器 | 98 | 18 | 25 | 1.3 | 6 | 0.45 | 3.588 | 8000 |
| | 成品粉料仓、成品运输系统（D3、D4、S1） | 颗粒物 | 45805 | 旋涡式湿法除尘器 | 98 | 23 | 25 | 1.0 | 6 | 0.27 | 2.199 | 8000 |
| | 成品仓、成品运输系统（D5） | 颗粒物 | 77869 | 旋涡式湿法除尘器 | 98 | 18 | 25 | 1.3 | 6 | 0.47 | 3.738 | 8000 |

续表 9-14

| 污染源 | | 污染物 | 标态烟气量 /$m^3 \cdot h^{-1}$ | 污染物治理 | | | | | 污染物排放 | | | |
|---|---|---|---|---|---|---|---|---|---|---|---|---|
| | | | | 治理措施 | 治理效率 /% | 排放高度 /m | 烟气温度 /℃ | 内径 /m | 排放浓度 /$mg \cdot m^{-3}$ | 排放速率 /$kg \cdot h^{-1}$ | 污染物排放量/$t \cdot a^{-1}$ | 年工作时间 /h |
| 一期加热炉废气 | | 颗粒物 | 87800 | 精脱硫后的焦炉煤气+低氮燃烧 | — | 123 | 206 | 1.8 | 6.00 | 0.53 | 4.214 | 8000 |
| | | $SO_2$ | | | — | | | | 12.30 | 1.08 | 8.640 | |
| | | $NO_x$ | | | 15 | | | | 100 | 8.78 | 70.240 | |
| 一期脱氨系统 | | $NH_3$ | 26730 | — | — | 30 | 45 | 1.2 | 70.71 | 1.89 | 15.12 | 8000 |
| | | 臭气浓度 | | — | — | | | | 15000（无量纲） | — | — | |
| 无组织 | 一期原料车间无组织排放 | 颗粒物 | — | 物料采用封闭式皮带运输；各落料点设置密闭罩，并配备高效除尘器；球团矿、水泥、直接还原铁均入仓储存 | | | | | — | 0.19 | 1.489 | 8000 |
| | 一期成品车间无组织排放 | 颗粒物 | — | | | | | | — | 0.03 | 0.254 | 8000 |
| | 一期脱氨系统无组织排放 | $NH_3$ | — | 加强通风 | | | | | — | 0.04 | 0.302 | 8000 |
| | | 硫酸雾 | — | | | | | | — | 0.000274 | 0.00219 | |
| | | 臭气浓度 | — | | | | | | 20（无量纲） | — | — | |

9.2.2.2 除尘工艺方案

(1) 竖炉氢冶金项目氢基竖炉工序的除尘工艺方案为：球团矿转运、冷态成品 DRI 加压卸料时、转运、筛分、储存过程中易产生的常温含尘烟气，严重污染环境。为捕集和净化这些烟尘，改善车间操作条件，满足安全卫生及环保要求，设置烟气除尘设施。

(2) 竖炉氢冶金项目氢基竖炉工序单元除尘系统划分情况为：由于 DRI 中铁元素的价位较低，易与空气发生氧化反应，产生自燃现象，因此不适合长距离输送，项目根据除尘点的分布，就近设置湿法除尘系统。球团矿运输系统采用成熟的干法除尘系统，除尘系统按粉尘防爆要求进行设计，划分如下：

1) DRI 储料仓+竖炉卸料烟气除尘+仓前转运站除尘系统；

2) 缓冲仓+筛分间+加压卸料仓+装车站除尘系统；

3) DRI 卸料系统皮带落料点除尘；

4) 球团矿槽系统除尘系统。

(3) 竖炉氢冶金项目氢基竖炉工序的烟气捕集方式为：各工位操作过程中产生的含尘气体均由相关工位设置的固定式排烟罩捕集。

(4) 竖炉氢冶金项目氢基竖炉工序的烟气切换调节方式为：随着工艺的操作阶段不同，烟气发生量及扩散方式也不同。为适应氢基竖炉操作及提高烟气捕集率，加压卸料仓、缓冲仓、储料仓、装车站各除尘点设置电动阀门，与工艺设施连锁。各皮带转运点设手动阀门，一次调节完毕。

(5) 竖炉氢冶金项目氢基竖炉工序的除尘器形式为：氢基竖炉在生产过程中产生的烟气量大、含尘浓度高、烟尘分散度高，鉴于本工程要求废气污染物排放浓度为 10 $mg/m^3$，考虑到国家大气污染物综合排放标准日益严格的趋势，DRI 成品散发的铁粉易氧化自燃。除尘系统采用湿法洗涤塔+湿式电除尘器型式，除尘器可处理含水气体，净化效率较高，在粉尘浓度较高的情况下也能满足国家排放标准，除尘系统按粉尘防爆要求进行设计。

球团矿除尘系统采用干法布袋除尘，脉冲清灰袋式除尘器净化效率高，不受粉尘比电阻影响，在粉尘浓度很高的情况下也能满足国家排放标准，排放浓度不大于 10 $mg/m^3$，滤袋材料采用覆膜滤料。

(6) 竖炉氢冶金项目氢基竖炉工序的粉尘输运处理方式为：干法除尘器采用落地布置，除尘器收集的粉尘落到除尘器灰斗内，然后通过螺旋输送机、回转卸灰阀排出。粉尘统一回收处理，综合利用。卸灰处钢结构部分采用三面围挡。

湿法电除尘利用静电吸附的原理去除烟气中的粉尘。吸附在阳极板上的粉尘，用水冲洗并将收集到的含尘废水排至浊环水系统处理。

(7) 竖炉氢冶金项目氢基竖炉工序的除尘系统节能措施为：由于氢基竖炉工序和后续金属熔融工序存在生产连续性匹配问题，各工序和工艺操作的不同，带来的烟气发生量和烟尘浓度有很大差异。为适应冶炼工艺、节约能源，风机设有变频调速器。

（8）竖炉氢冶金项目氢基竖炉工序的除尘系统安全措施为：各个除尘器出口均设置压力检测装置，当出口压力异常时发出警报，达到除尘器耐压最大值时风机自动停机。各个风机设有风机轴承温度上限报警、电动机轴承定子温度上限报警，并与电动机连锁，当温度或振动达到上限时电动机停机，以保证风机机组安全运行。

（9）竖炉氢冶金项目氢基竖炉工序的除尘系统噪声治理措施为：为减小主风机机械等噪声污染，主风机机壳包隔声材料。

#### 9.2.2.3 除尘系统工艺流程、系统组成及参数

A 湿法除尘系统工艺流程

由吸尘罩捕集到各尘源点的含尘气体，经管道进入湿法洗涤塔内，经喷淋去除掉大部分粉尘后，再进入湿式电除尘器进行除尘。

湿法电除尘和常规电除尘器的原理相同，均是利用静电吸附的原理去除烟气中的粉尘。

由于湿式电除尘器内部具有潮湿环境和频繁放电的生产状态，阳极板的设计为湿式除尘器进行了优化，材质采用不锈钢，厚度考虑了足够的磨损、腐蚀系数。

为确保除尘器内部处于湿度饱和状态，在除尘器入口的气流分布板前和每个电场前安装了雾化喷嘴（连续工作）。

为清洗阳极板和阴极线上的粉尘，电除尘器的每个电场都安装了冲洗水系统，冲洗水系统间断运行。为确保最佳的清洗效果，电除尘器顶部及每个电场的两侧均安装了冲洗喷嘴。

电除尘器底部收集到的污水经过下面的凹槽和 U 形密封排入浊环水处理系统。

考虑到煤气系统的安全性，在电除尘器锥形段设置安全泄爆阀，在管路系统设有检修氮气密封和吹扫装置。

B 干法除尘系统工艺流程

由排烟罩或封闭罩捕集的烟气或含尘气体经管道进入布袋除尘器，烟气或含尘气体经布袋除尘器净化后，通过管道由主引风机抽吸并送入烟囱（或排气筒），由烟囱（或排气筒）将净化后的气体放散至大气中。附着于滤袋表面的粉尘通过电磁阀引导压缩空气反吹后掉落除尘器灰斗内，然后通过螺旋输送机、回转卸灰阀排出，统一回收处理。

C 除尘系统设备参数

a DRI 湿法除尘系统

DRI 湿法除尘系统中除尘器技术参数见表 9-15。

**表 9-15 DRI 湿法除尘系统中除尘器技术参数**

| 湿法除尘系统 | 1 号湿法除尘系统 | 2 号湿法除尘系统 | 3 号湿法除尘系统 |
|---|---|---|---|
| 湿法除尘器（含湿式电除尘） | 1 套 | 1 套 | 1 套 |
| 处理烟气量/$m^3 \cdot h^{-1}$ | 78000 | 45000 | 78000 |
| 风机压头/Pa | 4582 | 4688 | 4582 |
| 烟气颗粒物主要成分 | Fe 粉颗粒 | Fe 粉颗粒 | Fe 粉颗粒 |
| 颗粒物粒径分布/mm | 3~20 | 3~20 | 3~20 |
| 温度/℃ | 40~60 | 40~60 | 40~60 |
| 除尘器入口含尘浓度/$g \cdot m^{-3}$ | 3 | 3 | 3 |
| 除尘器出口含尘浓度/$mg \cdot m^{-3}$ | <10 | <10 | <10 |
| 除尘器本体漏风率/% | ≤2 | ≤2 | ≤2 |
| 耗水量/$t \cdot d^{-1}$ | 20 | 20 | 20 |
| 初始用水量/$m^3 \cdot h^{-1}$ | 80~100 | 60~80 | 80~100 |
| 除尘器耐压/Pa | -10000 | -10000 | -10000 |
| 供水水压/MPa | 0.35~0.45 | 0.35~0.45 | 0.35~0.45 |
| 设备阻力/Pa | ≤2200 | ≤2200 | ≤2200 |
| 场地 | 室外 | 室外 | 室外 |
| 动力能源/V | AC 380 | AC 380 | AC 380 |

DRI 湿法除尘系统中除尘器各设备的主要参数见表 9-16。

**表 9-16 除尘器各设备的主要参数**

| 设 备 | 项 目 | 数 值 |
|---|---|---|
| 除尘风机 | 风量 | 81600 $m^3/h$ |
| | 配电动机（变频调速） | 约 200 kW/10000 V |
| | 风机全压 | 6000Pa |
| 湿法洗涤塔 | 处理风量 | 78000 $m^3/h$ |
| | 洗涤塔尺寸 | $\phi$3400 mm×6000 mm（直径×高度） |
| | 过滤速度 | 2 m/s |
| | 排放含尘浓度 | ≤30 $mg/m^3$ |
| 湿式电除尘器 | 处理风量 | 78000 $m^3/h$ |
| | 二次电压 | 72 kV |
| | 电除尘形式 | 蜂窝式 |
| | 排放含尘浓度 | ≤10 $mg/m^3$ |
| 消声装置 | — | 1 套 |

b 球团干法除尘系统

(1) 除尘器。球团干法除尘系统中低压长袋脉冲布袋除尘器技术参数见表9-17。

**表9-17 低压长袋脉冲布袋除尘器技术参数**

| | |
|---|---|
| 数量/台 | 1 |
| 处理风量/$m^3 \cdot h^{-1}$ | $25\times10^4$ |
| 过滤面积/$m^2$ | 5250 |
| 过滤风速（在线）/$m \cdot min^{-1}$ | ≤0.8 |
| 排数 | 双排 |
| 清灰方式 | 在线/离线清灰 |
| 进口含尘浓度（标态）/$g \cdot m^{-3}$ | 2~5 |
| 出口含尘浓度（标态）/$mg \cdot m^{-3}$ | ≤10 |

(2) 风机：数量为1台，流量为$25\times10^4$ $m^3/h$；压头为4600Pa，转速为960r/min。

技术说明：风机由机壳、进气室、入口挡板式调节门、转子、联轴器、轴承及轴承箱及底座组成。

风机为离心式，采用单吸单支撑，户外型，风机机壳外包裹隔声材料；风机设进出口补偿器、风机轴承冷却水系统、风机轴承测振、风机轴承温度检测。

(3) 电机：数量为1台，电压为10 kV，功率为500 kW，转速为1000r/min。

(4) 输灰系统：水平埋刮板输送机2台，切出埋刮板输送机1台，斗式提升机1台，10 $m^3$储灰仓（含仓顶布袋除尘器等）1个。

(5) 消声器处理风量：$25\times10^4$ $m^3/h$，1台。

(6) 钢烟囱：$\phi$2400 mm，$H$=30 m，1座。

## 9.3 污水及其处理技术

### 9.3.1 球团工序

各生产设备间接冷却水，使用后仅水温升高，水质未受污染，经冷却后循环使用。为保持水质稳定，有少量排水用于混料或排到全厂废水处理站。

脱硫系统排污水、设备冲洗水、车间地坪清扫用水、厂区生活污水排入全厂综合废水处理站。

竖炉氢冶金项目球团工序的主要废水污染源及治理措施见表9-18。

表 9-18 竖炉氢冶金项目球团工序的主要废水污染源及治理措施

| 污染源 | 废水量 /$m^3 \cdot d^{-1}$ | 污染因子 | 排放浓度 /$mg \cdot L^{-1}$ | 排放去向 | 治理措施 | 处理能力 /$m^3 \cdot h^{-1}$ |
|---|---|---|---|---|---|---|
| 脱硫工艺 | 200 | COD | 25.75 | 综合污水处理站处理后回用 | 预处理（提升、调节、高密池和V形滤池）和深度处理（机械过滤器、超滤、一级反渗透和二级反渗透） | 预处理：2000<br>深度处理：1800 |
| | | SS | 200 | | | |

## 9.3.2 氢基竖炉工序

竖炉、加热炉、$CO_2$ 脱除系统、各种电机和除尘风机等设备间接冷却水使用后仅水温升高，水质未受污染，经冷却塔冷却后循环使用。为保持水质稳定，有少量排水。

$CO_2$ 脱碳后气体洗涤器、再生气分离器产生的少量废水，经厂区生产排水管网排入全厂废水处理站处理。

煤气管道冷凝排水器排出少量含酚废水，经专用集水池收集后，定期由槽车运至焦化废水处理站处理。

竖炉产生含氨氮煤气清洗浊环水排污水，排入浊环水处理系统。浊环水排水首先进入曝气调节池进行缓冲，之后经提升泵送入加药单元，加入混凝剂和絮凝剂，水中的颗粒物杂质如铁粉等聚集到一起。废水被送入机械澄清池进行沉淀，沉淀后的清水送入石英砂过滤器，进一步过滤净化；沉淀出的淤泥送入板框压滤单元进行压滤。经过石英砂过滤后的待脱氨废水被送入二级氨吹脱塔，在此单元，经由空气吹脱将水中溶解的氨脱除掉，之后加入调节 pH 值的药液，再经过换热后排入厂区综合污水处理厂进一步处理。脱氨系统处理规模为 30 $m^3/h$，来水温度不高于 90 ℃，氨氮浓度不高于 300 mg/L，出水温度 30~35 ℃，氨氮浓度不高于 15 mg/L。

除盐水站产生浓盐水，排至钢渣热焖系统用于焖渣使用。

工厂区综合污水处理厂工艺流程包括预处理（提升、调节、高密池和 V 形滤池）和深处理（机械过滤器、超滤、一级反渗透和二级反渗透）两部分，其中预处理设计处理能力为 2000 $m^3/h$（48000 $m^3/d$），深处理设计能力为 1800 $m^3/h$（43200 $m^3/d$）。

竖炉氢冶金项目氢基竖炉工序的主要废水污染源及治理措施见表 9-19。

表 9-19 竖炉氢冶金项目氢基竖炉工序的主要废水污染源及治理措施

| 污染源 | 废水量 $/m^3 \cdot d^{-1}$ | 污染因子 | 产生浓度 $/mg \cdot L^{-1}$ | 治理措施 | 处理能力 $/m^3 \cdot h^{-1}$ | 处理后浓度 $/mg \cdot L^{-1}$ | 外排量 $/m^3 \cdot d^{-1}$ | 排放去向 |
|---|---|---|---|---|---|---|---|---|
| 除盐水制备系统排污水 | 580 | SS | ≤10 | — | — | ≤10 | 580 | 送钢渣热焖系统，不外排 |
| | | COD | ≤18 | | | ≤18 | | |
| | | 盐类 | ≤500 | | | ≤500 | | |
| QW 系统排污水 | 24 | SS | ≤20 | — | — | ≤20 | 24 | 送厂区综合污水处理站 |
| | | COD | ≤35 | | | ≤35 | | |
| CW/QCW 系统排污水 | 552.96 | SS | ≤500 | 高效沉淀池 | — | ≤200 | 552.96 | |
| | | COD | ≤200 | | | ≤180 | | |
| | | 总铁 | ≤200 | | | ≤80 | | |
| KW 系统排污水 | 648 | pH 值 | 7~9 | 曝气调节池+药剂混凝罐+机械澄清池+石英砂过滤器+二级脱氨塔+换热器降温 | 30 | 7~9 | 648 | |
| | | SS | ≤800 | | | ≤200 | | |
| | | COD | ≤400 | | | ≤200 | | |
| | | 氨氮 | ≤70 | | | ≤10 | | |
| | | 总铁 | ≤600 | | | ≤30 | | |
| 余热锅炉排污水 | 14.112 | SS | ≤20 | — | — | ≤20 | 14.112 | |
| | | COD | ≤35 | | | ≤35 | | |
| 设备冲洗废水 | 14.5 | SS | ≤200 | — | — | ≤200 | 14.5 | |
| | | COD | ≤400 | | | ≤200 | | |
| | | 氨氮 | ≤25 | | | ≤25 | | |
| | | 石油类 | ≤30 | | | ≤30 | | |

续表 9-19

| 污染源 | 废水量 /$m^3 \cdot d^{-1}$ | 污染因子 | 产生浓度 /$mg \cdot L^{-1}$ | 治理措施 | 处理能力 /$m^3 \cdot h^{-1}$ | 处理后浓度 /$mg \cdot L^{-1}$ | 外排量 /$m^3 \cdot d^{-1}$ | 排放去向 |
|---|---|---|---|---|---|---|---|---|
| 焦炉煤气加压系统冷凝水 | 60 | pH 值 | 7~9 | — | — | 7~9 | 60 | 集中收集后送厂区焦化酚氰废水处理站处理 |
| | | SS | ≤30 | | | ≤30 | | |
| | | COD | ≤300 | | | ≤300 | | |
| | | 氨氮 | ≤20 | | | ≤20 | | |
| | | 氰化物 | ≤0.6 | | | ≤0.6 | | |
| | | 挥发酚 | ≤2 | | | ≤2 | | |
| | | 硫化物 | ≤4 | | | ≤4 | | |
| | | 石油类 | ≤1 | | | ≤1 | | |
| | | BaP | ≤0.05μg/L | | | ≤0.05μg/L | | |
| | | 总磷 | ≤0.05 | | | ≤0.05 | | |
| | | 总氮 | ≤3 | | | ≤3 | | |
| | | 多环芳烃 | ≤0.05 | | | ≤0.05 | | |
| | | 苯 | ≤0.1 | | | ≤0.1 | | |
| 生活污水 | 8.648 | pH 值 | 7~8 | 化粪池 | — | 7~8 | 8.648 | 送厂区综合污水处理站 |
| | | SS | ≤200 | | | ≤80 | | |
| | | COD | ≤350 | | | ≤200 | | |
| | | 氨氮 | ≤30 | | | ≤25 | | |
| | | 总磷 | ≤10 | | | ≤8 | | |

注：pH 值无量纲。

## 9.4 固废及其处理技术

### 9.4.1 球团工序

各除尘系统收集的除尘灰返回球团配料系统供球团矿配料使用。球团矿焙烧烟气脱硫系统产生的脱硫渣作为建筑材料外销，烟气脱硝系统产生的废催化剂由生产厂家回收。

竖炉氢冶金项目球团工序的主要固体废物污染源及治理措施见表 9-20。

**表 9-20 竖炉氢冶金项目球团工序的主要固体废物处置措施**

| 污染源名称 | 产生量 | 固废类别 | 处置措施 | 厂区暂存区 |
|---|---|---|---|---|
| 除尘灰/$t \cdot a^{-1}$ | 20340 | 一般工业固体废物 | 返回球团料场利用 | 除尘灰仓 |
| 脱硫石膏/$t \cdot a^{-1}$ | 5439.6 | 一般工业固体废物 | 集中收集外售 | 脱硫石膏仓 |
| 废铁料及废杂物/$t \cdot a^{-1}$ | 60 | 一般工业固体废物 | 外售综合利用 | 车间 |
| 废脱硝催化剂/$t \cdot a^{-1}$ | 60（每 3 年更换一次） | 危险废物（HW50 772-007-50） | 有资质单位处理 | 危废储存间 |
| 废润滑油/$t \cdot a^{-1}$ | 5 | 危险废物（HW08 900-217-08） | 有资质单位处理 | 危废储存间 |
| 废机油/$t \cdot a^{-1}$ | 1.2 | 危险废物（HW08 900-214-08） | 有资质单位处理 | 危废储存间 |
| 在线监测废液/kg | 100 | 危险废物（HW49 900-047-49） | 有资质单位处理 | 危废储存间 |
| 废油桶/个$\cdot a^{-1}$ | 50 | 危险废物（HW08 900-249-08） | 有资质单位处理 | 危废储存间 |

### 9.4.2 氢基竖炉工序

原料系统产生的球团矿粉末及除尘灰，送球团配料系统供球团矿配料使用。$CO_2$ 脱除活性炭过滤器产生的废弃活性炭，送球团配料系统供球团矿配料使用。设备自带脱硫装置产生的脱硫石膏，外销作为建筑材料。水处理系统产生的污泥，送球团配料系统供球团矿配料使用。

氢基竖炉工序的主要固体废物污染源及治理措施见表 9-21。

表 9-21 氢基竖炉工序的主要固体废物处置措施

| 工序 | 污染源名称 | 产生量 /t·a$^{-1}$ | 固废类别 | 处置措施 | 厂区暂存区 |
|---|---|---|---|---|---|
| 除尘系统 | 除尘灰 | 9800 | 第Ⅰ类一般工业固体废物 | 集中收集送厂区球团料场综合利用 | 除尘器灰仓 |
| 板框式压滤系统 | 泥饼 | 13500 | 第Ⅰ类一般工业固体废物 | 集中收集送厂区球团料场综合利用 | 污泥压滤机房 |
| 竖炉 | 废耐火材料 | 600 | 第Ⅰ类一般工业固体废物 | 生产厂家统一回收处理 | 指定地点堆存 |
| $CO_2$ 脱除系统 | 废过滤器 | 12 | 危险废物（HW49 900-041-49） | 送有资质的危险废物处置单位处理 | 危废储存间 |
| | 废活性炭 | 15 | 危险废物（HW49 900-039-49） | 送有资质的危险废物处置单位处理 | 危废储存间 |
| $CO_2$ 脱硫系统 | 废活性炭 | 140 | 危险废物（HW49 900-039-49） | 送有资质的危险废物处置单位处理 | 危废储存间 |
| 液压系统 | 废液压油 | 0.3 | 危险废物（HW08 900-218-08） | 送有资质的危险废物处置单位处理 | 危废储存间 |
| 润滑系统 | 废润滑油 | 0.35 | 危险废物（HW08 900-217-08） | 送有资质的危险废物处置单位处理 | 危废储存间 |
| 除盐水站 | 废滤料 | 1.5 | 危险废物（HW49 900-041-49） | 送有资质的危险废物处置单位处理 | 危废储存间 |
| | 废滤膜 | 1 | 危险废物（HW49 900-041-49） | 送有资质的危险废物处置单位处理 | 危废储存间 |
| 包装 | 废油桶 | 0.3 | 危险废物（HW08 900-249-08） | 送有资质的危险废物处置单位处理 | 危废储存间 |
| 职工生活 | 生活垃圾 | 19.98 | 生活垃圾 | 定点收集，定期运至环卫指定地点 | 垃圾箱 |
| 合计 | 危险废物 170.45 t/a，一般固体废物 23900 t/a，生活垃圾 19.98 t/a | | | | |

# 9.5 噪声及其控制技术

## 9.5.1 球团工序

竖炉氢冶金项目球团工序造球机、筛分机、辊磨机等置于厂房内，设备基础采取相应的减振措施，以减轻由于振动引起的噪声。

主引风机置于风机房，出口安装消声器。

除尘风机置于风机房内或机体加隔声罩，并设消声器。

各类泵均设置在独立泵房内隔声，设备与管道连接时采用柔性方式。

竖炉氢冶金项目球团工序的主要噪声污染源及治理措施见表 9-22。

表 9-22 竖炉氢冶金项目球团工序的主要噪声污染源及治理措施

| 噪声源名称 | 数量/台 | 声级/dB(A) | 排放特征 | 控制措施 | 降噪效果/dB(A) |
|---|---|---|---|---|---|
| 干燥机 | 3 | 95 | 连续 | 基础减振+厂房隔声 | 25 |
| 润磨机 | 5 | 90 | 连续 | 基础减振+厂房隔声 | 25 |
| 造球机 | 11 | 90 | 连续 | 基础减振+厂房隔声 | 15 |
| 热风机 | 4 | 110 | 连续 | 基础减振+厂房隔声 | 35 |

根据厂界噪声监测结果，厂界昼间噪声监测值为 52.7~58.2dB(A)，夜间为 41.1~47.5dB(A)，满足《工业企业厂界环境噪声排放标准》(GB 12348—2008) 3 类标准要求。

### 9.5.2 氢基竖炉工序

竖炉氢冶金项目氢基竖炉工序除尽量选用低噪声设备外，对一些噪声值较高的设备还采取相应控制措施。例如，竖炉炉顶余热回收汽化冷却装置的汽包、除氧器排汽、放散均设消声器，加热炉助燃风机设消声器，其余各类风机、水泵等均利用建筑物隔声，大型除尘风机加装消声器，水泵等设备与管道连接处采用柔性方式。

竖炉氢冶金项目氢基竖炉工序的主要噪声污染源及治理措施见表 9-23。

表 9-23 竖炉氢冶金项目氢基竖炉工序的主要噪声污染源及的治理措施

| 噪声源名称 | 数量/台 | 声级/dB(A) | 排放特征 | 控制措施 | 降噪效果/dB(A) |
|---|---|---|---|---|---|
| 振动筛 | 6 | 100 | 连续 | 基础减振，厂房隔声 | 25 |
| 压缩机 | 5 | 95 | 连续 | 基础减振，厂房隔声 | 25 |
| 除尘风机 | 7 | 100 | 连续 | 选用低噪声设备、隔声罩、安装消声器 | 20 |
| 加热炉助燃风机 | 1 | 90 | 连续 | 选用低噪声设备、隔声罩、安装消声器 | 20 |
| 胶带机 | 28 | 85 | 连续 | 基础减振，厂房隔声 | 15 |
| 水泵 | 20 | 95 | 连续 | 基础减振，厂房隔声 | 25 |

## 9.6 与长流程污染物排放情况对比

为客观评价竖炉氢冶金项目吨钢污染物排放水平，选取《钢铁行业清洁生产评价指标体系》中清洁生产指标基准值，与项目吨钢颗粒物、$SO_2$、$NO_x$ 污染物排放水平进行对比。《钢铁行业清洁生产评价指标体系》中清洁生产指标项Ⅰ级基准值、Ⅱ级基准值和Ⅲ级基准值分别代表国际清洁生产领先水平、国内清洁生产先进水平和国内清洁生产一般水平，包括焦化、烧结、球团、高炉炼铁、转炉炼钢、轧钢等生产工序。竖炉氢冶金项目包括球团、氢基竖炉炼铁、电炉炼钢、轧钢等生产工序，项目吨钢颗粒物、$SO_2$、$NO_x$ 污染物排放情况与《钢铁行业清洁生产评价指标体系》中给出的钢铁联合企业清洁生产评价指标体系中技术指标基准值对比情况，见表 9-24。

**表 9-24 竖炉氢冶金项目与钢铁行业清洁生产评价指标体系中指标对比**

(kg/t 钢)

| 清洁生产指标项 | 钢铁行业清洁生产评价指标体系 | | | 竖炉氢冶金项目 | |
|---|---|---|---|---|---|
| | Ⅰ级基准值 | Ⅱ级基准值 | Ⅲ级基准值 | 指标值 | 符合情况 |
| 颗粒物排放量 | ≤0.60 | ≤0.80 | ≤1.00 | 0.1978 | 优于Ⅰ级 |
| $SO_2$ 排放量 | ≤0.8 | ≤1.2 | ≤1.6 | 0.0744 | 优于Ⅰ级 |
| $NO_x$ 排放量 | ≤0.9 | ≤1.2 | ≤1.8 | 0.2388 | 优于Ⅰ级 |

由表 9-24 中数据可知，吨钢颗粒物、$SO_2$ 和 $NO_x$ 污染物排放均优于《钢铁行业清洁生产评价指标体系》中给出的Ⅰ级基准值（国际清洁生产领先水平值），较Ⅰ级基准值分别低 67.03%、90.70%和 73.47%，大幅度领先于国际清洁生产领先水平。

选取国内某先进典型长流程钢铁联合生产企业，与竖炉氢冶金项目吨钢污染物排放水平进行对比。该先进典型长流程钢铁联合生产企业的生产流程包括焦化、烧结、球团、高炉炼铁、转炉炼钢、钢铁加工及副产煤气发电等全厂公辅工序。竖炉氢冶金项目吨钢颗粒物、$SO_2$、$NO_x$ 污染物排放情况与该先进典型长流程钢铁联合生产企业对比情况见表 9-25。

**表 9-25 竖炉氢冶金项目与典型长流程钢铁生产企业环保指标对比**

(kg/t 钢)

| 指　标 | 典型长流程钢铁生产企业 | 竖炉氢冶金项目 | 对比情况 |
|---|---|---|---|
| 颗粒物排放量 | 0.2930 | 0.1978 | 优于 |
| $SO_2$ 排放量 | 0.1461 | 0.0744 | 优于 |
| $NO_x$ 排放量 | 0.7831 | 0.2388 | 优于 |

由表 9-25 中数据可知，项目吨钢颗粒物、$SO_2$ 和 $NO_x$ 污染物排放均优于该先进典型长流程钢铁联合生产企业吨钢污染物的排放水平，且分别降低 32.49%、49.08%和 69.51%。

## 9.7 本章小结

焦炉煤气零重整氢冶金项目较典型长流程钢铁联合生产企业排污节点大幅度减少，其吨钢颗粒物、$SO_2$ 和 $NO_x$ 污染物排放量全面优于领先与国际清洁生产领先水平，污染物排放量较典型长流程钢铁联合生产企业大幅度降低。

(1) 项目较典型长流程钢铁联合生产企业生产工序少、流程短，减少了焦化和烧结工序，产生的排污节点大幅度减少，有利于对污染物排放的控制。

(2) 项目贯彻环保、节能原则，对生产过程中各主要污染源均采取了有效的控制措施。各排污节点废气污染物的排放浓度均满足国家及地方相关污染物排放标准要求，且满足《关于推进实施钢铁行业超低排放的意见》中钢铁企业超低排放指标限值，废水、噪声排放均符合国家和地方相关标准要求，能够最大限度地减轻对周围环境的污染。

(3) 项目的吨钢颗粒物、$SO_2$ 和 $NO_x$ 污染物排放量较《钢铁行业清洁生产评价指标体系》I 级基准值分别低 67.03%、90.70%和 73.47%，大幅度领先于国际清洁生产领先水平。

(4) 项目的吨钢颗粒物、$SO_2$ 和 $NO_x$ 污染物排放量较国内某先进典型长流程钢铁联合生产企业分别低 32.49%、49.08%和 69.51%，大幅度领先于先进典型长流程钢铁联合生产企业的吨钢污染物排放水平。

### 参考文献

[1] GB 3095—2012，环境空气质量标准 [S].
[2] GB/T 14848—2017，地下水质量标准 [S].
[3] GB 3838—2002，地表水环境质量标准 [S].
[4] GB 3096—2008，声环境质量标准 [S].
[5] GB 36600—2018，土壤环境质量 建设用地土壤污染风险管控标准（试行）[S].
[6] GB 15618—2018，土壤环境质量 农用地土壤污染风险管控标准（试行）[S].
[7] DB 13/T 5216—2020，建设用地土壤污染风险筛选值 [S].
[8] DB 13/2169—2018，钢铁工业大气污染物超低排放标准 [S].
[9] GB 16297—1996，大气污染物综合排放标准 [S].
[10] GB 12348—2008，工业企业厂界环境噪声排放标准 [S].
[11] GB 13456—2012，钢铁工业水污染物排放标准 [S].
[12] GB/T 19923—2005，城市污水再生利用 工业用水水质 [S].

# 10 竖炉氢冶金能耗与碳排放

随着碳达峰、碳中和相关政策的提出，节能降碳工作正逐渐成为钢铁行业未来发展的重大挑战之一。直接还原铁-电炉（DRI-EAF）短流程较传统高炉-转炉（BF-BOF）长流程减少了烧结、焦化生产工序，节能降碳优势十分明显，采用 DRI-EAF 短流程，可实现吨铁碳排放量减少 58.8%[1]。本章基于焦炉煤气零重整竖炉氢冶金工艺，以 HyMEX 项目生产实践为例，对竖炉氢冶金涉及的节能措施选取、能源消耗量、能耗水平、碳排放水平等进行简述。

## 10.1 节能设计和能耗水平

### 10.1.1 节能设计

10.1.1.1 总图布置和运输节能措施

（1）项目总平面按工艺流程布置，布置紧凑合理，物料顺行，减少物流折返、迂回以及货物的重复装卸和搬运，减少厂内运输货物周转量，缩短运输距离和运输时间。

（2）项目生产辅助设施根据主要设备就近布置，大大降低了运输能耗。项目低压变电站的安装位置处于主要用能设备的中心，供电最远距离 250 m，符合标准规定；供配电设施布置在用电负荷中心，输送距离短捷，有效减少了电能输送损耗。生产所需的压缩空气、氮气和水等公辅设施充分利用企业现有生产装置，均可就近点接入，输送距离大大缩短，不仅可降低基础设施投资，而且可有效降低输送能耗，达到节能的目的。

10.1.1.2 工艺设备节能措施

（1）项目采用焦炉煤气作为还原气体、直接还原高品质 DRI、计算机过程控制、竖炉烟气余热回收利用等节能技术，具有较好的节能效果，有效降低了单位产品能耗。

（2）项目平面位置考虑工序间的匹配关系，采用最佳工艺布置，做到物流顺畅，减少原料的倒运次数和运输距离。采用成熟可靠的技术装备，选用先进的工艺流程，提高自动化水平，体现“均质、环保、节能”的特征。

（3）项目配置 1 台余热锅炉。正常运行条件下，烟道余热锅炉产出蒸汽送至厂区蒸汽管网供厂区煤气制氢及其他工序生产用汽，竖炉烟气余热锅炉采用内置式单压热管余热锅炉，竖炉烟气的流量和温度是波动的，蒸发受热面按最大烟气参数进行设计，并留有富余量以保证适应烟气参数波动带来的影响，采用合理结构确保水循环安全。锅炉设计取风量为60000 $m^3/h$，烟气温度约为600 ℃。根据废热参数和热力系统特点，兼顾锅炉及系统设备配置情况，进行参数优化，合理确定余热锅炉蒸汽参数，充分利用废气余热，提高系统的热效率。

(4) 项目采用高效节能型的生产工艺设备，并配套采用Ⅰ级能效的风机和水泵，有效降低了工序的设备电耗。项目通过设置竖炉烟气余热锅炉回收利用烟气余热，所产蒸汽进入厂区蒸汽管网，供给各用汽点使用，有效提高了系统能源利用率，降低了系统能耗，最大限度地回收烟气带出的热量，提高了余热回收利用率。

(5) 项目除尘系统按规范要求，较大负荷变化系统配有变频调速节电装置。除尘及供风管路充分考虑靠近除尘点，减少管路阻力；采用脉冲布袋除尘器，具有除尘效率高、风阻小及脉冲反吹等节能特点。除尘系统不同时工作的吸尘点均设有电动蝶阀，电动蝶阀与其服务的工艺设备连锁，以保证除尘系统操作的自动控制程度，并达到节能降耗的目的。公用和辅助设施以自然通风为主，辅以局部机械通风，选用高能效的通风设备，减少不必要的能耗损失。

(6) 项目空压机采用高效节能控制系统。项目空气压缩机的软件启动减少了对电机电气元件的电冲击，启动电流小，延长了电机接触器的寿命；同时减少了对设备的机械冲击，延长了电机轴承、主机轴承和齿轮箱的使用寿命。高效节能控制器控制装置使空气压缩机在绝大部分时间处于加载状态，各类相关的电磁阀和气动元件都极大地减少了动作次数，故电气和机械零件的故障率都大大降低。另外，变频器控制装置使空气压缩机在绝大部分时间处于加载状态，空气进口过滤器一直处于正向过滤的状态，当卸载时空气过滤器处于反向过滤的状态，而变频器的使用大大减少了入口过滤器反向过滤的时间，延长了滤芯的使用寿命。

(7) 项目变频空气压缩机使用了高效节能控制器，同时监视20多个参数(如电流、电压、转速、力矩、用电量等)，系统的智能化程度很高，使空气系统更加稳定可靠，减少了停机时间，降低了生产的损失。

综上所述，项目采用的工艺设备节能措施较为完善，节能效果显著。所选技术均是当前国内外直接还原工艺重要的节能措施，其各项节能措施在技术上是可行的。

#### 10.1.1.3 电气节能措施

(1) 根据项目用电性质、用电容量等选择合理的供电电压和供电方式，有效减少电能损耗。本项目设三个电压等级，高压为35 kV/10 kV，低压为380 V/220 V，电压层次经济合理，有利于降低变电损耗。一般交流电动机功率不小于

200 kW，电源电压 10 kV，一般交流电动机功率小于 200 kW，电源电压 380 V，普通照明电源电压 220 V。

（2）项目合理设置电气室位置，尽量将配电室靠近负荷中心，选用合适的电缆材质和截面，减少配电线缆长度，从而降低电缆线路的能耗。

（3）项目设备选型：电气设备的选择本着节能降耗、先进实用、价格合理的原则。变频变压器选用 SF 系列解裂型整流变压器，低压电力变压器采用 SCB 型非晶合金高效低损耗节能型变压器。项目选用的 SCB 型节能型干式变压器，能效等级为Ⅰ级，具有低损耗（空载和负载损耗相对较低）、维护方便等显著特点，节能型变压器较普通型变压器一般可降低损耗 10%~20%。同时，考虑变压器的经济运行，在满足企业负荷等级、负荷数量、电动机启动要求的情况下，对变压器的效率、损耗和年费用等方面进行了综合比较，合理确定了变压器的数量及单台容量。

（4）项目为防止整流设备产生的高次谐波，在整流变压器二次侧加无功补偿和谐波治理装置。为减少输电线路的电能损失和提高变压器利用率，在变配电室配置无功功率自动补偿屏、补偿电容器和无源滤波器，消除谐波，提高电源质量，改善电网的功率因数，实现无功自动补偿，补偿后功率因数 $\cos\varphi$ 达到 0.95 以上。

（5）项目供电电缆及配电线路按节能原则选择，重要回路按经济电流密度选用线缆，以减少线路损失。照明配线选用电阻率较小的线缆，尽量减少线缆长度，以降低线路阻抗，减少照明配线中的电能损耗。严格按照电缆运行经济密度，选择不同型号的电缆规格，降低损耗。

（6）项目按照设计规范要求选用节能型机电产品，风机、变压器等选用了Ⅰ级能效设备，项目所选水泵和照明灯具等均能达到相关节能标准规定的节能指标值，降低了各种动力消耗。

（7）项目生产线配置的风机、循环水泵等负荷变化较大的设备采用变频控制，减少设备电耗。该技术属于国家推广使用的技术，实现变频调速系统的高输出功率（功率因数≥0.95），同时消除谐波污染，对风机、水泵的节电降耗作用明显，有效降低电能消耗。

综上所述，项目的电气节能措施选择合理可行，具有较好的节能效果。

#### 10.1.1.4 建筑节能措施

采用整体设计手法，节约用地；采取相应的保温隔热措施，降低采暖负荷。合理设计建筑的围护结构，有效降低围护结构热能损耗。积极利用自然光及自然通风，减少照明、通风电耗，采用高性能、低材（能）耗、可再生循环利用的建筑材料。

（1）项目厂房、构筑物等所用的建筑材料均采用相应的节能材料，以取得节能效果。建筑材料方面采用的节能措施体现在：室内采用防火复合门、所有外窗采用塑钢窗、给水管采用新型 PPR、排水管采用 PVC 胶联聚乙烯管材、墙体材料为粉煤灰砖或空心砌块、建筑外墙挂聚苯保温板，饰面采用具有质轻、色彩柔和、耐久、耐水等特点的环保型外墙涂料，采用 SBS 防水工艺等。

（2）项目在平屋面板上加设 85 mm 的厚聚苯乙烯泡沫塑料板，屋面传热系数为 0.4W/($m^2$·K)，屋面防水采用 SBS（Ⅲ）型。

（3）项目所有外窗均为塑钢单框中空玻璃窗，空气层厚度为 12 mm，平均传热系数为 2.47W/($m^2$·K)，门窗气密性等级不低于《建筑外窗气密性能分级及其检测方法》（GB/T 7107—2002）规定的Ⅳ级水平，空气渗透量小于或等于 1.5 $m^3$/(m·h)。外门窗框与门窗洞口之间的缝隙，采用聚氨酯等高效保温材料填实，并用密封膏嵌缝。

#### 10.1.1.5 照明节电措施

采用分区照明的方式，要求高的区域采用较高的照度、较低区域采用较低的照度，有效降低照明装机功率，并进行分区控制，充分合理地利用自然光照明，有效减少照明电耗。

（1）项目室内照明采用 T5 三基色荧光灯，所选直管形双端荧光灯能效等级为 1 级；室外道路采用高压钠灯，所选高压钠灯的能效等级为Ⅰ级。

（2）项目室内照明灯具（管式荧光灯）选用电子镇流器或节能型电感镇流器，其能效因数（BEF）符合镇流器节能评价值，属于节能型产品；室外照明选择高压钠灯电子镇流器，其能效因数（BEF）符合电子镇流器节能评价值，属于节能型产品。

（3）项目室内外照明灯具效率均不低于 75%，灯具效率高，节能效果好。

（4）项目照明采用集中、分散和自动相结合的控制方式，确定合理的照度值，并充分利用自然光。

（5）项目在设计照明配电线路时，通过计算合理地选择了导线截面。另外，在电子镇流器中增加电容补偿功能，减少线损。

#### 10.1.1.6 节水措施

项目采用分质和分压原则供水、清浊分流、循环使用等技术，提高水的循环利用率，水的重复利用率为 98.65%，大大减少工业水用量及废水外排量，达到节水和环保效果。

采用的主要节水措施如下：

（1）给水系统按分质、分压的原则进行系统划分，分为生产给水系统、循环水系统、生活给水系统及消防给水系统。各系统均采用高效节能系统和设备，降低了系统电耗。

（2）生产中采用循环水冷却方式，通过设置循环水站、冷却塔、水过滤净化装置，循环水利用率98.65%，减少了工业水的补充水及系统排污量，以达到节约用水的目的。

(3) 循环供水泵组中设置了变频调速泵，可根据出水总管的流量、压力检测值自动调整循环水泵的运转台数及转速，以减少电能消耗。

(4) 循环水供回水总管设有温度检测仪表，可根据检测值手动控制冷却塔风机的运转台数；同时，冷却塔风机配有振动、油温、油位保护措施，在满足安全供水的前提下，降低运行成本。

(5) 采用高效水质稳定药剂和加药系统自动化，提高循环水系统的浓缩倍数（由常规的2~3倍提高到4倍），减少工业水补充水量和排污水量，降低污水处理厂的处理负荷及相应的运行费用。

(6) 管件、阀门、止水阀等选用密封性能好、阻力小的节水产品。所有用水器具都选用节水型产品，严格控制各用水点的水压和水量，安装计量仪表，以免管网跑、冒、滴、漏和流速过大或静压过高而造成水资源浪费。

(7) 排水系统以清污分流为原则，分为雨水排水系统和污水排水系统，雨水由公司统一收集后回用于道路浇洒和厂区绿化。

综上所述，给水系统按分质、分压的原则进行系统划分，各系统均采用高效节能的系统和设备，并采用循环用水达到节水效果，节能措施选择合理可行，具有较好的节能效果。

#### 10.1.1.7 节能管理措施

(1) 能源管理组织和制度。项目建有能源管理系统，成立了能源管理领导小组，全面领导公司的节能工作，实施全厂能源管理的基本任务，统筹、综合、协调、管理企业的各项节能工作；能源管理领导小组下设能源管理办公室，作为能源管理的日常办事机构，设立专（兼）职能源管理人员，将能源管理工作作为重要事项纳入日常管理；各部门设有专职管理人员，负责具体实施公司下达的项能源任务，并负责将相关情况上报能源管理办公室。公司能源管理制度对能源的购入、储存、加工转换、输送分配及最终使用等环节进行详细的规定，尽可能从管理上做到对能源的高效使用。

(2) 能源计量管理。项目能源计量是企业实现科学管理的基础性工作，没有完善准确的计量器具配置，就不能为生产和生活的各个环节提供可靠的数据，这也是评价一个企业管理水平的一项重要标志。公司设能源计量处，负责贯彻执行上级有关规定，加强管理、统一量值，真正做到为生产服务。另外，公司根据《用能单位能源计量器具配备和管理通则》（GB 17167—2006）[3]制定了《计量管理制度》，对相关用能点的计量器具配备情况进行强制要求，还对计量技术档案管理、计量器具流转制度、计量器具周期检定制度等作出明确规定，并对能源计量器具的精度和检测率提出了明确的要求，能源计量工作由公司统一管理。

（3）能源统计管理。项目对各部门能源消耗进行统计，建立能源消耗平衡表，掌握能源的来龙去脉，找出能源消耗升降的原因，从而提出技术上和管理上的节能改进措施，不断提高能源管理水平。制定先进的、合理的能耗定额，确保定额考核的严肃性和科学性。公司根据《能源管理体系 要求及使用指南》（GB/T 23331—2020）[6]制定了《能源统计管理制度》，该制度规定由能源管理办公室建立能源统计台账，定期开展能源消耗统计、分析、核查工作，并将统计数据按要求上报上级节能主管部门；各种能源原始记录要完整、齐全，统计数据要真实、准确、完整、及时。项目定期对其用能情况进行详细统计分析，查找问题，挖掘节能潜力，提出切实可行的节能措施。

### 10.1.2 能耗水平

10.1.2.1 球团工序

竖炉氢冶金项目球团工序采用链箅机-回转窑工艺，利用天然气作为燃料，生产高品位球团矿，能源消耗计算采用实际燃烧天然气生产高品位球团矿工况下球团工序能源消耗量及设计能源消耗量。球团工序各能源介质消耗情况及能耗生产数据见表 10-1。

**表 10-1 球团工序的能耗生产数据**

| 能源名称 | 单位产品消耗量 | | 折算标煤系数 | | 折合标煤 /kgce·t$^{-1}$ |
|---|---|---|---|---|---|
| | 单位 | 指标 | 单位 | 数值 | |
| 电 | kW·h | 42.9 | kgce/(kW·h) | 0.1229 | 5.27 |
| 生产新水 | $m^3$ | 0.124 | kgce/$m^3$ | 0.0414 | 0.01 |
| 压缩空气 | $m^3$ | 13.72 | kgce/$m^3$ | 0.0152 | 0.21 |
| 氮气 | $m^3$ | 1.42 | kgce/$m^3$ | 0.0169 | 0.02 |
| 天然气 | $m^3$ | 11.7 | kgce/$m^3$ | 1.2143 | 14.21 |
| 总计（工序能耗） | | | | | 19.72 |

由表 10-1 可知，项目球团工序能耗低于 2022 年中国钢铁工业协会会员球团工序单位产品平均能耗 24.41 kgce/t 球团矿，较行业平均能耗低 19.21%；低于《钢铁行业（烧结、球团）清洁生产评价指标体系》[4]中球团工序能耗Ⅱ级基准值 24 kgce/t 球团矿，达到国内先进水平；但与《粗钢生产主要工序单位产品能源消耗限额》（GB 21256—2013）中球团工序单位产品能耗先进值 15 kgce/t 球团矿[2]存在一定的差距。分析认为，主要原因是项目链箅机-回转窑原设计采用焦炉煤气作为燃料气体，更改为天然气造成了工况的改变，从而对工序能耗水平产生了一定影响。

10.1.2.2 氢基竖炉

竖炉氢冶金项目氢基竖炉工序利用焦炉煤气作为还原气体，生产高品质直接还原铁，能源消耗计算按照采用实际生产工序能源介质消耗量及设计能源消耗量。项目氢基竖炉工序各能源介质消耗及工序能耗见表10-2。

**表10-2 氢基竖炉工序各能源介质消耗及工序能耗**

| 能源名称 | 单位产品消耗量 | | 折算标煤系数 | | 折合标煤 /kgce·$t^{-1}$ |
|---|---|---|---|---|---|
| | 单位 | 指标 | 单位 | 数值 | |
| 电 | kW·h | 220 | kgce/(kW·h) | 0.1229 | 27.04 |
| 生产新水 | $m^3$ | 0.3 | kgce/$m^3$ | 0.0414 | 0.01 |
| 除盐水 | $m^3$ | 1.0 | kgce/$m^3$ | 3.2857 | 3.29 |
| 氮气 | $m^3$ | 35 | kgce/$m^3$ | 0.0169 | 0.59 |
| 氧气 | $m^3$ | 20 | kgce/$m^3$ | 0.0802 | 1.60 |
| 焦炉煤气 | $m^3$ | 550 | kgce/$m^3$ | 0.571 | 314.05 |
| 蒸汽 | kg | 0.11 | kgce/kg | 0.1038 | 0.01 |
| 总计（工序能耗） | | | | | 346.59 |

由于国内暂无氢基竖炉能耗标准和单位产品能耗先进值相关标准，因此暂无与实际数据对比结果。与《粗钢生产主要工序单位产品能源消耗限额》（GB 21256—2013）中给出的高炉工序单位产品能耗先进值361 kgce/t铁[2]相比，项目氢基竖炉生产直接还原铁工序能耗为346.59 kgce/tDRI，较先进值低3.99%，优于高炉工序单位产品能耗先进值；优于《钢铁行业（高炉炼铁）清洁生产评价指标体系》[5]中高炉炼铁工序能耗Ⅰ级基准值380 kgce/t铁，达到国际先进水平。燃料能耗为314.05 kgce/tDRI，折合10.16 GJ/tDRI，与国际相近工艺竖炉燃料能耗先进值一致，达到国际先进水平。

## 10.2 碳排放水平

### 10.2.1 核算依据

国际上许多组织出台了钢铁行业的温室气体排放计算方法，如联合国政府间气候变化专门委员会（Intergovernmental Panel on Climate Change，IPCC[10]）、世界可持续发展工商理事会（World Business Council for Sustainable Development，WBCSD）、世界资源研究所（The World Resources Institute，WRI）、国际钢铁学会（International Iron and Steel Institute，IISI）、国际钢铁协会（World Steel Association，WSA）、国际能源署（International Energy Agency，IEA）、美国国家

环境保护局（U. S. Environmental Protection Agency，USEPA）等，提出了钢铁工业温室气体排放计算公式（模型）及具体说明细则，各计算公式模型是根据日本、西欧等工业发达国家钢铁企业情况得出的。工业发达国家钢铁工业的产品结构（特别是铁钢比）、技术装备水平、生产条件（特别是原燃料质量）、用能结构等方面与我国相比有较大差别。因此，我国不适宜沿用国际组织提出的钢铁工业温室气体排放计算公式，需采用符合我国钢铁工业生产特点的温室气体排放计算办法。

《中国钢铁生产企业温室气体排放核算方法与报告指南（试行)》（以下简称《指南》）借鉴了国内外有关企业温室气体核算报告研究成果和实践经验，参考了《省级温室气体清单编制指南（试行)》，在实地调研、深入研究和案例试算的基础上，经有关行业专家根据我国钢铁行业目前的状况，按照国家产业政策、技术进步政策和环境保护政策要求制定的。

下面分别采用《指南》中的方法学和元素分析法对球团工序、氢基竖炉工序和电炉炼钢工序碳排放量进行核算。

按照《指南》[7]要求，在进行核算时需分别对燃料燃烧排放、工业生产过程排放、净购入使用的电力、热力产生的排放和固碳产品隐含的排放进行计算[8,9]。

（1）燃料燃烧排放是指净消耗的化石燃料燃烧产生的 $CO_2$ 排放，包括各个工序核算范围内固定源排放（球团链箅机-回转窑、氢基竖炉、钢铁加工加热炉等固定燃烧设备)，以及用于生产的移动源排放（如运输用车辆及厂内搬运设备等)。

（2）工业生产过程排放是指钢铁生产企业在各个工序核算范围内（球团、炼钢等工序）由于其他外购含碳原料（如电极、生铁、铁合金、废钢等)、熔剂的分解和氧化产生的 $CO_2$ 排放。

（3）净购入使用的电力、热力产生的排放是指钢铁生产企业在各个工序核算范围内净购入电力和净购入热力（如蒸汽）隐含产生的 $CO_2$ 排放，该部分排放实际发生在电力、热力生产企业。

（4）固碳产品隐含的排放是指钢铁生产过程中有少部分碳固化在企业生产的生铁、粗钢等外销产品中，这部分固化在产品中的碳所对应的 $CO_2$ 排放应予扣除。

#### 10.2.1.1 燃料燃烧排放

A 计算公式

燃料燃烧活动产生的 $CO_2$ 排放量是企业核算和报告期内各种燃料燃烧产生的 $CO_2$ 排放量的加和，计算公式如下：

$$E_{燃烧} = \sum_{i=1}^{n} AD_i \times EF_i \tag{10-1}$$

式中 $E_{燃烧}$——核算和报告期内净消耗化石燃料燃烧产生的 $CO_2$ 排放量，$t_{CO_2}$；

$i$——净消耗化石燃料的类型；

$EF_i$——第 $i$ 种化石燃料的二氧化碳排放因子，$t_{CO_2}/GJ$；

$AD_i$——核算和报告期内第 $i$ 种化石燃料的活动水平，GJ，其计算公式如下：

$$AD_i = NCV_i \times FC_i \tag{10-2}$$

式中 $NCV_i$——核算和报告期第 $i$ 种化石燃料的平均低位发热量，固体或液体燃料的单位为“GJ/t”；气体燃料的单位为“$GJ/10^4\ m^3$”；

$FC_i$——核算和报告期内第 $i$ 种化石燃料的净消耗量，固体或液体燃料的单位为“t”；气体燃料的单位为“万立方米”。

化石燃料的 $CO_2$ 排放因子按计算公式如下：

$$EF_i = CC_i \times OF_i \times \frac{44}{12} \tag{10-3}$$

式中 $CC_i$——第 $i$ 种化石燃料的单位热值碳含量，tC/GJ；

$OF_i$——第 $i$ 种化石燃料的碳氧化率，%。

计算过程中，活动水平（$AD_i$）为中间值，由化石燃料的平均低位发热量（$NCV_i$）和化石燃料的净消耗量（$FC_i$）通过式（10-2）计算得出；化石燃料的 $CO_2$ 排放因子（$EF_i$）同样为中间值，由燃料的单位热值碳含量（$CC_i$）和化石燃料的碳氧化率（$OF_i$）通过式（10-3）计算得出；消耗化石燃料燃烧产生的 $CO_2$ 排放量（$E_{燃烧}$）为活动水平（$AD_i$）和化石燃料的 $CO_2$ 排放因子（$EF_i$），通过式（10-2）计算得出。

B 活动水平数据获取

根据本次核算期内各工序生产使用的各种化石燃料购入量、外销量、库存变化量及除钢铁生产之外的其他消耗量来确定各自的净消耗量。化石燃料购入量、外销量采用采购单或销售单等结算凭证上的数据，库存变化量采用计量工具读数或其他符合要求的方法来确定，钢铁生产之外的其他消耗量依据企业能源平衡表获取，计算公式如下：

$$净消耗量=购入量+(期初库存量-期末库存量)-钢铁生产之外的其他消耗量-外销量 \tag{10-4}$$

C 排放因子数据获取

排放因子数据采用《指南》提供的常用化石燃料相关参数缺省值表中给出的低位发热量、单位热值碳含量和碳氧化率缺省值。

10.2.1.2 工业生产过程排放

A 计算公式

工业生产过程中产生的 $CO_2$ 排放量计算公式如下：

$$E_{过程}=E_{熔剂}+E_{电极}+E_{原料} \tag{10-5}$$

（1）熔剂消耗产生的 $CO_2$ 排放量：

$$E_{熔剂}=\sum_{i=1}^{n}P_i \times EF_i \tag{10-6}$$

式中　$E_{熔剂}$——熔剂消耗产生的 $CO_2$ 排放量，$t_{CO_2}$；

$P_i$——核算和报告期内第 $i$ 种熔剂的净消耗量，t；

$EF_i$——第 $i$ 种熔剂的 $CO_2$ 排放因子，$t_{CO_2}/t_{熔剂}$；

$i$——消耗熔剂的种类（白云石、石灰石等）。

（2）电极消耗产生的 $CO_2$ 排放量：

$$E_{电极}=P_{电极}\times EF_{电极} \tag{10-7}$$

式中　$E_{电极}$——电极消耗产生的 $CO_2$ 排放量，$t_{CO_2}$；

$P_{电极}$——核算和报告期内电炉炼钢及精炼炉等消耗的电极量，t；

$EF_{电极}$——电炉炼钢及精炼炉等所消耗电极的 $CO_2$ 排放因子，$t_{CO_2}/t_{电极}$。

（3）外购生铁等含碳原料消耗而产生的 $CO_2$ 排放量：

$$E_{原料}=\sum_{i=1}^{n}M_i \times EF_i \tag{10-8}$$

式中　$E_{原料}$——外购生铁、铁合金、直接还原铁等其他含碳原料消耗而产生的 $CO_2$ 排放量，$t_{CO_2}$；

$M_i$——核算和报告期内第 $i$ 种含碳原料的购入量，t；

$EF_i$——第 $i$ 种购入含碳原料的 $CO_2$ 排放因子，$t_{CO_2}/t_{原料}$；

$i$——外购含碳原料类型（如生铁、铁合金、直接还原铁等）。

B　活动水平数据获取

熔剂和电极的净消耗量采用式（10-4）计算，含碳原料的购入量采用采购单等结算凭证上的数据。

C　排放因子数据获取

碳排放核算采用《指南》提供的工业生产过程排放因子缺省值表中给出的 $CO_2$ 排放因子，表中未包括的种类根据实际碳含量计算。

10.2.1.3　净购入使用的电力、热力产生的排放

A　计算公式

净购入的生产用电力、热力（如蒸汽）隐含产生的 $CO_2$ 排放量计算公式如下。

$$E_{电和热}=AD_{电力}\times EF_{电力}+AD_{热力}\times EF_{热力} \tag{10-9}$$

式中　$E_{电和热}$——净购入生产用电力、热力隐含产生的 $CO_2$ 排放量，$t_{CO_2}$；

$AD_{电力}$，$AD_{热力}$——核算和报告期内净购入电量 MW·h 和热力量（如蒸汽量）（GJ）；

$EF_{电力}$，$EF_{热力}$——电力［$t_{CO_2}$/(MW·h)］和热力［如蒸汽，($t_{CO_2}$/GJ)］的 $CO_2$ 排放因子。

B　活动水平数据获取

根据核算和报告期内电力（或热力）供应商、钢铁生产企业存档的购售结算凭证以及企业能源平衡表，计算公式如下：

净购入电量（热力量）= 购入量-钢铁生产之外的其他用电量（热力量）-外销量　(10-10)

C　排放因子数据获取

根据《关于做好2023—2025年部分重点行业企业温室气体排放报告与核查工作的通知》，2022年度全国电网平均碳排放因子为0.5703 $t_{CO_2}$/(MW·h)，本次核算电力排放因子选用该数据。因此，供热排放因子按0.11 $t_{CO_2}$/GJ计算。

10.2.1.4　固碳产品隐含的排放

A　计算公式

固碳产品隐含的 $CO_2$ 排放量计算公式如下：

$$R_{固碳} = \sum_{i=1}^{n} AD_{固碳} \times EF_{固碳} \tag{10-11}$$

式中　$R_{固碳}$——固碳产品隐含的 $CO_2$ 排放量，$t_{CO_2}$；

$AD_{固碳}$——第 $i$ 种固碳产品的产量，t；

$EF_{固碳}$——第 $i$ 种固碳产品的 $CO_2$ 排放因子，$t_{CO_2}$/t；

$i$——固碳产品的种类（如粗钢等）。

B　活动水平数据获取

根据核算和报告期内固碳产品外销量、库存变化量来确定各自的产量。外销量采用销售单等结算凭证上的数据，库存变化量采用计量工具读数或其他符合要求的方法来确定，计算公式如下：

产量=销售量+(期末库存量-期初库存量)　(10-12)

C　排放因子数据获取

碳排放核算采用《指南》中提供的其他排放因子和参数缺省值表中给出的 $CO_2$ 排放因子，表中未包括的种类根据实际碳含量计算。

10.2.1.5　汇总计算

钢铁生产企业的 $CO_2$ 排放总量等于企业边界内所有的化石燃料燃烧排放量、工业生产过程排放量及企业净购入电力和净购入热力隐含产生的 $CO_2$ 排放量之和，还应扣除固碳产品隐含的排放量，计算公式如下：

$$E_{CO_2} = E_{燃烧} + E_{过程} + E_{电和热} - R_{固碳} \tag{10-13}$$

式中　$E_{CO_2}$——企业 $CO_2$ 排放总量，$t_{CO_2}$；

$E_{燃烧}$——企业所有净消耗化石燃料燃烧活动产生的 $CO_2$ 排放量，$t_{CO_2}$；

$E_{过程}$——企业工业生产过程产生的 $CO_2$ 排放量，$t_{CO_2}$；

$E_{电和热}$——企业净购入电力和净购入热力产生的 $CO_2$ 排放量，$t_{CO_2}$；

$R_{固碳}$——企业固碳产品隐含的 $CO_2$ 排放量，$t_{CO_2}$。

10.2.2.6 单位主营产品碳排放量

单位主营产品碳排放量计算公式如下：

$$单位主营产品碳排放量 = CO_2 排放总量 / 主营产品产量 \tag{10-14}$$

式中 单位主营产品碳排放量——企业生产每单位产品带来的 $CO_2$ 排放量，$t_{CO_2}/t$；

$CO_2$ 排放总量——企业部分填报的 $CO_2$ 排放总量，$t_{CO_2}$；

主营产品产量——企业部分中的粗钢产量，t。

### 10.2.2 各工序碳排放水平

10.2.2.1 《指南》方法核算结果

采用《指南》方法对球团工序和氢基竖炉工序碳排放量进行核算，核算结果见表 10-3 和表 10-4。

**表 10-3 球团工序碳排放量核算结果**

| | |
|---|---|
| 天然气单耗/$m^3 \cdot t^{-1}$ | 11.70 |
| 电耗/$kW \cdot h \cdot t^{-1}$ | 42.90 |
| 吨产品碳排放量/$t_{CO_2}$ | 0.0498 |

**表 10-4 氢基竖炉工序碳排放量核算结果**

| | |
|---|---|
| 焦炉煤气单耗/$m^3 \cdot t^{-1}$ | 550.00 |
| 电耗/$kW \cdot h \cdot t^{-1}$ | 220.00 |
| 二氧化碳回收量/$t_{CO_2} \cdot t^{-1}$ | 0.1248 |
| 吨产品碳排放量/$t_{CO_2}$ | 0.2834 |

10.2.2.2 元素分析法核算结果

采用元素分析法对球团工序和氢基竖炉工序碳排放量进行核算，核算结果见表 10-5 和表 10-6。

**表 10-5 元素分析法球团工序碳排放量核算结果**

| | |
|---|---|
| 天然气单耗/$m^3 \cdot t^{-1}$ | 11.70 |
| 电耗/$kW \cdot h \cdot t^{-1}$ | 42.90 |
| 吨产品碳排放量/$t_{CO_2}$ | 0.0483 |

表 10-6 元素分析法氢基竖炉工序碳排放量核算结果

| | |
|---|---|
| 焦炉煤气单耗/$m^3 \cdot t^{-1}$ | 570.00 |
| 电耗/$kW \cdot h \cdot t^{-1}$ | 220.00 |
| 二氧化碳回收量/$t_{CO_2} \cdot t^{-1}$ | 0.1248 |
| 吨产品碳排放量/$t_{CO_2}$ | 0.2737 |

10.2.2.3 核算结果对比

采用元素分析法和《指南》方法学对球团工序和氢基竖炉工序碳排放量进行核算的交叉比对，结果见表 10-7。

表 10-7 元素分析法与《指南》方法学的核算结果对比

| 工 序 | 单位产品碳排放量/$t_{CO_2} \cdot t^{-1}$ | |
|---|---|---|
| | 元素分析法口径 | 《指南》方法学口径 |
| 球团 | 0.0483 | 0.0498 |
| 氢基竖炉 | 0.2737 | 0.2834 |

由表 10-7 中数据可知，采用元素分析法和《指南》方法学进行核算后，核算结果差距较小，为提高核算数据的可比对性，后续碳排放量对比数据核算采用《指南》方法学。

## 10.3 与长流程碳排放情况对比

### 10.3.1 典型长流程企业碳排放情况

我国钢铁以高炉-转炉（BF-BOF）长流程生产工艺为主（约占总体的 90%），能源结构中化石燃料占比高，煤、焦炭占能源投入近 90%，导致了大量的 $CO_2$ 排放。除我国以外，全球钢铁工业的电炉短流程炼钢占比已达 40%以上，美国电炉炼钢占比最高，达到 67%。高炉-转炉长流程工艺与电炉短流程相比，长流程工艺更复杂、污染物和碳排放排放节点更多、物料来源更广。经初步测算，其 $CO_2$ 排放量约为短流程的 4 倍（长流程炼钢吨钢 $CO_2$ 排放为 1.7~2.5 t，短流程炼钢吨钢 $CO_2$ 排放为 0.4~0.5 t），主要排放源包括石灰窑尾气、焦炉烟气、烧结烟气、高炉热风炉烟气和各工序副产煤气燃烧等。

石灰窑是通过煤或煤气煅烧石灰石，其 $CO_2$ 排放量大，且烟气中 $CO_2$ 占比相对较高，现有文献报道普遍在 10%~40%，具体跟窑炉结构和工艺特点有关。铁矿烧结是典型的高能耗高污染过程，烧结烟气中 $CO_2$ 含量一般在 7%~10%，CO 含量一般在 0.4%~1%。炼焦用煤在焦炉中经过干馏后产生的黄褐色气体混合物为焦炉煤气，焦炉煤气主要成分是 $H_2$(54%~59%)，$CO_2$ 含量一般在 2%~4%，CO 含量一般在 5%~8%。高炉煤气是高炉炼铁过程中产生的副产品，主要成分为 CO（25%~30%）和 $N_2$(55%~60%)，$CO_2$ 含量一般为 9%~12%，另外，高炉条件下高炉铁水中碳含量为 4.5%~5.4%。转炉煤气是转炉炼钢过程中的副产品，热值约为高炉煤气的 2 倍，主要成分为 CO（60%~80%），$CO_2$ 含量一般为 15%~20%。热风炉、连铸与轧钢、副产煤气发电等工序的燃副产煤气产生的烟气中也会含有 $CO_2$，一般为 8%~28%。从烟气中 $CO_2$ 占比来看，石灰窑、热风炉烟气的 $CO_2$ 含量最高，但结合烟气量及年利用小时数，高炉炼铁、烧结和自备发电工序的累计排放量占比最高。

选取 A 钢、B 钢、C 钢、D 钢、E 钢和 F 钢 6 家典型长流程钢铁企业作为示例，6 家典型长流程钢铁企业各工序的碳排放量占比见表 10-8。

**表 10-8 典型长流程钢铁企业各工序碳排放量占比**

| 企业 | 各工序的二氧化碳排放量占比/% | | | | | | |
|---|---|---|---|---|---|---|---|
| | 焦化 | 烧结 | 炼铁 | 炼钢 | 轧钢 | 发电 | 其他 |
| A 钢 | 11.10 | 10.97 | 33.15 | -3.52 | 12.56 | 20.98 | 14.75 |
| B 钢 | 18.01 | 13.29 | 24.15 | -2.63 | 13.02 | 23.36 | 10.79 |
| C 钢 | 16.64 | 9.72 | 28.61 | -2.53 | 10.64 | 23.41 | 13.51 |
| D 钢 | 13.95 | 10.18 | 27.60 | -3.80 | 15.35 | 25.04 | 11.68 |
| E 钢 | 7.72 | 17.61 | 31.71 | -4.28 | 11.25 | 24.88 | 11.12 |
| F 钢 | 12.76 | 13.24 | 28.44 | -5.31 | 9.97 | 34.78 | 6.12 |
| 平均值 | 13.37 | 12.50 | 28.94 | -3.68 | 12.13 | 25.41 | 11.33 |

由表 10-8 可看出，6 家企业中，焦化工序碳排放量占比在 7.72%~18.01%，平均占比 13.37%；烧结工序碳排放量占比在 9.72%~17.61%，平均占比 12.50%；炼铁工序碳排放量占比在 24.15%~33.15%，平均占比 28.94%；炼钢工序碳排放量占比在-5.31%~-2.53%，平均占比-3.68%；轧钢工序碳排放量占比在 9.97%~15.35%，平均占比 12.13%；发电工序碳排放量占比在 20.98%~34.78%，平均占比 25.41%；其他工序（包括全厂公辅、石灰窑等辅助工序）碳排放量占比在 6.12%~14.75%，平均占比 11.33%。从上述数据可以看出，对于长流程钢铁企业来说，碳排放量最大的工序是炼铁工序，其次为发电工序，然后依次为焦化、烧结、轧钢和其他辅助工序。

由表 10-9 可看出，6 家企业中，焦化工序单位产品碳排放量 0.516~0.866 $t_{CO_2}$/t，平均 0.700 $t_{CO_2}$/t；烧结工序单位产品碳排放量 0.145~0.224 $t_{CO_2}$/t，平均 0.189 $t_{CO_2}$/t；炼铁工序单位产品碳排放量 0.525~0.701 $t_{CO_2}$/t，平均 0.595 $t_{CO_2}$/t；炼钢工序单位产品碳排放量-0.097~-0.047 $t_{CO_2}$/t，平均-0.070 $t_{CO_2}$/t；轧钢工序

单位产品碳排放量 0.189~0.406 $t_{CO_2}$/t，平均 0.268 $t_{CO_2}$/t；全厂单位产品碳排放量 1.81~2.33 $t_{CO_2}$/t，平均 1.94 $t_{CO_2}$/t。从上述数据可以看出，对于长流程钢铁企业，单位产品碳排放量最大的工序是焦化工序，其次是炼铁工序，然后依次是轧钢工序、烧结工序和炼钢工序。

**表 10-9 典型长流程钢铁企业各工序单位产品碳排放量情况**

| 企业 | 单位产品碳排放量/$t_{CO_2}\cdot t^{-1}$ | | | | | |
|---|---|---|---|---|---|---|
| | 焦化 | 烧结 | 炼铁 | 炼钢 | 轧钢 | 全厂 |
| A 钢 | 0.516 | 0.210 | 0.701 | −0.052 | 0.333 | 1.96 |
| B 钢 | 0.866 | 0.207 | 0.525 | −0.055 | 0.263 | 1.86 |
| C 钢 | 0.752 | 0.151 | 0.580 | −0.047 | 0.198 | 1.81 |
| D 钢 | 0.546 | 0.145 | 0.655 | −0.097 | 0.406 | 2.33 |
| E 钢 | 0.766 | 0.224 | 0.563 | −0.074 | 0.217 | 1.82 |
| F 钢 | 0.756 | 0.199 | 0.546 | −0.094 | 0.189 | 1.88 |
| 平均值 | 0.700 | 0.189 | 0.595 | −0.070 | 0.268 | 1.94 |

### 10.3.2 吨钢折算碳排放情况

根据球团、氢基竖炉、电炉工序单位产品碳排放量对全流程吨钢碳排放量进行折算，为保证数据的可比性，线材工序单位产品碳排放量采用 G 钢线材工序单位产品碳排放量，折算值见表 10-10。

**表 10-10 吨钢碳排放量折算值**

| 项 目 | 球团 | 氢基竖炉 | 电炉 | 线材 | 折算吨钢碳排放量 |
|---|---|---|---|---|---|
| 吨产品碳排放量/$t_{CO_2}$ | 0.0498 | 0.2834 | 0.3045 | 0.2714 | — |
| 吨钢折算系数 | 0.4067 | 0.2958 | 1.0000 | 1.0204 | — |
| 吨钢折算碳排放量/$t_{CO_2}$ | 0.0203 | 0.0838 | 0.3045 | 0.2769 | 0.6855 |

选取与竖炉氢冶金项目同属于一家集团的典型长流程钢铁生产企业 G 钢作为对比对象，采用 G 钢 2023 年实际生产原燃料使用数据，采用《指南》方法学对 G 钢吨钢碳排放量进行核算，核算结果见表 10-11。

**表 10-11 G 钢全厂单位产品碳排放量核算结果**

| 时间 | 2023 年 1—7 月 |
|---|---|
| 焦炭单耗/$kg\cdot t^{-1}$ | 424.27 |
| 无烟煤单耗/$kg\cdot t^{-1}$ | 116.20 |

续表 10-11

| | |
|---|---|
| 烟煤单耗/$kg \cdot t^{-1}$ | 65.70 |
| 焦炉煤气单耗/$m^3 \cdot t^{-1}$ | 34.91 |
| 高炉煤气单耗/$m^3 \cdot t^{-1}$ | -25.14 |
| 天然气单耗/$m^3 \cdot t^{-1}$ | 0.07 |
| 电耗/$kW \cdot h \cdot t^{-1}$ | 220.96 |
| 单位产品碳排放量/$t_{CO_2} \cdot t^{-1}$ | 1.8320 |

竖炉氢冶金项目数据和 G 钢吨钢碳排量对比见表 10-12。

**表 10-12 碳排量对比**

| 工 序 | 单位产品碳排放量/$t_{CO_2} \cdot t^{-1}$ | |
|---|---|---|
| | 竖炉氢冶金项目 | G 钢 |
| 烧结 | — | 0.2268 |
| 球团 | 0.0498 | 0.0939 |
| 高炉 | — | 0.5151 |
| 氢基竖炉 | 0.2834 | — |
| 转炉 | — | -0.1586 |
| 电炉 | 0.3045 | — |
| 钢压延加工 | 0.2714 | 0.2714 |
| 全流程吨钢碳排放量 | 0.6855 | 1.8320 |

由表 10-12 中数据可知，竖炉氢冶金项目全流程吨钢碳排放量较 G 钢 2023 年实际生产数据口径低 62.58%，充分证明了氢基竖炉-电炉短流程炼钢在吨钢碳排放量方面较传统长流程炼钢的优势。

## 10.4 本章小结

焦炉煤气零重整氢冶金项目球团工序能耗达到国内先进水平，氢基竖炉工序能耗达到国际先进水平，吨钢碳排放量较典型长流程钢铁生产企业大幅度下降。

（1）球团工序能耗低于 2022 年中国钢铁工业协会会员球团工序的单位产品平均能耗，达到国内先进水平。

（2）氢基竖炉生产直接还原铁工序能耗为 346.59 kgce/t DRI，低于高炉工序单位产品能耗先进值，达到国际先进水平；燃料能耗为 314.05 kgce/t DRI，折合 10.16 GJ/t DRI，与国际相近工艺竖炉燃料能耗先进值一致，达到国际先进水平。

（3）竖炉氢冶金项目全流程吨钢碳排放量较典型长流程钢铁生产企业吨钢

碳排放量低 62.58%，在碳排放方面较传统长流程炼钢具有较大优势。

## 参考文献

[1] 王新东，赵志龙，李传民，等. 基于富氢焦炉煤气零重整的氢冶金工程技术 [J]. 钢铁，2023，58（5）：11-19.

[2] GB 21256—2013，粗钢生产主要工序单位产品能源消耗限额 [S].

[3] GB 17167—2006，用能单位能源计量器具配备和管理通则 [S].

[4] 中华人民共和国国家发展和改革委员会，中华人民共和国生态环境部，中华人民共和国工业和信息化部. 钢铁行业（烧结、球团）清洁生产评价指标体系 [Z]. 2018.

[5] 中华人民共和国国家发展和改革委员会，中华人民共和国生态环境部，中华人民共和国工业和信息化部. 钢铁行业（高炉炼铁）清洁生产评价指标体系 [Z]. 2018.

[6] GB/T 23331—2020，能源管理体系　要求及使用指南 [S].

[7] 中华人民共和国国家发展和改革委员会. 中国钢铁生产企业温室气体排放核算方法与报告指南（试行）[Z]. 2013.

[8] GB/T 32150—2015，工业企业温室气体排放核算和报告通则 [S].

[9] GB/T 32151.5—2015，温室气体排放核算与报告要求　第 5 部分：钢铁生产企业 [S].

[10] 政府间气候变化专门委员会（IPCC）. IPCC 国家温室气体清单指南（2006）[Z].

# 11 竖炉氢冶金用氢安全问题

氢气为易燃易爆气体，竖炉氢冶金将涉及燃烧、爆炸、压力、输送、储存、氢脆、高温、人身安全等方面的用气问题。因此，用氢安全是竖炉氢冶金生产中的一个重要挑战，必须在技术上保证万无一失。本章从竖炉氢冶金原料气体使用要求、用氢危险因素分析、使用氢气或富氢气体时的安全措施、氢冶金使用氢气或富氢气体时的风险控制等方面，介绍了竖炉氢冶金项目在设计、建设和使用、维护过程中需要考虑的多方面安全内容。

## 11.1 氢气的性质与用氢要求

### 11.1.1 几种典型的还原气源性质

#### 11.1.1.1 氢气的性质

氢气是最轻的化学物质，其分子由两个氢原子组成（分子式 $H_2$）。

分子质量：约 2.016g/mol。

状态：在标准环境条件下（0 ℃，101.325 kPa）为无色、无味、无臭的气体。

熔点：−259.16 ℃（14 K）。

沸点：−252.87 ℃（20.28 K）。

密度：比空气轻，约 0.08988 g/L（在标准环境条件下）。

溶解性：在水中的溶解度较低。

扩散性：分子质量很小，因此在空气中的扩散速率比大多数其他气体快。

反应活性：氢气非常活跃，能与多种元素发生化学反应，尤其是在适当的条件下容易与氧气反应生成水（$H_2O$）。

燃烧：氢气在空气或氧气中燃烧时会放出大量热能，并产生水蒸气作为唯一的燃烧产物。

爆炸范围：氢气在空气中的爆炸极限为体积分数 4%~75%。

还原性：在化学反应中通常作为还原剂，可以将其他物质还原。但从热力学上，氢气还原是吸热反应。这将意味着，氢气还原需要消耗大量的热能。

催化需求：某些氢气反应在催化剂的帮助下进行得更快，例如工业上合成氨的哈伯-波斯法使用铁催化剂。

氢气有着极高的能量含量，使它成为一个潜在的清洁能源。但同时，其高反应性和爆炸性也意味着需要谨慎处理和存储。

11.1.1.2　焦炉煤气的性质

焦炉煤气，也称为焦炉气或焦化煤气，是在焦化过程中生产焦炭时产生的一种副产品。当煤在低氧环境下加热至高温（约1000 ℃）时，会释放出各种气体，这些气体被统称为焦炉煤气。

主要组成：焦炉煤气含有多种气体成分，主要成分见表11-1。其他微量成分，如乙烯、丙烯等轻烃及硫化氢、氨等杂质。

**表11-1　焦炉煤气气体组成**（体积分数）　　　　（%）

| 气体 | $H_2$ | CO | $CH_4$ | $N_2$ | $CO_2$ | $C_2H_4$ | $C_2H_6$ | $O_2$ |
|---|---|---|---|---|---|---|---|---|
| 含量 | 55~62 | 4~8 | 20~30 | 3~8 | 1.5~3 | 2~4 | 0~2 | <1 |

燃烧性：焦炉煤气可燃，能够作为工业燃料使用。

密度：由于氢气和甲烷的含量多，其密度低于空气。

颜色：通常情况下，焦炉煤气是无色的。

气味：焦炉煤气具有特殊的气味，尽管大多数组成气体本身是无色无味的，但因含有微量的硫化合物和其他有机化合物，可能会有刺激性气味。

还原性：焦炉煤气中氢气和一氧化碳的总量达到70%左右，并且甲烷进一步裂解后，还会提供更多的氢气和一氧化碳，二者总量达到80%以上。因此，焦炉煤气作为还原剂是优于传统使用天然气重整工艺得到的还原气体。

反应活性：部分组成气体（如氢气和一氧化碳）能与其他化学物质发生反应。

低位热值：焦炉煤气的低位热值通常在17.5 $MJ/m^3$左右，适合作为工业燃料。

安全性：易燃易爆，焦炉煤气极易燃烧和爆炸，需要严格控制存储和运输条件，防止泄漏。

毒性：焦炉煤气中的一氧化碳和硫化氢等成分具有毒性，对人体健康构成威胁，必须谨慎处理。

使用焦炉煤气时，需要考虑其这些性质，并采取相应的安全措施以确保安全和效率。

11.1.1.3　天然气的性质

天然气是一种重要的化石燃料，广泛用于家庭生活、工业和发电等领域。它主要由甲烷组成，也含有少量的乙烷、丙烷、丁烷以及其他烃类气体和非烃类杂质。

主要组成：甲烷（$CH_4$），占天然气总量的70%以上，通常在90%~95%范围内；乙烷（$C_2H_6$）、丙烷（$C_3H_8$）、丁烷（$C_4H_{10}$），这些较重的烃类气体以较小比例存在；二氧化碳（$CO_2$）、氮气（$N_2$）、硫化氢（$H_2S$）和水蒸气等，作为杂质存在，根据地理位置和来源的不同，其含量有所差异。

状态：在标准条件下（0 ℃，101.325 kPa），天然气是一种无色无味的气体。

密度：比空气轻，为0.7~0.8 kg/m$^3$（空气约为1.2 kg/m$^3$）。

溶解性：在水中的溶解性较低，但在一些有机溶剂中溶解性较好。

燃烧性：天然气是一种高效、清洁的燃料，燃烧时产生大量的热能。

反应性：甲烷具有一定的化学稳定性，但在高温或催化剂存在的条件下可与氧气或其他化合物反应。

高位热值（HHV）：包括水蒸气凝结时释放的潜热在内的全量热能，大约为55 MJ/kg。

低位热值（LHV）：不考虑水蒸气凝结时能量，大约为50 MJ/kg。

安全性：易燃易爆，天然气与空气混合形成的混合气体在一定浓度范围内（甲烷为5%~15%）极易燃烧和爆炸。

毒性：主要成分甲烷本身对人体无毒，但可能引起窒息（由于缺氧），而杂质如硫化氢具有毒性。

因此，在使用天然气时需要注意通风和泄露检测，确保安全。同时，考虑到其环保和高效的特点，天然气被认为是替代其他更污染的化石燃料（如煤炭和石油）的良好选择。

### 11.1.2 用氢要求

竖炉氢冶金技术是基于高炉碳冶金的概念提出的，即以氢代碳作为还原气源的炼铁技术，还原产物为水，没有温室气体排放。氢冶金能从源头降低污染物与二氧化碳的排放量，是目前实现零碳减排、碳中和的重要途径。

在氢冶金过程中，还原气体及燃料气体的使用有以下要求：

（1）还原气体纯度。氢气及富氢气体作为还原剂，其纯度对冶金过程有重要影响。高纯度的氢气及高氢碳比的富氢气体可以提高还原效率，在保证 $\varphi(H_2+CO)\geqslant80\%$ 和 $\varphi(CO_2+H_2O)/\varphi(CO+CO_2+H_2+H_2O)\leqslant5\%$ 的前提下，对还原气体杂质要求见表11-2。

表11-2 还原气体杂质含量要求 （mg/m$^3$）

| 氨 | 总硫 | 苯系物总计 | 萘系物总计 | 焦油 | 氰 |
|---|---|---|---|---|---|
| <5 | <10 | <100 | <1 | <2 | <1 |

（2）还原气体压力。氢气及富氢气体压力也是影响氢冶金过程的重要因素。

适当的还原气体压力可以促进还原气体与铁矿石、球团的反应，提高还原效率。

（3）还原气体流量。氢气及富氢气体流量需要根据冶金过程的实际需求进行调整。过大的还原气体流量可能会导致氢气利用率降低，而过小的还原气体流量则可能无法满足冶金过程的需求。

（4）还原气体稳定性。在氢气还原过程中，需要保持氢气及富氢气体的稳定供应。还原气体供应的中断或波动都会对冶金过程产生不利影响。

（5）安全要求。氢气及富氢气体属于易燃易爆的危险气体，使用时，必须严格遵守安全操作规程，确保操作人员的人身安全和设备的安全。这包括使用防爆设备、遵循防火防爆措施、定期检查设备和管道的安全性等。

（6）质量要求。氢气及富氢气体的质量要求较高，需要满足一定的热值、气体成分和含硫量等要求。使用还原气体时，需要确保其质量符合相关标准，以保证还原反应及燃烧效果和设备的正常运行。

（7）环保要求。氢气及富氢气体的使用也要符合环境保护要求。这包括控制还原气体中的有害物质排放，减少对大气和水体的污染。同时，还需要合理利用工艺气的热能，提高能源利用效率。

（8）运行要求。在使用氢气及富氢气体时，需要进行适当的操作和维护，确保供气系统的正常运行。这包括定期检查设备的运行状态、清洁管道和阀门、及时处理故障等。

总之，氢气及富氢气体的使用要求涉及安全、质量、环保和运行等方面，必须严格遵守相关要求，以确保使用的安全性和效果。

## 11.2 竖炉氢冶金用氢危险因素分析

### 11.2.1 氢气的燃烧与爆炸

氢气引起火灾的一个重要原因是点火所需要的能量非常小。氢气的最小点火能量比甲烷小很多，这意味着非常微弱的电火花就可能点燃氢气。氢气的另一个危险因素是燃烧范围宽，常温、常压干燥空气中氢气燃烧的下限浓度为4%，和其他可燃性气体没有什么大的差别，但是上限浓度为75%，与甲烷的15%以及丙烷的10.5%相比就要大很多。如果在氧气中，其范围是4.1%~94%，几乎任何比例的混合都可以燃烧。燃烧范围也随压力、温度、混合气体的种类、点火能量的大小不同而不同，如果提供容易燃烧的条件，燃烧范围会进一步加宽。氢气的燃烧下限浓度虽然为4%，但这并不意味着4%以下就绝对安全，是因为即便平均为4%，但是局部或瞬间会大于4%，也会有危险隐患。

氢气的着火上限很高，在有些情况下是有害的。例如，在较大空间中发生氢气泄漏，超过了着火下限而又没有点燃，这时落在着火范围之内的空气的体积就很大，空间内任何地方的着火源都可以点燃氢气，因此危险性就要大得多。

氢气燃烧时的火焰几乎看不见，如液体氢气内燃机推动的火箭几乎看不到燃烧的火焰，看到的只是大量水蒸气冷却后的白色云雾。而碳水化合物气体燃烧时，观察到的是橘黄色或青蓝色的火焰。这是因为氢气燃烧的火焰中仅含有氢、氧、水及不稳定的［$OH^-$］类中间产物，不会出现微小的固态碳化物颗粒，不会形成黑体辐射或被电磁波捕获；同时燃烧温度高，不会出现红色或橘黄色颜色；另外，氢气火焰的温度不会引起氢或氧的电子激发，不会产生可见光。

因此，接近氢气火焰的人可能会不知道火焰的存在，这就增加了危险性；但由于氢火焰的辐射能力较低，所以附近的物体（包括人）不容易通过辐射热传递而被点燃。相反，汽油火焰的蔓延一方面通过液体汽油的流动，另一方面通过汽油火焰的辐射，因此，汽油比氢气更容易发生二次着火。另外，汽油燃烧产生的烟和灰会增加对人的伤害，而氢燃烧只产生水蒸气。

如果 $CO_2$ 等不可燃气体混入，则氢气的燃烧浓度区间会减小。不可燃气体的引入可以有效防止氢气的燃烧和爆炸。$CH_2Br$、$CBrF_3$ 等碳卤化合物的混入可以使燃烧范围大幅度变窄，火灾时灭火非常有效，因此，在这些物质环境中氢的放出要特别注意[1]。

当可燃气体爆炸时，有两种不同的现象：爆燃和爆轰。它们通过燃烧的速度和机制来区分。

爆燃是燃烧波以亚声速（小于声速）传播的燃烧形式。当可燃气体和氧化剂（例如空气中的氧气）混合并被点火源点燃时发生。这种反应相对温和，燃烧波以缓慢的速度移动。在爆炸中，逐渐产生高压，这可能会向周围的空气或建筑物的结构发出压力波。但是，由于该过程与爆轰相比释放的能量更少，破坏力有限。

爆轰是一种燃烧波以超声速传播的燃烧形式。在这种情况下，非常高温和高压的冲击波先行，随后发生燃烧反应。爆轰的特点是，冲击波产生的强大压力会迅速压缩材料，在短时间内产生极高的能量释放。爆轰具有很强的破坏性，可以摧毁建筑物并造成广泛的破坏。此外，由于爆轰会以爆炸火焰或冲击波的形式扩散能量，因此其影响可以延伸到很远的地方。

这两种现象取决于条件，如燃料和氧化剂的混合比、初始温度、压力和容器的几何形状等。通常，会从爆燃转变到爆轰。在工业设施和运输系统中处理可燃气体时，需要采取严格的安全措施来防止这些爆炸现象[2]。

### 11.2.2　用氢危险因素

氢气及富氢气体作为可燃气体，存在一些危险因素，需要进行分析和防范。具体来说，竖炉氢冶金用氢气及富氢气体的危险因素可以归纳为以下几点：

（1）爆炸危险。氢气及富氢气体具有较高的可燃性，当其与空气形成一定浓度范围内的混合物时，遇到火源或高温会发生爆炸。因此，在使用氢气及富氢气体时，需要采取防爆措施，如使用防爆设备、保持通风良好、避免火源接触等。

（2）中毒危险。富氢气体中含有一定量的有毒物质，如一氧化碳等。长时间暴露在高浓度的富氢气体环境中会引起中毒，对人体健康造成危害。因此，在使用富氢气体时，需要确保通风良好，避免长时间接触高浓度的富氢气体。

（3）燃烧危险。氢气是高能量可燃性气体，与空气和氧气混合在很大范围易燃易爆，而且具有低自燃温度、爆炸范围广、无气味难以察觉、容易扩散泄漏、在高空处富集等特点。氢气及富氢气体作为一种易燃气体，当其在不适当的条件下接触到火源或高温时，容易发生燃烧或爆炸事故。因此，在使用氢气及富氢气体时，需要确保进行安全的燃烧操作，控制火源接触和高温环境。

（4）泄漏危险。氢气及富氢气体管道或设备的泄漏会导致可燃气体在周围环境中积聚，泄漏在空气中，会与空气形成爆炸性混合物，遇到明火、高温或静电等引发爆炸，还会增加中毒的风险。因此，在使用氢气及富氢气体时，需要定期检查设备和管道的安全性，及时修复泄漏问题。

（5）氢腐蚀。氢腐蚀是指在高温、高压的氢气环境中，钢暴露在氢环境中时，氢原子在设备表面或渗入钢内部与不稳定的碳化物发生反应生成甲烷，从而使钢脱碳，导致其机械强度受到永久性的破坏。在钢内部生成的甲烷无法外溢而集聚在钢内部形成巨大的局部压力，从而发展为严重的鼓包开裂。

氢腐蚀主要发生在石油加氢、裂解等钢制装置中，是高温腐蚀的一种类型。广义的氢腐蚀概念可以分为氢鼓包、氢脆和氢浸蚀三种形式。在高温高压氢气中操作的设备所发生的氢腐蚀有两种形式：一是表面脱碳；二是内部脱碳。

影响氢腐蚀的因素主要包括操作温度、氢的分压和接触时间。此外，碳钢的抗氢腐蚀性能随钢中碳含量升高而降低，而含有少量钛、铌、钒、钼等与碳有较强结合能力的元素的低合金钢，则具有较好的抗氢腐蚀能力。

氢腐蚀是一种严重的材料损伤形式，需要采取有效的防护措施来避免其发生。例如，在设计和制造过程中选择合适的材料和制造工艺，以及在使用过程中严格控制操作条件和进行定期检测和维护等。

氢腐蚀浸蚀的过程可以分为两个阶段：氢脆阶段和氢浸蚀阶段。在氢脆阶段，钢材内部吸附的氢并未与钢材的组分发生化学变化，但会使钢材变脆，韧性降低。当氢进一步渗入钢材内部，与钢材中的不稳定碳化物发生反应，生成甲烷，使钢材脱碳、鼓包、开裂，强度和韧性大大降低，这个阶段就称为氢浸蚀阶段。

氢腐蚀的发生与多种因素有关，包括钢材本身的防氢渗入性能、金属镀覆工艺的选择及工艺完善程度等。此外，氢原子的侵蚀作用还受温度、湿度等环境因素的影响。在高温下，氢原子的侵蚀作用会显著增强。

为了防止氢浸蚀的发生，可以采取多种措施，如选择具有良好防氢渗入性能的钢材、优化金属镀覆工艺及改善工作环境等。

（6）氢脆。氢脆是由于氢原子进入金属内部，在应力的作用下导致金属材料的韧性下降，从而产生开裂或断裂的现象。在低温下，氢气会导致金属材料的韧性下降，从而产生开裂或断裂的现象，对设备的安全运行造成威胁[3]。

氢脆只可防，不可治。氢脆一经产生，就消除不了。在应力作用下，固溶在金属中的氢也可能引起氢脆。根据氢的来源不同，可将氢脆分为内部氢脆和环境氢脆。前者的氢来自金属材料加工过程中所吸收的氢，例如金属的酸洗，酸与金属发生析氢反应，产生的氢原子就扩散到材料内部；后者的氢来自周围环境中所吸收的氢，例如储氢罐，金属构件本身就处于富含氢气的环境中。

氢脆对钢材的性能有严重影响，因此在金属加工和制造过程中需要采取一系列措施来防止氢脆的发生。例如，在金属材料的冶炼、加工和热处理过程中，需要控制氢的含量和分布，避免氢的聚集和应力集中。此外，在金属构件的设计和制造过程中，也需要考虑氢脆的影响，采取适当的结构和工艺措施来降低氢脆的风险。

## 11.3 竖炉氢冶金用氢基础知识与安全措施

### 11.3.1 氢安全基础知识

（1）密度。氢气的密度在常温下是甲烷的1/8，丙烷的1/22，因此，在室内泄漏后很容易在房间顶部富集，使用氢气的房间内需要有很好的顶部排气系统。液态氢气蒸发后在25K以下的低温气体比空气重，大量的液氢泄漏后，在地面也会有富集的现象[1]。

（2）泄漏性。氢作为最轻的元素，其泄漏性也强于其他燃料。在层流情况下，氢气的泄漏率比天然气高26%；在湍流的情况下，氢气的泄漏率是天然气的2.8倍。因此，在泄漏发生时，根据氢气泄漏的量和位置不同，泄漏的状态是不同的。

氢气和天然气从高压储气罐中大量泄漏时都会达到声速。但是氢气的泄漏速度（1308 m/s）几乎是天然气泄漏速度（449 m/s）的3倍。天然气的容积能量密度是氢气的3倍多，泄漏的氢气包含的总能量比天然气要小。

（3）氢扩散。如果发生泄漏，氢气会迅速扩散。与汽油、丙烷和天然气相比，氢气具有更大的浮力（纵向）和更大的扩散性（横向）。氢的密度仅为空气的7%，即使在不通风的情况下，氢气也会向上升，在室内会在顶部大量聚集。

而丙烷和汽油气都比空气重，它们会停留在地面，扩散得很慢。氢的扩散系数是天然气的3.8倍、丙烷的6.1倍、汽油气的12倍，这表明，在发生泄漏时，氢在空气中可以向各个方向快速扩散，迅速降低浓度。

在室外，氢的快速扩散对安全是有利的，虽然氢的燃烧范围很宽，但由于氢气很轻，扩散很快，氢气的泄漏不会有过于严重的后果。在室内，氢的扩散既可能有利也可能有害。如果泄漏较少，氢气会快速与空气混合，保持在着火下限之下；如果泄漏很多，快速扩散会使得混合气很容易达到爆炸范围，且波及范围更广，不利于安全。

（4）发热量。将氢气与空气混合燃烧热为12.7 $MJ/m^3$，1 $m^3$ 氢气燃烧需要的空气量为2.382 $m^3$，1 kg 氢气燃烧需要的空气量为34.226 kg。单位质量氢气的燃烧热约比其他燃料高150%，然而，由于氢气的密度小，氢气的单位体积热量只相当于甲烷的1/3、丙烷的1/8，对于氢能汽车，为了提高氢能燃料汽车行驶距离，必须增大压力或利用液态及固态储氢。

（5）热传导性。氢气的热导率比空气大7倍。相对日常使用的其他气体来说，压缩氢气经过节流膨胀时，其温度会升高[1]。

### 11.3.2 用氢安全措施

氢气及富氢气体在设计、制备、运输、使用、维护等过程中[4]的安全措施，涵盖了防火、爆炸、中毒、窒息、高温、低温、压力容器、压力管道、消防和应急处理等各个方面。

#### 11.3.2.1 防火灾和爆炸

（1）氢气及富氢气体具有易燃性，因此在使用过程中要注意避免火源接触。禁止在氢气及富氢气体附近使用明火或高温设备，确保操作环境的安全。在使用氢气及富氢气体的场所，应采用防爆设备，如防爆电器、防爆灯具等，以防止火花或高温引起爆炸。同时，需要确保场所通风良好，避免可燃气体积聚形成爆炸危险。

（2）架空燃气管道与建筑物、铁路、道路和其他管线间的最小水平净距符合表11-3规定。

**表11-3 架空燃气管道最小水平净距[5]**

| 建筑物或构筑物名称 | 最小水平净距/m | |
|---|---|---|
| | 一般情况 | 特殊情况 |
| 房屋建筑 | 5 | 3 |
| 铁路（距最近边轨外侧） | 3 | 2 |
| 道路（距路肩） | 1.5 | 0.5 |

续表 11-3

| 建筑物或构筑物名称 | | 最小水平净距/m | |
|---|---|---|---|
| | | 一般情况 | 特殊情况 |
| 架空电力线路外侧边缘 | 1 kV 以下 | 1.5 | |
| | 1~20 kV | 3 | |
| | 35~110 kV | 4 | |
| 电缆管或沟 | | 1 | |
| 其他地下平行敷设的管道 | | 1.5 | |
| 熔化金属，熔渣出口及其他火源 | | 10 | 可适当缩短，但应采取隔热保护措施 |
| 煤气管道 | | 0.6 | 0.3 |

(3) 燃气管道上设有切断装置（蝶阀+盲板阀）、流量计、压力调节阀、压力检测、温度检测点等设施。管道末端和设备顶部设有吹扫放空用的放散管[6]。煤气主管道放散采用球阀放散。煤气管道设吹扫管，使用时，采用软管连接。

(4) 在火灾、爆炸环境区域电气设备选型严格按照《爆炸危险环境电力装置设计规范》(GB 50058—2014) 要求选择相应的防爆电气设备。系统采用两路独立电源供电。

(5) 燃气设备的检修和动火、煤气点火和停火、煤气事故处理和新工程的投产验收按《工业企业煤气安全规程》(GB 6222—2005) 的规定执行。

(6) 烧嘴采用结构先进的烧嘴系统，能够实现自动点火及火焰监控，生产操作简便，温度控制精准。

(7) 防雷建筑按规范进行设计，防雷接地电阻不大于 10 Ω，也可与设备的保护接地相连接。煤气管道的防静电接地电阻不大于 30 Ω。

(8) 总图布置在满足工艺要求和防火要求的前提下，紧凑布置。供氢站平面布置的防火间距见表 11-4。

**表 11-4 供氢站平面布置的防火间距表**[7]

| 名　称 | | 最小防火间距/m |
|---|---|---|
| 其他建筑物耐火等级 | 一、二级 | 12 |
| | 三级 | 14 |
| | 四级 | 16 |
| 高层厂房（仓库） | | 13 |
| 甲类仓库 | | 20 |
| 电力系统电压为 35~500 kV 且每台变压器容量在 10 MV·A 以上的室外变、配电站，以及工业企业的变压器总油量大于 5 t 的室外降压变电站 | | 25 |

续表 11-4

| 名　称 | | 最小防火间距/m |
|---|---|---|
| 民用建筑 | | 25 |
| 重要公共建筑 | | 50 |
| 明火或散发火花地点 | | 30 |
| 湿式可燃气体储罐（区）的总容积 $V_1/m^3$ | $V_1<1000$ | 12 |
| | $1000<V_1<10000$ | 15 |
| | $10000<V_1<50000$ | 20 |
| | $50000<V_1<100000$ | 25 |
| 湿式氧气储罐（区）的总容积 $V_2/m^3$ | $V_2<1000$ | 10 |
| | $1000<V_2<50000$ | 12 |
| | $V_2>50000$ | 14 |
| 甲、乙类液体储罐（区）的总储量 $V_3/m^3$ | $1<V_3<50$ | 12 |
| | $50<V_3<200$ | 15 |
| | $200<V_3<1000$ | 20 |
| | $1\,000<V_3<5000$ | 25 |
| 丙类液体储罐（区）的总储量 $V_4/m^3$ | 按 5 m³ 丙类液体等于 1 m³ 甲、乙类液体折算 | |
| 煤和焦炭储量 $m/t$ | $100<m<5000$ | 6 |
| | $m\geqslant5000$ | 8 |
| 厂外铁路（中心线） | | 30 |
| 厂内铁路（中心线） | | 20 |
| 厂外道路（路边） | | 15 |
| 厂内主要道路（路边） | | 10 |
| 厂内次要道路（路边） | | 5 |
| 围墙 | | 5 |

注：1. 建筑物之间的防火间距按相邻外墙的最近距离计算。如外墙有凸出的燃烧物件，则应从其凸出部分处缘算起；储罐、变压器的防火间距应从距建筑物最近的外壁算起。

2. 供氢站与其他建筑物相邻面的外墙均为非燃烧体，且无门、窗、洞及无外露的燃烧体屋檐，其防火间距可按本表减少 25%。

3. 固定容积可燃气体储罐的总容积，按储罐几何容积（$m^3$）和设计储存压力（绝对压力，$10^5$Pa）的乘积计算，并按本表湿式可燃气体储罐的要求执行。

4. 固定容积氧气储罐的总容积，按储罐几何容积（$m^3$）和设计储存压力（绝对压力，$10^5$Pa）的乘积计算，并按本表湿式氧气储罐的要求执行。

5. 液氧储罐的总容积，应将储罐容积按 1 $m^3$ 液氧折合成 800 $m^3$ 标准状态气氧计算，并按本表湿式氧气储罐的要求执行。

6. 当甲、乙类液体和丙类液体储罐布置在同一储罐区时，其总储量可按 1 $m^3$ 甲、乙类液体相当于 5 $m^3$ 丙类液体折算。

7. 供氢站与架空电力线的防火间距，不应小于电线杆高度的 1.5 倍。

（9）整个系统设置必要完备的检测、监控设施，如温度、压力、流量、液位，系统采用 PLC 集中控制和现场机旁手动操作两种模式。系统的运转监视和操作均设在竖炉主控室，通过 LCD 画面进行监视与控制。

（10）设备、阀门、管道、管件等均选用有资质厂家的产品，对燃气设备和管道，除对焊缝进行严格探查外，还需进行水压实验、泄漏性实验和气密性试验，加强维护和管理，严禁跑、冒、滴、漏现象发生。

11.3.2.2 防中毒和窒息

（1）有燃气泄漏可能的生产区域生产和人身安全，设专用 CO 气体泄漏检测报警系统设备，另设便携式探测仪。报警控制主机置于主控室内。

（2）竖炉设备进行检修时，确认切断燃气来源，用氮气或蒸汽扫净残余燃气，取得危险作业许可证或动火证，并确认安全措施后，方可检修。作业人员在进行检修时，携带氧含量分析仪。

（3）燃气设备定期检查维护并详细记录，发现问题及时上报。可能泄漏燃气的地方设有提醒人们注意的警示标志。

（4）进入料仓、DRI 筒仓等有限空间进行检维修清理和从事其他作业时，与有限空间连通的可能危及安全作业的管道、孔、洞等采取插入盲板、关闭阀门或严密封堵等方式进行有效隔离，并进行强制通风换气，进行氧气、氢气、甲烷、一氧化碳等气体浓度检测，浓度符合安全指标后，并有专人监护和采取便于与作业人员联系的措施后，方可进入设备内部检修作业。作业人员作业时要佩戴便携式氧气和一氧化碳检测报警器，并佩戴防毒面具。

11.3.2.3 防灼烫

（1）采用先进技术，实行机械化和自动化生产，热源采用合理布局，减少作业人员与热源的接触。生产线采用自动化控制系统，实现生产过程自动化，从根本上改善劳动条件，减轻劳动强度[8]。在高温作业处装有工业闭路监视电视系统，可使操作人员远离高温操作区。

（2）对高温工作区采用工业电视观察，使操作人员远离高温区，避免高温辐射对人体的影响。

（3）竖炉、加热炉采用耐火材料进行隔热、降噪。

（4）与竖炉、加热炉相近的平台立柱等建筑物，均设有隔热防护。

（5）高温作业人员及时补充水分和盐分，合理安排工作时间。

（6）高温工作地点，定期监测高温作业条件。

（7）厂房设置有效通风[9]，顶部设置通风帽，以改善劳动环境。

11.3.2.4 压力容器安全措施

（1）压力容器严格执行《固定式压力容器安全技术监察规程》（TSG 21）的规定，按照《压力容器》（GB/T 150.1～GB/T 150.4）进行设计、制造、安装、检验。

（2）设计采用合理的结构，如采用全焊透结构，能自由膨胀等，避免应力集中、几何突变；针对设备使用工况，选用塑性、韧性较好的材料；强度计算及安全阀排量计算符合标准。压力容器上安全附件齐全完好。

（3）制造、修理、安装、改造时，加强焊接管理，提高焊接质量并按规范要求进行热处理和探伤；加强材料管理，避免采用有缺陷的材料或用错钢材、焊接材料。

（4）选用合格、有质量保证、经过检验的压力容器，介质温度、压力在压力容器允许范围之内，确保使用时不超压、超温。

（5）安全阀、压力表、液面计、温度计等安全附件齐全。

11.3.2.5 压力管道安全措施

（1）压力管道严格执行《压力管道安全技术监察规程——工业管道》（TSG D0001—2009）的规定，定期由质检部门监督检验。

（2）安全阀应定期进行校验和排放试验。

（3）严格按操作规程操作，操作规程中应明确异常工况的紧急处理方法，确保在任何工况下压力管道不超压、超温运行。

11.3.2.6 消防安全措施

供氢站应按《建筑设计防火规范》（GB 50016—2014）规定，在保护范围内设置消火栓，配备水带和水枪，并应根据需要配备干粉、二氧化碳等轻便灭火器材或氮气、蒸汽灭火系统。根据《建筑灭火器配置设计规范》（GB 50140—2005）竖炉各平台、电气室、控制室、压缩机房、二氧化碳脱除车间等火灾危险性生产场所设置推车式或手提式灭火器。

11.3.2.7 应急处置措施

制定应急管理措施、应急预案，配备相应品种和数量的消防器材及泄漏应急处理设备。如发生氢气泄漏，应迅速撤离泄漏污染区人员至上风处，并进行隔离，严格限制出入；切断火源，尽可能切断泄漏源；合理通风，加速扩散。如有可能，将漏出气用排风机送至空旷地方或装设适当喷头烧掉。漏气容器要妥善处理，修复、检验后再用。

以上安全措施仅供参考，具体的安全措施应根据实际情况，按相关国家规范要求进行制定和实施。同时，应定期对相关人员进行安全培训，提高安全意识，确保竖炉氢冶金用氢的安全。

## 11.4 用氢风险控制

风险是指可能对人员、财产和环境造成损害的化学或物理条件。氢气或富氢气体事故可能产生不同的危害，如密闭空间内释放氢气造成的窒息、液态氢导致的冻伤、喷射火焰产生的热危害、爆燃与爆轰产生的压力影响等。如果采取适当的安全措施，这些风险可能并不会造成损害，但如果在没有氢安全专业知识的情况下设计和使用氢系统或基础设施，就可能付出惨重的代价，甚至导致死亡事故。

氢气使用的过程中要对可能发生的危险提前预防[10]，对氢能设备需要综合考虑性能、成本、安全和绿色循环等方面因素[11]。竖炉氢冶金用氢风险控制涉及多个方面，为了有效控制氢气及富氢气体的使用风险[12]，可以采取一些关键的风险控制措施。

### 11.4.1 风险评估和管理

对氢气及富氢气体的使用场所进行风险评估，识别潜在的危险和风险源。根据评估结果，制定相应的风险管理计划，明确风险的控制措施和责任。

可燃气体的使用具有一定的安全风险，需要进行详细的风险评估以确保在生产、存储和运输过程中的安全。下面列出了一个基本的风险评估流程，该流程可以适用于氢气或其他可燃气体的风险评估。

风险评估步骤为：

(1) 识别危险。分析可燃气体可能存在的泄漏、着火或爆炸的场所和情况，确定可能导致这些事件发生的源头和原因。

(2) 确定风险。评估事故发生的概率；评估事故后果的严重性，包括对人员、财产和环境的潜在影响。

(3) 风险分析。利用历史数据、经验和/或模型预测，来评估特定操作条件下的风险水平。考虑不同情境下的风险，例如常规操作、非计划停机、维护活动等。

(4) 实施风险控制措施。建立和执行适当的操作程序和安全规范，以最小化泄漏的可能性。安装检测系统、警报系统[13]和自动阀门来减少事故扩散的风险，提供适当的消防设备和紧急响应设施，设置专业的通风系统和隔离区域以防止气体积聚。

(5) 制定应急预案。准备针对可能发生的事故的应急响应预案；进行紧急演习，确保所有工作人员熟悉应急程序和疏散路径。

(6) 培训和沟通。对所有潜在接触可燃气体的员工进行安全培训，确保他们了解相关风险和预防措施[14]。明确指示如何正确使用个人防护装备[15] (PPE)。与当地的急救和消防部门合作，确保他们了解现场可能面临的特殊风险。

(7) 监督和复审。确保持续监测工作场所的气体浓度，并维护检测设备。

定期复审风险评估，尤其是在工艺流程、设备或法规发生变化时。收集反馈和事故数据，用于改进风险管理措施。

风险评估应该是一个动态过程，需要根据新的信息、变更或事故学习成果进行更新。适当的风险管理可以显著减少事故的概率，提高工作场所的整体安全性。

### 11.4.2 设备和管道安全

确保氢气及富氢气体使用的设备和管道的安全性[16]。定期检查设备和管道的完整性，修复泄漏和损坏，也需要定期清洁设备和管道，确保其正常运行和安全使用。

### 11.4.3 生产和储存

在氢气及富氢气体的生产过程中，应严格控制温度和压力，以避免泄漏。储存可燃气体时，需采取相应的防护措施[17]，如防火、隔热、通风等。此外，对于储存燃气的容器，应定期进行检查和维护，确保其密封性和安全性，含氢气体的生产操作应由专业人员来完成。

### 11.4.4 运输

在氢气及富氢气体运输过程中，应选择合适的运输方式和设备，并确保其符合相关安全标准。运输过程中，必须考虑动荷载对设备自身的影响，设备应考虑减振措施，增强保护，必须进行严格检查后才能使用，因设备处于移动状态，一旦发生事故，危害性更强。同时，应对运输人员进行专业培训，提高他们的安全意识和应急处理能力。

### 11.4.5 使用

在使用氢气及富氢气体进行冶金作业时，应严格遵守操作规程[18]，确保气体的安全使用。此外，应对冶金设备进行定期检查和维护，避免设备故障导致燃气泄漏。

### 11.4.6 防爆措施

在氢气及富氢气体使用场所采取防爆措施，如使用防爆设备和材料、建立防爆区域，确保火花和高温不会引发爆炸。

### 11.4.7 防火措施

禁止在氢气及富氢气体附近使用明火或高温设备。建立消防设施，如灭火器、消防栓等，并定期检查和维护。

### 11.4.8 通风控制

确保氢气及富氢气体使用场所的通风良好，及时排除有害气体，减少中毒和爆炸的风险。

工艺设备散发热量或有害气体，或有事故通风要求等的房间（如液压站、高低压配电室等）设置机械通风设施[19]。一般采用轴流风机进行机械排风，自然进风。自然进风不能满足要求时设机械进风系统。

炉前操作区等受高温辐射的地方，设置移动式岗位轴流风机对人体进行降温。

### 11.4.9 个人防护装备

操作人员应佩戴适当的个人防护装备，如防护眼镜、防护手套、防护面具等，减少对身体的伤害。

个体劳动防护用品根据国家的有关规定，并参照同类企业的发放标准，根据岗位危害因素的不同进行发放，同时保证职工劳动保护用品的按时发放，劳动保护用品质量满足岗位工人的作业需要。

劳保用品的发放要求：

（1）建立劳动保护用品发放、使用规定，制定领用制度；

（2）所有生产一线的操作工人在工作过程中都必须穿工作服、工作鞋（防扎鞋）、安全帽；

（3）进入生产车间内的人员需佩戴安全帽；

（4）接触噪声的作业人员配备隔声耳罩；

（5）接触粉尘的作业人员配戴防尘口罩；

（6）专人负责检查劳保用品佩戴情况，非操作人员或者未穿戴防护用具的人员不得进入作业区。

日常生产中，管理部门加强对职工劳动防护用品穿戴的监督、检查和加大考核力度，培养职工穿戴劳动防护用品的自觉性，保障职工身体健康。加强作业人员劳动防护用品穿戴情况的监督、检查，特别是防尘口罩的配戴。严格执行未配戴防尘口罩不准上岗操作的制度。

厂区按照《工业企业设计卫生标准》（GBZ 1—2010）的要求设置职工浴室、更衣室、更衣箱。

### 11.4.10 人员培训和防护意识

应对所有涉及氢气及富氢气体生产、储存、运输和使用的人员进行专业培训，提高他们的安全意识、操作技能和应对突发情况的能力。培训内容应包括氢气及富氢气体的性质、危害、安全操作规程以及应急处理措施等。

竖炉氢冶金工厂主要负责人初次培训时间不少于 48 学时，安全生产管理人员培训时间不少于 52 学时。每年再培训时间不少于 16 学时。

（1）企业主要负责人安全培训应包括下列内容：

1）国家安全生产方针、政策和有关安全生产的法律、法规、规章及标准；

2）安全生产管理基本知识、安全生产技术、安全生产专业知识；

3）重大危险源管理、重大事故防范、急管理和救援组织以及事故调查处理的有关规定；

4）职业危害及其预防措施；

5）国内外先进的安全生产管理经验；

6）典型事故和应急救援案例分析；

7）其他需要培训的内容。

（2）企业安全生产管理人员安全培训应包括下列内容：

1）国家安全生产方针、政策和有关安全生产的法律、法规、规章及标准；

2）安全生产管理、安全生产技术、职业卫生等知识；

3）伤亡事故统计、报告及职业危害的调查处理方法；

4）急管理、急预案编制以及急处置的内容和要求；

5）国内外先进的安全生产管理经验；

6）典型事故和应急救援案例分析；

7）其他需要培训的内容。

（3）其他对从业人员安全培训。企业当按照国家有关规定对从业人员进行安全生产教育和培训，保证从业人员具备必要的安全生产知识，了解有关安全生产法律法规，熟悉本企业规章制度和安全技术操作规程，掌握本岗位安全操作技能，并建立培训档案，记录培训、考核等情况。未经安全生产教育培训合格的从业人员，不得上岗作业。从业人员当接受安全生产教育和培训，掌握本职工作所需的安全生产知识，提高安全生产技能，增强事故预防和应急处理能力。

企业当对新上岗从业人员进行厂（公司）、车间（职能部门）、班组三级安全生产教育和培训；对调整工作岗位、离岗半年以上重新上岗的从业人员，当经车间（职能部门）、班组安全生产教育和培训合格后，方可上岗作业。新上岗的从业人员安全培训时间不得少于 72 学时，每年再培训的时间不得少于 20 学时。生产人员上岗前应在相应生产岗位进行 3 个月的培训及实习，熟悉有关安全生产规章制度和安全操作规程，具备必要的安全生产知识，掌握本岗位的安全操作技能，增强预防事故、控制职业危害和应急处理的能力。新上岗的从业人员，岗前安全培训时间不得少于 24 学时。未经安全生产培训合格的从业人员，不得上岗作业。

（4）厂级岗前安全培训内容当包括：

1）本单位安全生产情况及安全生产基本知识；

2）本单位安全生产规章制度和劳动纪律；

3）从业人员安全生产权利和义务；

4）有关事故案例等。

（5）车间（工段、区、队）级岗前安全培训内容当包括：

1）工作环境及危险因素；

2）所从事工种可能遭受的职业伤害和伤亡事故；

3）所从事工种的安全职责、操作技能及强制性标准；

4）自救互救、急救方法、疏散和现场紧急情况的处理；

5）安全设备设施、个人防护用品的使用和维护；

6）本车间（工段、区、队）安全生产状况及规章制度；

7）预防事故和职业危害的措施及注意的安全事项；

8）有关事故案例；

9）其他需要培训的内容。

（6）班组级岗前安全培训内容当包括：

1）岗位安全操作规程；

2）岗位之间工作衔接配合的安全与职业卫生事项；

3）有关事故案例；

4）其他需要培训的内容。

（7）新工艺、新技术、新材料、新设备投入使用前[20]，企业当对有关操作岗位人员进行专门的安全生产教育和培训。

（8）特种作业人员必须按《特种作业人员安全技术考核管理规定》的要求进行安全技术培训考试，取得特种作业操作资格证书，方可上岗作业。电工作业、金属焊接切割作业、起重作业、企业内机动车辆驾驶等人员在考特种操作证前首先要学习安全知识，要通过正规培训机构进行培训，通过理论和实践操作考试才能取得特种作业操作证。企业对以上人员取得特种作业操作证后，方允许上岗。

对煤气、氢气工作人员进行安全技术培训，经考试合格的人员才准上岗工作，以后每两年进行一次复审。

（9）按安全操作规程，对岗位人员和有关人员进行专门教育，考试合格后，方能进行独立作业。

（10）发生事故和未遂事故后，要按“四不放过”原则处理事故，吸取事故教训，防止类似事故发生。

### 11.4.11 应急处理

应建立完善的应急处理机制，包括应急预案、应急设备和救援队伍等。一旦发生燃气泄漏等紧急情况，应立即启动应急预案，迅速采取有效措施控制事态发展，并保障人员安全。

公司应当加强生产安全事故应急工作，建立、健全生产安全事故应急工作责任制，其主要负责人对本单位的生产安全事故应急工作全面负责。应当建立应急救援队伍，由主管安全生产的负责人组织，由生产、技术、设备、管理、财务、人事等各部门人员组成。应急救援队伍的应急救援人员应当具备必要的专业知识、技能、身体素质和心理素质。应急救援队伍建立单位或者兼职应急救援人员所在单位应当按照国家有关规定对应急救援人员进行培训；应急救援人员经培训合格后，方可参加应急救援工作。应当及时将本单位应急救援队伍建立情况按照国家有关规定报送县级以上人民政府负有安全生产监督管理职责的部门，并依法向社会公布。

应制定重大危险源专项应急预案，重大危险源现场处置方案，燃气、人身事故应急救援预案，配电事故应急救援预案，触电事故的预防和救援预案，一般电气故障、事故的处理预案，行车事故应急救援预案，水泵房突然停电事故应急救援预案，给排水设备运行中突发事故管理，全厂突然停电事故应急预案，高处坠落事故的预防及其应急预案，物体打击事故的预防及其应急预案、氢气泄漏专项处置方案、氧气泄漏专项处置方案、氮气泄漏专项处置方案等；并在易发生事故的现场设置必备的气体检测仪、防毒口罩、防护手套、防护服、防毒面具、呼吸器、洗眼器、急救药品与器械等事故应急器具，并定期开展事故应急救援演练。

应根据本单位可能发生的生产安全事故的特点和危害，配备必要的灭火、排水、通风及危险物品稀释、掩埋、收集等应急救援器材、设备和物资，并进行经常性维护、保养，保证正常运转[21]。企业可根据建立应急救援器材配备一览表并配备应急救援器材，在编制应急预案时根据现场情况进行适当增减调整。救援器材设有专柜存放，安全管理部负责管理，并进行经常性的维护保养，保证其处于正常状态。

总之，竖炉氢冶金用氢风险控制需要从多个方面入手，采取综合措施确保氢气及富氢气体的安全使用。

## 11.5 本章小结

氢冶金行业用氢安全应始终坚持“安全第一、预防为主”的安全意识[22]，遵循“不伤害自己”“不伤害他人”“不被他人伤害”的道德原则，保护生命、财产安全，以保障氢冶金行业走向低碳、绿色、环保的可持续发展之路。

（1）富氢的焦炉煤气、天然气、氢气是竖炉氢冶金冶炼时用到的几种典型的原料气体，原料气的纯度、压力、流量、杂质含量、稳定性等都会不同程度地影响氢冶金竖炉冶炼，对产品DRI的还原度、碳含量、金属化率、产量等也会产生影响。

（2）竖炉氢冶金用氢风险主要在于其易燃、易爆特性，要充分认识这一特性，避免火灾、爆燃、爆轰的发生，同时要考虑氢腐蚀、氢脆等不利因素的影响，避免生产设备、管道发生安全问题。

（3）通过对氢气泄漏性、扩散性、发热量等基本性能的理解，制定相应的安全应对措施，特别是防火灾、防爆炸、防窒息、防超压等安全措施，为生产、设备、人员提供安全保障。

（4）竖炉氢冶金安全的关键，是必须建立起一套风险控制机制，在此机制下进行风险评估和管理，包含生产、运输、储存、设备、管道、使用、防火、防爆、通风、个人防护、作业人员培训及应急处理等多个维度的内容。

## 参考文献

[1] 张建良，李克江，刘征建，等．氢冶金初探［M］．北京：冶金工业出版社，2021.

[2] Vladimir Molkov. 氢安全工程基础［M］．吕洪，等译．北京：机械工业出版社，2021.

[3] 毛宗强，等．氢安全［M］．北京：化学工业出版社，2020.

[4] 王新东．以“绿色化、智能化、品牌化”为目标规划设计河钢唐钢新区［J］．钢铁，2021，56（2）：12~21.

[5] GB 6222—2005，工业企业煤气安全规程［S］.

[6] 张艺峰，王茹洁，邱明英，等．$CO_2$ 捕集技术的研究现状［J］．应用化工，2021，50（4）：1082-1086.

[7] GB 4962—2008，氢气使用安全技术规程［S］.

[8] 王新东．创新驱动发展科技引领未来——河北钢铁集团科技创新发展战略［J］．河北冶金，2015（6）：1-4.

[9] 王新东，金永龙．“双碳”背景下高炉使用高比例球团的展望［J］．过程工程学报，2022，22（10）：1379-1389.

[10] 赵志龙，杨永强，王东，等．一场由“碳冶金”迈向“氢冶金”的颠覆性变革［N］．中国冶金报，2023-07-04.

[11] 王新东，赵志龙，李传民，等．基于富氢焦炉煤气零重整的氢冶金工程技术［J］．钢铁，2023，58（5）：11-19.

[12] 王新东，郝良元．现代炼铁工艺及低碳发展方向分析［J］．中国冶金，2021，31（5）：1.

[13] 刘应书，杨天钧，苍大强，等．高炉氧煤喷吹供氧及安全控制技术研究［J］．钢铁，1997（7）：17-20.

[14] 王新东，王国栋．以产学研用协同创新新模式助推钢铁行业技术进步［J］．钢铁，2017，52（7）：1.

[15] F. 里加斯，P. 阿米欧特．氢能安全［M］．北京：科学出版社，2022.

[16] 赵杰．氢安全技术及其应用［M］．北京：中国石化出版社，2023.

[17] GB/T 34583—2017，加氢站用储氢装置安全技术要求［S］.

[18] 王新东，上官方钦，邢奕，等．“双碳”目标下钢铁企业低碳发展的技术路径［J/OL］．工程科学学报，2023，45（5）：10.

[19] 王新东，闫永军．智能制造助力钢铁行业技术进步［J］．冶金自动化，2019，43（1）：1.

[20] 王新东．“融合协同”的绿色工程管理方法及应用［J］．钢铁，2022，57（11）：1.

[21] 王新东，张弛，孙宇佳，等．河钢唐钢新区绿色制造技术应用实践［J］．环境工程，2022，40（7）：179.

[22] 王新东．构建全方位科技创新体系践行河钢高质量转型发展［J］．中国钢铁业，2019（2）：42.

# 12 竖炉氢冶金智能控制技术

HyMEX 项目集成了世界最先进的自动化、数字化和智能化系统。自动化系统包括多套 DCS（分布式集散控制）系统和一套 SIS（安全仪表）系统，通过硬件系统的多重冗余、灵活的扩展性、丰富的通信接口实现控制的安全稳定；软件系统采用统一的数据库、功能齐全的各种控制逻辑实现控制的灵活便捷；数字化系统主要通过先进的现场总线仪表的数字化技术，实现对现场数字化设备的快速配置和健康管理；智能化系统利用大数据技术建立一个集成的数据平台，从生产系统中收集、处理和分析数据，实现生产过程的智能化管理和优化。利用数字孪生技术打造数字化“双胞胎”工厂，实现对企业资产的全生命周期管理。利用工艺模型实现智能排产优化、智能设备监控和预防性维护等。自动化、数字化和智能化技术的完美结合打造了一个整体的氢冶金智慧工厂。

## 12.1 竖炉氢冶金自动化控制

### 12.1.1 概述

竖炉氢冶金自动化系统由多套配置先进的分布式集散控制系统和一套用于保护的安全仪表系统组成。分布式集散控制系统的硬件系统可对整个工艺流程的各个参数进行毫秒级的实时监控；软件系统通过严密的组态程序，分析处理测量数据，实现控制策略。安全仪表系统能够实现一旦发现某个工艺参数偏离设定限值，即可按照安全逻辑自动迅速地执行既定操作，甚至完成全厂的安全停机。

整个竖炉氢冶金基础自动化系统主要由艾默生系统构成，其控制点数共计 3570 点，主要分为核心和辅助两部分，其中核心系统为 2001 点、辅助系统为 1569 点。核心系统包括氢基竖炉、气体加热炉、气体净化和 $CO_2$ 脱除等 4 个部分，是由 4 套艾默生 DeltaV DCS 系统及 1 套 DeltaV SIS 系统组成；辅助系统包括矿槽供料、成品运输、水处理和焦炉煤气压缩机等 4 个部分，每一部分由单独 1 套冗余的艾默生 DeltaV DCS 系统完成采集和控制。核心系统与辅助系统之间通过 OPC 标准协议进行数据交换。此外，还有外围的火炬、筒仓、脱氨、超纯水、湿电除尘等独立工序，单独配置了基于西门子 S7-1500 或 S7-1200 的子控制系统。西门子系统与 DeltaV DCS 主系统的数据通信通过工业以太网完成信号传递。

### 12.1.2 硬件的稳定性和优越性

自动化系统主要负责对竖炉氢冶金全生产过程的监视、控制和数据分析。面对复杂的工艺过程，控制系统通过监测上千个传感器信号，对数百个阀门、泵、加热器及其他执行机构做出及时、准确的调整，实现全生产过程快速、高效、稳定控制。

自动化硬件系统采用了先进的、稳定的艾默生 DCS 系统和 SIS 系统，选型为 DeltaV S-series 系列产品，其中 CPU、配电系统、通信模块、网络组件均采用冗余配置，系统内任一组件发生故障，均不影响整个系统的正常运行。合适的、可靠的硬件冗余配置，模件级的自诊断功能，使得 DCS 硬件系统具有高度的可靠性。系统先进的集成功能可以实现复杂的控制算法，调节动作过程能够无扰切换，系统响应时间是秒级、毫秒级的，还具有高度鲁棒的容错控制机制，使工厂在其任何系统组件故障的情况下都能正常运行。

工厂网络的稳定性是自动化系统控制中的重点和精华，竖炉氢冶金依据工艺区域的划分，整个工厂由 2 个各自相对独立的大型网络构成。核心区域在竖炉主控楼 DCS 控制室配置 5 套 CPU，分别是 4 套艾默生 DeltaV DCS 系统及 1 套艾默生 DeltaV SIS 系统，4 套 DeltaV DCS 系统定义为公用通信系统、竖炉本体装、排料系统、气体净化和 $CO_2$ 脱除系统、加热炉和涂覆系统，还包括 5 套操作站、1 套工程师站、1 套历史数据库服务器、1 套主工程师站服务器、1 套智能设备管理服务器。现场共设置 9 个 DCS 远程站和 4 个 SIS 远程站，统一称为远程控制柜。辅助的 4 个节点组成 1 个控制网络，各个区域独立控制，每个节点区域配置交换机连接 1 对 DCS CPU、1 对操作站 OS，通过冗余光纤与放置在竖炉主控楼的核心交换机连接，同时在竖炉主控楼还配置有主工程师站服务器和历史数据库服务器。

#### 12.1.2.1 稳定的供电系统

竖炉氢冶金 DCS 主控制柜与远程控制柜均配置 3 路 AC 220 V 电源供电，分别是来自两路不同的 UPS（不间断电源）和一路市电，市电主要是柜内照明、通风和电加热器等设备的供电。控制柜内两路 UPS 输出分别对应两路 24 V 电源，两路 24 V 电源再分别输出给每一个 DCS 卡件的冗余供电。机柜前门配有 3 路电源的指示灯，显示每一路电源的供电状态。现场仪表工作所需的 AC 220 V 供电是由两路 UPS 冗余切换后提供的，控制柜内 220 V 供电通过菲尼克斯 EMC 电涌保护器迅速检测和响应电涌事件，降低电源波动对系统设备的冲击。DCS 机柜电源供电总示意图如图 12-1 所示。

#### 12.1.2.2 冗余的控制网络

控制网络是控制系统至关重要的部分，为保证通信的可靠性，竖炉氢冶金控

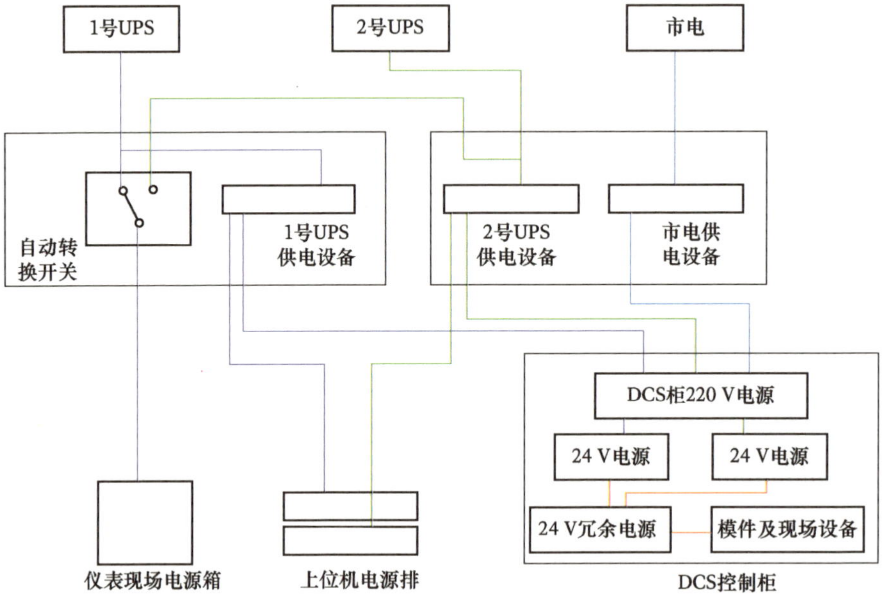


图 12-1 DCS 机柜供电总示意图

制网络设计为冗余方式，整个控制网络由主、副通信通道组成，它们都配置单独的以太网卡工作。同时，每个通道都有单独的交换机，使用的是赫斯曼光纤交换机。Delta V 控制网络是一个隔离的以太局域网，可以提供控制器和工作站之间的通信。

竖炉氢冶金依据工艺区域的划分，整个工厂由两个各自相对独立的大型网络构成。

A Ⅰ区网络

Ⅰ区网络为竖炉核心区域，控制系统实现了对竖炉供料、排料，竖炉核心，加热炉及涂覆的控制。整个网络构成为：（1）DCS 控制器 4 个；（2）SIS 控制器 1 个；（3）DCS 远程柜 9 个；（4）SIS 远程柜 4 个；（5）上位机 9 台。竖炉控制系统网络如图 12-2 所示。

图 12-2 中，共有 4 对 DCS 控制器，1 号控制器负责竖炉装料、排料的控制；2 号控制器负责核心区域控制，包括塔器、$CO_2$ 脱除、压缩机；3 号控制器负责加热炉的控制；4 号控制器负责整体通信的控制。还配置 2 块 EIOC（艾默生以太网通信）模件，实现与智能马达保护器、变频、压缩机本特利 3500 监控系统，以及其他西门子 PLC 的通信。1 对 SIS 控制器负责安全仪表系统的控制。控制系统包含 9 台上位机，其中主工程师（ProPLUS）站 1 台、工程师（EWS）站 1 台、维护（AMS）站 1 台、历史趋势及 OPC 服务器（APP）1 台、操作员（OWS）站 5 台。每套上位机配置 3 个网卡，2 个网卡用于与控制网络的主、副

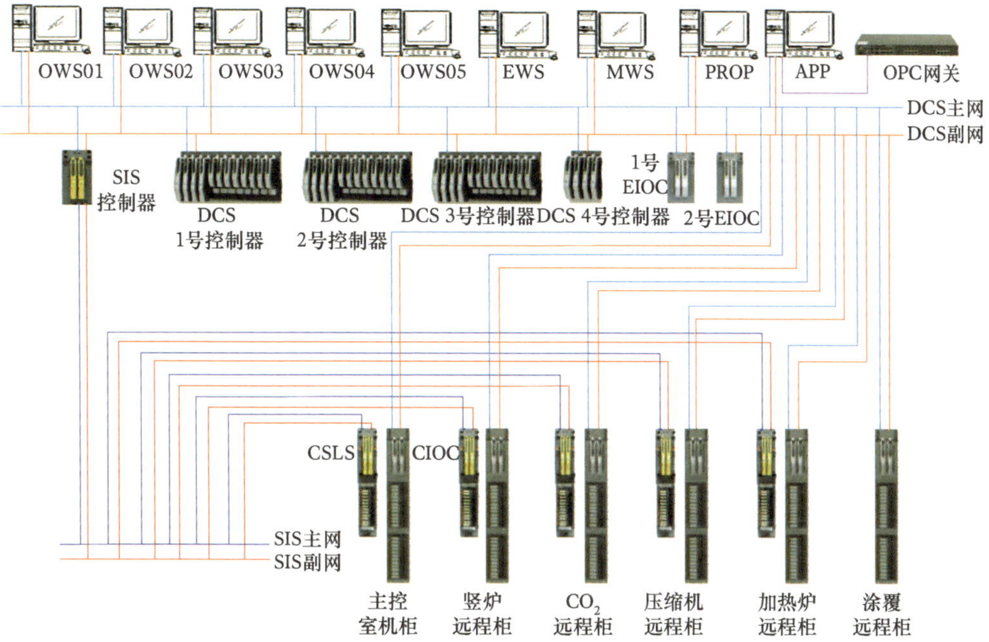


图 12-2　竖炉控制系统网络图

网通信，第 3 个网卡用于工厂网络 OPC 的通信。

与其他独立系统的通信通过 2 套 EIOC 卡件实现。1 号 EIOC 采用 Ethernet IP 协议，用于马达保护器和变频器的控制。马达保护器用于控制电机，能够监测电机的电流、电压和温度等信号，避免因过载、过热等原因损坏马达，可以延长马达使用寿命，提高生产效率，减少维护成本。2 号 EIOC 采用 Modbus TCP 协议，用于其他工序子系统与主系统的数据通信，子系统主要包括南北火炬、陕鼓压缩机本特利 3500 监控、涂覆站失重给料机等。

从图 12-2 中可以看出，DCS 控制器、SIS 控制器、远程模件 CIOC、通信专用模件 EIOC 分别通过主、副网络接口连接到主、副交换机。现场远程 CIOC 通过主、副网光纤连接到主控中，主、副网络实现了冗余通信，通信电缆通过不同的路由，以确保容错。在整个网络系统中，它们都是同级节点，通信速率可达 1000Mbit，而且实现了全局数据库的灵活引用。DCS 的远程模块 CIOC、SIS 的远程模块 CSLS，具备 I/O 处理功能，当它们的主、副网通信同时断掉时，其配置的 I/O 模件能保持原有的输出状态，不会造成设备异常动作。每个 DCS 远程站通过冗余光纤与放置在竖炉主控楼的 DCS 核心交换机连接。每个 SIS 远程站通过冗余光纤与放置在竖炉主控楼的 SIS 核心交换机连接，再通过 SIS CPU 将两个控制网络相连接。

B Ⅱ区网络

Ⅱ区网络为辅助区域，控制系统实现了对球团矿供料、DRI 成品输送、焦炉煤气压缩机、水处理的控制。整个网络构成为：（1）DCS 控制器 4 个；（2）DCS 远程柜 4 个；（3）上位机 10 台；（4）EIOC 通信模件 4 个。外围控制系统网络如图 12-3 所示。

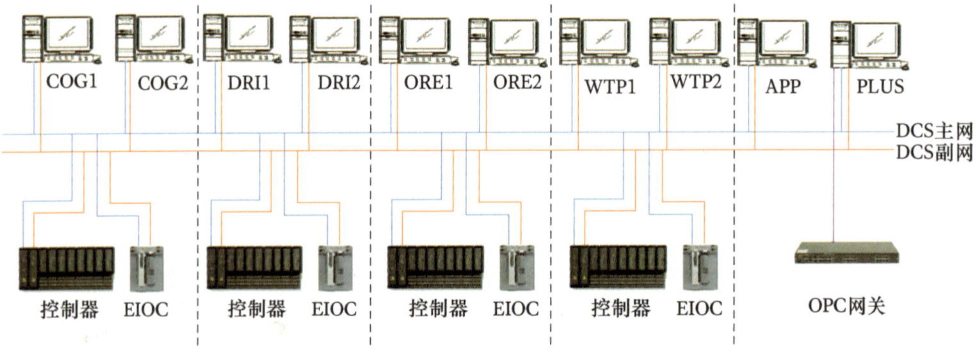


图 12-3 外围控制系统网络图

如图 12-3 所示，共计 4 个 DCS 控制器，1 号控制器负责焦炉煤气压缩机的控制，2 号控制器负责 DRI 成品输送的控制，3 号控制器负责球团矿供料的控制，4 号控制器负责水处理的控制。每个控制器均配置 1 块 EIOC 模件，采用 EthernetIP 协议，实现了与智能马达保护器、变频、皮带秤的通信。共有 10 台上位机，其中主工程师（ProPLUS）站 1 台、历史趋势及 OPC 服务器（APP）1 台、操作员站 8 台，球团矿供料、DRI 成品输送、焦炉煤气压缩机、水处理等 4 个区域各配置 2 台操作员站。上位机配置 3 个网卡，2 个网卡用于与控制网络的主、副网通信，第 3 个网卡用于 OPC 通信。

12.1.2.3 DCS 系统的优越性

竖炉区域采用 DeltaV 最新的电子布线技术，I/O 模件采用最先进的 CHARMS 模件。CHARMS 结合了最先进的电子制造技术、网络通信技术、现场总线技术、计算机技术和先进自动化控制理论，是面向所有过程控制应用场合的先进过程控制系统。CHARMS 不同于传统的 I/O 模块，提供独立的端子底座，信号的特性化处理，现场接线的快速通断，内置限流功能电路、保险丝，任一通道可任意配置为隔离栅、安全栅或者继电器，单通道 A/D 转换，I/O 类型可以任意混插，所有的 I/O 信号处理功能在 I/O 模块层级完成。每个底板可安装 12 个 CHARMS 模块，CHARMS 模块可以在不停电情况下在线热插拔，实现快速更换，在线更换后自动识别。每一通道的信号状态均有 LED 指示，自动诊断模块故障，适应 -40~70 ℃的宽温工作环境。这种创新的 CHARMS I/O 技术，实现了现场 I/O 配置的灵活性，每一个通道采用单独模件，每一通道可任意混插，实现了真正的通道隔离[1]。与传统系统相比，它更简单灵活。

DeltaV 系统所有的硬件组件在组态软件中均可自动识别，无需人员提前精确组态，只需系统识别后，按照识别出的信息进行组态、下装，增加了系统组态的精确性。DeltaV 系统控制器与远程模件 CIOC、通信专用模件 EIOC，在网络配置上是同级节点，CIOC 最多可划归 4 个控制器使用。DeltaV 系统控制器、CIOC、工作站 IP 地址由系统自动分配，避免了人工分配地址产生的地址冲突。

确保生产的安全和可靠运行是每一个成熟的控制系统最基本的要求，对于自动化高度集成的竖炉氢冶金系统来说，生产运行的安全可靠性尤为重要。SIS 系统对生产安全进行监控和保护，满足紧急停车功能，保障生产和人身安全，成为整个系统中的重中之重。SIS 系统的架构如图 12-4 所示。

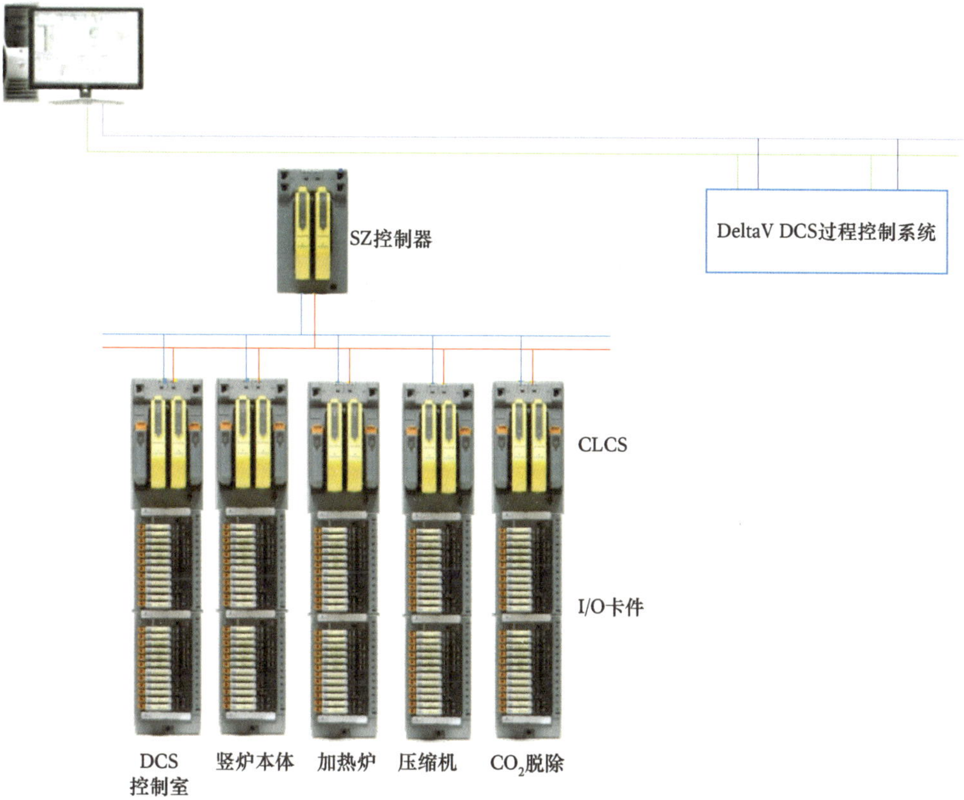


图 12-4 SIS 系统的架构图

### 12.1.3 软件控制的安全性

竖炉氢冶金自动化系统的主要控制逻辑技术实现是通过顺序控制、调节控制、SIS 控制来完成的。DeltaV 系统诊断（diagnostics）功能可以诊断出整个系统的工作状态，包括控制器、通道信号、智能仪表、工作站、网络状态等，使得传统的现场点检方式更改为集中室内软件查看，通过检测分析能够清晰地了解到整个系统硬件的工作状态，对可能存在的危险进行预防[2]。

竖炉氢冶金工艺过程复杂，一般的报警记录和历史趋势已无法用来做出准确的事故分析，DeltaV 系统提供事件顺序记录功能，简称 SOE（Sequence of Event）；记录和捕捉事件发生的时间和类型，在系统中的每一台上位机均可以随时查阅 SOE，帮助工程师快速分析、查找设备故障及停机原因。

12.1.3.1　顺序控制

顺序控制是基于逻辑策略实现某个工艺流程的所有设备按照先后顺序启停的方法，主要用于完成竖炉装料、卸料、涂覆、加热炉、氧气等工段的设备控制，实现了一键启车、循环往复控制的功能。顺序控制根据控制功能范围内的所有数字输入和输出信号，包括马达保护控制系统（MCC）通信的信号和现场仪表的信号进行集合判断；根据信号的数量和功能，在控制器内顺序执行编辑好的控制逻辑，控制电器设备得电、失电的顺序以及其他设备的正常启动和停止[3]。

竖炉氢冶金生产工艺中，固体料流的控制策略主要是采用顺序控制来实现的，主要是球团矿从球团原料仓经各级皮带输送至竖炉装料仓，4 个装料仓依次泄压接料、再充压不间断向竖炉内供给球团矿，球团矿在竖炉内发生还原反应得到热态 DRI，热态 DRI 经缓冲罐再进入冷却器冷却后，由 2 个排料仓依次将冷态 DRI 传送至 DRI 输送系统，由 DRI 皮带输送至成品筒仓。

竖炉氢冶金所用铁矿原料为球团矿，为了防止球团矿在竖炉内黏结成块卡滞料流，在入炉之前需要给球团矿涂覆一层水泥灰，因此涂覆系统在整个竖炉氢冶金系统生产流程中也扮演了十分重要的角色。涂覆系统由水泥料仓、失重给料机、搅拌罐、水系统等组成，由 DCS 顺控程序向各部件发送控制指令，协调整个涂覆系统的运行。失重给料机由自身小料仓、螺旋给料机及称重传感器等部件组成，其小料仓根据质量信号判断是否需要补料。失重给料机自动补料顺控程序由两部分组成，补料顺控程序和停止补料顺控程序，这两个程序执行顺序互为相反，补料程序由下至上打开补料管路进行补料，停止补料程序由上至下关闭补料管路，管路的设备由上而下为插板阀、旋转给料机和翻板阀。

12.1.3.2　调节控制

竖炉氢冶金调节控制是基于 PID 控制、前馈控制、超驰选择器、比率控制、分程控制、精确计算等策略来保持工艺过程参数稳定的方法，主要用于工艺气、冷却气、底气三大气体回路的工艺参数控制，加热炉升温，竖炉与旁路的切换等。以竖炉区域为例，现场采集温度、压力、流量、液位等的 Hart 仪表和 FF 仪表有 900 多个，需要 PID 控制的仪表调节阀门近 100 个。大部分的 PID 控制都是级联控制，例如一个供水的仪表调节阀有流量控制，而其上级是液位控制，通过液位控制流量，通过流量控制阀门的开度[4]。

加热炉的空燃比可以在燃料气体进入加热炉之前精确计算出，从而使燃气能够在加热炉中充分燃烧，减少燃气浪费，提高系统的安全性，并且不会因为加入超量的空气而导致过多的热量流失，达到节能减排、安全环保和保护设备的目的。质谱仪可以对管道内混合气体中所含成分的分子量进行定量分析，计算出成分的体积分数，并将测量结果传送到控制系统。然后根据工艺的化学方程式，计算出每种成分燃烧需要消耗的氧气量，并将各个成分消耗量汇总求和，最后根据空气中氧含量常数计算出当前混合燃料的空燃比。

焦炉煤气压缩机是单电机双螺杆式煤气加压设备，其二级螺杆压缩机为竖炉供高压焦炉煤气。在焦炉煤气压缩机控制柜与竖炉核心区域控制柜之间增加通信信号与连锁程序，让两者协调并行联动。当竖炉需要调控高压压力时，竖炉获得主控制权，发出流量调节指令，在压缩机侧转化为压力调节，控制回流阀动作。当竖炉停机、不需要高压压力时，压缩机获得主控制权，开放散阀，卸掉一部分压力，同步动作回流阀，让压力稳定控制。焦炉煤气压缩机高压压力控制如图12-5所示。

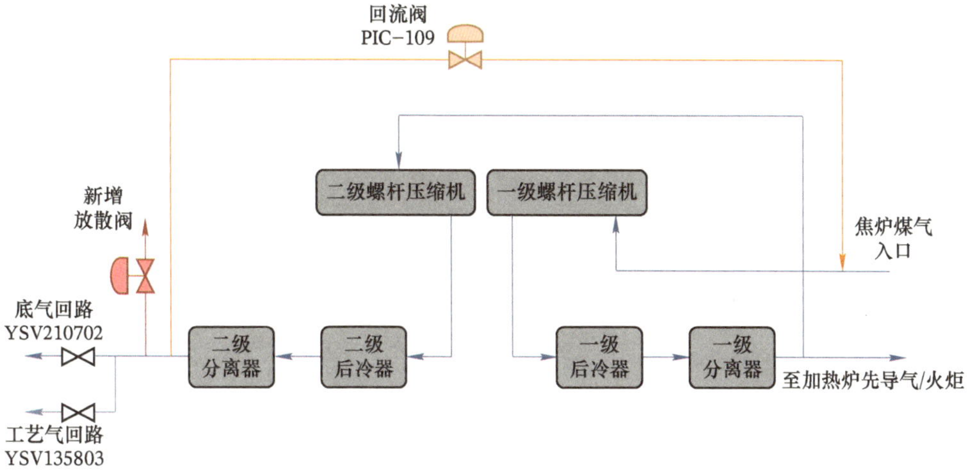


图 12-5　焦炉煤气压缩机压力控制图

压缩机运行在小流量、高压比工况时会产生一种不稳定的运行状态，此状态称为喘振。压缩机喘振时，将出现气流的周期性震荡，如果放任不管将会给压缩机带来严重的危害。面对喘振带来的不良影响，通过防喘阀将部分或全部压缩机出口气量再循环至进口通常可控制喘振[5]。压缩机转速与防喘阀的控制，是通过“分程控制功能块”协调的，此功能块可以把上游一路输入参数转换为两路输出参数，进行两套设备的协调控制。工艺气压缩机转速和防喘阀开度的上游控制模块为工艺气主管道流量调节模块，此模块以流量设定、流量反馈和控制输出作为

PID 控制的三个变量，进行 PID 运算，流量调节模块的 PID 输出值作为“分程控制功能块”的输入，“输出 1”连接防喘阀的控制，“输出 2”连接压缩机转速控制。

12.1.3.3 SIS 控制

HyMEX 焦炉煤气零重整的竖炉利用焦炉煤气来直接还原铁矿石，工艺气、冷却气、底气三大生产回路管道中存在大量的焦炉煤气、氢气、CO 等危险气体，整个生产区域属于易燃易爆区域。如果某些生产参数出现异常，就要立即报警，必要时必须紧急自动停车，以免事态进一步扩大。

安全仪表系统是由国际电工委员会（IEC）标准 IEC 61508 及 IEC 61511 定义的独立于 DCS 的专门用于工业过程的安全系统，其对装置可能发生的危险或不采取措施将继续恶化的状态进行及时地响应和保护，使生产装置按照规定的条件或程序退出运行，从而使危险降低到最低程度，以保证人员、设备的安全和避免工厂周边环境的污染[6]，如图 12-6 所示。

图 12-6　安全仪表系统在保护层中的位置

安全仪表系统应用到工业生产过程，可以大大降低成本或减少危险故障的风险。所需降低的风险程度，由危险过程事件的严重程度及其发生的可能性分析来确定。安全仪表系统由多个安全仪表功能（SIFs）组成，每个 SIF 都分配了安全完整性级别（SIL）[7]。SIL 是降低风险的一个衡量标准，由基于 4 个离散级别（每个都代表降低风险程度的等级）的 SIF 提供。安全仪表系统包括硬件、软件以及执行停车功能必需的所有现场设备。硬件系统由检测部分（传感器、变送器）、逻辑运算部分（控制器）、执行动作部分（阀门、泵、电机）等三部分组成。其目的是在出现预定的危险状况时，让过程进入安全状态。控制器是 SIS 的核心部分，负责 SIS 系统与外部设备传输数据，进行安全逻辑计算等。传感器可以实时检测工艺参数或设备状态，如果发现异常行为，则会立即向 SIS 发送警报信号。执行器可以根据 SIS 的安全逻辑控制进行操作，自动切断故障源并保障生产运行[8]。

竖炉氢冶金安全仪表系统涉及竖炉核心区域、加热炉区域、DRI 冷却区域、氧气注入区域、二氧化碳脱除区域、加热炉化学清洗区域、工艺气压缩机区域、冷却气压缩机区域和加氢区域，共计 9 个工艺区域，是一套关键的用于设备停机的保护措施。以核心区域的安全矩阵为例，SIS 系统按照现场出现的危险程度等级，可触发无排风停机和排风停机，总共涉及的安全条目达 790 多条，其中，包括危险程度最高的排风停机，竖炉相关反应器和塔器的 50 多个调节阀、切断阀要瞬间同时关闭或打开，放散类的设备要打开，介质切断保护类的设备要关闭。同一时间，核心区域给其他系统发出 SIS 信号，其他系统接收到该信号时，也要瞬间同时停机，其他系统包括加热炉、工艺气压缩机、氧气、$CO_2$ 脱除、焦炉煤气压缩机系统等，这样整个竖炉系统实现了连锁停机，整个系统退回到一个安全状态，对装置设备、工艺参数、人员安全起到了保护作用。SIS 控制完全独立于调节控制和顺序控制，基于安全矩阵设计，主要用于竖炉氢冶金工厂的紧急关闭。所有引起设备跳闸的输入信号必须是 2~3 个信号以上，而且能够识别并存储故障首出（First out），用于分析确认工厂停机的原因。

在竖炉氢冶金的整个生产控制中，DCS 系统和 SIS 系统无缝衔接，全局数据共享，既用于控制也用于安全，避免了两套系统都需要独立组态，再进行数据通信的复杂步骤，所有的 SIS 数据对 DCS 来说都可直接引用，充分满足了一个流程画面上对 DCS 和 SIS 数据同时显示功能，并且 SIS 传感器和执行元件单独设置，响应速度可以最短达到 10~50 ms，快速有效地阻止了事故的发生。SIS 系统结合顺序事件记录 SOE 功能的应用，通过调取查阅 SOE，操作者可以得到更为清楚和详细的故障描述，从而优化操作和维护。通过和现场智能仪表的配合，操作人员可以进行预测性维护，增加了装置过程的可用性，大大减少了因设备故障而发生的停车时间。

SIS 系统触发程序连锁的逻辑完全是按照工艺安全的角度设计的，针对某一部位特定的测量参数设定限值，如温度、压力、液位等，如果该处的测量参数超过或低于设定的限值，程序会触发相应的连锁反应以及报警。安全限值的设定，根据不同部位的工艺特性有高有低，其触发的连锁反应范围及对系统的影响程度是不尽相同的；并且 SIS 系统指令的触发完全由程序决定，操作人员是不能操作的，它是整个竖炉氢冶金系统中兜底性的安全保护机制，操作人员只能在 SIS 系统容许的工况条件下，控制各部位的工艺参数。

对于非正常状态的触发，程序中广泛采用了“表决功能块”进行判断。模拟量值的判断采用“模拟量表决功能块”，其输入值通常为 3 个，也就是说相应的测点至少有 3 个仪表同时对某一参数进行测量。其实很多种情况下会有第四块仪表，其测量值会接入 DCS 系统进行工艺参数的调节。调节系统和 SIS 系统既是相互独立的，同时也是紧密相关的。模拟量表决功能块输出结果的改变，通常为当 3 个输入参数中有 2 个超过或低于限值时触发[9]。

在竖炉氢冶金整个生产过程中，核心区、加热炉、压缩机、氧气、冷却区、$CO_2$ 等工艺系统启车可由顺序控制与调节控制来实现，当工艺需求紧急停车时，各工艺系统之间相互作用与影响，这方面的控制策略是通过 SIS 系统的安全矩阵来实现的。在安全矩阵中，各部位的工艺参数及设备状态进行采集并判断完成之后，会形成数量众多的触发条件，这些条件会作为“原因”接入“逻辑求解器因果矩阵功能块”，相应的此功能块的“结果”会作为 SIS 阀门的控制指令或以 DO 指令的形式发送到特定设备。有了“原因”和“结果”，接下来的工作就涉及 SIS 系统的核心内容，所有的这些条件和指令都要按照安全矩阵表的要求形成连锁。因果功能块内部包含矩阵的设置，在矩阵中以“原因”为列、“结果”为行的形式形成二维表格，对照安全矩阵表的内容对功能块进行设置。

整个 SIS 系统是相互关联、步调一致的，一个区域工艺参数超限，不仅会触发本区域内的连锁反应，同时也要发送指令到其他区域。例如：加热炉区域触发停机指令，竖炉区域就不可能有满足工艺要求的还原气体使用，因此竖炉区域也要停机，以此类推整个系统势必不再具备生产条件，最终触发全系统停车。

超限等级的不同会触发不同程度的停机连锁，包括“不带排风的停机”和“带排风的停机”，区别在于系统内工艺气体是否有必要排空。因此，一旦触发停机，短时间内会有数量众多来自不同区域的停机指令发出，为了方便查找问题发生的根源，有专门的监视程序。应用“逻辑求解器监视功能块”对众多的触发指令进行监视，一旦有停机指令触发，此功能块会保存最先出现的那条指令，叫作“首出”，作为故障判断的依据。这一过程是迅速且全自动控制的，不会因为操作人员不想浪费工艺气体或者想最大程度地保留工艺状态，而降级发出“不带排风的停机”。

综上所述，顺序控制系统和调节控制系统与 SIS 系统是相互独立又共同协作的，正常生产运行依靠顺序控制系统和调节控制系统；当工艺参数出现失控的迹象或者有安全隐患时，SIS 系统接手将系统恢复到初始状态，实现安全停车。

## 12.2 竖炉氢冶金数字化技术

竖炉氢冶金的自动化系统、仪表系统应用了多项先进技术，先进的现场总线仪表的数字化技术实现了对现场数字化设备的快速配置和健康管理。使用 Ethernet/Modbus 通信实现对电气马达保护器、变频的精确控制，现场有毒气体检测的集中数字化显示等。使用质谱仪对10路位置进行取样，对气体成分组成及占比有精确的数据支撑。在加热炉上，基于燃烧时化学反应计算得到准确的空燃比，再加上罗斯蒙特OXYMITTER 4000残氧分析仪得到的在线氧含量控制，使得加热炉的升温在一个精准的定量计算基础下进行。另外，还有反应器排料速率的精准计算与变频器精准控制、压缩机防喘振阀门的控制等。

### 12.2.1 质谱仪

竖炉氢冶金气体的在线分析采用Thermo Fisher（赛默飞舍尔）公司的Prima PRO过程质谱仪，Prima PRO过程质谱仪显著改善了分析器控制，可提供更高的灵敏度、精确度，每个点1~20 s的快速在线过程气体分析，可准确跟踪过程动态，综合测量值可以为先进过程控制模型提供更多的数据[10]，在整个竖炉氢冶金气体控制回路共设置了10个取气监测点。

质谱仪每一路气体从工艺管道取出，经过就近配置的一级减压过滤箱，其中第7路、第8路、第9路采样的气体是高温气体，进入一级减压过滤箱前还需要冷却。再通过全程保温的复合管传输到配置在质谱仪分析小屋附近的集中二级过滤箱，继续除尘、除水，再经过32路快速旋转进样阀（RMS）的定时轮巡采样，采样完的废气统一由放散管排出。质谱仪高效、快捷地对不同点位的过程气体实时在线分析气体成分，对整个工艺流程的气体变化实时监测，并且数字化用于不同点位的气体流量的补偿计算。

### 12.2.2 FF总线仪表

FF总线是基金会现场总线（Foundation Field bus）的简称，该技术采用数字通信技术、具有开放性、双向互操作性的特点，能够实现现场智能仪表之间、智能仪表与控制系统之间的双向数据传递。基金会现场总线是在过程自动化领域得到广泛支持和具有良好发展前景的技术。其前身是以美国费舍尔-罗斯蒙特（Fisher-Rosemount）公司为首，联合Foxboro、横河、ABB、西门子等80家公司制订的ISP协议和以Honeywell公司为首，联合欧洲等地150家公司制定的WordFIP协议。屈于用户的压力，这两大集团于1994年9月合并，成立了现场总线基金会，致力于开发出国际上统一的现场总线协议。它以ISO/OSI开放系统互联模型为基础，取其物理层、数据链路层、应用层作为FF通信模型的相应层次，并在应用层上增加了用户层[11]。

现场总线基金会分低速H1和高速H2两种通信速率。H1的传输速率为3125 Kbps，通信距离可达1900 m（可加中继器延长），可支持总线供电，支持本质安全防爆环境。H2的传输速率为1Mbps和2.5Mbps两种，其通信距离为750 m和500 m。物理传输介质可支持双绞线、光缆和无线发射，协议符合IEC 1158-2标准。其物理媒介的传输信号采用曼彻斯特编码，每位发送数据的中心位置或是正跳变或是负跳变，正跳变代表 0、负跳变代表 1，从而使串行数据位流中具有足够的定位信息，以保持发送双方的时间同步。接收方既可根据跳变的极性判断数据的“1”“0”状态，也可根据数据的中心位置精确定位[12]。

竖炉氢冶金核心区域利用了冗余系列 H1 卡件、倍加福（Pepperl+Fuchs）电源浪涌保护器提供冗余的现场总线电源，及带短路保护的图尔克（Turck JBBS-49SC-M613-SC）设备接线盒[13]。Turck JBBS-49SC-M613-SC FF 现场设备接线盒是航空插头形式，每台最多接 6 套设备。辅助区域使用单 H1 卡件、倍加福（Pepperl+Fuchs）现场总线电源及带短路保护的图尔克（Turck JBBS-49SC-T615-SC）设备接线盒。Turck JBBS-49SC-T615-SC FF 现场设备接线盒是盒内接线形式，每台最多接 6 套仪表设备。

竖炉氢冶金整个项目共计采用 400 多套 FF 总线仪表，主要包括压力及差压变送器、电磁流量计、物位计及智能调节阀，分布在多套控制系统中，每套控制系统又分为若干个网段，每个网段负责五六个仪表的信号传输。其中，供料排料系统约包含 50 个网段，核心区域加 $CO_2$ 系统约 30 个网段，加热炉系统约 10 个网段。整个硬件系统包括控制柜内的电源模块、FF 总线卡件、现场侧的总线模块、FF 总线仪表、终端电阻等设备。FF 总线的网络连接如图 12-7 所示。

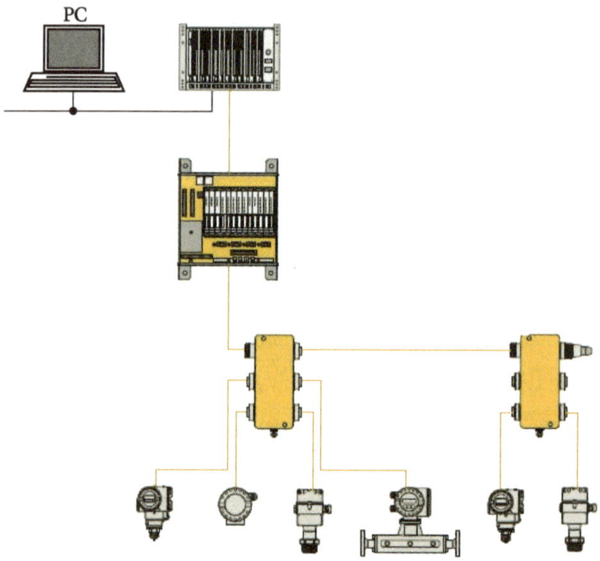


图 12-7　FF 总线的网络连接示意图

竖炉氢冶金现场总线硬件按基本规则规范网段，标准布置现场总线电缆，确保每个网段均正确安装终端器，网段上任何导线都不能接地。网段导线的屏蔽应该是连续的，且屏蔽只能有一个地方接地，屏蔽多点同时接地会形成接地回路，形成意外的电流，影响通信的正常进行[14]。采用FF总线仪表易于集成，通过总线通信的方式进行信号传输，总线仪表的接线十分简单，由于一对双绞线或一条电缆上通常可挂接多个设备，因而电缆、端子、槽盒、桥架的用量大大减少，连线设计与接头校对的工作量也大大减少。竖炉氢冶金现场需要增加控制设备时，无需重新敷设新的电缆，可就近连接在现有的总线模块上，既节省了投资，也减少了改造施工的工作量。

FF总线仪表具有自诊断功能，通过数字通信能够把更多的设备信息和维护信息提供给管理人员，管理人员可以方便地查询设备运行和诊断信息，能够对仪表出现的故障进行快速的判断和排除[15]。同时由于系统结构简化，连线简单而减少了维护工作量。现场总线是双向通信，可以从控制室的AMS对现场仪表进行参数调整和标定。

FF总线仪表可以将部分控制回路装载到现场FF总线的智能调节阀，依靠智能仪表本身便可以实现基本的控制功能，降低调节阀在DCS卡件出现故障时的运行风险。在竖炉氢冶金生产现场采用FF总线通信技术，使得现场设备更加智能化，为将来建立管控一体化的数字化工厂打下了基础。

### 12.2.3 智能MCC和DCS协同控制技术

竖炉氢冶金应用智能MCC（马达保护器）柜，阀门状态及电机状态全部由马达保护器采集并与DCS系统通过Ethernet IP协议连接，数字化后通信上传至DCS。

竖炉氢冶金的工艺设施紧凑，部分工艺设施处于气体防爆二区、粉尘防爆二区的高温高压环境中，竖炉冶炼工艺的特殊性，需要低压柜内元器件长时间无故障的工作，对电气设施的安全性、稳定性、良好的操控性提出了高要求。在传统的MCC中，控制方式采用传统继电控制回路，元器件及导线的使用量大，可调参数少。智能MCC按照先进控制的理念，MCC柜内部配置可扩展的智能马达保护器，解决了传统MCC的施工材料耗费高、查线繁琐、维护工作量大的问题，节约大量的控制电缆用量；增强对MCC柜的监控手段，提高电气控制系统网络的稳定性，减轻维护强度[16]。同时，智能MCC柜集成有多种通信协议，可对应不同的品牌控制器进行协议的配置。

竖炉氢冶金的智能MCC负荷采用了施耐德Tesys T系列智能马达保护器，产品用于循环水泵、电动蝶阀、皮带、油泵等低压设备，高速上传各电机的电流、电压、热容量、功率、功耗及故障等信息。施耐德智能MCC具备缺相、过载、短路、欠压、接地保护等功能，可以灵活地配置辅助DI、DO、AI模块以实现不同的逻辑功能[17]。MCC柜与DCS系统间只保留必要的SIS紧急连锁硬线信号，机旁箱信号直接进入DCS系统。施耐德智能MCC自身带有可配置功能的输入端子或者扩展模块，与SIS安全控制柜连接，保证了系统的安全性。DCS控制柜和智能MCC柜电气回路之间除了SIS连锁信号，其他信号通过Ethernet IP协议进行通信。

竖炉氢冶金的智能MCC配备Ethernet IP通信协议，通过配置在柜顶中小母线槽的MOXA交换机以星形/环形拓扑的方式与艾默生DCS系统连接，通过专用的槽型屏蔽桥架使用以太网线连接，极大降低了交流电压干扰，大幅提高了数据传输的稳定性和DCS控制系统网络的可靠性，简洁的设计，减少了电缆敷设用量，而且提高了数据传输的稳定性。

在DCS硬件配置中，配置好智能MCC回路的马达保护器硬件，设置好Ethernet的站名和IP地址，即可按照通信报文与之进行数据交换。使用手操器或者专用编程软件可方便地对马达保护器进行参数设定，DCS按照报文定义的地址顺序进行读写[18]。竖炉氢冶金部分工艺设备配置有备用回路，当投入运行的电机因故障停止时，DCS系统判断内部的备用回路启动逻辑生效后，通过以太网发出启动命令，备用回路电机即可投入运行。与传统的MCC硬线连锁相比，电气备用回路具备高速、方便、快捷的特点。

竖炉氢冶金应用智能MCC柜，显著减少了电气设备与DCS系统之间的控制电缆。DCS通过通信可在线实时监视智能MCC柜的各参数状态，对各电机的电流、电压、热容量、功率、功耗及故障等信息数字化，实现电气缺相、过载、短路、欠压、接地保护等功能，做到电气设备的智能化维护。

### 12.2.4 环境气体检测集中系统

由于竖炉氢冶金现场气体管道和设备众多、气体成分复杂，所以环境气体检测测量点位分布广、数量多，其中，用于CO检测的测点约200点，其他可燃气体检测的测点约150点，氧气检测的测点约50点。因此，在竖炉氢冶金有毒及爆炸环境气体检测中，采用了气体检测探头+现场数据采集箱+电气室集中控制柜的模式，将各个区域的不同气体含量做到集中数字化显示，组成模式如图12-8所示。

竖炉氢冶金有毒气体泄漏检测系统根据不同区域、不同气体种类分别设定现场信号采集箱，有毒气体监测报警器安装在各个检测点，具备现场声光报警功能，各区域的探头信号采用硬线方式接入到相应的采集箱中；采集箱将采集信息数字化处理后，具备输出RS485信号功能，通过总线接口采用通信的方式传输到电气室集中控制柜，集中控制柜将现场数据再发送给电脑终端平台。监控电脑画面集中显示，操作人员可以查看实时数据、历史数据、历史折线图[19]。各个区域有毒气体浓度实时在线监测，及时发现区域有毒气体浓度超标等异常情况，第

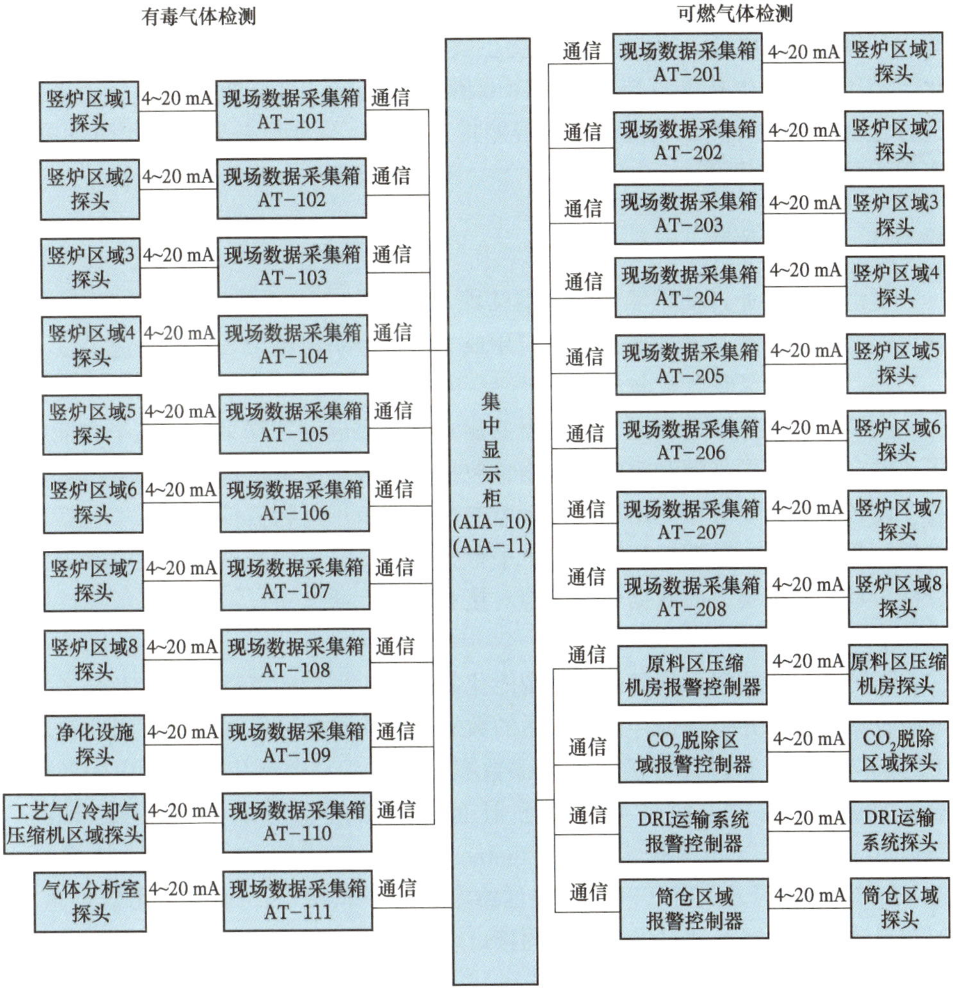


图 12-8 环境气体集中监控组成模式图

一时间报警，告知岗位人员并现场查看、处置，采取有效措施避免煤气泄漏的事故发生。这种模式的好处是集中监控、及时发现，另外节约线缆投资为现场扩容提供了方便，同时也便于后续维护管理。

竖炉氢冶金有毒气体检测集中系统完美地对各区域现场的各类气体浓度监控，进行数字化集成，集中报警，确保了作业环境的安全。

## 12.3 竖炉氢冶金智能化技术

竖炉氢冶金智能化技术提供整套的智能化解决方案，包括利用大数据技术建立一个集成的数据平台，利用先进的可视化技术和管理软件，从生产系统中收集、处理和分析数据，为生产决策提供支持，实现生产过程的智能化管理和优化。利用数字孪生技术打造数字化“双胞胎”工厂，对企业资产的全生命周期进行管理。利用智能工艺模型实现智能排产优化、智能设备监控和预防性维护，实现智慧工厂的建设。

### 12.3.1 大数据技术

竖炉氢冶金通过使用氢气作为清洁能源，旨在实现更清洁的钢铁生产过程，减少温室气体排放，大数据技术的应用成为促进竖炉氢冶金发展的关键手段。

#### 12.3.1.1 数据集成与共享平台

为了解决信息孤岛问题，首先需要建立一个集成的数据平台，该平台能够收集和整合来自不同来源和系统的数据，包括但不限于原料供应信息、生产过程参数、设备状态、质量检测结果、环境监测数据及市场与物流信息，其中包括数据采集、数据存储、数据处理等，这个平台应当支持高效的数据处理能力和强大的分析工具，使得各方面数据可以无缝对接和互联互通。

A 数据采集

竖炉氢冶金数据采集和存储是智能化数据分析平台的基础，它涉及从各个数据源收集数据，并将数据存储在合适的数据库中。数据采集过程通过对生产环境中的不同数据来源进行对接实现全部数据的获取，在监测生产过程中的各种参数，如温度、压力、流量等的传感器通过使用现场总线技术（如 Modbus、Profibus）、工业以太网技术（如 Ethernet/IP、Profinet）和无线传输技术（如 Wi-Fi、LoRa）等方式将实时数据发送给数据采集系统[20]。设备状态数据采集，如高温管道炉皮温度通过设备自带的接口或者协议（如 OPC-UA）获取设备状态数据，另外采用统一的接口实现对设备状态数据的集中管理和采集。除了自动采集的数据之外，有些重要的信息可能需要人工输入，如生产参数的调整、异常情况的备注等，这些数据可以通过专门的数据输入界面录入系统。

B 数据存储

数据存储通过集中存储来自多个数据源的数据，包括实时数据和历史数据，以便后续的分析和挖掘，能够按照业务主题或业务过程组织数据，使得数据易于理解和使用，便于进行数据分析和决策支持。另外，针对复杂的分析查询能够提供优化的查询引擎和数据模型，能够快速地响应查询的请求。根据不同类型的数据和需求，选择合适的数据库技术进行存储。对于结构化的数据，选择关系型数据库（MySQL）；对于时间序列数据，选择时间序列数据库（InfluxDB）；对于非结构化或半结构化的数据，选择 NoSQL 数据库（MongoDB）。针对不同类型的数据，设计合适的数据存储结构。对于结构化的传感器数据，设计相应的表结构；

对于非结构化的日志数据，选择文档型的数据库存储[21]。维度建模是数据仓库中常用的一种数据存储结构设计方法，它通过将数据按照业务过程或业务主题进行分类，将数据划分为事实表和维度表，以便于数据的组织和查询。事实表存储了业务事件的事实数据，如生产参数、产品质量等，通常包含数值型的度量值和与业务事件相关的外键。维度表存储了事实表中度量值的描述信息，如产品、时间等维度信息，通常包含维度的属性和与事实表的外键关联。在数据存储结构设计中，需要对数据进行标准化处理，确保数据的一致性和规范性[22]。确保相同类型的数据在存储时使用相同的数据类型和格式，如日期统一使用日期类型、文本统一使用字符类型等。统一命名数据表、字段和约束，使得命名规范易于理解和维护。需要统一数据的单位，以便于后续的数据计算和分析。为提高数据的查询效率和管理性能，采用数据分区和索引的方式进行数据存储结构设计。根据业务需求和数据特性，将数据按照一定的规则和策略进行分区存储，如按时间、工艺、产品等维度进行分区，以提高数据的查询效率和管理性能。对经常用于查询条件的字段进行索引设计，加快数据的检索速度，同时需要根据查询频率和数据更新频率合理选择索引类型和创建策略。

C 数据处理

数据预处理与清洗是数据分析过程中至关重要的一步，它涉及对原始数据进行清洗、转换和规范化，以确保数据的质量和准确性，为后续的数据分析和挖掘提供可靠的数据基础。

(1) 数据收集与理解。在进行数据预处理与清洗之前，首先需要对数据进行收集和理解，包括确定数据来源、获取原始数据集，并对数据的结构、格式和内容进行初步的了解和分析。

(2) 缺失值处理。处理数据中的缺失值是数据预处理的重要环节，常见的处理方法包括：1) 删除缺失值，如果缺失值占比较小，且对整体数据影响不大，可以直接删除缺失值所在的行或列；2) 填充缺失值，对于数值型数据，可以使用均值、中位数或其他统计量来填充缺失值；3) 对于分类数据，可以使用众数或频率最高的值来填充缺失值。

(3) 异常值处理。异常值可能会对数据分析结果产生不良影响，因此需要进行异常值处理，常见的处理方法包括：1) 删除异常值，如果异常值是数据采集或录入错误导致的，可以直接删除异常值所在的行或列；2) 修正异常值，对于可能是输入错误的异常值，可以通过插值、平滑或截断等方法进行修正。

(4) 数据转换与规范化。数据转换和规范化是为了将数据转换为合适的形式，以便于后续的数据分析和挖掘，常见的转换和规范化方法包括：1) 将数据的类型转换为合适的类型，如将文本型数据转换为数值型数据、将日期型数据转换为标准日期格式等；2) 将数据按照一定的比例进行标准化处理，以消除不同量纲之间的影响，常见的标准化方法包括 Z-score 标准化和 Min-Max 标准化。

（5）数据集成与清洗。在数据预处理过程中，可能涉及多个数据源的数据集成和清洗，需要进行数据匹配、合并和去重等处理。1）数据匹配与合并，将来自不同数据源的数据进行匹配和合并，通常需要根据某个共同的关键字或属性进行匹配和合并操作；2）对数据集进行去重操作，去除重复的记录，确保数据的唯一性。

（6）时间序列数据处理。数据集中包含时间序列数据，还需要进行时间序列数据的处理和清洗，包括：将时间数据转换为标准的时间格式，以便于后续的时间序列分析和挖掘。对于时间序列数据中的缺失值，可以使用插值等方法进行填充，以保证时间序列的完整性和连续性。

（7）数据质量评估与监控。在数据预处理与清洗过程中，需要对数据质量进行评估和监控，包括：对清洗后的数据进行质量评估，包括数据完整性、一致性、准确性和可靠性等方面的评估。设计数据质量监控的指标和机制，定期监控数据质量，及时发现和解决数据质量问题[23]。

12.3.1.2 实时数据监控与分析

竖炉氢冶金的生产过程需要精确控制氢气的流量、压力和纯度等参数。大数据平台可以实时监控这些关键指标，并及时分析异常情况。利用预测性分析模型对设备进行维护预警，从而保证生产的连续性和稳定性。

在数据分析与挖掘过程中，使用统计学方法对数据进行描述性统计、推断性统计和相关性分析，揭示数据之间的关系和规律。使用机器学习算法对数据进行模型建立和预测，包括监督学习、无监督学习和半监督学习等方法。使用深度神经网络模型进行数据特征提取和模式识别，处理复杂的非线性关系和大规模数据。使用数据挖掘算法和技术，包括关联规则挖掘、聚类分析、异常检测等方法，发现数据中的隐藏模式和异常情况。

在实际应用中，可以使用各种数据分析和挖掘工具来实现上述技术，使用 Python 编程语言和相关的数据科学库（如 NumPy、Pandas、Scikit-learn 等）进行数据处理、分析和建模。使用 R 语言和相关的统计分析库（如 ggplot2、dplyr、caret 等）进行数据的分析和可视化；使用 TensorFlow 和 PyTorch 等深度学习框架进行深度学习模型的建立和训练；使用 SQL 语言进行数据查询和数据预处理，对数据进行清洗、筛选和聚合操作[24]。

通过图表、图形、地图等可视化手段将数据呈现出来，以直观、清晰的方式展示数据的特征、趋势和关联，帮助使用者理解数据、发现规律、做出决策。

（1）图表库。使用各种图表库（Plotly、Bokeh）来绘制静态和动态图表，包括折线图、柱状图、饼图、散点图、热力图等，以展示数据的分布、变化和趋势。

(2) 地图可视化。使用地图可视化库（Leaflet、Mapbox）将地理数据以地图形式展示，包括地理标记、热力图、路径图等，以呈现地理位置相关的数据。

(3) 仪表盘工具。使用仪表盘工具（Power BI、Grafana）构建交互式仪表盘，将多个图表和指标组合在一起，实现对数据的综合分析和监控。

(4) 可视化编程工具。使用可视化编程工具（Processing、D3. js、Blockly等）进行定制化的可视化设计，实现对数据呈现形式的个性化定制和灵活调整。

通过数据可视化将抽象的数据以直观的图表形式展现出来，让用户清晰地看到数据的结构、分布和趋势。通过图表、图形、地图等形式，直观地呈现数据的特征、关联和异常情况，帮助用户迅速理解数据背后的信息。实现交互式可视化，用户可以通过交互操作对数据进行探索和筛选，发现隐藏在数据中的规律和趋势。提供可视化的数据分析结果，帮助用户做出更准确、更及时的决策，优化生产流程、提高效率和降低成本。

#### 12.3.1.3 数据的挖掘与应用

针对竖炉氢冶金的数据分析与挖掘应用类型涵盖多个方面，以优化生产流程、提高生产效率、改善产品质量和降低生产成本为目标。

竖炉氢冶金生产过程涉及多个环节和参数，包括原料配比、燃料消耗、温度控制、产出率等。通过对生产过程中的数据进行分析和挖掘，实现以下优化目标：(1) 原料配比优化，基于历史生产数据和原料特性，建立原料配比的预测模型，优化原料配比方案，提高炉料利用率和产品质量；(2) 燃料消耗控制，分析燃料消耗数据，识别影响燃料效率的因素，调整加热炉燃烧参数和操作策略，降低燃料消耗成本；(3) 温度控制优化，监控竖炉内部温度数据，预测温度变化趋势，优化加热控制策略，提高生产效率和产品质量。

(1) 优化供应链管理。氢气供应链管理是竖炉氢冶金成功的重要组成部分，大数据技术可以用来优化整个供应链，通过分析历史和实时数据来预测原料需求、监控库存水平、调整物流安排等，降低成本并提高响应速度。

(2) 节能减排。竖炉氢冶金生产的每个阶段都可以通过大数据分析进行优化，特别是在能源消耗和排放方面。通过建模和仿真，找出最节能的操作参数。此外，大数据还可以帮助企业量化氢代替煤所带来的温室气体减排效果，为政策制定和环境报告提供支持。竖炉氢冶金的生产过程消耗大量能源，通过对能源数据进行分析和挖掘，实现能源管理和节能减排的目标；分析生产过程中的能源消耗数据，识别能源消耗的主要来源和影响因素，制定节能措施和优化方案。监控碳排放数据，分析排放情况和趋势，制订减排计划和措施，降低碳排放量，实现环保目标。

(3) 故障诊断与维护管理。竖炉氢冶金的设备故障会导致生产中断和质量问题，通过对设备运行数据进行分析和挖掘，实现故障诊断和维护管理。1) 故障预警与诊断，基于设备传感器数据和运行参数，建立设备故障预警模型，及时发现潜在故障迹象，提前进行维护和修复；2）维护计划优化，分析设备运行数据和维护记录，制定优化的设备维护计划和周期，减少设备停机时间和维修成本。

（4）质量控制。由于竖炉氢冶金相较于传统冶金在工艺上存在差异，所以对产品质量的监控尤为重要。通过对生产全过程数据的分析，可以快速识别质量偏差的原因，并采取措施进行调整。生产的产品质量直接影响企业的竞争力和市场地位，通过对产品质量数据进行分析和挖掘，实现以下目标。1）质量异常检测，分析产品质量数据，识别质量异常和缺陷，及时调整生产参数和工艺流程，提高产品合格率；2）质量预测与预防，基于历史质量数据建立质量预测模型，预测产品质量趋势，及时发现潜在质量问题，采取预防措施降低质量风险。

（5）知识管理与决策辅助。积累的大量数据可以转化为知识，帮助决策者更好地理解生产过程中的复杂性，并做出更明智的决策。通过深入分析，企业可以发现新的业务机会或潜在的风险点。

12.3.1.4　大数据平台运行管理

竖炉氢冶金大数据平台运行管理是指对智能化平台的整体运行进行有效管理和监控，确保平台的稳定性、安全性和可靠性。虚拟化技术用于服务器资源管理，实现对平台的弹性扩展和资源隔离，提高平台的可靠性和灵活性。通过软件将物理硬件资源虚拟化，使得一个物理服务器可以同时运行多个虚拟服务器，从而提高资源利用率和灵活性。容器化技术用于应用软件管理，实现应用程序的快速部署和迁移，提高平台的可移植性和可维护性。将应用程序及其依赖项打包到一个独立的容器中，使得应用程序可以在任何环境中以相同的方式运行。自动化运维用于操作系统和应用软件管理，实现平台的自动化部署、配置和更新，降低运维成本和风险。通过自动化运维工具（如 Ansible、Chef、Puppet 等）可以自动化执行平台的部署、配置和管理任务，提高运维效率和一致性。数据中心网络技术可以用于网络资源管理，实现对平台网络的动态调整和优化，确保网络的稳定性和可靠性。身份认证与访问控制技术（如 LDAP、OAuth、JWT 等）用于用户身份管理和访问控制，确保只有经过授权的用户才能访问平台资源，提高平台的安全性[25]。安全监控与漏洞管理技术（如 SIEM 系统、漏洞扫描工具等）实现对平台安全事件和漏洞的监控和管理，及时发现并修复安全漏洞，保障平台的安全运行。

### 12.3.2　数字孪生技术

数字化工厂综合平台将和三维工厂 BIM 模型充分结合，获取工厂的生产、物流、能源、设备、仪表、管线的静态资料以及动态运行信息，保证三维虚拟工厂和实际工厂的一致性，打造数字化双胞胎工厂，最终可以借助该系统实现对企业资产的全生命周期管理；对运维的高效化管理，图纸资料的精准化管理，同时可以实现对设备和仪表的智能化点巡检管理，大大提高运维效率，提升企业管理水平。

根据竖炉氢冶金各工序的工艺设备运行状态信号，对数据进行实时分析和处理后，实时驱动三维场景中虚拟设备的运行，使得三维场景中的虚拟设备与实际生产线设备同步运行。

平台中智能管网安全监控管理可以全面将隐蔽工程可视化，通过阀门仪表数据的采集和分析，对企业"生命线"进行全面监控预警，同时针对管网日常运行数据进行分析，反过来提高日常管网及主干电缆安全管理的效率，降低运营成本。工艺管网可视化覆盖范围包括厂区范围内的能源主管网、不同介质等地上和地下管网的可视化监测。

工艺管网可视化分为管网属性查询、管网数据监测等两个主要层面，主要涉及生产工艺相关的管网建模，基础信息查询和空间分布展示；结合数据分析平台提供的数据对电缆和煤气管路的关键设备运行状态（流量、压力、温度、开关状态等）进行可视化展示[26]。

通过设备编码，将竖炉区域内重点设备的设计信息、图纸文档、运维信息等全生命周期的数据进行集成。数字孪生平台将作为企业的资产管理平台，以三维设备对象为基础，实现对前期设计图纸和相关文档的标准化电子化管理。平台以设备编码为核心，通过设备结构树展现产线和设备之间的关联关系，可通过设备结构树快速了解当前设备的结构、设备在产线上的安装位置、相关的运行参数、厂家信息、备件更换情况等。

当设备运行参数异常时，可在三维工厂平台中进行报警信息的展示，提醒管理人员进行故障处理。三维地图上可动态展示闪烁报警图标，报警图标的位置直接关联设备的位置信息。

通过三维数字化平台，利用 VR 和 AR 技术对新员工进行入职培训，对设备检修人员进行设备维护和操作培训，对全体员工进行安全和应急培训，同时针对各项培训提供全面的平台考试功能。

### 12.3.3 竖炉氢冶金智能工厂的构建

#### 12.3.3.1 智能排产优化

在竖炉氢冶金领域，智能排产方案的目标是实现生产过程的最大效率、最低成本以及最佳资源利用率。智能排产涉及多个层面，包括生产计划优化、工序调度、设备维护安排、物流协调和能源管理等[27]。

一般而言，制定生产计划需要考虑订单需求、设备可用性、原材料供应情况和交付时间等因素。在竖炉氢冶金行业，智能排产解决方案可以通过以下方式优化生产计划：

（1）需求预测。使用机器学习算法分析市场数据和历史订单模式来预测未来的产品需求，以便提前规划生产。

（2）库存管理。实时监控原材料和成品的库存水平，并根据需求动态调整采购和生产量，从而降低库存成本并防止断货。

（3）生产调度。基于订单优先级、交货期限和当前的生产能力进行动态调度，确保按时完成订单并且最大化生产线的运行效率。

12.3.3.2 智能工艺模型

竖炉氢冶金智能工艺模型实时监测、分析设备系统的输入数据、输出数据及工艺过程，以 2D 形式展示，并在发生偏差时报警并提供参数调整方案。

针对特定设备、工艺、系统得出的智能化数学模型，不仅能实时监控工艺设备运行情况和工艺过程参数，还可通过预设相关参数，实现模拟设备的运行情况，并实时将当前性能与“理想”性能进行对比，以指导现场操作人员在设备及工艺参数发生调整的情况下，准确地操作系统，杜绝误操作带来的设备非正常停机，避免因设备异常导致产品质量不达标[28]。竖炉氢冶金智能工艺模型系统建立了九大工艺模型，模型自身精度达到 99.5%，各模型实现如下功能：

（1）竖炉模型，可以实时预测脱氧球团质量，并在发生偏差时予以报警；

（2）工艺气体加热炉模型，编程计算工艺气体加热炉的性能；

（3）部分燃烧模型，侦测测量值误差；

（4）尾气换热器模型，侦测尾气换热器的污垢；

（5）工艺气体预热器模型，侦测工艺气体预热器的污垢；

（6）工艺气体冷却塔模型，侦测冷却塔污垢；

（7）外部冷却器模型，计算外部冷却器性能；

（8）工艺气体/冷却气体压缩机模型，计算气体压缩机的性能；

（9）工艺气体冷却和清洁模型，计算清洁的性能。

12.3.3.3 智能设备监控

竖炉氢冶金利用物联网技术收集设备数据，了解其运行状况和效率，预测设备故障，合理安排维护时间，减少意外停机。对工厂中重点设备的运行参数进行采集并监测，支持设定测点的值、预警级别和频率类型；通过部署预警模型和诊断模型，实现模型判断、人协同的综合诊断，向设备维检人员推送异常状态报警、故障隐患判断结果及维检处理方案，支撑设备状态维修策略的执行[29]。

（1）预警模型。针对设备状态个性化发展变化的特点，建立设备个体状态发展的动态数据统计模型，根据不同工况的状态数据训练出报警值，实现自适应智能报警。

（2）诊断模型。通过对信号处理提取时域特征参数、频域特征参数，实现故障特征的智能化处理，自动给出故障隐患的部位和程度。

12.3.3.4 预测性维护

竖炉氢冶金由预防维护、在线监测替代事后维修，让管理和实施人员将工作的重心放到事前的预防和预测上，提早发现隐患，在设备使用和维护中对故障进行预测分析，建立以点检和监测为核心的设备运行预警体系；通过运行记录、停机记录、点检、定期检修、精度检验故障记录、事故记录、状态监测等常规管理方法，记录设备以往的状况并准确监控设备的当前运行状况，分析设备运行的可靠性与经济性，为制定合理的维修与维护策略提供量化依据[30]。下面以工艺气压缩机和冷却气压缩机的运行监控和远程维护为例，介绍智能设备监控和预测性维护。竖炉氢冶金工艺气压缩机和冷却气压缩机是关键设备，选用陕鼓离心式压缩机，压缩机必须长期安全稳定地运行。压缩机运行状态和参数可以实时监测，上传到陕鼓远程故障诊断中心，该诊断中心可以提供远程专家支持和远程故障诊断服务，该系统的拓扑图如图 12-9 所示。

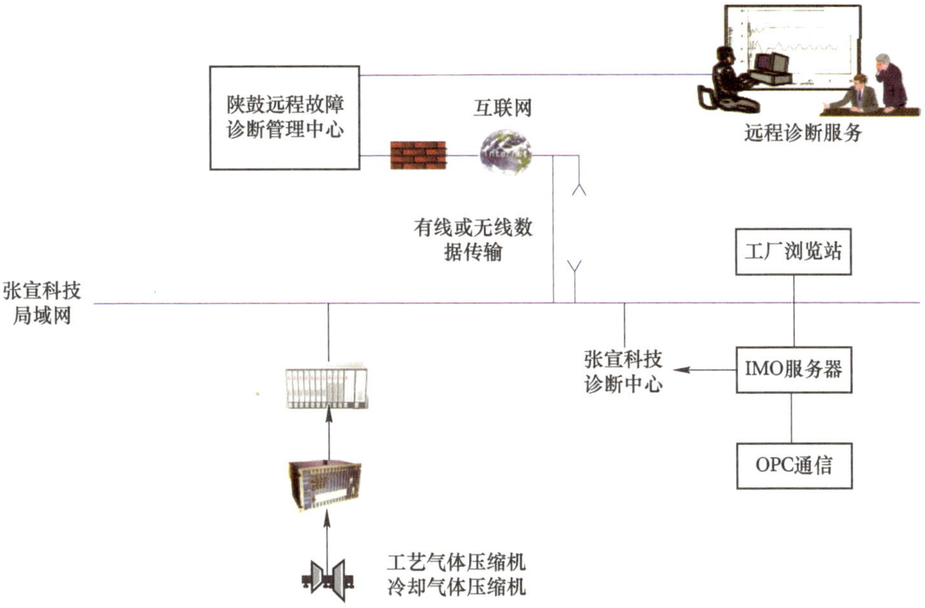


图 12-9 压缩机远程监控系统拓扑图

压缩机远程监控系统主要由 1 套压缩机远程监控服务器和 2 套压缩机远程监控监测分站组成，通过标准 OPC 通信方式，从已有 OPC 中间服务器接入最多 1 万点的工艺量数据。远程监控监测分站接入监测诊断中心，并将数据上传到陕鼓远程故障诊断中心。

远程监控系统能够在线连续监测压缩机的各类旋转机械运行过程中的振动及各种工艺参数，转速、轴振、轴位移信号直接来自 BENTELY3500 变送器的 BNC 缓冲输出接口；通过接线端子和电缆与压缩机远程监控 1000 监测分站相关接口连接，自动存储振动分频、相位、波形、起停机等有诊断价值的数据，通过网络进行数据传输，提供多种专业诊断图谱和报表。压缩机远程监控系统实际测点数量汇总见表 12-1。

**表 12-1 压缩机远程监控系统实际测点汇总表**

| 所在控制室名称 | 机组名称 | 机器名称 | 轴振动数量/个 | 轴位移数量/个 | 监测分站数量/套 |
|---|---|---|---|---|---|
| 氢冶金 DCS 主控室 | 工艺气压缩机 E56-3 | 电机 | | | 1（压缩机远程监控 1000-1） |
| | | 齿轮箱 | 4 | | |
| | | 压缩机 | 4 | 3 | |
| | 冷却气压缩机 E45-1 | 电机 | | | 1（压缩机远程监控 1000-2） |
| | | 齿轮箱 | 4 | | |
| | | 压缩机 | 4 | 3 | |
| 合计 | | | 16 | 6 | 2 |

压缩机远程监控系统能够为设备管理和诊断人员提供决策分析依据，可及时识别机组的运行状态，发现故障的早期征兆，对故障真伪、故障部位、故障类型、严重程度、发展趋势做出准确判断，从而及早消除故障隐患，避免事故的发生；提高压缩机关键设备的可靠性，降低维修成本，增强竖炉氢冶金的综合竞争力。

总之，竖炉氢冶金智能化打造一体化工业解决方案，将丰富的数据转化为可执行化信息，通过数据分析，提供有针对性的执行建议和优化策略，帮助工厂提升智能运营水平。

（1）操作干预综合减少。优化的操作实践固化在 DCS 自动化程序中，无效报警大大减少。

（2）生产安全水平提升。设备动态监测，全寿命周期动态管理，工业控制网络安全更加完善。

（3）生产效益综合提升。开发工艺模型和产品质量预判，最佳操作一致性保障最优操作过程，操作效率提升，提高质量和产量。

（4）操作人员技能提升。通过模拟场景培训使操作人员快速上岗与拓展转型。

（5）知识库保护。企业将实践和经验固化为知识，同时将过程操作作为工艺产权保护。

竖炉氢冶金智能工厂将5G、人工智能、工业互联网等新一代信息技术与生产现场融合，提供更加现代化的用户界面，从而简化工厂管理，预判DRI产品质量，设备预防性维护让操作员能够尽早发现问题。同时开发人工智能应用，打造智能机器人、无人生产线和智慧集控中心，使生产线实现感知无人化，令控制和决策更加协同、高效。

竖炉氢冶金一体化智能平台，帮助企业实现预警智能化、健康度可视化、规程知识化和经验模型化，优化竖炉氢冶金生产，以及降低能耗和$CO_2$排放量。通过竖炉氢冶金智慧工厂的建设，利用5G+边缘计算+工业云场景，充分提高竖炉氢冶金智能操控水平，推动企业可持续发展。

## 12.4 本章小结

竖炉氢冶金是绿色低碳转型发展的前沿技术，工业控制系统必须精准稳定。本章主要从自动化、数字化和智能化三个方面介绍了各个系统的组成和先进性，同时这三大系统相互融合成为一个整体的智能化控制系统，并在竖炉氢冶金中发挥至关重要的作用。

（1）多套DCS（分布式集散控制）系统和一套SIS（安全仪表）系统，硬件系统的多重冗余、灵活的扩展性、丰富的通信接口实现控制的安全稳定；软件系统采用统一的数据库、功能齐全的各种控制逻辑实现控制的灵活便捷。

（2）先进的现场总线仪表数字化技术，实现对现场数字化设备的快速配置和健康管理。

（3）利用大数据技术建立一个集成的数据平台，从生产系统中收集、处理和分析数据，实现生产过程的智能化管理和优化。

（4）利用数字孪生技术打造数字化双胞胎工厂，实现对企业资产的全生命周期管理。

（5）利用工艺模型实现智能排产优化、智能设备监控和预防性维护，形成整体氢冶金的智慧工厂。

## 参 考 文 献

[1] 王大安，王树春，张智新．艾默生 DeltaV SIS CHARMs 在海上平台中控 ESD/PSD 系统升级改造中的应用［J］．天津科技，2017，44（2）：73-76.

[2] 刘元旗，刘玲．DCS 系统在钼铁冶炼系统中的应用［C］．西南三省一市自动化与仪器仪表学术年会论文集，2014：112-113，117.

[3] 潘静，张文东．顺序控制在 DCS 中的应用［J］．化工管理，2016（26）：158.

[4] 陈晓钟．计算机双 PID 控制技术在福建三钢水分控制上的应用［J］．矿业工程，2023，21（1）：66-69.

[5] 黄磊．离心压缩机喘振的预防及解决措施［J］．科技与企业，2011（14）：182.
[6] 魏丛跃．浅谈安全仪表系统评估［J］．中国仪器仪表，2023（11）：31-34.
[7] 贾英超．安全仪表功能的安全完整性等级选择与验证方法［J］．化工自动化及仪表，2017，44（12）：1118-1121，1134.
[8]《石油化工仪表自动化培训教材》编写组．安全仪表控制系统［M］．北京：中国石化出版社，2009.
[9] 兰天，柳永刚．安全仪表系统在氯乙酸项目中的设计与应用［J］．石油化工自动化，2015，51（3）：13-16.
[10] 黄泽建，金银龙，熊行创，等．监测检测专用仪器产业化示范——光谱质谱仪［R］．2009.
[11] 钟耀球，张卫华．FF 总线控制系统设计与应用［M］．北京：中国电力出版社，2010.
[12] 赵玉晓，孙斌，汤丹明．基于 FF 总线的流量测控系统设计［J］．高校实验室工作研究，2011，11（4）：59-61.
[13] 辛晓宁，汪滢，于海斌．总线供电的 FF 现场总线仪表通讯圆卡硬件设计要点［J］．仪表技术与传感器，2003（2）：43-45.
[14] 谢高超．浅谈 FF 总线网段及其仪表的诊断维护［J］．化工自动化及仪表，2016，43（11）：1227-1230.
[15] 叶宁，张晨．基于 FF 总线型电动执行机构应用分析［J］．工业控制计算机，2024，37（5）：37-38.
[16] 马飞，何力，蒋杨．基于 MCC 智能柜的生产与设备管控智能化技术［C］．2016 第三届全国低品位矿采选技术交流会论文集，2016：191-194.
[17] 孙若武．DeviceNet 总线在矿业现场的应用［C］．中国计量协会冶金分会 2017 年会暨 2017 年全国第二十二届自动化应用技术学术交流会论文集，2017：30-33.
[18] 卢俊辰．罗克韦尔自动化智能 MCC 柜的通信技术研究［J］．科技传播，2019，11（2）：97-98.
[19] 南京科力赛克安全设备有限公司．一种基于气体分析的矿用数字化气体参数预警系统及方法：CN202410434144.1［P］．2024-05-14.
[20] 李磊民，刘成安，黄玉清．计算机控制技术的新进展［J］．西南科技大学学报，2001，16（1）：67-72.
[21] 尹正，周圣文，张刚．基于非结构化的数据管理探究［J］．信息通信技术与政策，2022（3）：92-96.
[22] 邵佩英．分布式数据库系统及其应用［M］．北京：科学出版社，2000.
[23] 赵恩毅．大数据中的数据清洗与预处理技术研究［J］．信息记录材料，2024，25（3）：195-197.
[24] 鲍莉，沈云明，郑焜．数据分析和数据可视化在医疗设备上的应用——以输注泵为案例［J］．中国医疗器械杂志，2023，47（2）：229-232.
[25] 杨志成．网络身份认证及访问控制技术［C］．新世纪新机遇新挑战——知识创新和高新技术产业发展（上册），2001.
[26] 李雪，肖文涛．原油管网智能优化排产软件开发［J］．炼油技术与工程，2022，52

（5）：44-47，64.
[27] 张克典，王强，董晓志．面向离散制造业的智能排产技术研究与设计［J］．中国科技纵横，2023（3）：29-31.
[28] 罗富文．面向智能装配的工艺孪生动态模型及工艺偏差模型构建研究［D］．西安：西安建筑科技大学，2022.
[29] 谭俊伟，谭瑞鑫，黄红桥，等．基于 Web 的智能设备监控管理平台设计研究［J］．电脑知识与技术，2023，19（28）：93-96.
[30] 房兢．基于标识解析技术的工业设备预测性维护系统设计与实现［J］．中国新技术新产品，2023（2）：4-7.

# 13 氢冶金未来展望

氢能是21世纪最具发展力的清洁能源，推广应用氢冶金技术，构建“以氢代碳”的钢铁用能新体系将成为我国钢铁行业实现碳达峰、碳中和目标的重要途径和必然选择。近几年，氢冶金项目在国内实现产业化生产，呈现出较好的发展势头，先后有河钢张宣科技、宝钢湛江、中晋太行、鞍钢等多家企业建设了氢冶金项目。预计在未来的10~30年内，氢冶金技术会在国内得到普遍推广，具有很好的发展前景[1,2]。

## 13.1 氢冶金技术的发展前景

在低碳发展背景下，全球直接还原铁产量持续增长。据美国Midrex公司统计显示，2018年全球直接还原铁产量首次突破1亿吨。2022年，世界钢铁协会统计数据显示，全球直接还原铁产量达到1.247亿吨，同比增长了4.5%。据咨询机构麦肯锡相关研究，直接还原铁产量在未来30年内将增加两倍。据不完全统计，2020年以来国外新建竖炉直接还原铁项目超过20个，直接还原铁产能超3000万吨。我国目前虽然以高炉炼铁为主，但在“双碳”目标的发展要求下，未来直接还原铁产量必将呈现逐步增长的趋势。冶金工业信息标准研究院在《中国氢冶金发展战略及政策研究》中的研究表明，在2040年前后，中国将具备规模化发展氢冶金的条件，氢基直接还原+电炉冶炼工艺将进入蓬勃发展阶段。

随着碳达峰、碳中和承诺期限越来越近，低碳发展已经成为世界钢铁行业共同面临的迫切问题。从技术角度来看，传统高炉炼铁流程降碳空间有限，而我国废钢资源又远远不能满足社会需求，因此氢冶金成为了我国钢铁行业实现碳中和的最佳技术选择之一。从国家“双碳”目标实施来看，我国钢铁行业减碳将重点从控制总量和发展氢冶金两个方向发力。按照殷瑞钰院士团队模型推算，钢铁产量达峰后将会减量发展，假设钢铁产量呈等差级数下降，到2030年将降为8亿吨，到2060年将降为6亿吨。若设定2060年钢铁行业实现碳中和，到时仍将有1亿吨$CO_2$是通过碳汇或碳交易等措施来实现碳中和的。根据模型推测，2060年氢冶金规模将达到1.5亿吨，这相当于125个河钢张宣科技氢冶金项目。也就是说，从现在开始，平均每年要建成投产3~4个百万吨级的氢冶金工厂才能达到此目标。由此可以看出，我国钢铁行业实现碳中和目标任重而道远，对于氢冶金的发展要求是非常急切的。

在节能减排的巨大压力下，下游产业对钢铁产品的碳排放要求也越来越严格。以汽车制造为例，欧盟已要求汽车生产商及其供应链在2050年实现碳中和，也就是说制造汽车必须使用绿色钢铁材料。钢铁行业改变传统生产方式，形成以绿色发展为导向的新路径，是我国融入全球产业链供应链、参与国际大循环的必要条件。氢冶金作为我国新兴低碳冶金技术，在绿钢制造中必将发挥重要作用。

综上，氢冶金技术作为钢铁工业实现碳达峰和碳中和目标的关键技术，在我国方兴未艾，具有十分广阔的发展空间，将很快驶入发展的快车道。

## 13.2　氢能及氢冶金发展政策导向

近年来，我国对发展氢能产业高度重视，出台了一系列鼓励氢能发展的政策措施。《能源技术革命创新行动计划（2016—2030年）》将“氢能与燃料电池技术创新”纳入国家能源战略；2019年，政府工作报告提出“推动加氢等设施建设”，国家发改委《产业结构调整目录（2019年）》和《绿色产业指导目录（2019年）》也明确将氢能产业中部分内容列入国家鼓励发展方向，氢能和燃料电池领域的5项条款均属其中，覆盖新能源、有色金属、汽车、船舶、轻工五大行业，内容包括氢燃料制取、储运，燃料电池关键零部件，燃料电池车核心部件等相关设备，氢能基础设施等全产业链类目；2022年3月，国家发改委、国家能源局联合印发《氢能产业发展中长期规划（2021—2035年）》，部署了推动氢能产业高质量发展的重要举措及产业发展的各阶段目标，提出我国氢能产业呈现积极发展态势，已初步掌握氢能制备、储运、加氢、燃料电池和系统集成等主要技术和生产工艺，在部分区域实现燃料电池汽车小规模示范应用。全产业链规模以上工业企业超过300家，集中分布在长三角、粤港澳大湾区、京津冀等区域。

随着“双碳”目标实施加速，政策、资本赋能各地氢能产业。在“双碳”目标的持续推动下，政策多点开花，企业加大投入，2023年我国氢能产业发展进入新的历史时期。北京、上海、广州、河北、内蒙古、山东、河南、陕西、福建、甘肃、江西等多个省（市、自治区）已发布氢能相关产业发展规划，大力推进氢能建设。可见，当前氢能发展成为各地方能源发展规划中的重要组成部分。

“十四五”刚开局，国家就先后发布了《关于印发“十四五”节能减排综合工作方案的通知》《关于严格能效约束推动重点领域节能降碳的若干意见》和《高耗能行业重点领域能效标杆水平和基准水平（2021年版）》的通知，均对钢铁工业节能降碳提出新要求和新目标。

2019年以来，国务院及国家发改委、工信部、科技部、生态部、能源局、资源部、财政部等国家机构印发一系列针对发展氢冶金的政策，如《2030 年前碳达峰行动方案》《"十四五"原材料工业发展规划》《关于促进钢铁工业高质量发展的指导意见》《氢能产业发展中长期规划（2021—2035 年)》《高耗能行业重点领域节能降碳改造升级实施指南（2022 年版)》《财政支持做好碳达峰碳中和工作的意见》等，一致指出将对低碳零碳负碳、节能环保等绿色技术研发和推广应用给予大力支持，鼓励氢冶金等前沿技术探索，开展产业化试点示范。2021 年以来，河北、山东、江苏、山西、广东、内蒙古等地方政府在"十四五"开局时期相继对发展氢冶金出台一系列鼓励支持政策，且不断地增加资金投入。可见，国家和地方政府正在积极稳妥推进"双碳"目标，构建完成碳达峰、碳中和的"1+N"政策，国家顶层设计为氢冶金发展指明了方向。随着"十四五"低碳工业发展，国家还将会加大力度支持和推进一大批氢冶金示范工程的实施。

国家氢能和氢冶金产业政策的出台，为氢冶金发展进行了总体规划和顶层设计，为氢冶金发展指明了方向，为氢冶金项目实施提供了强有力的支持和保障。随着各项政策的深入落实和氢冶金技术的不断进步，相信氢冶金必将在钢铁行业绿色低碳转型中发挥越来越重要的作用[3,4]。

## 13.3 国内外氢冶金项目展望

为了大幅减少钢铁生产过程中 $CO_2$ 的排放量，世界各国都争先开展了一些极具发展前景的低碳冶金项目。

在欧洲，2004 年由安赛乐米塔尔公司牵头的 ULCOS（超低 $CO_2$ 冶金）技术在钢铁行业引起较大反响；2019 年起，瑞典钢铁公司发起 HYBRIT（突破性氢能冶金技术）项目，德国萨尔茨吉特钢铁公司发起 SALCOS（萨尔茨吉特低碳冶金）项目，奥钢联公司发起 H2FUTURE 项目，这些欧洲氢能利用项目再次引起全球关注。在美国，能源部采取国际合作方式开展减排 $CO_2$ 研究，如无焦冶金技术，主要用转底炉生产金属化球团或粒铁作为炼钢的原料；采用氢作为燃料闪速熔炼生产铁水等。这些项目的共同目标是：通过研发不同于传统碳热冶金工艺的钢铁生产技术，大幅降低钢铁工业 $CO_2$ 排放。亚洲的日本、韩国在钢铁低碳技术开发方面也走在世界前列。其中，日本钢铁协会正在推进 COURSE50（创新炼铁工艺技术）国家项目，以及铁焦炼铁，氢还原炼铁，碳捕集、存储与利用等技术。2017 年 12 月开始，韩国正式开始氢还原炼铁 COOLSTAR 项目，主要包括以高炉副生煤气制备氢气实现碳减排技术和替代型铁基原料电炉炼钢技术等。总体来看，国际氢冶金项目研究一般分三步走：第一步，2025 年前，建立中试装置，研究规模性工业用氢能冶炼的可行性；第二步，到 2030 年，实现以焦炉煤气、化工等副产品中产生的氢气进行工业化生产；第三步，到 2050 年，实现"绿氢"

的工业化生产，并使用高纯氢进行钢铁冶炼，其中氢能主要来自水电、风电及核电制氢。

我国氢冶金工艺起步较晚，但发展非常迅速，尤其是特大型钢铁企业为了快速响应国家“双碳”目标部署，正在积极开展一系列极具竞争力的氢能冶金项目。河钢集团是全球首个进行焦炉煤气零重整竖炉氢冶金工程实践的公司[5]，其示范项目一期工程于2022年底全线正式贯通，2023年5月实现连续生产，产品达到国际领先水平。宝武钢铁集团于2022年2月开始建设湛江百万吨级直接还原氢冶金项目，2023年12月23日建成投产。鞍钢集团联合国内研究团队，开发万吨级流化床氢气炼铁技术示范，项目于2022年9月开工建设，2024年1月首次投产试运行，同年7月底完成项目验收。中晋太行氢冶金项目采用焦炉煤气重整技术，自2017年开建，2022年底进行了试生产。建龙集团的富氢熔融还原项目于2020年9月底实现试生产。钢铁研究总院2021年完成了晋南钢铁两座1860 $m^3$ 高炉风口喷吹副产焦炉煤气的研究、设计和工业化试验，于2023年3月进行两座高炉喷氢试验，吨铁最高喷氢量60 $m^3$。2024年1月6日，中国钢研科技集团自主研发的世界首条纯氢多稳态竖炉氢冶金示范工程在山东省临沂市临港区正式投产运行，实现了我国纯氢竖炉氢冶金技术的成功应用。上海大学牵头的高炉富氢冶金项目于2021年12月进行喷氢试验。此外，首钢集团等钢铁企业，以及东北大学、北京科技大学等高等院校也深入开展了氢冶金等低碳前沿技术的基础性、原创性研究，预计有些技术将很快进入实施应用阶段。

国内外都在积极进行低碳冶金、氢冶金的实验研究和产业布局，努力寻求工艺和技术上的突破。我国氢冶金虽然起步较晚，但当前发展势头迅猛，凭着敢于创新、勇于实践的精神，终将会冲到世界低碳冶金技术队伍的前列。

## 13.4　氢冶金用氢趋势

氢冶金所用氢能也遵循“灰氢”→“蓝氢”→“绿氢”的总体发展规律。其中，“灰氢”是指通过天然气或煤炭等传统化石燃料重整或裂解过程产生的氢气。天然气和焦炉煤气都属于“灰氢”范畴。“灰氢”是氢冶金最易获得的氢能源，天然气也是目前全球竖炉氢冶金使用的主要气源。但“灰氢”在使用过程中仍会产生少量 $CO_2$ 排放，“灰氢”是能源转型过程中的过渡产品，随着对环境保护要求的提高和制氢技术的发展，未来将被“绿氢”取代。随着风能、太阳能、水能、核能等“绿氢”制取技术的发展进步及制氢成本的进一步降低，将为“绿氢”在氢冶金中的应用奠定坚实的基础。目前，尽管“绿氢”生产研究取得了显著进步，但仍面临着产能、成本、储存和运输等问题。因此，在未来较长时间内“灰氢”仍将在氢能中占据主要比例，尤其在氢能应用大户的氢冶金中占据重要位置。

目前，我国氢冶金所用氢能气源主要包括焦炉煤气和天然气两种。从供应量来说，我国天然气严重缺乏，因自给不足，每年都需要大量进口天然气。我国焦炉煤气富裕，这是因为我国高炉炼铁发达，每年需要生产 4 亿多吨的焦炭，副产的焦炉煤气产量很高，即使除去钢铁企业自用，每年仍富余 1000 亿立方米以上的焦炉煤气，这些焦炉煤气可供生产 1.8 亿吨以上的直接还原铁。从经济性来说，竖炉氢冶金的焦炉煤气单耗约 550 $m^3/t$，按焦炉煤气市场价格 0.73 元/$m^3$ 计算，生产 1 t DRI 的焦炉煤气成本为 401.5 元。竖炉氢冶金的天然气单耗约 300 $m^3/t$，按天然气市场价格 3.49 元/$m^3$ 计算，生产 1 t DRI 的天然气成本为 1047 元。焦炉煤气应用于竖炉氢冶金既经济又供应充足，因此，焦炉煤气是目前我国竖炉氢冶金的最佳气源[6-10]。

焦炉煤气来源于焦炭生产，目前我国高炉炼铁仍保持着较高产能，这就决定了在更经济的氢基还原剂出现前，焦炉煤气在很长的一段时期内都将是我国氢冶金最现实、最可靠、最经济的氢基还原剂。高炉长流程钢铁生产工艺与短流程氢冶金钢铁生产工艺相伴而行将是我国氢冶金未来发展的一大特点。河钢张宣科技竖炉氢冶金生产线作为国内以焦炉煤气为氢源的典型代表，其焦炉煤气零重整的工艺技术具有很好的推广应用价值[11]。

## 13.5 氢冶金技术自主创新

目前，竖炉氢冶金技术主要掌握在美国 Midrex 和意大利 Tenvoa-HYL 两家公司手里，各国竖炉氢冶金项目多数都是引进的这两家公司的技术。但在引进外来技术的同时，要注意做好技术的消化吸收，要在吃透国外技术的前提下，最终彻底摆脱对国外技术的依赖。要通过大胆创新，实现弯道超车，形成具有完全自主知识产权的氢冶金工艺技术与装备体系[12-15]。在未来全球氢冶金产业发展中，不仅要具有技术输出的能力，还要具有与国外技术相竞争的实力。

根据我国氢冶金现状及存在的问题，未来实现氢冶金技术的自主创新，要做好以下几个方面的工作：做好氢冶金基础理论研究，掌握氢冶金冶炼过程中的物化反应行为和作用机理，为氢冶金工艺开发提供理论支撑；做好氢冶金工艺技术开发，通过工艺改进，流程优化，开发出适合我国工艺条件的氢冶金技术，确保氢还原系统在高温、高压状态下安全、稳定、高效运行；进行氢冶金关键设备开发设计及制造，实现氢冶金装备的全部国产化；对自主创新成果，要加强知识产权保护，维护创新成果的合法权益并形成竞争力；加强国际交流合作，吸收和借鉴国际先进经验。

除了要做好上述几个方面工作外，还要对下述具体问题进行深入研究：

（1）低成本制氢技术研究；（2）高品位精粉资源保障问题，如何做好铁精粉的提品、降硅；（3）品位低于67%球团、碱性球团、压块造球用于竖炉氢冶金及电炉冶炼的可行性研究；（4）低成本碳捕集、安全碳封存及高效碳利用技术研究；（5）纯氢做还原剂的竖炉氢冶金技术研究；（6）更加安全可靠的氢能运输和储存技术研究等。此外，还要尽快制定和完善竖炉氢冶金的相关技术标准[16]。

在氢冶金技术自主创新方面，河钢张宣科技为行业树立了榜样。张宣科技建设竖炉氢冶金项目时，没有盲目照搬国外技术，采用天然气重整工艺，而是基于我国氢能资源状况，经过反复研究论证，创新性地提出并采用了全球首例焦炉煤气零重整的竖炉氢冶金工艺，这是我国竖炉氢冶金工艺技术自主化的一个创举，它适应了我国富产焦炉煤气、缺少天然气的现状，具有很好的推广应用价值[17]。在我国氢冶金技术推广的过程中，要像张宣科技一样，敢于尝试，勇于创新，开发出更多的原创工艺技术。

我国氢冶金技术的发展将会实现从无到有、从弱到强的跨越，将来不仅要实现相关技术的自主创新，还要为全球钢铁行业的低碳转型提供中国方案。

## 13.6　氢冶金对产业结构和产业链的带动作用

氢冶金的发展不仅推动我国钢铁产业向绿色、低碳、高效、高质量方向转型升级，也将对我国能源结构、产业结构发生深远影响，显著提升钢铁企业的制造水平和国际竞争力。

氢冶金技术有望重塑钢铁行业的产业结构，推动“高炉+转炉”长流程钢铁生产工艺向“氢基竖炉+电炉”短流程工艺转变，促使钢铁工业向更低碳、更清洁、更高效的生产方式迈进。同时，氢冶金将极大地促进氢能产业的发展，使氢能产业链逐步形成集群效应，推动国内涌现出一批具有国际竞争力的氢能企业。

另外，氢能将在更多领域得到推广应用，未来有望成为新的战略性、支柱性产业，助力社会逐步迈入“氢能时代”。在这一进程中，氢冶金将引导资本和资源向具有优势的企业集中。由于氢冶金技术对资金投入和技术积累具有较高要求，具有雄厚资金实力和领先技术水平的企业将更有可能率先实现氢冶金技术应用，从而进一步巩固市场地位和竞争优势。同时，氢冶金所产DRI是优质的电炉钢原料，它不仅可以代替废钢，而且有助于生产出高质量的优特钢。因此，大力发展氢冶金能够优化钢铁企业的产品结构，提高企业的产品档次和市场竞争力。

展望未来，氢冶金未来的发展将重塑国际钢铁竞争格局。随着我国氢冶金产业规模的扩大和技术的进步，将具备更强的生产高档次品种钢和绿钢的能力，会在国际钢铁市场中占据更有利的地位，从而可以大大提升我国钢铁企业的国际竞争力。此外，氢冶金发展有助于推动相关产业链的协同发展。氢冶金技术的推广需要氢能供应、钢铁生产及其他多个环节的紧密协作，这将促使钢铁企业与能源企业、设备供应商等加深合作，形成产业链生态圈，共同打造完善的产业链生态圈，推动氢能产业链的健康发展。

最后，氢冶金有利于引导钢铁产业布局优化。随着“绿氢”在氢冶金中的广泛应用，为满足大量“绿氢”供应和便捷运输的需求，钢铁产业有望向“绿氢”资源丰富、生产成本低廉的地区集聚，从而促进产业结构的合理调整和优化升级。

综上所述，在“双碳”目标背景下，我国钢铁企业正面临着巨大的减排压力。氢能源作为清洁、高效的新型能源，是代替碳基化石能源的理想选择，氢冶金则是我国钢铁行业实现碳中和的关键技术之一。氢冶金的发展将会有力地促进我国钢铁能源结构、工艺路线及产品结构的转型升级，显著提升行业竞争力[18]。同时，氢冶金的广泛应用也将极大促进氢能产业链的发展壮大。随着“绿氢”在氢冶金领域的深入应用，我国钢铁行业有望率先迈入近零碳时代，“双碳”目标的实现也指日可待。

## 参考文献

[1] 王新东，郝良元．现代炼铁工艺及低碳发展方向分析［J］．中国冶金，2021，31（5）：1.

[2] 赵志龙．绿色低碳氢冶金技术进展及前景展望［J］．绿色矿冶，2023，39（5）：1-8.

[3] 王新东，赵志龙，李传民，等．基于富氢焦炉煤气零重整的氢冶金工程技术［J］．钢铁，2023，58（5）：11-19.

[4] 王新东．河钢新发展阶段技术升级的路径与措施［J］．河北冶金，2021（1）：1.

[5] 王新东，上官方钦，邢奕，等．“双碳”目标下钢铁企业低碳发展的技术路径［J］．工程科学学报，2023，45（5）：853.

[6] 王新东，侯长江，钟金红．氢能产业发展现状及其在我国钢铁行业的应用［J］．河北冶金，2024，（7）：1.

[7] 韩星，张彩东，李兰杰，等．氢基竖炉直接还原技术研究现状及展望［J］．河北冶金，2024，（4）：1.

[8] 李娜，郄亚娜，张淑会，等．气基竖炉直接还原工艺发展现状与展望［J］．炼铁，2024，43（6）：6.

[9] 倪冰，林晓萍，上官方钦，等．氢冶金工艺的技术成熟度分析［J］．中国冶金，2024，34（12）：91.

[10] 兰臣臣，孙杞榕，王新东，等．焦炉煤气零重整还原球团矿的冶金性能演变［J］．钢铁，2024，59（12）：17.

[11] 王宏斌，李洋，覃开伟，等．张宣科技焦炉煤气零重整直接还原工艺创新与实践［J］．钢铁，2024，59（9）：38.

[12] 李海峰，陈靖然，王新东，等．面向长流程的富氢低碳炼铁技术路径分析［J］．钢铁，

2023，58（10）：1.

［13］唐珏，储满生，李峰，等．我国氢冶金发展现状及未来趋势［J］．河北冶金，2020，（8）：1.

［14］张颖，王莹，查松妍，等．钢铁行业氢冶金技术路线及发展现状［J］．烧结球团，2023，48（4）：8.

［15］邢奕，崔永康，田京雷，等．钢铁行业低碳技术应用现状与展望［J］．工程科学学报，2022，44（4）：801.

［16］郭培民．氢冶金的若干问题探讨［J］．中国冶金，2025，35（4）：166.

［17］张建良，宗燕兵，李克江，等．全球低碳炼铁新工艺技术进展及展望［J］．钢铁，2024，59（9）：45.

［18］王新东，郄亚娜，吕庆，等．高炉喷吹不同富氢介质节能减排潜能的分析与比较［J］．钢铁，2023，58（10）：34.

河钢集团张宣科技焦炉煤气零重整竖炉氢冶金工程示范项目夜景图

摄影：罗文琛